KB143779

기상기후 백과사전

기상기후 백과사전

Fry, Graf, Grotjahn, Raphael, Saunders, Whitaker 지음

권혁조, 오재호, 이재규, 전종갑, 하경자 옮김

Σ 시그마프레스

기상기후 백과사전

발행일 ㅣ 2011년 1월 10일 1쇄 발행

저자 ㅣ Fry, Graf, Grotjahn, Raphael,
　　　　　Saunders, Whitaker

역자 ㅣ 권혁조, 오재호, 이재규, 전종갑, 하경자

발행인 ㅣ 강학경

발행처 ㅣ ㈜ **시그마프레스**

편집 ㅣ 이상화

교정·교열 ㅣ 문수진

등록번호 ㅣ 제10-2642호

주소 ㅣ 서울특별시 마포구 성산동 210-13 한성빌딩 5층

전자우편 ㅣ sigma@spress.co.kr

홈페이지 ㅣ http://www.sigmapress.co.kr

전화 ㅣ (02)323-4845~7(영업부), (02)323-0658~9(편집부)

팩스 ㅣ (02)323-4197

ISBN ㅣ 978-89-5832-877-3

ENCYCLOPEDIA OF WEATHER

Copyright ⓒ Weldon Owen Pty. Ltd.

www.weldonowen.com

Korean translation rights ⓒ 2011 Sigma Press, Inc.

Korean translation rights are arranged with Weldon Owen
Pty. Ltd. through Amo Agency Korea.

All rights reserved.

이 책의 한국어판 저작권은 아모 에이전시를 통해 저작권
자와 독점 계약한 ㈜ **시그마프레스**에 있습니다. 신 저작권법
에 의해 한국 내에서 보호를 받는 저작물이므로 무단 전재
와 무단 복제를 금합니다.

책값은 책 뒤표지에 있습니다.

저자 소개

Juliane L. Fry

리드칼리지 화학환경과학과 조교수

Hans-F Graf

케임브리지대학교 대기과학센터 환경시스템
분석학과 교수

Richard Grotjahn

캘리포니아대학교(데이비스) 토양공기수자원
학과 교수

Marilyn N. Raphael

캘리포니아대학교(로스앤젤레스) 지리학과
교수

Clive Saunders

맨체스터대학교 지구대기환경과학대학
선임강사

Richard Whitaker

호주 기상방송 기상자문위원

차례

서문

Mark Twain은 언젠가 "날씨는 항상 무언가 하고 있다."고 말하였다. 그것은 아마도 날씨가 우리 생각과 멀리 떨어져 있지 않기 때문일 것이다. 날씨의 상태는 우리를 매혹시키고 전율을 느끼게 하기도 하고 두려움을 주며 위협하기도 한다. 날씨는 일상 대화의 주제이며 우리의 신체적, 심리적 건강에 영향을 미치고 인간의 생활, 생계 및 생활양식에도 끊임없이 영향을 준다.

최근 수십 년 동안 과학자뿐만 아니라 일반 대중 사이에서도 전 지구 날씨 패턴과 기후 상태의 극적인 전환이 있었다는 인식이 점점 증가해 왔다. 이들 변화의 범위와 격렬성에 대한 예측은 다양하고 그 원인을 설명하는 이론들(흔히 서로 모순적이기도 한) 또한 많다. 지금은 이와 같은 기술의 발달이 대체로 인간에 의해 이루어지고 있고 적절한 인간의 간섭이 세계적으로 발생 가능한 재해를 피할 수 있다는 뚜렷한 과학적 공감대가 형성되어 있다.

이 책은 국제적 전문가 팀에 의해 명료하게 만들어졌으며 생생한 컬러 사진, 상세한 설명, 도해, 그래프 및 도표로 이루어져 있다. 이 책은 흥미 위주로 날씨와 기후의 과정과 메커니즘을 취급하지는 않는다. 6개 장으로 나누어진 이 백과사전은 행성 규모로부터 분자 규모까지에 걸쳐 가장 최근의 과학적 연구 결과를 포함하고 있다. 이 책에서는 지구 대기 및 전지구 시스템, 극단적 날씨 사건 그리고 대륙성 기후대 등과 같은 주제가 깊이 있게 고찰되어 있다. 마지막 장에서는 기후 변화에 대한 증거를 제시하고 미래의 있음직한 상황에 대한 윤곽을 그리고 있다. 아울러 지금 우리 모두에게 직면한 상황을 대처하고 완화시키기 위하여 정부, 단체 및 개인이 오랫동안 확립시킨 실제 경험을 이용할 수 있는 방법을 명확히 설명하고 있다.

이 책을 사용하는 방법

이 책은 6개의 장─엔진, 활동, 극한, 감시, 기후 및 변화─으로 구성되어 있다. '엔진'에서는 지구 대기와 전 지구 시스템의 개관을 다루고 있다. '활동'에서는 구름, 비, 눈과 같은 일반적인 기상 현상을 설명하고 있다. '극한'에서는 토네이도, 태풍 및 가뭄을 포함하여 재해를 일으키는 기상 사건을 훑어본다. '감시'에서는 고대로부터 현재까지 기상학이라는 과학을 다룬다. '기후'에서는 세계의 기후대를 여행한다. 마지막으로 '변화'에서는 기후 변화의 효과와 함께 지구와 우리의 관계에 대하여 멋있는 초상화를 제공하고 있다. 각 장은 특별한 주제에 대한 세부 절로 구성되어 있다. 각 세부 절은 일반적 개관을 제공하기 위해 주제(오른쪽)에 대한 소개로 시작하고, 그 다음에 연속되는 페이지에서 상세하게 주제가 설명된다(예가 아래에 있다). '통찰'(옆 페이지 오른쪽)이라고 하는 특별한 특징을 살펴보는 부분에서는 본문, 그림, 도표, 그래프, 지도 및 사진을 통해 날씨와 기후에 대한 자세한 지식을 얻을 수 있다.

도입부의 특징

절과 장의 머리글
논의하려는 폭넓은 주제와 특별한 영역을 가리킨다.

전 지구적 위치 탐사 지도
지도 밑에서 논의되는 주요 영역 예의 위치를 정확하게 지적한다.

시간선
연대에 따른 주요 발달에 대한 정보를 제공한다.

도표
적절한 곳에 복잡한 개념을 설명하기 위해 도표가 삽입되어 있다.

빙하

산악 또는 극 지역에서는 겨울에 내렸던 많은 눈이 쌓여, 여름철 햇살이 비친 이후에도 언 상태가 유지된다. 빙하의 얼음은 그 밑에 있는 축축한 지면 위를 따라 얼음의 부게로 아래쪽으로 미끄러져 내려간다. 바다로 향하는 도중에 계곡의 빙하가 땅을 문지르고 닳게 함으로써 깊은 물로 채워진 해안선 입구(피요르드)가 만들어진다.

관련 자료

1. 램버트(Lambert) 빙하 이것은 세상에서 가장 큰 빙하이며, 남극 대륙에 있으며 넓이가 400×100km, 두께는 약 2.5km으로 측정된다. 이 빙하는 아메리(Amery) 빙붕 안으로 흘러들어 그에 따라 남극 빙붕이 확장되어 있어 와 프리드(Pryd) 만의 일부분을 덮게 된다.

남극 대륙의 램버트 빙하

2. 캉거들룩수아크(Kangerdlugssuaq) 빙하 이 빙하는 그린란드의 남동쪽에 있으며 최근 들어 해양 북으로 이동이 가속화었다. 한 세기 동안 난린 이동을 보이다가 지난 은 8년에 걸쳐 38m를 이동한다. 지구 온난화가 그 이유일 것이다.

그린란드의 캉거들룩수아크 빙하

3. 요스테달(Jostedal) 빙하 노르웨이의 서부 해안 가까이에 있으며, 유럽에서 가장 큰 빙하이다. 넓이는 64×8km, 두께는 최대 548m이다. 이 빙하는 모든 방향에서 비록은 개곡으로 이른다. 50개 이상의 빙하 지류가 유지되도록 한다.

노르웨이의 요스테달 빙하

루이 아가시
스위스계 미국 과학자인 루이 아가시(Louis Agassiz)는 빙하학에 앞서게 있고, 그 이전에 다른 사람들이 빙하에 대해 연구를 하였지만, 그는 지구의 넓은 지역에 두께, 방향으로 덮여 있었던 빙하라에 대한 증거를 처음으로 본 사람이었다.

남극의 건조한 계곡(아래) 지질학적인 시간 동안에 남극의 빙붕이 줄어들었거나 없어지고 또는 크게 늘어나기도 하였다. 이 사진의 얼음이 없는 계곡은 수백만 년 전에 빙하들에 의해 깎아졌으며, 지금은 계곡 바닥을 일정한 바람의 활동으로 건조함이 유지되고 있다.

빙하의 후퇴(위) 나사(NASA)가 2005년엔 위와 2003년, 그리고 2001년에 그린란드 헬하임(Helheim) 빙하 사진들을 찍었다. 최근 들어 얼음의 상층 부분이 빙산으로 균열하는 속도가 가속되고 현재 1년에 약 10km씩 후퇴하고 있는 중이다.

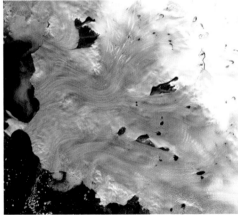

빙하 봉괴(위) 그린란드의 서쪽 해안의 위성 사진은 산 정상 주변 배핀(Baffin) 만으로 흐르는 빙하들을 보여 주고 있다. 그린란드 만년설은 해류에 의해 바다로 떠내려가는 수많은 빙산들의 발생지이다.

관련 자료

육지의 모양 만들기 빙하가 흐름 때 빙하 밑에 있는 바위들을 잡아 내려와 수천 년 후에 전문가가 알아낼 수 있는 형태를 만든다.

빙하의 깎아 내기 울퉁불퉁한 빙하로 지날 때 기반암을 조각조각 부수게 되며, 이 조각들이 아래쪽으로 수송되어 빙퇴석에 있는 빙퇴석으로 회전된다.

빙하 작용 이전 빙하시대와 빙하시대 사이에 기후는 온난하였으며 산들은 초록으로 덮여 있다. 계곡은 V자 형태다.

빙하 작용 기간 빙하시대의 기후는 식물이 사라질 정도로 매우 추웠다. 빙하들은 계곡을 따라 흐른다.

빙하 작용 이후 빙하가 후퇴할 때 남아 있는 계곡들은 U자 형태이며, 계곡의 더 깊은 곳에 긴 손가락 형태의 호수가 있다.

빙하는 어떻게 흐르는가? 상류 쪽에 있는 얼음, 물, 바위 그리고 다른 잔해들에 의해 계곡 빙하가 유지된다. 지압은 빙하의 일부분을 가열시켜 빙하가 아래쪽으로 흘러가게 한다. 빙하의 상층에서, 눈은 계속 쌓여 순축적이 이루어지나, 물 빙판 증발, 승화 그리고 바람에 의하여 없어져 버린다 평형선(equilibrium line)보다 하부에 위치한 순손실 면적에서, 빙하는 질량을 획득하는 속도보다 잃는 속도가 더 빠르다.

특집 상자
사진 또는 삽화와 글은 알고 싶은 주제의 흥미로운 양상을 강조한다.

삽화
도식적인 절단면 삽화는 물리적 현상에 대한 내부 작용을 보여 준다.

통찰

관련 자료
이 부분은 과정을 설명하거나 논의되는 주제의 몇 가지 예에 대하여 윤곽을 그린다.

도입부의 글
주제에 대한 일반적 개관을 제공한다.

차트와 그래프
그룹화된 데이터와 현재의 통계 및 예상도는 이해하기 쉬운 형태로 제시되어 있다.

사진
생각을 불러일으키는 사진은 논의되는 주제의 대표적인 지세(landform)나 특징을 보여 준다.

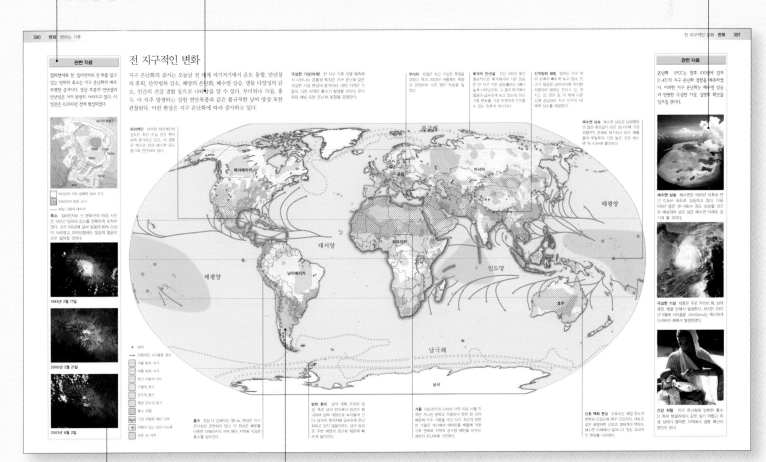

위성 사진
우주에서 찍은 영상은 지구의 독특한 원경(遠景)을 제공한다.

세계 지도
이것은 분석된 특징의 전 지구적 분포를 보여 주며, 그 특징을 보다 자세하게 본문에서 논의한다.

엔진

엔진

날씨란 무엇인가?

지구는 대기라는 얇은 기체층으로 둘러싸여 있다. 날씨란 용어는 어느 순간의 대기 상태를 나타내기 위해 사용된다. 날씨 조건은 바람, 기압, 습도, 구름 및 여러 형태의 강수와 같은 요소의 분포와 강도를 포함한다. 기후는 이 날씨 조건의 통계량을 말하는데, 장기간에 걸쳐 측정된 이 조건들의 변동, 평균 및 극값 등의 개념을 포함하고 있다. 지구는 태양으로부터 끊임없이 에너지를 받고 있다. 이 에너지는 지구를 가열시킨다. 지구는 또한 에너지를 방출하는데, 이 과정으로 지구는 냉각된다. 이같이 들어오고 나가는 복사의 평형이 지구의 평균 온도를 결정한다.

전구 패턴 이 편집 그림은 전 세계적인 여러 가지 날씨 사건을 보여 주고 있다. 대규모 구름 무리는 날씨 시스템을 유지하는 에너지를 제공한다. 차고 건조한 기단과 따뜻하고 습한 기단의 수렴은 거대한 중위도 폭풍을 만들고, 따뜻한 열대 해수는 태풍을 낳는다. 공기의 차등 가열은 기압 경도력을 발생시켜 모래와 먼지를 장거리 수송하기에 충분한 바람을 일으킨다.

폭풍우가 있는 하늘 호우와 번개를 발생시키는 뇌우는 막대한 양의 에너지를 재분배한다. 작은 뇌우는 1,000만 킬로와트의 에너지를 방출하는 반면, 초대형 세포 뇌우는 이것의 10배 내지 100배의 에너지를 발생시킬 수 있다. 대부분의 강력한 뇌우는 열대지방에서 발생하나, 때때로 이 뇌우는 중위도지방에서 관측되기도 한다.

대기의 층

지구 대기는 질소, 산소, 아르곤 그리고 수많은 미량기체 및 입자의 혼합물로 구성되어 있다. 대기의 가장 낮은 부분, 즉 지표면으로부터 극지방에서는 7km 고도, 열대지방에서는 15km 고도, 적도 근처에서는 17km 고도까지의 영역을 대류권이라 한다. 이 층은 난류 운동에 의해서 혼합되고 온도는 고도와 함께 감소하는데, 대류권의 상한인 대류권계면에서 −60℃까지 떨어진다. 이 위의 층은 성층권으로, 여기서는 오존이 복사에너지를 흡수하여 따뜻하고 안정한 층을 만들어서 난류를 억제시킨다. 해면 위 약 50km 상공에 있는 성층권 꼭대기에서의 온도는 0℃ 근처에까지 이른다. 대기에서 더 높이 올라가면 온도는 그 다음 높이에 있는 층인 중간권 안에서 다시 떨어진다.

지구 대기에서 수증기의 존재는 인간 생활을 지탱하기 위해 필요한 조건을 형성시키고 날씨를 만드는 데 필요한 수분을 생산한다. 대류권계면은 너무 차기 때문에 거의 모든 수증기는 대류권 안에 갇혀 있다. 그러므로 날씨 현상은 대류권에서 가장 강하고 거의 이 층에서만 일어난다. 호수, 바다, 강, 토양 및 식물로부터 증발된 수증기는 대류권에서 변화하는 양으로 다른 기체들과 혼합된다. 에너지를 전환시키는 많은 과정들이 지표면 근처에서 발생하여 물의 상 전이 — 고체 얼음으로부터 액체 상태의 물로, 다시 수증기로의 변화 — 를 일으킨다.

공기 중에 포함되는 수증기의 최대 비율은 온도에 의해 결정된다 : 공기 온도가 낮을수록 더 적은 수분이 건조 공기와 혼합될 수 있다. 수증기가 공기 중에 포함될 수 있는 최대량을 초과하면 초과된 수증기는 응결하여 액체 또는 고체 형태의 물로 이루어진 구름을 형성한다. 이와 같은 응결과 결빙 현상은 물방울이 결국 강수로서 지구로 떨

어질 때 에너지를 방출시킨다.

지구 자전축의 기울음과 지구가 태양 주위를 도는 타원형 공전은 지구로 들어오는 복사에너지의 전구 분포에서 차이를 일으킴으로써 계절을 만든다. 매년 일어나는 거대 얼음덩이의 성장과 융해, 수천 년에 걸친 태양 주위 지구 궤도 파라미터의 장기 변화 및 수백만 년에 걸친 대륙 위치의 이동 등 이 모든 것들은 지구 기후에 영향을 준다.

오래전, 인간은 지구의 면모를 변화시키기 시작했는데, 이것이 날씨와 기후에 영향을 주어 왔다. 자연 식물 영역을 경작지로 바꾸고 도시를 건물화함으로써 지면 반사도와 수분 증발률을 변화시켰다. 이전에 석탄과 석유에 저장된 탄소는 이산화탄소로 대기 속으로 방출되고, 이 이산화탄소는 지구 밖으로 나가는 장파복사를 잡는 효과적인 덫이 되고 있다. 대기 중 이산화탄소의 수준은 불과 수십 년 만에 자연적 양의 2배에 접근하는 농도에 도달하였다.

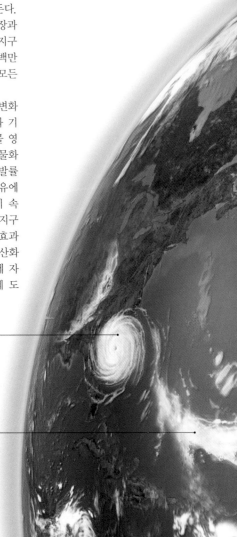

태풍 강하고 회전하는 폭풍우는 26.5℃ 이상의 해수면 온도를 가진 적도 근처 열대지방 해양에서 발달한다. 태풍은 많은 양의 수증기가 응결할 때 방출되는 잠열을 연료로 하여 발달한다.

기류 제트류는 대류권 꼭대기 근처인 해면으로부터 8∼18km 고도에 존재하는 고속의 바람 띠이다. 북반구 중위도지방에 있는 제트류가 가장 현저하다.

북대서양 폭풍우 이 폭풍우는 한랭한 한대기단과 온난한 아열대기단 사이의 경계면에서 발달한다. 이것은 한랭핵을 가지고 있고 나선형의 구름 띠를 형성하는데, 제트류에 의해 인도된다.

공중에 떠 있는 입자 강력한 바람과 오래 지속되는 건조한 날씨가 결합되면 거대한 먼지 폭풍을 발생시킬 수 있다. 모래 알갱이 크기의 약 1/10 되는 먼지는 모래보다 상공에 더 오래 머무를 수 있고 더 멀리 이동될 수 있다.

산불 흔히 번개에 의해, 때로는 인간의 부주의 또는 방화에 의해 생기는 산불은 건조 지역에서 일반적인 현상이다. 이 산불은 대기화학에 영향을 주는 많은 양의 일산화탄소, 검댕 및 다른 에어로졸을 방출한다.

관련 자료

상태 기상학자들은 지구 대기의 온도와 압력, 대기가 함유하고 있는 수분의 양, 강수량, 바람 강도 및 구름의 존재 여부를 측정한다. 이렇게 측정된 자료는 지도로 편집되고 예보에 이용된다.

온도 따뜻한 지면은 찬 지면보다 더 많은 에너지를 복사한다. 온도 영상은 찬 주위보다 더 많은 열을 방출하는 따뜻한 폭포를 보여 주고 있다.

압력 기압의 변동은 흔히 날씨의 변화를 가져온다. 가장 낮은 기압은 태풍의 눈 안에서 측정된다.

습도 공기에 포함된 수증기량은 온도에 좌우된다. 수증기는 찬 표면에서 응결하여 이슬을 형성할 수 있다.

지구 시스템

지구는 질량과 에너지의 교환을 통해 영구적으로 상호작용하는 다섯 가지 뚜렷한 성분으로 구성된 시스템이다: 대기권(공기), 암석권(육지), 수권(액체수), 저온권(얼음), 생물권(생물). 전반적으로 이 시스템은 준평형 상태에 있고, 태양으로부터 오는 입사에너지를 연료로 하여 기후를 만들지만, 국지적인 무질서가 날씨 변동을 일으킨다.

기후 시스템(아래) 수천 km에 걸친 넓은 해양과 수백만 명이 살고 있는 거대 도시로부터 미시적 물방울을 포함하는 구름과 시간에 걸쳐 지구 기후에 영향을 주는 자연적 및 인공적 여러 크기의 현상에 이르기까지.

태양 우리 태양계의 중심에 있는 이 별은 단파복사 형태의 에너지를 영구적으로 지구에 공급한다.

눈 전 지구적 눈덮임 면적은 매년 달라진다. 가루눈의 흰 표면은 햇빛의 약 80%를 우주공간으로 반사시킨다.

화산 화산 활동과 충돌하는 혜성에서 나오는 기체는 지구의 초기 대기를 형성하였다. 강한 화산 분출이 여러 해 동안 기후와 날씨를 교란시킬 수 있다.

빙하 그린란드, 남극 및 고산지대에 있는 큰 얼음층은 지구 담수의 대부분을 포함하고 있다.

대기 대기 중 기체의 혼합물은 지구상에 생명이 진화하도록 허락하였다. 대부분의 날씨는 지표면에 근접한 대류권에서 생긴다.

산불 인간이 빈번하게 일으키는 식물 화재는 지구상에서 보편적이다. 이 화재로부터 방출되는 이산화탄소와 에어로졸은 대기 조성에 영향을 준다.

생물권 유럽의 식물 영역은 고화질 위성 영상에서 어두운 초록색으로 나타나 있다. 갈색은 최소의 식물 영역을 가리킨다. 해안에서 떨어진 곳의 엽록소 고농도 영역은 빨간색과 노란색으로 되어 있다.

관개 건조한 지역이나 가뭄 기간에 물은 농업 생산량을 증진시키기 위해 사용된다. 토양으로부터 증발과 식물로부터 증산의 증가와 반사의 감소는 에너지 균형을 변화시킨다.

관련 자료

강수 비, 눈, 서리, 우박, 박무, 안개 또는 이슬과 같이 하늘로부터 떨어지기에 충분히 큰 물방울과 빙정은 강수라고 알려져 있다.

바람 바람이 수면 위를 움직임에 따라 표면 마찰은 물을 쌓아 올리고 파도를 일으킨다. 바람이 강하게 불수록 파도는 더 높아진다.

구름 해양과 토양으로부터 증발된 수증기가 응결하여 형성된 구름은 햇빛을 반사시킨다. 강수는 증발에 의해 생성된 열을 다시 대기로 방출한다.

바다 얼음 두 극지방에 떠다니는 넓은 면적의 얼음은 태양복사를 반사시키고 해양과 대기 사이에서 일어나는 직접적 상호작용을 방해한다.

농지 경작과 토지 이용 변화는 증산, 지표특징 및 반사도를 변경시킴으로써 에너지 교환에 영향을 준다.

해양 지구에서 가장 큰 물 저장소는 해양이다. 열과 천천히 움직이는 해류를 보유하는 해양의 능력은 날씨와 기후인자에 영향을 미친다.

강 수로 그물망은 눈과 빙하로부터 녹은 물과 비를 수집하여 물을 바다로 보낸다.

스모그 대기오염은 화석연료의 연소와 산업 활동으로 인해 발생한다. 도시는 외곽 지역과 시골보다 더 많은 열을 생성시키고 보유하고 있다.

지하수 토양에 저장된 강수와 지하 매장량은 결국 바다로 돌아가게 된다.

지구의 물 공급

비록 지구 표면의 2/3 이상이 물로 덮여 있지만, 물의 97.5%는 용해된 무기물이 포함된 짠 것이다. 담수의 거의 70%는 빙하, 빙관 및 만년설에 언 상태로 저장되어 있어서 담수 중 적고 불균일하게 분포된 부분만이 즉시 이용될 수 있다.

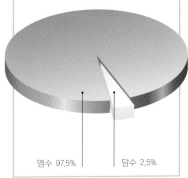

염수 97.5%   담수 2.5%

대기

지구를 둘러싸서 보호하고 있는 기체의 혼합물인 대기 안에서 공기 밀도와 기압은 높이에 따라 감소한다. 대기의 조성은 지면으로부터 약 100km 고도까지 일정한데, 여기서는 지구 중력 효과가 우세하고 난류 혼합이 감소하며 기체 분자들이 질량을 기준으로 분리된다.

관련 자료

행성 대기 우리 태양계에 있는 모든 행성은 대기를 유지하기에 충분히 강한 중력을 갖고 있다. 행성 대기의 조성은 중력 차, 행성 온도 및 태양풍이 각 행성에 미치는 효과에 의해 변한다.

대적점 최근 300년 동안 하나의 거대한 반시계 소용돌이가 목성 대기에서 관측되었다. 이것은 태양계에서 가장 큰 소용돌이이다.

금성 금성의 온도는 465℃에 달한다. 주로 이산화탄소와 질소로 이루어진 밀도가 높은 금성 대기는 온실처럼 열을 가두고 있다.

화성 화성의 대기는 95%가 이산화탄소로 이루어어져 있다. 겨울에는 너무 추워저 이산화탄소의 1/4이 드라이아이스로 응결된다.

습한 소용돌이(오른쪽) 수증기는 대기 중에서 불균일하게 분포되어 있다. 이 적외선 위성 영상에서 어두운색은 열대 수렴대를 따라 상부 대류권의 구름 꼭대기와 폭풍우 위에 집중된 농도 짙은 수증기 영역을 가리킨다. 가장 밝은색은 태평양 위에서 하강하는 건조공기의 영역을 말한다.

야광운(아래) 매우 적은 양의 물이 상부 대기에 존재할지라도, 중간권에서 고위도 기온은 여름철에 −120℃ 이하로 떨어질 수 있어 수증기가 응결하여 미세 입자가 된다. 하부 대기층이 이미 어두워진 때에도 미세한 빙정들이 햇빛을 반사하기 때문에 황혼에 이 빙정들이 관측될 수 있다.

층 지구 대기는 온도 분포 특성을 갖는 뚜렷한 몇 개의 층-대류권, 성층권, 중간권, 열권-으로 구성되어 있다. 각 층들 사이의 잘 정의된 경계는 '권계면'이란 용어로 표현한다. 대기와 밖의 우주공간 사이에는 경계가 없다. 기체 분자들이 단순히 점점 더 희박해진다.

온도 대기에서 온도는 높이에 따라 변하는데, 따뜻해지는 영역과 차가워지는 영역이 교대로 나타난다.

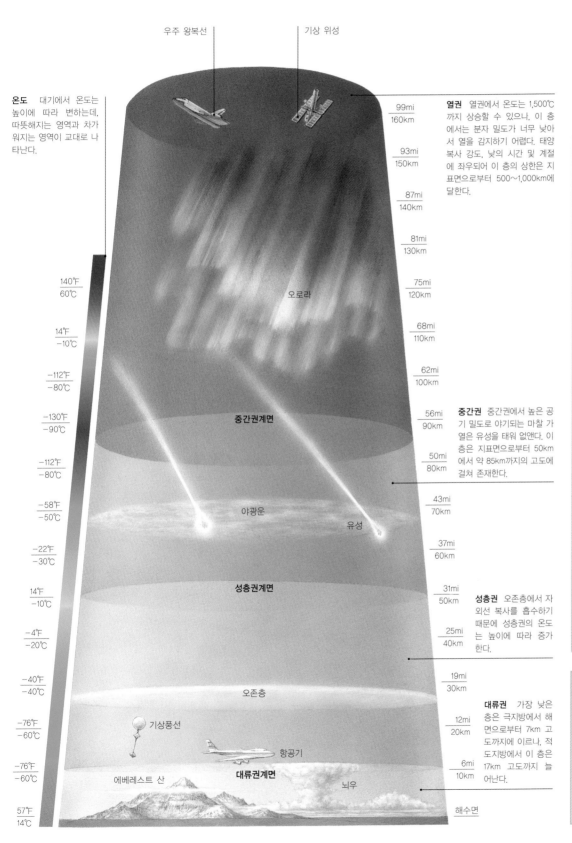

우주 왕복선

기상 위성

99mi
160km

93mi
150km

87mi
140km

81mi
130km

75mi
120km

68mi
110km

62mi
100km

오로라

중간권계면

56mi
90km

50mi
80km

43mi
70km

야광운

유성

37mi
60km

성층권계면

31mi
50km

25mi
40km

오존층

19mi
30km

기상풍선

12mi
20km

항공기

대류권계면

6mi
10km

에베레스트 산

뇌우

해수면

140°F
60°C

14°F
−10°C

−112°F
−80°C

−130°F
−90°C

−112°F
−80°C

−58°F
−50°C

−22°F
−30°C

14°F
−10°C

−4°F
−20°C

−40°F
−40°C

−76°F
−60°C

−76°F
−60°C

57°F
14°C

열권 열권에서 온도는 1,500℃까지 상승할 수 있으나, 이 층에서는 분자 밀도가 너무 낮아서 열을 감지하기 어렵다. 태양 복사 강도, 낮의 시간 및 계절에 좌우되어 이 층의 상한은 지표면으로부터 500~1,000km에 달한다.

중간권 중간권에서 높은 공기 밀도로 야기되는 마찰 가열은 유성을 태워 없앤다. 이 층은 지표면으로부터 50km에서 약 85km까지의 고도에 걸쳐 존재한다.

성층권 오존층에서 자외선 복사를 흡수하기 때문에 성층권의 온도는 높이에 따라 증가한다.

대류권 가장 낮은 층은 극지방에서 해면으로부터 7km 고도까지에 이르나, 적도지방에서 이 층은 17km 고도까지 늘어난다.

관련 자료

조성 지구 대기는 많은 양의 산소를 포함하고 있기 때문에 다른 행성과는 다르다. 그 조성은 지구화학 반응의 결과인데, 이 반응은 행성이 형성된 이래 수십억 년에 걸쳐 일어났다.

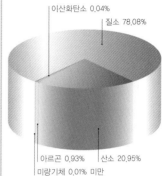

이산화탄소 0.04%

질소 78.08%

아르곤 0.93%

산소 20.95%

미량기체 0.01% 미만

기체 질소와 산소가 가장 풍부한 반면, 지구 대기는 또한 몇몇 미량기체를 포함하고 있는데, 가장 중요한 것이 이산화탄소이다.

질소(N_2)

산소(O_2)

이산화탄소(CO_2)

기상 감시

성층권 오존 오존층은 지구 대기에 있는 모든 오존(O_3)의 90% 이상을 포함하고 있으며 태양으로부터 오는 유해한 자외선(UV) 복사의 대부분을 흡수한다. 인공 할로겐 화합물은 오존층을 부분적으로 고갈시켰으며, 이로 인해 주로 남극 상공에 오존 구멍을 초래하였다.

관련 자료

조성 대기의 기체는 대류권 수증기와 오염물질을 제외하고 지표면 상공 100km까지 그 조성이 일정하다. 수증기는 자연적 온실 효과의 36%를 차지한다.

분자 물(H_2O)은 1개의 산소 원자와 2개의 수소 원자로부터 형성된다. 지구상의 생명을 유지하기 위해 필수적인 물은 고체, 액체 또는 기체 형태로 존재한다.

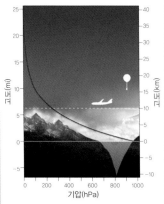

기압 경도 해면에서 평균 기압은 1,013.25 헥토파스칼(hPa)이다. 기압(그림에서 빨간색으로 표시)은 고도와 함께 지수적으로 감소한다.

난류

상업용 항공기는 중위도지방의 대류권계면 고도인 약 10km 고도에서 가장 경제적으로 비행하도록 제작되었다. 항공기 조종사들은 이 고도 이상을 비행함으로써 대류권의 대류 구름으로 인해 발생하는 난류를 피하고 있다.

대류권

대기에서 가장 낮은 층인 대류권은 대기 질량의 90%와 대기 물의 거의 대부분을 포함하고 있다. 거의 모든 날씨는 대류권에서 발생하는데, 이 대류권의 특징으로는 따뜻한 공기를 상승시키고 찬 공기를 하강시키는 열 과정인 강한 대류와 지표면으로부터 나오는 현열 및 잠열의 난류 혼합을 들 수 있다.

지구 위의 달 일출 때 찍은 이 사진에서 대류권은 짙고 얇은 갈색 층으로 덮인 오렌지색 띠로 보인다. 이 색깔은 빛을 산란시키는 에어로졸에 기인하는데, 이 에어로졸은 대류권의 상부 경계인 안정한 대류권계면에 집중되어 있다.

스모그(위) 삼면이 산으로 둘러싸인 멕시코시티는 세계에서 가장 나쁜 대기오염 문제를 갖고 있는 도시 중 하나이다. 특히 겨울철에 안정한 온도 역전층이 자동차 배출물, 지상 오존 및 매연을 가둔다.

뇌우(오른쪽) 1984년 우주 왕복선으로부터 보이는 깊은 대류 세포들은 브라질 상공의 온난다습한 공기에서 발달한다. 대부분의 구름은 대류권계면에서 그 발달이 멈추나, 일부 폭풍우는 너무 강렬하여 성층권을 침투하기도 한다.

관련 자료

공중 부유 에어로졸은 공기 중에 떠다니는 여러 기원의 작은 입자들이다. 대류권에서 주로 발견되는 에어로졸은 구름 성질과 태양에너지 전달에 영향을 준다. 아래 영상들은 색처리한 스캔 전자현미경 사진이다.

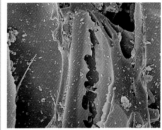

재 1980년 미국 워싱턴 주 세인트헬렌스 산이 폭발하는 동안 방출된 화산재는 폭발 마그마에 의해 생성된 유리 파편으로 구성되어 있다.

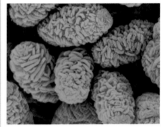

곰팡이 다양한 곰팡이들은 공기로 옮겨지는 독성 포자를 통해 번식하고 호흡할 때 심각한 건강 문제를 일으킨다.

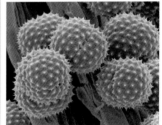

꽃가루 생물기원 에어로졸인 꽃가루 알갱이들은 건초열 같은 알레르기 반응을 일으키는데, 특히 봄철에 전 세계적으로 발견된다.

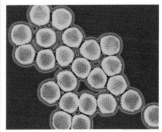

바이러스 200종이 넘는 바이러스는 일반적 감기를 유발시킬 수 있다. 바이러스는 쉽게 공중에 떠다니지만, 대부분의 감염은 직접적인 접촉으로부터 온다.

관련 자료

자기 활동 대부분의 태양 특징은 강력한 자기장 활동으로 일어난다. 자외선 기구로 찍은 사진들은 태양 표면과 태양의 얇은 대기의 가장 바깥쪽 영역인 코로나를 보여 준다.

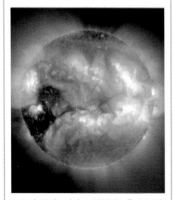

코로나 구멍 저밀도 영역(어두운 부분)은 태양풍이라 부르는 일정한 흐름의 열린 자기선을 따라 태양물질이 우주공간으로 흘러 나가도록 한다.

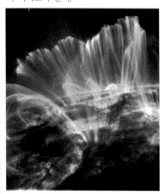

루프 흑점 주위에 밀집된 호(아크) 모양의 현상은 자기장 선에 의해 보내진 뜨거운 기체가 표면 위의 두 활동적 장소와 합류할 때 발달한다.

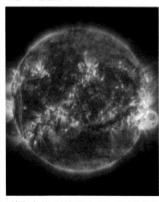

장(필드) 선 강한 자기 활동 영역은 밝은 깃털 모양의 띠로 나타나는데, 여기서 전기를 띤 입자들은 호(아크) 모양의 자기장 선 주위에서 소용돌이친다.

태양

태양은 태양계의 중심에 있고 그 주위로 모든 행성이 궤도를 그리며 돌고 있다. 모든 별처럼 태양은 과열된 수소 기체의 거대한 공이다. 태양계 총 질량의 98.6%를 포함하는 태양은 전자 복사의 형태로 거의 모든 지구에너지를 제공한다. 이 에너지의 흡수, 반사 및 재분배가 지구의 날씨와 기후를 결정한다.

태양의 능력 태양 표면은 지구처럼 딱딱하지 않다. 그것은 어떤 고체도 기체화시킬 정도로 뜨겁고 요동치는 활동적 기체들로 구성되어 있다. 태양이 생산하여 방출하는 에너지는 행성들에게 온기와 빛을 제공한다. 태양 부피의 7%에 불과하나 태양 질량의 절반을 차지하는 태양의 중심부는 핵융합으로 별들에게 연료를 공급한다.

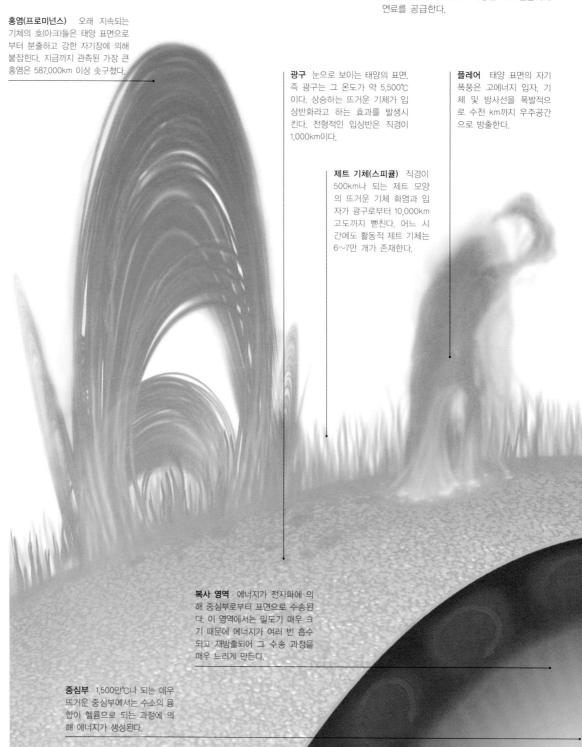

홍염(프로미넌스) 오래 지속되는 기체의 호(아크)들은 태양 표면으로부터 분출하고 강한 자기장에 의해 붙잡힌다. 지금까지 관측된 가장 큰 홍염은 587,000km 이상 솟구쳤다.

광구 눈으로 보이는 태양의 표면. 즉 광구는 그 온도가 약 5,500℃이다. 상승하는 뜨거운 기체가 입상반화라고 하는 효과를 발생시킨다. 전형적인 입상반은 직경이 1,000km이다.

플레어 태양 표면의 자기 폭풍은 고에너지 입자, 기체 및 방사선을 폭발적으로 수천 km까지 우주공간으로 방출한다.

제트 기체(스피큘) 직경이 500km나 되는 제트 모양의 뜨거운 기체 화염과 입자가 광구로부터 10,000km 고도까지 뻗친다. 어느 시간에도 활동적 제트 기체는 6~7만 개가 존재한다.

복사 영역 에너지가 전자파에 의해 중심부로부터 표면으로 수송된다. 이 영역에서는 밀도가 매우 크기 때문에 에너지가 여러 번 흡수되고 재방출되어 그 수송 과정을 매우 느리게 만든다.

중심부 1,500만℃나 되는 매우 뜨거운 중심부에서는 수소의 융합이 헬륨으로 되는 과정에 의해 에너지가 생성된다.

관련 자료

상호작용 코로나 질량 분출은 태양 자기장 선이 우주에 열려 있는 장소에서 방출된 전기 띤 태양 입자의 갑작스런 폭발 현상이다. 1,000억 톤 이상이 각 사건 동안 방전될 수 있다.

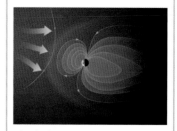

지구에 접근 주로 전자와 양자로 구성된 분출 태양물질(노란 화살들)은 지구를 향하여 10~1,000km/s로 질주한다.

오로라 태양의 얇은 대기로부터 나온 전기 띤 입자들이 지구 대기의 공기 분자와 충돌할 때 전기 띤 입자들이 진동한다. 이 분자들이 원래의 상태로 돌아가면서 다른 색깔의 빛을 방출한다. 극 근처에서 가장 일반적인 이 오로라는 지표면으로부터 80~600km 고도에서 발생한다.

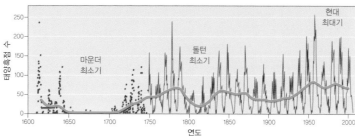

대류 영역 태양의 이 바깥쪽 부분에서는 밀도차에 의해 유발되는 끓는 대류 운동에 의해 에너지가 표면으로 운반된다.

태양흑점 어두운 점들은 대류를 억제하는 자기 활동 영역을 가리킨다. 태양흑점 안에 갇힌 기체들은 약 1,600℃까지 냉각된다.

순환 주기 1600년대 이후 망원경 관측에 의하면 태양흑점 활동은 11년 주기로 진동하는데, 그동안 태양 강도는 0.1%만큼 변하고 있다. 태양흑점 주기, 특히 오래 지속되는 최소 활동기는 기후에 영향을 준다고 추측된다.

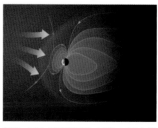

압축 지구 자장(초록색 선)은 코로나 질량 분출의 힘에 의하여 압축된다. 이 물질이 지구에 도달한다면 지자기 폭풍이 생길 수 있어 통신 방해를 야기한다.

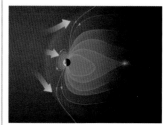

횡단 만일 코로나 질량 분출이 지구와 반대의 자극성을 가진다면, 지구의 어두운 쪽의 자기장 선들은 교차할지도 모른다. 이것이 오로라를 발생시키고, 전신 두절을 야기시키며, 위성을 손상시킬 수 있다.

기상 감시

마운더 최소기, 즉 극히 낮은 태양흑점 활동기는 17세기 동안 있었던 소빙하기 중 가장 추운 기간과 일치하였다. 일부 과학자들은 태양에너지 방출의 장기 변화가 강한 이상기후를 일으킬 수 있다고 이론화하고 있다.

태양 복사 지구 대기에 대하여 유일하고 현저한 에너지원인 태양은 모든 파장으로 복사를 방출하나, 이 파장에서 가장 강하게 방출하는 부분은 우리가 볼 수 있는 가시광선이다. 태양 복사는 우리의 행성에 불균일하게 분배된다.

생산 태양 중심부에서 일어나는 핵융합은 수소보다 무거운 모든 원소들을 만들어 내고 에너지를 방출한다.

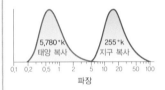

방출 태양은 가시광선을 중심으로 하여 짧은 파장으로 복사를 방출한다. 지구는 적외 스펙트럼의 훨씬 더 긴 파장을 방출한다.

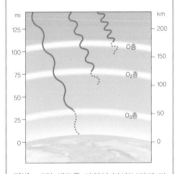

장벽 가장 해로운 자외선 복사(보라색 파동)는 대기 중 산소 원자(O), 산소 분자(O_2) 및 오존(O_3)에 의해 흡수된다.

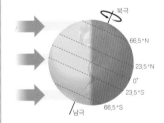

기울음 지구의 자전축이 23.5° 기울어져 있기 때문에, 태양 복사는 여러 각도로 지면에 도달하여 위도에 따라 다른 에너지 밀도를 만들어 낸다.

에너지 순환

태양의 중심부에서 융합으로 생산된 에너지는 단파 전자 복사로 지구에 도달한다. 지구 대기를 만난 후에 이 에너지는 에너지 순환으로 알려진 복잡한 과정으로 반사되고, 흡수되고, 변형되며 또한 우주공간으로 되돌아간다. 지구로 들어오는 복사와 지구에서 나가는 복사 사이의 균형이 지구의 안정한 온도를 가져온다.

들어오는 태양 복사 : 342단위 태양은 지구를 향하여 고강도의 단파 복사를 방출한다.

복사 균형 이 그림은 태양 복사가 지구 대기로 들어오고 지구 대기를 나가는 양을 보여주고 있다. 태양에너지의 약 30%는 우주공간으로 직접 반사되어 돌아간다. 구름과 하부 대기가 19%를 흡수한다. 나머지 51%는 육지와 해양에 흡수된다.

대기에 의한 흡수 : 67단위 들어오는 단파 복사는 대기 중 공기 분자들에 의해 흡수된다.

대기에 의한 반사 : 77단위 지구 대기와 구름은 단파 복사를 우주공간으로 도로 반사시킨다.

지면에 의한 흡수 : 168단위 알베도(반사율)는 흡수되어 땅을 가열시키고 물을 증발시키는 데 유효한 들어오는 태양에너지의 양을 결정한다.

지면에 의한 반사 : 30단위 지면에 따라 반사율 또는 알베도가 다르다는 것을 감안하여, 지구의 육지와 해양은 평균적으로 태양 복사의 30단위를 반사한다.

알베도(반사율) 지구에 의해 반사되는 복사의 부분은 지면 색깔과 조직에 따라 변하는데, 이 부분이 알베도로 알려진 효과이다. 들어오는 에너지는 어두운 표면에 의해 흡수된다. 밝고 평탄한 표면은 들어오는 에너지를 공간으로 다시 반사시킨다. 만일 태양 광선이 넓은 바다와 같은 표면에 낮은 각도로 들어온다면, 반사량은 증가한다. 전반적인 지구의 평균 알베도는 근사적으로 30%이다.

해양 단파 복사는 물을 침투할 수 있다. 그러므로 해양은 3~10%의 매우 낮은 알베도를 갖고 있다.

삼림 어두운 초록색 잎은 효과적으로 단파 복사를 흡수한다. 따라서 삼림은 5~20%의 낮은 알베도를 갖고 있다.

방출 복사 : 342단위 지구로부터 우주공간으로 방출되는 복사의 총량은 입사하는 태양 복사와 균형을 이루고 있다. 단파 복사는 31%를, 그리고 장파 복사는 69%를 기여한다.

대기 복사 온도에 따라 대기 기체는 장파 복사의 165단위를 우주공간으로 방출하고, 반면 대기 중 입자와 구름은 30단위를 방출한다.

대기의 창 : 40단위 지면에서 방출된 일부 장파 복사는 '대기의 창'을 통해 우주공간으로 직접 복사된다.

잠열 : 78단위 지면 승온은 수분 증발을 이끈다. 잠열은 난류 혼합과 대류를 통해 대류권으로 들어간다. 구름과 강수가 형성될 때, 잠열은 대기로 다시 방출된다.

대기에 의한 흡수 : 350단위 이산화탄소, 메탄, 산화질소, 산소, 오존 및 수증기 같은 온실 기체는 장파 복사를 가두어 대기를 가열시킨다.

온실 효과 : 324단위 온실 기체가 흡수한 에너지는 장파 복사로 지표면으로 다시 복사되는데, 이 복사에너지가 지면에 흡수되어 추가적 가열이 일어난다.

현열 : 24단위 잠재적 열에너지는 온난한 상승공기와 난류 운동에 의해 지면으로부터 재분포된다.

지면 복사 : 390단위 전 지구의 평균 지면 온도는 13.9℃이고, 지표면은 장파 열 복사를 방출한다.

들 농장의 반사도는 작물 색깔에 좌우된다. 목초지와 어린 식물들은 12~30%의 알베도(반사율)를 갖고 있다.

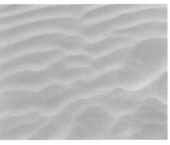

사막 매우 다양한 광물 형태 및 낟알 크기로 구성된 모래의 알베도(반사율)는 15~40% 사이에서 변한다.

눈 오래된 눈은 작은 거품을 발생시켜서 새로 내린 눈의 반사율(75~90%)보다 작은 반사율(40~70%)을 갖게 된다.

관련 자료

온도 잠열 이동, 복사 수준 및 현열 방출로 결정되는 하부 성층권과 대류권 온도는 하루당 켈빈 온도의 가열률로 컴퓨터 모델에 의해 이론화될 수 있다.

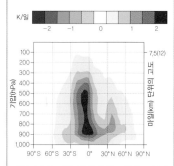

대류 구름 비를 발생시키는 열대 구름이 방출하는 잠열은 대류권에서 가장 중요한 열원이다.

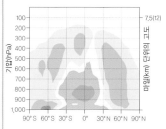

층을 이루고 있는 구름 대규모로 층을 이루고 있는 구름으로 생성된 비는 특히 중위도와 고위도의 폭풍우 경로에서 잠열을 방출한다.

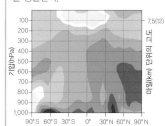

복사 하부 성층권의 오존이 자외선 복사를 흡수함으로써 공기를 가열시키는 곳을 제외하고, 복사 과정은 전반적으로 냉각을 이끌어 낸다.

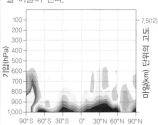

난류 열 난류 운동이 지면으로부터 이동시킨 현열은 지구 대기의 가장 낮은 층에만 도달할 수 있다.

계절

계절이란 매년 되풀이하여 발생하는 날씨 변화 특징이 뚜렷한 1년 중 기간이다. 지구 회전축이 기울어져 있기 때문에 지구가 태양을 공전하면서 변하는 입사 태양 복사의 강도와 기간이 계절을 만든다. 일반적으로 온도에 의해 주로 구분하는 네 계절, 즉 겨울, 봄, 여름 및 가을은 중위도지방과 극지방에서 관측된다. 태양 복사가 연중 많이 변동하지 않는 열대지방과 아열대지방에서는 강수량의 변화로 건조한 계절과 습한 계절이 생긴다.

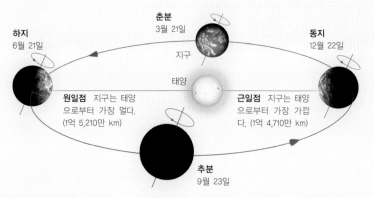

궤도 경로 지구는 평균 거리 1억 4,970만 km 떨어진 태양 주위를 타원 경로로 돌고 있다. 29.8km/s의 평균 속도로 타원 경로를 도는 데는 1년, 즉 365.25일이 걸린다. 지구는 또한 그 축을 중심으로 24시간마다 한 바퀴 돌아서 밤과 낮을 생기게 한다. 그림에 나타낸 계절은 북반구에 대한 것이다.

계절이 생기는 이유

지구는 북극과 남극을 잇는 축인 가상적 선을 중심으로 반시계 방향으로 회전한다. 이 지구 회전축이 수직선과 23.5°의 각도로 기울어져 있기 때문에, 지구는 장소에 따라 다른 양의 태양 복사를 받는다. 이와 같은 기울음 때문에 우리가 계절을 경험하게 된다.

연중의 시간에 따라 어떤 위도대는 태양을 향하여 기울어지고, 다른 어떤 지역은 태양과 멀어지는 쪽으로 기울어지게 된다. 1년 중 절반에는 태양빛이 가장 직접적으로 북반구에 비치고, 나머지 절반에는 남반구에 비친다. 북

반구에서는 북극이 12월에 태양으로부터 멀어지는 쪽으로 기울어지게 된다. 이때 보다 적은 햇빛이 북반구에 도달하여 낮이 짧고 온도가 낮은 겨울이 된다. 만일 지구 자전축이 전혀 기울지 않게 된다면, 양극은 1년 내내 춥고 어둡게 될 것이다. 만일 자전축이 더 많이 기울어진다면, 계절은 더욱 극단적이 될 것이다.

태양 광선이 지구를 비치는 각도는 지면에 도달하는 태양 복사의 강도에 영향을 준다. 태양이 천정에 있을 때, 즉 바로 머리 위에 있을 때 태양에너지는 대기가 흡수하거나 우주공간으로 다시 반사되는 양만큼만 감소된다. 만일 태양 광선이 낮은 각도로 도달한다면, 광선은 지표면의 보다 넓은 부분

을 비추고 에너지를 더 큰 면적에 분배한다. 낮은 각도로 들어오는 광선은 대기를 두껍게 침투한다. 그러므로 광선은 지면에 도달하는 시간에 따라 약해진다.

지구의 대륙 분포도 계절 온도에 효과를 갖고 있다. 물은 그것을 데우기 위해 상당한 에너지가 필요하다는 뜻인 매우 높은 열용량을 갖고 있기 때문에, 많은 양의 물은 온도 극값을 완충시키는 효과를 갖고 있다. 이것이 태양 복사가 지면을 신속히 가열시키는 대륙에서보다 해양에서 계절 변화를 더 작게 만든다. 대륙이 북반구에 더 많이 위치해 있어서 평균 여름 온도는 남반구보다 북반구에서 더 높다.

태양 위치 정오에 지표면 위 관측자는 위도와 연중 시간에 따라 태양을 다른 고도로 보게 될 것이다. 태양이 한 반구에서 높이 떠 있을 때, 다른 반구에서는 태양 고도가 낮다. 항해사들은 위도 위치를 결정하기 위하여 수세기 동안 이 특징을 사용하였다.

북극에서 3월 21일부터 9월 23일까지 태양은 수평선 위에 보이는데, 하지 때 가장 높은 위치에 도달한다. 태양은 추분부터 춘분까지 수평선 아래에 있게 되어 '극야(極夜)'를 만든다.

중위도지방에서 북위 45° 또는 남위 45°에서 태양은 춘·추분 정오 때 수평선 위 45°에 도달하고 하늘에 12시간 동안 머문다. 하지에는 태양이 약 15시간 동안 수평선 위에 있고, 겨울에는 9시간 미만 동안 수평선 위에 떠 있다.

적도에서 춘·추분에 태양은 정확하게 머리 위에 있게 되고, 하지에 태양은 약간 북쪽에 그리고 동지에 약간 남쪽에 있게 된다.

겨울 추운 온도 때문에 낙엽수는 겨울에 그 잎을 잃는다. 유럽 너도밤나무가 있는 같은 장소의 삼림 경치와 싹이 네 가지 다른 계절에서 보인다(위로부터 시계 방향으로).

봄 상승하는 온도와 증가하는 햇빛은 봄에 생물권을 다시 생명력 있게 만든다. 싹이 나오고 가지가 자라며, 잎이 생기고 꽃이 핀다.

가을 가을에는 온도와 햇빛이 감소되어 생물학적 활동이 느려진다. 나무가 잎으로부터 엽록소와 영양소를 거두어 들여 잎이 떨어지기 전에 색깔을 변화시킨다. 꼬투리가 열려서 씨앗이 방출된다.

여름 계속 나타나는 더운 날씨가 식물 성장을 촉진시킨다. 광합성이 햇빛으로부터 오는 에너지를 사용하여 대기의 이산화탄소를 당분으로 변환시킨다. 잎이 완전히 피고 씨앗 꼬투리가 형성된다.

위장 어떤 종(種)은 동면하거나 따뜻한 곳으로 이동하는 반면, 겨울에 활동적인 동물은 변하는 주위 환경에 맞게 색깔을 조절한다. 여름철 버드나무 뇌조(雷鳥)의 얼룩덜룩한 깃털(먼 왼쪽 그림)은 겨울철에 하얗게 되어(바로 왼쪽 그림) 육식동물로부터 보호받는다.

달력 계절은 씨 뿌리고 곡물을 수확하는 주요 경작 순환을 일으킨다. 기상정보가 쉽게 얻어지기 전에 농부는 계절 변화 예측을 돕기 위해 1795년부터 시작된 왼쪽 그림과 같은 달력에 의지하였다. 온도와 일반적 기상 관측값이 천문현상 옆에 적혀 있었다.

관련 자료

열 열은 온도차 때문에 한 물체나 영역으로부터 다른 물체나 영역으로 이동하는 에너지 전달 과정이다. 분자 진동 또는 전자에너지 수준의 여진(勵振)은 온도에 영향을 주는 내부 변화를 일으킨다.

불 연소는 연료가 산소와 결합되어 열과 빛이 생길 때 나타나는 복잡한 연쇄적 화학 반응의 결과이다.

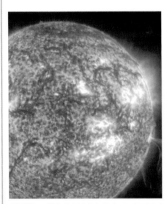

핵반응 태양의 중심부에서, 수소로부터 헬륨으로의 융합 과정에 의해 에너지가 생성된다. 별의 온도는 별에 있는 기체가 과잉에너지를 흡수하면서 상승한다.

전류 전류가 저항기를 통과해 흐를 때, 전기에너지는 열에너지로 전환된다. 이 원리는 전기난로와 백열전구에 이용된다.

온도

온도는 어떤 물질의 분자가 갖고 있는 열 함유량 또는 평균 운동에너지의 척도이다. 이 온도는 가장 중요한 날씨와 기후의 요소 중 하나로서 두 다른 영역 또는 물체 사이에서 열 흐름을 결정한다. 온도는 생물학적 활동, 물의 상(相) 상태(얼음, 액체 물, 수증기), 그 밖의 많은 물리적 과정을 지배한다.

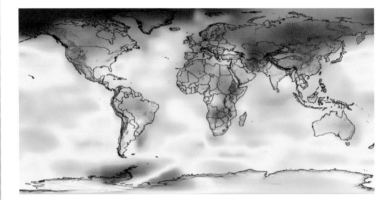

편차(위) 이 영상은 2002~2006년의 온도 편차를 나타내며 전 지구의 대기 온도가 불균질하게 분포되어 있음을 보여 준다. 가장 강한 양의 편차(빨간색)는 북극과 아시아에서 관측되는 반면, 찬 온도(파란색)는 해양과 남극 일부에서 산발적으로 나타난다.

광학적 환상 나미비아 사막에서 찍은 이 사진은 하나의 신기루를 보여 주는데, 이 신기루는 광선이 더운 지면 공기와 그 위 찬 공기 사이의 경계면에서 굴절되는 자연 현상이다.

관련 자료

눈금 온도는 다양하게 눈금을 그을 수 있는 온도계로 측정된다. 대부분의 국가들이 섭씨 눈금을 사용하지만, 아직도 일부 국가는 화씨 눈금을 사용한다. 켈빈 눈금은 국제단위계에서 사용되는 기초 열역학적 눈금이다.

	화씨	섭씨	켈빈
물이 끓는다	212°F	100℃	373°K
물이 언다	32°F	0℃	273°K
절대 0도	−459°F	−273℃	0°K

변환 섭씨의 경우, 물은 0℃(32°F)에서 얼고 100℃(212°F)에서 끓는다. 켈빈 온도는 섭씨 온도에 273.15°를 더하여 얻을 수 있다. 섭씨 눈금과 화씨 눈금 사이에 변환을 하기 위해서는 다음 방정식을 사용한다.

섭씨로부터 화씨로: ℉=(1.8×℃)+32

화씨로부터 섭씨로: ℃=0.56×(℉−32)

비교	℉	℃
절대 0도 (0°K)	−459.67	−273.15
지구상에서 가장 낮게 기록된 온도	−128.2	−89
화씨 온도와 섭씨 온도가 같아짐	−40	−40
물이 엶 (해수면에서)	32	0
지구의 평균 지상 온도	57	13.9
평균 인체 온도	98.2	36.8
지구상에서 가장 높게 기록된 온도	136.4	58
물이 끓음 (해수면에서)	212	100

극지방에서(먼 왼쪽) 온실 효과를 감소시키는 매우 건조한 공기는 줄어든 햇빛과 높은 눈 반사율과 결합되어 추운 날씨를 만든다. 북극과 남극의 대부분 지역에서 온도는 0℃ 이상으로 거의 오르지 않는다.

사막에서(왼쪽) 건조하고 실제로 구름이 없는 사막 공기는 태양 복사로 인하여 지표면을 최대한으로 가열시키도록 만들어서 극히 높은 낮 기온을 나타낸다. 밤에는 이와 같은 조건이 온기를 탈출시켜 급격히 냉각된다.

운동 중인 공기

기압과 기온의 변화가 보통 바람을 일으키고 유지시킨다. 차등 가열로 발생한 기압차는 모든 규모로, 즉 지역 규모로부터 전 지구 규모까지로 발달할 수 있다. 따뜻한 공기는 찬 공기보다 밀도가 낮아 상승하려 하는데, 이러한 상승은 지면에서 공기 분자의 수를 감소시키고 질량 부족을 남기거나 저기압 영역을 만든다. 공기가 냉각되면 그 공기는 하강하고 지면 공기 분자 수를 증가시켜 고기압 영역을 형성한다. 밀도 균형을 이루기 위해 공기는 고기압에서 저기압으로 흘러 바람을 일으킨다.

부양(浮揚)(왼쪽) 열기구의 외피는 안의 가열된 공기와 밖의 찬 공기가 혼합되는 것을 막는다. 기구 안의 공기가 같은 부피의 바깥 공기보다 가볍기 때문에 기구는 부력을 받는다.

구름(오른쪽) 따뜻한 공기가 상승하면서 지면의 수분은 위로 이동된다. 온도는 보통 고도와 함께 감소한다. 따라서 공기가 상승함에 따라 그 공기는 냉각되기 시작한다. 수증기가 냉각되어 공기 중 먼지와 같은 작은 입자들을 중심으로 응결할 때 구름이 형성된다.

범주(帆走)(아래) 약 5,500년 전에 발명된 범선은 바람을 이용하여 배를 앞으로 추진한다. 범선은 바람에너지와 물의 속도를 이용한다. 바다 위에서는 지면 마찰이 적기 때문에 바람은 육지보다 훨씬 더 강하다.

부는 바람

바람은 일반적으로 수평적인 공기 흐름을 말하고 방향과 속도로 측정된다. 고기압 영역과 저기압 영역이 서로 근접해 있으면 강한 기압 경도가 발생하여 강력한 바람을 만든다. 어떤 경우에는 빙하에 누적된 아주 찬 공기처럼 밀도가 높은 공기가 활강 바람(katabatic wind)으로 알려진 중력에 의해 유발되는 비탈 내리바람을 일으킬 수 있다.

입사하고 방출하는 태양에너지의 양과 지면이 복사를 흡수하거나 반사시키는 능력에 따라 대기와 지면의 온도 변화가 일어난다. 이 태양에너지 양과 지면 능력의 편차가 공기 흐름에 영향을

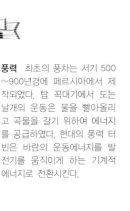

풍력 최초의 풍차는 서기 500~900년경에 페르시아에서 제작되었다. 탑 꼭대기에서 도는 날개의 운동은 물을 빨아올리고 곡물을 갈기 위하여 에너지를 공급하였다. 현대의 풍력 터빈은 바람의 운동에너지를 발전기를 움직이게 하는 기계적 에너지로 전환시킨다.

준다. 바람은 따뜻한 지역으로부터 찬 지역으로 에너지를 수송한다. 중위도지방 폭풍우는 열대지방 밖에서 대부분의 열 수송을 달성한다. 열대지방에서는 무역풍, 몬순 및 태풍(열대 저기압)이 열을 나르는 주요 시스템이다.

공기는 그 밑에서 회전하는 지면에 상대적으로 움직이기 때문에, 대규모 지구상의 풍계는 자전축을 중심으로 한 지구 자전에 영향을 받는다. 1835년에 프랑스 공학자 Gustave-Gaspard de Coriolis가 발견한 코리올리 효과란 움직이는 물체 또는 기류나 해류가 회전력에 의하여 직선 경로로부터 비껴가는 것을 말한다. 이것은 공기가 고기압에서 저기압으로 직접 흐르지 않고 북반구에서는 오른쪽으로, 남반구에서는 왼쪽으로 편향됨을 의미한다. 따라서 북반구에서 바람은 고기압 영역 주위에서 시계 방향으로, 저기압 영역 주위에서 반시계 방향으로 분다. 남반구에서는 바람 방향이 북반구와 반대이다.

지표면 부근에서는 지면 마찰이 바람을 느리게 하여 대기의 최하층에서 코리올리 효과를 감소시킨다. 적도 근처의 따뜻한 공기가 상승한 후 찬 공기가 하강하여 저위도로 퍼져 나가게 하는 극지방으로 이동함으로써 지구적으로 공기를 수송하는 순환 세포 시스템을 만든다.

대기압

어떤 특정한 지점에서 대기압은 그 위 공기 분자의 무게에 의해 생긴다. 공기가 고기압 영역으로부터 저기압 쪽으로 움직이기 때문에 기압차는 바람을 일으킨다. 지면에서 경험하는 날씨는 대기압의 영향을 크게 받는다: 고기압은 보통 좋은 날씨를 만들고 저기압은 흔히 불안정하고 험악한 날씨 상태를 발생시킨다.

관련 자료

순환 온도 유발의 압력차로 생성되는 대기 순환계는 작은 규모인 국지적 해풍으로부터 아시아와 아프리카의 대륙 규모인 몬순까지 전 세계에서 매우 다양한 규모로 관측된다.

해안가 해풍은 육지가 바다보다 더 많이 가열되는 낮 동안에 발달한다. 강하지만 낮은 층에서 육지 쪽으로 부는 바람은 높은 파도를 형성할 수 있다.

몬순 인도 몬순의 습한 기단이 네팔의 카트만두 근처 히말라야 산맥과 부딪칠 때 두꺼운 구름과 호우가 발생한다.

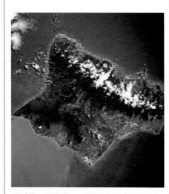

무역풍 아열대 고기압으로부터 불어오는 북동 무역풍은 하와이 오아후(Oahu) 섬에 있는 코올라우(Koolau) 산맥에 부딪쳐서 띠 모양의 지형성 구름을 형성한다.

상승하는 공기 저기압계에서 따뜻한 공기는 지면에서 수렴하여 위쪽으로 소용돌이쳐 오른다. 상승하는 수증기는 냉각되고 응결하여 구름과 흔히 강수를 형성한다.

바람 바람은 항상 고기압 영역으로부터 저기압 쪽으로 불기 때문에, 하나의 닫힌 순환계가 발달한다.

기압계(아래) 해양과 같은 따뜻한 해면은 저기압 영역을 만들어 낸다. 따뜻한 공기는 찬 공기보다 밀도가 작기 때문에, 따뜻한 공기가 상승하기 시작한다. 상승하는 동안 그 공기는 냉각되고 압력은 고도와 함께 감소한다. 하강하는 공기는 고기압 영역을 생성시킨다. 바람이 형성되어 기압차를 균형화시키려 한다.

하강하는 공기 공기 분자가 아래쪽으로 수송되기 때문에 고기압은 지면에 형성된다. 하강하는 공기는 따뜻해져 물방울을 증발시키고 구름을 소산시킨다.

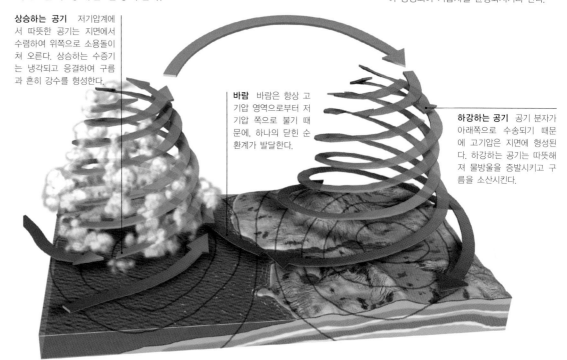

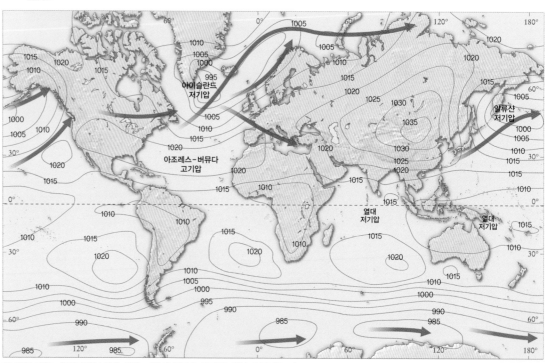

전 지구 기압 일기도에서 같은 해면 기압의 점들을 연결한 선인 등압선은 대규모 기압계를 확인시킨다. 숫자들은 헥토파스칼(hPa) 단위의 기압값이다. 빨간색 화살표는 주요한 폭풍우 경로를 나타낸다.

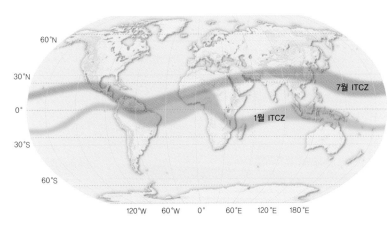

열대 수렴대 북동 무역풍과 남동 무역풍이 만나는 열대지방에서는 저기압 띠가 지구를 둘러싸고 있다. 이것은 ITCZ라고 알려진 많은 양의 강수 띠이다. 이 띠는 계절에 따른 태양의 위치를 따르는데, 북반구 여름에는 북쪽으로, 겨울에는 남쪽으로 이동한다.

중위도 폭풍우(아래) 2003년 5월에 알래스카 만 상공에서 찍은 저기압계의 이 위성 영상은 한대 기단과 아열대 기단이 합류하여 거대한 소용돌이가 되어 반시계 방향으로 도는 모습을 보여 주고 있다.

관련 자료

비교 공기 분자의 상대적 압력과 밀도는 물의 압력과 밀도에 비유된다(아래쪽). 흰 공은 압력을 나타내고 각 부분의 배경색은 밀도를 가리킨다.

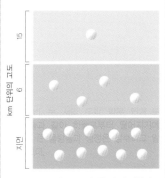

고도 대기압은 고도와 함께 비선형적으로 감소한다. 공기는 압축성 기체이기 때문에 대기의 하층에서 밀도가 더 크다.

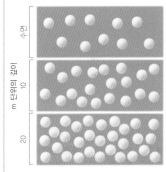

깊이 수압은 10m마다 한 단위씩 깊이와 함께 선형적으로 증가한다. 물은 압축성이 아니어서 그 밀도가 모든 깊이에서 서로 같다.

스쿠버 다이빙

잠수부들은 깊이 내려갈수록 더 높은 압력을 경험하게 되는데, 이때 용해된 기체들이 잠수부의 혈액과 세포 조직에 쌓이게 된다. 떠오를 때, 특히 큰 몸의 관절에서 이 기체들은 거품을 형성한다. 급격한 감압(減壓)은 심각한 질병, 마비 또는 사망에 이르게 할 수 있다.

대기압 (계속)

일반적인 고·저기압 영역은 잘 정의된 띠 모양으로 지구를 둘러싸고 있다. 적도지방에서는 저기압이 우세하나, 중위도지방에서는 넓은 영역의 고기압이 양쪽 반구에 존재한다. 겨울에 국지적 시베리아 고기압과 한대 고기압이 강한 지면 냉각으로 발달하는 것을 제외하면, 저기압 시스템 지대는 극지방 쪽에서 발견된다.

바바리아 고기압은 보통 바바리아(Bavaria) 알프스 산맥에서 맑은 날씨를 만든다. 때때로 하강공기는 온도가 고도와 함께 증가하는 온도 역전을 만들어 내고 계곡에 안개층을 가두는데, 이 동안에는 안개층보다 더 높은 고도에 푸른 하늘이 보인다.

관련 자료

1. 시베리아 고기압 매우 안정하고 얇은 고기압계인 시베리아 고기압은 광활하고 눈 덮인 북부 아시아 영역에서 극도의 지면 냉각에 의해 겨울마다 형성된다. 이 고기압은 매우 찬 공기를 중국 동부로, 때때로 동남아시아까지 멀리 수송하는 겨울 몬순의 원천이다.

시베리아

2. 아조레스 고기압 이 반영구적 아열대 고기압은 아조레스 제도의 이름을 따서 이름 지어졌다. 고기압 영역은 여름에 힘을 얻어 북쪽으로 이동하는데, 가끔 북동쪽으로 확장하면서 대서양 폭풍우가 유럽까지 도달하는 것을 막는다.

아조레스 제도

3. 사하라 고기압 비를 지닌 폭풍우는 북아프리카의 뚜렷한 고기압계에 의해 사하라지방에서 떨어진 곳으로 지나간다. 세계에서 가장 큰 사막 위의 매우 안정한 온도 역전이 구름 형성을 막고, 온도 상태는 약간 추운 날씨로부터 극히 더운 날씨까지 나타난다.

사하라 사막

4. 에베레스트 저기압 고도 8,848m인 에베레스트 정상의 대기압은 약 300hPa로서 대략적으로 해면 기압의 1/3이다. 산소 밀도 역시 보통 수준의 1/3로 감소한다. 대부분의 등산가들은 미리 준비한 산소통에 의존한다.

히말라야 에베레스트 산

5. 아이슬란드 저기압 아이슬란드 저기압은 아이슬란드와 남부 그린란드 사이에 위치한 반영구적 저기압이다. 이 저기압은 빈번한 폭풍우 활동과 연관된 대기 순환의 중심이고 겨울에 더 강하다. 아이슬란드 저기압과 아조레스 고기압은 북대서양 진동을 고정시킨다.

아이슬란드

데스밸리(위) 사막의 수분 부족은 구름 형성과 증발 냉각을 방해하여 강력한 지면 가열을 이끈다. 상승하는 더운 공기는 열저기압이라 부르는 저기압 영역을 만든다.

열대(아래) 열대지방의 많은 섬에서 온도 역전은 대류 구름이 높게 발달하는 것을 막는다. 증발된 해수는 역전층에 집중되어 있는데, 여기서 수승기가 응결하여 안개 같은 구름을 형성한다.

관련 자료

패턴 북대서양진동(North Atlantic Oscillation, NAO)은 유럽 기후를 변화시킨다. 아조레스 고기압과 아이슬란드 저기압 사이의 약한 기압차는 추운 조건을 갖는 음의 위상을 가리킨다. 양의 위상인 강한 기압차는 유럽의 겨울을 온화하게 한다.

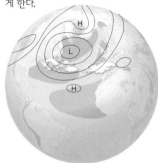

음의 위상 북부 유럽과 북아메리카 동부는 NAO 음의 위상 동안 정상 상태보다 추운 날씨(파란색)를 경험하게 되고, 비를 지니고 있는 폭풍우 구름은 지중해로 들어간다.

양의 위상 양의 위상에서 NAO는 폭풍우 구름을 북극에 집중시켜 유럽 북부와 북아메리카 동부의 상태를 따뜻하고 습하게(오렌지색) 만든다.

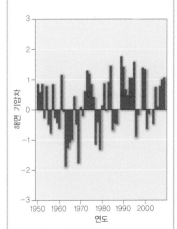

NAO 지수 아이슬란드 저기압과 아조레스 고기압 사이의 정규화된 기압차는 양의 위상과 음의 위상으로 진동하는 패턴을 보이고 있다.

관련 자료

속도 풍속은 기압 경도라고 알려진 거리당 기압차에 좌우되고 또한 지역적 환경에 좌우된다. 넓은 바다 위에서의 마찰은 작아서 거친 육지보다는 바다에서 풍속이 더 강하게 된다.

적도 무풍대 적도 무풍대는 바람이 약한 적도 근처의 저기압 영역이다. 이 적도 무풍대는 적도 근처 ITCZ의 따뜻한 열대 해수 위에서 형성된다.

높날림눈 시속 56km보다 강한 바람을 동반한 블리자드(blizzard)는 시정(視程)을 150m 미만으로 감소킬 수 있다.

울부짖는 60도 남극 근처 남해양의 어느 커다란 육지도 지구를 일주하는 강한 바람의 경로를 방해하지 못한다.

전 지구 바람

대기 대순환이라고 부르는 전 지구 바람 시스템은 대규모 기압차의 상호작용, 강수 구름에서의 잠열 방출 및 지구 자전 효과 때문에 발달한다. 태양 광선은 적도를 직접 가열시켜 열대지방에 따뜻한 상승공기를 변함없이 흐르게 한다. 차고 밀도가 큰 공기는 양쪽 극에서 하강한다. 이 공기 순환 패턴은 전 지구적으로 열을 수송한다.

대기 세포(아래) 대기 순환은 주요한 세 가지 유형의 세포를 만든다. 적도에 가장 가까운 세포를 해들리(Hadley) 세포라 부르는데, 이는 1753년에 이 세포를 설명한 영국 과학자 조지 해들리(George Hadley)의 이름을 딴 것이다. 남북위 30°와 60° 사이에서 순환하는 페렐(Ferrel) 세포는 미국 과학자 윌리엄 페렐(William Ferrel)이 1856년 처음으로 발견하였다. 양쪽 극에서는 밀도가 크고 찬 공기가 하강하여 순환 세포를 만든다.

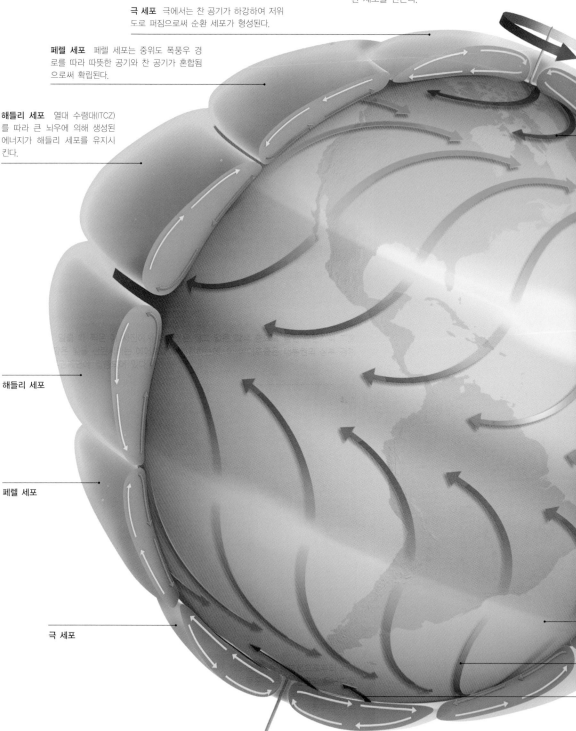

극 세포 극에서는 찬 공기가 하강하여 저위도로 퍼짐으로써 순환 세포가 형성된다.

페렐 세포 페렐 세포는 중위도 폭풍우 경로를 따라 따뜻한 공기와 찬 공기가 혼합됨으로써 확립된다.

해들리 세포 열대 수렴대(ITCZ)를 따라 큰 뇌우에 의해 생성된 에너지가 해들리 세포를 유지시킨다.

해들리 세포

페렐 세포

극 세포

워커(Walker) 순환 적도를 따라 3개의 세포가 서태평양, 아프리카 근처 및 아마존 지역의 열대 해수 위에서 대류에 의해 생긴다. 편동 무역풍에 의해 수송되는 따뜻하고 습한 공기가 상승하여 큰 대류 구름을 형성하는데, 이 구름이 비를 내리고 잠열을 방출한다. 수분을 방출한 후 건조해진 공기는 하강하면서 따뜻해지고 동쪽으로 돌아간다.

극 바람 편동풍이 북반구에서는 북극에서 북위 60°로, 남반구에서는 남극에서 남위 60°로 분다. 기류 방향은 코리올리 효과에 의해 편향된다.

편서풍 양 반구 중위도지방에서는 서쪽에서 동쪽으로 부는 강하고 때로는 격렬한 바람 띠가 발견된다. 편서풍은 아열대 고기압으로부터 극 쪽으로 흐르는 공기로부터 유래한다.

아열대 고기압 양 반구 해들리 세포의 하강 지역에서 고기압대가 발달한다. ITCZ 쪽으로 수분을 이동시키는 무역풍뿐만 아니라 편서풍도 이 고기압 영역으로부터 시작된다.

무역풍 무역풍은 아열대 고기압으로부터 적도 쪽으로 꾸준히 분다. 이 바람은 강한 동풍 성분을 갖고 있고, 모든 바람 중에서 가장 일정하게 불고 예측이 가능하다.

열대 수렴대 양 반구 무역풍의 수렴에 의해 형성되는 ITCZ는 대기 대순환의 주요 인자인 큰 대류가 일어나는 영역이다.

무역풍

아열대 고기압

편서풍

극 바람

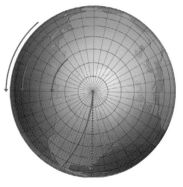

편향(위) 북극을 떠나 마이애미를 향해 직선 경로(점선)로 비행하는 항공기는 지구가 항공기 밑에서 회전함에 따라 태평양 상공 어딘가(곡선)로 가게 될 것이다. 지구의 회전 속도는 극에서 멀어질수록 증가한다.

코리올리 효과(위) 지구가 회전함에 따라 지구상의 바람은 고기압과 저기압 영역 사이에서 편향된다. 코리올리 효과는 북반구에서 오른쪽으로 향한다. 남반구에서 그 힘의 방향은 북반구와 반대이다.

관련 자료

가시적 효과 바람이 불고 있다는 증거는 여러 방법으로 보일 수 있다. 해안선을 따라 꾸준히 부는 바람은 성장하는 나무를 휘게 한다. 강한 바람은 풍경을 변형시킬 수 있다. 극심한 바람은 구조물을 파괴시키는 황폐 상태로 만들 수 있다.

사스트루기 강한 지상풍에 의해 눈이 쌓이고 침식하여 만들어진 불규칙한 밭고랑과 언덕 모양의 깊은 주름을 러시아로 '문지방 홈'의 뜻을 가진 사스트루기라 부른다.

바닷바람 강하고 끊임없는 바람은 파도를 일으킨다. 시속 65km보다 더 강한 바람은 파의 꼭대기를 흐트러지게 하여 흰 파도를 만든다.

모래 언덕 시속 16km보다 더 강한 바람은 가는 모래 입자를 치올릴 수 있다. 모래 언덕은 탁월풍 방향의 직각 방향으로 뻗어 나간다.

관련 자료

행성파 지구 규모 바람은 높은 고도에서 굽이치며 불고, 제트류 형성에 영향을 미쳐 날씨에 영향을 준다. 이 크고 굽은 흐름 패턴은 대류권 안에서 대조적인 온도를 갖고 있는 기단 사이의 경계에서 형성된다.

극야 제트 행성파는 성층권에 거의 영향을 주지 않는다. 따라서 극야 제트류는 대칭적으로 남아 있다.

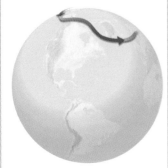

한대 제트 행성파는 북위 60° 근처에서 가장 강하고, 마루와 골을 구성하여 굽이쳐 흐르는 제트를 만든다.

아열대 제트 이 제트는 해들리 세포를 따라 북위 30°와 남위 30° 근처에서 형성되는데, 해들리 세포가 제트의 모양과 강도를 결정한다.

파인애플 익스프레스 파인애플 익스프레스(Pineapple Express)라고 알려진 아열대 제트류는 하와이로부터 태평양을 지나 캘리포니아 쪽으로 따뜻하고 습한 공기를 가져온다. 강한 강우(빨간색)는 이 제트류가 해안의 산과 부딪칠 때 생긴다.

제트류

제트류는 서쪽에서 동쪽으로 부는 강한 바람의 좁은 띠로서 밀도가 서로 다른 기단 사이의 경계에서 형성된다. 이 제트류는 시속 100km 이상의 속도로 이동하며 대류권계면 근처 상부 대류권에서 수천 km에 걸쳐 뻗어 있다. 기상학자들은 날씨 예보의 도구로서 제트류 경로를 따라 움직이는 폭풍우를 추적한다.

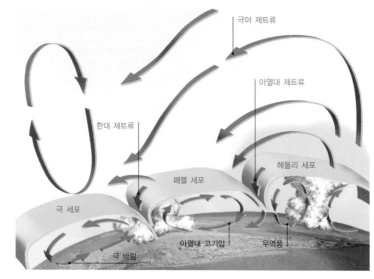

위치(위) 제트류는 극 세포와 페렐 세포 사이의 대류권계면에 있는 틈과 페렐 세포와 해들리 세포 사이의 틈에서 발달한다. 극야 제트류는 성층권에서 겨울에 형성된다.

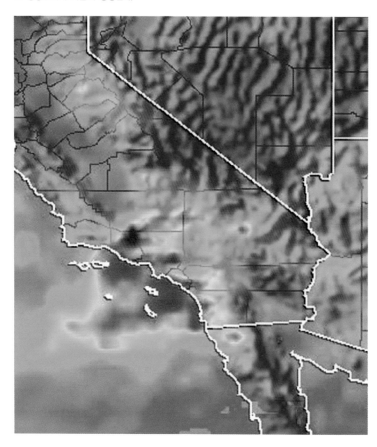

관련 자료

이동하는 흐름 중위도지방에서 변하는 날씨는 서쪽에서 동쪽으로 이동하는 저기압 폭풍우에 의해 발생한다. 때때로 기단이 정지하여 날씨가 여러 날 동안 또는 심지어 여러 주 동안 변하지 않을 때 저지 현상이 일어난다.

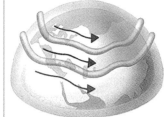

정상 상태 규칙적이고 약간 굽이치는 한대 제트류는 극심한 상태를 유발하지 않고 중위도지방으로 변하는 날씨 패턴을 가져온다.

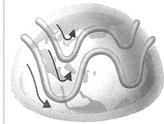

골 강력한 행성파는 제트류를 일그러뜨려서 찬 공기를 저위도로, 따뜻한 공기를 고위도로 나름으로써 험악한 날씨를 일으킨다.

저지 현상 고기압 영역과 저기압 영역은 떨어져 나갈 수 있다. 이렇게 생긴 정체 시스템은 홍수, 지속성 한파, 열파 및 가뭄을 일으킬 수 있다.

가시적 제트 제트류는 강한 대기 난류를 일으켜 긴 구름 띠를 자주 만들어 낸다. 제미니(Gemini) 12 우주선이 찍은 이 사진에서 보듯이 시속 160km 이상으로 빠르게 움직이는 제트류 바람이 이집트와 홍해 상공에서 줄무늬 권운을 만들어 내고 있다.

관련 자료

1. 노어이스터(Nor'easter)
이 폭풍우는 멕시코 만에서 형성되는 저기압계로부터 흔히 시작한다. 노어이스터는 남쪽에서 오는 따뜻하고 습한 공기가 대륙에서 내려오는 찬 공기와 만날 때 북아메리카 동해안을 따라 태풍 정도의 바람을 발생시킬 수 있다. 이 두 공기 사이의 큰 온도치가 맹렬한 폭풍우를 만들어 낸다.

북아메리카의 노어이스터

2. 라샤바(Rashaba)
라샤바 또는 '검은 바람'이 북부 이라크에서 불 때 호우와 진눈깨비가 빈번히 이 영역을 강타한다. 이 토네이도 같은 바람이 과열된 쿠르디스탄 초원지대에서 발생하여 높은 고원으로부터 산 경사를 무너뜨려 내린다.

이라크의 라샤바

3. 서덜리 버스터(Southerly Buster)
서덜리 버스터라고 지역적으로 알려진 큰바람 강도의 남풍이 선도하여 태즈먼 해로부터 오는 한랭전선이 시드니 해안을 따라 급격한 기온 하강을 초래한다. 흔히 짧은 기간의 격렬한 비나 우박이 뒤따른다.

호주의 서덜리 버스터

4. 미스트랄(Mistral)
이 맹렬한 차고 건조한 바람은 최고 시속 100km의 속도로 수일 동안 프랑스 론 계곡을 지나면서 연속적으로 분다. 알프스 산맥 위에서 누적된 밀도가 크고 찬 공기에 의해 발생하는 미스트랄은 북서풍 계열의 바람으로서 겨울철과 봄철에 가장 빈번하다.

프랑스의 미스트랄

5. 미누아노(Minuano)
높은 대기압 기간 동안 남아메리카 남서부로부터 이동해 오는 찬 한대전선은 강화된다. 이 전선은 여러 날 동안 평원 위를 부는 아주 찬 바람인 미누아노를 가져온다. 찬 바람이 정체 상태의 따뜻하고 습한 기단을 가로지를 때 폭우가 발생한다.

브라질과 우루과이의 미누아노

지역 바람

대규모 풍계가 일반적으로 기압차에 의해 생기는 반면, 지역 순환 패턴은 산맥, 계곡 및 협만과 같은 물리적 장벽과 마주치는 바람에 의해 형성될 수 있다. 또한 지역적으로 온도차가 크거나 대륙과 해양이 근접해 있으면 넓은 범위의 지역 바람을 일으키는 특별 조건을 만들어 낼 수 있다.

바람에 휘둘린 나무(오른쪽) 푄(foehn) 유형 바람인 캔터베리 북서풍은 저기압 시스템이 태즈먼 해로부터 습한 공기를 몰고 오면서 뉴질랜드 남섬의 서던 알프스(Southern Alps) 산맥을 넘어올 때 발생한다. 상승하는 공기는 강수로 인하여 산에서 수분을 잃고 나서 산 너머 캔터베리 평원에 따뜻하고 건조한 북서풍으로 분다.

캄신(먼 오른쪽) 캄신(Khamsin)은 1년에 어떤 50일 동안 부는 숨막힐 듯이 덥고 건조한 남풍 또는 남동풍 계열의 사막 바람이다. 아라비아어로 캄신은 '50'이란 뜻이다. 북아프리카를 횡단하거나 지중해에서 동쪽으로 이동하는 저기압에 의해 늦겨울과 초여름에 생기는 이 전선 바람은 이집트에서 모래 폭풍을 빈번히 일으킨다.

관련 자료

미풍 이웃한 장소 사이에서 작은 온도 변화는 지역 바람 패턴을 일으킬 수 있다. 낮과 밤의 미풍은 하루 동안 일어나는 가열 및 냉각의 지역차로부터 생긴다. 이 미풍은 계곡에서 일반적이고 해안 근처에서는 해풍으로 발달한다.

주간 낮 동안에는 햇볕에 쪼인 비탈이 따뜻해져 언덕 위로 약한 미풍을 일으킨다. 공기는 결국 하강하고, 하강하는 동안 따뜻해진다.

야간 밤에는 냉각된 토양이 바로 위의 공기를 냉각시키는데, 이때 공기가 비탈을 타고 아래로 흘러 하강하는 미풍을 발생시킴으로써 공기가 골짜기에 쌓인다.

보라 디나릭 산맥의 동쪽 눈 덮인 고원 위에서 찬 공기가 고기압 시스템에 모임에 따라 찬 북풍 또는 북동풍 계열의 바람이 아드리아 해 해안을 따라 갑자기 강하게 분다. 겨울에 가장 일반적인 보라(Bora)는 이탈리아, 슬로베니아 및 크로아티아의 아드리아 해 영역에서 경험할 수 있다.

푄 바람

공기가 산을 강제로 가로질러 넘어갈 때 푄 바람이 발생한다. 바람이 불어오는 옆구리에서 상승하는 동안, 공기는 냉각되고 수분은 응결하여 구름을 형성한다. 만일 강수가 발생하면 건조해진 공기는 바람이 불어 가는 쪽에서 하강하여 따뜻해진다.

관련 자료

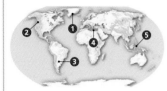

1. 피테라크(piteraq) 세계에서 가장 큰 섬인 그린란드의 80% 이상은 얼음으로 덮여 있다. 북극권 북쪽에 위치해 있는 이 거대한 얼음판 위에서 초냉각된 공기는 피테라크 바람을 만든다. 이 바람은 저기압 영역이 해안에 접근할 때 강해진다.

그린란드의 피테라크

2. 스쿼미시(squamish) 브리티시컬럼비아의 동서 방향으로 놓인 입구와 계곡에서는 서늘한 북극 공기가 탁월풍 방향과는 반대로 서쪽으로 흐른다. 이 바람은 자주 맹렬하나, 정수역이 더 이상 지형적 수로를 제공하지 않을 때 해안에서 수 km 떨어진 곳에서 사라진다.

캐나다 뷰트 해협의 스쿼미시

3. 존다(zonda) 안데스 산맥을 향하여 태평양으로부터 불어오는 습한 해양성 공기는 평균 4,000m 고도의 산맥을 횡단할 때 상승하여 냉각된다. 이때 공기 덩이는 많은 양의 비와 눈을 내리게 하고, 이 공기가 동쪽 비탈에서 건조한 바람으로 내려올 때 그 속도는 시속 40km에 도달할 수 있다.

아르헨티나의 존다

4. 시로코(sirocco) 시로코는 북아프리카 해안을 따라 발생하는 지역 바람의 포괄적 이름이다. 이 바람은 지중해를 횡단하여 동쪽으로 이동하는 지상 및 상층 저기압 시스템으로부터 발달한다. 사하라 지방에서 시작하는 더운 공기는 건조하고 먼지 많은 상태를 발생시킨다.

리비아의 시로코

5. 바라트(barat) 12월부터 2월까지 동남아시아의 북동 몬순 계절 동안 인도네시아 군도의 여러 섬과 그 섬 사이의 틈은 꾸준히 부는 몬순을 편향시키고 바람 길을 좁게 만들어 맹렬한 바람을 일으킨다. 매우 돌풍적이고 북서풍인 바라트 바람은 방향과 속도를 급격히 변화시킴으로써 강력하여 자주 피해를 입히는 스콜을 일으킨다.

인도네시아 술라웨시의 바라트

극한 바람

어떤 바람은 그것이 어디서 어떻게 형성되느냐에 따라 극도로 덥거나 추울 수 있다. 극 근처에서처럼 공기의 발원지가 매우 추울 때, 발원지에서 멀리 떨어진 곳에서도 바람은 몹시 찰 수 있다. 그와는 대조적으로, 중위도 모래 사막을 횡단하면서 부는 강한 바람은 정상적으로 습윤하고 온화한 지역에 숨 막힐 듯이 덥고 먼지 많은 날씨를 가져온다.

격렬한 깔때기 2002년에 매우 드문 토네이도 같은 회오리바람 또는 피로나도(pyronado)가 남부 캘리포니아에서 덥고 건조한 산타아나 바람에 의해 생긴 산불 동안 형성되었다.

하르마탄(Harmattan) 고기압으로 생긴 이 덥고 건조한 바람은 서부 아프리카, 사하라 및 사헬 지방에서 북동쪽 또는 동쪽으로부터 기니 만을 향해 분다. 이 바람은 많은 양의 먼지를 수천 km 떨어진 대서양까지, 때때로 북아메리카까지 멀리 나른다. 하르마탄이 몬순 바람과 상호작용할 때에는 토네이도가 형성될 수 있다.

극 바람 차고 밀도가 큰 공기는 북극 고원 위에 축적된다. 여기서 활강 바람은 찬 공기의 얇은 흐름을 발생시키는데, 지형적으로 협곡을 만나면 이 바람은 태풍과 같은 힘에 도달할 수 있다. 눈은 비교적 가볍기 때문에, 이 눈이 그린란드에 있는 이뉴잇(Inuit) 마을 위로 솟구친 산 정상까지 쉽게 휩쓸어 버린다.

관련 자료

활강 바람 따뜻한 공기보다 밀도가 큰 찬 공기가 비탈을 내려가며 흐를 때 강한 바람이 형성된다. 기압 경도가 아닌 중력에 의해 생기는 이 하강 흐름을 활강 바람이라 부른다. 이 바람의 강도는 낙하 고도에 좌우된다.

찬 공기는 비탈을 내려가면서 가속된다.

공기는 약간 따뜻해지고 난류에 의해 상승한다.

한랭 흐름 남극 대륙을 덮고 있는 빙하는 복사 과정에 의해 영구적으로 냉각된다. 차고 밀도가 큰 공기는 하나의 저장소를 형성하고 중력은 강한 활강 바람을 발생시킨다.

위치 따뜻해지는 바다로부터 거리가 멀고 고도가 높기 때문에 남극 대륙 내부 지역의 매우 낮은 온도는 꾸준히 부는 활강 바람의 연료 역할을 한다. 바람은 해안가에서 더 강해진다.

기상 감시

역전 바람 거의 3,000m 고도에 있는 남극 대륙의 극 고원은 극히 한랭한 공기를 끊임없이 공급하는 근원이다. 중력 때문에 지면 근처에 축적된 몹시 찬 공기는 연직 혼합을 막는 강한 온도 역전을 발생시킨다. 역전 바람은 극도로 낮은 온도에서 활강 바람처럼 중력에 의해 높은 내부 얼음 고원의 완만한 비탈을 내려오며 생긴다.

전선 시스템

전선 주기 온도가 서로 다른 두 기단이 만날 때 저기압 시스템이 발달할 수 있다. 전선을 따라서 작은 파동 요란은 강수 구름으로부터 잠열을 방출함으로써 전선을 동반한 저기압으로 성장한다.

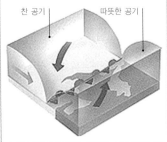

찬 공기   따뜻한 공기

1 찬 기단과 따뜻한 기단이 서로 반대 방향으로 나란히 움직이며 수렴한다. 전선의 교차점에서 작은 불안정 또는 파동이 형성된다.

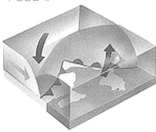

2 따뜻한 기단이 찬 공기 위로 올라가기 시작하여 저기압 영역을 발생시킨다. 구름과 강수가 형성된다. 기단들이 회전하기 시작한다.

3 한랭전선이 밑에서 밀어 온난전선을 들어 올리거나 폐색시킨다. 찬 공기가 따뜻한 기단을 따라잡아 바람 부는 불안정한 날씨를 발생시킨다.

4 따뜻한 공기는 지면으로부터 완전히 들어 올려진다. 찬 공기는 따뜻한 공기의 공급을 단절시키고, 강수와 바람이 잠잠해진다. 시스템이 소멸된다.

비슷한 온도와 습도를 가진 큰 기단은 세계 여러 곳에서 형성된다. 이 기단은 온도에 의하여 북극 기단, 한대 기단, 열대 기단 및 적도 기단으로 분류되고, 습도에 따라 대륙성(건조) 기단 또는 해양성(습윤) 기단으로 분류된다. 두 기단 사이의 뚜렷한 경계를 전선이라 부른다. 전선에는 세 가지 주요 유형, 즉 한랭전선, 온난전선 및 폐색전선이 있다.

스콜 기온이 갑자기 하강하고 서서히 회전하는 구름이 나타나면 빠르고 어쩌면 격렬한 바람 변화가 임박하다는 것을 가리킨다. 스콜선은 흔히 한랭전선 통과와 연관되어 있다.

한랭전선 한랭전선에서는 밀도가 크고 찬 공기가 따뜻한 기단 밑을 파고들어 가 찬 공기 바로 앞의 따뜻한 공기를 지면 근처에서 강하게 상승시킨다. 심한 강수 때로 흔히 정의되는 한랭전선에서 공기는 빈번히 불안정해서 적란운 형성에 도움이 된다.

온난전선 선도하는 온난전선의 끝 머리가 정체한 한랭 기단을 만날 때, 더운 공기는 밀도가 더 큰 찬 공기 위로 서서히 미끄러져 올라간다. 이때 응결이 일어나 일련의 다양한 구름을 형성한다. 난층운은 여러 날 지속될 수 있는 강도 낮은 비를 발생시킨다.

폐색전선 성숙한 저기압 영역에 보통 형성되는 폐색전선은 한랭전선이 온난전선을 따라잡아 따뜻한 공기를 지면으로부터 완전히 격리하여 상승시킨다. 뇌가 때때로 전선 경계에서 나타나는 반면, 폐색전선은 덜 격렬한 날씨와 연관되어 있다.

관련 자료

'굉장한 폭풍우' 1991년 10월에 주목할 만한 저기압 시스템이 북아메리카 동해안을 따라 형성되었는데, 이때 강하게 대조되는 두 기단이 수렴하였다. 중서부 지방에서 온 찬 공기가 대서양에서 온 따뜻하고 습한 기단과 충돌하였다.

10월 29일 큰 저기압이 노바 스코샤 동쪽의 한랭전선을 따라 발달하였다. 이틀 안에 이 저기압은 접근하고 있는 허리케인 그레이스를 완전히 흡수하였다.

10월 30일 최고 강도에서 기압이 972hPa까지 하강하였고 이 폭풍우는 시속 110km의 바람과 파고 9m의 파도를 유지하였다.

10월 31일 이 폭풍우는 남쪽으로 방향을 바꾸고 998hPa로 약화되었다. 멕시코 만의 따뜻한 해수에 접근하면서 이 폭풍우는 허리케인 강도로 다시 강화되었다.

번개 충분한 습기가 존재하면 한랭전선은 흔히 뇌우, 호우, 때때로 우박을 동반한다. 번개는 탑 모양의 뇌우 구름 또는 적란운 안에서 지면과 반대의 전하가 크게 증가되어 발생한다.

몬순

몬순(monsoon)은 '계절'이라는 뜻의 아라비아어 *mausim*으로부터 왔는데, 몬순이란 열대지방과 아열대지방에서 나타나는 바람의 계절 변화를 말한다. 원래 아라비아 반도로부터 인도까지 그리고 그 반대로 항해하는 뱃사람들이 사용했던 이 용어는 지금은 두 주요 열대 계절에 적용되어 쓰이고 있다. 아시아, 아프리카 및 호주 대륙에서 발생하는 몬순 바람과 강우량은 남부 아시아와 동남아시아에서 가장 뚜렷하다. 몬순이라는 말은 흔히 강한 강우량과 연관되어 있으나, 이 말이 반드시 그 경우만을 의미하지는 않는다.

홍수 물 자카르타에서는 억수 같은 호우가 빈번히 홍수를 유발시킨다. 인도네시아 군도에서는 적도를 중심으로 양쪽 반구에 걸쳐 건조한 겨울과 비가 많이 오는 여름 몬순 계절이 번갈아 뚜렷하게 나타난다.

몬순 계절

바다 온도에 비해 육지 온도의 변화 폭이 크기 때문에 생기는 몬순은 수개월 동안 지속되는 계절적인 탁월풍이다. 북반구 여름철의 남서 몬순은 강한 열저기압이 중앙아시아에서 발달할

때 형성된다. 상승하는 공기는 냉각되고 응결하여 심한 구름과 강수를 유발한다. 이 저기압 지역은 또한 꾸준한 육지 쪽으로의 흐름을 일으켜 수분이 많이 포함된 무역풍을 끌어당긴다.

북반구 겨울에는 대륙이 급속히 냉각되어 시베리아 고기압계가 강화된다. 이것이 적도를 향하여 부는 강한 북동풍을 일으킨다. 이 바람은 남중국해에서 수분을 증가시킬 때까지 건조한 채로 있게 된다.

인도 몬순의 경우에는 습한 기단이 강제로 높이 상승되어 보다 강렬하게 냉각됨에 따라 가파른 히말라야 산맥은 뚜렷하게 강수량을 증가시킨다. 히말라야 산기슭의 작은 언덕은 가장 많은 총강우량을 기록해 왔다. 지구상에서 가장 비가 잘 오는 지역으로 알려진 북동 인도의 체라푼지에서는 5~8월에 무려 8,204mm의 경이적인 강수를 기록하고 있다. 12월 그 지방의 평균 강우량은 13mm에 불과하나, 몬순이 최고에 도달하는 6월의 평균 강우량은 2,692mm이다.

계절 변화 여름 몬순은 인도양으로부터 아시아를 향하여 분다(앞에 있는 지구). 코리올리 효과에 기인하여 바람이 적도를 횡단하면서 방향을 바꾼다. 겨울에는 풍향이 반대가 되고 몬순은 북쪽에서 시작된다.

필수적인 비(오른쪽) 인도에서는 연강우량의 75% 이상이 여름 몬순 동안 발생한다. 빌(Bhil) 부족 사람들은 호우 동안 가축을 무리 지어서 필요한 양의 많은 물을 그들 부족의 땅으로 나른다. 세계 인구의 절반은 생명 유지에 필요한 물 공급을 위해 몬순 강우에 의존한다.

태풍(아래) 몬순 바람은 열대 폭풍우를 유발하기도 한다. 2004년 6월 29일에 찍은 위성 영상은 태풍 '민들레'를 보여 주고 있는데, 카테고리(Category) 4의 강도인 이 태풍은 필리핀 근처의 따뜻한 태평양에 있는 몬순 소용돌이로부터 발달하였다.

겨울 몬순

여름 몬순

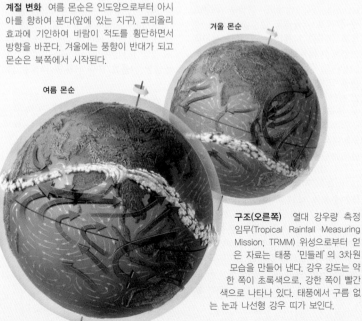

구조(오른쪽) 열대 강우량 측정 임무(Tropical Rainfall Measuring Mission, TRMM) 위성으로부터 얻은 자료는 태풍 '민들레'의 3차원 모습을 만들어 낸다. 강우 강도는 약한 쪽이 초록색으로, 강한 쪽이 빨간색으로 나타나 있다. 태풍에서 구름 없는 눈과 나선형 강우 띠가 보인다.

축하 의식(위) 여름 몬순의 시작은 7월 말에 열리는 인도 펀자브 축제로 알 수 있다. 몬순 비는 농부들에게 필수적이다. 만일 비가 평년보다 늦게 오든지, 약하든지, 아니면 산발적으로 오면 가축이 죽고 곡물 수확에 실패하며 수백만 명의 사람들이 굶주림에 직면하게 된다.

건조 바람(아래) 짐바브웨에서 여름 몬순 계절은 11월부터 3월까지 지속되나, 바람은 항상 비를 몰고 오지는 않는다. 황게(Hwange) 국립공원에 연속해서 수년간 가뭄이 있었는데, 이것이 보호받고 있는 많은 코끼리 개체수를 압박하고 있다.

해풍

육지는 바다보다 낮에 더 빨리 따뜻해지고 밤에 더 빨리 차가워져서 기압차에 대한 하루 순환을 만들고, 이 기압차가 해풍이라 부르는 지역 바람의 발달을 유도한다. 큰 규모의 물에 인접한 육지가 있는 곳이면 어디나, 그리고 호수 옆까지도 해풍은 발달할 수 있다. 낮 동안 해풍은 상대적으로 낮은 온도의 바다로부터 육지로 분다. 밤에는 이 흐름이 반대가 된다.

혼합 산맥 틈의 좁은 통로로 나와 해안을 떠나는 바람은 니카라과 파파가요 만에 도달할 때까지 강화된다. 이 바람은 통상적으로 따뜻한 표면 바닷물을 휘저어 찬 깊은 바닷물을 끌어올려서 표면 온도가 낮아지는 작은 구역을 만든다.

관련 자료

형성 해안가 육지가 인접한 바다보다 더 빨리 가열될 때 해풍이 형성된다. 육지는 바다보다 더 낮은 열용량을 가지고 있어서 같은 양의 태양에너지가 육지와 바다 위에 다른 지상 온도를 만들어 낸다.

낮바람 육지에서 상승하는 따뜻한 공기를 채우기 위해 바다로부터 찬 공기가 해안 쪽으로 몰려오고 상공에서 바다를 향해 하강하는 하나의 닫힌 순환이 형성된다.

밤바람 밤중에는 육지가 빨리 냉각되나, 해면 온도는 실제로 변하지 않는다. 찬 공기가 육지를 떠나 바다로 빠져나간다.

두루마리구름 소위 모닝글로리 구름(Morning Glory cloud)이라고 하는 이 구름은 길이가 1,000km나 되고 1~2km 고도에 떠 있다. 이 구름은 전선 시스템이 강한 해풍과 상호작용할 때 발달하는데, 이로 인하여 지역적으로 습윤한 공기를 강하게 상승시킨다.

기상 감시

구름 예보 가열된 지면 공기는 해안선으로부터 보통 1.6~3.2km 거리에서 상승한다. 그러므로 해변가는 흔히 낮 동안에 구름이 없으나, 더 내륙으로 가면 상승하는 공기가 응결하여 대류 구름을 형성한다. 밤에는 이 구름들이 소산되나 따뜻한 수면 위에서 공기가 상승하고 냉각되어 얇은 구름이 발달한다.

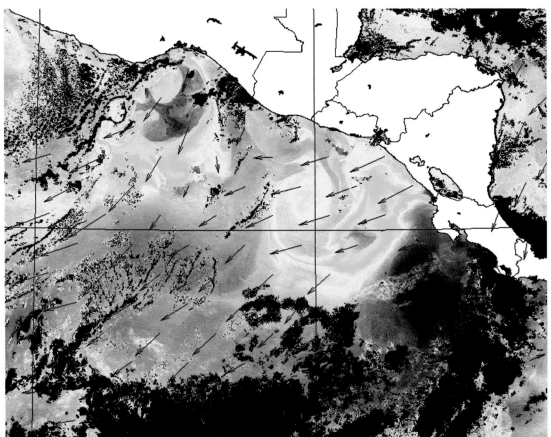

바다 절벽 흔히 해안 바람으로 생기는 한결같은 파도가 암석 절벽을 때릴 때, 이 파도는 절벽의 최하단 부분을 침식시켜 굴과 구멍을 만든다. 결국 절벽은 불안정해져서 커다란 바윗덩이들이 바다로 떨어진다.

바다 아치 시간이 흐르면 파도 침식으로 생긴 굴은 갑(岬)의 끝을 통해 부서져서 아치 형태로 된다. 바위의 갈라진 틈과 연한 부분에서 굴이 형성되기 시작한다.

바다 스택 파도가 계속하여 바위를 침식시킴에 따라 아치는 넓어지고 바위 조각은 바닷속으로 무너져 내린다. 아치의 다리는 붕괴되어 바다 스택이라고 부르는 섬 모양의 큰 바윗덩어리를 남긴다.

자연 조각품 호주 포트 캠벨 국립공원의 해안에서 떨어져 있는 12사도(Twelve Apostles)라는 바위섬은 1,000~2,000만 년 전에 시작한 해안 침식에 의해 형성되었다. 침식 속도는 1년당 약 2cm이다. 2005년에 바다 스택 중 하나가 붕괴한 후 지금은 8개만 서 있는 채로 남아 있다.

관련 자료

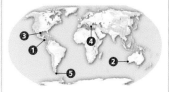

1. 파파가요(papagayo) 파파가요 바람은 멕시코 만의 찬 공기와 태평양의 따뜻하고 습한 공기 사이에 강한 기압 경도가 만들어져 생기는 북아메리카로부터 오는 차고 건조한 공기의 쇄도에 의해 발생한다. 이와 같은 기압계는 연중 내내 발생할 수 있으나 겨울에 보다 일반적이다.

중앙아메리카의 파파가요

2. 프리맨틀 닥터(Fremantle Doctor) 시속 29~35km로 부는 매우 강하고 찬 해풍은 서부 호주의 높은 여름철 온도를 누그러뜨리는 환영받을 일을 한다. 이 바람은 12월과 1월에 가장 강한데, 이때에 육지와 바다 사이의 온도차가 가장 크다.

서부 호주의 프리맨틀 닥터

3. 노르테(norte) 기온의 강한 하강을 일으켜서 이 바람은 미국 평야 주, 특히 텍사스 주에서 생기는 찬 공기의 돌발로부터 발생한다. 북동풍이 해안을 향해 불면서 이 바람은 걸프 해안을 따라 큰 파도와 좋은 서핑 조건을 만든다.

멕시코 만의 노르테

4. 에테시아(Etesians) 매년 되풀이하여 발생하는 에테시아 바람은 에게 해와 지중해 및 그리스의 많은 부분에서 부는 탁월풍이며 때때로 여름철에 돌풍이 되기도 한다. 이 바람은 5월과 10월 사이에 맑은 날과 서늘한 대륙성 공기를 가져온다.

에게 해와 지중해의 에테시아

5. 윌리워 스콜(Williwaw squall) 윌리워 스콜은 높은 산으로부터 바다 쪽으로 부는 갑작스러운 찬 바람의 폭발이다. 이 바람이 협만(峽灣)이나 어귀에 의해 좁은 통로로 흐르게 될 때 태풍급 힘에 도달할 수 있다. 또한 돌발 바람이라고 부르기도 하는 이 바람은 마젤란 해협에서 흔히 발생한다.

마젤란 해협의 윌리워 스콜

해양 기상

지구는 많은 양의 물을 갖고 있는 태양계의 유일한 행성이다. 해양은 지구 표면의 71%를 덮고 있고 모든 물의 97.5%를 포함하고 있다. 육지 위에 강수로 떨어지는 대부분의 물은 바다 표면으로부터 증발한 것이고, 소금기가 있기는 하지만 해양은 또한 민물의 주요 원천이기도 하다. 바다는 육지보다 더 많은 태양에너지를 흡수하여 거대한 열 저장소를 형성한다. 그리고 나서 이 열은 해류에 의해 전 세계로 수송되어 기후와 지역 날씨에 영향을 준다.

물 순환

해양은 지구 기후를 결정하고 또한 날씨에 직접적인 영향을 준다. 특히 중요한 것은 물이 높은 열용량을 갖고 있다는 점이다. 같은 양의 열 교환에 대하여 물의 온도 변화는 비슷한 질량에 대한 모래의 온도 변화의 1/5에 불과하다. 이것은 바다가 육지보다 훨씬 더 천천히 가열되고 냉각되는 것을 의미하는데, 이로 인하여 해풍과 몬순을 일으키는 온도의 일주기와 연주기를 만든다.

열은 차고 깊은 바다의 위층인 난류가 있는 얇은 층에 주로 저장되어 있다. 이 따뜻하고 찬 바다층들은 수온약층이라 부르는 급격한 온도 변화 영역에 의해 분리된다. 전 세계 해양의 평균 온도는 3.8℃에 불과하다.

해양은 또한 대기 기체의 균형을 위해서도 중요하다. 인공적인 이산화탄소의 약 1/3은 해양에 흡수되어 저장되어 있다. 기체의 용해도가 온도와 압력에 좌우되므로 이 기체는 깊고 차가운 물에 누적된다. 만일 바닷물이 따뜻해지면 이 기체는 대기로 다시 방출된다.

대기 과정과 함께 해류는 열을 저위도 지방으로부터 고위도 지방으로 수송하여 지구 기후의 균형을 유지한다. 태평양에서는 거의 같은 양의 열이 북극과 남극으로 수송되나, 인도양에서는 육지가 북쪽으로의 수송을 막는다. 대서양은 여기서 열이 모든 위도를 횡단하여 북쪽으로 흐르기 때문에 독특하다. 이와 같이 전 세계를 도는 바닷물의 움직임을 열염분 순환 또는 해양 대운반이라 부른다. 염분이 많은 차가운 물이 염분이 적은 따뜻한 물보다 더 무겁기 때문에, 염분이 많은 아열대 표면 해수는 극 쪽으로 이동하는 동안 냉각되어 중력에 의하여 깊은 바다로 가라앉는다. 이와 같은 깊은 바닷물의 형성은 아극(亞極) 북대서양, 북극 해양 및 남극 웨들 해(Weddell Sea)의 작은 영역에 집중되어 있으며, 매우 느린 지

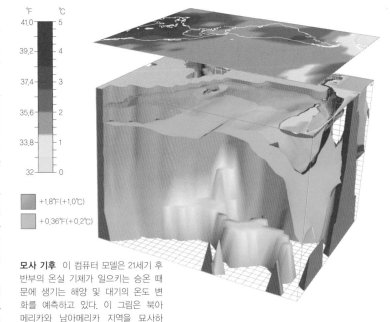

모사 기후 이 컴퓨터 모델은 21세기 후반부의 온실 기체가 일으키는 승온 때문에 생기는 해양 및 대기의 온도 변화를 예측하고 있다. 이 그림은 북아메리카와 남아메리카 지역을 묘사하고 있다.

구 해양 순환을 일으킨다.

아열대지방과 열대지방에서는 동쪽으로부터 적도를 향해 부는 일정한 무역풍이 바다 깊은 곳으로부터 찬물을 끌어올리는 용승 현상을 발생시킨다. 그러므로 대륙의 서해안을 따라 찬 해류는 적도를 향해 흐르는데, 이로 인해 이 지역 날씨에 강하게 영향을 주어 건조하고 비교적 서늘하게 만든다. 그러나 수년마다 남아메리카 서해안으로부터 떨어진 지역에서 무역풍이 서풍으로 바뀌는데, 이것이 비정상적으로 따뜻한 물을 해안 쪽으로 가져오고 호우를 일으킨다. 그때에 호주 여러 곳에서 가뭄을 경험하게 된다. 이러한 사건을 엘니뇨(El Niño)라고 부르며, 2~7년마다 일어난다. 그 후에 라니냐(La Niña)라 부르는 반대 현상이 흔히 뒤따른다.

열대 저기압, 태풍 및 허리케인은 적어도 26.7℃의 온도를 갖는 해면 위에서만 발달하며, 열대 밖으로 여분의 에너지를 수송하는 데 기여한다.

하나의 전대양(全大洋) 비록 태평양, 대서양, 인도양, 남빙양 및 북극해-크기 순서-를 분리된 바다라고 일반적으로 알고 있지만, 이들 바다는 전대양으로 알려진 상호 연결된 염분 물의 하나의 집단으로 이루어져 있다.

발생하는 구름 코트디부아르 공화국은 연중 대부분 건조하나 5월 중순과 7월 중순 사이에 비 오는 계절이 발달한다. 이때 열대 수렴대는 대규모 해풍과 합하여 서부 아프리카 해안을 따라 구름을 형성시킨다.

해양 기후

해양이 열을 저장하는 능력은 기후에 강한 영향력을 가지고 있어서 해양 기후와 대륙 기후 사이에 차이를 만든다. 해양으로부터 멀리 떨어진 영역에서는 해안 지역보다 온도의 연교차가 더 크고 기후도 더 건조하다. 해류에 의해 결정되는 해수면 온도는 같은 위도를 따라서도 기후차를 만든다.

바다 온도(아래) 태양에너지가 위도대를 따라 동일하게 분배된다 할지라도 해수면 온도는 다를 수 있다. 해수면 온도에 대한 위성 영상은 해류의 이동을 보여 주고 있으며 이것은 기후 변화 연구에 사용된다.

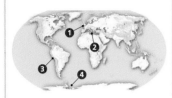

2009년 2월 해면 온도

-2℃   35℃

먹이 사슬 바다표범이 펭귄 새끼를 잡아먹는 남극 주위의 찬물에서도 생물은 풍부하다. 대부분의 생태계에서 식물은 태양에너지를 흡수하고 여기서 먹이 사슬이 시작된다. 플랑크톤은 크릴이라고 부르는 작은 갑각류에 먹히고, 크릴은 물고기에게, 물고기와 새는 바다표범에게, 바다표범은 최고 수요자인 고래에게 먹힌다.

바다 숲(위) 켈프(kelp) 숲은 온화한 극 해양에서 발견된 잘 번식하고 복잡한 생태계이다. 이 숲은 번창하기 위해 고농도의 질소, 인, 빛이 필요하며, 다양한 바다 생물의 은신처를 제공하고 해안선을 보호하기도 한다.

멸종위기에 있는 종(種)(아래) 산호는 서늘한 물에서 자랄 수 있지만 대다수 산호에게 최적의 온도는 26~27℃이다. 대부분의 얕은 물 암초는 열대지방에서 발견된다. 산호는 오염된 물이나 너무 따뜻한 물에서는 생존할 수 없다.

관련 자료

기후대 세 가지 주요 해양 기후대가 존재한다. 북극권의 북쪽과 남극권의 남쪽에 위치한 한대, 중간의 온대, 20℃ 이상의 해면 온도를 가진 열대가 그것이다.

얼음과 눈 기후 변화로 극 얼음이 녹고 있음을 염려하고 있다. 여러 증거가 북극 바다 얼음이 정말로 줄어들고 얇아지고 있음을 제시하고 있다.

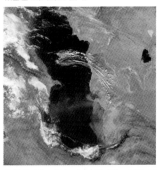

소금기 있는 호수 카스피 해는 가장 큰 내륙의 바다이다. 볼가 강은 이 카스피 해로 흘러들어 가고 있고 카스피 해의 수질에 주요 위협 요인이 되고 있다.

극한 날씨 태풍은 따뜻한 열대 해상에서만 형성될 수 있는데, 여기서 열이 많은 양의 물을 증발시켜 폭풍우 발달에 연료 역할을 한다.

기상 감시

엘니뇨는 평소 찬 용승류의 지배적 영역인 페루 해안으로부터 좀 떨어진 곳에서 시작하는 따뜻한 해면 온도 편차이다. 태평양을 횡단하는 열대 해양 및 대기의 순환으로 발생하는 엘니뇨 현상은 남아메리카에는 호우를, 호주 및 동남아시아에는 가뭄을 일으킨다.

해류

해류는 바다에서 나타나는 기상 현상이다. 이 해류는 바다 표면뿐만 아니라 깊은 물속에서도 발생하고 바람, 바다 온도 및 염도 분포에 의해 생긴다. 해류는 또한 열과 물을 전 세계적으로 분배하고 위도를 횡단하여 에너지 교환에 기여함으로써 기후 시스템의 균형 유지를 돕고 있다.

관련 자료

선회 운동 해양 소용돌이 또는 선회 운동은 보통 지상 바람에 의해 발생되고 양쪽 반구의 약 30° 위도에 형성된다. 이 해류 시스템은 그 서쪽 경계면을 따라 가장 강하고, 흔히 따뜻한 중심의 에디와 찬 중심의 에디를 만들어 낸다.

에크만 나선 물이 궁극적으로 바람과 반대 방향으로 움직일 때까지 코리올리 효과는 물 흐름 방향을 깊이에 따라 변화시킨다.

선회 운동 형성 북반구 아열대지방 근처에서는 바람이 시계 방향으로 불고 남반구 아열대지방에서는 반시계 방향으로 분다. 선회 운동은 주요 해양 분지에서 형성된다.

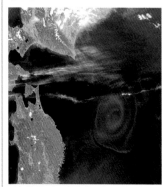

지속성 특징 선회 운동은 또한 강한 압력 시스템에 의해 생길 수 있다. 그 특징은 선회 운동을 일으키는 힘이 사라진 후에도 오랫동안 선회 운동이 관측된다는 것이다.

굴곡 해류 멕시코 만류는 남쪽으로부터 북쪽까지 따뜻한 물의 평탄한 흐름이 아니다. 이 해류는 북아메리카 해안을 따라 길을 만들어 가면서 요동치기 시작하여 열을 북쪽으로, 찬물을 남쪽으로 수송하는 소용돌이와 꾸불꾸불한 흐름을 만든다.

용승 멕시코 만과 태평양 사이의 가장 좁은 지점에서 바람은 산맥 협곡에 의해 좁은 통로로 불게 된다. 이것이 좁은 띠의 찬물이 올라오는 용승 현상을 만들어 바다 표면에서 큰 온도차를 발생시킨다.

혼합 해류 찬 말비나스 해류(Malvinas Current)는 남극 환상 해류를 떠나 솟구쳐서 남아메리카 동해안을 따라 뻗어 나간다. 이 해류는 대략적으로 리오데라플라타(Rio de la Plata)가 해양으로 들어가는 곳에서 따뜻한 브라질 해류를 만나 혼합되어 영양분이 풍부한 순환 세포와 영양분이 부족한 순환 세포를 형성한다.

해양 컨베이어(아래) 대양 컨베이어 벨트는 해양을 둘러싸고 있는 천천히 이동하는 물 띠이다. 그것은 또한 열염분 순환으로 알려져 있다. 밀도차에 의해 생기는 이 순환은 깊은 바닷속 해류를 표면 해류와 연결시켜 준다.

지구 규모 해류 소금기 많은 아열대 바닷물은 북대서양에서 차가워져 가라앉는다. 차고 깊은 물의 일정한 흐름을 형성한 이 해류는 남쪽으로 흐른 다음 동쪽으로 흘러 인도양과 북태평양에서 상승하고, 표면 해류로서 대서양으로 돌아간다. 물이 순환하는 데는 1,000년이 걸릴 수 있다.

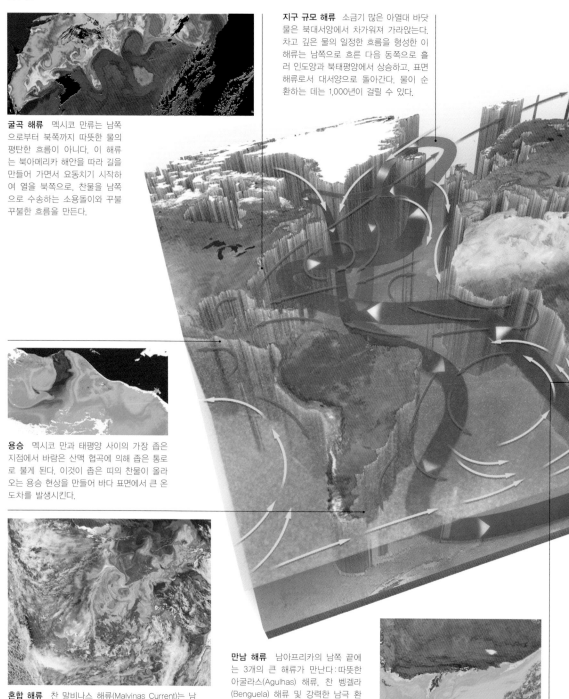

만남 해류 남아프리카의 남쪽 끝에는 3개의 큰 해류가 만난다: 따뜻한 아굴라스(Agulhas) 해류, 찬 벵겔라(Benguela) 해류 및 강력한 남극 환상 해류. 이 해류들이 심형(深形) 또는 바다 바닥의 지형과 상호작용하여 붉은색으로 보인 엽록소가 풍부한 물의 제트 모양 플룸과 같이 인상적인 특징을 만들어 낸다.

꽃 피는 바다 늦여름 몬순 바람은 아라비아 해의 해안에 평행하게 불어 영양분이 풍부한 깊은 물을 표면으로 올라오게 한다. 이것이 붉은색으로 보이는 식물 플랑크톤의 꽃을 만들어 낸다.

봄철 개화 봄철에 알래스카 만에서 태양에 의한 해양 가열은 바다 상층에 렌즈 모양의 따뜻한 물을 만들 수 있다. 식물 플랑크톤은 영양분 공급이 최적인 이 렌즈 모양 물의 테두리 부근에서 자란다.

관련 자료

연직 운동 에크만(Ekman) 나선형 흐름은 해류(파란색 화살표)를 풍향(흰색 화살표)과 90° 만큼 편향시킨다 : 북반구에서는 오른쪽으로, 남반구에서는 왼쪽으로. 이것을 에크만 수송이라 부른다.

한랭 용승 북반구에서 북풍은 표면 해수를 대륙의 서해안으로부터 멀어지는 쪽으로 이동시켜서 용승을 만든다.

온난 하강류 북반구의 서해안에서 부는 남풍은 표면 해수를 해안 쪽으로 밀어낸다. 이것이 따뜻하지만 영양분이 부족한 물을 해안으로 나른다.

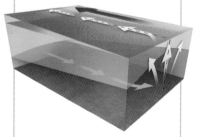

한랭 혀 에크만 수송은 해안 지역에만 한정된 것이 아니다. 무역풍은 표면 해수를 적도에서 발산시켜 용승을 일으키고 이로 인해 태평양 한랭 혀를 만들어 낸다.

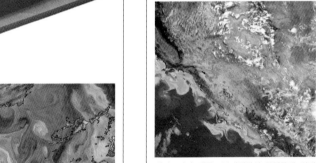

캘리포니아 해류 북태평양의 무역풍에 의해 생긴 찬 캘리포니아 해류는 남쪽으로 흐른다. 표면 해수는 앞바다를 향하여 흐르게 되고 영양분이 풍부한 깊은 물로 다시 채워진다. 해안선은 식물 플랑크톤으로 가득한 소용돌이를 만들어 낸다.

전 지구 현상 찬물 용승은 전 지구적 현상이다. 이 현상은 대륙의 모든 서해안을 따라서 그리고 열린 해양에서 발생한다.

위성 예술 물속에 있는 물질과 비정상적인 대기 상태에 있는 물질은 수온에 대한 정확한 위성 영상을 잡는 데 방해가 될 수 있다. 수정 없이는 호주 태즈메이니아의 동해안에서 떨어진 곳에 대한 이 영상은 제한적인 과학적 가치를 가질 것이다.

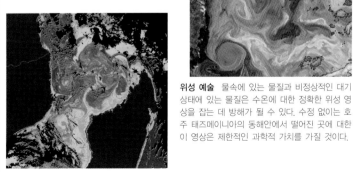

해협 흐름 따뜻한 해류는 모잠비크 해협을 지나 남쪽으로 흘러 남동 아프리카의 해안에서 떨어진 곳에 아굴라스 해류를 형성한다. 엽록소 농도에 대한 영상은 해협 난류 연구에 도움을 줄 수 있다.

파(도)

해수를 가로질러 부는 바람은 파(도)를 발생시킨다. 이때 마찰력은 바람에너지를 물 분자에 전달하여 해면을 변형시키고 약한 잔물결부터 사나운 태풍 강도의 파(도)까지 만든다. 파의 어느 한 마루와 다음 마루 사이의 거리를 파장이라 부른다. 잇따른 마루가 같은 점을 통과하는 데 걸리는 시간을 파 주기라 부른다.

보퍼트 계급(오른쪽) 선원들 사이에 교신을 쉽게 하기 위해 영국인 해군대장 프랜시스 보퍼트 경(Sir Francis Beaufort)이 1805년에 도입한 이 계급은 바람의 강도를 나타낸다. 이것은 바다의 상태를 관측하여 바람을 열두 가지 다른 계급으로 구별한다.

파(도) 형성(아래) 바람이 강할수록 파도도 높아진다. 바람이 방해받지 않고 부는 거리, 즉 페취(fetch), 풍속, 바람 지속기간 및 바다 깊이와 같은 인자들이 파(도)의 모양을 결정한다.

계급 0 : 고요 바람 또는 파도 없음. 해수면이 평평하고 고요한 상태로 남아 있다.

계급 4 : 건들바람 바람이 시속 21~29km로 불어 작은 파도를 만든다. 마루에 희고 거품이는 파도를 일으킨다.

계급 8 : 큰바람 시속 63~74km의 풍속이 알맞게 높고 파장이 길어진 파도를 일으킨다. 파 마루의 모서리는 줄 모양의 거품으로 깨지는데, 이것은 풍향을 따라 날려 간다.

계급 12 : 싹쓸바람 바람이 시속 120km 이상으로 분다. 공기가 거품과 물보라로 채워져 시정에 영향을 미친다. 상황에 따라 파고는 15m 이상일 수 있다.

전진 운동 파(도)가 이동하는 속도는 파장을 주기로 나눈 것과 같다. 바람이 일으키는 파(도)는 좁은 마루까지 굽어져 올라간 다음 낮은 골까지 말려 내려온다.

파(도) 안쪽 파(도) 안에서 물 입자들은 위로, 앞으로, 아래로 그리고 뒤로 원운동을 한다. 파(도)는 거대한 양의 에너지를 수송하나, 물질은 표면 항력에 의해서만 움직인다.

파괴점 파고, 즉 마루부터 골까지 연직 거리가 물 깊이에 가까워질 때, 파(도)는 너무 가파르게 되어 부서진다.

마루

골

가까워지면서 높아짐 파(도)가 해안에 접근하면서 물은 같은 속도로 계속해서 도착하고 풍력은 일정하게 남아 있다. 그 결과 파장은 짧아지고 파(도)는 가파르게 된다.

감소된 속도 파(도)가 얕은 물 위로 이동해 옴에 따라, 바다 밑바닥에 의한 마찰이 브레이크와 같이 작용하기 때문에 파(도)는 느려진다.

파괴 현상 파(도)가 해변으로 올 때, 파(도)는 부서진다. 마찰이 파(도)의 밑부분을 느리게 하여 파 마루가 밑부분 위에서 부서진다. 파(도)에너지가 방출되어 물은 모래, 자갈 및 다른 물질을 앞뒤로 나른다.

관련 자료

파(도) 기능 파(도)는 바람에너지를 먼 거리로 나르고, 물을 산소화하는 데 도움이 되는 거품을 만들며, 해안선 모양을 만들어 낸다. 부서지는 파(도)는 해염 입자와 다른 입자들을 공기 속으로 방출하는데, 이는 해양 환경에서 주요한 에어로졸 공급원이다.

물보라 바람이 충분히 강하여 대기 속으로 미세한 물보라를 방출할 때 흰 파도가 나타난다. 이 작은 바닷물방울은 급속히 증발하여 해염 입자들이 공기 속에 남게 된다.

부서지는 파(도) 큰 파(도)가 해안에서 부서질 때 그 에너지가 방출되어 기계적 일을 수행하게 된다. 부서지는 파(도)는 침전물을 휘젓고 바위를 침식시킬 수 있다.

기상 감시

너울 일단 파(도)가 바다에서 발생하면 이 파(도)는 소멸될 때까지 수천 km를 이동할 수 있다. 이처럼 지역 바람에 독립적인 파(도)는 너울이라고 알려져 있다. 이 파(도)는 파장이 길어서 안정화되고, 바람이 약하거나 불지 않는 영역을 통과하기에 충분히 저장된 에너지를 보유하고 있다.

관련 자료

조석 날마다 발생하는 조석은 바람에 의해 생기지 않는다. 이것은 달과 태양에 의한 중력의 끌림으로부터 유래한다. 지구가 자전축을 중심으로 회전함에 따라 조석은 매일 올라갔다 내려온다. 보름이나 그믐 때 달과 태양이 일직선상에 놓이게 되면 최대 조석이 발생한다.

작은 사리
달과 태양이 반대쪽

지구 주위 달 궤도

지구

태양

보름달

큰 사리
달과 태양이 같은 쪽으로 일직선

지구 주위 달 궤도

지구

태양

초승달

조금
달과 태양 사이의 각이 90°

지구 주위 달 궤도

지구

태양

상현달 또는 하현달

튜브 파(도) 파(도)가 가파르게 비탈진 해변에 접근할 때 이 파(도)는 매우 급속히 상승하여 튜브 모양의 마루를 형성할 수 있다. 이와 같은 파(도)가 긴 거리를 이동해 왔다면 이 파(도)는 높은 고도까지 올라갈 수 있다.

쓰나미

쓰나미 또는 지진파는 지진, 화산 폭발 및 산사태에 의해 만들어진다. 2004년 12월 26일에 인도양에서 일어난 지진은 파고 30m의 쓰나미를 발생시켰다.

활동

활동

물

지구는 액체 상태의 물을 가지고 있기 때문에 태양계에서의 다른 행성과 구분하여 종종 푸른 행성이라고 일컬어진다. 물은 비교적 단순하지만 가변적인 물질이다. 물 분자 하나는 2개의 수소 원자와 1개의 산소 원자로 이루어져 있다. 이러한 기본적인 분자 구조로 인해 물은 독특한 화학적, 물리적 속성을 갖게 되어, 지구상에서 인간이 살 수 있는 환경이 유지되도록 하는 아주 중요한 역할을 담당한다. 물은 주변의 온도와 기압에 따라 고체, 액체, 기체의 확연히 다른 세 가지 형태로 존재한다.

물의 본질

액체 상태의 물 분자들은 빨리 변하는 구조를 유지하면서 서로 결합한다. 그러나 물은 냉각되어 결빙되는 온도에 도달할 즈음에는 그 구조가 다소 느리게 변한다. 결빙될 때 분자들은 육각형의 격자 형태로 고정된다. 이러한 이유로 눈 결정이 여섯 면을 가진 대칭형으로 보이는 것이다. 단단한 얼음의 분자 구조는 액체 상태의 물의 분자 구조보다 더 빈 공간을 갖고 있고, 육각형의 '구멍들'은 격자를 지나 직각으로 확장하게 되어, 얼음의 밀도는 액체 상태

의 물의 밀도보다 작아져 얼음은 물 위에 뜨게 된다.

실내 온도와 비슷한 액체 상태의 물의 밀도는 1g/cm³이다. 물은 4℃ 근처에서 최대 밀도를 갖는다. 이러한 임계 온도를 갖는 물 위로 이보다 더 찬물이 놓이게 된다. 이런 이유로 호수는 밑바닥부터 얼지 않게 되어, 호수 밑바닥에 있는 생명체들이 겨울을 지낼 수 있도록 한다.

액체 상태의 물은 높은 열용량을 갖고 있는데, 이것은 물이 질량당 많은 양의 열을 함유할 수 있음을 의미한다. 해양은 가열되거나 냉각되는 속도가 대륙보다 훨씬 느리다. 이것은 해류가 따뜻한 혹은 차가운 물을 전 지구에 걸쳐 아주 먼 거리까지 이동시킬 수 있음을 의미한다. 해류는 해수면 온도를 바뀌게

강과 바다가 만나는 곳 큰 강이 바다와 만남에 따라 침전물이 가라앉는 곳에 삼각주가 형성된다. 이 위성 사진은 서아프리카의 기니비사우 지역의 베바(Beba) 강과 다른 강들을 보여 준다.

플로리다 주 잭슨빌 인간의 주거는 종종 민물이 충분히 공급되는 지역 부근에서부터 시작된다. 성공적인 마을은 성장하여 결국에는 대도시로 발전하게 된다.

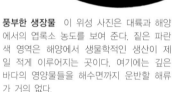

풍부한 생장물 이 위성 사진은 대륙과 해양에서의 엽록소 농도를 보여 준다. 짙은 파란색 영역은 해양에서 생물학적인 생산이 제일 적게 이루어지는 곳이다. 여기에는 깊은 바다의 영양물들을 해수면까지 운반할 해류가 거의 없다.

하며, 이어서 해안지대의 기후에 특히 영향을 끼친다.

수증기가 응결하거나 또는 증발할 때, 얼음 상태가 되거나 또는 녹을 때, 대기로부터 또는 대기 중으로 에너지 이동을 동반한 열 교환이 이루어진다. 이런 과정에서 생긴 온도차는 기단을 상승시키거나 이동시키며, 종종 물을 아주 먼 곳으로 수송하기도 한다.

지구상에 존재하는 물의 약 97.5%는 해양에서 발견되는 액체이다. 이 방대한 저수지는 많은 양의 용해된 염분(주로 염화나트륨으로 구성됨)을 담고 있으며, 용해된 이산화탄소와 다른 기체들을 붙잡아 둘 수 있다. 지구상에 있는 상대적으로 작은 양의 민물(fresh water)은 대부분 지표 얼음 안에 또는 지표 아래에 가두어져 있다.

대기 중의 수증기는 전체 구성에서 약 0.001%밖에 되지 않지만, 날씨를 주도하는 데 중요한 역할을 한다. 수증기량은 거의 0에 가까운 상태(건조한 사막의 경우)로부터 약 4%(수증기로 포화된 공기

의 경우)가 될 정도로 가변적이다.

해양, 육지, 식물 그리고 구름들 사이에서 일어나는 수분의 연속적인 상호 교환은 날씨의 많은 부분에 연료를 공급한다. 이러한 과정은 물 순환으로 일컬어진다.

물 순환은 물을 해양으로부터 증발시키는 태양에 의해 움직인다. 물은 다시 응결하여 작은 구름방울 또는 얼음 결정이 되며, 이것이 성장하여 비와 눈이 되어 구름 밖으로 떨어지게 된다. 강 또는 지하수 통로는 물을 다시 바다로 운반하며, 이 순환은 계속된다.

산호초 산호초는 태양빛에 의해 산호류가 생존할 수 있는 얕은 물에서 발견된다. 어떤 산호초는 사람이 거주할 수 있을 정도로 크지만, 매우 낮게 누운 상태로 자라는 경향이 있고, 폭풍과 해수면 상승에 민감하다.

분화구 호수 거대한 폭발은 화산 중앙에 깊은 분화구를 남길 수 있다. 때때로 이곳은 물이 채워져 호수가 형성된다. 어떤 경우에는 강의 시작점이 될 수 있을 정도의 높이까지 많은 비가 내려 분화구를 가득 채울 수 있다.

물이 증발하여
구름이 형성됨

물 순환

물 순환은 해양과 대기, 그리고 육지 사이에서 일어나는 물의 연속적인 교환이다. 물이 이동함에 따라, 물은 액체에서 기체 혹은 얼음으로 상태를 변화시킬 수 있다. 우리가 날씨라고 부르는 것의 대부분은 진행 중에 있는 물 순환(물의 움직임과 상태 변화)이다. 이와 같이 끝없는 과정은 균형이 잡힌 시스템을 유지하도록 하는데, 이것은 지구라는 행성의 건강에 아주 중요하다.

관련 자료

물 구조 물 분자는 1개의 산소 원자에 결합된 2개의 수소 원자로 구성되어 있다. 수소 원자들이 붙어 있는 분자의 한쪽 면은 양으로 전하되어 있고, 반면에 다른 면은 음으로 전하되어 있다. 이러한 차이로 분자들 간에는 전기적인 인력이 나타난다.

얼음 얼음 상태의 물 분자는 육각형 구조의 견고한 격자 모양을 이룬다. 얼음은 물보다 더 빈 공간을 갖고 있어 더 낮은 밀도를 갖게 된다.

액체 액체 상태의 물은 순간적으로 결합된 분자들로 이루어진 불안정한 무리로 구성되어 있다.

수증기 빠르게 움직이는 수증기의 분자들은 서로 튕겨내며 결합하지 않는다.

자라나고 있는 식량(왼쪽) 지역 기후와 물이 공급되는 정도에 잘 맞는 농작물이 선택된다. 관개는 강수량에 의존할 수 없는 지역에서 농업이 가능하도록 할 수 있다.

사막 환경(아래) 사막의 연 강수량은 250mm 미만이다. 사막은 매우 덥거나(사하라) 매우 추울(남극 대륙) 수 있다.

소금기가 있는 물과 민물

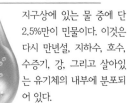

지구상에 있는 민물

해양에 있는 소금물

지구상에 있는 물 중에 단 2.5%만이 민물이다. 이것은 다시 만년설, 지하수, 호수, 수증기, 강, 그리고 살아있는 유기체의 내부에 분포되어 있다.

구름으로부터
비가 내림

강물은 바다로
흘러들어 감

토양과 식물에
의해 물이 흡수됨

내륙의 물 저장소가
채워짐

지하수는 바다로
되돌아감

물 순환 물 순환에서 어디에 위치하느냐에 따라 물은 대단히 가변적으로 순환한다. 평균적으로 물 분자는 대기 중에서 약 10일 정도 머무르나, 깊은 지하수에서는 10,000년을 머무른 다. 해양에서 머무르는 시간은 더욱 길어 약 37,000년이다.

우림 우림은 지구 육지 표면의 6%를 뒤덮고 있다. 열대나 온대 지역에 존재하며 항상 다우 지역과 관련되어 있다. 우림은 지구상에 존재하는 동식물들의 반 이상 이 살고 있는 서식처이다.

관련 자료

물 분포 해양수가 아닌 물 중에서 가장 많은 양은 빙원과 빙하에 갇혀 있고, 그 나머지의 대부분은 지하수에 있다. 살아 있는 유기체는 오직 1%의 민물만 이용할 수 있고, 이 중에서도 1%만이 살아 있는 유기체의 내부에 존재한다.

지구상의 물 분포

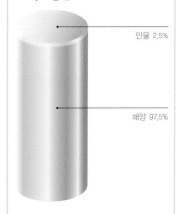

민물 2.5%

해양 97.5%

민물의 분포

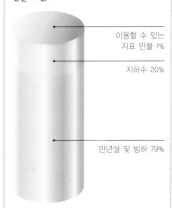

이용할 수 있는
지표 민물 1%

지하수 20%

만년설 및 빙하 79%

살아 있는 유기체가 이용할 수 있는
물의 분포

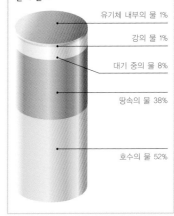

유기체 내부의 물 1%

강의 물 1%

대기 중의 물 8%

땅속의 물 38%

호수의 물 52%

얼음

얼음은 지구 표면상에서 가장 차가운 부분을 덮고 있다. 남극권, 북극해, 그린란드, 그리고 몇몇 북극 섬, 빙하, 그리고 고산지대는 영구적인 얼음으로 덮여 있다. 더 추운 달에는 해빙(sea ice)의 면적이 더 넓어진다. 극 지역에 있는 얼음들은 지구 기후에 안정적인 역할을 하는 태양의 에너지를 반사한다.

빙하 빙하는 오래전에 내린 눈으로 만들어진 얼음의 강으로 천천히 이동한다. 빙하가 바다를 만나는 곳에서 수직적으로 형성된 얼음 벽은 부서져서 빙산과 떠다니는 얼음 부스러기로 된다.

관련 자료

극빙 영구적인 얼음은 빙하나 고산지대에서 찾아볼 수 있지만, 극 지역만큼 방대한 곳은 아무 데도 없다. 그러나 이 얼음이 덮인 정도는 계절에 따라 변한다.

☐ 영구적인 해빙
▨ 계절적인 해빙

북극 바다에 떠 있는 영구적인 얼음 선반들은 그린란드의 북쪽까지 뻗어 있다. 이 얼음 선반들은 겨울에 더욱 성장하여 해빙이 보다 더 광활하게 형성되도록 한다.

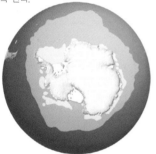

남극 남극 대륙은 두꺼운 얼음으로 덮여 있으며, 이 얼음은 남극해 쪽으로 여기저기 뻗어 있다. 훨씬 얇은 해빙은 계절에 따라 그 면적이 변한다.

얼음 위에서의 생활

오로지 과학자들과 지원 인력들만이 짧은 기간 동안 머무르면서 남극 대륙에서 생활하고 있으나, 북극 지역에서는 많은 토착민들이 영구적으로 생활하고 있다. 얼음낚시와 사냥에 능숙한 그들은 이 척박한 지역에서 성공적인 거주자가 되었다.

북극해 스피츠베르겐(Spitsbergen) 섬 얼음 위에서 생활하는 공동체는 새로운 운송 수단을 고안하였다. 얼음과 눈 위에서 자유롭게 이동하기 위해 설피, 스키, 개썰매, 그리고 설상 스쿠터를 고안하였다.

극 지역의 야생동물(아래) 북극에서 북극곰은 최고의 육식동물이다. 그들은 긴 여름 동안에 지방을 비축하여, 겨울철에 눈 밑에 있는 동굴 속에서 동면을 취한다. 새끼 곰은 봄철에 태어난다.

관련 자료

빙핵 만년설과 빙하에 구멍을 뚫어 채취한 빙핵 견본은 75만 년까지 거슬러 올라간 기후의 역사를 알려 준다. 갇힌 공기에 대한 분석을 통하여 눈이 내렸을 당시의 대기 기체의 농도와 나머지 다른 입자들을 알게 된다.

빙핵 견본 추출 1959년에는 원통형 얼음 견본을 얻기 위해 수동식 드릴을 사용하였다. 현대적인 드릴을 사용하여 3,623m 깊이의 견본 채취가 가능하다.

얼음의 형성

차가운 기후 지역에 내린 눈의 대부분은 녹지 않는다. 시간이 지남에 따라 새로운 눈으로 만들어진 층이 오래된 눈 위를 덮어버려, 눈은 단단해지고 얼음이 된다.

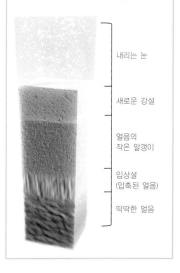

내리는 눈

새로운 강설

얼음의 작은 알갱이

입상설 (압축된 얼음)

딱딱한 얼음

관련 자료

1. 램버트(Lambert) 빙하

이것은 세상에서 가장 큰 빙하이다. 남극 대륙에 있으며 넓이는 400×100km, 두께는 약 2.5km로 측정된다. 이 빙하는 아메리(Amery) 빙붕 안으로 흘러들어 감에 따라 남극 빙붕이 확장하게 되어 프라이즈(Prydz) 만의 일부분을 덮게 된다

남극 대륙의 램버트 빙하

2. 캉거들룩수아크(Kangerdlugssuaq) 빙하

이 빙하는 그린란드의 남동쪽에 있으며 최근 들어 해양 쪽으로 이동이 가속화되었다. 한 세기 동안 느린 이동을 보이다가 지금은 하루에 최대 38m를 이동한다. 지구 온난화가 그 이유일 것이다.

그린란드의 캉거들룩수아크 빙하

3. 요스테달(Jostedal) 빙하

노르웨이의 서쪽 해안 가까이에 있으며, 유럽에서 가장 큰 빙하이다. 넓이는 64×8km, 두께는 최대 548m이다. 이 빙하는 모든 방향에서 비옥한 계곡으로 이르는 50개 이상의 빙하 지류가 유지되도록 한다.

노르웨이의 요스테달 빙하

루이 아가시

스위스계 미국 과학자인 루이 아가시(Louis Agassiz)는 빙하학의 아버지로 알려져 있다. 그 이전에 다른 사람들이 빙하에 대해 연구를 하였지만, 그는 지구의 넓은 지역이 두꺼운 빙상으로 덮여 있었던 빙하시대에 대한 증거를 처음으로 본 사람이었다.

빙하

산악 또는 극 지역에서는 겨울에 내렸던 많은 눈이 쌓여, 여름철 햇살이 비친 이후에도 언 상태가 유지된다. 빙하의 얼음은 그 밑에 있는 축축한 지면 위를 따라 눈의 무게로 아래쪽으로 미끄러져 내려간다. 바다로 향하는 도중에 계곡의 빙하가 땅을 문지르고 닳게 함으로써 깊은 물로 채워진 해안선 입구(피요르드)가 만들어진다.

남극의 건조한 계곡(아래) 지질학적인 시간 동안에 남극의 빙상 부피는 크게 줄어들기도 하고 또는 크게 늘어나기도 하였다. 이 사진의 얼음이 없는 계곡은 수백만 년 전에 빙하들에 의해 닳아졌다. 이 계곡들은 일정한 바람의 활동으로 건조함이 유지되고 있다.

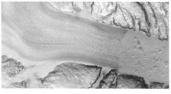

빙하의 후퇴(위) 나사(NASA)는 2005년(맨 위), 2003년, 그리고 2001년에 그린란드의 헬하임(Helheim) 빙하 사진을 찍었다. 최근 들어 암부분이 빙산으로 균열되는 속도가 가속되고 있다. 현재 1년에 약 10km씩 후퇴하고 있는 중이다.

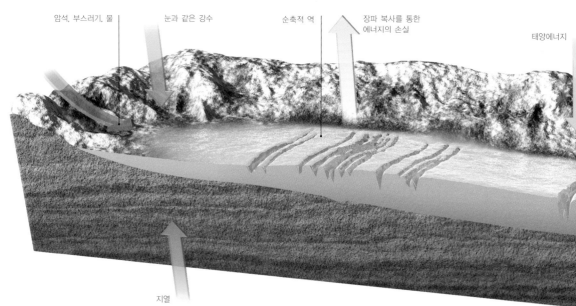

빙하는 어떻게 흐르는가 상류 쪽에 있는 얼음, 물, 바위 그리고 다른 잔해들에 의해 계곡 빙하가 유지된다. 지열은 빙하의 밑바닥을 가열시켜 빙하가 아래쪽으로 흐르게 한다. 빙하의 상층에서, 눈은 계속 쌓여 순축적이 이루어지나, 물 또한 증발, 승화 그리고 바람에 의하여 없어져 버린다. 평형선(equilibrium line)보다 하부에 위치한 순손실 역에서, 빙하는 질량을 획득하는 속도보다 잃는 속도가 더 빠르다.

(이미지 내 라벨: 암석, 부스러기, 물 / 눈과 같은 강수 / 순축적 역 / 장파 복사를 통한 에너지의 손실 / 태양에너지 / 지열)

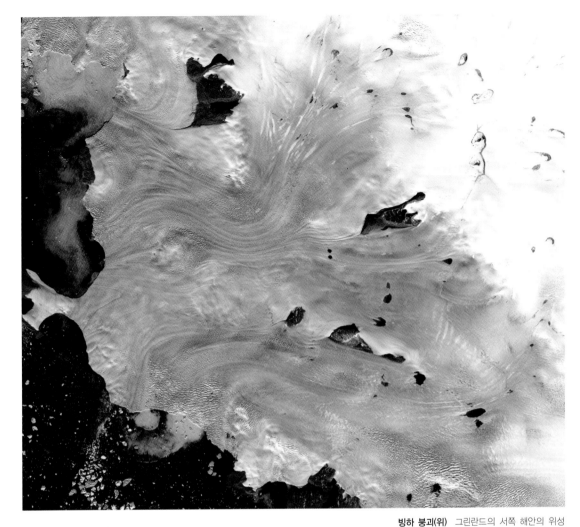

빙하 붕괴(위) 그린란드의 서쪽 해안의 위성 사진은 산 정상 주변과 배핀(Baffin) 만으로 흐르는 빙하들을 보여 주고 있다. 그린란드 만년설은 해류에 의해 바다로 떠내려가는 수많은 빙산들의 발생지이다.

순손실 역

증발

용해된 물과 가라앉은 부스러기

지열

관련 자료

육지의 모양 만들기 빙하가 흐를 때 빙하 밑에 있는 바위들을 깎아 내면서 수천 년 후에 전문가가 알아볼 수 있는 형태를 만든다.

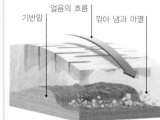

기반암   얼음의 흐름   깎아 냄과 마멸

빙하의 깎아 내기 빙하가 울퉁불퉁한 땅 위로 지날 때 기반암을 조각조각 부수게 되며, 이 조각들은 아래쪽으로 수송되어 말단에 있는 빙퇴석으로 퇴적된다.

빙하 작용 이전 빙하시대와 빙하시대 사이에 기후는 온난하였으며 산들은 초목으로 덮여 있다. 계곡은 V자 형이다.

빙하 작용 기간 빙하시대의 기후는 식물이 사라질 정도로 매우 추웠다. 빙하들은 계곡을 따라 흐른다.

빙하 작용 이후 빙하가 후퇴할 때 남아 있는 계곡들은 U자 형이며, 계곡의 더 깊은 곳에 긴 손가락 형태의 호수가 있다.

관련 자료

빙산의 분류 빙산은 기본적으로 판상형과 비판상형으로 나뉜다. 판상형 빙산은 깎인 가장자리와 편평한 윗면을 갖고 있다. 비판상형 빙산에는 다섯 가지 유형이 있다.

판상형 수직으로 바짝 선 측면과 편평한 윗면을 가진 단단한 얼음 덩어리. 원래 이것은 넓은 빙상의 부분을 형성한다.

돔형 이러한 빙산은 윗면이 둥글며, 보통 매끈한 표면을 가진다.

첨탑형 반쯤 잠긴 얼음 덩어리에서 위로 돌출되어 뾰족한 형태를 이룬 덩어리가 몇 개 있다.

쐐기형 마치 치즈의 쐐기 모양처럼 빙산의 한 면은 기울어진 납작한 면이며, 꼭대기 부분은 매끄럽고 완만한 경사를 이룬다.

건선거형 이 빙산은 2개 또는 그 이상의 큰 얼음 기둥으로 되어 있으며 그 사이에는 수면 가까이 도달하는 U자 형의 구멍이 있다.

큰 토막형 판상형 빙산처럼 이 빙산은 가파른 연직 측면과 납작한 꼭대기 면을 가지고 있으나, 판상형 빙산보다 비례적으로 더 크며 거대한 얼음 정육면체와 비슷하다.

빙산

빙산은 바다 쪽으로 확장하는 빙하로부터 부서져 멀리 떨어져 나갈 때 또는 부유하는 빙상과 빙붕이 균열될 때 만들어진다. 빙산은 수천 년 전에 내린 눈에 근원을 둔 순수한 물로 이루어져 있다. 바람과 조류는 빙산이 먼 거리까지 떠돌아다니도록 하며, 그중 수백 개는 매년 배들이 다니는 항로 쪽으로 흘러들어 간다.

얼음 위의 펭귄 펭귄은 일시적인 근거지로 작은 빙산과 부빙을 이용한다. 이것들은 펭귄에게 포식자들로부터 안전한 피난처를 제공하지만, 결국 펭귄들은 먹이를 구하기 위해 바다로 돌아가야만 한다.

빙산의 탄생(오른쪽) 빙하가 해양에 도달하면서 빙하의 하부층이 녹아, 얼음 덩어리가 더 이상 구조적으로 유지되지 못할 때 빙하는 갈라지게 된다. 떠다니던 빙산은 해파에 의한 응력과 해수면 아래로 흐르는 해류와 조류 때문에 더 작은 조각으로 쪼개진다.

녹고 있는 빙산(아래) 2~3℃의 바닷물에 있는 빙산은 완전히 녹는 데 수개월이 걸릴 수 있다. 이 빙산 역시 높은 파도에 의한 침식으로 형체를 잃어버리기도 한다.

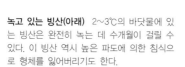

빙산 크기 분류 국제빙상감시기구(International Ice Patrol)는 물 위로 보이는 크기로 빙산을 분류한다. 전형적으로 볼 때, 빙산 전체 부피의 9/10는 물 아래에 잠겨 있다.

빙산 크기 분류		
크기 부문	높이	길이
아주 작은 빙산	1m 미만	5m 미만
작은 조각	1~4m	5~14m
작음	5~15m	15~60m
중간 크기	16~45m	61~122m
큼	46~75m	123~213m
아주 큼	75m 이상	213m 이상

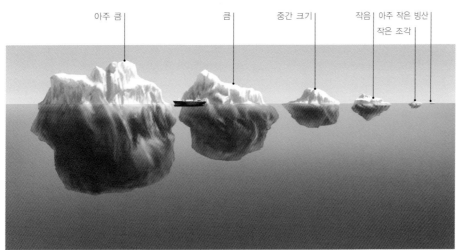

아주 큼 | 큼 | 중간 크기 | 작음 | 아주 작은 빙산 / 작은 조각

관련 자료

빙하와 해양의 만남 드리갈스키는 혀 모양의 부유하는 얼음 덩어리로, 남극해 쪽으로 80km 이상 뻗어 있다. 이것은 남극 대륙의 내륙 쪽으로 300km 정도 들어간 지역의 얼음으로부터 유지되는 데이비드 빙하가 뻗어 나간 것이다.

드리갈스키 혀 모양의 얼음 데이비드 빙하는 대부분의 빙하와는 달리 매우 단단하고 두꺼워, 해양에 도달하여도 빨리 부서지지 않는다.

얼음의 충돌 2006년 3월, 거대한 빙산과 부딪치면서 드리갈스키의 얼음 중에서 13×11km 정도의 크기가 떨어져 나갔다.

숨겨진 위험

빙산의 약 80~90%는 수면 아래에 잠겨 있다. 빙산의 밀도가 크면 클수록 또는 빙산 내에 갇힌 공기가 적을수록, 빙산의 보다 많은 부분이 수면 아래에 놓이게 된다.

선박과 얼음

배를 타고 여행할 때에는 바다를 가로질러 갈 수 있는 열린 항로가 필요하다. 그런데 겨울철에는 이러한 여행을 불가능하게 할 만큼 몇몇 바다는 얼어 버릴 수 있다. 계절적, 영구적으로 나타나는 해빙은 몇 세기 동안 극지 탐험가들의 노력을 좌절시켰다. 비록 바다가 얼지 않은 곳에서도 극 지역의 빙붕으로부터 부서져 나간 빙산은 위험하기도 하다. 바다를 이용한 상품의 이동이 경제적으로 중요한 지역에서는 쇄빙선을 동원하여 얼음 사이를 지나는 항로를 당분간 유지할 수 있다. 비록 그러할지라도, 한겨울에는 많은 항구들이 폐쇄된다.

위험한 얼음

극 지역의 해양을 지나는 선박들은 빙산의 대부분을 수면 아래에 감추고 있는 빙산을 피해야 한다. 상선 타이타닉호는 빙산과 충돌하여 실종된 수많은 배들 중 하나일 뿐이었다. 타이타닉호는 충돌 후에도 배가 물에 뜨도록 설계되었다. 그러나 그 사고로 많은 객실들이 물로 가득 차, 결국 배는 가라앉게 되었다. 갑판 위에 설치된 구명보트의 개수는 그 당시의 안전 규정에는 맞았지만, 수많은 승객과 승무원들을 구하기에는 부족해 많은 사람이 목숨을 잃었다.

현재 유람선은 여행객들을 북극과 남극의 해양으로 데리고 간다. 현대 기술의 발달에도 불구하고 여전히 빙산은 매우 위험한 존재이다. 남아메리카에서 남극 대륙까지 운행하는 익스플로어(Explorer)호는 빙산이라고 추정되는 물체에 충돌한 후 심각한 피해를 입어 2007년 11월에 가라앉았다. 익스플로어호는 극 지역의 바다에 맞도록 주문하여 만든 첫 유람선이었다. 승객과 승무원들은 모두 구조되었다.

수많은 극 지역 탐험들이 진행되어 왔으며, 선박들은 실행 과정에 있어 총괄적인 역할을 담당하거나 또는 탐험가들을 단순히 수송하는 역할을 담당하였다. 영국 탐험가 제임스 쿡(James Cook) 선장은 1772~1775년까지 항해하는 동안 남극권을 처음으로 건너간 사람이 되었다. 그는 거의 남극 주변을 돌았지만, 대륙을 보지는 못하였다. 러시아 원정대를 이끌던 탐험가 파비안 고틀리에프 폰 벨링스하우젠(Fabian Gottlieb von Bellingshausen)이 러시아 원정대를 이끌고 1820년에 처음으로 남극 대륙을 보았다.

19세기에, 다수의 원정대들은 북극에 도달하는 또는 전설로 알려진 북서 항로를 찾는 북극해 탐험을 위하여 배에 올랐다. 이러한 탐험선들의 대부분은 얼음에 부딪쳐서 부서지는 운명을 맞이하였다. 유명한 항해로는 1845년 영국 해군함 에레보스(Erebus)호와 테러(Terror)호를 지휘하였던 존 프랭클린(John Franklin)의 '잃어버린 탐험(lost expedition)'이 있다. 이 밖에 1871~1873년에 미 해군함 폴라리스(Polaris)호에 승선하였던 미국 북극 탐험가 찰스 프란시스 홀(Charles Francis Hall), 1875~1876년에 영국 해군함 얼러트(Alert)

호에 승선하였던 영국의 탐험가 알버트 마크햄(Albert Markham), 1881~1884년에 미 해군함 프로테우스(Proteus)호에 승선하였던 아돌퍼스 그릴리(Adolphus Greely), 그리고 1893~1896년에 프람(Fram)호에 승선하였던 노르웨이의 프리드쇼프 난센(Fridtjof Nansen)이 있다.

탐험가들은 곧 관심을 남극 대륙으로 돌렸다. 1907년, 영국의 탐험가 어니스트 섀클턴(Ernest Shackleton)이 이끄는 원정대는 님로드(Nimrod)호를 타고 남극으로부터 180km 떨어진 지점까지 접근하였다. 1914년에는 남극에 도달하여 개가 이끄는 썰매를 이용하여 남극 대륙을 횡단할 예정이었으나, 그가 지휘하던 영국 해군함 인듀어런스(Endurance)호는 대륙에 도달하기 전에 웨들 해에서 얼음과 충돌하여 크게 부서졌다. 선원들이 엘리펀트 섬의 얼음 위에서 겨울을 지내는 동안, 섀클턴과 몇몇 사람들이 15일 동안 노를 저어 사우스 조지아 섬에 도달하여 도움을 요청하였다. 결국 승무원들은 모두 구조되었다.

더 최근에는 북극의 부빙 아래로 잠수함이 항해를 할 수 있게 되었다. 1958년에 미 해군의 핵잠수함인 노틸러스(Nautilus)호가 처음으로 북극점에 도달하였다. 2007년 8월, 러시아 탐험가들이 두 대의 소형 잠수정을 타고 북극의 해저 바닥에 티타늄 깃발을 꽂음에 따라, 논란의 소지가 있는 북극 자원에 대한 권리를 주장하였다.

표제 뉴스(왼쪽) 가라앉지 않게 설계된 타이타닉호는 영국의 사우샘프턴에서 미국 뉴욕으로 가는 첫 항해를 하는 중에 빙산에 의하여 구멍이 생겼다. 배에 탄 2,223명 중에 단지 706명만이 생존하였다.

바다에서의 재앙(아래) 1912년 4월 14일 오후 11시 40분에 영국의 타이타닉호는 빙산과 부딪혀 3시간도 채 못 되어 가라앉았다. 배의 앞부분에 위치하였던 방수 구획실이 침수되면서 배는 수면 아래로 내려갔으며, 침몰하면서 두 동강이 났다.

...... 열린 바다에서 프람호가 지나간 길

...... 극빙 안에서 프람호가 지나간 길

...... 난센과 요한센의 썰매가 지나간 길

...... 난센과 요한센이 바람이 불어오는 쪽에 있는 고향으로 갔던 길

프람호의 항해 특별히 강하게 만들어졌던 프람호는 1893년 9월부터 3년 동안 얼음에 갇혀 떠다녔다. 1895년 3월, 프리드쇼프 난센과 알마르 요한센은 선원들을 남겨 두고 개썰매로 북극까지 가려고 하였으나 좌절되었다. 15개월 후에 그들은 프란츠 요제프 랜드(Franz Joseph Land) 섬에 있는 영국 원정대를 우연히 만나 그들과 함께 고향으로 돌아왔다.

난센과 프람호(위) 노르웨이 탐험가 프리드쇼프 난센은 의도적으로 얼음에 갇힌 프람호를 타고 북극으로 가기를 희망하였다. 해류가 자신이 원하는 방향으로 흐르지 않는다는 것이 명확해졌을 때, 그는 얼음에 갇힌 배를 버리고 걸어서 북극에 도달하려고 하였다.

섀클턴과 인듀어런스호(오른쪽) 1914년 섀클턴 경이 남극 대륙으로 탐험하는 동안에 그의 배 인듀어런스호는 해빙에 처박혀 가라앉았다.

선발 보호선(아래) 쇄빙선이 고위도대의 항로를 뚫고 있다. 쇄빙선의 강화된 선체는 얼음 위쪽으로 올라가서 그 배의 무게로 얼음을 부수도록 설계되었다.

관련 자료

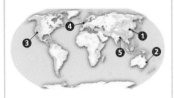

1. 중국 베이징 여름철에 70%를 넘는 상대습도와 높은 기온은 베이징에서의 생활을 매우 불쾌하게 만든다. 습도는 오염을 악화시키고 시정 거리를 감소시킨다. 겨울철 기온은 −10℃ 이하로 떨어지며 상대습도는 50%이다.

중국 베이징

2. 호주 브리즈번 호주의 동쪽 해안에 위치한 브리즈번은 미국의 플로리다와 같은 아열대 기후를 갖는다. 늦은 여름의 최고기온은 28℃이며, 최고 상대습도는 70%를 초과한다.

호주 퀸즐랜드 주 브리즈번

3. 애리조나 주 피닉스 피닉스는 7월 평균 최고기온이 41℃로 여름철에 북아메리카에서 가장 더운 지역 중 하나이다. 그 지역 주민들에게 다행스럽게도, 가혹한 더위는 겨우 12%인 낮은 여름철 평균 습도로 인해 어느 정도 완화된다.

미국 애리조나 주 피닉스

4. 영국 런던 겨울에 런던의 최고습도는 평균 87%지만 평균 기온은 6℃밖에 되지 않는다. 여름에는 평균 최고기온이 22℃이며, 습도는 70% 정도이다.

영국 런던

5. 인도 콜카타 벵골 만 근처의 간척지 위에 건설된 콜카타는 아열대 기후를 가져 8월의 습도는 88% 정도이며, 불쾌한 느낌을 준다. 여름 최고기온은 41℃이고, 겨울 최저기온은 10℃이다.

인도 서벵골 주 콜카타

습도

습도는 대기 중의 수증기량을 말한다. 수증기량은 온도에 의존하며 그 양은 전 지구적으로 볼 때 지역에 따라 큰 차이를 보인다. 공기 중의 수증기량은 주로 상대습도(주위 온도에서 포화되는 정도를 퍼센트로 나타냄)로 측정한다.

전 지구적인 수증기 분포 이 색처리한 위성 영상은 1월 하순 어느 날의 대기의 수증기 분포를 보여 준다. 습도는 적도에서 높고, 극 지역과 사막에서 낮다. 검은 영역은 구름이 덮인 곳이다.

높음

낮음

사막에서의 생활 뜨겁고 건조한 사막 환경에서 몸은 매우 많은 땀을 흘리며, 땀은 급격하게 증발한다. 중동과 북아프리카 사람들은 늘어진 로브(robe : 길고 품이 넓은 겉옷)를 입는데, 이 로브는 몸 전체를 감싸 땀으로 인한 물의 손실을 완화하는 데 도움을 준다.

습도 측정 공기 덩어리가 가질 수 있는 물의 양은 온도가 증가함에 따라 점차 증가한다. 수증기를 더 이상 가질 수 없는 공기는 포화되었다고 말한다. 포화가 일어나는 온도를 이슬점이라고 한다.

세계 습도 지수 세계 습도 지수는 잠재적으로 이용할 수 있는 연평균 습기의 척도가 된다. 이것은 1년 동안 내린 강수량과 1년 동안 잠재적으로 나타나는 증발산(호수, 시냇물, 토양, 캐노피로부터의 증발과 식물의 증산의 합)의 비율로 한다. 낮은 값은 사막을 나타내고 높은 값은 습도가 높은 지역을 나타낸다.

습도와 쾌적 뜨거운 날씨에 신체를 시원하게 유지하기 위해 신체가 보여 주는 주요 반응은 땀을 흘리는 것이다. 그러나 높은 습도는 이것을 매우 어렵게 만든다.

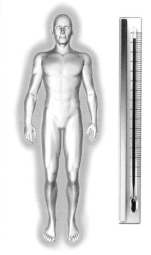

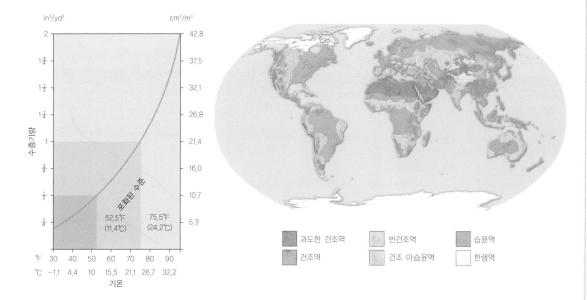

과도한 건조역 / 반건조역 / 습윤역
건조역 / 건조 아습윤역 / 한랭역

열의 지속 뜨거운 날씨에 심장은 펌프질을 통해 인체의 중심으로부터 피부까지 혈액을 멀리 보낸다.

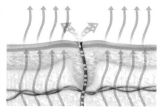

시원함 유지 공기가 건조할 때 땀은 쉽게 증발할 수 있으며, 이 과정에서 신체의 열의 일부분은 빼앗기게 된다.

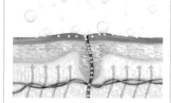

뜨거움과 성가심 습윤공기에서의 수증기는 증발을 느리게 하고 냉각 효과를 감소시킨다.

열대 지역에서의 삶 습도와 기온이 모두 높을 때는 차가움을 유지하는 것이 힘든 일이 될 수 있다. 인도네시아 먼따와이(Mentawai) 섬의 사냥꾼을 포함한 열대 지역의 많은 거주자들은 거의 벌거벗은 상태를 선호한다.

습도의 변화 지구 온도의 상승은 지구의 강우량 분포를 바꿀 것이다. 보다 높은 기온에서는 공기 중의 수분이 비를 만들만큼 응결이 잘 일어날 것 같지 않다. 따라서 사막 지역이 더 넓어질 것이다. 해양이 더 따뜻해질수록 바다 위의 습도는 더 높아지며, 이것 때문에 더 많은 맹렬한 열대 폭풍이 발생할 가능성이 있다.

이슬과 서리

맑고 차가운 밤, 지면이 우주공간으로 에너지를 방출함에 따라 지면은 냉각된다. 지면 근처에 있는 공기 역시 냉각되어 이슬점에 도달한다면, 수증기는 지면 근처에 있는 표면체 위로 응결될 것이다. 기온이 빙점보다 높으면 이슬이 형성되고, 빙점보다 낮으면 수증기는 서리가 될 것이다.

나무에 내린 서리(아래) 밤에 온도가 빙점 이하로 떨어진 지역에서 나뭇잎, 침엽수 잎, 그리고 나뭇가지 위로 서리가 축적될 수 있다. 삼림지대를 경영하는 경우, 서리에 대해 내성을 가진 토종 변종들을 더 많이 선호한다.

관련 자료

1. 테오도시아(Theodosia) 19세기 초 러시아 엔지니어인 프리드리히 지볼트(Friedrich Zibold)는 고대 그리스 식민지 부근에 있는 커다란 원뿔 모양의 돌더미가 이슬 채집기의 잔존물이라고 시사하였다. 그는 영감을 받아 복제품을 만들었는데, 그것은 약 300리터 정도의 물을 매일 생산해 냈다.

우크라이나 테오도시아(현재의 페오도시야)

2. 란자로테 섬 북아프리카로부터 떨어져 있는, 건조한 란자로테 섬에 거주한 농부들은 수 세기 동안 농작물 주위로 작은 돌담을 구축해 왔다. 이러한 벽은 바람으로부터 작물을 보호하고, 밤 동안에 모아진 이슬을 투과성이 좋은 화산 토양으로 흘러가게 한다.

카나리아 제도의 란자로테

3. 트랜스-엉-프로방스(Trans-en-Provence) 1930년대 초, 벨기에의 발명가인 아킬레 크나펜(Achille Knapen)은 프랑스 남부에 위치한 언덕의 꼭대기에 실험적인 14m짜리 '공기 우물(air well)'을 건축하였다. 두꺼운 돌벽으로 단열 처리된 콘크리트 중심부는 이곳을 통과하는 공기가 응결되도록 유도하였다. 애석하게도, 아주 적은 양의 물만을 수집하였다.

프랑스 바르(Var) 트랜스-엉-프로방스

4. 아작시오(Ajaccio) 1999~2000년까지 코르시카 섬에 있는 실험적인 이슬 채집기가 모은 물의 양은 하루에 최대 11,4리터였다. 10×3m 크기의 이 채집기는 미소구체로 둘러싸인 금속 포일로 만들어졌다.

프랑스 코르스뒤쉬드 아작시오

5. 코트하라(Kothara) 인도의 쿠치 지역은 강수량이 적고 마실 수 있는 물의 양이 매우 적다. 그러나 코트하라 마을의 실험을 통하여 재래식의 주름진 철제 지붕에 홈통과 수집 탱크를 갖춘다면, 건기에 이슬을 수집하여 깨끗한 물을 제공할 수 있다는 것을 입증하였다.

인도 쿠치 코트하라

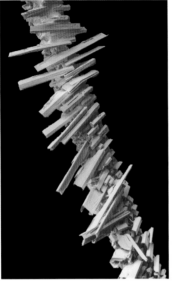

풀잎 위의 서리(위) 이것은 풀잎 위에 형성된 서리를 확대한 사진이다. 서리는 기온에 따라 가느다란 깃털같이 성장하거나 또는 더 촘촘한 구조로 형성되기도 한다.

이슬 및 서리의 생성(아래) 찬 표면 위로 수증기 분자들이 모일 때 이슬방울이 생기기 시작한다. 한 번 액체 막이 형성되면, 표면 장력이 분자들을 결합시켜 점차적으로 성장하는 이슬방울을 만든다. 빙점 이하의 기온에서 물 분자는 발달이 덜된 빙정(ice crystal) 주위에 우선적으로 모여들어 서리 결정을 만든다.

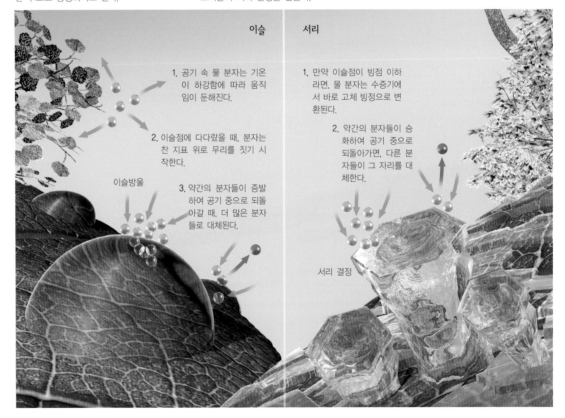

이슬　　　서리

1. 공기 속 물 분자는 기온이 하강함에 따라 움직임이 둔해진다.

2. 이슬점에 다다랐을 때, 분자는 찬 지표 위로 무리를 짓기 시작한다.

이슬방울

3. 약간의 분자들이 증발하여 공기 중으로 되돌아갈 때, 더 많은 분자들로 대체된다.

1. 만약 이슬점이 빙점 이하라면, 물 분자는 수증기에서 바로 고체 빙정으로 변환된다.

2. 약간의 분자들이 승화하여 공기 중으로 되돌아가면, 다른 분자들이 그 자리를 대체한다.

서리 결정

이슬방울(아래) 작은 이슬방울들의 배열이 풀잎 위에 형성되어 있다. 한 쌍의 작은 물방울들이 서로 맞닿을 정도로 충분히 커지면 이 둘은 합쳐져 더 큰 이슬방울이 된다.

서리에 덮인 나뭇잎(위) 서리 결정이 성장하기에 좋은 곳은 나뭇잎의 가장자리와 미세하게 불규칙한 표면이다.

관련 자료

서리와 농작물 서리에 의한 농작물의 피해는 극심할 수 있다. 만일 식물의 세포 안에 있는 물이 얼어 팽창한다면, 세포는 파괴되어 식물은 죽게 될 것이다. 이를 방지하기 위한 것으로 등유를 연료로 하는 온열기나 탈착이 가능한 덮개가 있다.

포도밭 서리에 의한 피해는 포도 수확을 망칠 수 있다. 그러나 디저트 와인을 만드는 데 사용되는 포도의 당분을 올리기 위해서는 서리가 끼는 것이 필수적이다.

완전히 덮기 플라스틱판을 이용하여 채소 농작물을 서리로부터 보호하고 있다. 이러한 덮개는 생육기간이 길어지도록 한다.

얼음에 대한 적응

순록은 춥고 서리가 내리는 환경에 둘러싸여 있다. 날카롭게 날을 세운 발굽은 얼음과 얼어붙은 눈 위에서의 미끄러짐을 확실하게 방지한다.

박무와 안개

안개는 실제로 지면 근처에서 형성된 구름이며, 구름과 마찬가지로 응결되면 발달한다. 항상 안개는 먼지 입자와 같이 대기에 있는 입자들에 달라붙는 작은 물방울들로 이루어져 있다. 매우 차가운 상태에서 안개는 빙정으로 구성될 수 있다. 가시거리가 1~2km 사이에 있는 안개를 박무(mist)라고 한다.

관련 자료

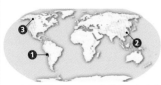

1. 카만차카(Camanchaca) 안개 이 안개는 차가운 훔볼트 해류가 습윤한 해양의 공기를 냉각시킬 때 형성된다. 이 안개는 내륙 쪽인 아타카마 사막 위로 수 킬로미터 정도 확장될 수 있다. 거의 비가 오지 않는 이 지역에서 식물과 곤충은 전적으로 이러한 안개로부터 물을 구한다.

칠레 아타카마 사막

2. 충칭(Chongqing) 창장(Changjiang) 및 자링(Jialing) 강의 합류 지점에 위치한 이 도시는 그 지역에서 '안개 도시'로 알려져 있다. 두 강으로부터 온 수증기는 주로 겨울철 기간 동안에 매년 100일 이상 이 도시를 뒤덮는 안개의 공급원이다. 종종 가시거리는 9m 또는 그 이하이다.

중국 쓰촨 성 충칭

3. 페어뱅크스(Fairbanks) 페어뱅크스의 지상 기온은 −43℃까지 떨어질 수 있다. 상층에 있는 더 차가운 공기도 지면 근처에 있는 안정된 공기층을 가두며, 그곳에서 종종 빙정으로 이루어진 두꺼운 안개가 형성된다.

미국 알래스카 주 페어뱅크스

공기로부터의 물

남아프리카의 한 지역은 안개는 자주 있지만 강수가 없다. 안개에 젖은 딱정벌레인 나미브 사막 거저리(Onymacris unguiculari)에게서 아이디어를 얻어, 몇몇 공동체에서는 안개 채집 그물을 이용해 귀중한 물을 수집한다.

지면 안개는 조종사가 활주로를 볼 수 없게 만들기 때문에 주요한 항공 위험 요소 중 하나이다. 안개는 비행기가 짙은 안개로 비행할 수 없게 하거나 또는 경로를 바꾸게 하여 경제적인 영향을 줄 수 있다.

지중해 해무(sea fog) 이 위성 영상은 남부 이탈리아 타란토(Taranto) 만의 해안선에 바싹 붙어 있는 이른 봄의 이류 해무를 보여 준다.

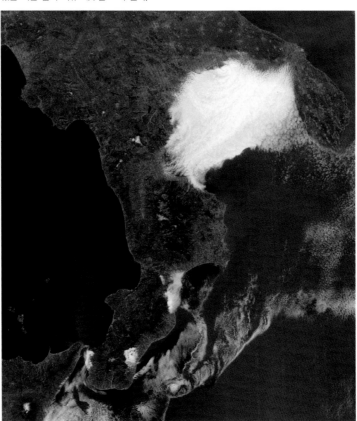

안개의 유형 안개는 주로 습윤공기가 이슬점까지 냉각되면서 수증기가 아주 작은 물방울로 응결되어 형성된다. 드물지만 공기 중으로의 물의 증발은 안개 형성에 있어 하나의 역할을 할 수 있다. 이 삽화는 안개가 생성될 수 있는 일반적인 네 가지 방식을 보여 주고 있다.

전선 안개 떨어지는 비나 눈이 구름 아래에서 공기 중으로 증발할 때, 전선 또는 강수 안개가 발생한다. 수증기는 공기를 냉각시키고 또한 수분 함유량을 증가시킨다. 안개는 공기의 이슬점 온도에 다다랐을 때 생성된다.

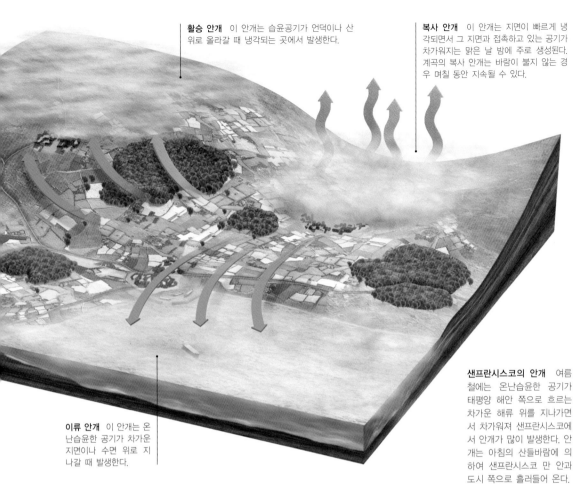

활승 안개 이 안개는 습윤공기가 언덕이나 산 위로 올라갈 때 냉각되는 곳에서 발생한다.

복사 안개 이 안개는 지면이 빠르게 냉각되면서 그 지면과 접촉하고 있는 공기가 차가워지는 맑은 날 밤에 주로 생성된다. 계곡의 복사 안개는 바람이 불지 않는 경우 며칠 동안 지속될 수 있다.

샌프란시스코의 안개 여름철에는 온난습윤한 공기가 태평양 해안 쪽으로 흐르는 차가운 해류 위를 지나가면서 차가워져 샌프란시스코에서 안개가 많이 발생한다. 안개는 아침의 산들바람에 의하여 샌프란시스코 만 안과 도시 쪽으로 흘러들어 온다.

이류 안개 이 안개는 온난습윤한 공기가 차가운 지면이나 수면 위로 지나갈 때 발생한다.

관련 자료

엄청난 스모그 사건 1952년 12월, 런던 특유의 안개와 질 낮은 난방용 석탄으로부터 나온 오염물질이 결합하면서 치명적인 스모그를 만들어 냈다. 안정된 겨울 공기의 영향으로 이 스모그는 5일간 지속되었고, 그 결과 12,000명 이상의 사망자가 발생하였다.

황색의 짙은 안개(pea souper) 이 엄청난 스모그 사건 동안 시정 거리는 아주 짧았다. 그 당시에 운전은 물론 안전하게 걷는 것조차도 불가능하였다.

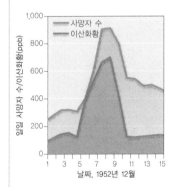

사망률 런던에서 기록된 사망자 수는 오염 수준에 따라 증감하였다. 더 많은 사람들이 그 다음 주에 사망하였다.

김안개

매우 찬 공기가 따뜻한 물 위를 가로지를 때, 이 물 표면에서 증발된 수증기가 냉각되어 안개가 발생한다. 김안개는 추운 겨울에 호수나 개울에서 종종 볼 수 있다.

박무와 안개 (계속)

매우 넓게 분포하는 안개는 방대한 지역을 덮어 선원들과 비행사들을 심각한 위험에 빠트린다. 특히 산악 지역의 운전자들에게도 역시 문제를 일으킬 수 있다. 걷고 있는 사람의 경우, 안개는 방향 감각을 상실하게 하여 사고를 발생시킬 수 있다. 그러나 이런 경우가 아닐 때, 안개는 가장 아름답고 평화로운 날씨를 보여 줄 수 있다.

관련 자료

1. 그랜드 뱅크스 래브라도 한류와 뉴펀들랜드의 해안을 지나는 따뜻한 멕시코 만류가 만나는 이곳은 연간 안개가 끼는 날이 200일 이상으로, 지구상에서 가장 안개가 많이 발생하는 지역 중 하나이다. 이 안개는 종종 뉴펀들랜드 지역으로 확장되며, 이 안개가 소멸되는 데 종종 수일이 걸리기도 한다.

대서양 그랜드 뱅크스

2. 아르노 계곡 보다 추운 달에는 종종 안개가 아르노 강 계곡을 덮고 있다. 수분은 강으로부터 증발하여 찬 공기에서 다시 응결되어 수일 동안 지속될 정도의 안개가 발생한다. 겨울철에는 거의 사흘에 한 번꼴로 안개가 출현할 수 있다.

이탈리아 토스카나의 아르노 계곡

3. 스코틀랜드 박무 만일 박무와 안개를 구성하는 물방울들이 충분히 커지면, 그 지역을 축축하게 적시거나 또는 강수 형태로 떨어질 수 있다. 스코틀랜드 박무(Scotch mist)는 스코틀랜드 날씨의 특색인 가늘고 지속적으로 내리는 이슬비와 박무 또는 안개가 합쳐진 것을 묘사하는 관용어이다.

스코틀랜드

안개 신호

안개가 등대를 덮거나 해양의 안전 운항을 돕는 기기를 덮어버릴 때, 안개 경적(foghorns)을 이용하여 해안가, 모래톱 그리고 다른 위험에 대해 경고를 할 수 있다. 선박에 설치된 안개 경적은 배의 크기와 위치를 신호로 보낼 때 사용된다.

슬로베니아 알프스(Slovenian Alps)(오른쪽) 이 사진에서는 두 가지 안개의 유형을 볼 수 있다. 산 능선의 정상에서 지형 상승(orographic lift)의 결과로 생긴 안개가 먼 쪽에서 흘러가는 중이며, 반면에 가까운 쪽에서는 상승하는 공기가 냉각되어 안개가 생성되고 있다.

중국 황산 산맥(아래) 중국 남동부에 있는 황산 산맥의 가파른 계곡에서는 안개가 거의 영구적으로 끼어 있다. 이 안개의 근원은 많은 강수와 높은 습도 그리고 빈번하게 태평양으로부터 건너온 따뜻한 기단이다.

프랑스 유라(Jura)(위) 이 계곡에서 밤사이에 층운형의 안개가 성장한다. 얇은 층의 안개는 지면과 그 위에 있는 더운 공기 사이에서 급격한 온도 변화가 있음을 보여 준다. 사진에서 멀리 보이는 곳에서는 안개가 상승하여 저고도 구름이 되고 있다.

아이슬란드(아래) 아이슬란드의 북서 지역에 있는 베스트피요르드(Westfjords) 반도는 그 지역에서 두껍고 빠르게 형성되는 안개로 유명하다. 이 안개는 멕시코 만류의 지류에 의하여 따뜻해진 공기가 그린란드 바다 위에 있는 차가운 공기를 만날 때 발생한다.

관련 자료

아침 안개 맑고 고요한 밤, 찬 지면은 습윤공기를 이슬점 온도에 도달할 정도로 냉각시킬 수 있다. 물방울은 안정한 안개층이 지면을 덮을 때까지 성장한다. 아침이 되면 태양의 활동으로 층운형 안개 구름층이 생성될 수 있다.

일출 햇빛이 처음으로 안개의 가장자리 근처에 있는 지면을 가열하면 안개의 가장자리가 소멸하게 된다. 또한 태양이 공기를 가열함으로써 생성된 대류 흐름이 안개층을 뒤집어 들어 올림으로써 안개는 햇볕에 노출된다.

이른 아침 안개는 계속되는 태양 가열과 대류의 휘젓는 효과로 빠르게 얇아지게 된다. 이제 햇빛은 안개층을 통과할 수 있게 된다. 그러면 지표로부터 방출된 열에 의하여 낮은 층에 있는 안개가 증발하기 시작한다.

오전의 중반 안개는 가장자리로부터 시작하여 중심 부분 쪽으로, 그리고 지면에서부터 시작하여 위쪽으로 소산이 진행되어, 결과적으로 안개층은 지면과 다소 거리를 두게 된다.

구름

두 말할 것도 없이, 구름은 자연계에서 가장 역학적인 속성을 보여 준다. 구름은, 여름 하늘에 떠다니는 솜털같이 포근한 하얀 덩어리로부터 시작하여, 하늘 위로 치솟는 폭풍 구름으로 돌변하여, 비와 우박으로 땅을 내리치고 강렬한 번갯불로 하늘을 번쩍거리게 할 수 있다. 구름이 어떠한 형태를 취하든 간에 모든 구름은 작은 물 알갱이 또는 빙정으로 이루어진, 눈에 보이는 집단이다. 구름은 생명력을 주는 비를 만드는 데 있어 필수적이다. 거의 예외 없이, 구름은 오로지 대기의 가장 낮은 층인 대류권 내에 존재한다.

구름의 본질

구름은 습윤한 공기의 수증기량이 포화에 도달할 정도로 충분하게 냉각될 때 만들어지며, 계속해서 응결로 인해 작은 물방울이 생성되거나, 침적(deposition)하여 빙정이 생성된다. 지면 근처에 있는 상대적으로 따뜻한 공기가 위로 올라가서 높은 곳에 이르는데, 이곳은 차갑고 기압도 낮아 공기가 팽창할 때 항상 냉각이 일어난다. 작은 물방울 또는 빙정의 생성은 대기 내에서 공중에 떠다니는 아주 작은 핵이 존재해야 하며, 이 핵 주위로 응결 또는 침적이 일어난다.

주위 환경이 영상일 때 작은 물방울이 생성된다. 시간이 지나 더 많은 수증기 분자들이 서로 끌어당겨 포획됨에 따라 작은 물방울들은 커진다. 이러한 과정은 작은 물방울들의 지름이 약 0.02mm가 될 때까지 계속되며, 그 후 성장률은 느려져, 안정한 작은 물방울들의 집단으로 구름이 이루어진다.

구름을 이루는 작은 물방울 또는 빙정의 일부가 중력의 영향으로 낙하할 정도로 충분히 커졌을 때 강수가 일어난다. 두 가지 과정이 강수가 일어나도록 할 수 있으며, 이 두 가지 과정은 개별적으로 또는 합쳐져서 일어날 수 있다.

병합(coalescence)으로 알려진 첫 번째 과정은 영상의 기온하에서, 매우 습기가 많은 적운형 구름 안에서 가장 많이 일어날 것으로 보인다. 구름 안에 있는 작은 물방울들은 일반적으로 대단히 작아 중력에도 불구하고 공기 저항과 상승 기류에 의하여 높이 떠 있을 수 있다. 그러나 구름 내의 난류로 작은 물방울들이 충돌하게 되면 서로 합쳐져서 더욱 더 큰 물방울로 되고 결국에는 구름으로부터 떨어질 정도로 무

사우스 조지아(South Georgia)(위) 구름은 종종 지형과 상호작용을 통하여 생성되거나 변화한다. 이 위성 사진은 사우스 조지아 섬 정상 부근 위로의 공기 상승으로 두꺼운 층적운이 생성되는 동안 그 섬 주위로 전향하는 적운을 보여 주고 있다.

거워질 것이다. 이 물방울들은 떨어지면서 더 많은 작은 물방울들과 충돌하며, 비가 되어 지면에 도달할 때까지 계속하여 성장한다.

베르예론(Bergeron) 과정이라 불리는 두 번째 과정은 구름 안에 빙정이 있어야 한다. 과냉각된(영하 이하로 차갑지만 얼지 않은) 작은 물방울과 빙정이 공존하는 중위도 또는 고위도대에

서의 두꺼운 구름 안에서 가장 잘 일어날 것으로 보인다.

빙정과 과냉각된 작은 물방울들의 포화 온도는 서로 달라, 구름 안에서 이것들이 같이 있을 때 물 분자들은 작은 물방울에서 빙정으로 이동할 것이다. 이러한 조건에서 빙정들은 작은 물방울들을 소진시키면서, 떨어질 정도로 충분히 클 때까지 빠르게 성장할 것

해양 위의 구름(위) 늦은 오후, 연안에 있는 고적운의 틈 사이로 황혼빛 햇살이 해면 위를 환하게 비추고 있다.

이다. 아래로 떨어질 때 이것들은 결착(accretion)이라는 과정을 통하여 더 성장하는 경향이 있으며, 얼음싸라기로 지면에 도달하거나, 떨어지는 과정에서 녹아 비로 떨어지기도 한다.

야광운 좀처럼 보기 어려운 청회색 구름은 하늘의 가장자리, 중간권 높은 곳에서 생성되며, 태양이 지평선상에 놓여 있을 때에만 볼 수 있다. 이 구름은 초여름에 남반구와 북반구의 50~60° 사이에 위치한 위도대에서 볼 수 있다. 이 구름은 얼음이 덮인 아주 작은 운석 부스러기로 구성된 것으로 보인다.

관련 자료

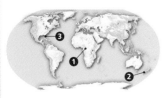

1. 열대 아프리카 하늘 위로 솟구치는 적란운은 열대 아프리카 하늘을 규칙적으로 찾아오는 방문객으로, 맹렬하게 비를 내리게 한다. 이러한 적란운들은 태양 복사에 의하여 가열된, 비를 머금은 지표로부터 상승하여 강하게 발달한 대류 세포들의 결과이다.

열대 아프리카

2. 카드로나 고도 1,700m에 위치한 스키 휴양지인 카드로나(Cardrona)에서는 지형 상승에 의해 기상 변화가 빠르게 나타난다. 서쪽에서 유입된 습윤공기는 산맥에 의하여 상승하면서 응결되어 비가 되고, 겨울철에는 이용할 수 있는 눈이 된다.

뉴질랜드의 카드로나

3. 플로리다 멕시코 만에서 동쪽으로 이동하는 기단과 대서양에서 서쪽으로 이동하는 기단은 규칙적으로 플로리다 반도에서 마주친다. 이러한 상황에서 공기가 강제적으로 위로 움직이게 되면서 응결되어 구름이 생성된다. 대륙 위에 있는 더운 공기는 무겁고 차가운 해양 공기에 의하여 위로 밀릴 것이다.

미국 플로리다 주

하늘에 있는 호수

구름의 밀도가 구름 아래에 있는 공기보다 작기 때문에 구름은 공중에 떠 있다. 그러나 구름도 무게를 가지고 있다. 길이와 높이가 약 1km 정도 되는 보통의 적운에 포함된 물의 무게는 승객과 연료로 가득 찬 747 여객기보다도 더 무겁다.

구름의 형성

따뜻하고 습윤한 공기가 윗방향으로 차고 밀도가 낮은 공기층 안으로 움직이면서 수증기가 응결되는 곳에서 거의 모든 구름들이 생성된다. 이와 같이 움직이게 하는 다양한 메커니즘이 있으며, 각각의 메커니즘은 독특한 운형을 만들어 낸다. 상승 속도와 상승하는 형태 때문에, 평온한 적운 또는 권운으로부터 폭풍을 동반한 격렬한 적란운까지, 어떤 형태의 구름으로도 될 수 있다.

대류 기단이 따뜻한 지면과의 접촉에 의하여 가열되면서 부력을 가져 상승하게 되면 대류가 발생한다. 만일 대류가 아주 강력하면, 돔 모양의 적운 또는 폭풍을 동반한 적란운을 만들어 낸다.

지형 상승(orographic lifting) 기단이 산맥 지형과 마주쳤을 때, 지형에 의해 공기는 강제 상승하며, 종종 응결 고도까지 들어 올려진다. 이때 항상 층운형의 구름층이 만들어진다.

상승 메커니즘 구름을 만들기 위한 공기의 상승 운동은 대류, 지형 또는 역학적인 상승과 관련될 수 있다. 대류는 따뜻한 공기가 주변보다 더 큰 부력을 가져 위로 움직일 때 발생한다. 지형 상승은 공기가 산맥 위로 움직일 때 일어난다. 역학적인 상승은 지상 저기압 시스템 안으로 또는 전선면을 따라서 움직이는 대규모 공기 운동과 관련되어 있다.

관련 자료

공기의 안정도 포화되지 않은 공기 덩이가 상승할 때의 냉각률은 km당 9.8℃이다. 어떤 공기 덩이가 주위 공기보다 더 따뜻함을 유지한다면, 이 공기는 계속해서 상승할 것이다.

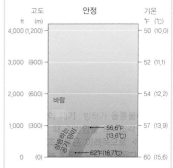

안정 만일 공기 덩이가 빠르게 그 주변의 공기 온도에 다다른다면(그래서 상승을 멈추게 된다면), 그때의 상태를 안정이라고 일컫는다.

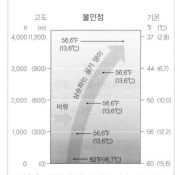

불안정 만일 공기 덩이가 계속해서 상승한다면, 그때의 상태를 불안정이라고 일컫는다.

전선 형성 전선을 따라 기온이 다른 두 개의 기단이 만나면 따뜻한 기단은 강제적으로 상승하게 된다. 만일 따뜻한 공기가 매우 습하다면 구름이 생성될 것이다.

수렴 2개 혹은 그 이상의 기단이 충돌하게 되면, 어떤 공기는 강제적으로 위로 움직이게 된다. 중위도대에서의 이러한 수렴은 지구의 넓은 지역으로 폭풍우를 데리고 오는 온대 저기압에 에너지를 부여할 수 있다.

구름 제조자 모든 구름이 자연적인 메커니즘에 의해 생성되는 것은 아니다. 원자력 발전소의 냉각탑에서 위로 나오는 따뜻하고 습윤한 공기는 상공에서 차가워지면서 응결되어 구름이 된다.

물방울 크기

전형적인 빗방울의 지름은 약 2.5mm 정도이다. 구름방울의 지름은 약 0.025 mm로 측정된다. 모든 작은 물방울들은 구름 응결핵 표면으로 모이는, 구름방울보다 100배나 작은 물 분자로부터 시작한다.

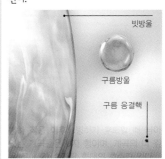

소용돌이와 파

움직이는 공기는 빠르게 흘러가는 강물에서 소용돌이치는 유체처럼 행동할 수 있다. 소용돌이(vortices)는 유체 또는 기류가 회전할 때 발달하며, 그 크기는 고기압이나 저기압과 같은 전선 시스템 또는 산맥 위를 흐르는 기류로부터, 작게는 비행기 날개 끝에서 생성되는 맴돌이(eddy)에 이르는 규모가 될 수 있다.

카나리아 제도의 소용돌이 파 이 위성 영상을 보면, 아프리카 서쪽 연안에 위치한 카나리아 제도는 왼쪽에서 오른쪽으로 부는 공기 흐름을 막고 있다. 이 때문에 섬의 풍하측에 위치한 구름 내부에 난류적인 지나간 자국(wake) 형태가 만들어진다.

관련 자료

1. 미국의 로키 산맥 콜로라도 주에 있는 로키 산맥으로 인해, 복합적으로 쌓아올린 렌즈 파도구름(lenticular wave cloud)이 산맥의 상공이나 풍하측에서 빈번하게 발생한다. 구름의 부드러운 가장자리는 산맥을 가로지르는 파형(波形) 기류의 부드러운 곡선과 유사하나.

미국 로키 산맥

2. 페나인 산맥 동쪽으로부터 페나인 산맥(Pennines)을 가로지르는 공기 흐름은 산맥의 가파른 서쪽 경사면으로 하강함에 따라 강화된다. 정체하는 두루마리구름이 풍하측으로 거의 10km 정도의 거리에서 언덕에 평행한 방향으로 종종 형성된다. 헬름 바(Helm Bar)라고 불리는 이 두루마리구름은 수일간 지속될 수 있다.

영국 페나인 산맥

3. 호주의 카펀테리아 만 모닝글로리(Morning Glory)는 봄철에 호주의 카펀테리아(Carpentaria) 만을 가로지르는 두루마리구름으로 장관을 이룬다. 이 구름은 길이 1,000km, 높이 1.6km 정도가 될 수 있다. 이 구름은 구름 가장자리에 있는 상승류를 따라 '서핑을 하는(surf)' 글라이더 조종사들을 매혹시킨다.

호주 카펀테리아 만

아프리카 연안의 파도구름

북아프리카에서 온 차고 건조한 공기가 대서양 상공에 있는 습하고 따뜻한, 안정된 공기층을 만났을 때, 찬 공기는 습윤공기를 위쪽으로 밀어 올린다. 공기는 파(wave)의 최고점에서 냉각되어 응결되고, 하강한 후 다시 위로 밀려 올라가면서 구름이 점차 낮아지게 된다. 이러한 결과로 일련의 파도구름이 감소하게 된다.

폰 카르만(Von Kármán) 소용돌이(오른쪽) 칠레 연안에서 멀리 떨어져 있는 알렉산더 셀커크(Alexander Selkirk) 섬의 높이는 1.6km가 넘는다. 급경사를 가지고 있는 섬 주위로 공기가 스쳐 지나감에 따라 멋진 소용돌이 패턴이 만들어진다.

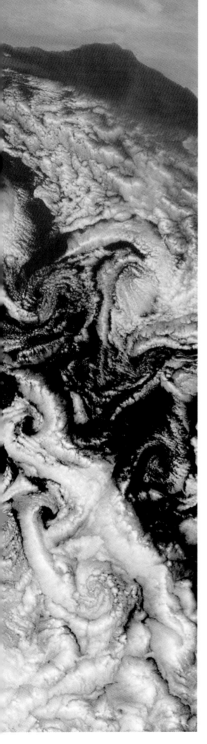

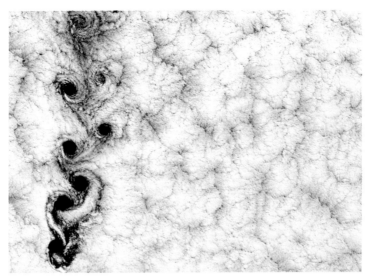

쿡(Cook) 산 위의 렌즈구름 뉴질랜드의 서던 알프스 지역 상공에 위치한 렌즈 모양의 파동은 흔히 볼 수 있는 풍경이다. 이것은 태즈먼 해에서 유입된 습기 풍부한 공기가 산맥에 의하여 들어 올려졌을 때 만들어진다.

습윤공기   렌즈구름

렌즈구름의 생성 산마루 위에서 상승하는 공기는 응결되면서 부드러운 구름을 만든다. 공기 흐름은 파의 형태를 유지시키며, 산맥의 풍하측에 위치하고 있는, 파의 제일 높은 부분에서 렌즈 모양의 구름이 연속적으로 만들어진다.

관련 자료

폰 카르만 소용돌이 커다란 물체가 안정된 공기의 흐름을 방해할 때, 폰 카르만 소용돌이줄(vortex street)이라고 불리는 소용돌이의 반복된 패턴이 나타난다. 훗날, 공학자이며 유체역학자인 테오도르 폰 카르만(Theodore von Kármán)의 이름을 따서 붙인 것이다.

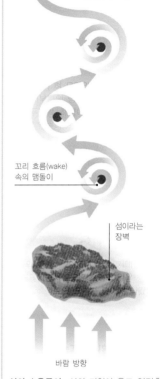

꼬리 흐름(wake)
속의 맴돌이

섬이라는
장벽

바람 방향

섬의 소용돌이 섬의 지형이 온도 역전층 위쪽으로 불쑥 솟아나 있는 경우, 공기는 강제적으로 이 장애물 위로 넘어가기보다는 주위로 돌아가게 된다.

테오도르 폰 카르만 이 사람은 헝가리계 미국 과학자로, 항공학 분야와 우주비행학 분야를 선도하였다. 그는 캘리포니아 공과대학(Caltech)에 실험실을 설치하였고, 이 실험실은 훗날 나사의 제트 추진 연구소가 되었다.

관련 자료

구름량 하늘에 있는 구름의 양은 옥타 (okta)로 측정되며, 1옥타는 구름이 하늘을 1/8만큼 덮었을 때를 뜻한다. 최대값은 8옥타이다. 기상학자들은 구름이 덮인 양을 표현하기 위해 일련의 원형 기호를 사용한다.

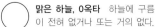

○ **맑은 하늘, 0옥타** 하늘에 구름이 전혀 없거나 또는 거의 없다.

◔ **흩어져 있는 구름, 2옥타** 대략 하늘의 1/4 정도가 구름으로 덮여 있다.

◕ **부분적으로 하늘이 보일 정도로 낀 구름, 6옥타** 대략 하늘의 3/4 정도가 구름으로 덮여 있다.

● **완전히 뒤덮은 구름, 8옥타** 하늘이 구름층으로 완전히 덮여 있다.

⊗ **차폐(obscured)** 이 기호는 안개, 많은 눈, 혹은 스모그에 의하여 하늘이 완전히 가려졌을 때 사용된다.

구름의 분류

자연 상태에서는 여러 유형의 구름들이 많이 관측되며, 각 유형은 특별한 이름으로 확인된다. 1803년, 영국인 루크 하워드(Luke Howard)가 처음으로 라틴어를 이용해 구름의 주요 네 가지 유형인 '권운-작은 다발(wisp)', '적운-쌓아올림(heap)', '층운-층(layer)', '비구름-비를 동반함(bringing rain)'을 기술하였다. 이 이름에 중층을 의미하는 알토(alto)라는 단어까지 포함된 조합을 이용하여 모든 주요 구름들을 묘사한다.

살아 있는 지구(아래) 이 영상은 우리가 살고 있는 지구의 환경을 나타내기 위하여 수많은 위성자료를 이용하여 만든 것이다. 4기의 정지위성에 부착된 적외선 감지기를 이용하여 운형, 두께, 크기를 녹화하였다.

상층운과 하층운 이 구름경치에는 높은 고도에서 빙정으로 이루어진 권운과 이보다 낮은 고도에서 작은 물방울로 이루어진 고적운이 있다. 이 두 구름 사이는 매우 건조하여 구름이 생성되지 않는다.

권계면

적란운

권운

권적운

고층운

고적운

적운

층적운

난층운

층운

지면

상층운

중층운

하층운

관련 자료

구름 기호 기상학자들은 일기도 위에 구름의 유형을 표현하기 위하여 국제적으로 통용되는 일련의 기호들을 사용한다. 또한 권운을 나타내는 Ci, 층운을 나타내는 St, 그리고 적운을 나타내는 Cu와 같은 약자들도 종종 사용한다.

적운(Cumulus, Cu)
연직적으로 발달이 거의 없는 작은 적운은 보통 좋은 날씨에 나타난다.

난층운(Nimbostratus, Ns)
비 또는 눈을 내리게 하는 짙은 회색의, 일반적으로 특별한 모양이 없는 구름층이다.

층적운(Stratocumulus, Sc)
얇게 늘어나는 적운으로, 가장 일반적으로 생성되는 구름 중 하나이다.

층운(Stratus, St)
상당히 수평적으로 발달한, 얇은 층으로 된 구름이며, 일반적으로 큰 특징이 없다.

고층운(Altostratus, As)
중층에 위치한 층운으로, 흔히 하늘 전체를 덮는다.

고적운(Altocumulus, Ac)
중층에 위치한 작은 적운들이 모이면서 생성된 구름층이다.

권운(Cirrus, Ci)
'말꼬리구름(mare's tails)'을 동반하는 상층의 빙정 구름으로서, 고도에 따라 변하는 수평 바람에 의해 생성된다.

권층운(Cirrostratus, Cs)
하늘을 광범위하게 덮는 권운으로 다소 보기 어려운 구름층이다.

권적운(Cirrocumulus, Cc)
부푼 모양의 상층 구름들이 얇은 면 또는 규칙적으로 배열한 선들(lines)의 형태로 합쳐진다.

대머리 적란운
(Cumulonimbus calvus, Cb cal)
보통 비에서 큰 비까지 강수를 내리게 할 수 있는 키가 큰 적란운이다.

모루 적란운
(Cumulonimbus incus, Cb inc)
완전히 발달한 상태이며, 구름의 맨 꼭대기가 모루 형태를 한 뇌우 구름이다.

하층운

하층운은 운저(雲底)가 2,000m 이하이기 때문에 그 다양한 모양과 특징을 지상에서 아주 잘 볼 수 있다. 하층운은 지면 가열 효과에 영향을 주고, 보통 정도의 높낮이 지형에서도 나타나는 돌발적인 날씨 변화에 민감함에 따라 상층운보다 더 가변적이고 형태를 빨리 바꾼다. 층운, 층적운, 난층운 그리고 지면에서는 구름인 안개가 하층운형에 포함된다. 하층운은 지면에 가깝고 따뜻한 층에서 발달하기 때문에 보통 작은 물방울로 이루어져 있으나, 하층운은 얼기 시작하는 고도로 확장할 수 있어 빙정과 눈을 만들어 낸다.

비구름(오른쪽) 강한 강수를 동반한 두꺼운 구름층은 빛을 거의 통과시키지 않는다.

하층운 도표(아래) 이 그림은 중위도의 하층운 출현 고도에 있는 네 가지 주요 하층운형을 보여 준다.

하층운의 유형

날씨에 영향을 주는 가장 낮은 고도에 위치한 운형들이 있다. 그것들은 적운(Cs), 난층운(Ns), 층적운(Sc), 또는 층운(St)일 수가 있다. 지면에 가까이 있는 안개 역시 이 범주에 포함될 수 있다. 이 구름들은 일반적으로 작은 물방울로 이루어져 있다. 구름 응결핵을 향한 수증기의 확산으로 이 작은 물방울들이 만들어지기 시작한다. 한 번 만들어지면, 이 물방울들은 주위의 이용할 수 있는 수증기를 근원으로 하여 계속 자란다. 큰 물방울들이 이 구름을 통과하면서 움직이는 동안에 작은 물방울들을 포착(捕捉)하기 시작할 때 가속적으로 성장한다. 이러한 충돌과 병합 과정은 빗방울이 너무 무거워 구름 안에 떠 있을 수 없을 때 결국 비를 내리게 할 수 있다.

때때로 구름 안에는 응결 고도를 뚫고 위로 상승시킬 수 있는 가용 에너지가 충분히 있다. 빙핵화(氷核化) 물질이 작은 물방울들을 얼리기 시작할 때까지 이 작은 물방울들은 액체 상태로 남아 있다. 얼음 알갱이들은 수증기를 포착하고, 접촉하면 얼어버리는 작은 물방울들과 충돌하여 계속 성장해 나간다. 커진 얼음 알갱이들은 대개 녹아 비가 되는 경우가 있지만, 이 얼음 알갱이들은 낙하하여 결국에는 지면에 도달할 것이다. 빙정은 응결 고도 위에서 만들어지기 시작하여 매우 작은 눈 결정으로 성장할 수 있다.

이러한 구름의 특징은 지면에서 볼 수 있다. 층운은 균일한 회색 구름층이다. 하층에 있는 난층운은 종종 어둡게 보이며, 강수 강도가 보통 정도인 비를 내리게 한다.

상대적으로 높게 떠 있는 난층운과 적란운으로부터 내리는 강수는 그 아래에 있는 층운에 수분을 제공할 수 있다.

습윤한 공기가 그 밑에 있는 차가운 지면에 의하여 냉각될 때, 안개는 밤 동안에 지면 근처에서 종종 생성된다. 안개는 아침에 약간의 가열로 상승할 수 있어 낮게 깔리는 구름 둑(cloud bank)이 되며, 결국 이것은 낮 동안에 다 증발해 버리거나 또는 층운형의 구름층으로 되기도 한다. 바다에서 생기는 안개는 종종 해안 쪽으로 밀려들어 와 낮은 층의 층운이 되기도 한다.

만일 구름층이 얇으면, 태양이나 달 주위로 광환(corona rings)이 종종 나타나기도 한다. 작은 물방울들이 균일한 크기라면, 회절(diffraction) 효과로 광환은 때때로 색깔을 띤다. 만일 빙정이 생성되어 있다면, 빙정에 의한 굴절로 태양이나 달 주위로 더 큰 22° 각도의 무리(halo)가 나타날 것이다. 이러한 광환은 종종 새로운 날씨 시스템이 진행해 오고 있음을 보여 주는 것이다.

권계면 9,000~18,000m

5,000m

2,000m

적운   층적운   난층운   층운

해수면

상층운

중층운

하층운

하층운 고도

운형	극 지역	온대 지역	열대 지역
안개			
적운			
난층운	지면에서 2,000m까지	지면에서 2,000m까지	지면에서 2,000m까지
층적운			
층운			

호수 구름(왼쪽) 호수로부터 올라온 습기와 위에 있는 계곡을 따라 아래로 내려온 찬 공기가 결합하여 하층에 구름 둑을 만들어 낸다. 이 구름들은 보통 밤에 형성된다. 일사 가열로 공기 흐름이 이와 반대로 바뀌면서 이 구름들은 소산된다.

런던 상공의 구름(오른쪽) 런던 상공의 저녁 해가 흩어져 있는 적운들을 비추고 있다. 이러한 초저녁 구름들은 약한 소나기를 내리기도 한다.

산악 구름 스페인의 산 정상들이 적운에 의해 뒤덮여 있다. 이 구름들은 나중에 그 위에 있는 맑은 하늘 속으로 사라질 것이다.

관련 자료

적운

외형 하얗고 가장자리가 뚜렷하며, 운저가 보통 편평하면서 뭉게뭉게 피어오른 모양

종류 편평구름, 중간구름, 웅대구름, 조각 구름

명칭의 의미 퇴적(heap)

강수 웅대적운은 보통 정도의 소나기에서 강한 소나기까지 내리게 할 수 있다.

아주 흔하게 발생함

흔하게 발생함

거의 또는 발생하지 않음

적운

적운은 가장자리가 뚜렷하고 밑이 약간 편평하며, 일반적으로 고립된 구름이다. 적운은 지면의 일사 가열로 습윤공기의 대류와 상층으로의 수송이 일어나 낮 동안에 발달하며, 정오 이후에 최대로 성장한다. 구름 안에서 작은 물방울들은 응결되면서 더 커지게 된다. 충분한 시간이 주어진다면, 적운은 비를 내리게 할 수도 있다.

여름철 구름 '갠 날씨(fair-weather)' 적운은 지면 근처에서 가열된 습윤공기가 상승하여 냉각되고 응결되어 솜털 모양의 구름으로 되는 따뜻한 날에 생성된다. 각각의 구름은 수명이 대단히 짧아 비를 만들지 못한다.

넙적적운   중간적운   웅대적운

적운의 종류 적운에는 주요한 세 가지 종류가 있다. 편평구름(humilis), 중간구름(mediocris), 웅대구름(congestus)이 그것이다. 이 구름들은 연직으로 발달하는 높이에 따라 구분되는데, 이 높이는 이 구름들을 생성하는 대류의 강도를 나타낸다.

야곱의 사다리(Jacob's Ladder) 1490년경의 이 프랑스 그림을 보면, 천사가 여름철 적운에 둘러싸인 하늘로 올라가는 동안에 야곱은 휴식을 취하고 있다. 천국을 표현하기 위하여 천사와 성자 그리고 물결치는 구름 안에 있는 하느님과 함께 구름은 종종 예술에서 이용된다.

난류 작은 적운은 항공기에 문제가 되는 난류가 대기 중에 없음을 나타낸다. 그러나 중간적운과 특히 웅대적운은 심한 난류 가능성이 있음을 경고하는 신호여서, 비행기는 가능하다면 이러한 구름들을 피해야 한다.

관련 자료

난층운

외형 특별한 모양이 없는 짙은 회색으로 가끔 토막구름(pannus)을 동반함

종류 없음

명칭의 의미 강수층

강수 보통 정도에서 강한 정도에 이르는 강수

☐ 아주 흔하게 발생함

☐ 흔하게 발생함

☐ 거의 또는 발생하지 않음

난층운

이 구름은 태양을 완전히 가리고 지면에 비를 내리게 하지만, 우박이나 천둥 또는 번개와 연관되어 있지 않다. 난층운은 두꺼운 층의 형태로 지면 가까이에서부터 5.5km의 높이까지 뻗을 수 있으며, 빗방울과 눈 그리고 과냉각된 작은 물방울들로 이루어져 있다.

캐나다 밴쿠버(Vancouver) 섬의 비 오는 날 난층운은 전 세계에서 찾아볼 수 있지만, 중위도, 특히 해양 쪽에서 우세한 바람이 불어오는 곳에서 더 자주 나타난다.

존 앳킨슨 그림쇼(John Atkinson Grimshaw)의 1881년 작품:리즈(Leeds)의 보어 레인(Boar Lane) 19세기 말의 많은 예술가들이 특히 도시 배경에서 비와 연관된 색채와 조명 효과에 매료되었다. 이 그림은 난충운에 의하여 가려진 어두운 하늘을 보여 주고 있다.

일본의 눈벌판 난충운은 얼음이 형성되어 눈 결정으로 성장할 정도로 매우 차가운 고도까지 확장될 수 있다. 이러한 결정들은 낙하하면서 부착되어 지면을 덮을 수 있는 커다란 눈송이를 만든다.

난충운 풍경 바람이 휩쓸고 가는 아이슬란드의 풍경 위로, 하늘을 어둡게 하는 난충운은 지속적인 비를 내려 지면을 적시고, 내린 빗물은 도랑으로 흘러가고, 결국에는 물을 바다로 운반하는 강으로 흘러가게 된다.

층적운

전 세계적으로 가장 흔한 구름 중 하나인 층적운은 대기의 낮은 층에 있는 습기를 보여 주는 좋은 지표이다. 이 구름은 약한 대류의 산물이며, 또는 전선계가 거대하고 습윤한 기단을 들어 올렸을 때 생성된다. 태양 또는 달 주위로의 광륜 효과(optical ring effects)는 층적운이 얇을 때 흔하게 나타난다.

위에서 본 층적운 상승하면서 구름들을 생성시키는 습윤공기가 안정한 공기에 의하여 상승이 느려지는 고도 부근에 도달할 때, 구름들이 강제적으로 퍼지는(spread out) 것을 보여 주는 항공기 사진이다. 더욱 격렬하게 공기가 움직이는 지역이 뒤에 있다.

관련 자료

층적운

외형 흰색이나 회색이며, 윤곽이 뚜렷할 정도로 편평한 운저를 가진, 다소 덩어리진 모양

종류 층상운(stratiformis), 렌즈구름, 탑 모양 구름

명칭의 의미 넓게 펼쳐져 있는 덩어리

강수 구름이 충분한 두께를 가졌을 경우, 약한 강수가 있을 수 있음

☐ 아주 흔하게 발생함
☐ 흔하게 발생함
☐ 거의 또는 발생하지 않음

10,000m

상층운

5,000m

중층운

2,000m

하층운 층적운

해수면

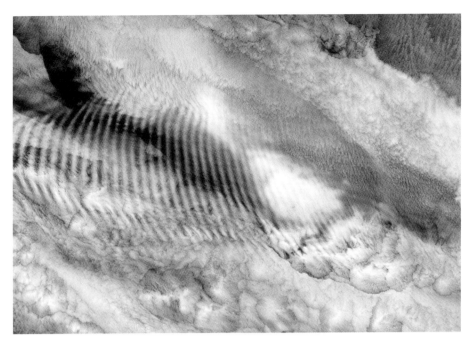

층적운 중력파(위) 뇌우의 상승 기류 또는 아래쪽에 있는 산이나 섬과 같이 연직적인 운동을 촉발하는 것에 의하여 상대적으로 안정한 구름층이 교란(disturb)되었을 때 이러한 잔물결이 생성된다.

밀밭에서의 일몰(아래) 틈틈이 갈라져 보이는 층적운의 밑바닥 층은 지는 해로부터 오는 빛을 반사하고 있다. 층적운은 종종 질서정연한 무리를 이루기도 한다.

육지와 바다 지구가 자전함에 따라, 전향력에 의하여 전향된 북풍이 따뜻한 해수면을 미국의 북서 해안지대로부터 멀리 밀어냄에 따라 그 자리는 용승하는 차가운 물로 대치된다. 이러한 상황으로 해양에서 층적운이 형성된다. 따뜻한 내륙에는 구름이 없다.

귀스타브 쿠르베(Gustav Courbet)의 1869년 작품 : 조용한 바다(La Mer Calme) 이 그림은 조용한 바다 위에 있는 층적운의 갈라진 층을 묘사하고 있다. 이러한 층적운은 햇빛을 우주공간으로 다시 반사시키는 작은 물방울들로 구성되어 있어, 지구를 식히는 데 도움을 준다.

관련 자료

층운

외형 낮고 편평하며 특징이 없고, 회색에서부터 시작하여 거의 흰색에 가까운 층의 모양

종류 안개 모양 구름과 조각구름

명칭의 의미 층의 모양

강수 이슬비 또는 약한 강수. 어는 온도에서는 눈

☐ 아주 흔하게 발생함

☐ 흔하게 발생함

☐ 거의 또는 발생하지 않음

10,000m

상층운

5,000m

중층운

2,000m

하층운

층운

해수면

층운

층운은 얇은 판이나 층의 형태로 되어 있으며, 안정된 대기 안에서 비교적 넓은 규모의 습윤한 공기가 응결이 발생하는 고도까지 서서히 상승할 때 생성된다. 층운으로 이루어진 구름층은 수백 km²의 넓이를 덮기도 한다. 지형에 의하여 생성된 층운은 고산 지형과 관련되어 정체하는 구름으로, 위에서 언급한 내용과는 다소 거리가 있다.

회색 하늘(아래) 층운은 회색에서부터 시작하여 거의 흰색에 이르는 색을 가지고 있으며, 때때로 누덕누덕한 운저(ragged base)를 가질 수 있지만, 일반적으로 특징이 없다. 층운의 두께는 1~2m 정도인 다소 투명할 정도의 얇은 판 모양에서부터 460m 정도의 두꺼운 판 모양에 이르기까지 다양하다.

마터호른(Matterhorn) 산을 벗어나는 깃발구름 이 구름은 바람이 불어 나가는 방향으로 증발함에 따라 산 정상에서 지속적으로 만들어진다.

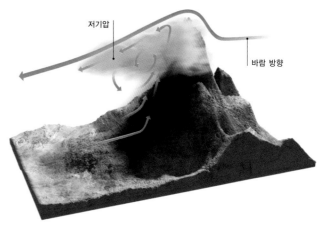

저기압

바람 방향

깃발구름의 생성 깃발구름은 고립된 산 정상 주위로 부는 강풍이 풍하측(바람이 불어 나가는 쪽)의 기압을 낮게 만들 때 생성된다. 낮은 기압 때문에 습윤한 공기가 아래로부터 끌어 올려져 구름이 만들어진다.

필라델피아의 새벽 때때로 층운은 지면에서 발달한 안개층이 태양에 의해 따뜻해지면서 상승하기 시작할 때 형성될 수 있다. 이렇게 만들어진 것을 안개 층운(fog stratus)이라고 한다.

지형성 모자 지형성 구름은 저층의 습기가 충분히 공급되는 해안 근처에서 가장 흔하다. 이러한 사례가 스피츠베르겐 북극섬의 산 위에서 만들어지고 있다.

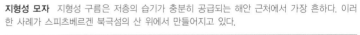

바람 방향

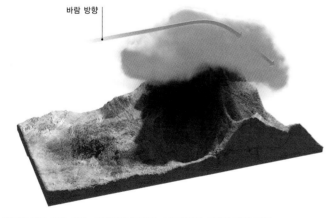

지형에 의한 구름 생성 지배적인 바람이 습윤공기를 산맥과 같은 고산 지형 위의 응결 고도로 운반할 때 층운이 생긴다.

중층운

약 2,000~5,000m 사이에서 볼 수 있는 이 구름은 하층운과 상층운 사이에 있는 중간 정도의 고도에 위치한다. 이 고도에서 볼 수 있는 전형적인 구름은 고층운과 고적운이다. 이 중간 고도에서의 온도는 빙점보다 낮아 구름 속에 있는 모든 작은 물방울들은 과냉각되어 있는데, 이러한 상황은 빙정과 얼음싸라기가 생성되고 성장하도록 한다. 대기의 중간 고도에서 순환하는 바람에 내재되어 있는 난류에 의해 파와 유사한 패턴이 구름들 중에서 나타나기도 한다. 그러면 지면에는 비, 녹은 얼음 입자 그리고 눈이 섞여 내릴 수 있다.

중층운의 유형

중층운에는 두 가지 주요 유형, 고층운과 고적운이 있다. 접두사 'alto'가 높은 것을 뜻하는 라틴어 *altus*에서 유래한 것이기는 하지만, 사실상 이 구름들은 권운보다 낮고 하층운보다는 훨씬 높은 고도에 위치한다.

고층운은 중위도에서 가장 흔한 구름이지만, 전 지구상에 걸쳐 찾아볼 수 있다. 고층운은 전형적으로 특징이 없는 얇은 판 모양의 구름이며, 색깔은 항상 회색 또는 엷은 파랑이다. 절대로 흰색으로 보이지는 않지만, 때때로 햇빛을 통과시킬 수 있을 만큼 얇을 수 있다. 일반적으로 접근하는 전선 시스템에 의하여 대규모 기단이 상승하고 응결될 때 이 구름이 나타난다. 이러한 과정에 의하여 수천 km² 정도 크기의 아주 넓은 구름이 두껍게 쌓인 형태로 나타날 수 있다. 만일 고층운이 충분히 두꺼우면, 넓은 지역에 걸쳐 눈이나 비를 내리게 할 수 있다. 때때로 구름 아래의 눈 또는 빗줄기가 꼬리구름(virga)일 때 강수는 지면에 도달하기 전에 증발하기도 한다.

고층운의 구성은 고도에 따라 달라질 수 있다. 고층운은 과냉각된 작은 물방울로 이루어진 하부, 빙정과 눈송이가 함께 존재하며 과냉각된 작은 물방울로 이루어진 중부, 그리고 모두 빙정으로 이루어진 상부가 있다.

얼음이 비행기의 날개 위로 축적될 수 있기 때문에, 비행 조종사에게 과냉각된 작은 물방울로 이루어진 구름층은 주의해야 할 대상이 될 수 있다.

고적운은 고층운처럼, 대규모 기단이 전선 시스템에 의하여 들어 올려질 때 일반적으로 생성되는 적운이며, 중층에 위치한다. 이 두 가지 운형의 형성 과정에 있어 나타나는 주요한 차이점은, 고적운이 주위 대기의 불안정에 의하여 영향을 받는다는 것이다. 이에 따라 구분되

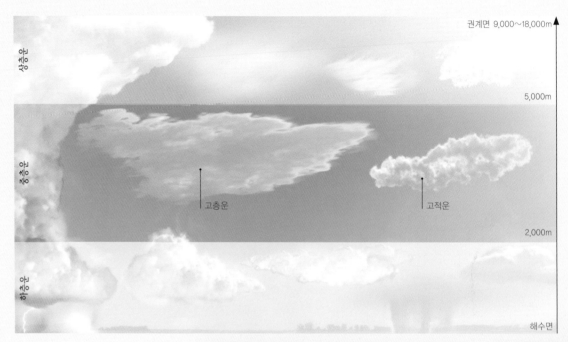

중층운 도표(아래) 이 그림은 중위도의 중층운 출현 고도에 있는 두 가지 주요 중층운형을 보여 준다. 위로 솟는 적란운은 중간층을 뚫고 곧게 위쪽으로 뻗을 수 있다.

상층운

권계면 9,000~18,000m

5,000m

중층운

고층운   고적운

2,000m

하층운

해수면

는 적운형 모양을 만들게 된다. 이 구름은 항상 모여서 덩어리를 이루거나 또는 나란히 놓여 있는 띠 모양을 이루나, 때로는 모양이 없는 넓은 구름층의 형태를 띨 수 있다.

형성되는 고적운의 크기가 낮 동안에 커진다는 것은 접근하는 전선 시스템에 의하여 뇌우와 호우가 곧 발생할 가능성이 있다는 하나의 징조이다.

지형 위로 습윤공기가 들어 올려져 고적운이 형성될 때 장관을 이루는 렌즈구름(렌즈고적운)이 만들어질 수 있으며, 이 구름이 비행접시로 보고되기도 한다.

미국 네바다 주의 고슈트(Goshute) 산맥을 넘어가는 늦은 오후의 태양(오른쪽) 이 경치를 보면, 흩어진 고층운과 한 조각의 고적운 위로 상층의 권층운이 놓여 있다. 저 멀리 보이는 구름들은 산악 기류의 특징인 부드러운 외형을 갖고 있다.

중층운 고도			
운형	극 지역	온대 지역	열대 지역
고층운	2,000~4,000m	2,000~7,000m	2,000~8,000m
고적운			

런던의 일몰(위) 웨스트민스터 궁전 위에서 하늘을 덮고 있는 고적운은 밑에서부터 올라오는, 지는 해의 빛에 의하여 밝게 빛나고 있다.

미국 워싱턴 주 밀밭 위의 고적운(아래) 뜨거운 어느 여름날, 가열된 땅 위로 하늘이 사이사이로 보일 정도의 고적운이 형성되어 있다.

관련 자료

고층운

외형 특별한 형태가 없으며, 밝은 청백색에서부터 짙은 회색까지 존재함

종류 없음

명칭의 의미 높은, 퍼지는

강수 산발적인 약한 비나 눈

☐ 아주 흔하게 발생함
☐ 흔하게 발생함
☐ 거의 또는 발생하지 않음

10,000m

상층운

5,000m

고층운

중층운

2,000m

하층운

해수면

고층운

일반적으로, 다가오는 전선 시스템에 의하여 대규모 습윤 기단이 들어 올려질 때 고층운이 생긴다. 이러한 과정에 의하여 수천 km² 정도 크기의 아주 넓은 구름이 두껍게 쌓인 형태로 나타날 수 있다. 고층운은 일반적으로 특징이 없으며, 빛이 통과할 정도로 얇고 하얀 구름 베일에서부터 완전하게 태양을 가리는 짙은 회색 장막의 형태에 이르기까지 다양하다.

일몰 시의 고층운 낮 동안 고층운은 항상 균일한 회색의 얇은 판 모양이다. 그러나 일출 또는 일몰일 때, 태양의 낮은 각도는 구름의 짙은 정도와 운저에 있는 가느다란 섬유질 형태의 구조(texture)를 잘 보여 준다.

얇은 고층운(오른쪽) 고층운이 위치한 곳은 태양에 의해 위쪽에서부터 밝게 빛나고 있다. 회색과 흰색의 얼룩덜룩한 패턴은 구름층이 있는 고도에서의 대기 불안정도를 보여 준다.

서리처럼 하얀 태양 고층운을 통하여 본 태양은 흐릿하고 흩어진 형상을 하고 있다. 이것은 더 낮은 고도에 있는 층운 안에서 태양의 윤곽이 늘 또렷한 것과는 대조적이다.

아주 흔하게 발생함

흔하게 발생함

거의 또는 발생하지 않음

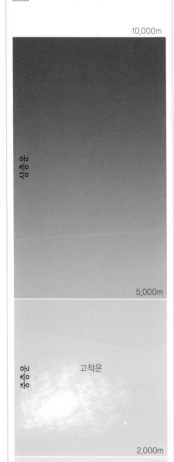

10,000m

상층운

5,000m

중층운　　고적운

2,000m

하층운

해수면

고적운

고층운은 종종 편평하며 특징이 없는 반면에, 고적운은 늘 흥미를 불러일으키는 다양한 하늘을 만들어 낸다. 몇몇 사례에서는 수천 개의 작은 고적운이 하늘을 가로질러 서로 엮이면서 장관을 이루는 형태를 보여 준다. 이 구름들은 구름이 지나온 과정과 기온에 따라 과냉각된 작은 물방울이나 빙정, 또는 이 둘 모두로 이루어질 것이다.

파도구름의 고적운(아래와 아래 왼쪽) 이렇게 평행한 두루마리구름은 바람 시어(shear)의 결과로 생성되는데, 이것은 한 공기층이 다른 속력 또는 다른 방향(또는 이 둘 모두)으로 움직이는 다른 공기층 위로 미끄러져 갈 때 일어난다.

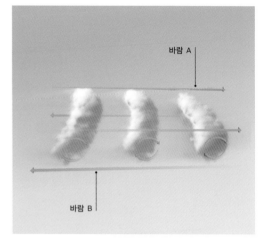

바람 A

바람 B

모래 언덕 위의 고적운(아래) 대서양으로부터 불어오는 미풍은 나미브 사막으로 구름과 안개를 운반해 오지만, 강수는 거의 없다. 1년에 약 10mm 미만의 강수가 이곳에 내린다.

후지산 위의 렌즈구름 이 모자구름은 습윤한 공기가 화산의 경사면을 따라 상승하여 냉각되는 곳에서 만들어진다. 이 구름은 바람이 불어오는 쪽에서 계속해서 만들어지고, 바람이 불어 나가는 쪽에서 증발되고 있다. 구름 가장자리가 부드러운 모습을 띠고 있다는 것은, 그 가장자리가 빙정으로 이루어져 있다는 것을 말해 준다.

정체파 구름(왼쪽과 아래) 뾰족한 산마루 위쪽의 기류는 산 풍하측으로 파(wave)의 형태를 만들 수 있다. 파의 최고점으로 올라간 습윤공기는 냉각되고 응결되어 구름이 만들어진다. 그 후 공기는 더 따뜻한 층으로 하강하고, 그곳에서 구름은 소산되며, 그러고는 다음 파의 최고점에서 다시 만들어진다. 이 파의 강도는 아주 강하여, 산에 아주 가까운 곳에서 두루마리 또는 회전하는 기류를 만들 수 있을 정도이다.

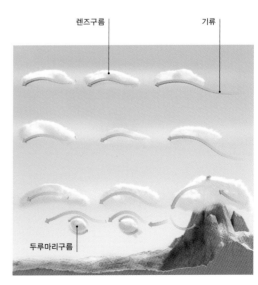

렌즈구름   기류

두루마리구름

상층운

이 구름들은 약 5,000m에서 권계면(대기 온도가 고도에 따라 상승하기 시작하여 정상적인 구름 위에서 온도 역전층의 역할을 함)에 이르는 고도 사이에 위치한다. 낮은 고도에서 높은 고도 순으로 기술하면, 상층운형에는 적란운, 권운, 권적운, 자개구름(nacreous), 그리고 야광운이 있다. 자개구름과 야광운은 권계면 위에 존재한다. 이곳에서의 구름 입자들은 얼음 입자, 우박, 빙정 그리고 눈이 만들어지는 낮은 기온역에서 성장하나, −40℃ 이상의 기온인 경우 과냉각된 작은 물방울도 존재한다.

상층운 도표(아래) 이 그림은 5,000m 이상에서 볼 수 있는 주요 운형을 보여 준다. 그림의 제일 위쪽에 권계면의 일반적인 고도가 제시되지 않았음에 주의한다.

상층운의 유형

대류권 내의 가장 높은 곳에서 가장 흔하게 볼 수 있는 구름은 권운, 권층운 그리고 권적운이다. 위로 솟구치는 적란운도 이 고도 안으로 들어온다. 권계면 위에서는 빙정 구름의 다른 운형, 즉 자개구름과 야광운이 때때로 관측된다.

권운은 −30℃ 이하의 온도에서 생성된 빙정으로 이루어져 있다. 이 온도대에서 과포화(supersaturation)가 일어날 때, 빙정핵 쪽으로 수증기가 침적되어 빙정이 생성되기 시작한다. 과냉각된 작은 물방울들은 얼게 되어 빙정의 씨눈 역할도 하게 된다. 이 빙정들은, 무리와 무리해(sun dogs) 같은 광학 효과를 만들 수 있는 깨끗한 판 모양의 빙정과 기둥 모양의 빙정 쪽으로 확산하여 자란다.

지면에서 보면, 권운은 희고 얇으면서 성긴(wispy) 형태로 보인다. 이 고도에서의 바람 시어는 구름에서 다른 속도로 낙하하는 빙정들을 도로 구름 쪽으로 가게 할 수 있어 '말꼬리구름'이라고 불리는 독특한 형태를 만든다. 이 빙정들은 지면에 도달하기 전에 증발해 버린다.

뇌우가 생애를 마치며 소멸할 때, 빙정으로 이루어진 모루 형태의 영역을 뒤에 남길 수 있게 되며, 이 영역은 현존하는 권운에 합쳐진다. 태풍 또한 이러한 권운 잔류물(cirrus residue)을 남길 수 있다. 항공기가 배출하는 뜨거운 배기가스에 있는 수분이 이 고도에서 얼 때, 빙정으로 이루어진 비행구름이 만들어진다.

습윤공기로 이루어진 넓은 영역이 들어 올려질 때, 권층운은 권운으로 이루어진 넓게 퍼진 구름층을 만든다. 때때로 빙정이 태양 또는 달 주위로 무리를

적란운　　권층운　　권운　　권계면 9,000~18,000m
권적운
5,000m
2,000m
해수면
상층운　중층운　하층운

만들기도 하지만, 이러한 구름층은 거의 완전히 반투명하다. 이렇게 권운으로 이루어진 넓은 구름층은 권운처럼 전 세계에서 찾아볼 수 있다.

권적운은 개별적인 구름 요소들로 이루어져 있으며, 때로는 합쳐져 '청어가시 무늬(herringbone)' 또는 '비늘구름 하늘(mackerel sky)'이라고 불리는 장엄한 패턴을 형성하기도 한다. 이 구름들은 지속적이지 못하여, 권운과 권적운 형태에서 발달하다가 다시 이 형태로 되돌아간다. 권적운은 꼬리구름이 보여 주는 형태의 강수를 만들 수 있다.

연직으로 크게 확장된 적란운은 구름 운저에 있는 응결 고도에서부터 시작하여 18km 고도에 있는 권계면까지 위쪽으로 솟아오를 수 있다. 이 구름들 중에서 가장 크게 발달하는 구름

은 높은 열에너지와 풍부한 수분 공급이 이루어지는 열대 지역에서 만들어진다. 이 구름들 역시 차가운 공기가 따뜻하고 습윤한 공기를 상층으로 밀어붙일 때 전선을 따라서 생성될 수 있다.

북극 권운(오른쪽) 북극권의 북쪽에 위치한 캐나다 산맥 위로 권운의 꼬리가 형성되어 있다. 이 구름은 높은 고도에서 부는 지배적인 바람 방향으로 뻗어 나간다.

권운 말꼬리구름(아래) 권운으로 이루어진 구름층 안에 있는 빙정들이 낙하하면서 수평 풍속의 변화를 겪을 때, 이 빙정들이 구름 줄기들(wisps)을 만든다. 이러한 풍속 변화를 '시어'라고 한다. 이 구름 줄기들은 기상 시스템이 다가오고 있다는 것을 말해 주는 좋은 표시가 된다.

상층운 고도			
운형	극 지역	온대 지역	열대 지역
권운			
권층운	3,000~8,000m	5,000~14,000m	6,000~18,000m
권적운			
적란운	0~8,000m	0~14,000m	0~18,000m

저녁 무렵의 혼합 이 사진에서, 하늘을 덮은 권층운은 지는 해로 인하여 밝게 빛나고 있고, 반면에 작은 적운 조각이 전경으로 뚜렷하게 보인다. 뇌우가 오른쪽에서 발달하고 있다.

일본 상공의 권적운 이 권적운은 구어(口語)로 '청어가시 무늬' 또는 '비늘구름 하늘'이라고 알려진 패턴으로 줄지어 서 있다. 이러한 패턴은 상층에 약간의 바람 시어와 난류가 있음을 보여 준다.

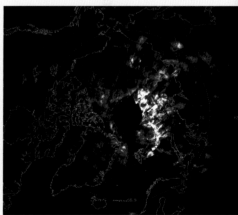

위에서 내려다본 경관 이 위성 영상에서 밝게 빛나는 지역은 야광운이나 '밤에 빛나는(night-shining)' 구름이 존재하고 있음을 나타낸다. 북극 상공의 검은 지역은 자료가 없는 곳이다.

관련 자료

권운

외형 가늘면서 섬세한, 흰색의 깃털 같은 모양

종류 명주실구름, 갈퀴구름, 농밀구름, 탑 모양 구름, 송이구름

명칭의 의미 곱슬머리

강수 없음

⬜ 아주 흔하게 발생함

⬜ 흔하게 발생함

⬛ 거의 또는 발생하지 않음

권운

따뜻한 공기가 찬 공기를 만나게 되어 따뜻한 공기가 찬 공기를 추월할 때, 이 두 기단 사이에서 약 50°의 경도를 가진 전선이 만들어진다. 따뜻한 공기는 전선 경사면 위로 밀려 올라가 냉각되고 이로 인해 구름이 발달한다. 공기가 제일 차가운 곳인 경사면의 꼭대기에서 권운이 생성된다. 그러므로 권운은 온난전선이 다가오고 있다는 첫 신호이다.

저녁 무렵의 권운 권층운이 잔잔한 호수에 비치고 있다. 이 구름은 지평선까지 뻗어 있지 않아, 낮게 떠 있는 태양은 권운의 밑부분을 비출 수 있다.

켈빈-헬름홀츠 파(아래) 바람 시어에 의해, 파의 제일 높은 부분을 따라 부드럽게 굽이치는 일련의 구름들이 일반적으로 만들어진다. 켈빈-헬름홀츠(Kelvin-Helmholtz) 파가 생성되는 경우, 맴돌이는 아주 강하여 구름을 위쪽으로 그리고 반대편 아래쪽으로 이동시키며, 결국 이 파들은 해안으로 접근하는 파도와 같은 방식으로 부서진다.

올베라(Olvera) 상공의 권운 (위) 스페인 남부의 안달루시아 마을의 언덕 위에서 권운은 상층 바람에 의하여 굽이진 곡선을 그리며 멀리까지 뻗고 있다.

존 컨스터블(John Constable)의 1822년 작품 : 권운에 관한 습작(Study of Cirrus Clouds)(아래) 영국 화가인 존 컨스터블은 열정적으로 구름을 관찰하는 사람이었다. 이 그림에서 작은 적운들과 함께 권운의 줄무늬가 그려져 있다.

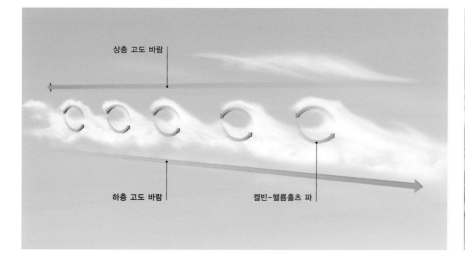

상층 고도 바람

하층 고도 바람   켈빈-헬름홀츠 파

관련 자료

권층운

외형 길고 가는 실 모양 또는 거의 육안으로 볼 수 없는 얇은 베일 형태

종류 명주실구름. 안개 모양 구름

명칭의 의미 뻗어 있는 곱슬머리

강수 없음

☐ 아주 흔하게 발생함
☐ 흔하게 발생함
☐ 거의 또는 발생하지 않음

권층운

권운으로 이루어져 넓게 퍼진 구름층을 권층운이라고 부른다. 이 구름들은 습윤 공기가 넓은 지역 위로 완만하게 상승할 때 생성된 빙정으로 이루어져 있다. 두 가지 일반적인 유형이 있는데, 하나는 넓은 하늘을 가로질러 펼쳐진, 길고 가는 실 모양의 구름으로 이루어진 명주실구름과 나머지 하나는 알아보기가 어려울 수 있는 얇고 특징이 없는 구름인 안개 모양 구름(nebulosus)이다.

명주실구름인 권층운 이 구름 유형의 특징인 가늘고 긴 실 모양의 줄무늬 형태가 저녁 해에 의해 잘 드러나 있다. 이러한 한결같은 구조는, 지속적으로 강하게 부는 상층 바람에 의하여 날려진 빙정에 의한 것이다.

해무리(오른쪽) 태양 주변에 생기는 무리는 투명한 프리즘처럼 활동하는 육각형 빙정이 만들어 낸 것이다. 빛줄기가 빙정 안으로 들어갔다가 빠져나오면서 22° 정도 굴절된다. 이러한 현상이 태양 둘레에 있는 빙정에게 적용되어 무리가 만들어지는 것이다.

달무리(오른쪽 아래) 밤에 달빛이 권운으로 이루어진 구름층을 통과할 때, 해무리가 생성되는 것과 같은 원리로 빛줄기가 굴절된다. 이러한 무리는 작은 물방울로 이루어진 얇은 구름에 의하여 일어나는 태양과 달 주위의 더 작은 환(環)과 혼동되지 않는다.

관련 자료

권적운

외형 작은, 흰색의 구름 조각으로 규칙적으로
배열되어 있거나 또는 잔물결 모양을 이룸

종류 파도구름, 벌집구름

명칭의 의미 쌓아 올린 모양, 뻗어 있는 모양

강수 없음

아주 흔하게 발생함

흔하게 발생함

거의 또는 발생하지 않음

10,000m

상층운

권적운

5,000m

중층운

2,000m

하층운

해수면

권적운

권층운처럼 넓은 규모의 습윤한 상층 공기가 포화에 도달하여 빙정을 만들 때 권적
운이 생성된다. 권적운과 권층운의 차이는 구름이 위치한 고도에서의 불안정성의 존
재 여부이다. 불안정한 경우, 구름은 적운 형태의 외형을 띠게 된다. 권적운은 모든
구름 가운데에서 가장 매력적인 구름 중 하나로, 종종 하늘을 가로질러 수백 km를
뻗을 정도로 장엄한 패턴을 만들기도 한다.

권적운이 덮은 하늘(오른쪽) 서로 떨어져 있는 소규모 권적운들의 무리가 서리
로 덮인 숲 위의 높은 상공을 떠다니고 있다. 이 구름들은 매우 높은 고도에 있
기 때문에, 지면에서 바라보았을 때 개개의 구름 요소들은 대단히 작게 보인다.

격리된 권적운(위) 권운으로 이루어진, 윤곽이
명확한 영역은 국지적인 수증기 공급원이 대류
에 의해 상승하였음을 보여 준다. 구름 덩어리
의 가장자리 주변에는 권적운을 구성하는 더
작은 요소들이 뚜렷하게 보인다.

북극의 권적운(아래) 이 구름은 온도가 낮은
바다 상공에서 발생한다. 북극 지역에서 이용
할 수 있는 수증기가 한정되어 있기 때문에,
구름은 얇고 작은 모양의 독립된 구름 조각
형태를 띤다.

관련 자료

적란운

외형 운저 부분이 어둡고, 꽃양배추 또는 모루 형태의 꼭대기를 가진, 위로 솟구치는 뇌우 구름

종류 대머리구름, 털보구름

명칭의 의미 강수 덩어리

강수 보통 정도에서 강한 정도에 이르는 강수 또는 우박

□ 아주 흔하게 발생함
□ 흔하게 발생함
□ 거의 또는 발생하지 않음

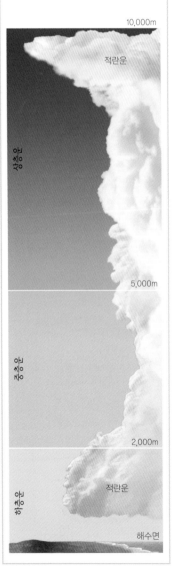

적란운

이 거대한 구름은 대류권 꼭대기까지 연직적으로 뻗으며, 그리고 원자폭탄에 견줄 만한 에너지를 방출하는 뇌우를 만들 수 있다. 적란운은 계속해서 상승하는 불안정한 공기로 인하여 발달하는데, 그 이유는 응결에 의한 잠열(latent heat)로 계속해서 공기가 따뜻해지기 때문이다.

갈라파고스의 폭풍우(오른쪽) 솟구치는 적란운의 편평한 구름 밑바닥은 습기를 구름 안으로 운반하는 공기의 상승이 균일하게 일어나는 부분임을 나타낸다. 짙은 빗줄기는 구름의 중심에서 떨어지고 있다.

우주에서 본 뇌우(위) 국제 우주 정거장에서 찍은 이 사진은 폭풍의 꼭대기에 위치한, 빙정으로 이루어진 모루구름이 광범위한 지역을 덮고 있음을 확실하게 보여 준다. 모루구름의 그림자 너머에 있는 구름 안에서 새로운 대류 탑들이 상승하고 있다.

모루구름의 형성(아래) 이 구름 구조의 하부는 작은 물방울의 존재와 관련된, 둥근 구름과 뚜렷한 가장자리를 보여 주는 반면에, 모루 정상 부분은 뚜렷하게 빙정으로 덮여 있다.

관련 자료

유방구름과 두건구름 드물게 나타나는 이 구름들은 폭풍 속에서 작용하는 강한 역학과 연관되어 있다. 유방구름(mammatus)은 마치 작은 주머니가 매달린 것처럼 보인다. 두건구름(pileus)은 상승하는 적란운의 꼭대기 위에서 생성된다.

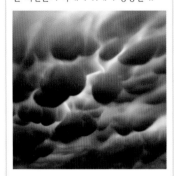

유방구름

유방구름 이렇게 매달린 작은 물방울 형태의 구름은, 강한 하강 기류가 따뜻하고 습윤한 공기 덩이를 차가운 공기가 있는 영역으로 밀 때 모루 정상의 아랫부분에서 생성된다.

두건구름

두건구름 상승하는 공기가 차갑고 습윤한 공기층을 위쪽으로 효과적으로 빠르게 밀어 올려 더 냉각되고 포화되어 빙정이 성장할 정도가 될 때, 권운 구름층이 적란운 위에 생성된다.

적란운 (계속)

적란운은 대기를 뚫고 매우 높은 고도까지 솟아오른다. 그리고 비행기들은 이 구름의 빠른 상승 기류와 난류를 잘 피해 가지만, 우리들에게 가장 분명한 것은 지면 근처에서 일어나는 영향이다. 강수 낙하와 연결된 하강 기류는 격렬할 수가 있어, 폭풍으로부터 강하고 차가운 유출(outflow)이 지면 근처에서 일어난다.

아치구름(arcus cloud)(오른쪽) 이 위협적으로 보이는 수평 두루마리구름은 격렬한 폭풍우에서 유출된 기류의 끝부분에서 만들어진다.

벽구름(wall cloud) 이 부속적인 구름은 적란운의 밑바닥에서 확장하며, 초대형 세포 또는 격렬한 다세포 폭풍과 항상 연관된 아주 강한 상승 기류의 하부를 가리킨다.

측선(위) 종종 강한 뇌우는 주요 폭풍 복합체(complex)로 이끄는 탑적운들이 한 줄로 늘어선 형태를 만든다. 이 '측선(flanking line)' 구름은 상층으로부터 온 찬 공기의 유출로부터 에너지 공급을 받아 결국에는 폭풍 모체(parent storm)와 합쳐진다.

조각구름(아래) 누덕누덕한 구름의 조각들은 종종 적란운 아래에서 볼 수 있다. 이 구름들은 강한 바람에 의하여 더 큰 구름 덩이에서 떨어져 나간 부속적인 구름이다. 일반적으로 수명이 짧아 발달하면서 다른 구름들과 합쳐지거나 또는 소멸되기도 한다.

자개구름과 야광운

자개구름(nacreous)은 기온이 −78℃ 이하이며, 고도 15~25km인 성층권 안에 있다. 이 구름들 역시 굴 껍데기에서 볼 수 있는 선명한 색깔 때문에 극 성층권 구름 또는 자개구름(mother-of-pearl cloud)으로 알려졌다. 야광운은 하늘의 가장자리에서 생성되며, 그 고도는 약 80km 정도이고, 온도는 −100℃가 된다.

높이 떠 있는 구름들(아래) 국제 우주 정거장에서 찍은 이 사진은 주황색의 대류권과 초승달 사이에 있는 야광운을 보여 주고 있다.

관련 자료

자개구름과 야광운

외형 진주 또는 연한 파란색의 작은 다발과 베일 형태

종류 없음

명칭의 의미 자개구름 : 나크룸(nacrum) '진주층'에서 유래. 야광운 : 밤에 빛을 냄

강수 없음

☐ 가끔 발생함
■ 발생하지 않음

야광운   85km

중간권

50km

성층권

자개구름

10km

대류권

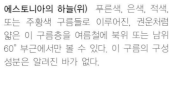

에스토니아의 하늘(위) 푸른색, 은색, 적색, 또는 주황색 구름들로 이루어진, 권운처럼 얇은 이 구름층을 여름철에 북위 또는 남위 60°부근에서만 볼 수 있다. 이 구름의 구성 성분은 알려진 바가 없다.

사우스 오크니(South Orkney) 제도 상공의 자개구름(왼쪽) 자개구름의 아름다운 진줏빛 외관은 이 구름을 구성하고 있는 작은 빙정들의 광학 효과에 의한 것이다.

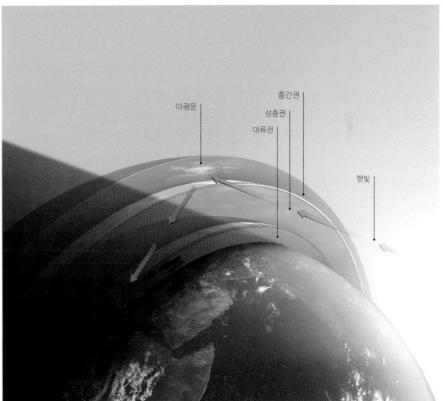

그림자로부터(오른쪽) 태양이 지평선 아래 6~12°의 각도를 이루는 영역에 있으며, 그리고 더 낮은 고도의 구름이 지구의 그림자 쪽에 있을 때에만 야광운을 관측할 수 있다.

구름의 조절

수천 년 동안 인간은 생활에 영향을 주는 날씨를 조절하기 위하여 여러 가지 시도를 해 왔다. 가장 초창기에는 기도나 의식(ceremony)의 형태를 취하였다. 20세기를 거치는 동안에 구름 물리에 대한 이해가 깊어지면서 과학자들은 강수를 촉진하거나, 안개를 소산시키거나, 우박의 크기를 줄이거나 또는 태풍의 위력을 감소시키기 위하여 의도적으로 구름에 인공적인 씨를 뿌리기 시작하였다. 이러한 구름씨 뿌리기(cloud-seeding) 작업들 중에 일부는 어느 정도 성공적이었지만, 이 작업의 효과를 평가하기가 어렵기 때문에 논쟁거리로 남아 있다.

구름씨 뿌리기

자연적인 구름은 핵 주위에서 성장하는 빙정과 아주 작은 물방울로 구성되어 있다. 수증기로 과포화된 영역 안으로 인공적인 핵을 집어 넣음으로써 작은 물방울과 빙정들을 더욱 많이 만들 수 있다. 이 구름씨 뿌리기가 적절한 장소와 적절한 대기 조건에서 이루어진다면, 구름을 조절하고 비를 내리게 할 확률을 높이는 것이 가능하다.

산불에 의한 연기는 자연에서 일어나는 하나의 구름씨 뿌리기이다. 아메리카 원주민의 주술사들은 비를 부르는 의식에서 불을 사용하였을 것이다. 도시는 구름의 시작을 이끌 수 있는, 또는 그러한 산출물들이 빙정핵 활동을 방해할 수 있는 미립물질(particulates)들을 만들어 내는 장소이기도 하다. 이러한 것들도 기상 조절이지만 의도적으로 이루어진 것은 아니다.

미국 과학자 빈센트 섀퍼(Vincent Schaefer)가 구름에 드라이아이스의 아주 작은 결정을 뿌리면 비를 내리게 할 수 있다는 것을 발견한 후, 구름씨 뿌리기를 이용하여 구름을 조절하기 위한 정교한 시도가 뒤를 이었다. 드라이아이스는 매우 낮은 온도(−78.3℃)를 가지며, 이 작은 결정들은 눈이나 비로 내릴 만큼 충분히 커질 때까지 빠르게 작은 물방울들을 끌어당긴다. 섀퍼의 동료인 버나드 보네거트(Bernard Vonnegut)는, 요오드화은의 결정은 이상적인 결빙핵(freezing nucleus)으로서 구름씨 뿌리기에도 사용될 수 있다는 것을 나중에 발견하였다. 이 두 기술은 처음 발견된 1946년 이후부터 많은 구름씨 뿌리기 실험과 프로젝트에 이용되어 왔다.

프로젝트 스톰퓨리(Project Stormfury) 미국 정부가 주관하는 이 프로젝트는 태풍의 구조를 파괴해 허리케인의 세기를 약화시키고자 하였다. 1962~1971년 동안에, 허리케인을 대상으로 요오드화은을 사용한 구름씨 뿌리기 작업을 하였으나 큰 성공을 거두지 못하였다. 그러나 허리케인으로부터 많은 것을 배우게 되었다.

소련이 군대가 열병(Parades)할 때 비가 내리는 것을 막기 위해 모스크바 쪽으로 도달할 구름에 구름씨 뿌리기를 하였던 것은 잘 알려져 있다. 1960년 이후 구름씨 뿌리기 실험은 이스라엘에서 수행되었으며, 그리고 이는 강우량이 증가하였다는 통계적인 증거를 제시한, 몇 개 안 되는 실험 중 하나이다. 1970년대 콜로라도의 산후안 산맥에서 거행된 구름씨 뿌리기 실험은, 이 산맥의 서쪽 경사면의 강설량을 증가시키는 것과 그리고 그렇게 함으로써 캘리포니아 쪽으로 흐르는 강물의 양을 증가시키는 것이 가능하다는 것을 보여 주었다. 2006년, 강으로 유입되는 물의 양을 증가시키기 위한 새로운 구름씨 뿌리기 프로그램이 콜로라도, 와이오밍 그리고 유타 주에서 시작되었다.

농작물을 파손시킬 수 있는 큰 우박으로 성장하는 것을 막기 위해 구름씨 뿌리기가 역시 이용되었다. 이러한 실험을 시도한 나라에는 호주, 이탈리아, 불가리아, 러시아가 있다.

수(Sioux) 족의 비를 부르는 춤(위) 아메리카 원주민들은 신에게 비를 내려 달라고 기원하기 위하여 비를 부르는 춤을 추었다. 전 세계에 걸쳐 이와 유사한 의식들이 행해져 왔다.

빈센트 섀퍼 섀퍼는 뉴욕 주의 제너럴 일렉트릭 연구소에서 과냉각된 작은 물방울들로 이루어진 인공적인 구름을 만들어 냈다.

버나드 보네거트 보네거트는 요오드화은이 효율적인 빙정핵이라는 것을 증명하였다. 그는 또한 번개의 특성을 연구하였다.

물 날개(water wings)(위) 구름씨 뿌리기를 하는 항공기는 요오드화은을 채운 프로판 탱크를 운반한다. 프로판을 태워버림으로써 대기 중으로 요오드화은이 방출되도록 하여 빙정이 생성되게 할 수 있다.

비 몰아내기(오른쪽과 아래) 2008년 올림픽의 주요 행사가 있기 전, 중국 당국은 구름이 올림픽 경기장에 도달하기 이전에 구름에서 미리 비가 내리도록 하기 위하여 요오드화은을 장착한 로켓을 구름 속으로 발사하였다. 중국은 비가 필요한 지역에 이러한 로켓을 사용해 본, 수십 년 된 경험을 가지고 있다.

특이한 구름과 인공적인 구름

관련 자료

비행구름 지도 만들기 비행구름의 발생을 결정짓는 가장 중요한 요소는 항공 교통량의 조밀도(density)이다. 그러나 비행구름은 겨울철에는 더 낮은 고도에서 형성되고, 상층 대기의 습도가 높을 때 더 오래 남아 있게 된다.

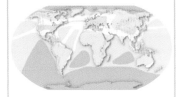

아주 흔하게 발색함

흔하게 발생함

가끔 발생함

거의 또는 발생하지 않음

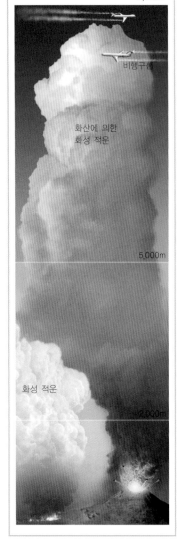

10,000m

비행구름

화산에 의한
화성 적운

5,000m

화성 적운

2,000m

모든 구름들이 날씨라는 일반적인 엔진에 의하여 생성되는 것은 아니다. 구름은 산불, 화산 열, 그리고 다양한 인간 활동으로부터 생성되기도 한다. 제트기는 하늘을 가로지르는 기다란 비행구름을 만든다. 몇몇 산업체들은 구름을 공기 속으로 집어 넣기도 한다. 심지어 핵폭탄에 의한 버섯구름도 수증기가 응결되어 생긴 하나의 산물이다.

몬트세라트(Montserrat) 화산에 의한 화성 적운(아래) 화산이 분출하는 표준적인 형상으로 화성 적운(volcanic pyrocumulus)을 들 수 있다. 이 구름은 화산 기체 안에 수증기가 존재하고 주위 공기가 대류에 의하여 들어 올려졌을 때 생성된다.

비행구름 기온이 −40℃ 이하인 곳에서 제트기의 연료가 연소될 때 생성된 수증기가 빠르게 냉각되면서 '응결 자국(condensation trails)' 또는 비행구름을 만들어 낸다. 이 비행구름은 건조 공기와 섞여 빙정이 승화될 때까지 남아 있게 된다.

산불에 의한 화성 적운(위) 호주의 산불로부터 나오는 열기가 강한 대류성 기류에 에너지를 공급하게 되어 활발한 화성 적운을 차례로 만들어 낸다. 이러한 구름은 잘 알려진 바와 같이 번개를 일으키며, 그 구름 밑에 있는 불길(blaze)을 제압해 주는 비를 내리기도 한다.

구름 공장(위) 따뜻하고 습윤한 공기는 원자력 발전소의 냉각탑 안에서 상승하면서 충분히 냉각되고 응결되어 작은 물방울 구름으로 된다.

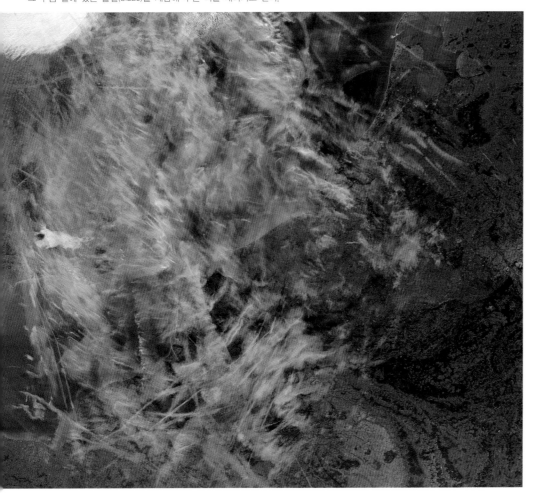

원뿔형 수증기(위) 초음속에 가까운 속력을 내는 항공기는 공기를 압축시킴에 따라 급격한 기압 증가와 그리고 뒤이어 갑작스러운 팽창이 일어난다. 이에 따라 공기가 충분히 냉각되어 응결되고 구름이 생성된다. 이 공기는 대기압으로 재빨리 환원되고, 구름은 증발해 버린다.

영국 해협 상공의 비행구름(왼쪽) 만일 주위의 기단이 포화 상태에 가까우면, 비행구름은 옆으로 넓게 퍼져, 수 시간 정도 남아 있게 된다. 이 비행구름은 항공 교통량이 많은 지역 하늘의 절반 정도를 덮을 수 있다.

강수

하늘에서 떨어져 지상에 도달하는 모든 형태의 물을 강수라고 한다. 강수는 액체와 고체 입자 모두를 포함하기 때문에 이슬비, 비, 빙정 그리고 모든 형태의 눈, 부드러운 싸락눈(hail pellets, graupel), 그리고 우박덩이가 이에 포함된다. 강수가 지면에 도달하면 우량계(rain gauge)를 사용하여 강수량을 측정할 수 있는데, 이 우량계는 주어진 시간 동안에 임의의 면적 위로 떨어진 액체의 깊이를 잰다. 수집된 물의 깊이는—녹은 얼음 입자들도 포함하여—mm 단위로 강수량을 나타낸다.

공기 안에 있는 물

대기 중의 물 순환은 지면에 있는 물이 증발하면서 시작된다. 상승하는 공기 덩이 안에 있는 이 수증기는 상층으로 수송되어 냉각된다. 공기는 포화되면서 응결이 일어나기 시작하여 액체 상태로 된다. 이런 현상이 일어나는 온도를 이슬점(dew point)이라고 한다. 응결핵이라고 부르는 아주 작은 먼지알갱이 주위로 수증기가 응결될 때 작은 물방울이 생성된다. 빙정핵 주위로 응결될 때 빙정이 생성된다. 새롭게 생성된 입자들은 다른 입자들과 충돌하고, 다른 입자들과 합병함으로써 성장하게 되며, 충분히 커지면 그 입자들은 지상으로 떨어지게 되고, 떨어지는 경로에 있는 더 작은 입자들을 포착하게 된다. '병합(coalescence)'이라고 불리는 이 과정은 빗방울 크기의 입자를 만들어 낸다. 빙정의 부착(aggregation)에 의하여 큰 눈송이가 만들어지고, 낙하하는 빙정들이 과냉각된 작은 물방울들을 포착할 때 싸락눈이 생성된다. 지상으로 얼음 강수(ice precipitation)가 내리면 빙원과 빙하가 형성될 것이며, 반면에

전 세계 강수량 분포 가장 심한 폭풍과 가장 많은 강수는 습기가 많으면서 온도가 높은 지역에서 일어난다. 습기의 공급이 빈약한, 건조 지역과 극 지역에서는 강수량이 적다.

0	10	20	40	80	120	in

0	250	500	1,000	2,000	3,000	mm
연평균 강수량

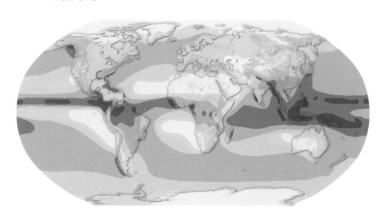

강우(rainfall)와 녹은 눈은 토양에 물을 대거나 또는 호수, 강 그리고 바다로 흘러가면서 물 순환이 완성되는 것이다.

지구상에 있는 물의 총 부피는 약 1,386,000,000km³이다. 그중 97%의 물이 해양에 있다. 나머지 부분은 민물인데, 민물은 만년설, 호수, 강에 있고, 아주 작은 일부는 대기 중에 존재한다. 만일 대기 중에 있는 모든 수증기가 갑자기 비로 내린다면, 전 세계적으로 30mm 정도의 강우량이 될 것이다. 물 분자는 강수가 되어 지상으로 내리기 전까지, 평균적으로 볼 때 약 11일 동안 대기 중에 머문다.

평균 강우량은 전 세계적으로 뚜렷한 차이가 난다. 적도 또는 열대 지역에서는 연간 3,000mm 이상의 강우량을 갖지만, 사막은 연간 250mm 이하의 비가 내린다.

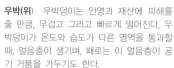

우박(위) 우박덩이는 인명과 재산에 피해를 줄 만큼, 무겁고 그리고 빠르게 떨어진다. 우박덩이가 온도와 습도가 다른 영역을 통과할 때, 얼음층이 생기며, 때로는 이 얼음층이 공기 거품을 가두기도 한다.

지면에 다다르는 강수의 유형은 구름 안의 상태와, 구름 안과 구름 아래의 온도에 의존한다. 구름 안에 있는 대단히 차가운 공기는 구름 아래의 기온에 따라 비, 어는비(freezing rain) 또는 눈을 만들 수 있다. 어는 공기(freezing air)층을 지나면서, 빗방울은 과냉각되어 어는 비가 될 것이다. 빙정은 녹아서 비가 되거나, 또는 언 상태를 유지한 채 성장하여 눈으로 지상에 도달할 것이다. 비 혹은 빙정이 따뜻하고 건조한 공기층을 지나게 되면 완전히 증발할 것이다.

우박은 아마도 가장 파괴적인 강수 유형일 것이다. 이러한 얼음 덩어리가 되기 위해서는, 이것들이 겹겹이 성장할 정도로 공기 중에 충분히 오래 머물게 하는 뇌우의 강한 상승 기류가 있어야 한다. 우박은 지상에 떨어졌을 때 심각한 피해를 줄 수 있다. 우박덩이(hailstone)는 크기에 따라 분류된다. 완두콩이나 포도알 만 한 것에서부터 호두와 골프공, 그리고 자몽과 멜론만큼 크기가 큰 것까지 분류된다. 2003년 6월, 기록적으로 가장 큰 우박덩이—지름 18cm—가 미국 네브래스카 주의 오로라를 강타하였다. 이 곳은 우박 통로(Hail Alley)로 알려진 지역 안에 있다.

비(위) 짙은 적란운 아래의 빗줄기는 구름 안에 있는 활발한 폭풍 세포의 위치를 보여 준다. 작은 물방울이 구름에서 떨어지나 중간층에서 증발하는데, 이것은 꼬리구름을 만드는 효과를 내며, 마치 구름에 매달린 어두운 수염처럼 보인다.

눈(오른쪽) 눈으로 덮인 캘리포니아 요세미티 계곡은 눈부시게 아름다운 겨울 풍경을 자아낸다. 나무에 쌓인 눈의 무게는 상당하여, 때로는 가지가 부러질 정도이다. 지면에서는 눈 결정으로 이루어진 지표층이 녹고 다시 결정화되면서 우두둑 소리를 내는 설층(雪層)이 형성된다.

관련 자료

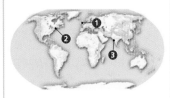

1. 보로데일 습기를 머금은, 대서양에서 탁월하게 불어오는 서풍은 영국 북서부의 언덕이 많은 호수 지역에 많은 비를 내리게 한다. 보로데일(Borrowdale) 계곡은 영국의 거주 지역 가운데에서 가장 습윤한 거주지로 기록되어 있으며, 이곳의 연평균 강우량은 3m를 초과한다.

영국 컴브리아 주 보로데일

2. 보스턴 미국 동부 해안에 위치한 보스턴은 습윤한 대륙성 기후를 가지고 있다. 연 강우량은 약 1.1m 정도이다. 가장 건조한 달인 7월은 76mm이고, 가장 습윤한 달인 11월은 100mm이다.

미국 매사추세츠 주 보스턴

3. 뭄바이 인도에서 인구가 가장 조밀한 도시이며 열대의 습윤한 기후를 가지고 있다. 겨울철에도 평균 일최고기온이 31℃이다. 2.4m나 되는 연 강우량의 대부분은 몬순 기간인 6월에서 9월까지 내린다. 12~4월까지는 비가 전혀 내리지 않는다.

인도 마하라슈트라 주 뭄바이

비

어느 정도 성장하게 되면, 구름 안에 있는 물방울들은 너무 커져 구름의 상승 기류가 이것들을 지탱할 수 없게 된다. 이 물방울들은 떨어지면서 구름 밑바닥에 도착할 때까지 계속해서 더 작은 물방울들을 포착한다. 이 물방울들은 비가 되어 구름에서 지면으로 떨어져 내린다. 낮은 층운으로부터 내리는 강수는 종종 이슬비라고 불리는 작은 빗방울로 이루어져 있으며, 그 크기는 보통 0.5mm보다도 작다.

강수, 증발과 빗물의 유출(아래) 비로 내리는 물의 대부분은 인간이 미처 사용하기도 전에 증발해 버린다. 아래의 지도는 대륙에서 이용할 수 있는 지표수(surface water)를 보여 준다. 총 강수량은 km³로 나타낸다. 유출(run off)은 지표수가 해양으로 흘러가는 것을 말한다.

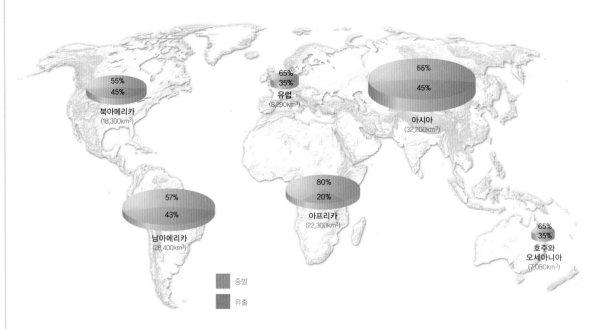

북아메리카 (18,300km³) — 55% / 45%

유럽 (8,290km³) — 65% / 35%

아시아 (32,200km³) — 55% / 45%

남아메리카 (28,400km³) — 57% / 43%

아프리카 (22,300km³) — 80% / 20%

호주와 오세아니아 (7,080km³) — 65% / 35%

증발

유출

물방울의 형태

작은 물방울들은 거의 구형으로 되어 있는 반면에, 큰 물방울들은 공기 저항 때문에 밑이 편평한, 또는 밑이 움푹 들어간 편구면(oblate spheroid) 모양을 이룬다. 계속해서 더 커지면 낙하산처럼 위로 펴지다가 터질 것이다.

1mm 구형

2mm 편평해짐

3mm 움푹 들어감

4.5mm 이상 낙하산 모양

터짐

런던의 이슬비 런던은 온화한 해양성 기후를 가지고 있다. 585mm의 런던의 연평균 강우량의 대부분은 이슬비 또는 약한 비로 내리며, 한 해 동안 연평균 강우량이 아주 고르게 분포되어 있다.

암리차르(Amritsar)의 폭우 비 때문에 연속적으로 발생하는 홍수는 아시아 몬순 지역의 특징이다. 인도양과 아라비아 해로부터 습기가 운반되는 몬순 계절 동안에 지역 총 강우량의 80%에 달하는 비가 내린다.

극심한 폭우 국지적인 폭풍 구름은 선명하게 드러난 빗줄기 형태로 비를 뿌린다. 구름의 뚜렷한 그림자에 의하여 구름의 고유한 특징이 드러난다. 구름은 급격하게 발달하고, 비를 내리고, 빨리 소산되어 버리는 일련의 과정 중에 놓여 있을 뿐이다.

우림 나무 우림 나무 (rain forest tree)는 풍부한 물을 가질 수 있기 때문에 살아 있는 모든 유기체 중에서 가장 크게 자랄 수 있게 된다.

파키포디움 파키포디움(pachypodium) 나무는 비대해진 몸통 안에 저장된 물을 이용하여 가뭄이나 건기에도 살아남는다.

사막의 선인장 선인장은 통통한 줄기에 물을 저장한다. 날카로운 가시는 일반적인 잎에 비해 더 적은 양의 물을 대기로 내보내며, 동물들로부터 자신을 보호한다.

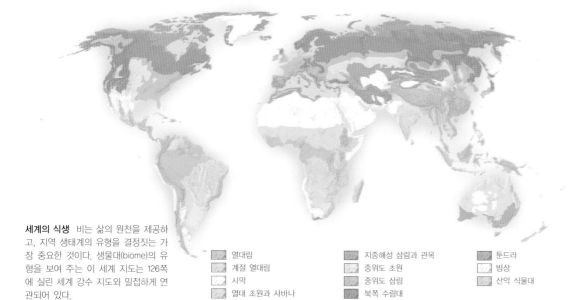

세계의 식생 비는 삶의 원천을 제공하고, 지역 생태계의 유형을 결정짓는 가장 중요한 것이다. 생물대(biome)의 유형을 보여 주는 이 세계 지도는 126쪽에 실린 세계 강수 지도와 밀접하게 연관되어 있다.

열대림
계절 열대림
사막
열대 초원과 사바나

지중해성 삼림과 관목
중위도 초원
중위도 삼림
북쪽 수림대

툰드라
빙상
산악 식물대

관련 자료

비의 강도 비의 강도(intensity)에 대한 정의는 기상을 담당하는 공공기관 사이에서도 서로 다르나, 아래쪽에 나와 있는 등급은 많은 사람들에게 일반적으로 통용되는 것이다. 이슬비는 약한 강도와 크기가 작은 빗방울이 특징이다.

이슬비(drizzle)
빗방울 크기 : 0.5mm 이하
강도 : 시간당 1.3mm 이하

약한(light) 비
빗방울 크기 : 0.5mm 이상
강도 : 시간당 2.5mm 이하

보통(moderate) 비
빗방울 크기 : 0.5mm 이상
강도 : 시간당 2.5~7.6mm

큰(heavy) 비
빗방울 크기 : 0.5mm 이상
강도 : 시간당 7.6~15mm

폭우(downpour)
빗방울 크기 : 0.5mm 이상
강도 : 시간당 15mm 이상

우박과 어느비

고체 형태의 얼음 강수는 다양한 방식으로 만들어진다. 구름 안에서 빙정이 얼고 있는 과포화된 작은 물방울들을 포착할 때, 싸락눈 또는 부드러운 우박 알갱이들이 커진다. 빙정들이 폭풍에 실려 가는 동안에, 이 빙정들은 이리저리 굴러다니면서 계속적으로 결착하여, 결국에는 우박 알갱이로 성장하게 될 것이다. 지면으로 낙하하는 동안에 얼어버리는 빗방울이 얼음싸라기이다.

얼음싸라기 뇌운 안에서만 생성되는 우박덩이와는 달리, 얼음 싸라기는 비를 만들 수 있는 어떤 구름에서도 내릴 수 있을 것이다

우박덩이 이 작은 우박덩이들은 지나가는 폭풍으로부터 갑작스러운 강한 하강 돌풍(downburst)이 있은 후에 수집된 것이다. 대부분의 우박덩이들은 완두콩 정도의 크기지만, 어떤 것들은 이보다 더 크기도 하다.

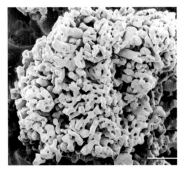

싸락눈 싸락눈의 전자 현미경 사진은, 얼어버린 물방울들이 초기의 빙정들을 완벽하게 둘러싸고 있으며, 낮은 밀도의 구조를 갖추었음을 보여 준다.

상고대 얼음 안개 또는 하층운에서 내린 과냉각된 작은 물방울들이 어떤 표면 위에서 얼어버릴 때, 상고대 얼음(rime ice)으로 알려진 하얀 얼음 침적물이 만들어진다.

관련 자료

싸락눈, 얼음싸라기, 우박 대기에서 생성된 얼음 입자들은 종종 녹기 전에 지면에 닿는다. 싸락눈과 우박덩이는 작은 입자에서 시작하여 성장한다. 얼음싸라기는 빗방울이 얼어버린 것이다.

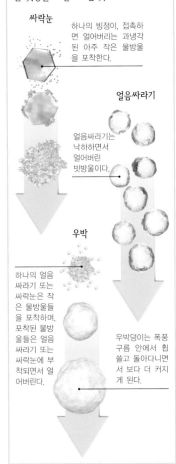

싸락눈

하나의 빙정이, 접촉하면 얼어버리는 과냉각된 아주 작은 물방울을 포착한다.

얼음싸라기

얼음싸라기는 낙하하면서 얼어버린 빗방울이다.

우박

하나의 얼음싸라기 또는 싸락눈은 작은 물방울들을 포착하며, 포착된 물방울들은 얼음싸라기 또는 싸락눈에 부착되면서 얼어버린다.

우박덩이는 폭풍구름 안에서 휩쓸고 돌아다니면서 보다 더 커지게 된다.

우박덩이

큰 우박 내부의 양파와 같은 구조는 성장 내력(history)을 보여 준다. 우박덩이가 구름 내부에서 돌아다니는 동안에, 얼어버린 작은 물방울과 빙정들로 번갈아 가며 이루어진 층들이 생성된다.

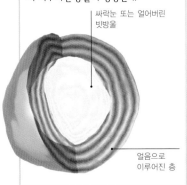

싸락눈 또는 얼어버린 빗방울

얼음으로 이루어진 층

따뜻한 공기

어느비 따뜻한 공기로 이루어진 얇은 층 안으로 눈이 떨어질 때, 이 눈은 녹아 빗방울이 된다. 만일 그 아래에 있는 공기가 충분할 정도로 차갑다면, 빗방울은 어는 온도 아래로 냉각될 것이나, 지상에 있는 물체에 부딪치기 전까지는 얼지 않을 것이다.

얼음싸라기 빙점 이하의 공기로 이루어져 있어 고체로 변화시키는 두꺼운 공기층과 빗방울이 만날 때 얼음싸라기가 생성된다.

얼음 보라 어는비가 강렬하게 내리는 동안에, 나무들은 두껍고 무거운 얼음층으로 덮이기도 한다. 나뭇가지들이 견딜 수 없을 정도로 더 딱딱해지고 무거워지는 경우가 종종 발생하여, 나무들은 얼음 폭풍 동안에 큰 피해를 입을 수 있다.

우박 우박덩이는 적란운 내부에 있는 활발한 상승 기류 안에서 생성된다. 우박덩이는 구름으로부터 떨어져 나가기 전까지 상승 기류가 강하면 강할수록 더욱 커지게 된다.

어는비, 얼음싸라기, 그리고 우박의 생성 어는비와 얼음싸라기가 생성되기 위해서는 대기 중에 따뜻한 공기층과 빙점 이하의 공기층이 있어야 한다. 얼음싸라기는 거의 어느 지역에서나 내릴 수 있지만, 어는비는 지면 부근이 언 상태가 되어 있어야 한다. 우박은 오직 폭풍을 동반한 적란운 내에서만 생성된다.

관련 자료

1. 시드니 기록상 가장 피해가 큰 우박보라(우박 폭풍)는 1999년 4월 호주 시드니에서 발생하였는데, 이때 크기가 90mm 이상의 우박덩이가 떨어졌다. 이 폭풍이 지나가면서 50만 톤으로 추정되는 우박이 내렸다. 보험상의 피해 합계는 미화 10억 달러에 달하였다.

호주 뉴사우스웨일스 주 시드니

2. 고팔간지 기록상 가장 무거운 우박덩이는 1986년 4월 14일, 중앙 방글라데시의 고팔간지(Gopalganj)에 떨어졌다. 92명의 인명 손실을 초래한 폭풍 기간 동안에 떨어진 우박덩이의 무게는 1.02kg 정도가 되었다. 방글라데시는 인명피해와 농작물의 파괴를 일으키는 격렬한 우박 폭풍에 민감하다.

방글라데시 고팔간지

3. 뮌헨 1984년 7월 12일, 독일의 뮌헨에 우박을 동반한 폭풍이 계속 강타하여 400명 이상의 부상자와 70만 채의 가옥 그리고 20만 대의 차량에 피해를 주었다. 지름이 10cm에 달하는 커다란 우박이 250km나 되는 이동 거리를 따라 떨어졌다.

독일 바바리아 주 뮌헨

4. 세인트 로렌스 계곡 1998년 1월, 어는비가 내려 최대 12.5cm의 얼음으로 퀘벡, 온타리오, 그리고 뉴잉글랜드 지역을 덮어 버렸다. 얼음의 무게로 나뭇가지가 부러지고 송전선들이 무너졌다. 자동차 사고와 저체온증으로 인하여 35명의 인명 손실을 보았다.

미국과 캐나다의 세인트 로렌스 계곡

눈

눈은 빙정이 성장하는 구름 안에서 만들어진다. 빗방울과 같이, 눈송이가 성장하여 공기 흐름에 떠 있지 못할 정도로 무거워지면 땅으로 떨어지게 된다. 따뜻한 지역에서 눈은 지면에 닿기 전에 녹지만, 차가운 지역에서는 소낙눈(flurry), 눈보라(snowstorm), 블리자드(blizzard), 그리고 지속적으로 내리는 눈이 되어 지면을 하얗게 덮는다.

눈구름(snow clouds)(아래) 상공에 떠 있는 눈구름은 최근에 내린 눈이 마지막이 아니고 또 눈이 내릴 것이라는 것을 시사한다. 이 구름 안에 있는 빙정들은 태양빛을 위로 반사시켜 우리들이 지상에서 볼 때 눈구름이 어둡게 보이도록 한다.

관련 자료

눈 눈송이는 매우 많은 여러 가지 형태를 취하지만, 모두 다 기본적인 육각형의 결정 모양이 변형된 형태이다. 눈송이의 모양은 그것이 형성되는 구름 내부의 환경에 좌우된다.

별 형태의 나뭇가지 모양
양치류 형태의 나뭇가지 모양
얇은 판 모양
바늘 모양
딱딱한 판 모양
속이 텅 빈 기둥 모양
기둥 모양
프리즘 모양
모자 쓴 형태의 기둥 모양
별 형태의 판 모양
총알 형태의 꽃 모양

빙정의 유형 빙정이 취하는 모양은 빙정이 형성되는 온도와 그리고 부분적으로 공기의 습도 상태에 따라서 결정된다. 수면 포화(water saturation) 이상으로 습도가 높으면 높을수록, 결정을 중심으로 더 많은 가지를 치면서 성장을 하게 된다.

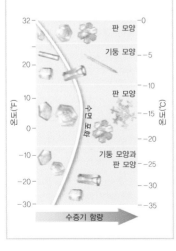

판 모양
기둥 모양
판 모양
기둥 모양과 판 모양
수증기 함량

눈과 함께하는 생활(왼쪽) 눈이 많이 내리면, 뉴욕과 같은 현대 도시일지라도 정체 현상이 일어날 수 있다. 지하로 가는 것이 이것을 피하는 한 방법이다. 1888년에 발생한 블리자드는 뉴욕의 지하철 시스템을 건설하도록 하는 자극제가 되었다.

낙하 속도(아래) 구름으로부터 낙하하는 빗방울과 얼음 입자들은 중력에 대항하는 공기 저항이 작용할 때 종단 속도(terminal velocity)에 이르게 된다. 강수의 종단 속도에 대한 네 가지 예와 3,000m 고도에서부터 낙하하여 지면에 도달하는 시간이 아래쪽에 있다.

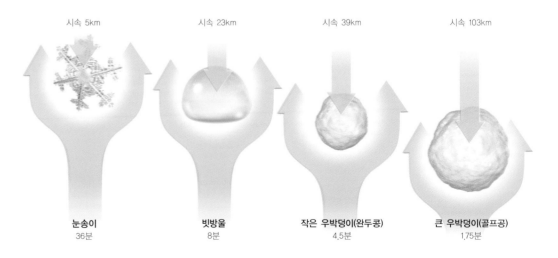

시속 5km	시속 23km	시속 39km	시속 103km
눈송이	빗방울	작은 우박덩이(완두콩)	큰 우박덩이(골프공)
36분	8분	4.5분	1.75분

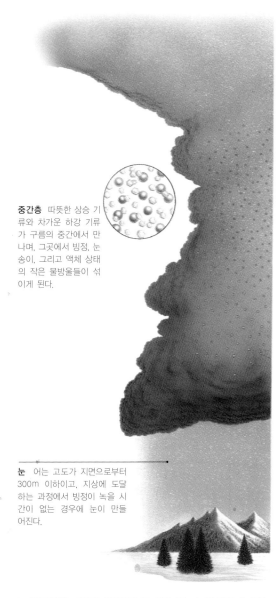

중간층 따뜻한 상승 기류와 차가운 하강 기류가 구름의 중간에서 만나며, 그곳에서 빙정, 눈송이, 그리고 액체 상태의 작은 물방울들이 섞이게 된다.

눈 어는 고도가 지면으로부터 300m 이하이고, 지상에 도달하는 과정에서 빙정이 녹을 시간이 없는 경우에 눈이 만들어진다.

눈 제조기(위) 커다란 적란운은 비, 우박 또는 눈을 만들 수 있다. 빙정들이 구름 내부의 기류를 따라 소용돌이를 치면서 아래위로 움직일 때. 이 빙정들은 작은 물방울들을 포착하여 우박덩이가 된다. 빙정들은 서로 합쳐져 눈송이가 된다.

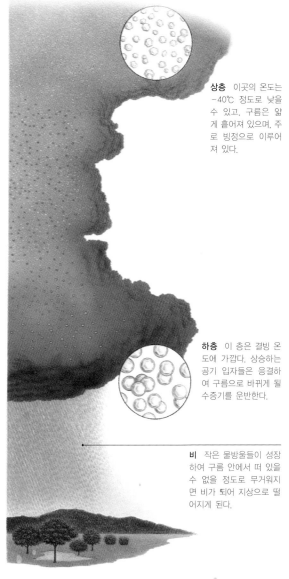

상층 이곳의 온도는 -40℃ 정도로 낮을 수 있고, 구름은 얇게 흩어져 있으며, 주로 빙정으로 이루어져 있다.

하층 이 층은 결빙 온도에 가깝다. 상승하는 공기 입자들은 응결하여 구름으로 바뀌게 될 수증기를 운반한다.

비 작은 물방울들이 성장하여 구름 안에서 떠 있을 수 없을 정도로 무거워지면 비가 되어 지상으로 떨어지게 된다.

산에 쌓인 눈(아래) 공기가 산 경사면을 따라 올라가면, 고도가 높아지면서 차가워져, 물을 수용할 수 있는 공기의 능력이 줄게 되어 비와 눈이 증가하게 된다. 지구상에서 가장 높은 산악지대는 영구히 눈으로 덮여 있다.

관련 자료

1. 삿포로 홋카이도 섬에 있는 일본에서 다섯 번째로 큰 이 도시는 세계에서 가장 눈이 많이 내리는 주요 도시이다. 연평균 강설량은 630cm이다. 2월에는 200만 명 이상의 사람들이 삿포로 눈 축제에 참석하여 수백 개의 눈과 얼음 조각들을 보며 감탄하곤 한다.

일본 삿포로

2. 런던 18년 동안에 발생한 사례 중에서 최악인 2009년 2월의 눈보라 때문에 교통 대란이 발생하였으며, 많은 기차와 모든 버스의 운행. 히스로 공항의 650편 이상의 비행기 운행이 모두 취소가 되었다. 대설은 아주 드물게 일어나기 때문에, 이 도시는 이러한 심각한 사태에 대해 미리 잘 준비하지 않았다.

영국 런던

3. 카얌베 산 눈은 극 근처에서 가장 흔하고 적도 쪽으로 갈수록 점점 더 보기 어려워진다. 그러나 눈은 적도 지역에 있는 몇 군데의 높은 산 정상에서 찾아볼 수 있다. 사실상 적도는 5,790m 화산의 정상 부근에 있는, 영구적으로 눈이 덮인 곳을 정확하게 통과한다.

에콰도르 카얌베 산

윌슨 에이. 벤틀리

미국 버몬트 주 출신의 이 농부는 1885년에 처음으로 눈송이의 세부 사진을 찍었으며, 그의 생애 동안 수천 장의 사진을 찍었다. 그의 책 『눈의 결정(Snow Crystal)』은 고전이 되었으며, "서로 닮은 두 개의 눈송이가 없다." 라는 말이 있을 정도로 그는 신뢰를 받았다.

관련 자료

눈으로 만든 대피처 극 지역은 지구상에서 가장 추운 곳이다. 그곳에서 살아남기 위해 사람들은 눈, 추위, 바람, 그리고 때로는 야생동물들로부터 보호받을 수 있는 대피처를 지어야 한다. 가장 유명한 극 지역의 대피처인 이글루는 눈으로 만들어져 있다.

이뉴잇 족의 이글루 눈은 좋은 단열재이기 때문에, 이글루 안은 매우 따뜻할 수 있다. 난로는 눈으로 된 벽돌을 조금 녹이기도 하지만, 그 수분은 밤중에 얼게 된다.

사미 족의 텐트 전통적인 사미족의 텐트나 '라부(lavvu)'는 나무로 천막의 버팀목을 만들고 순록의 가죽으로 위를 덮는다. 현대식으로는 알루미늄 기둥과 가벼운 천을 이용한다.

수압의 집(hydraulic home) 아문센-스콧(Amundsen-Scott) 남극 기지는 수압으로 밀어 올리는 거대한 기계 위에 놓여 있으며, 이 잭(jack)은 쌓이는 눈 위로 기지를 들어 올릴 수 있다.

기상 감시

눈과 기후 변화 빙붕에서 녹은 순수한 물이 염분이 높은 해수를 희석시킬 징후를 보이는데, 이것은 차례로 해류와 지구의 기상을 바꿀 수 있다. 게다가 눈 덮인 지역이 감소함에 따라 반사되는 태양에너지가 줄어들게 되어 지구 온난화가 증가하고, 내리는 눈의 양도 감소하게 될 것이다.

눈 (계속)

겨울철 강설은 운전자에게 더 많은 위험을 주고, 나이가 많이 든 사람의 움직임에 제약을 준다. 일반적으로 눈이 많이 내리는 지역의 경우, 사람들은 눈과 함께 생활하는 데 익숙하며, 눈이 주는 호기(好機)를 즐긴다. 그 외의 지역에서는 눈은 생소하며, 사람들은 눈에 의하여 일어나는 문제점들을 다루는 데 있어 더 많은 어려움을 겪게 된다.

차고 건조한 공기는 밀도가 높고 무겁다. 강한 산악 기류는 이 공기를 들어 올린다. 그러나 빙정이 형성되더라도 지상으로 떨어질 때 건조한 공기 속에서 승화되어 버릴 것이다.

−18℃에서 포화된 공기는 0℃에서 포화된 공기가 갖고 있는 수증기의 약 1/4정도를 가지고 있다.

너무 추워서 눈이 오지 않는다? 이론적으로 눈이 내리지 않을 정도로 그렇게 추울 수는 없지만, 결빙 온도보다도 훨씬 낮은 온도에서는 눈이 적게 내릴 것 같다. 대단히 차가운 공기는 많은 수증기를 수용할 수가 없다. 차가운 공기 역시 밀도가 높고 무거워 상승이 쉽게 일어나기 어렵기 때문에, 팽창하고 응결하여 눈이 생성되는 과정이 보다 적게 일어날 것 같다.

북극곰(위) 눈은 북극곰들에게는 집이다. 봄철에, 북극곰들은 눈 밑에 있는 굴에서 태어나고, 충분히 강해지면 어미와 함께 나타나 먹이 잡는 방법을 배운다.

이글루(오른쪽) 전통적인 이뉴잇 족의 이글루의 경우, 바람에 의하여 단단하게 압축된 눈으로 만든 블록이 사용되었으며, 돔 모양으로 만들어졌다. 이 블록은 나선형 패턴으로 쌓여졌으며, 각각은 약간씩 안쪽으로 기울어져 있다. 이것은 매우 안정된 구조를 만든다.

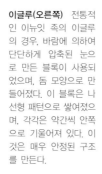

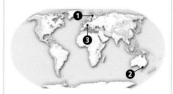

1. 라플란드(Lapland) 6,000년 전에 사미 족의 조상이 처음으로 스키 타는 것을 시도한 듯하다. 최근까지 많은 사미 족이 유목 생활을 하고 있었다. 매년 툰드라를 가로지르면서 이동하는 시기에, 그들은 스키를 탄 채 사냥을 하면서 순록 떼의 뒤를 쫓았다.

스칸디나비아와 러시아의 라플란드

2. 키안드라(Kiandra) 호주는 산악 스포츠와 밀접하게 연관되어 있지 않지만, 세계에서 처음으로 스키 클럽을 만들었다고 주장할 수 있다. 1861년, 골드러시가 나타났던 키안드라 마을에서 세 명의 노르웨이 사람이 이 클럽을 만들었다. 오늘날 호주에는 10개의 스키 휴양지가 마련되어 있는데, 겨울철에 좋은 눈이 온다는 보장은 없다.

호주 키안드라

3. 세인트 모리츠(Saint Moritz) 유럽 알프스와 북아메리카 로키 산맥에도 많은 유명한 스키 휴양지들이 있지만, 스키 타는 것을 즐기기에는 세인트 모리츠가 거의 최고이다. 겨울철에는 여행자들과 여행자들에게 편의를 제공할 직원들의 유입으로 이 마을의 인구가 거의 2배로 늘어난다.

스위스 세인트 모리츠

눈은 태양으로부터 오는 빛과 열을 대부분 반사시킨다.

눈은 낮 동안에 지면 근처에 있는 공기를 식힌다.

스키 타기(위) 스키는 눈이 많이 오는 겨울에 돌아다니기 위하여 스칸디나비아와 러시아 북부 주민들에 의해 처음으로 사용되었다. 20세기 들어 스키가 인기 있는 오락이 되면서, 스키의 속도를 올리고 조종을 쉽게 하기 위하여 스키를 다시 디자인하였다.

눈은 밤 동안에 적외선 파장의 에너지를 방출하여 더 많은 열을 잃어버리게 된다.

맑은 날 밤에는 눈으로 덮인 지면으로부터 에너지의 손실이 일어나 추가로 공기를 더 냉각시킨다.

어두운색의 지표는 에너지를 흡수하여 공기를 따뜻하게 함으로써 근처에 있는 눈을 녹인다.

차가운 눈(왼쪽) 맑은 하늘 아래에서, 눈과 지면으로부터 방출되는 열은 구름을 투과하여 우주공간으로 빠져나가므로 눈이 냉각된다. 또한 차가운 눈은 그 표면 위에 있는 공기층을 냉각시킨다.

눈 만들기

많은 스키 휴양지에서는 시즌이 시작할 때 또는 끝날 즈음에 눈이 부족하다. 이에 대한 해결책은 인공 눈을 만드는 것이다. 이러한 작업은 종종 핵이 되는 물질을 첨가하여 공기 중으로 아주 미세한 물방울들을 뿜어 줌으로써 이루어진다.

광학 효과

빛|이 지구의 대기를 통과하여 지나감에 따라 공기 분자와 입자들은 빛의 광선을 다른 방향으로 산란시켜 광학 효과를 만들어 낸다. 일어나는 유형은 주로 입자의 크기와 형태 그리고 빛의 파장에 주로 의존한다. 그 효과는 하늘이 파랗게 보이도록 하는 태양빛의 일상적인 산란으로부터 시작하여, 드물게 발생하는 무지개 빛깔에 이르기까지 다양하다. 이러한 대기 현상은 우리가 날씨를 해석하고 예측하는 것을 도와줄 수 있다.

하늘의 색깔

태양 스펙트럼의 가시 부분은 무지개 색깔인 빨간색에서부터 보라색에 이르는 파장대에 걸쳐 있다. 작은 물방울들은 태양에서 나온 광선을 굴절시키거나 휘게 할 수 있다. 이러한 현상은 광선이 작은 물방울에 들어가서 다시 나올 때 일어난다. 스펙트럼의 다른 색깔들은 약간 다른 각도로 굴절한다. 지상에서 보았을 때, 뒤에 태양이 있고 앞에는 소나기가 있을 때 모든 작은 물방울들이 같이 작용하여 무지개 호(arc)를 만든다. 때때로, 두 번째 호는 첫 번째 호의 외각에서 볼 수 있으며, 작은 물방울 안에서 두 번의 반사가 일어나 두 번째 호의 색깔 순서는 반대로 배열된다.

구름은 스펙트럼의 모든 색깔을 균등하게 산란시키기 때문에 하얗게 보인다. 우박덩이 또는 눈송이같이 큰 구름 입자들은 구름을 어둡게 보이게 할 수 있는데, 그 이유는 큰 구름 입자들이 불투명하여 빛이 지나가는 길을 막기 때문이다. 빙정의 표면은 거울 역할을 할 수 있다. 예를 들어 번개가 치는 동안에 뇌우의 모루구름 안에 있는 빙정들이 태양빛을 반사하여 번쩍하는 것이 관측되기도 하였다.

빙정은 빛이 들어오고 나갈 때 빛을 굴절시키는 작은 프리즘 역할도 할 수 있다. 대부분의 빙정들은 육각형이며 가장 흔하게 일어나는 굴절각은 22°이다. 수십억 개의 빙정들이 같이 작용하여 태양 광선을 편향시킴에 따라, 태양이나 달 주위로 하얗거나 또는 희미한 색깔이 있는 고리 모양인 22°의 무리를 만들어 낸다. 다른 굴절각을 갖는 무리 또한 가능하다. 지는 해의 양쪽 측면에 나타나는, 밝은 점인 무리해(sun dog)는 22°의 무리와 같은 조건하에서 만들어지나 빙정이 낙하하면서 수평으로 기울어져 있을 때에만 일어난다.

작은 물방울들은 코로나라고 불리는, 태양 또는 달 주위로 밝은 고리 모양을 만들 수도 있다. 이러한 것은 빛이 구름을 통과할 때 빛의 회절에 의하여 일어난다. 물방울들이 작으면 작을수록 더욱더 큰 코로나를 만들어 내지만 이 코로나들은 빙정에 의해 생긴 코로나보다도 항상 더 작다. 태양의 밝음이 보는 사람으로 하여금 이런 미묘한 효과를 보지 못하게 하기 때문에, 코로나가 달 주위로 생길 때 가장 잘 보인다.

공기 중에 떠 있는 작은 입자인 에어로졸이 물로 코팅이 될 때 연무(haze)가 된다. 이 입자들은 작은 구름방울로 성장하기에는 너무 작다. 관찰자가 있는 방향으로 빛을 산란시키는 연무 입자에 의해 태양 주위가 하얗게 보인다.

더욱더 작은 입자인 공기 분자들 역시 빛을 산란시킨다. 소위 레일리(Rayleigh) 산란은 파장에 의해 영향을 받는다. 따라서 단파는 장파보다도 더 많이 산란된다. 이러한 결과로 적색 빛보다도 청색 빛이 더 흩어지게 된다. 이것이 왜 하늘이 푸른지를 설명해 준다. 태양 광선이 대기를 길게 통과하는 저녁 때에는 매우 많은 푸른 빛이 산란되어 빠져나감에 따라 지는 해가 붉게 보인다.

붉게 빛나는 높은 산(아래) 동쪽으로 산맥을 비추면서 지는 태양의 광선이 황색에서 분홍색, 붉은색 그리고 보라색에 이르는 일련의 색깔들을 만들어 낸다. 아침에 서쪽에 있는 산들을 바라볼 때, 이 색깔들의 순서는 반대가 된다.

일몰(위와 오른쪽) 낮 동안에 하늘은 파란색을 띠게 되는데, 이것은 공기 분자들과 작은 먼지 입자들이 푸른 광선을 다른 색깔들보다도 더 효율적으로 모든 방향으로 산란시키기 때문이다. 해가 질 때, 태양 광선은 대기를 통과하는 과정에서 더 많은 거리를 지나가게 된다. 공기 분자들이 짧은 파장인 푸른 빛의 대부분을 산란시켜 없애 버리고 보다 더 긴 파장인 붉은색을 남겨 둠에 따라 붉은색이 하층운에 반사되어 나타난다.

무지갯빛(왼쪽) 태양 또는 달이 고층운이나 고적운과 같은 중층 고도에 위치한 구름들을 뚫고 빛을 비출 때, 이러한 효과는 흩어진 색깔 줄기로 나타난다. 크기가 균일하고 아주 많은, 작은 물방울들로 이루어진 구름들이 가장 멋진 광경을 만들어 낸다. 무지갯빛은 흔하게 일어나는 현상은 아니지만, 전 세계 어디에서나 일어날 수 있다.

관련 자료

1. 노바야젬랴 1597년 1월 24일, 노바야젬랴(Novaya Zemlya)에서 겨울을 지낸 네덜란드 탐험가 그룹은 예상보다 2주 전에 수평선 위로 태양이 떠 있는 것을 보고 놀랐다. 대기 상층의 온도 역전에 의하여 나타난 극 지역의 이 신기루는 노바야젬랴 효과라고 현재 알려져 있다.

북극해의 노바야젬랴

2. 미시간 호수 미시간 호숫가에 위치한 그랜드 헤이븐의 거주자들은, 어떤 경우, 호수 반대편으로 130km 정도 떨어져 있는 밀워키의 불빛과 건물들을 아주 뚜렷하게 자세히 보곤 하였다. 이러한 효과는 차갑고 안정한 공기가 따뜻한 공기 아래에 놓여 있을 때 나타난다.

미국 미시간 호

3. 이르쿠츠크 겨울철에 이르쿠츠크(Ir-kutsk)에는 다이아몬드 먼지구름(작은 빙정으로 이루어진 구름)들이 여러 날 동안 나타난다. 밤에는 이 빙정들이 가로등 위로, 빛의 기둥으로 나타난다. 불빛은 빙정의 아래쪽에서 반사된다.

러시아 이르쿠츠크 주 이르쿠츠크

아이작 뉴턴

1660년경, 영국 과학자 아이작 뉴턴(Isaac Newton)은 프리즘에 의한 실험을 통하여 흰색은 스펙트럼에서 나타나는 모든 색으로 이루어져 있음을 증명하였다.

광학 효과 (계속)

작은 물방울로 이루어진 구름 안에서 나타나는 무지개는 우리에게 아주 친밀하다. 무지개는 맑은 날 정원용 호스로부터 뿜어져 나온 물보라(spray)에서도 볼 수 있다. 그러나 다른 광학 현상들은 드물게 일어나는데, 그것은 그 현상들이 일어나기 위해서는 빙정의 존재 또는 온도 역전이라는 여느 때와는 다른 상태가 필요하기 때문이다.

무지개(오른쪽) 이 장면을 보면, 바로 앞에 있는 빗방울은 태양 광선을 굴절시키고 무지개라는 형태로 태양 광선의 일부분을 되돌아가게 함을 알 수 있다. 색의 범위는 안쪽의 파란색으로부터 바깥쪽의 빨간색까지이다.

광스펙트럼(light spectrum) 유리 프리즘 또는 빗방울을 통과하는 흰색의 빛은 그 빛을 구성하는 색들로 굴절된다(왼쪽). 구형의 빗방울 안으로 들어갔다가 나오는 태양빛은 구부러져 그 구성색들로 두 번 분산된다(아래 왼쪽). 만일 태양이 지평선으로부터 약 42° 이내에 위치하고 그 근처에 비가 내린다면, 태양을 등진 관측자는 무지개를 보게 될 것이다(아래).

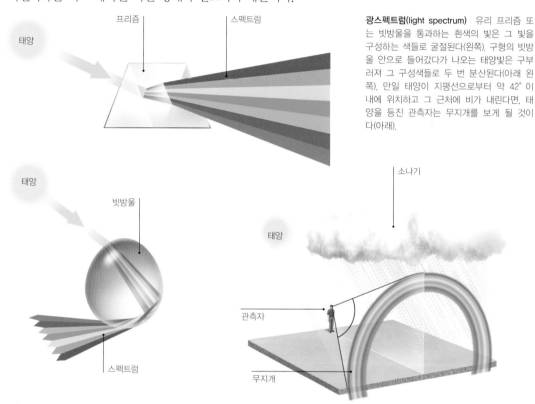

신기루(아래) 뜨거운 사막 위의 공기는 지면 근처에서 낮은 밀도를 가지며, 지면으로부터 멀어질수록 밀도가 증가한다. 멀리 있는 물체로부터 나와 지면 근처를 지나는 빛이 밀도가 변하는 층을 가로지를 때, 굴절에 의하여 아래 방향으로 굽어져 지평선 아래로 허상(false image)을 만들어 낸다.

무리해 이렇게 밝은 반점은 태양의 양쪽에 나타나며, 종종 극 지역의 빙정 구름에서 관측된다. 태양이 낮게 떠 있고 권운이 형성되는 곳에서도 볼 수 있다.

스톡홀름 상공의 무리해 이 그림은 1535년 4월 스웨덴의 수도 상공에서 볼 수 있었던 다수의 무리해와 호(arc)들을 묘사한다. 이런 현상이 나타나는 것은 나쁜 징조 또는 신이 내린 경고라고 생각하였다.

노바스코샤 상공의 무리해 무리해는 겨울철에 태양이 하늘에 낮게 떠 있을 때 아주 흔하게 볼 수 있다.

해 기둥(sun pillar)(위와 왼쪽) 판 모양의 빙정은 넓은 면이 지면과 평행하게 낙하하는 경향이 있다. 이러한 빙정들로 이루어진 구름을 통과하는 태양 광선은 빙정의 아래쪽으로 반사되어 불빛 기둥을 만들어 낸다.

굴절된 시야 무리해는 태양 광선이 수평으로 배열된 육각형 판 모양의 빙정 안에서 굴절로 인하여 22° 편광될 때, 낮게 떠 있는 태양의 한쪽 또는 양쪽에 나타난다.

극한

극한

뇌우

어느 시각이라도 지구상에 약 2,000개의 뇌우(thunderstorm)가 활동한다. 모든 뇌우는 번개를 동반하지만 이를 제외한 뇌우의 성격은 매우 광범위하다. 대부분의 뇌우는 짧지만 매우 강한 강우를 뿌리고 몇 차례의 번개를 동반한다. 뇌우 중에서 일부만이 극한 날씨를 만들어 내는 것으로 분류된다. 그러한 혹독한 뇌우는 대개 강한 바람을 동반하고 있다. 이러한 뇌우는 드물지만 홍수를 유발하는 폭우를 내리기도 하며, 이보다 드물게 심한 우박을 내리기도 하고, 매우 드물게 토네이도까지 만들어 낸다. 뇌우는 세상 어디에서든 일어날 수 있지만 적도지방에서 가장 빈번하게 일어난다.

빛과 소리

뇌우라는 것은 결국 양전하와 음전하의 거대한 불균형으로 인해 만들어지는 거대 스파크인 번개를 만들어 내는 구름이다. 번개는 공기를 순간적으로 가열시킴으로써 급격히 확장시켜 천둥으로 알려진 부서뜨리는 소리를 만들어 낸다.

뇌우가 형성되기 위해서는 습기, 불안정, 상승의 세 가지 요소가 필요하다. 뇌우는 대류에 의해서 발달된다. 대류가 시작되는 한 가지 방법은 대기권의 아랫부분을 덥히는 것이다. 예를 들면 태양 광선이 땅에 흡수되어 땅의 열이 공기로 방출되는 것이다. 가열된 공기는 뜨거운 풍선 속의 공기와 비슷하게 떠올라 상승한다. 대기가 불안정한 상태가 지속된다면, 즉 공기 덩이가 주변의 공기보다 덥고 그로 인해 부력을 갖게 되면 공기는 상승을 계속하여 구름을 만들어 낸다.

여러 개의 개별 뇌우가 합쳐진 다세포 뇌우는 클러스터 형태, 선 형태 혹은 고리 형태로 구분된다. 개개의 뇌우는 지속시간이 대개 한 시간 이하지만 집단으로 조직된 다세포 뇌우는 먼저 생긴 뇌우로부터의 순환이 그 옆에 새로운 뇌우를 만들어 내는 과정을 반복하면서 여러 시간 지속될 수 있다.

뇌우는 여러 경우를 통해 발생한다. 해들리 순환이나 여름 몬순과 같은 대규모 대기 순환은 특히 적도 부근에서 대양 위로 수렴하는 하층의 바람을 만들어 낸다. 이 수렴으로 인해 덥고 습한 공기가 상승하게 된다. 섬이나 산 같은 지구 표면의 높낮이는 뇌우의 발달에 영향을 줄 수 있다. 섬은 태양 광선을 흡수하여 주변의 물보다 더욱 빠르게 더워진다. 또한 해양으로부터 부는 바람은 땅 위에서 강한 마찰력으로 속도가 낮아지고 이로 인해 거기에서 수렴이 강화된다. 산은 태양열과 마찰의 효과를 증폭시켜 뇌우가 능선을 따라 형성하게 만든다. 해양에서 뇌우는 따뜻한 물이 있는 영역에서 더 잘 발달한다. 뇌우는 열대지방에서는 어디서나 존재하지만 그중에서도 특히 육지가 있는 곳에서 보다 집중되어 나타난다.

강력한 뇌우는 하층의 공기가 상층보다 따뜻하고 습한 중위도에서 가장 잘 발생한다. 이는 뇌우의 발달에 에너지를 공급하며, 이로 말미암아 포화된 공기는 강력한 부력을 얻게 되어 세찬 상승 기류가 형성된다. 바람 시어(wind shear : 다른 방향이나 다른 속도로 움직이는 공기의 층)가 종종 있게 되는데, 이 바람 시어는 강한 상승 기류와의 상호작용을 통해 뇌우가 지속되도록 하는 복잡한 순환을 만들고 심지어는 토네이도의 씨앗이 된다.

전 지구적 분포(아래) 이 지도는 지구 전체의 연간 뇌우 일수를 보여 준다. 대양 위 뇌우 형성의 빈도수가 적은 것은 해양의 물이 육지만큼 빠르게 더워지지 않기 때문이다.

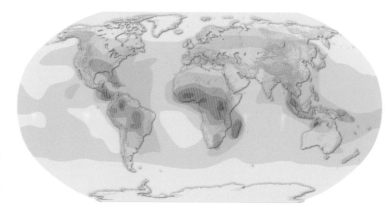

뇌우의 발생

0 5 20 60 100 180

연간 뇌우 일수

뇌우 시의 하늘(아래) 미국 애리조나 투손 위의 하늘을 가로지르는 번개는 그림 왼쪽의 뇌우에서 강우를 강화시킨다. 이에 동반된 강한 하강 기류가 지면을 때리는 곳에서는 강우가 수평으로 퍼져 나간다. 이러한 하강 기류는 비행에 위협적인 요인이 된다.

전조 신호(위) 뇌우가 오기 전에 무서운 구름이 미국 미네소타의 초원을 가로지르고 있다. 난류성 구름의 하부는 두루마리구름으로 구성되어 있으며 그 바로 아래가 하강 기류의 돌풍전선면이다. 그 위로 보이는 부드러운 구름은 선반구름이며 이는 안쪽으로 몰려드는 공기의 응결로 생성된 것이다.

관련 자료

폭풍의 단계 전형적인 뇌우의 발달, 성숙, 소멸에 걸리는 시간은 1시간 혹은 그 이내다. 간혹 보다 강력한 폭풍은 좀 더 오래 지속된다. 이들은 모두 세 가지 분명한 단계를 거친다.

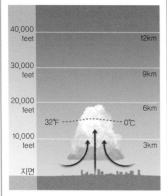

솟아오르는 적운 구름 내부의 수증기가 응결함으로써 공기를 덥힌다. 구름 내부는 주로 상승 기류이고 구름은 높은 곳까지 빠르게 생겨난다.

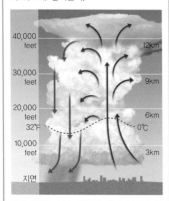

성숙 단계 상승 기류가 퍼져 나가고 안정한 성층권을 만날 때 모루구름이 형성된다. 공기가 차가워진 곳에서 하강 기류가 형성되어 빙결 고도를 낮춘다. 강수가 시작된다.

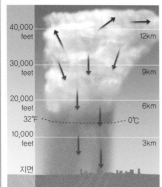

소멸 단계 궁극적으로 대부분 하강 기류가 자리 잡게 되어 따뜻한 공기의 공급을 차단하여 구름은 소멸된다.

뇌우 (계속)

뇌우의 위력은 대단하다. 수증기가 응결하고 비가 내림으로써 에너지가 방출된다. 일반적인 뇌우에서 생성되는 에너지의 양은 지구상에서 가장 큰 수력 발전소가 만들어 내는 에너지량의 10배 정도다. 이 에너지의 대부분이 공기를 데우는 데 사용되며 소량의 에너지가 뇌우의 강한 바람을 만들어 낸다.

불뚝 솟은 꼭대기 가장 강력한 상승 기류가 구름이 이 부분을 대류권계면을 통과해서 성층권으로 밀어내도록 만든다.

볼트(vault) 폭풍의 심장부에 위치한 달걀 모양의 이 지역은 상승 기류가 가장 강하다. 이 부분은 육안으로는 밀집한 것처럼 보이지만 레이더 영상에서는 빈 공간으로 나타나는데, 그 이유는 물방울 입자가 레이더 신호를 반사하기에는 너무 작기 때문이다.

상층 흐름 이 높은 고도의 바람은 구름 주변으로 주로 분다.

중층 흐름 이 높이의 바람은 구름 안쪽으로 불어 들어가기도 한다. 상층으로부터 내리는 비의 일부가 이곳에서 증발하여 공기는 차갑고 밀도가 높아짐에 따라 가라앉게 되어 하강 기류를 만들어 낸다.

측면 구름열 일렬로 늘어선 작은 규모의 대류성 구름이 뇌우로 발달될 수도 있고 기존의 뇌우 구름 쪽으로 끌려 들어 간다.

저층 흐름 이 층의 바람은 따뜻하고 습하다. 이 공기는 상승하여 응결함으로써 구름을 형성한다. 응결에 의해서 공기는 가열되고 이로 인해 공기는 부력을 얻게 되며 결국은 상승 기류를 만들어 낸다.

토네이도 강력한 토네이도 바람은 보다 광범위한 지역으로부터 회전하는 흐름이 모여 만들어진다.

가장 큰 우박 가장 큰 우박이 나타나는 지역은 녹색으로 표시되었다. 우박은 벌트를 가로지르거나 벌트의 측면에 부딪치면서 점점 커지게 된다.

심한 강우 가장 심한 강우 지역은 구름 바닥 높이에 자주색으로 표시되었다.

관련 자료

모루구름 꼭대기 구름 안에서 상승 기류가 성층권에 도달하면 상층부가 평평해지면서 바깥으로 퍼지는 경향이 있다.

뇌우의 내부 이 초대형 폭풍의 그림은 모든 중요한 성분을 보여 준다. 모든 뇌우에는 상승 및 하강 기류가 존재한다. 강한 폭풍은 하강 기류가 상승 기류를 강화시키는 복잡한 구조로 되어 있다. 어떤 폭풍은 풍향이 고도에 따라 바뀌는 환경에서 발생하며 이러한 환경이 폭풍 내부의 회전하는 바람을 만든다.

유방구름 모루구름의 아래쪽에 매달려 있는 작은 구체 구름이다. 이는 응결된 물방울이 고농도로 모여서 형성되고 이러한 경우 강한 폭풍이 동반된다. 이런 구름은 유일하게 아래 방향으로 자라나는 구름이다.

뇌우의 조직화 산을 따라 오르는 기류는 주로 단일 폭풍을 만든다. 간혹 확장하는 하강 기류가 새로운 대류를 형성할 때 여러 개로 구성된 폭풍들이 지속적으로 유지된다. 다른 때에는 한랭전선과 같은 날씨 전선이 일렬로 늘어선 폭풍을 형성한다.

단일 폭풍 이는 고립된 폭풍이다. 확장하는 모루구름은 왼쪽의 낮은 구름으로 그림자를 드리운다. 보다 작은 대류성 구름이 폭풍의 옆쪽에 자리 잡는다.

폭풍 무리 폭풍 무리부터의 3개의 불뚝 솟은 꼭대기가 모루구름 위로 그림자를 드리운다. 열대지방에서 그러한 무리는 열대 사이클론의 씨앗이 될 수 있다.

선반구름 뇌우의 밑 가까이 수평적으로 펼쳐진 부드러운 구름이며 이는 공기의 유입을 말해 준다.

돌풍전선 돌풍전선은 하강 기류가 지상에 도달한 후 바깥으로 퍼져 나가는 공기의 선단이다.

번개 뇌우는 번개를 동반하기 마련이다. 대부분의 번개는 구름 안에서 발생한다. 지상을 때리는 번개는 화재를 일으킬 수도 있고, 개방된 지역에서 운 없는 사람들은 죽기도 한다.

두루마리구름 이 수평적 금 폭풍의 바깥쪽 흐름의 선단에서 형성된다.

스콜선 한랭전선이 오른쪽에 발달하는 폭풍과 함께 일렬로 늘어선 뇌우 집단을 만들었다. 왼쪽에는 소멸 중인 폭풍이 보이며 여러 개의 모루구름 꼭대기가 하나로 합쳐져 넓은 데크를 형성하고 있다.

번개

번개는 폭풍에서 축적된 음전하와 양전하 사이의 거대한 방전이다. 공기는 전도가 잘 되지 않아서 전자가 흐르는 길이 만들어지기까지는 엄청난 전위차가 형성되어야 한다. 방전이 일어나면 공기는 수천 도의 온도로 더워지고 폭풍을 만들면서 폭발 팽창한다.

세 가지 형태의 번개(아래) 왼쪽 아래 2개의 번개는 구름에서 지상으로 향하는 음극성 번개다. 오른쪽의 더 밝은 섬광이 모루구름에서 지면으로 향하는 양극성 번개다. 가장 높은 희미한 것이 구름에서 구름으로의 번개다.

관련 자료

번개의 형태 폭풍 구름 안에서 서로 반대 극성의 전하들이 상당한 수준으로까지 발달할 때 그 사이에서 번개가 발생한다. 번개의 형태는 구름 안쪽과 주변 전하의 위치에 따라 달라진다.

구름 내 번개 가장 흔한 번개의 형태는 반대 전하를 가지고 있는 상층과 하층 사이의 전기방전이다.

구름 사이 번개 드문 방전 형태로 반대 전하의 지역이 서로 가까워지면 인접한 구름 사이에서 발생하는 방전이다.

구름에서 땅으로 향하는 음극성 이 번개는 뇌우의 밑부분에 몰려 있는 음전하와 그 아래 지면 밑의 양전하를 연결한다.

구름에서 땅으로 향하는 양극성 이 번개는 뇌우의 높은 곳에 있는 양전하와 지면 밑의 음전하를 연결한다.

전하 분리(오른쪽) 번개를 일으키는 적란운에서 전하의 분리는 구름 속에서 눈송이, 무거운 우박, 싸락눈 사이의 무수한 충돌의 결과라고 알려져 있다.

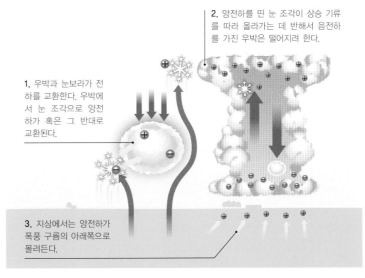

2. 양전하를 띤 눈 조각이 상승 기류를 따라 올라가는 데 반해서 음전하를 가진 우박은 떨어지려 한다.

1. 우박과 눈보라가 전하를 교환한다. 우박에서 눈 조각으로 양전하가 혹은 그 반대로 교환된다.

3. 지상에서는 양전하가 폭풍 구름의 아래쪽으로 몰려든다.

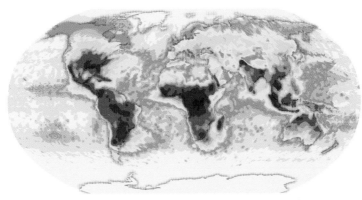

지구 번개 지도(위) 이 지도는 위성에서 관측된 지구 전체의 번개 횟수를 종합한 것이다. 번개는 해양 위에서보다는 지상에서 더 잘 일어난다. 번개 발생 빈도수가 가장 높은 곳은 중앙아프리카다.

번개 화재 이것은 2008년 6월 25일 캘리포니아 북부의 위성 영상으로, 원인 불명의 2,000여 건의 화재에서 발생한 연기로 덮여 있다. 화재는 며칠 전 드물게 발생한 여름 뇌우와 연관이 있다.

관련 자료

번개의 단계 번개의 섬광은 구름에서 땅으로 '계단식 도화선(stepped leader)' 과 하나 혹은 그 이상의 '귀로 섬광(return stroke)' 으로 이루어진다. 우리가 번개로서 보는 발광의 99% 이상이 이 귀로 섬광이다.

1. 희미한 계단식 도화선이 구름의 아랫부분에서 지상으로 향한다. 각 스텝의 길이는 약 50m 정도다.

2. 양전하를 띤 지상에서의 도화선이 하강 중인 계단식 도화선 쪽으로 향한다.

3. 계단식 도화선과 지상 도화선이 만난다. 이때 양전하의 길이 생기며 동시에 '귀로 섬광' 으로 뻗쳐 나간다.

4. 구름의 다른 부분에서의 전하도 이렇게 만들어진 경로를 따라 흘려 보내며 번개의 섬광에서 종종 깜박거리는 작은 섬광으로 나타난다.

번개 (계속)

번개는 그 위력과 예측 불가능성 때문에 상당히 위험하다. 수 km의 대기를 가로지르기 위해서는 대단한 전류가 필요하다. 보통 번개의 세기는 전기 회사에서 각 가정으로 보내는 전류의 1,000배 정도이다. 천둥은 번개보다는 느리게 3초에 대략 1km의 속도로 진행한다.

거미 번개(아래) 번개는 뇌우 구름의 아래쪽으로 동시에 여러 경로를 따라서 퍼져 나갈 수 있다. 불과 수 초 동안 각 경로를 통한 연속 방전이 이루어진다.

관련 자료

1. 키푸카 지구상에서 번개가 가장 빈번히 발생하는 곳은 콩고 민주 공화국의 동쪽 산악 마을인 키부카(Kituka) 근저이다. 기상위성이 매년 km² 당 158건의 번개를 관측했다.

콩고 키푸카

2. 남부 브라질 사람들이 피해를 본 기록상 가장 큰 정전은 1999년 3월 11일에 일어났다. 번개로 일어난 정전은 상파울루, 리우데자네이루를 포함한 남부 브라질의 대부분 지역이었다. 이 정전은 6천만 명 이상의 사람들의 생활을 혼란에 빠뜨렸다.

남부 브라질

3. 아씽 2004년 8월 17일, 덴마크 아씽(Assing)에서 젖소 31마리가 나무 밑에 있다가 번개를 맞아 모두 죽었다. 나무는 근처의 물체를 통과하는 번개를 끌어당기기 때문에 전기 폭풍이 일어나는 경우에 좋은 피난처가 아니다. 또 나무는 비슷한 이유로 번개를 맞으면 폭발할 수 있다.

덴마크 아씽

구상 번개

구상 번개(ball lightning)는 상당히 드물고 불가사의한 현상이다. 이는 구름에서 지상으로 전하가 때릴 때 작고 둥근 공 모양을 만들면서 일어난다. 이 빛은 땅에 굴러다니거나 폭발 혹은 분산될 때까지 물체를 타고 올라가기도 한다.

천둥(아래) 번개의 온도는 30,000℃ 이상이다. 섬광이 만들어지면서 주변의 공기는 과열되어 공기가 빠른 속도로 팽창과 수축을 반복한다. 이는 음파를 만들어 우리가 천둥 소리로 듣게 된다. 우리가 듣게 되는 소리의 본질은 번개로부터의 거리에 따라 결정된다.

천둥 소리 천둥은 낮은 음파나 높은 음파로 시작한다. 낮은 음파와 높은 음파가 동시에 존재하면 우리는 폭발음을 듣게 된다.

우르릉 하는 소리 단파는 공기에 빠르게 흡수되기 때문에 1~2km 정도 떨어진 관찰자는 낮은 우르릉 하는 소리를 듣게 된다.

조용한 폭풍 음파는 따뜻한 곳에서 보다 차가운 공기 쪽으로 진행하면서 굴절한다. 번개 치는 소리는 대략 15km 밖에서는 거의 들리지 않는다.

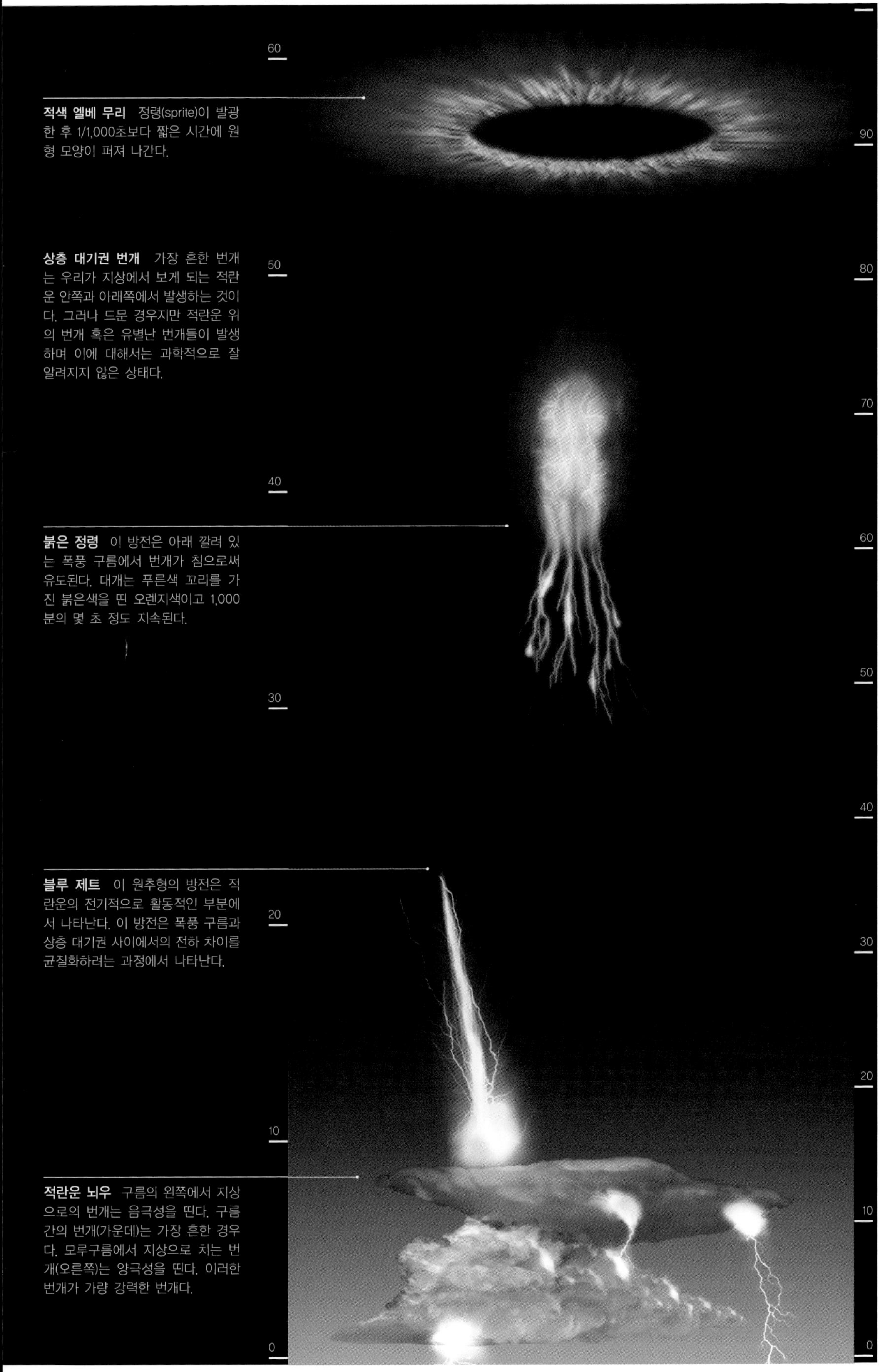

mile

km 100

60

90

적색 엘베 무리 정령(sprite)이 발광한 후 1/1,000초보다 짧은 시간에 원형 모양이 퍼져 나간다.

50

80

70

상층 대기권 번개 가장 흔한 번개는 우리가 지상에서 보게 되는 적란운 안쪽과 아래쪽에서 발생하는 것이다. 그러나 드문 경우지만 적란운 위의 번개 혹은 유별난 번개들이 발생하며 이에 대해서는 과학적으로 잘 알려지지 않은 상태다.

40

60

붉은 정령 이 방전은 아래 깔려 있는 폭풍 구름에서 번개가 침으로써 유도된다. 대개는 푸른색 꼬리를 가진 붉은색을 띤 오렌지색이고 1,000분의 몇 초 정도 지속된다.

30

50

40

블루 제트 이 원추형의 방전은 적란운의 전기적으로 활동적인 부분에서 나타난다. 이 방전은 폭풍 구름과 상층 대기권 사이에서의 전하 차이를 균질화하려는 과정에서 나타난다.

20

30

20

10

10

적란운 뇌우 구름의 왼쪽에서 지상으로의 번개는 음극성을 띤다. 구름 간의 번개(가운데)는 가장 흔한 경우다. 모루구름에서 지상으로 치는 번개(오른쪽)는 양극성을 띤다. 이러한 번개가 가량 강력한 번개다.

0

0

관련 자료

번개에 의한 파괴 번개에서 발생하는 과다한 전류와 열은 여러 종류의 피해를 가져올 수 있다. 번개는 나무를 죽이기도 하고 숲 전체를 태우기도 한다. 아무리 효율적으로 방비를 하더라도 인간이 만든 구조물을 위협한다.

번개에 의한 파괴 번개는 높은 물체에 떨어지기 쉽다. 사진은 독일의 풍력 터빈의 경우다.

번개에 의한 화재 번개에서 발생하는 열은 간혹 무방비 상태의 목조 건물을 불태우기도 한다.

피뢰침 피뢰침은 전류를 전선을 통하여 땅으로 흐르게 하여 구조물을 보호한다. 사진은 미국 워싱턴 시에 있는 워싱턴 기념비의 끝에 설치한 예이다. 검게 탄 부분은 기념비에 여러 차례 번개가 쳤음을 보여 준다.

우박 폭풍

관련 자료

우박 피해 우박 폭풍은 자동차를 부수기도 하고 창문, 지붕 그리고 대개는 작물에 심각한 피해를 입힌다. 최근 항공기에서는 레이더 장착으로 이러한 위험이 줄어들기는 했지만 우박은 여전히 위험 요소이다.

하늘이 보임 러시아 남부의 스타프로폴에서 발생한 우박 폭풍은 러시아 여성의 집 지붕에 구멍을 뚫었다. 수백 채의 집이 이 도시에서 피해를 입었다.

곡물 피해 중국의 중부지방에서 피해를 입은 옥수수 밭을 마을 주민이 둘러보고 있다. 단 한 차례의 혹독한 우박 폭풍이 한 농부의 1년간 소득을 완선히 날려 버릴 수 있다.

부서진 기수 이 항공기는 제네바에서 런던으로 가는 중에 운 나쁘게 우박을 만났다. 비행기는 그러한 경우에도 견딜 수 있도록 설계되었다.

강한 뇌우는 거센 바람과 피해를 주는 우박을 만들어 낸다. 우박 폭풍은 중위도에서 특히 봄, 여름에 가장 흔하다. 대개의 우박 알갱이는 완두콩 크기만 하지만 어떤 것들은 골프공 혹은 오렌지 크기만 하게 자라기도 한다. 특별히 우박 알갱이가 큰 경우, 드물게는 이파리 모양이나 비대칭 모양을 보이기도 한다.

우박 내려 튐(오른쪽) 대규모의 우박이 거리에 내려 튄 모습이 이 사진의 아래쪽에 보인다. 우박 알갱이들이 미국의 길거리와 잔디 위에 내렸다. 어떤 큰 것들은 지름이 7.6cm가 넘는다.

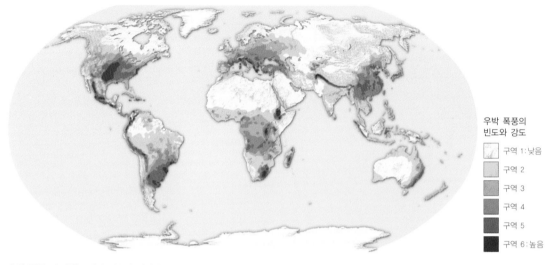

우박 폭풍의 빈도와 강도

구역 1: 낮음
구역 2
구역 3
구역 4
구역 5
구역 6: 높음

우박 폭풍 지도(위) 대개 뇌우가 빈번하고 지형이 높은 지역이 우박 폭풍이 빈번하고 피해를 입는다. 높은 지대에 내리는 우박 알갱이는 공기를 거치는 시간이 적어 완전히 녹거나 보다 작은 크기가 되어 피해를 덜 입힌다.

관련 자료

상승 기류 우박 알갱이는 무거워서 상승 기류가 버텨 주지 못할 정도까지 뇌우 내부에서 성장한다. 이 그림은 다양한 크기의 우박 알갱이를 버티는 데 필요한 상승 기류의 속도를 나타낸다.

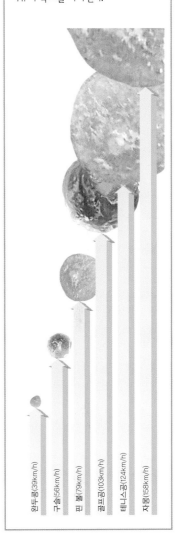

완두콩(39km/h) 구슬(56km/h) 핀 볼(79km/h) 골프공(103km/h) 테니스공(124km/h) 자몽(158km/h)

얼음 천지(왼쪽) 2007년 11월 3일, 콜롬비아의 보고타에 내린 가장 혹독한 우박은 도시 전체를 얼음으로 덮어 버렸다. 엄청난 비가 아래쪽으로 우박을 쓸어내려 수십 대의 자동차를 1.5m 깊이의 얼음과 차가운 물로 덮어 버렸다.

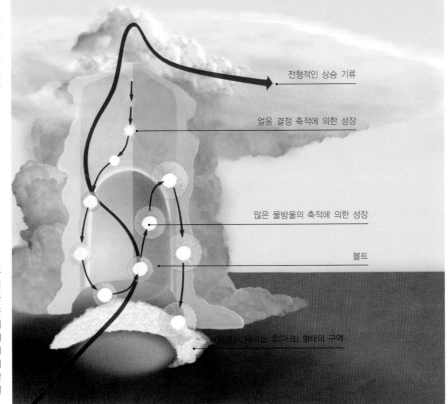

전형적인 상승 기류

얼음 결정 축적에 의한 성장

많은 물방울의 축적에 의한 성장

볼트

우박의 발달(오른쪽) 우박은 상승 기류에서 고리 모양으로 움직인다. 차가운 상층 구름에서 우박은 눈과 얼음에 부딪치면서 구름층을 형성한다. 아래쪽 온도가 높은 구름에서 주로 볼트 주변 혹은 위에서 많은 물방울이 우박 알갱이 위로 덮여 투명한 얼음층으로 얼어붙는다.

우박이 내리는 호(아크) 형태의 구역

기록적인 우박

여태까지 기록된 최대의 우박은(아래 사진) 2003년 6월 22일 미국 네브래스카주 오로라 마을에 내린 것으로, 그 둘레가 47.62cm를 기록했다.

비행에 주는 위험

혹독한 날씨에서 운송은 위험하다. 항해하는 선원이나 자동차 운전자는 이 요소를 고려해야 하지만, 가장 우려할 사람들은 항공기 조종사들이다. 지상이나 수상의 차량들과는 달리 비행기는 날씨에 둘러싸여 있고 굉장한 속도로 높은 고도를 난다. 초기 항공 시대에 기상 정보가 많지 않았고 비행기가 날씨를 극복하고 날 수 없었을 때 날씨는 커다란 위협이었다. 현재는 위험들이 잘 알려져 있고 많은 기술이 발달하여 항공 여행은 장거리를 운행하는 데 가장 안전한 수단으로까지 발전하였다.

활주로 상태(왼쪽) 1958년 2월 6일 맨체스터 유나이티드 축구팀을 싣고 가던 비행기가 독일 뮌헨에 추락했다. 활주로 끝에 형성된 얼음 때문에 비행기가 성공적으로 이륙하지 못했다.

나며, 이 정도로 사고가 발생하지는 않는다. 번개는 비행기의 금속 표면을 따라 안전하게 흐르고 다른 지점으로 흘러간다. 비행기의 연료 체계는 방전 불꽃이 연기를 발생시키는 위험을 최소화하도록 절연되어 있다. 그러나 번개는 간혹 탑재된 컴퓨터나 비행 장비를 손상시킬 수 있다.

마지막으로 안개, 낮은 구름, 연기, 먼지 폭풍 및 화산재 같은 대기 조건은 시정(visibility)을 방해할 수 있다. 그러나 항공기와 공항은 시정이 나쁜 상황에서도 비행기가 이착륙할 수 있도록 설비를 갖추고 있다.

바람 시어(아래) 바람 시어의 위험은 1985년 8월 2일, 미국 텍사스 주 댈러스에서 발생한 항공기 추락한 사건 조사 중에 처음으로 밝혀졌다. 착륙을 시도하는 중에 비행기는 강력한 하강 기류를 만나 추락했다.

비행 위험

비행기라는 것은 그 날개를 따라 흐르는 공기로부터 양력을 받는다. 만약 이 공기 흐름이 방해를 받으면 사고가 발생할 수 있다. 바람 시어는 바람 방향의 감작스런 변화를 일컫는 용어다. 이는 이착륙 시에 비행기를 상승시키는 맞바람에서 상승을 저해하는 뒷바람으로 바뀌는 경우 특별히 위험하다. 바람 시어의 표징은 미미하지만 보이지 않을 정도는 아니다. 바람 시어를 알아내고 조종사들이 이를 피할 수 있도록 하기 위해서 주요 공항에는 도플러 레이더와 풍속계가 설치되어 있다.

모든 비행에 기류 변화는 통상적인 것이지만 조종사가 기류 변화를 예측할 수 있다면 거의 위험하지 않다. 그러나 청명한 하늘에서 나타나는 기류 변화의 한 가지 형태인 청천난류(clear air turbulence, CAT)는 비행기를 세차게 요동시키고 승객들을 다치게 한다. 그러나 일기예보는 어디에서 CAT가 발생할지에 대해 정확한 예측 정보를 제공하고, 기류 변화를 만나는 조종사들이 그

들의 경험을 보고하기 때문에 이를 준수하는 항공기들은 이를 피할 수 있다. 결빙은 비행기에 물이 얼어붙으면 발생한다. 이 현상은 지상에서 발생할 수도 있고, 비행기가 과냉각된 작은 물방울을 통과하면서 비행기 바깥 기온이 빙점 이하가 될 때 발생할 수도 있다. 결빙은 비행기를 얼음으로 덮어 무겁게 만들고 지나가는 기류를 방해하기도 하며 날개 플랩 같은 표면을 동결시켜 조종을 어렵게 만든다. 동결되는 조건이 형성되는 면적은 온도와 습도 데이터로 예측 가능하다. 신형 비행기는 결빙이 되는 것을 방지하는 다양한 시스템과 절차를 구비하고 있다.

또 다른 형태의 얼음인 우박은 뇌우에서만 나타난다. 조종석의 창문은 주어진 속도에서 우박의 충격에 견디도록 설계되어 있지만 우박은 날개의 전면, 꼬리날개, 엔진과 기수를 심각하게 손상시킬 수 있다. 뇌우와 우박은 탑재된 레이더를 이용해서 피할 수 있다.

뇌우는 또한 번개를 만들어 내고 항공기를 맞추는 경우는 상당히 자주 일어

결빙 방지(위) 자동차 부동액과 비슷하게 결빙 방지 용액은 빙점을 낮추어 착륙 전에 비행기에 결빙되는 것을 방지한다.

풍속(아래) 도플러 레이더는 강한 바람이 서로 반대 방향으로 불 때 탐지해 낼 수 있다. 이 레이더는 위험한 바람 시어 지역을 찾아내고 조종사가 주의하도록 한다.

결빙된 날개(오른쪽) 1982년 1월 13일 이륙 바로 직후 추락한 이 항공기는 결빙 방지 처리를 한 후 활주로에 대기하고 있었다. 그러나 한 시간 후에 날개와 엔진에 얼음이 얼어붙었으며 이 상태에서 비행기는 이륙을 시도하였고 워싱턴 DC의 포토맥 강에 추락했다.

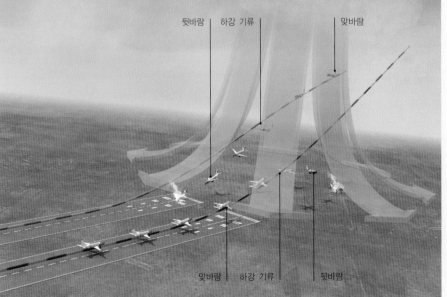

뒷바람　하강 기류　맞바람

맞바람　하강 기류　뒷바람

순간 돌풍(위) 순간 돌풍(microburst)은 폭풍이 있을 시 구름 밑으로부터 지면 쪽으로 부는 강한 하강 기류를 말한다. 이것이 지상에 도달하면 공기는 모든 방향으로 퍼져 나가 위험한 바람 시어 현상을 만들어 낸다. 이륙 혹은 착륙을 시도하는 조종사는 강한 맞바람을 만나 상승한 직후 하강 기류 안에서 아래로 쏠리게 되어 항공기의 상승을 저해하는 뒷바람을 결국 만나게 된다.

토네이도

토 네이도는 극심한 날씨 현상 중에서도 최고 극한이다. EF-5급의 토네이도 흡입 소용돌이 안에서 발생하는 바람보다 강한 바람은 없다. 그 발생은 예측할 수 없다. 그 경로는 변덕스럽고 피해는 그 파괴적인 정도만큼이나 무작위적이다. 토네이도는 용오름, 육지 용오름 및 먼지 회오리를 포함하는 소용돌이 군 중에서 가장 파괴적이다. 이 야만적인 바람은 직접 관측을 불허하지만 현대적인 장비로 토네이도를 안전한 거리에서 측정할 수 있게 되어 토네이도 내부의 숨겨진 구조가 밝혀지기 시작했다.

위력과 미스터리

토네이도는 단지 뇌우의 일부분일 뿐이지만, 고삐 풀린 위력, 변덕스러움, 희귀함과 미스터리로 우리를 사로잡는다.

전형적인 뇌우는 그 바닥의 크기가 8~16km 정도이고 공중으로 뻗친 높이는 12km가 넘는다. 뇌우의 아랫부분에서부터 1.6km 정도 폭의 구름벽이 폭풍 뒤쪽 가까이 아래로 퍼져 나갈 수 있다. 작은 폭풍이 그 구름벽 아래에서 나타날 수 있다. 토네이도가 피해를 입히는 폭은 10m에서 1km 정도까지이지만, 대부분이 250m 정도다.

토네이도 아랫부분은 토네이도 구름 윗부분보다 약간 느리게 이동한다. 그래서 토네이도는 시간이 지나면서 마지막 단계에서는 로프 모양으로 된다. 그 소멸의 경로는 30~100km까지 다양하다.

토네이도의 풍속은 다양하며 토네이도의 강도를 평가하는 기준이다. 크기는 강도와 크게 상관이 없다. 폭풍으로부터 안전한 거리에서 작동 가능한 도플러 레이더는 바람이 시속 480km에 가까운 것을 측정했다. 그런 속도에서

날씨 레코드 토네이도가 얇은 플라스틱 레코드 판을 전봇대에 쑤셔 박았다. 레코드 판은 CD나 DVD 보다 약하고 그것이 박힌 전봇대 보다 훨씬 약한데 레코드 판은 부서지지 않은 채로 있다.

자동차는 네 바퀴 달린 파괴적 물체가 되어 버린다.

시어와 상승 기류의 상호작용은 폭풍의 대부분을 회전하게 만든다. 이 회전은 점점 농축된다. 바람이 강해짐에 따라 회오리바람의 안쪽 기압은 하강한다. 토네이도 가운데의 기압이 낮아지면 공기의 응결이 발생하여 토네이도 구름이 형성된다. 구름벽 아래쪽의 기압이 떨어짐에 따라 토네이도 구름은 폭풍으로부터 아래쪽으로 성장하는 듯 보인다. 낮은 기압이 동반된 토네이도 바람이 있는 상태에서 지상 부근의 공기가 너무 건조해서 응결이 발생하지 못한다면 특히 위험한 상황이 발발할 수 있다. 이런 경우에는 위험을 경고할 수 있는 토네이도 구름이 보이지 않는다.

토네이도가 발달하기 위해서는 바람 시어와 함께 강한 상승 기류가 필요하다. 이 조건은 전 세계 여러 곳에서 발생할 수 있으나 공기가 로키 산맥 위의 강수로 인해 따뜻해지고 건조되어 동쪽으로 강하게 불고 남쪽 멕시코 만으로부터 북쪽으로 습한 공기가 유입되는 미국 중부 평원에 특히 잘 발생한다.

토네이도의 발생에 필요한 비슷한 조건들은 용오름이나 비슷한 것이 땅에서 발생하는 육지 용오름, 먼지 회오리 같은 다소 약한 강도의 소용돌이를 야기한다. 강한 뇌우는 열대지방에서 빈번히 일어나지만 열대지방의 경우 거의 바람 시어가 크지 않기 때문에 토네이도가 형성되지 않는다.

토네이도를 추적하면서 발견하는 황당한 사건들은 거의 전설적이다. 깃털 없는 닭이 목격되기도 하고 개구리와 물고기 비가 내리는 것 등이나 희한한 대상들이 매우 강한 물체에 박혀 있는 모습들은 토네이도의 파괴력과 극한의 풍속을 말하고 있다.

마른 하늘에 날벼락(위) 토네이도는 미국 중부 평원에서 자주 일어나지만 세계 여러 곳에서도 발생한다. 프랑스 북부 호트몽(Hautmont)에서 2008년 8월 4일 토네이도가 10km에 걸쳐서 3명을 희생시켰다.

작지만 강한(오른쪽) 토네이도의 크기는 강도와 꼭 관계있는 것은 아니다. 1995년 6월 8일 미국 텍사스 팜파에서 발생한 이 작은 토네이도는 주차장을 휩쓸면서 동시에 6대의 자동차를 들어 올릴 정도로 강했다.

토네이도의 적수는 없다(아래) 이 큰 픽업트럭은 EF-5급 토네이도의 강한 바람이 차체의 금속 외면을 벗겨내고 전봇대를 감싸면서 차체를 구겨버려 거의 형체를 알아볼 수 없다. 이 토네이도는 1999년 5월 3일 미국 오클라호마 시 근처에서 발생한 22건의 토네이도 중 하나였다.

관련 자료

회전 형성 높이가 높아지면서 증가하는 바람의 속도, 중층의 유입류 아래로 다이빙하는 돌풍전선, 그리고 상승 기류를 만나 충돌하는 구름벽 내의 하강 기류는 바람 시어가 만들어지는 세 가지 경우이다. 상승 기류가 시어 선 위의 공기 일부분을 밀어 올리면 상승 기류는 연직축 주위로 회전하기 시작한다.

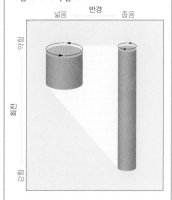

소용돌이 늘림 구름벽 넓이의 공기 기둥이 회전하고 있다. 이 기둥의 상부는 상승 기류와 함께 상승하지만 하부는 지면 조건에 의해서 결정된다. 이 기둥이 늘어나면 길이가 길어지면서 폭이 좁아진다.

각운동량 보존 기둥이 늘어나면 공기를 더욱 가깝게 끌어들인다. 안쪽 방향의 공기 회전은 회전축으로부터의 거리에 반비례하게 속도를 얻는다. 한 피켜 스케이트 선수가 팔을 몸쪽 가까이 안쪽으로 당겨 이를 시행하고 있다.

토네이도 구조

초대형 세포 뇌우는 강하고 회전하는 상승 기류를 가진 극렬한 폭풍이다. 좋은 조건이 주어지면 이 시스템은 아래쪽으로 확장하면서 농축된 크기로 작아지며 보다 빠르게 회전하고 결국은 토네이도가 되어 지상에 도달한다. 토네이도의 몸체 안에는 흡입 소용돌이라고 불리는 믿기지 않을 정도의 강한 미니 토네이도가 간혹 형성된다.

토네이도 내부 상승 기류 속으로 몰려들어가는 따뜻한 습한 공기(1)가 하강 기류의 찬 공기(2) 위로 타고 오른다. 하강 기류의 일부가 안쪽으로 회전하고 전체 공기 기둥이 회전하면서 토네이도의 바깥쪽(3)을 타고 오른다. 한편 전체 공기 기둥은 회전한다(4). 토네이도의 안쪽 기압은 매우 낮다. 이는 눈에 보이는

깔때기 모양의 구름을 형성하여 핵심에 있는 공기가 가라앉도록 한다(5). 각 흡입 소용돌이 (6)의 풍속이 토네이도 주변(4)의 풍속보다 훨씬 크기 때문에 각 흡입 소용돌이는 토네이도 주변을 회전하면서 지면에 그 자신의 고리 궤도를 만들어 나간다(7).

이동하는 음악 토네이도의 흡입 소용돌이는 놀랄 정도로 위력적이다. 이 그랜드 피아노는 400m를 날아가서 내동댕이쳐졌다.

로프 토네이도 이 토네이도는 1981년 5월 22일 오클라호마를 휩쓸었다. 토네이도의 상부와 하부 사이에 공간이 점점 커지면서 토네이도는 소멸되고, 그러는 동안 깔때기 구름은 점차 좁아져 간다.

관련 자료

흡입 소용돌이 간혹 큰 직경의 토네이도는 그 안에 6개의 흡입 소용돌이를 발달시킨다. 소용돌이 분할(vortex breakdown)로 알려진 과정을 통해 토네이도 내부의 복잡한 바람을 형성한다.

1. 지표면에서 유입된 공기는(파란색 화살표) 수렴하면서 토네이도 안쪽에서 상승한다(오렌지색). 결과적으로 나선 모양으로 움직인다(녹색).

2. 안쪽의 기압은 토네이도가 강하게 성징할수록 낮아진다. 가운데 공기가 가라앉기 시작한다(노란색).

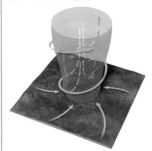

3. 토네이도는 지속적으로 강해지고 나중에는 안쪽의 기압이 낮아진다. 가운데 공기는 더욱 아래쪽으로 가라앉는다.

4. 아래쪽으로 움직이는 공기가 지상에 도달하여 바깥으로 퍼져 나가면, 유입되는 공기와 토네이도 간의 복잡한 상호작용으로부터 흡입 소용돌이가 형성된다.

관련 자료

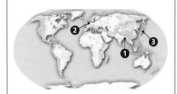

1. 방글라데시

역사상 가장 잔혹한 토네이도는 1989년 4월 26일 800~1,300명이 사망한 방글라데시의 마니크간즈 지방에 발생한 것일 것이다. 지난 50년간 25개 이상의 토네이도로 인해 방글라데시에서 100건 이상의 참사가 발생했다.

방글라데시

2. 네덜란드

네덜란드에서는 매년 평균 20개 이상의 토네이도 관측이 보고되었다. 실제 발생 횟수는 연간 33건으로 나타났다. 네덜란드는 국토 면적에 비해서 다른 나라보다 토네이도가 잦은 편이다.

네덜란드

3. 일본

일본에서는 연평균 20.5건의 토네이도와 4.5건의 용오름 현상이 보고된다. 대부분이 약한 편이지만 간혹 사망자가 발생하기도 한다. 최근 가장 심한 토네이도가 9명의 사망자를 내며 2006년 11월 7일 홋카이도 사로마 마을을 휩쓸었다.

일본

토네이도 안전 대피

토네이도가 엄습했을 때 가장 안전한 장소는 대피 목적으로 지어진, 예를 들면 강화콘크리트로 만들어진 지하 공간 같은 피난처이다. 자동차는 하늘로 날아가고 승객은 거의 살아남기 힘들다. 광활한 지역에서 만나게 되면 도랑 안의 낮은 곳에 눕는 것이 상책이다. 고속도로 밑으로 대피하는 것은 목숨을 담보해야 하는 실수이다.

토네이도 기후학

토네이도는 바람 시어와 함께 뇌우가 발달하는 지역에서 발달한다. 열대 뇌우는 많이 발생하고 위력적이지만 바람 시어가 거의 없는 지역에서 형성된다. 중위도에서는 어떤 특정 지역의 한랭건조한 공기가 따뜻하고 습한 공기의 상공을 직각으로 이동한다. 그러한 조건이 거대한 뇌우와 토네이도를 만들어 내는 바로 그런 시어 형성의 요인을 제공한다.

미국 토네이도(아래) 미국 중부 평원에 멕시코 만에서 불어오는 따뜻하고 습한 공기는 로키 산맥에서 불어오는 한랭하고 건조한 공기와 만난다. 결과는 지구 최대의 토네이도 폭풍으로 이어진다. 아래가 지난 50년간의 미국 토네이도 지도이다.

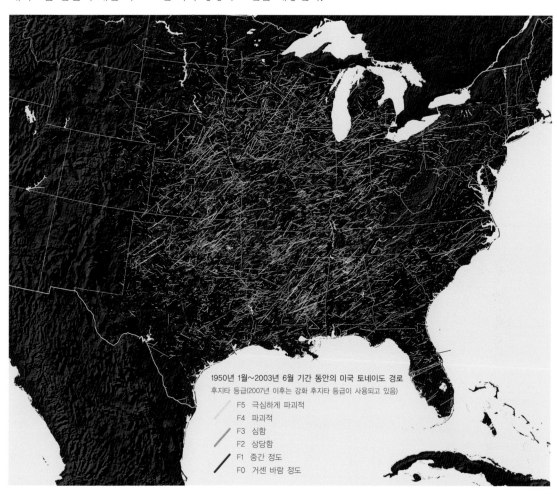

1950년 1월~2003년 6월 기간 동안의 미국 토네이도 경로
후지타 등급(2007년 이후는 강화 후지타 등급이 사용되고 있음)

F5 극심하게 파괴적
F4 파괴적
F3 심함
F2 상당함
F1 중간 정도
F0 거센 바람 정도

시간별 토네이도(아래) 토네이도는 하루 중 어느 때라도 발생할 수 있지만 대부분 태양열이 축적되어 하루 중에 대류가 가장 많이 형성되는 오후에 발생한다.

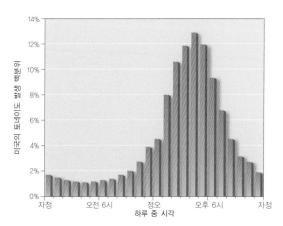

미국의 평균 토네이도 발생

자정　오전 6시　정오　오후 6시　자정
하루 중 시각

월별 토네이도(아래) 토네이도는 어느 계절이라도 발생할 수 있지만 찬 기단과 따뜻한 기단 간의 강한 대비가 발생하는 봄철에 주로 나타난다. 그래서 보다 강력한 전선은 보다 강력한 뇌우를 만들어 낸다.

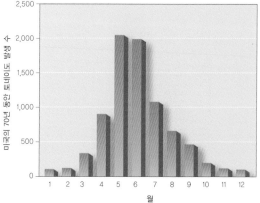

미국의 70년 동안 토네이도 발생 수

1　2　3　4　5　6　7　8　9　10　11　12
월

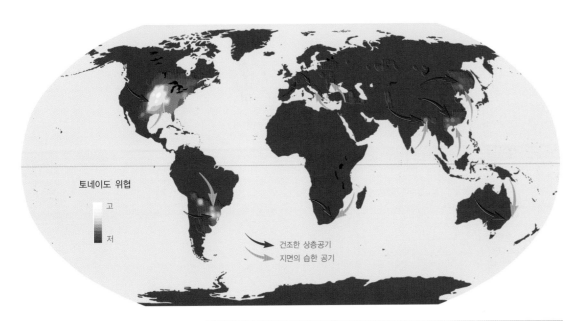

토네이도 위협

고
저

건조한 상층공기
지면의 습한 공기

전 세계 토네이도(위) 토네이도는 따뜻하고 습한 공기가 한랭하고 건조한 공기 위에 각도를 이루면서 움직일 때 발생한다. 이는 대개 대륙의 동쪽 부근 중위도에서 발생한다.

강화 후지타 등급(오른쪽) 이 등급은 토네이도가 부수고 지나간 정도의 성격을 분석한 토네이도 강도를 구분한다.

폭풍 추적 사람들은 토네이도에 매혹되지만 가까이서 본 사람은 거의 없다. 그래서 경험 있는 상업적인 '토네이도 추적회사'들은 현장 가까운 곳으로 고객들에게 투어를 제공하기도 한다.

강화 후지타 등급	
풍속(km/h)	피해
EF0(105~137)	경미한 손실. 지붕 파손, 유리 파손, 나뭇가지 손상.
EF1(138~177)	중간 정도 손실. 가옥 지붕 판의 일부 및 전부 손상, 모든 창문과 유리문 파손, 나무 잎사귀가 전부 벗겨짐.
EF2(178~217)	상당한 손실. 가옥의 지붕기둥 부러짐, 외벽 무너짐, 집의 기초 이동, 나무 둥지 파괴됨.
EF3(218~266)	혹심한 손실. 단지 가옥 내부의 강화벽만 남음. 강화콘크리트 구조의 철근 콘크리트 날아감.
EF4(267~322)	심각한 손실. 가옥 기초가 날아감, 강화 콘크리트 건물의 외벽이 무너짐.
EF5(322 이상)	폐허. 강화콘크리트 건물이 무너짐, 혼잡하게 망가진 기둥에 잔해만 남음.

관련 자료

토네이도 추적 미국에서는 토네이도를 만들어 내는 조건들을 기상 예보자들이 사용하는 특수장비로 항상 조사한다. 그 결과 토네이도가 불어닥칠 가능성을 미리 경고하는 평균 시간이 15분 정도가 되었다.

관찰 발달된 장비로 수집한 자료를 기상학자들이 검토한다. 컴퓨터 프로그램이 혹독한 날씨를 암시하는 특징들을 밝혀낸다.

야전에서 이 이동식 도플러 레이더는 혹독한 뇌우의 근처까지 이동할 수 있다.

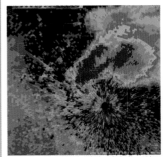

레이더 이 레이더 반사 이미지는 안으로 휘어진 작은 갈고리 모양으로 심한 강우(빨간색)를 나타낸다. 이 '갈고리 에코(hook echo)'가 있다면 심각한 일기 경보가 발표되어야 한다는 것을 의미한다.

가장 심했던 토네이도 10위		
연도	장소	사망자 수
1989	방글라데시 다울라트푸르 살투리아 지역	1,300
1996	방글라데시 마다르간즈 므리자푸르 지역	700
1925	미국 3개 주	689
1973	방글라데시 마니크간즈	681
1969	방글라데시 다카	660
1551	몰타 발레타	600
1964	방글라데시 마구라와 나레일	500
1851	이탈리아 서부 시칠리아 지방	500
1977	방글라데시 마다리푸르	500
1984	러시아 이바노보와 야로슬라블	400

주목할 만한 토네이도

수천 개의 토네이도가 매년 지구를 강타하지만 그중 몇 개만 파괴적이고 어떤 것들은 발견되지도 않고 넘어간다. 대부분의 토네이도가 역사 속으로 사라진 반면 어떤 것들은 평범하지 않은 강도나 지속시간 때문에, 특수한 지역을 휩쓸었기 때문에, 혹은 인구 과밀 지역에 나타나서 수많은 인명을 앗아 가고 파괴시켰기 때문에 수십 년간 혹은 심지어 여러 세기 후에도 기억에 남는다. 이 악명 높았던 토네이도 중에서 몇 개만 여기에서 논하고자 한다.

공포의 트위스터

기록이 남겨진 역사상 최초의 토네이도는 1054년 4월 30일 아일랜드의 마을을 강타한 토네이도이다. 목격자들은 이 토네이도를 동물들을 집어삼키고 떡갈나무를 뽑아 올리는 셀 수 없는 많은 검은 새들에 둘러싸인 '치솟는 불'이라고 묘사했다.

다음 세기에 매우 강력한 토네이도가 여러 차례 유럽을 강타했다. 1550년대 중반에 무적함대 한 척이 몰타의 발레타 항구에서 600명의 희생자를 내며 용오름으로 난파되었다. 1879년 12월 28일 2~3개의 용오름 현상이 스코틀랜드의 테이 철도교에서 발생했다. 기차에 탔던 승객 한 사람은 강 아래 하구로 내동댕이쳐졌으며 75명의 희생자가 발생했다. 최근의 가장 희생적인 유럽 토네이도는 보고에 의하면 1984년 6월 9일에 400명의 희생자를 내며 러시아의 여러 마을을 휩쓸었다.

북아메리카에서는 수많은 악명 높은 토네이도를 경험했다. 1925년 3월 18일 트리스테이트 토네이도를 포함하여 1840년 5월 7일의 미시시피 주 나체즈와 1896년 5월 27일 미주리 주 세인트루이스를 휩쓴 토네이도가 가장 유명하다. 이 토네이도들은 각각 수백 명의 인명 피해를 가져왔다. 하루 동안 발생한 가장 큰 토네이도는 1974년 4월 3~4일에 발생한 것이다. 148건의 토네이도가 13개 주를 강타했다. 1999년 5월 3일, 2,200채의 가옥이 허물어진 도시 경계 안에서 EF5급을 포함하여 오클라호마 시 근교에서 여러 토네이도가 발생했다. 일주일 동안 최대로 발생한 것은 2003년 5월 4~10일간 19개 주에 걸쳐서 400건이 발생했다. 그중 하나는 1999년의 경로를 따라서 진행했다.

역사상 가장 위협적이었던 토네이도는 1989년 4월 26일 방글라데시의 마니크간즈에서 13km의 경로를 따라서 1,300명을 희생시키고 80,000명을 집 없는 사람들로 만든 토네이도였다. 비록 방글라데시의 700회 재난 중 일부는 심한 우박에 의한 것이기는 해도 1996년 5월 13일 다카 남부를 강타한 것을 비롯해서 많은 그러한 재앙적인 토네이도를 경험했다.

날아가 버린 물건들에 대한 일화는 많다. 1915년 캔자스 주 그레이트 벤드를 휩쓴 토네이도는 잔해물을 130km 밖에 쏟아부었고, 밀가루 한 부대를 177km, 수표 한 장을 491km 이동시켰다. 미주리 주의 한 십대 어린이는 토네이도에 의해서 398m 날아서도 생존하여 타의 추종을 불허하는 기록을 얻었다.

기상학 역사에서 매우 중요한 토네이도는 1970년 텍사스 거리인 루복을 쓸고 지나갔다. 토네이도는 벽돌로 된 교회를 파괴하였으나 불과 몇 발자국 떨어진 나무로 된 판잣집은 그대로였다. 이러한 이해할 수 없는 사건이 연구 호기심을 불러일으켜 몇 개의 토네이도 안에서 이전엔 알지 못하던 구조를 밝혀냈다. 흡입 소용돌이가 집은 비켜 갔지만 교회를 강타한 것이었다.

잔해 속에서(위) 한 남자가 그의 형제 집에서 쓸 만한 물건을 챙기고 있다. 1999년 5월 3일 오클라호마 시를 밀어붙인 악명 높은 트위스터 중 하나인 강력한 토네이도에 의해 이웃집들이 주저앉았다.

1896년 세인트루이스(위) 이 그림은 1896년 5월 27일 미주리 주 세인트루이스 중심부와 일리노이 주 세인트루이스 동부를 강타한 토네이도를 묘사한 것이다.

방글라데시(왼쪽) 2004년 4월 한 토네이도가 방글라데시 다카의 북부지방에서 이 집을 파괴하고 수백 채의 집을 강타했다. 방글라데시 토네이도는 높은 인구 밀도와 안전한 피난처가 부족해서 특히 인명 피해에 심각한 영향을 준다. 이 부부는 운이 좋았다. 살아남아 생을 다시 꾸려갈 수 있게 되었다. 하지만 우선 급한 대로 쌀을 챙기고 있다.

파괴(아래) 약 30여 개의 토네이도가 매년 영국을 휩쓴다. 그림은 2006년 12월 8일 런던 근교를 휩쓴 강력한 토네이도 중 하나의 예이다. 불과 몇 분간 불어닥쳤지만 100가구를 부숴버렸다.

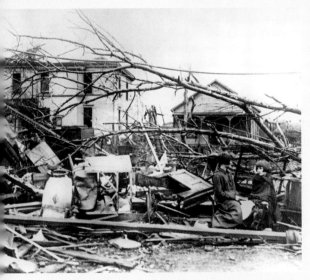

트리스테이트 토네이도 이 대단한 트리스테이트 토네이도는(오른쪽 지도) 2~3개의 토네이도가 연속으로 얽힌 것 같다. 하나가 끝나면 또 다른 하나가 근처에서 시작되었다. 토네이도는 3시간 반 정도, 352km에 걸쳐서 시속 117km로 이동하였다. 이는 미국 역사상 가장 혹독한 트위스터였고 일리노이 주의 머피스보로 마을의 234명을 포함하여 689명의 희생자를 냈다.

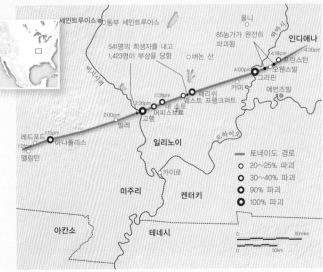

관련된 다른 행태

토네이도와는 종류가 다른 회전하는 바람이 존재한다. 먼지 회오리는 회오리를 일으키고 먼지가 가득 찬 공기 소용돌이를 만들어 낸다. 이것은 높이가 수m에서 300m 정도로 다양하다. 용오름은 물 위에서 발생하는 토네이도로 간주되지만, 많은 경우 초대형 세포 뇌우를 동반하지 않는 다른 경로에 의해서 형성된다.

용오름(아래) 강한 용오름은 바다 표면에서 물보라를 휘저어 놓는다. 주위의 언덕에 나란히 부는 바람이 당시의 바람 시어와 수렴을 만들어 상승 기류가 유발되었고 결국 용오름을 발생시켰다.

관련 자료

1. 플로리다 키스 용오름 현상은 어느 곳보다 플로리다에서 자주 일어난다고 알려져 있다. 섬과 그 주위의 얕은 물들은 쉽게 가열되어 강력한 대류를 일으켜 바람 시어선이 매년 여름마다 수백 건의 용오름 현상을 일으킨다.

미국 플로리다 주 키스

2. 도쿄 1923년 9월 1일 칸토 대지진은 도쿄에 화염을 일으켰다. 거대한 불 토네이도가 군인 연병장으로 피난했던 38,000명과 그나마 망가진 재산에 불을 뿜었다.

일본 도쿄

3. 발레타 1551년 아니면 1556년 9월(원자료에서의 불일치) 발레타의 그랜드 항구에 용오름이 발생했다. 세인트 조 함대의 많은 전함이 침몰하거나 부서졌다. 이는 최소 600명이 희생된 유럽 최대의 토네이도 관련 참사였다.

몰타 발레타

동물 비

동물들이 하늘에서 떨어지는 것은 매우 희귀한 기상학적인 현상이기 하지만 역사상 기록으로 남아 있는 하나의 사례가 있다. 동물들은 주로 올챙이, 생선, 개구리 등이었다. 간혹 동물들은 살아 있기도 했지만 어떤 때는 얼어 있거나 분해된 상태였다. 이 현상은 연못, 강에서 동물들이 용오름 현상으로 들어 올려져 멀리 이송되어 발생하는 것으로 생각된다.

용오름 역학 토네이도 성격과는 다르게 용오름(과 육지 용오름)은 풍향이 급변하는 시어 선(shear line) 부근의 지면 근처에서 발달하는 구름의 상승 기류가 발달하는 곳에서 형성된다. 토네이도와는 다르게 이 소용돌이는 상승하는 표면에서부터 발생한다.

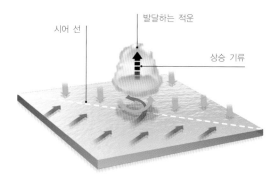

시어 선
발달하는 적운
상승 기류

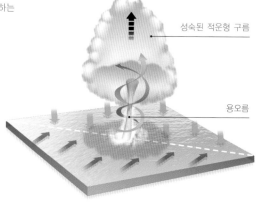

성숙된 적운형 구름
용오름

불 토네이도(오른쪽) 회오리 화염 바람이 이따금 불 주변에서 발생한다. 이는 더워진 공기의 상승 기류가 불 가장자리의 바람 시어 경계를 만나게 되면 생성된다. 이로 인해서 불이 번질 수 있는 위험도가 엄청나게 높아진다.

모래의 확산 모래 회오리바람은 땅이 말라있고 표면 온도가 높을 때 열기포를 만들어 내는 주로 사막이나 반건조 지역에서 발생한다. 이 사진은 칠레의 아타카마 사막에서 발생한 모래 바람이다. 솟아오르는 모래 바람이 화성의 사막에서도 관측된 바 있다.

관련 자료

모래 바람의 진화 이 회전하는 바람, 먼지 잔해물의 기둥은 높은 지상 온도가 강한 공기 상승을 만들어 내고 주된 바람이 소용돌이가 되도록 굴절되면 발생한다.

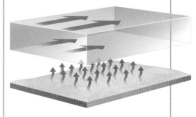

1. 태양은 공기를 접하고 있는 땅을 덥힌다. 더워진 공기는 고도에 따라 풍속이 증가하는 주변 환경에서 상승을 시작한다.

올라오는 공기 때문에 옆으로 밀려난 공기는 가라앉는다.

2. 상승하는 공기는 열기포(thermal)라고 알려진 '버블' 속으로 모인다. 버블이 상승하면서 비게 되는 공간을 채우기 위해 일부 공기는 하강해야 한다.

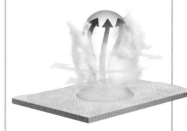

3. 하강한 공기는 열기포의 한쪽으로 빠른 바람을 일으키고 느린 바람은 다른 쪽에서 상승하게 된다. 이런 시어가 회전을 만들어 낸다.

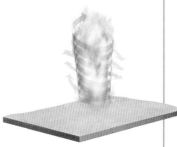

4. 열기포가 더 높이 올라감에 따라 공기는 보다 작은 반경으로 회전하여 속도가 증가한다. 곧이어 토양과 잔해들이 들어 올려진다.

허리케인

토네이도가 지구상에서 가장 센 바람을 만들어 낼지 모르지만, 파괴력에 있어서는 허리케인과 비교가 안 된다. 이 회전하는 뇌우 시스템은 직경이 800km에 달하고 퍼붓는 폭우와 시속 300km에 달하는 바람과 폭풍에 폭풍 해일이라고 하는 높은 파도를 만들어 낸다. '열대 사이클론'이 통칭 기상학적인 이름이고 호주와 인도양 주변에서 알려진 이름이기도 하다. 이는 대서양, 카리브 해, 동태평양에서는 허리케인이라고 불리는데 '후라칸(Huracan)'이라 불리는 카리브의 토착신에서 온 것이다. 서태평양에서는 중국어로 '큰 바람'을 뜻하는 타이펑(颱風)에서 온 이름인 태풍이라고 불린다.

거대한 폭풍

발달한 허리케인은 공통적으로 특정한 모습을 보인다. 중심에는 극도로 왕성한 대류의 고리로 경계 지어진 청명하고 조용한 영역인 태풍의 눈이 있다. 이 고리 내부의 극심한 상승 기류는 수렴하는 바람으로 보충되고 그 대신 폭풍 구름과 심한 비를 형성한다.

허리케인을 만들어 내는 폭풍 무리는 해면 온도가 최소 26℃인 곳에서 발생한다. 이는 허리케인이 주로 열대 해역에서 발생함을 의미한다. 뚜렷한 회전이 형성되려면 시스템은 전향 효과(코리올리 효과)가 필수적인데, 이를 위해서는 시스템이 적도로부터 적어도 5° 떨어져야 한다(39페이지 참조).

따뜻한 바다는 에너지 교환과 방출의 과정을 거쳐서 허리케인에 힘을 실어 준다. 우선 따뜻한 바다는 그 위의 공기를 데워서 공기가 포화점에 도달하기 전에 필요한 수증기의 양을 증가시킨다. 바다는 무한한 물의 원천이어서 거대한 양의 바닷물이 공기로 증발한다(땅에서보다 훨씬 더 많이 증발한 다). 물이 증발하도록 만든 열은 습기가 구름, 특히 비구름으로 응결되면 방출된다. 열은 특히 구름이 모여 있는 중심부를 덥혀서 공기가 확장되게 만들고 기압은 떨어진다. 기압이 낮을수록 허리케인이 되는 구름 무리 주위로 바람이 더욱 빨라진다. 바다 표면에 바람이 강할수록 증발률은 높아진다. 그래서 허리케인이 빠르게 회전할수록 더욱 강하게 발달한다. 이 양의 되먹임 과정은 허리케인 발달에 호조건이 형성될 때까지 지속된다.

허리케인의 이동은 주변의 '지향류(steering flow)'에 의해 결정된다. 회전이 일단 시작되면, 허리케인의 바람은 주변의 약한 지향류보다 강하기 때문에 허리케인이 예상치 못한 방향으로 움직이는 경향이 있다. 대부분 허리케인은 무역풍에 밀려서 처음에는 서쪽으로 움직인다. 그 다음은 아열대 고기압 주변의 지향류를 따라 극지방 쪽으로 이동한다. 적도에서 멀어질수록 사이클론은 편서풍을 만나 동쪽으로 움직이는 경향이 있다.

만약 허리케인이 육지에 상륙하게 되면 폭풍 해일과 비로 인해 넓은 지역은 홍수로 뒤덮이고 바람은 광범위한 폐허를 만들어 낸다. 그러나 허리케인이 바다를 떠나면 에너지원인 습기 공급처로부터 멀어지게 된다. 내륙으로 진행함에 따라 허리케인은 신속히 약해지며 곧 사그라진다.

허리케인 리타(오른쪽) 2005년 9월 21일 멕시코 만을 허리케인 리타가 쓸고 지나갔다. 리타는 대서양에서 허리케인이 가장 활발한 계절에 멕시코 만을 쓸고 간 4개의 희귀한 카테고리 5 허리케인 중 하나다.

| | 허리케인 | | 사이클론 | | 태풍 |

카트리나가 쓸고 간 후의 뉴올리언스(오른쪽) 허리케인이 만들어 낸 홍수는 대개 강한 바람보다 더 파괴적이다. 허리케인 카트리나 이후 여러 날 동안 사람들은 홍수가 난 주변에 갇혀 있었다. 집들은 폐허가 되고 곰팡이들이 자라났다.

해변에 내동댕이쳐짐(왼쪽) 이 요트는 1992년 허리케인 앤드루가 플로리다에 상륙했을 당시 플로리다 에버글레이즈 지역을 가로질러 수마일을 쓸고 나갔다.

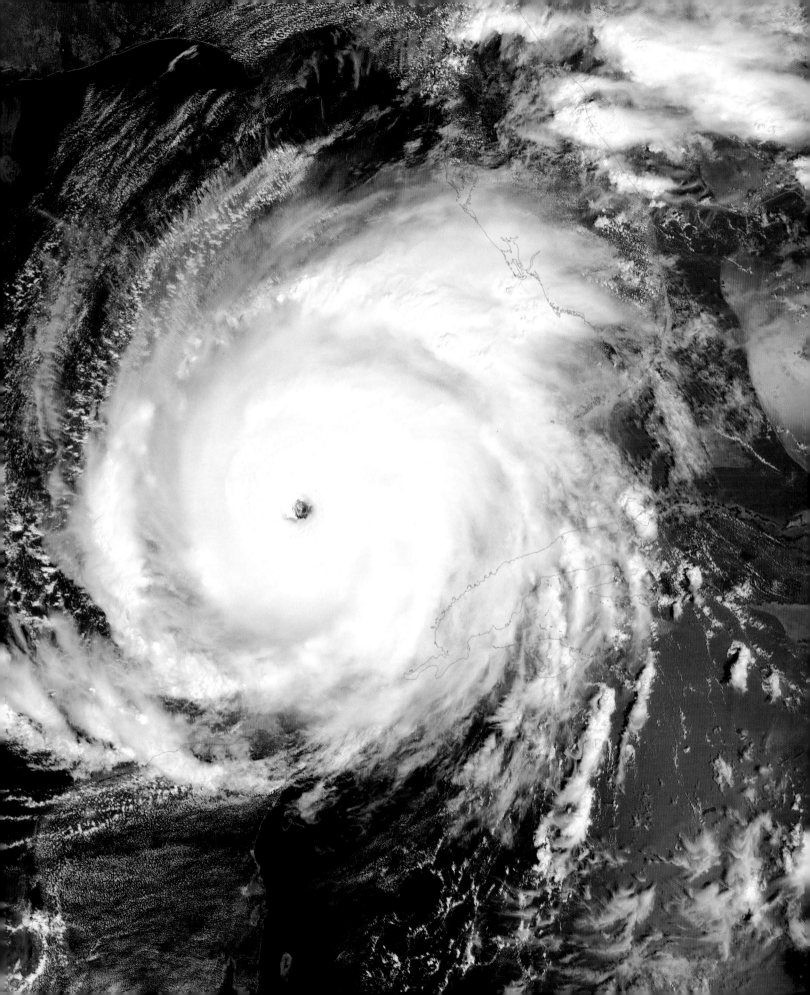

관련 자료

허리케인의 각 부분 모든 허리케인은 여러 가지 특징적인 구조를 가지고 있다. 대부분이 위성 사진으로 밝혀지지만, 높은 구름 때문에 어떤 양상은 불분명하다. 레이더는 이러한 복잡한 내부 구조 중에서 많은 것들을 밝혀낸다.

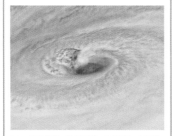

눈 허리케인 중심부에 가라앉는 공기는 눈에서 낮은 구름과 약한 바람 외의 모든 것을 억제한다. 눈은 지름이 8~80km 정도다.

눈벽 바람과 비는 눈벽(eye wall)에서 가장 강하다. 수평 바람 속도는 고도에 따라 줄어들어서 하층 구름은 상층의 구름보다 빠르게 회전한다.

강우 밴드 강한 비구름띠가 회전하며 벽운 쪽으로 들어온다. 2개 정도의 밴드는 현저하게 길어 1,600km에 달할 수도 있다.

폭우 발생 궤도위성에 장착된 레이더를 통해 강한 폭우와 연관된 녹색 막대로 표시된 개별 대류 세포까지 관측이 가능하다.

허리케인 (계속)

열대 폭풍이 허리케인급까지 위력을 키우면서 나타나는 몇 가지 특징이 있다. 공기가 안으로 향하면서 토네이도에서 보여지는 운동과 비슷한 방식으로 가속된다. 이러한 가속은 수렴 중인 공기가 나선 형태로 나타난 강우 밴드(rainfall band)를 보면 알 수 있다. 이 회전하는 구름 소용돌이의 중심부가 구름이 없는 '눈'이다.

1   2   3   4

허리케인 카트리나(위) 열대 교란이 형성되면(1) 구름은 비대칭적이고 눈이 없다. 이는 불규칙적이고 부분적으로 형성된 구름 고리 모습의 열대 저압부(tropical depression, TD)로 발전한다(2). 폭풍은 깊은 대류, 뚜렷한 눈, 축대칭 고리, 소용돌이치는 팔 등의 모습을 지닌 허리케인이 된다(3). 육지에 상륙하면 허리케인은 따뜻하고 습한 해양 공기 공급이 중단되어 급격히 약해진다.

허리케인 해부 발달된 허리케인은 청명하고 고요한 상태의 폭풍의 눈(2)과 그 주위를 나선 모양으로 도는 폭풍 구름띠(1)로 구성되어 있다. 각 밴드는 눈 쪽으로 나선형으로 몰려들어 가면서 점차 더워지고 습해지는 공기의 상승 기류에 의해서 발달한다(3). 공기는 허리케인의 아랫부분에서 가장 따뜻하고 가장 빠르게 회전한다(4). 공기는 (북반구에서는 시계 반대 방향으로, 남반구에서는 시계 방향으로) 중심을 향해서 나선 모양으로 가속된다. 그러면 공기는 폭풍의 눈 주위를 싸고 있는 쏟아붓는 듯한 비를 만들어 내는 벽구름에서 나선을 그리며 상승한다. 상층에서 공기는 허리케인 중심으로부터 바깥쪽으로 나선 형태로 불어 나간다(5). 허리케인이 해안에 근접하게 되면 폭풍 해일이 내륙 깊은 곳까지 바닷물을 끌어들이기도 한다(6).

1

관련 자료

폭풍 해일 허리케인의 위협적인 요소는 많은 사상자를 내고 재산 손실을 가져오는 폭풍 해일이다. 폭풍 해일은 허리케인 바람으로 인해 생성된 거대한 파도와 평상시보다 높은 해수면 고도와의 결합으로 발생한다.

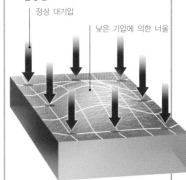

정상 대기압　　　낮은 기압에 의한 너울

1. 바다 위 공기 무게가 바닷물에 압력을 가하고 있다. 허리케인 중심에서는 훨씬 낮은 기압으로 인해 주위보다 적은 압력이 바닷물에 가해진다. 이는 해면을 1m가량 높일 수 있다.

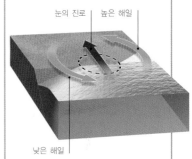

눈의 진로　　높은 해일

낮은 해일

2. 해안 쪽으로 향하는 강한 바람은 해안선에서의 수위를 높인다. 이는 허리케인의 회전 방향에 따라서 한쪽으로 특히 높아진다. 이는 해수면을 3~4m 정도 높인다.

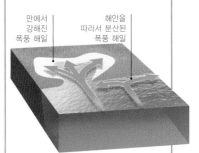

만에서 강해진 폭풍 해일　　해안을 따라서 분산된 폭풍 해일

3. 해저면의 지형은 해일을 강화시키기도 한다. 물을 만 쪽으로 흐르게 하는 해저 계곡은 해수면의 높이를 10m 이상 높이기도 하고 통상 안전하다고 생각되는 지역까지 황폐화시킨다.

관련 자료

허리케인 조건 허리케인은 강력한 폭풍이지만 그 발생 조건은 까다롭다. 무리 형태의 뇌우가 허리케인이 되려면 다섯 가지 조건이 필요하다.

1. 해수면 온도 허리케인은 많은 습기를 필요로 하기 때문에 충분한 수증기를 포함할 수 있도록 기온이 높은 곳에서 발생한다. 통상 해수면 온도가 26℃ 이상인 곳에서 발생한다. 대부분 열대 바다는 충분히 따뜻하지만 칠레와 페루의 바다는 상당히 차갑다.

2. 수렴/발산 허리케인은 하층에서 수렴하고 상층에 발산하는 곳에서 활동하던 뇌우 집단으로부터 형성된다. 대서양에서는 아프리카 서쪽 해안으로부터 서쪽으로 진행하는 '편동파(easterly wave)'로 알려진 일렬로 늘어선 폭풍우 라인에서 자주 발생한다.

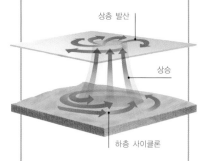

상층 발산

상승

하층 사이클론

3. 적도를 벗어나서 적도에서는 코리올리 효과가 0이기 때문에 허리케인이 발생하지 않는다(39페이지 참조). 이 코리올리 효과는 사이클론 주변의 회전을 결정한다. 열대 저기압은 북반구에서는 반시계 방향으로, 남반구에서는 시계 방향으로 회전한다.

4. 깊은 대류 허리케인은 깊은 대류로 형성된 시스템이어서 높은 대류 구름을 필요로 하는 조건이 필요하다. 이 조건은 성층권에서 고도에 따라 온도가 급격히 낮아지는 상태를 말하는데, 이런 상태는 하부에서의 가열 혹은 상층 공기의 냉각 또는 두 가지 경우가 동시에 발생하는 경우에 충족된다.

5. 낮은 바람 시어 높은 바람 시어 조건에서는 폭풍의 상층 및 하층 구름 무리가 서로 다른 방향으로 움직이게 되어 열대 저기압이 형성되지 않는다. 태평양 중심과 남대서양에서는 높은 바람 시어로 허리케인이 발생하지 못한다.

허리케인 기후학

열대 저기압이 발생하는 해양은 폭풍에 위력을 불어넣을 만한 엄청난 양의 수증기를 만들어 낼 수 있도록 대단히 따뜻하다. 또한 다른 요소도 구비가 되어야 한다. 회전하는 바람이 만들어지려면 그 위치는 적도로부터 충분히 멀어야 하고 주변 대기의 바람은 강하지 않아야 한다.

열대 저기압의 진로(아래) 이 지도는 1985년부터 2005년 기간 동안의 전 세계 열대 저기압의 진로다. 따뜻한 색은 보다 강한 폭풍을 의미한다. 각각의 궤도는 불규칙하지만 대부분 서쪽으로 향하다가 극지방으로 움직인다.

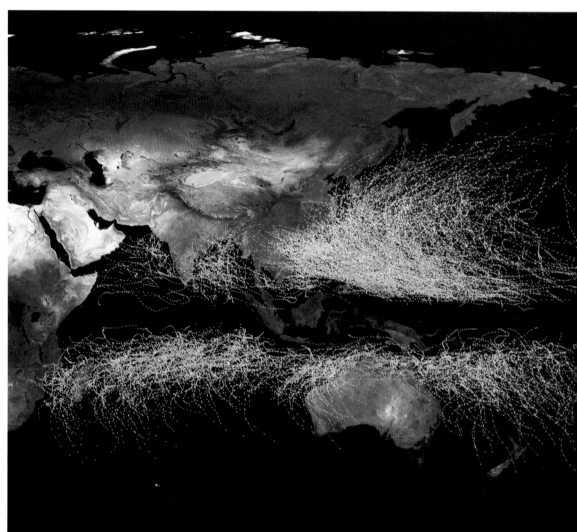

삶의 투쟁 전선에서(오른쪽) 대만 아류의 어부들이 태풍이 쓸고 간 후 자신들의 배를 손질하고 있다. 매우 따뜻한 물과 약한 바람 시어로 둘러싸여 있어서 대만은 자주 태풍의 표적이 된다.

사피르-심슨 등급				
구분	기압(hPa)	풍속(km/h)	폭풍 해일(m)	피해
1	980	119~153	1.2~1.5	최소
2	965~979	154~177	1.8~2.4	중간
3	945~964	178~209	2.7~3.7	심함
4	920~944	210~249	4.0~5.5	극심함
5	920 이하	249 이상	5.5 이상	재난

사피르-심슨(Saffir-Simpson) 등급 허리케인의 강도는 허리케인 중심 부근의 최대 풍속으로 다섯 가지 등급으로 결정된다. 최대풍속은 허리케인 이전 단계의 열대 저기압을 정의하는 데도 사용된다: 열대 교란(시속 37km 미만), 열대 저압부(시속 37~63km) 및 열대 폭풍(시속 64~119km).

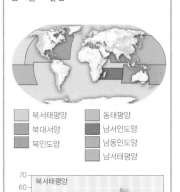

관련 자료

사이클론 계절 열대 사이클론 발생 빈도는 바다가 여러 달 가열된 늦여름에 최대가 된다. 다른 요인(바람 시어 같은)들 또한 허리케인 시즌이 얼마나 오래 지속되는지를 조절한다.

북서태평양
북대서양
북인도양
동태평양
남서인도양
남동인도양
남서태평양

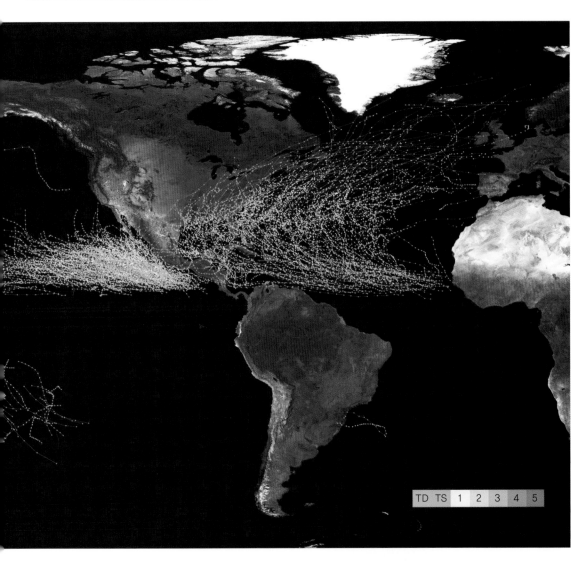

TD TS 1 2 3 4 5

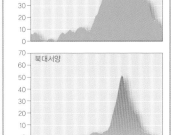

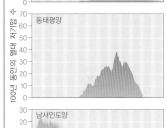

100년 동안의 열대 저기압 수

북서태평양
북대서양
동태평양
남서인도양
남서태평양
남동인도양
북인도양

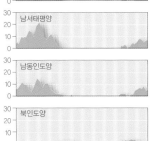

월

사이클론 도표 열대 저기압은 해수면 온도가 장기간 충분히 높은 북서태평양에서 가장 많이 발생한다. 북인도양의 해수 온도 역시 높지만 아시아 몬순 바람 시어는 한여름 열대 사이클론 발생을 억제한다.

따뜻한 물(오른쪽) 이 지도는 2005년 8월 29일 허리케인 카트리나가 멕시코 만에서 최대 강도에 도달했을 때 해수면 온도를 보여 준다. 열대 저기압 발생의 임계치인 26℃ 이상인 곳은 노란색과 오렌지색으로 표시되었다.

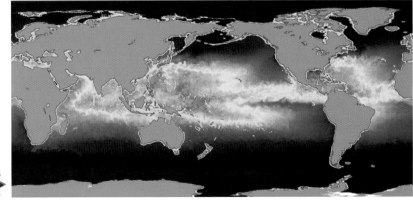

해수면 온도
°F 23 32 41 50 59 68 77 86 95
℃ −5 0 5 10 15 20 25 30 35

주목할 만한 허리케인

허리케인마다 고유의 이름이 붙여지며 그로 인해 어떤 특정한 폭풍을 언급할 때 혼동을 방지한다. 이러한 시행이 결과적으로 악명 높은 폭풍우를 명백히 규명했다. 미국에서 '카트리나' 또는 미얀마에서 '나르기스'라고 단순히 말하기만 해도 이미지와 느낌이 떠오른다. 악명 높은 폭풍우는 인간의 준비가 미약함을 밝혀내지만, 궁극적으로 보다 나은 구제책을 만들어 낸다.

악명 높은 폭풍우

열대 저기압의 크기와 강도는 광범위하다. 어떤 것들은 그 피해가 유명하기도 하고, 어떤 것들은 기상학적 극한의 특별한 행태로 기억되기도 한다.

1970년에 기록상 가장 극렬한 사이클론이 방글라데시를 강타했다. 원시적인 예측과 경고 체계 및 저지대에서의 인구 밀집 때문에 유별나게 처참했다. 사이클론 '볼라(Bhola)'는 30만 명 이상을 사망케 하고 거의가 폭풍 해일에 의해 희생되었다. 구조 노력은 정책적, 유통적 요인으로 방해를 받아서 사망자 수가 늘어났다. 중앙 정부의 반응에 대한 불만이 1년 후 파키스탄으로부터 방글라데시가 독립하는 데 영향을 미쳤다.

오늘날은 위성 이미지가 매우 정교해지고 전 세계 어디나 감시가 가능해졌으며, 폭풍 경로를 예측하는 컴퓨터 모델은 현저히 좋아졌다. 하지만 경보가 제대로 전달되지 않거나 구조 노력이 잘못되면 허리케인은 여전히 많은 생명을 앗아 간다. 2008년에 사이클론 나르기스가 미얀마 이라와디 삼각주를 강타해서 14만 명이 사망했는데, 외국으로부터의 도움이 늦어져서 더 많은 희생자를 냈다. 허리케인 미치(1998년)는 현대 서양에서 허리케인에 의한 최대 인명 피해를 가져왔다. 미치는 매우 강력한 폭풍으로 온두라스에 6일간의 기록적인 비를 내렸다. 폭풍 해일도 기록적이었지만, 산사태를 동반한 믿지 못할 홍수로 허리케인 미치는 더욱 파괴적이었다.

재산상 최대의 피해를 입힌 허리케인은 미국에서 두 번째로 큰 피해를 입혔던 1992년 허리케인 앤드류의 5배 정도인 1,250억 달러 이상의 피해를 입힌 카트리나(2005년)였다. 플로리다 남부를 빠르게 휩쓴 요인은 앤드류의 극심한 바람이었다. 카트리나는 루이지애나, 미시시피, 앨리배마 해안을 엄청나게 파괴한 앤드류를 무색하게 만들었다. 카트리나의 폭풍 해일은 뉴올리언스 부둣가를 파괴했다. 도시의 일부분은 해수면보다 낮아서 천문학적인 피해를 입었고 사발에 물이 찬 것 같았다.

다른 허리케인들은 기상학적인 요소들로서 주목할 만하다. 태풍 팁이 870 hPa에 도달하여 서태평양에서 가장 낮은 기압이 나타났고, 윌마(2005년)는 대서양에서 가장 낮은 해면 기압(882hPa)의 기록을 보유하고 있다. 팁(1979년)은 허리케인 카밀(1969년)과 비슷한 시속 305km 이상의 바람을 몰고 왔다. 카밀은 카트리나가 강타한 곳으로부터 조금 동쪽에서 맹렬한 바람으로 육지를 강타했다. 팁은 2,100km에 걸친 매우 큰 규모였다. 허리케인 존(1994년)은 여태까지 관측된 것 중에서 가장 긴 수명의 열대 저기압이었다. 존은 북태평양을 가로질러 한 바퀴 환을 그리면서 거의 1개월 동안 지속되었다. 열대 사이클론 카타리나(2004년)는 남대서양에서 발생한 유일하게 주목할 만한 허리케인이다.

카트리나 경로(아래) 플로리다의 남쪽 끝을 가로지른 후 허리케인 카트리나는 예외적으로 멕시코 만 중부의 따뜻한 물 위로 진행했다. 그래서 유달리 거대한 눈을 가진 가장 센 허리케인 등급으로 신속히 강해졌다.

위성 사진(아래) 2005년 9월 3일 허리케인 카트리나가 지나간 며칠 후에 찍은 위성 사진에서 뉴올리언스에 홍수가 난 이웃 동네(사진의 상단부)와 그렇지 않은 지역(사진 하단부)이 대비된다.

침수된 도시(위) 허리케인 카트리나가 몰고 온 폭풍 해일이 선적 운하를 치워 버리고 많은 부분이 해수면 아래인 뉴올리언스를 방어하는 제방의 약한 부분을 파고들었다.

나르기스 폭풍 경로 열대 사이클론 나르기스는 해일, 바람 및 홍수비에 잘 대비하지 못한 지역인 미얀마 남부 지역을 강타하며 인도양에서 이례적으로 북동쪽 경로를 따라 움직였다.

나르기스가 쓸고 간 후(위) 사이클론 나르기스가 오기 전 미리 대피할 수 있었던 운 좋은 사람들이 자기 마을로 데려다 줄 배를 기다리고 있다. 지대가 낮은 이라와디 삼각주의 많은 마을들이 사이클론으로 피해를 입었다.

허리케인 미치(왼쪽과 아래) 이 강력한 허리케인은 온두라스 해안(아래)의 북쪽에서 한동안 주춤거렸다. 결과적으로 심한 비가 며칠간 온두라스 전역을 쓸고 지나갔다. 심한 홍수(왼쪽)가 그 나라의 모든 기반시설을 파괴했다.

허리케인 감시

허리케인을 예측하고 경고하는 능력은 지난 50년간 대단히 발전하였다. 일반적으로 허리케인으로 죽는 사람들은 줄어들었지만, 예외적인 경우는 주로 인간 행동과 엉성한 계획 때문에 발생한다. 사상자가 줄어든 반면, 피해 금액은 피해 지역이 늘어나서 더 커졌다.

앞 내다보기(아래) 현대적 도구로 예보기술은 더욱 발전되었다. 위성 영상으로부터 추출된 비디오 영상은 폭풍이 어디로 향하는지 보여 준다. 이 영상은 1992년 8월에 연속 3일간 멕시코 만 상공의 허리케인 앤드류를 보여 주고 있다.

관련 자료

내부 관찰 레이더는 허리케인 구름 덩어리 안에 숨겨진 구조의 세부적인 그림을 보여 준다. 기상학자들은 지상, 항공기, 위성에 위치한 레이더를 허리케인 발달과 움직임을 연구하기 위해 이용한다.

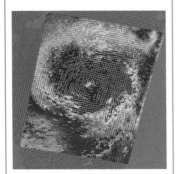

풍속 슈퍼 태풍 하이탕이 2005년 7월 15일 QuickSCAT 위성에 의해 관측되었다. 해양 표면에서 바다의 거칠기로 풍속을 추정한다. 색깔은 속도를 나타내고 바늘 모양은 방향을 나타낸다.

강우 TRMM 위성이 허리케인 펠릭스의 강우 강도를 측정했다. 강우 강도는 해당 위성 이미지에 덮인 색깔로 나타난다. 펠릭스는 2007년 9월 4일 중앙아메리카를 강타한 카테고리 5의 허리케인이었다.

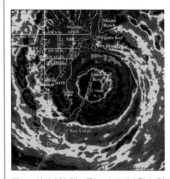

구조 허리케인 앤드류는 1992년 8월 24일 미국 플로리다 마이애미 남부에 폭우를 내리게 했다. 지상에 설치된 이 레이더 영상은 극히 심한 강우의 짙은 붉은색 링으로 표시된 눈벽을 보여 준다. 다른 동심원적 구름 밴드들도 볼 수 있다.

발전된 예보(아래) 위성 데이터와 컴퓨터 모델링은 심각한 폭풍을 추적하고 예보하는 데 사용되는 주요한 도구이다. 컴퓨터 모델은 날씨 과정을 나타내는 수학 방정식을 풀어낸다.

대민 경보(아래) 폭풍 예보가 인터넷을 통해 전파되고 방송 미디어는 위험 정도를 일반인들에게 경고한다. 검은 선은 예측된 12시간 간격의 폭풍 경로를 보여 준다. 흰색 지역은 그 경로의 불확실성을 나타낸다.

경계가 없어짐(오른쪽) 허리케인 이케가 2008년 이 텍사스 지역을 쓸고 지나갔다. 수백 채의 집이 완전히 파괴되었다. 남아 있는 집은 주인이 어느 정도의 허리케인에는 견딜 수 있도록 지었기 때문에 살아남았다.

관련 자료

무엇 때문에 2005년 8월 뉴올리언스를 강타한 허리케인 카트리나는 많은 사람이 예상한 참사였다. 카트리나는 매우 강한 폭풍이었지만 가해진 피해는 빈약한 준비와 부적절한 긴급 대응으로 더욱 악화되었다.

꽉 들어참 오도 가도 못하게 된 사람들이 슈퍼돔과 컨벤션 센터에 몰려 있었다. 시설이 사람들로 넘쳐 나고 무법천지가 되었다.

빈약한 기반시설 1969년 허리케인 카밀이 부순 다리는 비슷하게 재건되었으나 허리케인 카트리나 때 다시 부서졌다.

잘못된 계획 대부분의 뉴올리언스는 낮은 늪지대이다. 사람들을 대피시키려고 준비한 버스들은 해수면보다 낮은 지역에 주차해 놓아 쓸모가 없게 되어 버렸다.

취약 지점 침식과 운하 건설이 미시시피 삼각지의 자연적인 보호를 감소시켰다. 카트리나의 폭풍 해일은 뉴올리언스의 넓은 지역에 홍수를 발생시켰다.

피난(아래) 허리케인 예상 경로의 주변 사람들은 자발적이건 강제적이건 피난을 하게 된다. 미국 멕시코 만 근처의 길과 대서양 해변 도로에서는 일반적으로 내륙 쪽이나 높은 지대로 향하는 피난 경로 표지판을 자주 볼 수 있다.

안전 가옥(아래) 피난이 여의치 않으면, 살고 있는 사람들은 전기나 수돗물 같은 기본적인 공급이 없이도 살아갈 수 있도록 준비해야 한다. 필수품은 건전지로 작동하는 라디오, 손전등, 음식과 물 등이다.

HURRICANE EVACUATION ROUTE

홍수

여러 가지 형태의 혹독한 날씨는 물을 넘치게 하는 위력을 나타낼 수 있다. 돌발 홍수는 주로 폭풍우로부터의 강력한 강우에 의해 발생한다. 지형에 따른 지면의 형태와 조건은 홍수의 정도에 지대한 영향을 준다. 대규모의 홍수는 지속적인 강우 혹은 눈 위에 내린 비가 눈을 녹여서 발생하는 결과이다. 홍수는 토양의 양분을 재활시키는 데 필요한 은혜로운 계절 현상이기도 하다.

홍수의 종류

대규모 홍수는 만들어지는 데 몇 달이 걸린다. 지속적인 비는 토양을 적시고, 남는 비는 강으로 흘러가 둑과 주변 지역을 넘치게 한다. 1993년 여름 동안 어떤 지속적인 순환이 미국 중북부 지역에 폭우를 내리게 했다. 이로 인해 심각한 홍수가 발생하여 미국 역사상 두 번째로 피해 금액이 큰 날씨로 인한 재앙이 되었다.

지속적인 온대 저기압 경로는 예외적인 강우량을 기록하기도 한다. 1966년 가을에 이탈리아 투스카니에서는 강우에 의해 토양이 포화 상태가 되었다. 극심한 강우가 내린 이틀 후인 11월 4일, 그 도시 역사상 가장 심한 홍수가 플로렌스를 침수시켰고, 무엇과도 바꿀 수 없는 문서들과 예술품들이 손상되었다.

눈 위에 내리는 따뜻한 비는 시내와 강으로 흘러들어 가는 빗물에 눈 녹인 물을 더한다. 1936년 이로 인한 홍수가 펜실베이니아 피츠버그에서 수천 채의 건물을 파괴시켰다.

인류 역사상 가장 잔혹한 홍수는 1931년 중국의 황하, 양쯔강, 후아이 강에 영향을 미쳤다. 이는 겨울철 심한 폭설이 당초 요인이었고 그 이후 따뜻한 봄비와 여러 태풍의 경로가 결국 대홍수를 야기하였다. 사망자는 400만 명 정도가 되었을 것이다.

축적된 얼음은 강물의 흐름을 방해할 수 있다. 아이스 댐 홍수는 1997년 봄과 2009년에도 캐나다와 미국의 국경 지역에 정전을 야기했다. 전자는 캐나다 매니토바 남부에서 가장 최악이었고 후자는 인근 사우스 다코다 역사상 가장 최악이었다. 극심하게 추운 상태에서 홍수는 특이한 문제를 가져온다. 홍수 물이 그 자리에서 얼어붙고, 구조보트는 움직이지 못하고, 그런 홍수 지역을 걸어다니는 것은 저체온증에 걸릴 위험이 있다.

어떤 홍수는 부분적으로는 인간의 활동이 그 원인이 된다. 펜실베이니아의 존스타운은 1889년 5월 13일 폭우가 흙으로 된 댐 상류를 훼손하여 악명 높은 홍수로 폐허가 되었다. 1975년 8월 초 온대 저기압이 태풍 니나를 동반해 중국 중부에 기록적인 강우를 만들어 냈다. 이 비는 특히 반챠오 댐을 비롯해서 여러 개 댐의 설계 용량을 넘어 버렸다. 수십 개의 댐이 계속 파괴되어 수천 명이 생명을 잃었다.

말라붙은 하천 지류, 바위 계곡, 포화된 토양, 언 토양과 불탄 지역은 습기를 흡수할 수 없어서 홍수가 쉽게 난다. 바위가 많은 사막에서 여름 폭풍에 의한 갑작스런 홍수는 다반사로 일어난다.

돌발 홍수는 차로 따라잡는 것도 불가능하다. 1976년 미국 콜로라도의 빅 톰슨 협곡에서 자동차를 탄 사람들이 홍수를 피하려고 하다가 물에 빠져 죽었다. 현재 로키 산맥의 도로 표지판들은 사람들이 차를 주차시키고 안전한 곳으로 올라가도록 안내하고 있다.

그러나 사람들은 잘 잊어버린다. 1999년 말 베네수엘라 북부에 강한 비가 내렸다. 거대한 산사태가 해안가 산에서 발생하여 많은 해안가 마을을 묻어버렸다. 작은 규모지만 비슷한 사건이 1951년 같은 지역에 일어났는데, 개발과 인구증가가 일어나는 동안에 위험에 대해서는 잊고 있었다.

돌발 홍수(왼쪽) 영국 보스캐슬, 콘월 마을이 좁은 계곡 아래에 자리 잡고 있다. 2004년 8월 15일 심한 강우가 계곡으로 퍼부어서 갑작스런 홍수가 발생했다. 14대의 자동차를 포함해서 잔해들이 강을 막아 물 수위가 더 높아졌다.

얼음 홍수(오른쪽) 유콘 강의 얼음 범벅이 캐나다-미국 국경을 따라 물에 잠겨 있다. 알래스카 이글 마을은 2009년 5월 5일 홍수가 최고조에 달했을 때 파괴되었다.

토리노에서의 격류(왼쪽) 2000년 10월 16일 포 강이 범람하여 이탈리아 토리노를 삼켰다. 전선이 피에몬테 지역에 머무르면서 3일간 내린 강우가 토양을 포화 상태로 만들었다. 비는 결국 그날 절정에 달해 그 지역의 대부분에 걸쳐서 폭우를 내렸다. 이 놀라운 물난리는 200년에 한 번 있을 사건이었다.

산사태(위) 1999년 12월 강한 강우는 베네수엘라 카라발레다 뒤쪽 가파른 언덕을 포화 상태로 만들었다. 결과적으로 커다란 선상지 같은 좁은 계곡에서 발생한 산사태가 마을의 대부분을 묻어 버렸다.

관련 자료

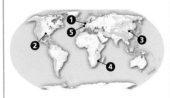

1. 네덜란드 네덜란드의 대부분 지역은 해수면보다 낮고, 여러 세기에 걸쳐서 네덜란드 사람들은 바다의 위력과 맞서 싸웠다. 1953년 2월 1일, 높은 파고를 동반한 강력한 폭풍 해일이 홍수 방벽을 집어삼켜 1,835명이 익사했다. 벨기에와 영국의 일부도 영향을 받았다.

네덜란드, 1953년

2. 미시시피 1927년 예외적인 폭우가 있은 지 몇 달 후 미시시피 강과 그 지류들이 범람했다. 70,000km²가 넘는 땅에 물이 범람했다. 이는 미국 역사상 가장 피해가 큰 홍수로 기록되었다.

미국 미시시피, 1927년

3. 황하 황하는 자주 '중국의 슬픔'으로 언급된다. 여기에서 발생한 주요 홍수는 지난 3,500년 동안 1,500번이 넘었고 엄청난 생명을 앗아 갔다. 1887년의 홍수는 250만 명을 희생시켰다.

중국 황하, 1887년

4. 모잠비크 2000년 2월 22일 열대 사이클론 엘리네가 모잠비크에 불어닥쳤다. 수 주간 비가 내려 이미 홍수로 신음하고 있는 이 나라에 사이클론의 물난리가 겹쳤고, 거의 100만 명의 난민이 발생했다.

모잠비크, 2000년

5. 파리 1910년 1월, 3일간의 폭우와 폭설 후에 세느 강은 프랑스의 수도에 홍수를 가져왔다. 홍수의 물은 정상 해수면 위로 6m의 수위를 기록하며 1주일간 지속되었다. 약 20,000채의 건물이 세느 강 상류와 하류로 흐르는 물살에 더욱 심한 피해를 입었다.

프랑스 파리, 1910년

홍수 (계속)

돌발 홍수는 파괴적이기는 하지만 대개는 작은 지역에 짧게 나타나서 빠르게 흩어져 버린다. 반대로 큰 규모의 홍수는 발생하는 데 수 주가 걸리고 수천 평방 마일에 걸쳐서 일어난다. 그러한 홍수는 대개는 강을 따라서 시작해서 둑을 부수고 범람할 수 있다. 또 한편으로는 밀물과 폭풍 해일이 바다에서 내륙으로 물을 가져온다.

젖은 다리(아래) 1966년 11월에 아르노 강이 둑을 넘어서 이탈리아 플로렌스에 홍수를 일으켰다. 역사적인 문서와 예술품들이 진흙과 기름이 섞여 있는 물로 훼손되었다.

2002년 엘베 강 오른쪽 위 사진에는 위성에서 나타난 엘베 강과 독일 마그데부르크의 상류가 보인다. 두 번째 사진(오른쪽 아래)은 2002년 8월 20일에 찍은 것으로 100년 만에 최악의 홍수가 중부 유럽을 강타했을 때이다.

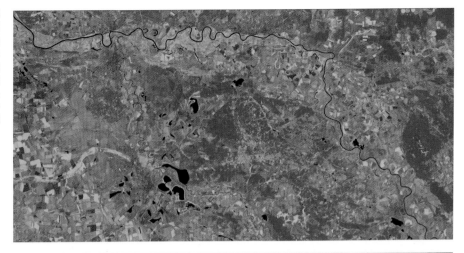

템스 방벽(아래) 1974년부터 1984년 사이에 템스 강 주변 북해에서 폭풍 해일을 동반한 예외적인 홍수로부터 런던을 보호하기 위해서 10개의 수문이 건설되었다. 방벽은 1년에 평균 4번 정도로 높아진다.

관련 자료

홍수 방지 홍수 위험이 있는 지역은 홍수 물을 잡아 두거나 견뎌낼 수 있도록 지어진 강한 벽으로 보호되어야 한다. 그러나 한 장소에 방호하는 구조물은 근처 지역의 수위를 높여 안전성이 결여될 수 있다.

제방 강줄기가 자주 바뀌거나 정기적으로 넘치는 강을 흙벽으로 감싼다.

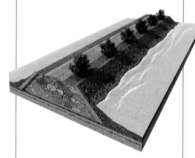

조수 방벽 낮은 해안 지역에서 방벽은 비정상적으로 높은 파도를 막고 조수를 조절한다. 방벽에 수문을 설치하여 정상적인 흐름을 가능하게 한다.

댐 댐은 유량이 많을 때 일부를 저장함으로써 홍수가 나기 쉬운 지역에 흐름을 조절한다. 수문으로 물을 조절하여 내려 보낸다.

모래자루

모래자루는 홍수를 임시적으로 막을 수 있다. 사진은 엘베 강으로부터 드레스덴 시를 보호하는 사례다. 모래는 다공질이어서 자루는 주로 플라스틱으로 된 것을 쓴다.

극한 전선 시스템

온대 저기압으로도 알려진 전선 시스템 혹은 전선계는 중위도 지방의 두드러진 날씨를 발생시킨다. 다른 일기 시스템은 강풍, 갑작스런 홍수, 우박 및 토네이도 현상 같은 다양한 극한 조건을 만들어 내지 못한다. 전선계는 강력한 대류, 전선을 따라 뇌우를 형성하거나 전선에 앞서서 강한 스콜을 만들어 낼 수 있다. 극과 열대지방의 대조적인 공기 덩어리는 강한 비를 내리는 에너지를 제공하고 파괴적인 차가운 강우 밴드를 발달시키며, 넓은 지역에 눈보라를 만들어 낸다. 이는 또한 적도 쪽으로 공기의 정상적인 경계 바깥으로 찬 공기를 몰아내는 역할을 하기도 한다.

백색 허리케인(오른쪽)   1993년 3월 초대형 폭풍이 불 때 뉴욕에 강한 눈보라와 바람이 불어닥쳤다. 60cm의 눈이 뉴욕 시에 내렸다. 근처의 파이어 섬에서는 바람이 시속 143km, 라구아디아 공항에는 시속 114km로 불었다.

거센 바람(왼쪽)   1987년 10월 거대한 폭풍이 영국 남부를 강타했다. 여객용 페리 헹기스트는 거센 바람에 계류장비가 부서져 포크스턴 근처까지 흘러가 좌초되었다.

멕시코 만 상공이 열대 공기 사이에서 형성되었다. 기록을 갱신하는 눈보라가 앨라배마에서 메인까지 확장되었다. 애틀랜타에서 보스턴까지 공항이 폐쇄되어서 미국 내 모든 비행기의 1/4이 공항에 발이 묶였다. 이 한랭전선에 앞선 스콜은 플로리다에 11개의 토네이도를 발생시켰다. 시속 160km가 넘는 풍속이 여러 곳에서 기록되었고 미국 동부 해안의 대부분을 3등급 허리케인에 해당하는 바람이 쓸고 갔다. 폭풍과 더불어서 봄 시즌의 기록적인 추위가 뒤따랐다.

변화의 매개체

따뜻한 기단과 찬 기단은 서로 밀어 내면서 바람에 의해 지구상에서 이동을 계속한다. 따뜻한 기단과 찬 기단의 경계를 전선이라고 부른다. 이 구역에서 대기는 가장 활동적이며 그곳에서는 심한 날씨 변화가 일어난다. 따뜻하고 차가운 기단 간의 상호작용은 폭풍을 포함한 불안정한 날씨를 가져오는 저기압을 형성한다. 간혹 폭풍은 심한 전선계나 저기압으로 발달한다. 허리케인과는 다르게 전선 저기압은 차가운 핵을 가지고 있다. 그 주된 에너지원은 폭풍에서 나타나는 큰 온도차이다. 허리케인은 따뜻한 핵을 가지고 있는데 그 에너지는 완전히 강우에서 오고 시스템 전체에 걸쳐서 온도 경도는 없다. 전선계는 기단 사이의 온도차가 가장 극심한 중위도에서 가장 많이 나타난다.

가장 잘 알려진 온대 저기압은 소위 '세기의 폭풍'이라고 불리는 것으로 1993년 3월 12~14일에 발생했다. 이는 미국 상공에 매우 추운 극지방 공기와

파괴적인 위력(왼쪽)   잉글랜드 남부에서 150만 그루로 추산되는 나무가 1987년 10월의 폭풍 동안에 쓰러졌다. 토양을 포화시킨 우기가 지난 후 강풍이 불어닥쳤다.

1987년의 대폭풍은 바람으로 유명하다. 10월 15~16일 밤에 영국과 프랑스 북부 지역에 매우 강한 바람이 불었다. 세븐옥스 마을에 이름 있는 6그루의 나무와 큐 지방에 역사적인 나무들과 잉글랜드 남부의 왕실 정원을 포함하여 수백 년간 서 있던 나무들을 쓰러뜨렸다. 이는 영국 역사상 두 번째로 큰 재산 피해를 입힌 폭풍이었다. 이 빠르게 발달하는 폭풍에 대한 경보가 영국 해협을 항해하는 선박을 위해서 일찍 발표되었으나 예측했던 것보다 약간 북쪽으로 경로를 취했다. 폭풍이 불고 난 후 행해진 과학적인 조사는 일기 예보에 발전을 가져왔다.

1968년 4월 10일, 사이클론 기젤의 막바지에 뉴질랜드 남섬 상공에 심한 바람을 동반한 온대 기압골이 발생하였다. 웰링턴에서 최고 강풍은 시속 269km를 기록했다. 그 폭풍은 웰링턴 항구에서 좌초된 여객선의 이름을 따서 '와히네 재앙'으로 기억된다. 폭풍이 최고조에 달했을 때 바람이 만들어 낸 파고는 항구에서 10~12m에 달했다.

1953년 1월 말 강한 전선 저기압에서 부는 강풍이 벨기에, 네덜란드와 잉글랜드 동부 일부에 홍수를 일으킨 높은 조수와 합쳐졌다. 방벽은 부서지고 해수는 네덜란드 농지의 9%를 덮어버렸다. 수천 명의 사람들, 주로 네덜란드의 저지대에 있는 사람들이 2~5.6m에 달하는 폭풍 해일에 익사했다. 임박하는 재앙을 늦은 밤에 경고할 수 없었던 것이 더욱 큰 비극을 만들었다.

극한의 요소들(아래) 이 그림은 극한적인 전선계가 서부 유럽 상공에 머무를 때 보여 준 전형적인 날씨 징표를 나타낸다. 이 시스템은 한랭전선(파란색), 온난전선(빨간색), 따뜻한 공기가 찬 공기를 타고 오르는 곳에서 나타나는 폐색전선(보라색)에 의해 형성되었다.

눈보라 눈보라 조건이 영국 상공을 완전히 덮고 있다. 폐색전선의 전방에 강한 바람이 불고 후방에는 눈바람이 수평적으로 불고 있다.

추위 강한 한랭전선이 프랑스 북동쪽에서 포르투갈까지 퍼져서 폭우와 약간의 눈을 내리게 한다.

스콜선 한랭전선에 앞서 강한 스콜선이 스페인 상공에 형성되었다. 이는 폭우를 내리고 강한 직진 바람과 우박, 토네이도를 만들었다.

얼음 폭풍 어는비가 광범위하게 온난전선의 전방에 띠 모습으로 혹은 전선에 거의 평행하게 내린다.

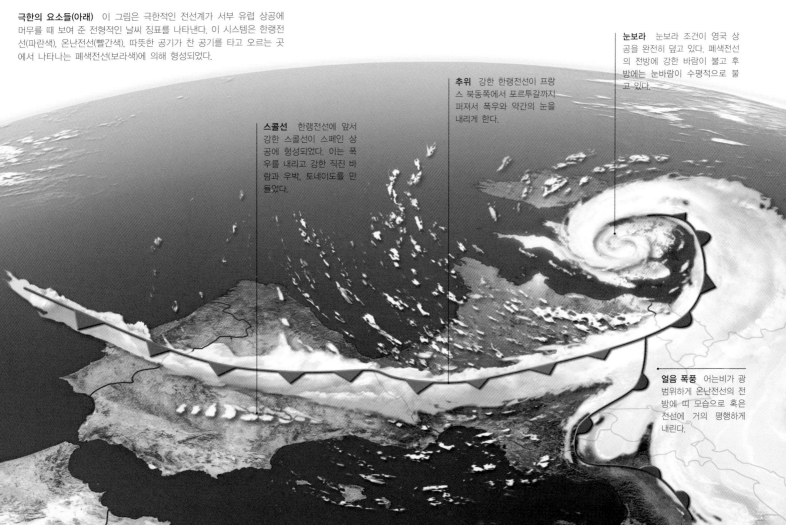

관련 자료

1. 중국 남부 얼음 폭풍과 50년 만에 최악의 눈보라가 2008년 1월 말부터 2월 초까지 중국 남부의 많은 지역을 마비시켰다. 설을 쇠기 위해서 고향으로 돌아가려고 하는 수십만 명의 노동자들이 갇혀 버렸다.

중국 남부, 2008년

2. 이란 1972년 2월 초 단 한 번의 눈보라가 4년간의 가뭄을 끝내 버릴 정도로 이란의 일부 지역에 내렸다. 3~8m 높이의 눈이 수도 테헤란 근처에 내렸다. 추산에 의하면 4,000명이 눈과 그로 인한 추위로 사망했다.

이란, 1972년

3. 대평원 1888년 1월 12일 '자녀들 눈보라(Children's Blizzard)'로 이름 붙여진 눈보라는 24시간 동안 기온 변화 기록을 세운 사례 중 하나로, 대평원의 폭풍이 극심한 추위, 강풍, 폭설로 작은 학교에 어린아이들을 붙잡아 두었기 때문에 그렇게 이름이 붙여졌다.

미국 대평원, 1888년

뉴욕 시

1888년 거대한 눈보라가 102cm의 눈을 퍼부은 데다 허리케인 위력의 바람이 밀고 들어와 쌓인 눈높이가 12m나 되었다. 이는 뉴욕의 도시 경관을 바꾸었다. 이후 통신과 전력 케이블들이 지하로 들어가고 지하철 시스템이 시작되었다.

눈보라와 얼음 폭풍

눈보라는 폭설, 저온과 강한 바람의 조합으로 발생한다. 이는 시정을 현저히 낮춘다. 전형적인 눈보라는 강한 지상 저기압 뒤에 발생한다. 따뜻한 공기층이 그 양쪽으로 영하 기온의 공기층 사이에 끼어 있게 되면 어는비가 발달하고 얼음 폭풍이 형성될 수 있다. 이러한 폭풍은 심한 피해를 초래할 수 있다.

결빙(위) 영하의 온도를 가진 물체에 비가 내리면 얼음층처럼 얼어붙는다. 착빙이 축적되면 구조적인 피해를 가져와 나뭇가지와 전깃줄이 내려앉는다.

얼음 폭풍(아래) 언 작은 물방울들이 온난전선 층을 통과하면서 먼저 녹는다. 그러고 나서 얼어붙을 정도의 공기 속으로 떨어져서 ― 온난전선을 거쳐서 발생하듯이 ―얼어붙은 비가 되고 얼음 폭풍을 만들어 낸다.

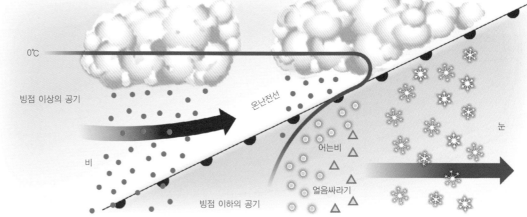

0℃

빙점 이상의 공기

비

온난전선

어는비

얼음싸라기

빙점 이하의 공기

눈

무질서(위) 눈보라는 일상 생활을 망가뜨리고, 교통 체증을 일으키며, 공항을 폐쇄시키고, 기차를 불통으로 만든다. 강한 바람은 눈을 밀려가게 만들어 쌓인 눈은 실제 내린 눈의 양보다 훨씬 많아진다.

강한 추위(오른쪽) 2006년 1월 31일 눈보라가 휩쓸고 간 후 아프가니스탄에 눈이 쌓여 있다. 이런 눈은 파괴적인 한편, 길고 건조한 여름에 충분한 물을 공급하는 데 필수적이다.

관련 자료

눈보라와 함께 살아가기 어는비와 눈보라와 살아가는 사람들은 악조건과 싸우는 다양한 전략을 가지고 있다. 적절한 건물 설계와 눈을 통과하는 안전 통로, 전력 공급을 유지하는 것이 주된 관심사이다.

깊게 파기 남극 대륙에서 눈 내리는 양은 놀라울 정도로 작지만 강한 바람이 눈을 떠밀어 내기 때문에 자주 삽질을 해야 한다.

건물 설계 추운 지역에서는 눈이 흘러내릴 수 있도록 지붕 설계 시 가파르고 두꺼운 눈의 무게를 감당하도록 강화되었다.

교통 흐름 눈보라 중에도 도로를 원활하게 하는 것은 우선순위가 높은 일이다. 눈 내리는 지역의 시 당국은 도로 제설에 상당한 예산을 할애한다.

전기 쓰러진 나뭇가지에 의해서 파괴된 전선을 복구하는 것은 얼음 폭풍이 지나간 후에 시급히 처리해야 할 일이다.

한파 발발

강한 전선 저기압은 차가운 공기 덩어리를 추운 날씨가 잘 나타나지 않는 지역으로까지 끌어내릴 수 있다. 이런 변칙적인 날씨는 그 지역의 사람들과 기반시설이 추위에 적합하지 않으면 그 지역에 심각한 결과를 야기한다. 중앙 시베리아 겨울 동안의 −10℃의 온도는 따뜻한 것일 수 있지만, 플로리다 중부에서는 기록적인 추위가 될 수 있다.

산악 장벽(아래) 대개 히말라야 산맥은 인도로 불어오는 한랭한 극지방 공기를 차단한다. 그러나 2007년 12월과 2008년 1월에 인도 북부에서는 추위가 발생하여 가난하고 집 없는 사람들에게는 최악이었다.

관련 자료

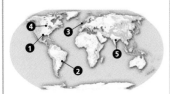

1. 텍사스와 플로리다 1983년 12월 말에 심한 한파가 발발하여 텍사스와 플로리다의 오렌지 나무 대부분이 얼어 죽었다. 대부분 다시 심어지지 않았다. 이 한파는 플로리다 레이크랜드에서 4박 5일간 지속되었는데, 그중 이틀은 정상보다 16℃가 낮았고 그럼에도 불구하고 월평균 기온은 평상시보다 0.8℃ 높았다.

미국 텍사스와 플로리다

2. 브라질 브라질은 커피 작물의 세계 최대 수출국이다. 심한 추위가 대개 10년에 한 번 정도 커피 재배 지역에 찾아온다. 농장의 커피 씨앗들은 서리에 민감하다. 1975년과 1994년에 내린 서리는 커피 공급에 영향을 주어 커피값이 급등했다.

브라질

3. 영국 연속적인 한파 발발로 1962~1963년 겨울은 영국에서 1795년 이래로 가장 추운 겨울이었다. 추위는 눈보라를 동반했다. 런던 개트윅 공항의 기온이 −16℃로 떨어졌고 런던의 템스 강과 에이번 강을 비롯해서 주요 강들은 얼어붙었다.

영국

4. 노스 다코타 미국의 북쪽 평원에 위치한 다코타 주에서의 1997년 1월은 기록상 가장 겨울다운 겨울이었다. 온도는 −40℃로 떨어졌지만, 바람 체감 온도는 −62℃였다. 2,286mm의 눈이 노스 다코타에 내렸다.

미국 노스 다코타

5. 방글라데시와 인도 세계에서 가장 인구가 밀집된 곳을 강타한 추위는 수많은 인명을 앗아 갈 수 있다. 2003년 1월 그러한 사건이 전기가 거의 없거나 전무하고 기본적인 난방만 있는 방글라데시에서 500명, 북부 인도에서 600명의 사망자를 냈다.

방글라데시와 인도

언 과일(왼쪽) 많은 종류의 오렌지 과일이 영하로 내려가는 날씨로 인해 피해를 입었다. 아이러니하게도 교범적인 방어법은 나무에 물을 뿌리는 것이다. 어는 과정은 열을 방출하고 얼음으로 덮여서 절연 역할을 하여 나무에 닿는 더 차가운 온도를 막아 낸다.

눈의 날(오른쪽) 2008년 1월 비정상적인 추위가 지속되는 동안 다마스카 공원 대추 야자에 가볍게 뿌린 눈을 비롯하여 시리아에서 눈이 내렸다. 12년 만에 내린 눈은 중동의 다른 지역에도 내렸다.

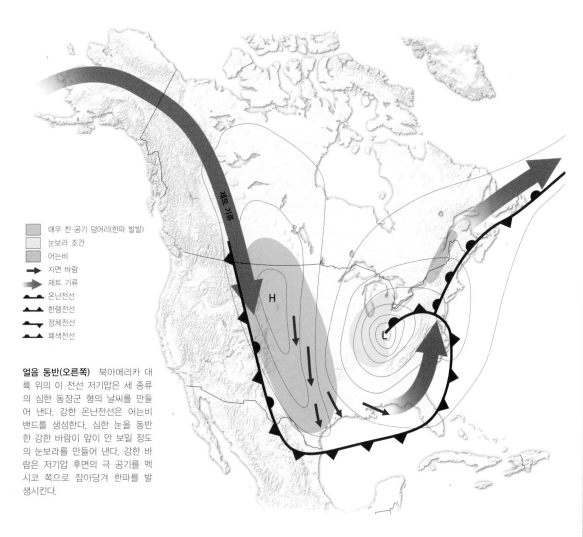

얼음 동반(오른쪽) 북아메리카 대륙 위의 이 전선 저기압은 세 종류의 심한 동장군 형의 날씨를 만들어 낸다. 강한 온난전선은 어는비 밴드를 생성한다. 심한 눈을 동반한 강한 바람이 앞이 안 보일 정도의 눈보라를 만들어 낸다. 강한 바람은 저기압 후면의 극 공기를 멕시코 쪽으로 잡아당겨 한파를 발생시킨다.

▨	매우 찬 공기 덩어리(한파 발발)
▨	눈보라 조건
▨	어는비
➡	지면 바람
➡	제트 기류
◠	온난전선
◠	한랭전선
◠	정체전선
◠	폐색전선

풍속 체감(windchill) 강한 바람과 낮은 온도의 결합이 실제 기온보다 체온을 더 많이 상실하게 한다. 이를 설명하기 위한 그림이 바로 체감 온도다.

추위에 노출 몸이 열을 빼앗기면 저체온증에 걸린다. 노인들은 심한 열과 냉기에 특히 위험하다.

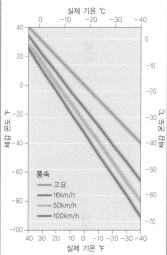

체감 온도 그래프 이는 실제 온도와 풍속의 결합으로 사람이 느끼는 온도를 보여 준다.

동상 극심한 추위에서 체감 온도는 동상에 걸리는 시간을 30분에서 5분 이하로 단축시킬 수 있다.

가뭄과 열파

가뭄은 극한 날씨의 가장 오래된 형태이다. 가뭄은 강한 바람이나 번쩍이는 번개나 비를 내려서 자기 존재를 드러내지는 않는다. 사뭇 다르게 가뭄은 뭔가 부족한 것, 즉 비가 부족한 것이다. 가뭄은 서서히 그리고 조용히 발생한다. 만물을 시들게 하는 이 효과는 열파를 가져올 수도 있고 먼지 바람을 가져올 수도 있다. 물론 열파와 먼지 바람은 가뭄과 상관없이 발생할 수 있다. 열파는 뜨거운 공기 덩어리가 이동해 오면서 발발한다. 먼지 폭풍은 세찬 바람에 불어 올려질 수 있을 미세한 흙만 있으면 된다.

가뭄의 본질

가뭄은 단지 적은 강우량만을 말하는 것이 아니다. 비는 전 세계에 걸쳐서 불규칙하게 나타나고 어떤 지역은 다른 곳보다 적게 내린다. 그래서 가뭄은 어떤 시간에 어떤 지역의 예상된 강우에 기초한 상대적인 용어이다. 영국에서는 측정할 수 있는 정도의 강수가 없는 날이 적어도 15일 연속되면 가뭄이라고 정의한다. 이와는 달리 리비아에서는 2년 정도는 비가 오지 않아야 가뭄이라고 한다.

중위도에서 가뭄은 주로 제트 기류와 관련 날씨를 정상 상태에서 이탈시키는 대규모 형태로 주로 발생한다. 이 패턴을 '저지 고압대(blocking ridge)'라고 부른다. 열대지방에서 대규모 패턴은 강한 엘니뇨 현상 동안에 인도네시아와 호주 북부에서 볼 수 있듯이 수렴하는 바람을 그 지역으로부터 다른 곳으로 전환시킨다. 그곳에서는 하강하는 공기가 생기게 하는 지면 발산이 있어 구름 발생을 억제한다. 가라앉는 공기는 그 위의 공기의 무게에 의해서 압축되어 가열된다. 그래서 가뭄은 주로 뜨거운 기온과 관계가 있다.

가뭄은 열파의 혹독함에 기여하는 여러 요소 중 하나다. 압축에 의해서 더워지는 것에 추가해서, 구름의 소산으로 더 많은 태양 광선이 지상에 도달하게 된다. 태양으로 달궈진 땅은 그 위의 공기를 덥히거나 간접적으로 물의 증발을 통해서 그 열을 발산한다. 가뭄 중에는 물이 부족하므로 태양열로부터 가열된 지면은 공기를 더욱 가열시키는 직접적 방식으로 열을 방출한다. 결과적으로 그러한 조건에서 바람은 대개 약하고 (항상은 아니지만) 약한 바람으로 지면 부근의 열은 대기의 깊은 층으로까지 섞이지 못하게 된다.

열파에 대한 보편적인 정의는 없다. 사람들은 자기들의 생활 방식과 예상을 자기네들이 사는 곳의 정상적인 온도 범위에 맞추어 왔다. 런던에서 여름에 35℃는 톱기삿거리지만, 모로코 마라케시에서는 거의 거론되지도 않을 것이다. 지역적인 정의는 지역 일반 수준에 준한다. 따라서 열 스트레스의 정도를 측정하는 데 있어 체감 온도와 같은 변수를 사용할 수도 있다.

가뭄 지도(아래) 이 가뭄 피해 지도는 1980~2000년까지 3개월 이상의 기간 동안 평균 강수량의 절반 이하의 강우를 기록한 기간에 도출된 것이다. 1mm보다 낮은 지역의 일평균 강우는 제외되었다.

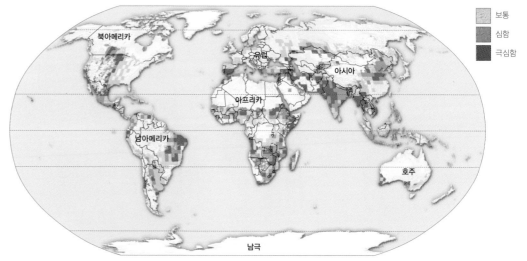

보통
심함
극심함

북아메리카   유럽   아시아
아프리카
남아메리카
호주
남극

목마른 땅 2000년 4월 에티오피아 오가딘에서 한 여인이 물을 캠프로 길어 가고 있다. 이곳은 세계에서 가뭄이 매우 잦은 지역 중 하나다.

먼지와 뼈 남부 호주의 농부가 2003년 호주 대부분을 휩쓴 오랜 가뭄에 죽어 간 말과 양의 뼈를 보고 있다. 수 마일 떨어져서 식물이 보이는 이 사진은 2005년 6월 7일에 찍은 것이다.

열파

열파(heat wave)라는 것은 기온이 평균 기온보다 높은 기간을 의미한다. 이것은 더운 기단이 여러 날 혹은 여러 주 동안 정상 위치에서 이동할 때 발생한다. 구름 부족이나 마른 땅을 포함한 다른 요소들이 열을 더욱 심하게 만들 수 있다. 사람들은 일정한 열에 적응할 수 있지만 예상치 못한 열파는 사람들을 병들게 하고 심지어는 사망에 이르게 한다.

관련 자료

1. 댈러스 1980년 여름, 가뭄과 열파가 미국 중부와 남부를 공격했다. 댈러스에서는 기록적으로 연속 42일 동안 기온이 38℃가 넘었다. 이 사건은 작물 손실과 도로 폐쇄로 인해 발생한 미국 역사상 큰 재산 피해 사례 중 하나였다.

미국 댈러스, 1980년

2. 빅토리아 1939년 1월 빅토리아 주는 찜통 열파에 이은 가뭄에 시달렸다. 1월 13일 '검은 금요일'에 멜버른은 43.8℃를 기록했고 71명이 그 주를 휩쓴 들판 화재에 목숨을 잃었다.

호주 빅토리아, 1939년 1월

3. 유럽 남동부 2007년 여름, 기록을 갱신한 기온과 화재가 유럽 남동부에 찾아왔다. 불가리아에서는 열파로 500명이 사망했다. 아테네에서는 에어컨 전력 수요로 전기 시스템이 거의 붕괴되었다.

유럽 남동부, 2007년 6~7월

4. 인도 2003년 인도에서는 몬순 강우가 늦게 와서 5월과 6월에 걸쳐 기온이 비정상적으로 치솟았다. 온도는 전국 대부분에서 47℃ 이상으로 올랐고 그 여파로 1,900명이 사망했다.

인도, 2003년 5~6월

기상 감시

시스템 과부하 선진국에서는 열파가 발생한 동안 에어컨 전력 수요가 전기 시스템에 엄청난 부담을 준다. 2006년 7월 심각한 열파 기간 동안 캘리포니아의 센트럴밸리에서는 1,000개 이상의 변압기가 과열로 파손되어 수백 명이 전기 없는 상태로 지냈다.

찜통 지구 2003년 8월 4일의 이 위성 사진은 땅이나 구름 위에서 방출된 적외선 발생을 기록한 것이다. 프랑스와 이베리아 반도가 사하라 열로 찜통이다(노란색). 주변의 선선한 인도양의 물은 빨간색과 오렌지색으로 나타나 있다.

죽음의 여름 2003년 유럽의 더위는 35,000명의 목숨을 앗아 갔다. 그런 열에 대비가 미비한 지역에 사는 노인들은 특히 위험했다. 아래의 프랑스 작업자는 시체를 저장하기 위해 냉장 창고에 침대를 설치하고 있다.

식히기 프랑스 페르피냥에서 어린이들이 2003년 유럽 열파를 식히려고 풀에서 놀고 있다. 차가운 물에 몸을 담그는 것은 열 스트레스의 초기 효과를 완화시키는 효과적인 방법이다.

들판 화재 2009년 2월 7일 '검은 토요일'에 호주 멜버른에서 가까운 경관 지역을 가로질러 불이 났다. 46℃가 넘는 온도 속에서 가뭄으로 황폐한 숲을 가로질러 수많은 화재가 발생했다. 이 화재로 대략 2,000가구가 파괴되고 173명 정도가 죽었다.

뜨거운 곳 이 지도는 2009년 호주 남동부의 열파 기간 중에 여름 중반부터 평균 표면 온도가 어떻게 변화하는지를 보여 준다. 북쪽의 온도는 습한 계절 동안 예외적인 폭우로 평균보다 낮았다.

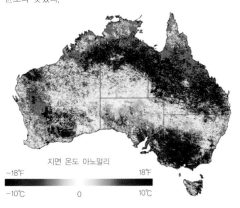

지면 온도 아노말리

−18℉   18℉
−10℃   0   10℃

관련 자료

더위와 싸우기 매우 더운 날에 서늘하게 하는 방법은 여러 가지가 있다. 물을 많이 마시고, 차가운 수영장에 들어가거나 냉방이 잘 된 건물에 피신하는 것 모두가 더위를 이기는 데 도움이 된다.

물 보충 더운 날씨에 땀을 많이 흘린 후 몸이 차가워지면 건강에 위험하다. 신체가 잃어버린 물을 보충하는 것은 중요하다.

온도	상대습도(%)					
℉ (℃)	90%	80%	70%	60%	50%	40%
80 (27)	85	84	82	81	80	79
85 (29)	101	96	92	90	86	84
90 (32)	121	113	105	99	94	90
95 (35)		130	122	113	105	98
100 (38)			144	129	118	109
105 (40)				148	133	124
110 (43)						135

온도 구간(℃)	위험도
27~32	노출이 길어지고 육체적 행위는 피로를 가져온다.
32~40	일사병, 열경련, 열사병이 발생할 수 있다.
40~54	일사병, 열경련, 열사병이 발생할 가능성이 높다.
54 이상	지속적으로 노출되면 열사병 가능성이 아주 높다.

열지수 표 실제 기온과 습도를 조합하여 육체적 편안함과 관계된 온도를 제시한다. 예를 들어 38℃에서 60% 습도는 건조한 공기 속에서 54℃로 느껴진다.

냉방 많은 전력을 소비하는 에어컨은 세계적으로 냉방의 보편적 방법으로 증가하고 있다.

관련 자료

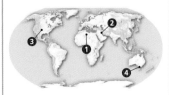

1. 하부브 뇌우와 관련된 위력적인 돌풍 전선으로 생긴 모래 폭풍은 사하라와 아라비아 반도에서는 흔한 것이다. 이 용어는 아라비아어로 '강한 바람'에서 온 것이다. 하부브는 또한 뇌우가 발생하는 다른 사막 지역에서 발생할 수 있다.

아프리카 사하라

2. 샤멀 이 강한 북서풍은 이라크, 이란 및 아라비아 반도의 넓은 지역에 걸쳐서 발생한다. 샤멀은 한랭전선의 전면이나 후면에서 발달하고 여름에 가장 빈번히 나타난다. 먼지와 모래는 페르시아 만 전체와 이라크를 덮을 수도 있다.

아라비아 반도

3. 더스트 볼 1930년대 더스트 볼(dust bowl)은 캐나다와 미국의 초원에 영향을 미쳤다. 깊이 파헤친 표면과 작물이나 방풍 시설의 부족이 지속되는 가뭄에 노출되었다. 강한 바람이 불면 거대한 모래 폭풍이 발생하여 엄청난 양의 토양이 비옥함을 상실하게 된다.

캐나다와 미국

4. 가뭄 1983년 2월 8일 호주의 멜버른은 드라마틱한 먼지 구름에 휩싸였다. 그보다 여러 달 앞서 강한 엘니뇨 현상이 호주 동부에 기록적인 가뭄을 몰고 왔다. 대략 55,000톤의 토양 상부의 모래가 폭풍으로 옮겨졌다.

호주 멜버른

기상 감시

매년 황사 때면 사하라로부터 수백만 톤의 모래먼지가 대서양을 건넌다. 황사는 해양을 비옥하게도 하지만 풍하측으로 전염병을 야기하는 미생물을 이동시키기도 한다. 몇몇 과학자들은 사하라의 먼지가 대서양에서의 허리케인 발생을 억제한다고 믿고 있다.

먼지 폭풍

강한 바람은 토양 상층부를 들어 올려 넓은 지역에 뿌리지만 간혹 어떤 조건이 형성되면 움직이는 먼지의 거대한 벽을 형성하여 수십 톤의 흙, 모래와 잔해들을 이동시킨다. 먼지 폭풍은 사막에서 가장 빈번하게 발생하지만 빙하 작용으로 인해 바윗덩이가 부수어져 미세하고 마른 모래로 된 지역에서도 발생할 수 있다.

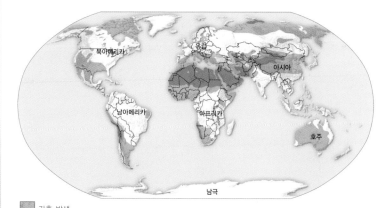

먼지 폭풍 분포(위) 먼지 폭풍은 지구상 어디에서나 발생할 수 있으나 주요 원천은 아열대 사막 지역인 경우가 많다. 한 번 위로 치솟으면 모래와 먼지가 섞인 상태로 엄청난 거리를 날아간다.

간혹 발생

빈번히 발생

일상적인 일(아래) 먼지 폭풍이 다반사인 지역에서는 사람들이 복장, 주거 및 활동을 이에 맞게 적응한다. 사우디아라비아의 어떤 지역에서는 2009년 3월 10일에 리야드에서 발생한 이 폭풍을 비롯하여 먼지 폭풍이 연간 200일 이상 일어난다.

높고 멀리 어떤 먼지 폭풍은 매우 크고 농도가 진해서 우주에서도 관측 가능하다. 대류와 강한 바람으로 상승한 먼지는 3km까지 하늘로 치솟고 수천 마일을 이동한다.

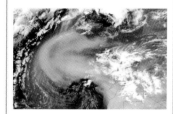

사하라 2000년 2월 26일에 사막 모래 기둥은 1,610km까지 뻗쳤다.

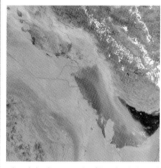

페르시아 만 2005년 8월 8일, 샤멀로 형성된 먼지막이 페르시아 만과 이라크를 덮었다.

중국 전선 저기압 후면의 강한 바람은 2001년 4월 중국 중부에 두꺼운 먼지 구름을 만들어 냈다.

아이슬란드 먼지 폭풍은 추운 지역에서도 발생할 수 있다. 2005년 10월 5일 아이슬란드의 미세한 빙하 토양이 바람에 날리고 있다.

모래 폭풍(위) 2005년 4월 26일에 0.8km 높이의 먼지벽이 알 아사드에 일어났다. 이 하부브는 상승한 먼지와 움직이는 모래벽을 형성하면서 뇌우로부터 발생하는 강한 하강 기류와 관련된 돌풍전선을 앞세우면서 만들어졌다.

더스트 보울(아래) 1936년 4월 미국 오클라호마 시마론 카운티의 먼지 폭풍은 북아메리카의 더스트 볼 기간 동안에 발생한 것이다. 오래 지속된 가뭄은 재앙적인 상황을 초래했다. 숨막히는 모래가 공기에 가득 차고 식물들은 묻혀 버렸다.

기록 경신 날씨

몇개의 특별한 환경이 결합하면 극한적인 날씨 조건을 만들어 낸다. 예를 들면, 보스토크 기지는 남위 78.46°란 고위도와 높은 지대 때문에 지구상 어디에서도 찾을 수 없는 낮은 온도를 보였다. 다른 극한 현상은 우연히 발생한다. 폭풍 구름 안에서 형성된 가장 큰 우박덩이는 강한 지속적인 바람이 열대 사이클론에 노출되어 있는 세상 어느 곳에서도 발생할 수 있기 때문에 여러 지역에서 발생할 수 있는 것이다.

극한 날씨

날씨에 대한 터무니없는 소리와 진실은 그것을 말하는 사람이 있기 때문에 항상 들려오고 있다. 터무니없는 소리와 진실을 구분하는 것은 쉽지 않다. 신뢰할 수 있는 기상 관측으로 확인된 경우는 거의 없다.

체계적인 관찰은 1814년 영국 옥스퍼드의 래드클리프 관측소에서 날씨 변화를 기록하기 시작하면서 시작되었다. 미국에서의 일별 기록은 매사추세츠 밀턴에서 아보트 로렌스 로치(Abbott Lawrence Rotch)가 세운 관측소에서 1885년에 시작되었다. 이 블루힐이라는 관측소는 기상학적인 기록을 계속 보유하고 있으며 미국에서 같은 장소에서 가장 오래 지속적으로 운영되는 관측소이다.

기상 관측소에서 극한값은 관측소에서 장기적인 날씨 측정의 기록으로 가지고 있어야만 공식적으로 인정된다.

첫 번째 해에 기록된 극한은 일반적으로 기록이라고 인정하지 않는다. 기록이라고 인정을 받으려면 얼마나 오랫동안 관측소가 데이터를 측정해야 하느냐는 것은 논란의 대상이지만, 기록이라고 선언을 하려면 적어도 10년 정도의 측정이 필요한 것이 일반적이다.

오늘날 전 세계 기상 관측소에서 보유한 정확한 기록값은 인공위성, 항공기, 자동 관측소, 레이더를 포함한 새로운 기술에 의해서 광범위해졌다. 보다 많은 장소를 측정함으로써 새로운 기록은 더 나올 수 있는 것이다. 동시에 이 극한의 날씨들은 우리의 날씨에 영향을 미치는 엄청난 위력을 보여 준다.

극한의 추위 시베리아 북쪽 해안에서 조금 떨어져 있는 세베르나야 젬랴 군도에 러시아 기상 관측소가 있다. 겨울은 길고, 어둡고, 상당히 춥다.

극한의 건조 칠레의 아타카마 사막에 있는 달 계곡은 세계에서 가장 건조한 사막의 한 부분이며 그곳에는 생명체가 없다. 지속적인 바람이 바위를 풍화시켜 달 모양의 풍경을 만들었다.

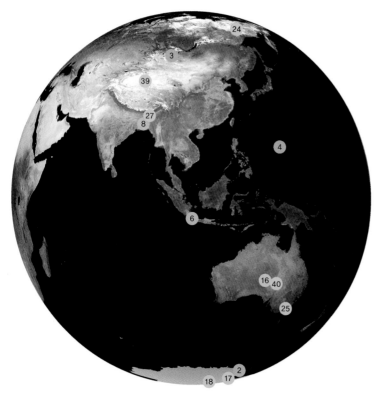

대기

1. 세계 최고 지상 바람 속도
시속 372km
미국 뉴햄프셔 워싱턴 산 관측소

2. 세계 최고 평균 바람 속도
시속 80.6km
남극 케이프 데니슨

3. 세계 최고 기압
1085.7hPa
2001년 12월 18일
몽고 터싱첸겔

4. 세계 최저 해면 기압
870hPa
1979년 10월 12일
태평양 괌 근처 태풍 팁의 눈

5. 세계 최저 평균 습도
0.03%
남극 대륙, 남극점

폭풍 날씨

6. 세계 최다 뇌우 일수
연간 평균 322일
인도네시아 자바 서부 보고르

7. 세계 최다 번개
연간 km²당 158회
콩고 민주공화국 키푸카 근처

8. 세계에서 가장 무거운 우박
1.02kg
1986년 4월 14일
방글라데시 고팔간지

9. 세계에서 가장 큰 우박
둘레 47.62cm
2003년 6월 22일
미국 네브래스카 오로라

온도

10. 세계 최고 기온
57.8℃
1922년 9월 13일
아프리카 리비아 알 아지지야

11. 세계 최고 연평균 기온
34.4℃
1960~1966년 사이
아프리카 에티오피아 달롤

12. 북아메리카 최고 기온
56.7℃
1913년 7월 10일
미국 캘리포니아 데스밸리

13. 남아메리카 최고 기온
48.9℃
1905년 12월 11일
아르헨티나 살타 리바다비야

14. 유럽 최고 기온
48℃
1977년 7월 10일
그리스 아테네

15. 아시아 최고 기온
53.9℃
1942년 6월 22일
이스라엘 티랏 츠비

16. 오세아니아 최고 기온
50.7℃
1960년 1월 2일
남부 호주 우드나다타

17. 남극 최고 기온
15℃
1974년 1월 5일
스콧 코스트 반다 관측소

18. 세계 최저 기온
−89.2℃
1983년 7월 21일
남극 보스토크 기지

19. 세계 연간 최저 평균 기온
−58℃
남극 대륙, 접근 불가한 극

20. 북아메리카 최저 기온
−63℃
1947년 2월 3일
캐나다 유콘 스내그

21. 남아메리카 최저 기온
−32.8℃
1907년 6월 1일
아르헨티나 추부트 사미엔토

22. 유럽 최저 기온
−58.1℃
1978년 12월 31일
러시아 우스트슈츠고르

23. 아프리카 최저 기온
−23.9℃
1935년 2월 11일
모로코 이프란

24. 아시아 최저 기온
−67.8℃
1892년 2월 7일/1933년 2월 6일
러시아 베르호얀스크/러시아 오미야콘

25. 오세아니아 최저 기온
−23℃
1994년 6월 29일
오스트레일리아 NSW 샬럿 패스

26. 세계 최대 하루 온도 변화
6.7℃에서 −49℃로
1916년 1월 23~24일
미국 몬태나 브라우닝

강수

27. 세계 최고 연평균 강우
11.87m
인도 메갈라야 모신램

28. 북아메리카 최고 연평균 강우
6.65m
캐나다 브리티시컬럼비아 핸더슨 레이크

29. 남아메리카 최고 연평균 강우
8.99m
콜롬비아 키브도

30. 유럽 최고 연평균 강우
4.65m
보스니아 헤르체고비나 시르크비스

31. 아프리카 최고 연평균 강우
10.29m
카메룬 데분스차

32. 오세아니아 최고 연평균 강우
11.64m
하와이 카우아이 와이알레알레 산

33. 남극 최고 연평균 강수(강우량으로 환산)
800mm 이상
남극 동쪽 해안과 서쪽 해안을 따라서, 그리고 남극 반도

34. 세계 최고 24시간 강수
1,825mm
1966년 1월 7~8일
인도양 라리유니온 포츠포츠

35. 세계 최저 연평균 강우
칠레 아타카마 사막 지역. 400년 이상 비가 오지 않음

36. 북미 최저 연평균 강우
30.5mm
멕시코 바타구에스

37. 유럽 최저 연간 평균 강우
162.6mm
러시아 아스트라한

38. 아프리카 최저 연간 평균 강우
2.5mm 이하
수단 와디할파

39. 아시아 최저 연간 평균 강우
25mm
중국 뤄창

40. 오세아니아 최저 연간 평균 강우
102.9mm
남부 호주 물카보레

41. 남극 최저 연간 평균 강수(강우량으로 환산)
2mm
아문센-스콧 남극 관측소

42. 세계 최대 1년간 내린 눈
28.95m
1998~1999년
미국 워싱턴 주 베이커 산

43. 세계 최대 일간 내린 눈
1.93m
1921년 4월 14~15일
미국 콜로라도 실버레이크

지구상에서 가장 추운 곳들

남극지방은 지구상에서 가장 추운 곳이다. 이곳은 혹독한 추위와 허리케인 위력의 바람, 밖에 돌아다니는 것이 위험한 정도의 길고 몹시 매서운 지속적인 어둠으로 유명하다. 그러나 북극 서클 위아래의 다른 지역과 높은 지대는 남극의 극한 추위와 바람 추위에 상응할 정도로 춥다.

남극 대륙(아래) 평균 3,000m에 이르는 남극 고원은 매우 춥다. 남극 대륙의 해안가는 안쪽에 비해서 상당히 따뜻하다.

관련 자료

1. 보스토크 기지
1983년 7월 21일 지구상에서 기록된 가장 낮은 기온은 남자극점 근처에 위치한 러시아 국적 보스토크 기지에서 관측된 −89.2℃였다. 1957년에 세운 극지 관측소에서 약 13명의 직원이 겨울을 지냈다.

남극 대륙 보스토크

2. 야쿠츠크
러시아 극동에 21만 명이 사는 이 도시는 지구상에서 가장 추운 곳이다. 1월 평균 최고 기온은 −40℃이다. 온도가 −55℃ 아래로 내려가면 어린이들은 학교에 등교하지 않아도 된다. 짧은 여름 동안 날씨는 주로 덥고 습도가 높다.

러시아 야쿠츠크

3. 모로코 이프란
해발 1,636m의 중부 아틀라스 산맥에 위치한 이프란은 아프리카에서 제일 추운 마을이다. 숲으로 둘러싸여 있으며 겨울에 주변 언덕에서 스키를 탈 수 있다. 1935년 2월 11일 온도는 −23.9℃였다.

모로코 이프란

4. 유콘 스내그
1947년 2월에 스내그 공항의 온도는 −63℃로 떨어졌다. 캐나다의 이 작은 마을과 공군 비행장은 북아메리카의 거주 지역 중에서 가장 추운 곳이다. 단지 남극의 일부 지역과 시베리아, 고지대만이 이곳보다 더 춥다.

캐나다 스내그

5. 에베레스트 산
근처의 기상 기구로 측정한 자료에 의하면, 지구상에서 가장 높은 정상의 기상 조건은 극한 상황이다. 온도는 −59℃ 이하로 내려가기도 하고 근처의 제트 기류는 시속 274km가 넘는다.

네팔과 중국의 에베레스트 산

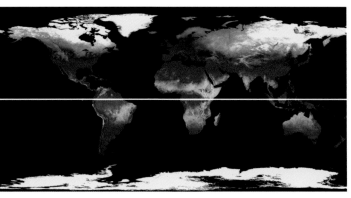

겨울 세상 이 위성 사진은 1월(북반구)과 8월(남반구) 낮의 표면 온도를 보여 준다. 남극 대륙 바깥으로 남반구의 땅덩어리는 중위도 이상으로까지 확장하지 않는다. 추운 북극지방의 대기는 겨울 온도를 조절하기 위해서는 대양의 넓은 지역을 통과해야만 한다.

℉ −13　　50　　113
℃ −25　　10　　45

야쿠츠크의 버스 줄서기(위) 여러 명의 여인들이 순록가죽과 털모자로 추위를 막으며 버스를 기다리고 있다. 때는 1월 중순이고 온도는 약 −45℃ 정도다.

그린란드(아래) 그린란드의 빙상은 아마 서반구에서는 가장 추운 곳일 것이다. 1954년 북빙하 연구 관측소에서 −66℃를 기록했다.

관련 자료

극지방 옷차림 전통적으로 극지방의 복장은 순록이나 북극곰의 털로 만든다. 현대 극지방 탐험가와 과학자들은 대개 합성 소재로 만든 옷을 입는다.

방수 및 방풍 합성 파카

순록가죽 재킷

털바지

두꺼운 바지와 내복 위에 방풍 외투

털장화

고무 합성 표피로 된 절연 장화

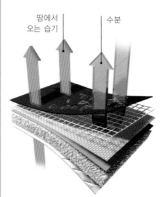

눈 보호 이뉴잇 족의 작은 틈새가 있는 전통적 고글과 현대식 고글의 착색 렌즈를 착용하면 눈에 의한 실명을 막아 준다.

땀에서 오는 습기   수분

현대 재질 현대적 합성 섬유는 습기가 땀에서 없어지도록 하지만 착용한 사람을 건조하게 하고 물이 침투할 수 없는 벽을 만든다.

관련 자료

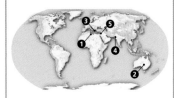

1. 알 아지지야 일부는 의혹을 제기하기도 하지만, 기록된 최고 기온은 1922년 9월 13일 리비아 알 아지지야에서 관측된 57.8℃였다. 놀랍게도 이 지역은 실제로 사하라 사막 깊숙이 있지 않고 지중해 연안에서 32km 정도 떨어져 있다.

리비아 알 아지지야

2. 우드나다타 애들레이드 북쪽 1,011km 떨어진 사막의 중심부에 위치한 호주에서 가장 더운 지역이다. 1960년 1월 2일 기온은 50.7℃에 이르렀고 그 지역에서 최고 더위를 기록했다. 1월 최고 온도는 평균 37.7℃였다.

남부 호주 우드나다타

3. 아테네 유럽에서 가장 온도가 높았던 기록으로 의견이 분분한 지역은 아마 2003년 스페인을 엄습한 열파이거나 1999년 시칠리아에서일 것이다. 1977년 7월 10일 기온은 아테네에서 48℃였다. 도시 지역이 이 온도를 부추겼다.

그리스 아테네

4. 파드 아이단 평균 최고 기온은 4월부터 10월까지 37.8℃ 이상이지만, 알려진 바로는 온도가 48.9℃에 달한다. 여름에는 덥지만 겨울 기온은 밤에는 빙점 가까이로 떨어진다.

파키스탄 파드 아이단

5. 티랏 츠비 이스라엘 북쪽의 요르단 국경 가까이 위치한 해발보다 220m 낮은 이 마을은 예루살렘에서 약 80km 정도 떨어져 있다. 1942년 6월 6일에 기온은 53.9℃까지 올라갔고 아시아 최고 기온을 기록했다. 더운 기후에도 불구하고 이 지역은 경작을 한다.

이스라엘 티랏 츠비

지구상에서 가장 더운 곳들

적도 지역은 덥고, 바다에서 먼 대륙성 기후는 여름에 찌는 듯하게 덥지만 가장 높은 기온은 아열대 사막에서 나타난다. 태양열은 마른 땅에서는 물을 증발시키지 못해서 모든 열이 공기로 방출된다. 아열대는 해들리 순환의 하강 기류가 나타나는 곳으로 공기의 압축에 의해 추가적 가열이 일어난다.

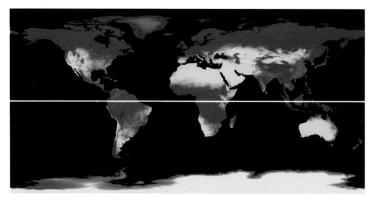

더위에 살아남기(오른쪽) 투아레그 족은 사하라에서 살아가는 유목민이다. 그들의 전통적으로 푸르고 느슨한 옷은 몸을 그늘지게 해서 건조한 공기가 통과하도록 한다.

여름 세상 이 위성 이미지는 8월(북반구)과 1월(남반구)에 낮 시간 표면 온도를 보여준다.

데스밸리(아래) 미국 캘리포니아 데스밸리는 북아메리카에서 가장 더운 지역이다. 여름 평균 기온이 36.7℃에 이른다. 그곳에는 미국에서 가장 낮은 지점인 해수면 아래 86m인 곳도 있다.

더위와 싸우기 더운 사막에서 사는 동물은 낮에 과열되는 것을 피하기 위해서 숨을 곳을 찾고 수분을 보존한다. 어떤 것들은 필요한 모든 물을 섭취하는 음식에서 보충한다.

사막 여행자 더운 사막은 자주 건조하고 모래가 부드럽다. 그런 지역을 효과적으로 통과하기 위해서 어떤 뱀들은 측면 행동을 한다.

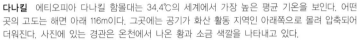

다나킬 에티오피아 다나킬 함몰대는 34.4℃의 세계에서 가장 높은 평균 기온을 보인다. 어떤 곳의 고도는 해면 아래 116m이다. 그곳에는 공기가 화산 활동 지역인 아래쪽으로 몰려 압축되어 더워진다. 사진에 있는 경관은 온천에서 나온 황과 소금 색깔을 나타내고 있다.

열 전달 사막에 사는 북아메리카산 대형 토끼인 잭래빗의 큰 귀 표면 근처의 혈관은 몸의 남는 열을 효과적으로 방출한다.

열을 보존하는 동물 낙타의 몸은 큰 온도차를 견뎌낼 수 있다. 낮에는 열이 빠져나가게 하고 밤에 사막이 추운 경우는 몸의 열이 소진된다.

관련 자료

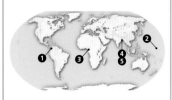

1. 롤로
콜롬비아의 이 작은 마을은 해발 약 159m 정도에 위치해 있고 남아메리카에서 가장 습한 지역이며 분명히 세계에서 가장 습한 몇 군데 지역 중 하나다. 추산에 의하면 연평균 13.3m의 비가 내린다.

콜롬비아 롤로

2. 폰페이 섬
이 미크로네시아의 섬은 1년에 7.62m 이상의 비가 내린다. 폰페이는 사화산의 끝자락으로 약 29℃ 정도의 따뜻한 해수물 위에 놓여 있다.

미크로네시아 폰페이 섬

3. 데분스차 포인트
이는 서아프리카 카메룬의 카메룬 산 남서쪽 기슭 해안에 위치하고 있다. 여기는 연평균 10.29m의 비가 대개 5~10월 사이에 내린다. 카메룬 산의 위쪽 경사는 구름 위에 있고 건조하다.

카메룬 데분스차 포인트

4. 체라푼지
인도 카시 언덕의 바람 부는 쪽에 위치한 해발 1,370m 고도에 있는 체라푼지는 벵골 만을 가로질러서 다가오는 몬순 비가 내린다. 연평균 강우가 11.43m인데 이 중 9.3m는 5~9월 사이에 내린다.

인도 체라푼지

5. 모신램
인도 메갈라야 주의 카시 언덕에 자리 잡은 이 마을은 보고된 바로는 1년에 11.87m의 비가 내린다. 그러나 이 숫자는 비공식적인 것이다. 기상 관측소가 없어서 그 주변에 있는 체라푼지보다 더 습하다고 주장할 수가 없는 입장이다.

인도 모신램

지구상에서 가장 습한 곳들

강우는 세계적으로 고르게 분포되어 있지는 않다. 바다 공기는 산을 따라 올라가면서 습해져 해안가 바람 부는 쪽에 심한 비를 내린다. 남부 아시아의 여름 몬순은 적도지방 근처의 심한 비 폭풍이 섬에 내릴 때 거의 쏟아붓는 정도이다. 미래에 지구 기온이 올라가면 그러한 지역의 강우에 변화가 올 수도 있다.

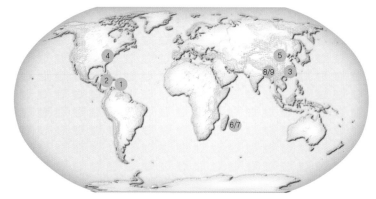

	위치	강우	시간당 강도
1. 1분	과달루페 바롯	3.8cm	228cm
2. 15분	자메이카 플럼 포인트	19.8cm	79.2cm
3. 1시간	중국 상디	40.1cm	40.1cm
4. 3시간	미국 스메스포트	72.4cm	24.13cm
5. 6시간	중국 무두오카이당	84cm	14cm
6. 하루	라리유니온 포츠포츠	182.5cm	7.60cm
7. 1주	라리유니온 코머스	540cm	2.98cm
8. 1개월	인도 체라푼지	930cm	1.25cm
9. 1년	인도 체라푼지	2,646.1cm	0.3cm

기록적인 강우(위) 단시간에 내리는 심한 강우는 강한 뇌우에서 발생한다. 하루에서 여러 날 동안의 기록은 열대 저기압과 관련이 있다. 연평균 가장 습한 곳은 여러 달 동안 심한 몬순 강우이거나 지형적인 경사를 따라 공기가 올라가다가 습해져서 내리는 지속적인 연간 강우에 의한 경우다.

하와이 카우아이 와이알레알레 산(위) 평균 강우량이 11,680mm가 넘는 이 산은 지구상에서 가장 습한 곳 중 하나이다.

노르웨이 베르겐(오른쪽) 연간 평균 강우가 2,250mm인 베르겐은 세계에서 가장 습한 곳과는 다르지만 끊임없이 내리는 비는 그렇게 느낄 만하다. 이 도시는 85일간 연속으로 비가 내린 적이 있다.

미국 베이커 산(왼쪽) 워싱턴 주의 캐스케이드 산맥에 있는 이 산은 연간 적설량 세계 기록을 보유하고 있다(28.96m).

관련 자료

물난리 도표 세계에서 가장 습한 곳 중 몇 군데 경합하는 곳이 있다. 체라푼지와 모신램은 강한 몬순 비가 내린다. 키브도와 와이알레알레 산은 그 위도와 위치 때문에 연중 비가 내린다.

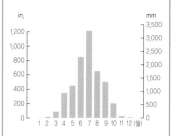

인도 체라푼지 이 마을은 98% 이상의 강우가 5~10월 사이에 내린다.

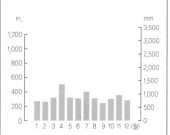

하와이 와이아레알레 산 이 원추형 봉우리는 모든 면이 습한 바닷바람에 노출되어 있어 연중 거의 매일 비가 내린다.

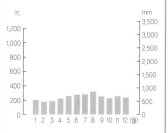

콜롬비아 키브도 이 마을은 안데스 산맥에 부딪치는 따뜻하고 다습한 바람이 많은 지역에 위치한다. 가까운 마을인 롤로는 더 습하지만 공식적인 기상 관측소가 없다.

기상 감시

더 습한 곳은 없나? 세계에서 가장 습한 마을인 체라푼지는 점점 건조해진다는 징후가 있다. 21세기에 들어서 강우는 지속적으로 평균 이하이고 몬순은 점점 늦게 시작된다. 기후 변화와 삼림 훼손이 주범일 것이다.

지구상에서 가장 건조한 곳들

건조한 기후는 거대한 아열대 사막, 대륙 내부 및 극지방에서 나타난다. 사막에서는 가라앉는 건조한 공기가 구름 발생을 억제한다. 산맥의 바람 부는 쪽에 습기를 뿌리는 바람은 산맥을 넘어 아래로 흐르는 기류를 만들어 대륙 내부를 건조하게 한다. 극지방 공기는 매우 차갑고, 포화 상태일 때도 거의 습기를 포함하지 않는다.

남극의 건조한 계곡 산맥은 맥머도 건조 계곡에서 맨 땅을 드러낸 극지방 고원의 거대한 빙하를 흘러가게 한다. 눈이 조금 내리면 쌓이지 않고 녹아서 증발한다.

관련 자료

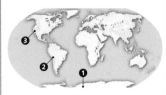

1. 남극점 이곳은 바다에서는 멀고 지대가 높다. 매우 차가운 공기는 거의 수증기를 포함하지 않는다. 고기압은 항상 지표면 공기가 밖으로 흘러서 구름을 억제하고 따뜻하고 습한 공기가 안으로 파고드는 것을 막는 것을 뜻한다.

남극 대륙 남극점

2. 아리카 아타카마 사막의 북쪽 아리카 시는 북동쪽으로부터 남아메리카를 가로질러 부는 바람을 맞는 도시이다. 아리카에 도착하기 전에 공기는 안데스 산맥을 가로질러 압축되어 습기를 잃고 열이 방출되어 심한 건조 상태가 된다. 아리카의 연평균 강우는 단지 0.76mm이다.

칠레 아리카

3. 모하비 사막 이 건조한 지역은 시에라 네바다 산맥의 남동쪽에 위치하고 있고 산맥의 비그늘 지역에 있다. 공기가 대양에서 산을 가로지르면 습기가 비가 되어 내린다. 결과적으로 사막에 연간 127mm의 비가 내린다.

미국 모하비 사막

오아시스

가장 건조한 사막이라도 땅 아래로는 물이 흐르고 있다. 어떤 곳에서는 바위층이 오아시스 지표면으로 물을 내보낸다. 사람, 동물, 식물들이 이 격리된 물구멍 주변에 모이게 된다. 오아시스는 수 세기 동안 중요한 무역 경로의 결정적인 연결 지점이었다.

아타카마 사막(위) 칠레의 아타카마 사막의 일부 지역에는 역사상 비가 내린 적이 없다. 그러나 오늘날도 100만 명 이상의 사람이 주로 태평양 해안을 따라 살고 있다.

잠깐 동안의 아름다움(아래) 사막에 비가 오면 다채로운 색깔의 야생화가 많이 나타날 수 있다. 이 식물들은 비가 온 후에만 싹이 트고 몇 달 내에 생명을 다한다.

관련 자료

물 보존 매우 건조한 지역에 사는 동식물들은 한 방울의 물이라도 최대한으로 사용하고 건조한 때에 살아남는 방법을 발달시켰다. 어떤 종들은 물을 저장한다. 어떤 종들은 대개 겨울잠을 자고 비가 온 후에 다시 살아난다.

가시 돋친 악마 이 호주 도마뱀은 피부에 수분 네트워크가 만들어져서 물을 입쪽으로 보낸다.

소금 새우 사막의 소금 새우의 알은 부화할 조건이 적당해질 때까지 여러 해를 동면할 수 있다.

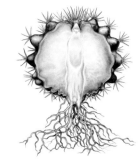

선인장 선인장은 이슬이나 자주 내리지 않는 비에서 가능한 물을 잘 빨아들이는 가늘지만 광범위한 뿌리 구조를 가지고 있다.

사하라 바위 예술
강우의 패턴은 인류 역사에 따라 변해 왔다. 사하라는 세계에서 가장 건조한 지역이지만 바위에 그려진 그림은 비와 생명체가 훨씬 풍부했던 때가 있었음을 보여 준다.

감시

감시

일기 연구

기상학(meteorology)은 '높다'라는 의미의 그리스어 *meteoros*에서 유래한 것이며, 이는 날씨 연구에 대해서 붙여진 현대 용어다. 인간의 제반사는 항상 날씨와 밀접하게 연관되어 왔다. 가뭄은 농사를 망치고, 폭풍은 바다에서 배를 침몰시키고, 홍수는 주거를 침수시키고, 허리케인은 심지어 큰 도시들도 손상시킨다. 가난한 나라는 물론 선진국에서도 대기의 변덕에 의해서 그들의 식량 생산 설비, 통신 시설 및 발전 설비가 파괴될 수 있다. 당연히, 일기에 대한 연구는 역사를 통해서 중요한 것이 되었다.

아리스토텔레스 그리스 학자인 아리스토텔레스(기원전 384~322)는 모든 물질은 다섯 가지 요소인 불, 흙, 공기, 물 그리고 에테르로 구성되었다고 믿었다. 그는 이 요소들을 통해서 날씨를 설명하려고 했다.

신들로부터 기가바이트까지

날씨의 행태를 이해하고 예측하려는 인간의 노력은 역사상 중요한 여정 중 하나다. 초기의 많은 문명들은 일기의 상태는 폭풍, 가뭄 및 홍수를 잘못 다루는 인간을 벌줄 수 있는 신들의 기분을 직접적으로 반영하는 것이라고 믿었다. 이들 신의 비위를 맞추기 위해서 간혹 사람을 제물로 삼기도 하는 정성스런 기도 체제와 제례가 만들어졌다. 초기 일기 예보자들은 대개 성직자, 무속의술인, 약제사였으며 이들의 주 임무는 날씨를 예측하는 것뿐 아니라 신들이 진정되어 앞으로의 날씨가 우호적일 것이라는 확신을 사람들에게 심어주는 것이었다. 날씨는 신의 영역이라

는 믿음은 수백만 년 동안 지속되었다. 중세 유럽에서는 악마의 사도로 간주된 무당들이 간혹 우박을 동반한 폭풍 후에 화형을 당하기도 했다.

그럼에도 불구하고 고대 사회에도 날씨를 만들어 내는 자연적인 이유를 알고자 노력하는 탐구심이 많은 사람들이 있었다. 히포크라테스, 아리스토텔레스 및 대(大)플리니우스 같은 위대한 지성들도 후대에는 틀린 것으로 밝혀졌지만 최소한 초자연적인 것 이상을 보려는 의지를 담고 있는 아이디어를 제공하는 일기 문제에 대한 규약을 만들어 냈다.

날씨에 대한 이해가 발전된 다른 원천은 날씨에 의해서 가장 가까이 영향을 받는 주요한 두 그룹, 즉 선원들과 농부들이었다. 이들은 일기와 구름의 모양 간의 상호관계, 바람의 본질 및 동식물의 행동 변화에까지 관심을 가졌다.

중세에는 발전이 잠시 정체되었으나 천체 기상학의 발달로 르네상스 기간 동안에 기상학은 과학의 영역 중 하나로 꽃피워 한 단계 도약하게 되는 굉장한 발견들이 이루어졌다.

1600년대에 대기의 상태를 측정하는 기구가 발명되었다. 이는 그 후 100여 년 이상 대기의 화학적 조성과 온도 구조에 대한 중요한 발견들과 병행했다.

19세기에 지구를 지속적으로 순환하는 대규모 고·저기압대의 발견과 함께 지식이 발달하였다. 전보의 발명은 이러한 정보들이 기압 체계가 움직이는 속도보다도 빠르게 전송되는 것을

가능하게 했다.

20세기에는 전 세계에 국가별 기상관서가 세워졌고 아울러 수학을 응용한 일기 예보의 시작으로 놀랄 만한 속도의 발전이 있었다.

첫 번째 기상 위성은 1960년에 발사되었다. 이를 계기로 전 세계적으로 기상 관측소와 레이더가 꾸준히 설치되었다.

21세기 초반까지 기상학은 복합인접 과학으로 발전해 나갔다. 국제적으로 연결된 자동 기상 관측소 네트워크, 기상 위성 및 해양에 떠 있는 부표와 연결된 슈퍼 컴퓨터로 일기 예보는 7일 전부터 만들어지는 것이 가능해졌다.

신들로부터 기가바이트까지의 긴 여정은 인간의 웅대한 여정 중 하나이며 이는 날씨에 대한 놀랄 만한 통찰력과 인간 의식의 무한에 가까운 창의력을 제공한다.

신성한 바람(위 오른쪽) 열대 저기압 혹은 태풍은 일본 역사에서 특별한 위치를 차지한다. 13세기에 쿠빌라이 칸의 침략 함대는 태풍에 두 번 강타당했으며 일본인들은 이를 '가미가제(신풍, 神風)'라고 부르게 되었다.

돌에 새겨진 계절(오른쪽) 돌에 새겨진 아즈텍 달력은 아즈텍 사람들이 어떻게 시간을 측정했는지를 기록하는 거대한 조각이다. 이는 아즈텍 문화와 제례의 일부였던 계절을 표시한다. 이 돌에는 태양신인 토나티우의 얼굴이 가운데 새겨져 있다.

기원전 350년 기상학에 관한 가장 위대한 출판물 중 하나인 아리스토텔레스의 *Meteorologica*가 만들어졌다. 이 책은 자연 현상의 과정을 통해 날씨를 설명했고 기상학(meteorology)이라는 용어를 만들어 냈다.

기원전 50년 로마의 학자 대(大)플리니우스는 일기에 대한 규약을 포함하여 고대 지식의 요약서를 집대성하였다. 『자연 역사(Historia Naturalis)』라 부르는 이것은 아리스토텔레스의 업적에 영향을 많이 받았다고 한다.

1452~1647년 이 기간 동안 레오나르도 다빈치, 갈릴레이 갈릴레오 및 에반젤리스타 토리첼리는 기상학의 세 가지 주요 기기인 습도계, 온도계 및 기압계를 발명하였다.

1816년 독일 물리학자 하인리히 브란데스는 중위도 주위로 지구를 지속적으로 순환하는 고·저기압 벨트를 발견했다. 이는 오늘날의 종관 일기도 혹은 일기도의 기초를 마련했다.

1835년 모든 기상 시스템에 작용하는 기본적인 힘은 지구 자체의 회전으로 생성된다. 이는 프랑스인 코리올리에 의해서 처음 인지되었으며 이를 코리올리 효과라고 부른다.

별 과학 아스트롤라베(astrolabe)는 일 출과 일몰 시간을 계산하는 데 쓰인 초 기 컴퓨터였고 낮의 시간을 추정하는 데 도 이용되었다. 이는 기기를 태양과 별들 의 현재 위치에 일치하도록 맞추어 세팅 하는 것이다. 아스트롤라베는 일찍이 과 학을 하늘에 적용한 예임을 보여 준다.

라디오 감지 레이더의 발명은 과학자들 이 많은 기상 현상들, 특히 접근하는 강 우 지역, 뇌우 및 우박의 연구를 가능하 게 했다. 레이더는 또한 배에 실어 바다 에서 과학적인 임무를 수행하는 데 사 용되며 위성에 장착해서 아래쪽 대기의 상태를 측정 가능하게 한다.

1843년 미국 과학자 새뮤얼 모스는 전기 전보를 발명했다. 정보를 신속히 먼 곳으로 보낼 수 있음은 날씨 경보의 발표가 가능하다는 의미를 최초로 인 식시켰다.

1873년 국제기상기구(International Meteorological Organization, IMO) 가 발족하였다. 이후 1950년에 세 계기상기구(World Meteorological Organization, WMO)가 되었고 현 재 180여 개 회원국이 있다.

1922년 수치 분석에 의한 기 상 예보는 리처드슨에 의해 서 창안되었는데, 약 25년 후 에 전자 컴퓨터가 등장하기까 지 효과적으로 이용되지는 못 했다.

1960년 4월 1일에 처음으로 기상 위성이 지구 위 궤도상에 발사되 었다. 티로스(Television Infrared Observation Satellite, TIROS) 1호 는 곧 원시적인 구름 이미지들을 보내기 시작했다.

1990년대 인터넷이 기상학을 변 화시켰다. 최근의 위성 영상과 레 이더 영상이나 전 세계에 퍼져 있 는 자동 기상 관측소에서의 최신 의 관측 자료들은 인터넷을 통해 쉽게 구할 수 있게 되었다.

고대 초기

고대의 위대한 대부분의 문명은 나름대로 날씨를 주관하는 신의 신전을 가지고 있었다. 이 신들은 하늘을 지배하고 태양, 바람 및 비를 포함한 요소들을 주관하는 힘 센 신들로서 추앙받았다. 만약 이 신들이 화가 나거나 기분이 나쁘면 인간의 죄에 대한 처벌로서 혹독한 날씨를 만들어 내는 것으로 믿었다.

관련 자료

고대인들의 믿음 고대의 날씨 신들은 마술적인 동물 혹은 동물-인간 합성 등으로 특별한 능력을 가진 것으로 묘사되었다. 그 신들을 만족시키기 위해서 기도, 제례 및 간혹 제물, 심지어는 인간 제물도 공양되었다.

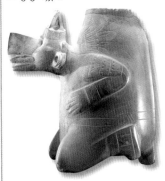

아즈텍 에카틀(Ehecatl)은 바람신의 역할을 맡았던 유명한 아즈텍 신이었다. 아즈텍 판테온에 있는 100여 신 중의 하나이다.

아메리카 원주민 강력한 토속 아메리카 신은 천둥새인 츠에이카미(Tseiqami)였다. 이는 날개를 저어서 천둥을 만들어 내고 눈을 깜빡여서 번개를 만들어 낼 수 있는 큰 독수리였다.

바빌론 마르두크(Marduk)는 고대 바빌로니아의 대장 신이었다. 그리스 신화에서 제우스처럼 이는 하늘의 신, 특히 천둥 폭풍의 신이었다.

이집트(오른쪽) 오시리스는 이집트 신 중에서도 중요한 신이었고 이집트 사회에서 이 신의 존재 증거는 기원전 2500년으로 거슬러 올라간다. 이 신은 죽은 자의 주인일 뿐 아니라 여러 가지 역할을 담당하였는데 나일 강의 주기적인 홍수를 담당한다고 믿었다.

노아의 방주(맨 오른쪽) 이는 중동지방의 홍수와 관련하여 날씨에 대한 신의 개입으로 유명한 이야기이다. 신은 노아에게 방주를 지어서 인류와 동물의 왕국을 구하라고 허락하면서 곧 닥칠 위험한 홍수에 대해서 경고하였다.

그리스의 신(위) 제우스는 비, 구름, 천둥, 번개를 포함한 다양한 날씨 요소의 본질을 결정하는 그리스의 하늘신이었다. 올림퍼스 산 정상에서 땅으로 천둥을 집어 던지는 턱수염의 거인으로 묘사되기도 했다.

마야의 마법(오른쪽) 엘 카스티요는 거대한 마야의 사원이며 지금은 멕시코 땅인 고대 도시 치첸 이차에 있다. 이 사원은 바람의 신인 깃털로 싸인 뱀의 신 케찰코아틀에게 봉헌되었다. 춘분과 추분 시에 돌계단에 드리우는 그림자는 큰 뱀을 불러낸다.

관련 자료

논리의 탄생 날씨의 변화를 설명하는 데 있어서 자연의 힘을 사용하려는 시도는 고대로 거슬러 올라간다. 초기 사회에서는 대부분의 현상들에 대해서 대개 종교적이고 초자연적인 설명에 의존한 것에 비해 이런 시도는 다소 놀라운 것이다.

히포크라테스 그리스의 내과의사인 히포크라테스(기원전 460~375)는 자연 현상을 설명하는 데 종교적이기보다는 논리를 시도했던 최초의 사람이다.

플리니우스 『자연 역사』를 쓴 대(大)플리니우스(서기 23~79)는 로마제국이 멸망하기 전, 날씨를 과학적으로 다루는 시도를 끝까지 한 사람 중의 하나다.

갈릴레오 역사상 가장 유명한 천문학자인 갈릴레오 갈릴레이(1564~1642)는 대기 온도를 측정하기 위한 온도계를 발명했다.

일기에 대한 구전 지식

많은 초기 문명 사회들은 일기 현상을 이해하기 위한 그들의 행로를 종교에서 자연으로 전환했다. 주로 두 가지 체제가 병행된다. 그들이 날씨를 주관하는 신들에게 충성을 맹세하기를 지속하면서도 사람들은 또한 일기와 하늘의 상태, 동식물의 행태 사이의 관계를 관찰했다. 일기와 그 주변 자연세계와의 관계를 만들어 내려는 욕망이 일기에 대한 구전 지식을 만들어 냈다. 여러 세기 동안 이 구전 지식은 날씨를 묘사하고 심지어는 일기 예보를 시도하였으며, 그 예들이 오늘날에도 남아 있다. 일기에 대한 구전 지식을 초기에 개발한 사람들은 그 지역의 토착민들이었다.

나무 솔방울은 대기 중의 습도 변화에 민감하다. 습도가 높으면 다물어지고 습도가 낮으면 벌어진다. 높은 습도는 비의 시작과 관계가 깊다.

거미줄 비가 오려고 하면 거미는 거미줄 치기를 늦추고 비가 지나가면 빨라진다고 한다. 그러한 행태는 대기 조건 변화가 인지되어서 나오는 반응일 것이다.

자연 징후들

호주의 토착민들은 습한 계절의 시작과 끝을 예측하기 위해서 다양한 철새의 도래, 특정 식물종의 개화를 유심히 관찰했다. 사모아 사람과 통가 사람들은 전문적인 어부였고 그 당시 그 지역에서 다양한 종의 물고기와 바닷새의 출몰, 해수 온도, 파도의 성질을 통해서 일기의 변화를 예측했다.

   태평양 섬의 전통문화 중 하나는 피지와 쿡 섬을 포함한 몇몇 다른 국가들에게도 공통적이다. 섬에서 망고 나무가 이르게 개화하면 심한 활동적인 열대 저기압 계절임을 뜻한다. 이 구전 지식은 어느 정도 사실이다. 평소보다 온도가 높으면 망고 나무는 일찍 개화하고 이는 해수면 온도가 올라가는 지역에서 일어난다. 열대 저기압은 바다가 평균보다 따뜻하면 따뜻한 바닷물에서 힘을 받아 망고 나무는 일찍 개화하게 되고 열대 저기압의 활동이 나타나기 시작한다. 이러한 관계는 다양한 태평양 군도 국가에서 여러 세기 동안 관찰되었을 것이다. 유럽의 일기에 대한 구전 지식은 나중에 만들어졌는데 대부분은 농부와 선원들로부터 유래한 것이다. 토속의 일기 지식과 더불어 유럽의 일기 관련 민속은 날씨, 하늘의 모

신성한 바위 호주 원주민들의 전설에 의하면 울루루라고 불리는 중앙 호주에 위치한 이 거대한 바윗덩이는 소년 정령 두 명이 폭풍우가 지난 후 진흙으로 만들었다고 한다. 울루루는 그 지역 사람들에게 특별한 영적 의미를 지니고 있다.

습, 동식물의 행태 사이를 관찰한 것에 기초한 것이었다. 이러한 믿음과 많은 속담들은 요즘에도 매우 친숙하다.

   영국의 민속 중에 철새 제비의 도래 시기는 매우 중요한 사례다. 철새 제비가 일찍 도래하면 이는 건조한 여름의 전조다.

   꿀벌이 벌집에 돌아오는 것은 비나 폭풍우가 오는 징조이다. 이러한 예언적으로 보이는 행동은 벌이 대기압의 변화에 대해 보이는 본능적인 반응이기 쉽다.

   일기에 대한 구전 지식은 상식과 단순한 미신의 기이한 혼합으로 발전되었고 자주 격언으로 표현되었다. 예를 들면 달과 구름량 간의 관계에 관한 속담은 건전한 관측에 근거해 있으나 대부분의 일기에 대한 구전 지식은 일기 예보에 제한적으로 적용되었다.

가축 유럽에서는 오래전부터 소가 앉으면 비가 오려는 징조로 간주한다. 이 이론은 소는 젖은 풀에 앉기를 싫어해서 비가 오기 전에 앉아서 마른 자리를 마련하는 것이다.

곤충 메뚜기나 귀뚜라미는 날씨가 좋을 것 같으면 낮에 크게 운다. 다른 일기에 대한 구전 지식과 마찬가지로 이러한 인식을 지지할 과학적인 근거는 희박하다.

붉은 하늘(왼쪽) "아침의 붉은 하늘은 선원들에게 경고이고 밤의 붉은 하늘은 선원들에게 환호이다." 중위도에서 일기 시스템은 서에서 동으로 이동한다. 밤의 붉은 하늘은 서쪽 하늘이 맑고 날씨가 좋으리라는 것이다.

무리(위) 희미한 링이 태양이나 달 주위에 보이는 것은 얼음 결정으로 이루어진 구름의 얇은 베일을 통과하는 빛의 굴절 때문이다. 한랭전선에 앞서서 가끔 형성되며 한랭전선은 확실히 비를 동반한다.

그라운드호그 데이(위) 그라운드호그란 작은 설치류는 북아메리카의 일기에 대한 구전 지식의 한 요소이다. 전설의 내용은 그라운드호그가 2월 2일에 굴에서 나와 땅에 그림자를 드리우면 다음 6주간은 추워진다는 것이다.

관련 자료

꽃피는 아이디어 르네상스 시대는 과학적 사고의 재탄생을 맞이하였다. 다빈치, 갈릴레오 및 토리첼리 등의 대단한 사상가들이 기압의 상태를 정확히 측정할 수 있는 기구들을 발명하여 현대 기상학의 토대를 마련했다.

움직이는 행성들 태양계의(太陽系儀, orrery)는 태양계 행성 및 위성들의 움직임을 설명한다. 이는 춘분, 추분, 동지 및 하지점과 계절을 설명하는 기초가 된다.

습도계 이 초기 습도계는 다공질의 물질이 얼마나 수분을 흡수하는가를 측정하여 공기의 습도를 측정했다.

온도계 초기 온도계는 온도경(thermoscope)으로 불렸다. 착색된 유체가 든 유리구들이 밀봉된 유리 실린더의 온도에 따라 떠오르고 가라앉는다.

기압계 토리첼리 기압계는 유리관 안의 수은주의 높이를 측정했다. 유리관 속의 수은은 외부 대기압에 의해 눌린다.

시대별 과정

중세에는 별과 행성의 위치에 기초한 일기 예보인 천체 기상학은 발달한 반면에 기상학은 침체기였다. 르네상스는 다시 한 번 탐구, 과학 및 예술의 번성을 꽃피웠다. 이 시기는 몇 가지 중요한 혁명적인 사고, 기상용 기구의 발견, 발명의 시기였다. 17, 18세기에는 물리학과 기상학이 폭넓게 발전하였다.

르네상스 정신(오른쪽) 이탈리아 발명가이자 르네상스 시대의 주요 인물인 레오나르도 다빈치(1452~1519)는 역사상 가장 훌륭한 수재 중 한 사람이었다. 그는 대기 습도를 측정하는 기구인 습도계를 발명하는 데 기여했다. 이 노트는 지구와 달의 크기 및 태양과의 관계에 대한 다빈치의 생각을 보여 준다.

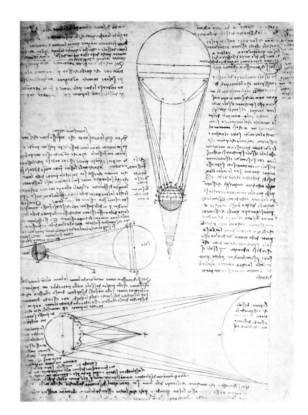

발명의 시대(아래) 르네상스 시대에 세상을 탐험하는 것은 일상적이었다. 1600년 무렵에 아메리카는 유럽 지도에 포함되었고 콜럼버스나 마젤란 같은 탐험가들은 대양을 가로지르면서 날씨를 기록했다. 아래 그림은 1660년 네덜란드 지도 제작자 요하네스 안소니우스가 발간한 천체 지도 중 하나이다.

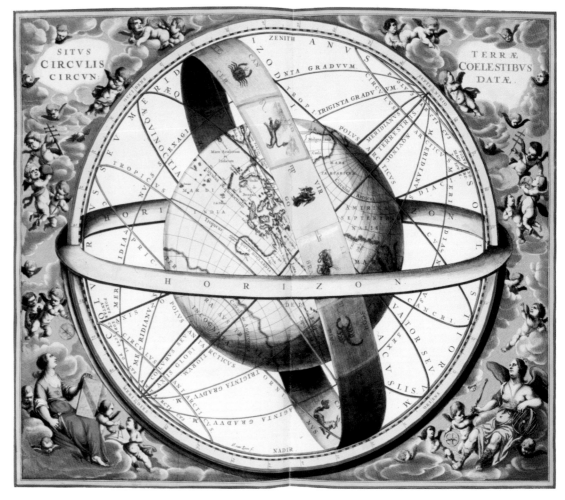

관련 자료

아이작 뉴턴 경 역사상 고전적인 실험 중 하나로, 영국의 수학자이자 물리학자인 아이작 뉴턴(1643~1727)은 백색광이 모든 색의 스펙트럼으로 구성되었다는 것을 증명하면서 무지개의 수수께끼를 풀었다.

망원경 뉴턴은 천문학에도 손을 뻗쳐 영상을 확대하기 위해서 렌즈 대신 거울을 사용하는 초기 반사 망원경을 만들었다.

관측소 1557년에 터키 출신의 술탄 술레이만은 갈라타 관측소를 설립하여 천문학 연구에 기여했다. 이는 교육, 예술 및 과학의 열렬한 지지자였던 술레이만에게 오스만 제국이 학문적 지원을 했던 시기였다.

기상 감시

표준 온도 눈금은 독일의 물리학자인 가브리엘 파렌하이트(1686~1736)와 스웨덴 천문학자 앤더스 셀시우스(1701~1744)가 제안하였다. 화씨 눈금은 물의 빙점이 32°F고 비등점은 212°F인 반면에 섭씨에서는 0℃와 100℃에 해당한다.

현대로 향하여

19, 20세기에 기상학은 다른 어떤 때보다 빠르고 광범위하게 발전하였다. 일련의 기상 도구들이 발명되어 발전되었으며 몇 개의 국가별 기상 관서가 설립되어 국제 협력체계로 연결되었다. 이러한 것들이 현대 초기에 형성되었다.

관련 자료

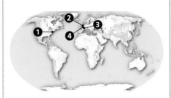

1. 1807년 NOAA 미국 대통령 토머스 제퍼슨은 보다 정확한 항해 차트를 만들기 위해서 해안 탐사 사무소를 만들었다. 이 사무소는 정확함과 과학적인 노력에 대해 곧 명성을 얻었다. 오늘날 국립해양대기청(National Oceanographic Atmospheric Administration)의 전신이다.

미국 워싱턴 D.C.

2. 1854년 BMO 크림 전쟁 중에 영국과 프랑스 함대는 강한 폭풍 속에서 큰 손실을 입었다. 이는 보다 정확한 날씨 예측에 대한 중요성을 새롭게 강조하는 계기가 되었다. 부제독 로버트 피츠로이가 지휘하는 영국 기상 사무소(British Meteorological Office, BMO)가 생겼다.

영국 런던

3. 1873년 IMO 1850년대와 1870년대 사이에 국가별 기상 관서가 유럽의 여러 국가에서 세워졌다. 국제기상기구(International Meteorological Organization, IMO)가 1873년에 설립되어 곧 국제 협력의 모델이 되었다.

스위스 제네바

4. 1878년 BCM 프랑스에서 기상학은 초기에는 국립 천문대의 관할이었으나 1878년에 별도 조직으로 분리되어 중앙기상국(Bureau Central Météorologique, BCM)이 되었고 엘뤼테르 마스카르 교수가 총책임자였다.

프랑스 파리

강우(위) 1911년부터 쓰였던 이 부피가 큰 기구는 초기 우량계이다. 전체 우량을 측정할 뿐 아니라 비가 실제로 내리고 있는 때에도 기록을 한다. 이 기구는 특정 지역의 강우의 세기를 측정하는 데 매우 중요하다.

기구 띄우기(오른쪽) 1965년도의 이 사진은 기상 기구를 극지방에서 띄우는 것이다. 극지방에서 모니터링은 극한 일기에 관한 인간의 이해에 귀중한 기여는 물론 과거 기후의 재구성에도 일조하였다.

기상 돔(위) 1957년 극지방 관측 돔에서 한 과학자가 무언가를 읽고 있다. 20세기에 여러 국가가 지역 일기 조건을 모니터하기 위한 일환으로 극지방에 과학기지를 세웠다.

스콧 기압계(오른쪽) 탐험가인 로버트 팰컨 스콧(1868~1912)은 극지방으로 두 차례 원정을 떠났다. 두 번째 원정에서 스콧과 그의 팀은 남극에 도달한 후에 추위와 굶주림으로 사망하였다. 이것이 그가 마지막 탐험에서 사용했던 기압계이다.

기상도(오른쪽) 이 그림은 1872년 9월 1일 미국 전역의 기상 패턴을 보여 주는 실제 종관 일기도 혹은 일기도다. 이는 국립기상국의 전신이었던 미 육군 통신 서비스가 전쟁 관할부서에서 기상 문제를 통제할 때 작성한 것이다.

기여자들 19, 20세기 기상학의 주요 기여자들은 다양한 국가와 배경을 가졌다. 이 시기는 또한 기상학에 있어서 광범위한 국제 네트워크와 협력의 초기 단계였다.

전보 1843년에 미국의 새뮤얼 모스는 메시지를 신속히 전달할 수 있는 전기 전보 장치를 선보임으로써 기상 경보의 선구자 역할을 했다.

일기 예보자 1854년에 로버트 피츠로이는 영국 기상 사무소를 설립했다. 그는 폭풍 경보와 일기 예보를 발전시켰다.

레이더의 아버지 스코틀랜드의 로버트 왓슨-와트 경은 제2차 세계대전 중에 레이더를 개발했다. 레이더는 기상학에 특히 유용한 장비가 되었다.

현대 기상학

기상학은 지난 50년간 엄청나게 변화했다. 정보는 주기적으로, 간혹 연속적으로 자동 기상 관측소, 궤도 위성, 레이더, 무인 항공기 및 해양에 떠 있는 부이에서 지속적으로 수집된다. 슈퍼 컴퓨터는 자료를 처리하고 정밀도를 검사하며 일기도, 각종 차트 및 광범위 예보를 위해 기상학에 이용된다.

관련 자료

기상학 발전 인공위성과 슈퍼 컴퓨터는 일기 예보를 크게 발전시켰고, 기후에 대한 이해, 대기 중에서 발생하는 물리, 화학적 과정에 대한 지식과 이해에 대해 진보를 가져왔다.

예보 빌헬름 비에르크네스 교수에 의한 대기 운동과 유체 역학에 대한 연구는 기상학과 일기 예보 분야에 대한 진보를 가져왔다.

ENIAC 1950년, 과학자들은 일기 예보를 가능하게 한 ENIAC(Electronic Numerical Integration and Computer)을 만드는 데 성공했다.

TIROS 1 1960년에 발사된 최초의 기상 위성이다. TIROS(Television and Infrared Observation Satellite)는 적외영상과 가시영상을 송출했다.

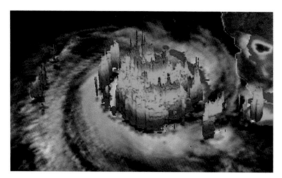

3차원 영상 2007년 2월 허리케인 파비오가 마다가스카르를 통과할 때 열대 폭풍 시스템에서 구름의 높이를 보여 준다. 이 경우 붉게 보이는 가장 높은 구름은 허리케인의 눈을 둘러싸고 있는 뇌우 무리의 일부이다.

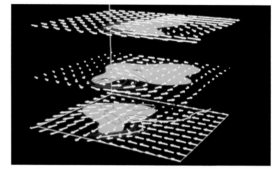

층별 이미지 도플러 레이더 자료는 토네이도가 발생할 가능성을 나타내는 강력한 뇌우 폭풍의 컴퓨터 시뮬레이션을 만들어 내는 데 사용된다. 이 정보는 실제 폭풍에 앞서서 기상 경보를 발표하는 데 사용될 수 있다.

자료 수집 기상 조건을 감시하는 도구는 지난 수십 년간 더 복잡해졌고 일기 예보의 정확도를 크게 개선했다.

기상 기구 풍선에 장착된 장비는 지구 대기권을 모니터한다.

극지방에서 극궤도 위성은 구름 패턴의 자세한 이미지를 만들어 낸다.

적도 위성 지구에 대해 정지한 위성들은 지구 적도 위에 고정되어 궤도를 돈다.

허리케인 정찰기 WC-130은 폭풍의 발달과 강도에 대한 정보를 수집하기 위해서 허리케인을 뚫고 들어간다.

관측소 현장에 설치된 기구들이 지속적으로 기상 조건을 기록한다.

부이 떠 있는 장비 플랫폼은 바람, 기압 및 온도를 측정한다.

에어로존데 무인 항공기는 폭풍 구조에 대한 정보를 수집한다.

연구 선박 탑재된 레이더 장비는 폭풍 발달을 분석하고 추적한다.

선박 상업용 선박들은 일상적으로 날씨를 모니터하여 데이터를 송출한다.

관련 자료

하이테크 환경 위성들은 표준 기상 데이터를 수집하는 것 외에 다양한 기능을 수행한다. 온실 가스 농도를 측정하고, 해양 파도 형태를 감지하고, 빙하 확장의 변화를 기록한다.

우주 속으로 델타 로켓 같은 효율적인 발사 기구들은 복합 기상 탄두를 보다 높은 신뢰도로 궤도에 진입시키는 것을 가능하게 한다.

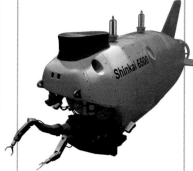

물속 깊숙이 유인 관측 잠수정인 Shinkai 6550은 해면 아래 6km 이하의 깊이에서 수온, 염도, 해류에 관한 자료를 수집한다.

메톱-에이(MetOp-A) 유럽 최초의 극궤도 위성인 메톱-에이는 2007년에 가동되었다. 특수 장비는 대기 오존 수준을 모니터하고 다양한 고도에서 온도, 습도, 풍향 및 풍속을 측정한다.

기상 감시

미국항공우주국(NASA)과 일본우주항공탐사청(JAXA)의 합작물인 열대강우측정임무(Tropical Rainfall Measuring Mission, TRMM) 위성은 허리케인을 연구하고 지역 일기에 대한 영향을 조사한다. 이 위성에서 수집된 자료는 기후 변화가 폭풍의 강도 및 빈도를 증가시키는지 여부를 평가하는 데 도움이 된다.

일기 추적

강우, 온도, 습도, 바람, 구름량 같은 기상 요소들을 측정하는 것이 가능하게 된 것은 기상학을 하나의 과학으로 전환하는 첫걸음이 되었다. 스코틀랜드의 물리학자 로드 켈빈(Lord Kelvin)은 1883년에 "당신이 말하고 있는 것에 대해서 측정할 수 있고 또한 수치로 표현할 수 있다면, 당신은 그것에 대해서 뭔가 아는 것이다."라는 말을 했다. 날씨를 측정하기 위해서 오늘날 사용하는 많은 장비들은 여러 세기 동안 같은 디자인에 근거한 것이다. 가장 최근에 기상학은 전자 장비의 발달에 힘입어 놀랄 만한 추세로 발전했다.

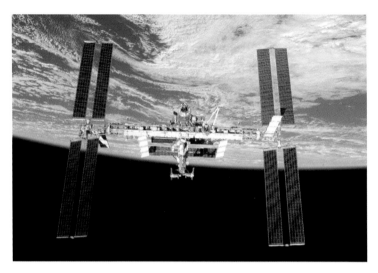

국제협력(왼쪽) 2007년에 촬영된 우주 왕복선 아틀란티스호가 국제 우주 정거장에서 멀어지고 있는 모습이다. 이 정거장은 많은 나라에서 온 연구단으로 구성된 연구 시설이다. 지구 대기의 양상에 대한 많은 정보가 수집되어 날씨 및 기후에 대한 통찰을 제공한다. 이 정거장은 최소한 2015년까지는 운행될 것으로 예상된다.

위성에서 본 모습(오른쪽) 이는 환경 위성 Landsat 7에서 찍은 2002년 알류산 열도 위의 모습이다. 사진의 오른쪽 위에 위치한 열도를 건너 불어오는 바람은 낮고 광범위한 구름으로 나타난 폰 카르만 소용돌이라고 불리는 긴 일련의 나선 모양 구름을 만들어 낸다.

측정 기구

여러 세기를 걸쳐서 기상 변수들을 측정하는 다양한 기구들이 발전되어 왔다. 가장 오래된 것은 약 2,000년 전 고대에 널리 사용되었던 강우계 혹은 우량계일 것이다.

세 가지 주요 기구는 16, 17세기에 발명되었다(상대 습도를 재기 위한 습도계, 온도를 재는 온도계, 기압을 재기 위한 기압계). 이 기구들의 현대판은 측정만 하는 것이 아니라 기록까지 하므로 그리스어로 '그려진' 혹은 '쓰여진'을 뜻하는 기록계(graph)란 접미사를 취한다. 지금 우리는 강우기록계, 온도기록계, 습도기록계 및 기타 다수를 가지고 있다.

풍향계는 고대 그리스·로마 시대부터 사용된 것으로 알려져 있다. 그러나 18세기 중반 아네모미터라고 하는 기구를 사용하기 전까지는 정확하고 과학적인 측정이 이루어지지 않았다.

오늘날 습도, 온도, 대기압, 풍속 및 풍향과 같은 대기 변수들의 동시적인 측정은 전 세계 수백 곳에서 3시간마다 수동으로 측정된다. 자동 기상 관측소는 보다 자주, 대개 30분에 한 번씩 기록한다.

기상 위성은 구름량을 모니터하고 레이더는 강수 지역을 이미지를 통해서 알려 준다. 이 20세기 발명은 일기 추적의 비약적인 도약을 가져왔다.

방대한 양의 정보가 국가별 기상센터와 여러 국제기상센터에 전해진다. 그러고 나서 컴퓨터 일기 시뮬레이션을 이용해 일기 예보가 만들어진다.

버튼 클릭(아래) 각 나라마다 기상 관서들은 현재 방대한 양의 관측 데이터를 가지고 있다. 가장 최근의 위성과 레이더 이미지, 유인 관측소나 무인 자동 기상 관측소가 관측한 정보를 쉽게 획득할 수 있다.

시대별 과정

기원전 300년 초기에 알려진 강우계는 인도에서 기원전 4세기 전으로 거슬러 올라간다. 이 기구들은 약 2,000년 전에 팔레스타인에서 사용되었고 비슷한 연대에 중국과 한국에서도 사용되었다.

기원전 50년 기원전 1세기에 그리스 아테네에 세워진 바람탑에는 꼭대기에 청동으로 된 풍향계가 있다. 풍향계는 고대 로마와 중세 유럽에 걸쳐서 매우 일상적인 것이었다.

1500년 첫 번째 습도계는 약 1500년 정도에 나왔다. 다양한 방면의 이탈리아 발명가 레오나르도 다빈치가 만든 이 도구는 공기의 습도를 측정하는 것을 처음으로 가능하게 했다.

1600년대 이탈리아의 철학자 갈릴레오 갈릴레이는 17세기 초에 최초로 온도계를 만들었다. 공기의 온도를 재는 것은 대기의 상태를 모니터링하는 데 매우 중요한 것이었다.

1620년 갈릴레오의 제자인 에반젤리스타 토리첼리는 대기압을 측정할 수 있는 최초의 기압계를 고안하고 만들었다. 이 발명이 일기 예보의 초석이 되었다.

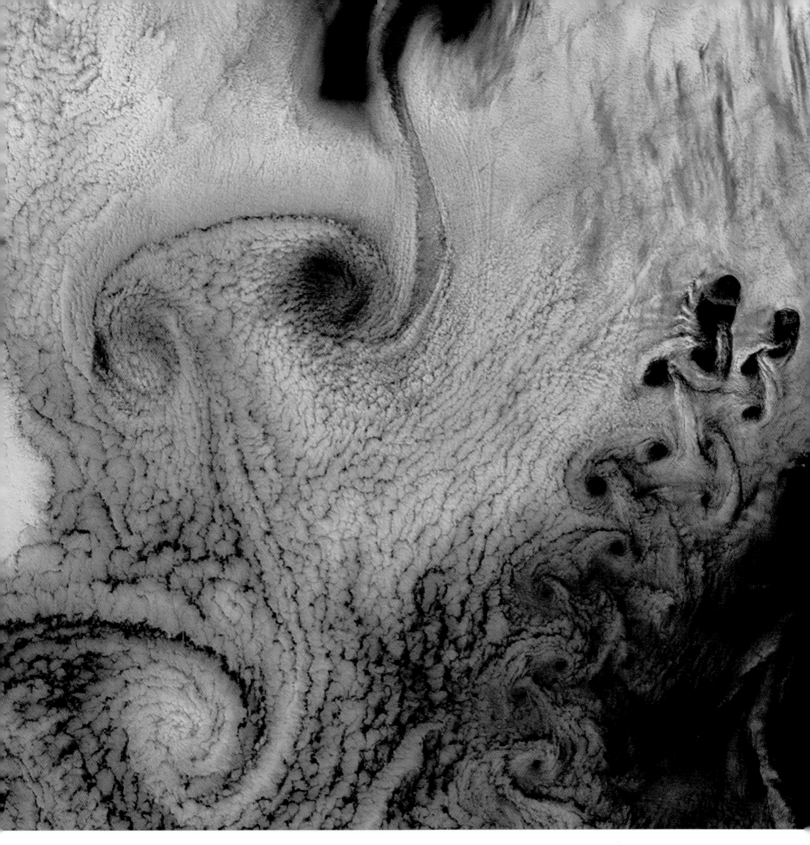

1654년 최초의 기상 관측 네트워크는 토스카나의 페르디낭드 2세 공작이 유럽에서 설립하였다. 이것이 오늘날 세계기상기구 네트워크의 기초가 되었다.

1853년 가장 오래된 태양 광선 기록계 중 하나는 캠벨-스톡스 기구였다. 이는 스코틀랜드 사람인 존 프란시스 캠벨이 발명하여 수학자인 조지 가브리엘 스톡스가 개량했다.

1929년 프랑스 사람인 로버트 뷰로는 떠 있는 풍선에서 기상 데이터를 보낼 수 있는 최초의 라디오존데를 개발했다. 접미사 존데는 프랑스어로서 '탐사(probe)'를 뜻한다.

1934년 제2차 세계대전 때 영국은 항공기를 추적할 수 있는 레이더(RAdio Detection And Ranging, RADAR)를 개발했는데 나중에는 강우량을 추적하는 데 쓰였다. 오늘날 레이더는 세부적인 국지적 기상 정보를 제공하는 데 사용된다.

1960년 최초의 기상 위성인 티로스 1호가 발사되었다. 이 위성은 지구를 덮고 있는 구름의 형태 이미지를 송신하여 관측자들에게 멀리 떨어진 지역에 기상 시스템을 두는 것을 가능하게 했다.

온도와 기압

관련 자료

온도계 주변 공기의 온도는 건구 온도계로 측정한다. 구 부분이 젖어 있는 습구 온도계는 물이 기화하는 온도를 재고 상대 습도를 계산하도록 해 준다.

건습구 온도계 건습구 온도계는 주로 나란히 놓아서 사용한다. 습구 온도는 항상 건구 온도보다 낮거나 같다. 2개의 온도가 같으면 주로 안개나 심한 폭우가 동반된 100% 습도가 된다.

온도 기록계 이 기구는 온도를 잴 뿐 아니라 시간에 따라 일정하게 움직이는 드럼에 연속선을 만들어 내는 펜으로 기록을 한다.

온도 이미징 이 적외선 영상은 호주 상공의 정지 위성에서 보내온 것이다. 가장 낮은 온도는 거의 흰색이며 폭풍우의 위쪽을 말하고 낮은 온도의 구름은 오렌지색과 초록색, 가장 따듯한 온도는 지상으로 검은색으로 보인다.

피부 온도 측정 그래프

온도는 적외선 이미징을 통해서 측정될 수 있다. 이 사진에서 어린이는 찬물을 마시고 있다. 색은 흰색(가장 따듯함)에서 빨간색, 초록색, 파란색, 검은색(가장 차가움)으로 변한다.

주위 공기의 온도를 아는 것은 내일의 일기 예보를 준비하는 데 있어서 기상학에서는 매우 중요하다. 뜨겁고 차가운 공기의 온도를 모니터링하는 것은 최고 및 최저 온도를 예측하는 데 매우 중요하다. 대기의 압력을 추적하는 것 역시 중대한 의미를 갖는다. 지구를 순환하는 고기압과 저기압의 영역들은 일기의 '지문'과 같은 것이다.

추위에 대한 사실(아래) 많은 초기의 극지 탐험대들은 얼음 덩어리와 해수면 온도를 기록하였다. 스콧 원정대(1910~1912)가 찍은 이 사진은 얼음에 구멍을 내서 온도를 재는 것을 보여 준다.

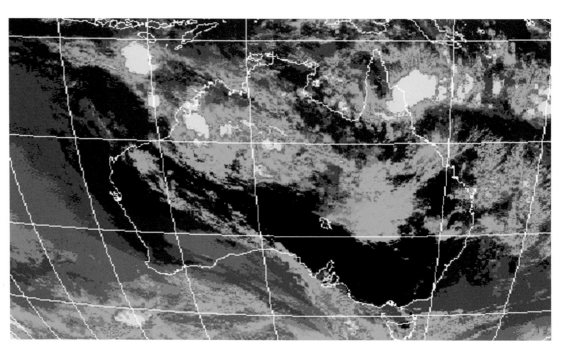

기압계 대기 압력은 기압계를 사용하여 측정하며 종류는 여러 가지가 있다. 유리에 수은이 든 기구가 가장 오래된 것이나 이는 깨지기 쉽고 부피가 크다. 보다 흔한 것이 시계처럼 생긴 아네로이드 기압계이다.

950	988	998	1,004	1,012	1,020	1,030

hPa

기압 패턴(위) 이 지도는 지구 전체에 걸쳐 해면 고도에서 6, 7, 8월 평균 기압을 보여 준다. 가장 높은 기압은 시베리아 상공에서 나타났으며 통상적으로 1,030hPa이 넘는다.

극한 온도(아래) 에베레스트 산 정상의 온도는 1년 내내 극한이다. 1월 평균 기온은 −36℃이고 가장 따뜻한 달인 7월의 평균 기온은 −19℃이다.

아네로이드 기압계 이 기압계는 움직이는 바늘이 숫자판을 지나가면서 대기 압력을 표시한다. 이런 형태의 기구는 매우 견고하고 정확하다.

기압 기록계 이 도구는 대기압을 측정하며 기록도 한다. 그래프 종이가 회전하는 드럼을 감싸고 펜이 지속적으로 24시간 동안 압력을 기록한다.

기압	평균 고도	
	(ft)	(m)
1	0	0
1/2	18,000	5,486
1/3	27,480	8,376
1/10	52,926	16,132
1/100	101,381	30,901
1/1,000	159,013	48,467
1/10,000	227,899	69,464
1/100,000	283,076	86,282

기압 변화 대기압은 고도에 따라 감소한다. NASA가 제공한 이 표는 해수면으로부터 다양한 높이의 공기 압력(1기압에 대한 분수값으로 나타냄)을 나타낸다.

태양과 비의 측정 일조시간을 측정하는 능력은 농업과 태양에너지 생산에 중요하다. 강우에 대한 정보 역시 댐의 설계 및 배수 시스템뿐 아니라 농업에 상당히 중요하다.

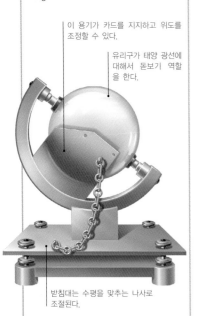

이 용기가 카드를 지지하고 위도를 조정할 수 있다.

유리구가 태양 광선에 대해서 돋보기 역할을 한다.

받침대는 수평을 맞추는 나사로 조절된다.

태양 광선 기록계 캠벨–스톡스 기구는 카드에 그슬린 표시를 하여 낮에 수집한 태양 광선의 양을 측정한다.

비가 모아져서 수집통 속으로 깔때기를 통해서 들어간다.

부구(float)에 부착된 펜이 차트에 선을 기록한다.

수집통이 차면 부구가 작동된다.

종이 차트가 회전하는 드럼에 부착되어 있다.

우량 기록계 이 우량 기록계를 이용하여 강우량과 강우시간을 측정함으로써 총 강수량과 비의 강도를 측정한다.

태양, 강수 및 바람

태양 광선, 강우 및 바람의 정확한 측정은 특별한 기상 기구가 필요한데 대부분 19, 20세기에 발명되었다. 근래에 와서는 환경 위성이 이러한 목적에 많이 사용되고 있다. 환경 위성은 특히 지상 관측소가 없는 외딴 지역을 포함하여 지구 표면의 많은 면적을 모니터할 수 있는 이점이 있다.

바다 안개(오른쪽) 위성 영상이 노르웨이와 덴마크 사이의 스카게라크 해협과 북해를 덮고 있는 바다 안개를 보여 준다. 바다 안개는 공기가 보다 찬 바닷물 위로 불면서 함축된 습기의 밀도가 높아지면서 형성된다.

가시 영상 미국 아쿠아 위성이 보내온 이 영상은 허리케인 이시도르가 2002년 9월 멕시코 만을 휩쓰는 것을 보여 준다. 가운데로 휘말려 들어가는 구름대를 볼 수 있고, 이 거대한 것의 중심에 청명한 허리케인의 눈이 있다.

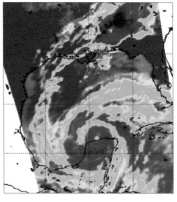

적외 영상 허리케인 이시도르에 대한 이 영상은 가시광선보다는 열을 검출하는 적외선 파장을 사용한다. 구름 상층부에 가장 추운 온도가 나타난다(파란색). 가장 따뜻한 영역은 육지와 바다의 구름이 없는 부분이다.

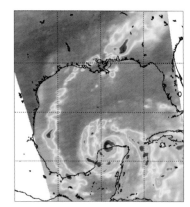

마이크로파 영상 이것은 습기, 구름 및 비의 영역을 검출하는 마이크로 파장에서 보여지는 허리케인 이시도르다. 이미지는 강수 지역(파란색), 구름과 높은 습도의 공기(초록색 및 노란색) 그리고 낮은 습도의 공기(오렌지색) 영역을 나타낸다.

풍력(위) 획기적 건축물인 바레인 세계무역센터는 3개의 거대한 풍력 터빈을 갖추고 있는데, 그중에 쌍둥이 타워 사이에서 회전하는 2개가 그림에 보인다. 이것이 전체 복합단지의 에너지 필요량의 거의 10% 정도를 생산한다.

관련 자료

바람 측정 바람은 그 다양성 때문에 측정하기 어려운 기상 요소이다. 풍향계와 바람 자루는 바람 측정 도구 중 가장 단순한 것에 속한다. 풍속계는 훨씬 복잡하지만 보다 세분화된 정보를 제공한다.

바람 자루 이 단순한 장치는 대략적인 바람의 세기뿐 아니라 어느 방향에서 바람이 불어오는지 나타낸다. 바람이 강하면 이 바람 자루는 지지대에 수평 상태를 유지한다.

풍속계 컵 풍속계는 수평으로 장착된 로터의 회전 속도를 기록하여 바람의 속도를 잰다. 회전 날개에 부착된 컵들은 바람을 받아 회전하게 된다.

위성 퀵스캣 환경 위성은 레이더를 탑재하고 전 세계의 바람 속도와 방향에 대한 데이터를 제공한다. 가장 빠른 속도는 오렌지색이고 가장 느린 속도는 파란색이다.

기상대

전 세계적으로 매일의 일기 예보를 지원하는 기상 관측 네트워크는 놀랄 만한 개수의 소스로부터 정보를 수집하는 매우 잘 조직화된 방대한 기계 조직이 되었다. 이 작업의 근거가 되는 발판은 세계기상감시(World Weather Watch, WWW)로, 미국 대통령 존 F. 케네디의 제안에 따라 1963년에 시작되었다.

관련 자료

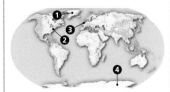

1. GC-Net 그린란드 기후 네트워크 (Greenland Climate Network, GC-Net)는 그린란드의 날씨, 특히 만년설의 상태를 모니터링한다. 1990년대에 자동 기상 관측소 네트워크가 마련되고 이로부터 나온 데이터는 위성 링크를 통해서 분석센터들에 송신된다.

그린란드

2. NOAA 미국 메릴랜드에 본부를 두고 있는 NOAA에서는 지구의 대기 및 해양에 대한 연구를 수행한다. 여기서 미국의 일기예보와 경보를 발표하고 16개의 기상 위성을 가지고 있다.

미국 메릴랜드

3. ECMWF 유럽중기예보센터(European Centre for Medium-Range Weather Forecasts)는 1975년에 설립되었고 17개 회원국으로 구성되었다. 가장 강력한 슈퍼 컴퓨터를 이용하여 7~10일 앞선 일기 예보를 하며 그 결과를 전 세계 기상 관서와 공유한다.

영국 레딩

4. 보스토크 관측소 가까운 내륙 쪽에 있는 보스토크에 위치한 러시아 연구소 및 기상대. 아마도 지구에서 가장 추운 곳이며, 여태까지 기록된 최저 기온은 1983년 7월 21일 −89.2℃였다.

남극 대륙 보스토크

기상 감시

국제기상기구(IMO)는 1873년에 설립되었고 전 지구적 기상학의 이정표가 되었다. 1950년 유엔의 특별 기구인 세계기상기구(WMO)가 되었고 현재 180여개 회원국이 있다.

산꼭대기 관측소(위) 몽 방투는 프랑스에서 유명한 산으로 1,912m의 정상에는 바람이 거세다. 1882년에 이곳에 기상대가 설립되었으나 현재는 가동되고 있지 않다.

사막 관측소(위) 호주 중앙사막의 자일스에 위치한 외딴 기상대는 가장 가까운 마을에서 약 750km 떨어져 있다. 온도는 통상 40℃가 넘는다.

관련 자료

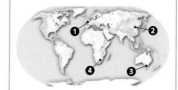

1. 멧 오피스 멧 오피스(Met Office)로 알려진 영국 기상청은 광범위한 공공 일기 서비스를 담당한다. 전통적인 매체와 통합 웹사이트를 통해서 기상 정보를 전달한다. 또한 특정 산업에 맞춤형 예보인 상업적 정보를 제공하기도 한다.

영국 엑서터

2. CMA 중국 기상청(China Meteorological Administration, CMA)은 중국의 기상 관서다. 중국은 농업에 의존하기 때문에 일기 예보는 매우 중요하다. CMA는 모든 성에 있으며 약 5만 3,000명 정도의 직원이 있다.

중국 베이징

3. BOM 1908년에 설립되어 멜버른에 본부를 두고 있는 호주의 기상청(Bureau of Meteorology)이다. BOM은 예보를 하고 호주 대륙과 바닷가 연변에 기상 경보를 발한다. 이 조직은 대륙과 극지방에 걸쳐서 현장 사무소를 가지고 있다.

호주 멜버른

4. SAWS 프리토리아에 본부가 있는 남아프리카 기상 서비스(South African Weather Service)는 2001년에 공적인 기관이 되었으며 남아프리카 공화국의 공식적인 기상 관서다. 23개의 지역 기상 사무소를 운영하고 100여 개의 자동 기상 관측소를 갖추고 있다.

남아프리카 프리토리아

바람이 센 관측소(왼쪽) 미국 뉴햄프셔의 워싱턴 산의 고도는 1,916m이다. 1934년 4월에 공식적으로 기록된 세계 최고의 지표면 바람 속도는 시속 372km로 관측되었다. 다른 곳에서 보다 강한 바람이 발생한 적이 있지만 기록 장비를 손상시켜서 기록되지 않았다.

일기 예보

수학적 시뮬레이션을 이용하여 날씨를 예측하려는 1922년 루이스 프라이 리처드슨의 비전은 시대를 앞선 생각이었으며 25년 후에 컴퓨터가 출현하고 나서야 실현되었다. 현재 수치 예보(numerical weather prediction)는 기상학에서 사용하는 가장 강력한 도구 중 하나이며 단기 예보의 기본이 된다.

관련 자료

예보. 보다 정확한 예보는 생명과 재산을 보호한다. 컴퓨터 모델은 초기 조건에서 시작해서 항해사나 항공사들을 위한 특별한 예측뿐 아니라 강우, 온도 및 바람 예보를 만들어 낸다.

가뭄 가뭄의 예보는 최근에 발전하였다. 예를 들어 엘니뇨 현상과 같은 해수면 온도와 강우와의 관계를 이해하는 것은 특히 중요하다.

열파 뜨거운 날씨가 지속되면 인간 생존이 위험하게 된다. 열파 경보는 병원에 경각심을 주고 일반 대중에게 대비하도록 한다.

홍수 컴퓨터 시뮬레이션은 홍수로 이어질 수 있는 심한 폭우 예측에 큰 도움이 된다. 생명과 재산을 구하고 가축 손실을 최소화하는 경보를 발할 수 있다.

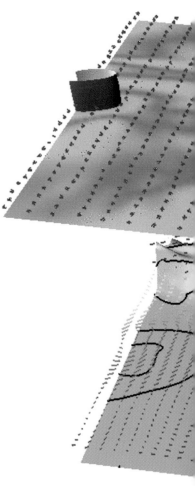

기상 경보(왼쪽) 기상 경보의 발효를 포함하여 단기 예보는 생명을 구하는 데 있어 매우 중요하다. 예를 들면 토네이도 경보는 사람들을 대피시키거나 도피처를 찾도록 한다. 이 사진은 미국 아이오와 주에서 2008년 5월 26일 발생한 토네이도가 휩쓸어 파괴된 지역을 보여준다.

컴퓨터 모델링(왼쪽 아래) 1999년 9월 미국 동부 해안을 스치고 간 허리케인 플로이드의 진로는 컴퓨터 모델링에 의해서 정확히 예측되었다. 경보가 사전에 대중들에게 발효될 수 있었다. 이 컴퓨터가 만들어 낸 3차원 영상은 허리케인의 구조를 보여 준다.

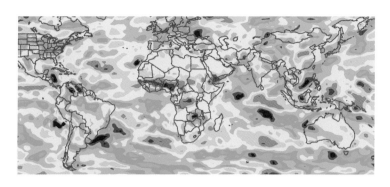

강우 이 영상은 컴퓨터가 만들어 낸 2002년 6, 7, 8월의 3개월 평균 강우 예보이다. 파란색은 평균 이상의 강우, 빨간색은 평균 이하를 나타낸다. 그러한 예측은 농법, 특히 다가오는 계절의 곡물 계획에 많이 적용된다.

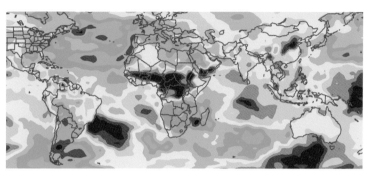

온도 이것은 컴퓨터가 만들어 낸 2002년 6, 7, 8월의 3개월 평균 온도 예보이다. 평균보다 높은 온도는 빨간색으로, 평균보다 낮은 온도는 파란색으로 표시되었다. 에너지 회사들은 에너지 수요를 예측하는 데 도움이 되기 때문에 이러한 형태의 예측에 관심이 많다.

3차원 시뮬레이션(아래) 1993년 대폭풍은 북아메리카의 동쪽 해안을 따라 기록적인 눈과 비를 내리게 했다. 폭풍 컴퓨터 시뮬레이션은 시스템을 추적하는 기상학자들에게 훌륭한 지침을 주었다. 이 3차원 컴퓨터 시뮬레이션은 지면의 양상과 폭풍의 상층 구조를 보여 준다.

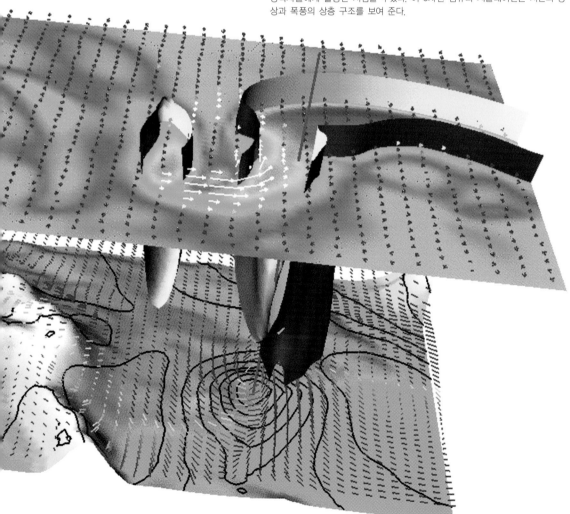

관련 자료

폭풍 눈보라가 있을 때 폭설이 쌓이는 위치는 바뀔 수 있기 때문에 조기 경보는 필수적이다. 컴퓨터 시뮬레이션은 폭풍이 어디에서 발생할지를 보다 잘 알아낼 수 있다.

바닷바람 특히 여름철에는 바닷바람이 기온에 드라마틱한 영향을 준다. 바람은 해안 지역에 따라 기온을 10℃만큼 낮게 할 수 있다.

처리 능력

보다 강력한 컴퓨터는 세부적인 날씨 모델링을 하는 데 필요한 수많은 수학적 계산 처리를 가능하게 한다. 오늘날에는 해륙풍이나 뇌우 클러스터 같은 중규모 날씨 효과까지도 예측될 수 있다.

관련 자료

부호 기상학자들은 바람, 강수 및 구름 패턴을 설명하기 위해서 부호를 사용한다. 이 부호들은 국제적인 규약으로 통용되며 예보자들의 작업 차트에는 표시되지만 신문이나 방송에서는 잘 쓰지 않는다.

현재 날씨	
،	약한 이슬비
,,	지속적인 약한 이슬비
،	간헐적인 중간 정도 이슬비
،،	지속적인 중간 정도 이슬비
،	간헐적인 강한 이슬비
،،	지속적인 강한 이슬비
●	약한 비
●●	지속적인 약한 비
●	간헐적인 중간 정도 비
●●	지속적인 중간 정도 비
●●	간헐적인 강한 비
●●	지속적인 강한 비
✳	약한 눈
✳✳	지속적인 약한 눈
✳	간헐적인 중간 정도 눈
✳✳	지속적인 중간 정도 눈
✳✳✳	간헐적인 폭설
✳✳✳	지속적인 폭설
◇	우박
∿	어는비
⌇	연기
)(	토네이도
S	먼지 폭풍
≡	안개
⌐↓	뇌우
‹	번개
6	태풍, 허리케인

일기도 제작

일반적으로 일기도라고 알려져 있는 종관 일기도 및 예상도는 기상학에서 주요 도구이다. 종관 일기도는 주어진 시간에 어떤 지역 날씨의 순간 촬영 사진이다. 예상도는 미래의 날씨를 예측하는 데 사용된다. 기상도는 방대한 양의 정보가 국제적으로 공인된 양식으로 압축되어 제작되고 이제는 우리 일상에서 매우 친숙한 분야가 되었다.

예측(오른쪽) 예상도는 예상 일기도다. 이는 기압 체계와 강우 패턴이 미래의 어느 때에 어디로 예상되는지에 대해 컴퓨터로 생산한 것이다. 이러한 종류의 차트가 일주일 앞선 일기 예보의 기본이 된다.

수작업(위) 1970년대까지 대부분의 종관 일기도는 수작업으로 만들었다. 이 1955년 사진은 영국에서 텔레비전 방송을 위해 수작업으로 차트가 만들어지는 과정을 보여 준다.

고속(아래) 인터넷은 종관 일기도를 가지고 다닐 수 있게 만들어서 가장 최근의 기상도가 차량에서도 폭풍 추적자들에 제공되어 뇌우의 활동을 추적할 수 있도록 한다.

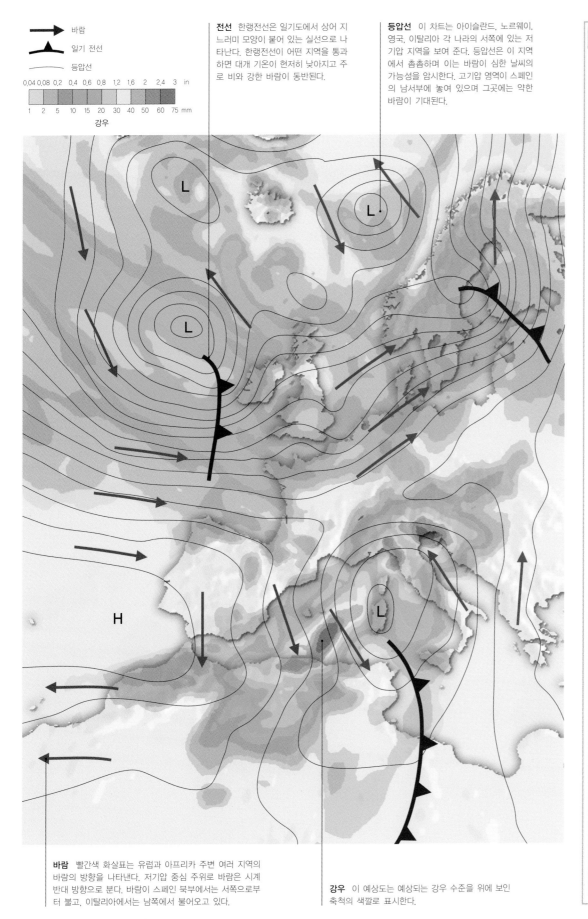

바람

일기 전선

등압선

0.04 0.08 0.2 0.4 0.6 0.8 1.2 1.6 2 2.4 3 in

1 2 5 10 15 20 30 40 50 60 75 mm

강우

전선 한랭전선은 일기도에서 상어 지느러미 모양이 붙어 있는 실선으로 나타난다. 한랭전선이 어떤 지역을 통과하면 대개 기온이 현저히 낮아지고 주로 비와 강한 바람이 동반된다.

등압선 이 차트는 아이슬란드, 노르웨이, 영국, 이탈리아 각 나라의 서쪽에 있는 저기압 지역을 보여 준다. 등압선은 이 지역에서 촘촘하며 이는 바람이 심한 날씨의 가능성을 암시한다. 고기압 영역이 스페인의 남서부에 놓여 있으며 그곳에는 약한 바람이 기대된다.

L

L

L

L

H

바람 빨간색 화살표는 유럽과 아프리카 주변 여러 지역의 바람의 방향을 나타낸다. 저기압 중심 주위로 바람은 시계 반대 방향으로 분다. 바람이 스페인 북부에서는 서쪽으로부터 불고, 이탈리아에서는 남쪽에서 불어오고 있다.

강우 이 예상도는 예상되는 강우 수준을 위에 보인 축척의 색깔로 표시한다.

관련 자료

구름량

○	구름 없음
◐	1/10 덮임
◔	2/10~3/10 덮임
◕	4/10 덮임
◑	절반 덮임
◑	6/10 덮임
◕	7/10~8/10 덮임
◑	9/10 덮임
●	완전히 덮임
⊗	하늘 상태 관측 불가

구름

―	층운
⌒	적운
⟋	난층운
⌣	층적운
∠	고층운
⌣	고적운
⌐	권운
2	권층운
⌇	권적운
⌂	대머리 적운
⊠	모루 대머리 적운

풍속(km/h)

◎	고요
—	1~3
⌐	4~13
⌐	14~23
⌐	24~33
⌐	34~40
◣	89~97
◣◣	192~198

관련 자료

정보 송수신 위성에 장착된 카메라들은 큰 지역에 걸쳐서, 심지어는 지구의 밤 쪽 부분까지의 일기 시스템 사진을 찍고, 레이더는 강수가 발생하는 지역이 어딘지를 찾아내고, 도플러 레이더는 일기 시스템 안에서 공기의 이동을 측정한다.

라디오 전파 레이더는 대기권에 라디오 파를 발사한다. 어떤 파들은 빗방울에 부딪쳐 반사되어 레이더 안테나에 잡혀서 컴퓨터 이미지로 전환된다.

극지방 주위 극궤도 위성은 약 100분 정도에 한 궤도를 돌면서 지구를 약 850km 고도에서 회전한다. 이곳에서 송신되는 일기 이미지들은 매우 상세하다.

적도 주위 지구에 고정되어 도는 인공위성들은 36,000km 고도에서 적도를 회전한다. 지구의 자전 속도와 같은 속도로 돌기 때문에 지구에 고정되어 있는 위성은 지구의 동일한 상공에 있다.

레이더와 인공위성

1960년대에 첫 위성이 발사된 이후 위성 영상은 기상학에 혁명을 가져 왔다. 기본적으로 관측 장비인 위성은 기상학적인 요소들을 측정하기 위해서 레이더뿐 아니라 가시광선 및 적외선 카메라를 탑재하며 카메라들은 구름 지역 및 구름 높이들을 탐지한다. 다른 장비들은 구름이 눈에 보일 정도가 되기 전에 어느 곳에서 발달할지를 예측할 수 있다.

차량 위의 도플러(오른쪽) 이동식 도플러 레이더를 장착한 폭풍 추적 차량은 엄청난 뇌우 활동을 추적할 수 있다. 도플러 레이더 이미지는 강한 뇌우 시스템 내부를 감시하여 토네이도 발생 여부를 알아내는 데 쓰인다.

국제적인 노력 여러 국가들이 여러 궤도의 인공위성을 보유하고 있다. 어떤 것은 극궤도에, 다른 것들은 지구 정지 궤도 위성들이다. 이러한 위성에서 받는 데이터는 일기 예보의 공통적인 목적으로 국제적으로 자유롭게 교환한다.

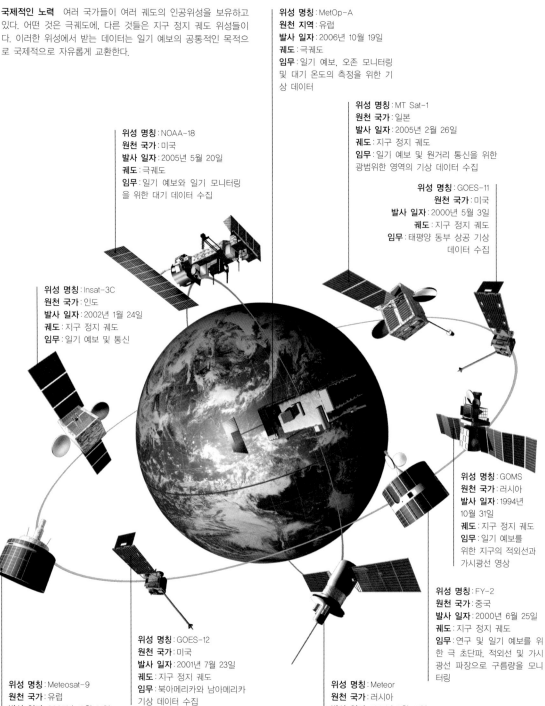

위성 명칭: MetOp-A
원천 지역: 유럽
발사 일자: 2006년 10월 19일
궤도: 극궤도
임무: 일기 예보, 오존 모니터링 및 대기 온도의 측정을 위한 기상 데이터

위성 명칭: MT Sat-1
원천 국가: 일본
발사 일자: 2005년 2월 26일
궤도: 지구 정지 궤도
임무: 일기 예보 및 원거리 통신을 위한 광범위한 영역의 기상 데이터 수집

위성 명칭: NOAA-18
원천 국가: 미국
발사 일자: 2005년 5월 20일
궤도: 극궤도
임무: 일기 예보와 일기 모니터링을 위한 대기 데이터 수집

위성 명칭: GOES-11
원천 국가: 미국
발사 일자: 2000년 5월 3일
궤도: 지구 정지 궤도
임무: 태평양 동부 상공 기상 데이터 수집

위성 명칭: Insat-3C
원천 국가: 인도
발사 일자: 2002년 1월 24일
궤도: 지구 정지 궤도
임무: 일기 예보 및 통신

위성 명칭: GOMS
원천 국가: 러시아
발사 일자: 1994년 10월 31일
궤도: 지구 정지 궤도
임무: 일기 예보를 위한 지구의 적외선과 가시광선 영상

위성 명칭: FY-2
원천 국가: 중국
발사 일자: 2000년 6월 25일
궤도: 지구 정지 궤도
임무: 연구 및 일기 예보를 위한 극 초단파, 적외선 및 가시광선 파장으로 구름량을 모니터링

위성 명칭: GOES-12
원천 국가: 미국
발사 일자: 2001년 7월 23일
궤도: 지구 정지 궤도
임무: 북아메리카와 남아메리카 기상 데이터 수집

위성 명칭: Meteosat-9
원천 국가: 유럽
발사 일자: 2005년 12월 21일
궤도: 지구 정지 궤도
임무: 유럽과 아프리카 일기 예보를 위한 기상 데이터 수집

위성 명칭: Meteor
원천 국가: 러시아
발사 일자: 1991년 8월 15일
궤도: 극궤도
임무: 일기 예보를 위한 지구의 적외선과 가시광선 영상

레이더 영상 레이더는 강수의 위치와 강도의 평가를 가능하게 하고 악기상 날씨 현상을 알아낼 수 있다. 위성 영상은 분석자와 멀리 떨어진 곳이더라도 허리케인, 전선, 폭풍 세포의 움직임을 알려 준다.

2차원 뇌우 이 레이더 이미지는 매우 강한 뇌우 활동을 보여 준다. 가장 심한 강우 지역은 빨간색과 오렌지색으로 되어 있으며 우박이 떨어지는 곳은 검은 점들로 나타나 있다.

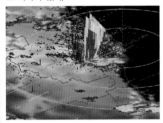

3차원 폭풍 현대 레이더는 뇌우 활동에 대한 3차원 영상을 만들어 낼 수 있다. 이런 형태의 정보는 어떤 폭풍이 혹독할지를 판별할 수 있다.

3차원 열대 저기압 1995년 2월 호주 서쪽 해안에 위치한 사이클론 보비의 레이더 영상은 폭풍의 내부 구조에 대한 많은 것을 보여 준다.

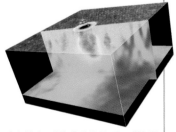

태양 흑점 태양 흑점의 구조는 태양 주위의 자기장과 가스 흐름을 측정하는 미켈슨 도플러 이미지 장치에 의해서 밝혀졌다.

기후

기후

기후란 무엇인가?

기후는 날씨의 평균 패턴이다. 이것은 오랜 기간에 걸친 온도, 강수, 대기압, 그리고 바람의 측정에 의해 결정된다. 한 지역의 기후는 많은 변수들의 상호작용의 결과인데 위도, 해수면으로부터의 높이, 지형, 그리고 해양 또는 넓은 수역과의 근접성 등이 중요하다. 비록 기후가 평균적인 상태이지만 짧은 기간 또는 긴 기간 동안에 변화가 생길 수 있고 또 실제로 발생한다. 온도, 강수, 기압, 그리고 풍속은 지구 기후의 자연적인 변동성이나 인간 활동을 통해 증가하거나 감소하기도 한다.

북아메리카

남아메리카

기후 변수

아마도 온도의 예측인자 중 가장 중요한 변수는 위도일 것이다. 적도 근처에 놓여 있는 지역들은 일반적으로 가장 따뜻하다. 왜냐하면 우리의 에너지 원천인 태양 복사가 이 위도에서 가장 강하고 일조시간이 길기 때문이다. 반면, 극에 가까운 지역은 가장 춥다. 왜냐하면 극 지역은 태양 복사가 덜 강하며 1년 중 대부분이 일조시간이 적기 때문이다.

온도에 있어서 위도의 효과는 고도에 따라 달라지는데, 이는 대류권 내에서 고도가 높아질수록 온도가 감소하기 때문이다. 온도가 더욱 낮은 아주 높은 고도에서는 강수가 눈으로 발생한다. 이 눈은 1년 내내 따뜻한 열대 안데스와 동아프리카 지역에 위치한 산

악 지역에 빙하를 형성한다.

넓은 수역도 온도에 영향을 준다. 수역은 육지에 비해 따뜻해지고 차가워지는 정도가 느리기 때문에, 비록 그들이 같은 위도에 놓여 있을지라도 해안에 가까운 지역은 내륙보다 좀 더 온화하고 적당한 온도의 연변동을 겪는다.

만년설과 얼음층은 이들이 없는 지역보다 온도를 더욱 낮추는 강제력으로 작용한다. 강수는 거대한 수분의 원천지인 적도와 같이 따뜻한 지역에서 많이 내리는 경향이 있다. 산맥은 공기를 강제적으로 상승시키기 때문에 강수를 재분배한다. 구름은 상승하는 공기의 수분이 응결됨으로써 형성되며 그 결과 생긴 강수는 풍상측의 산사면 위로 떨어진다. 비가 모두 떨어지고 넘어온 풍하측은 더 건조한 상태

가 된다.

기압 또한 기후에 영향을 미친다. 고압대 지역에서는 강수량이 적은 반면 저압대 지역은 보다 높은 강수량을 가지는 경향이 있다.

기후의 분류

기후를 분류하려는 시도는 고대 그리스 학자 아리스토텔레스가 지구를 3개의 기후지대로 나누기 위해 지구와 관련된 태양 위치의 기하학을 사용했을 때인 기원전 4세기까지 거슬러 올라간다. 더 이후인 20세기 초, 쾨펜(Köppen)은 식생과 기후 사이를 연결하여 쾨펜 기후 시스템의 기반을 다졌다. 그 이후 기후 지식이 향상됨에 따라, 손스웨이트(Thornthwaite) 시스템에서는 강수와 증발 사이의 관계를 사용하였고 스트랄러(Strahler)의 시스템은 공기의 질량을 사용하였다. 각각의 방법은 유용하지만 한 가지 분류만으로는 지역 기후의 모든 양상을 포함할 수 없다. 예를 들어 쾨펜의 분류는 태평양 섬의 기후를 포함하지 못한다. 이 책의 기후대 지도는 쾨펜의 분류법에 기초하였다.

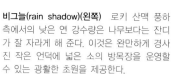

비그늘(rain shadow)(왼쪽) 로키 산맥 풍하측에서의 낮은 연 강수량은 나무보다는 잔디가 잘 자라게 해 준다. 이것은 완만하게 경사진 작은 언덕에 넓은 소의 방목장을 운영할 수 있는 광활한 초원을 제공한다.

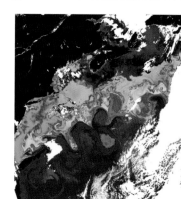

멕시코 만류(오른쪽) 대서양을 북동쪽으로 가로지르는 난류(이 위성 사진에서 빨간색과 갈색) 덕분에 북아메리카의 동부 해안과 서부 유럽의 기후는 북쪽에 있는 위도임에도 불구하고 온화하게 된다.

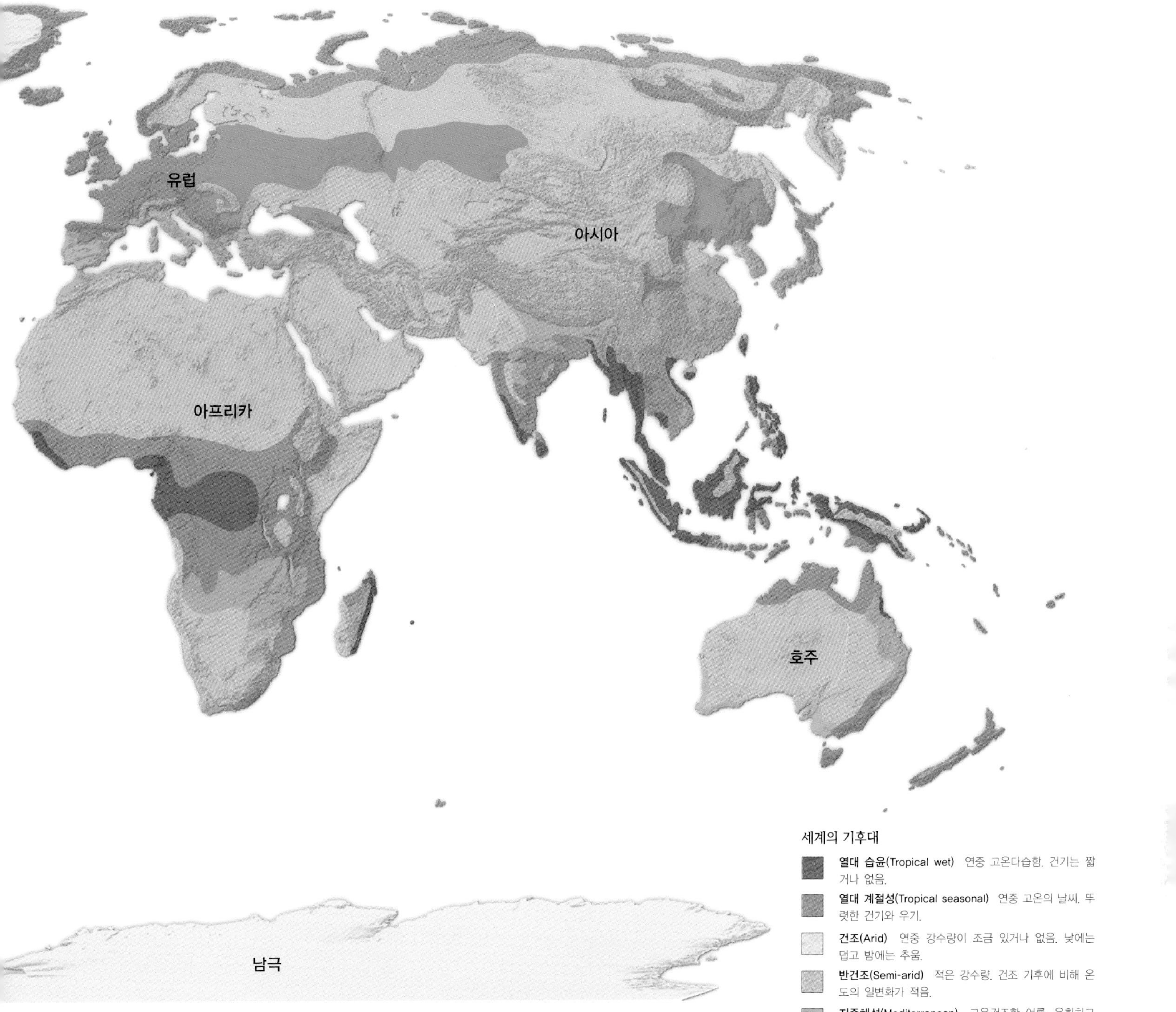

유럽

아시아

아프리카

호주

남극

세계의 기후대

열대 습윤(Tropical wet) 연중 고온다습함. 건기는 짧거나 없음.

열대 계절성(Tropical seasonal) 연중 고온의 날씨. 뚜렷한 건기와 우기.

건조(Arid) 연중 강수량이 조금 있거나 없음. 낮에는 덥고 밤에는 추움.

반건조(Semi-arid) 적은 강수량. 건조 기후에 비해 온도의 일변화가 적음.

지중해성(Mediterranean) 고온건조한 여름, 온화하고 습윤한 겨울. 가끔 영하의 기온.

아열대(Subtropical) 따뜻하고 습윤. 더운 여름과 서늘하고 건조한 겨울.

온대(Temperate) 사계절이 뚜렷함. 연중 비가 내리며 따뜻한 여름과 추운 겨울.

대륙성(Continental) 서늘하고 습윤함. 따뜻한 여름과 극심한 겨울.

북부(Boreal) 서늘한 여름과 눈을 동반한 매우 극심한 겨울. 상록수림 식생.

아한대(Subpolar) 연중 매우 추움. 실질적인 여름이 없음. 툰드라 식생.

한대(Polar) 연중 극도로 춥고 건조함. 영구적으로 얼음으로 덮여 있음.

산악(Mountain) 같은 위도의 저지대보다 더 추움.

태평양(오른쪽) 열대 태평양의 표면 온도 변화는 날씨에 영향을 미친다. 비정상적으로 차가운 흐름이 있는 라니냐 현상 동안 엽록소 농도(그림에서 밝은 파란색)가 높아지고, 남아메리카의 북서쪽에 건조한 상태를 가져오며, 호주 동부에 홍수를 가져온다. 평균보다 따뜻한 해류(엘니뇨)는 이러한 기후 상태를 뒤바꾼다.

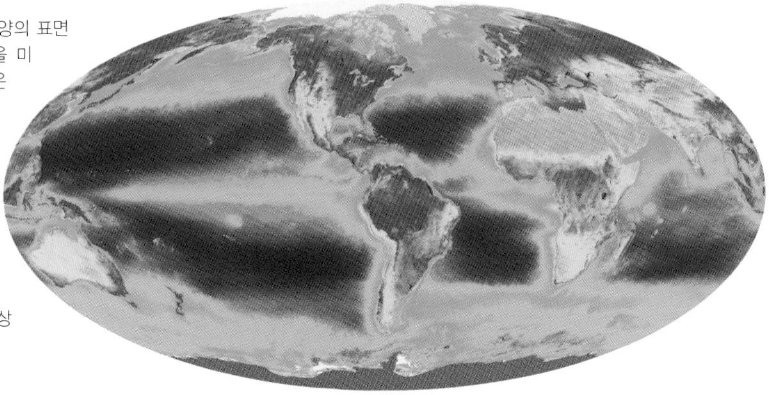

열대 기후대

북위 20°와 남위 20° 사이의 적도를 가로지르는 열대 기후는 강렬한 태양 복사로 인해 온도가 매우 높다. 열대 습윤 기후의 덥고 습윤한 공기는 연중 하루 주기의 뇌우와 높은 강우를 유발시킨다. 열대 계절성 지역은 여름에 우기를 가지지만 겨울에는 건조하다.

열대 작물(아래) 쌀은 수분이 많고 따뜻한 상태에서 가장 잘 자란다. 강우량이 많고 지속적으로 따뜻한 인도네시아 열대 습윤 기후는 계단식의 산비탈 면에서 쌀을 경작하기에 이상적이다.

관련 자료

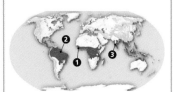

클라이모그래프 각각의 도시는 연중 높은 온도와 뚜렷한 건기를 가진다. 강우량은 여름에 가장 많으나 벨렘(Belém)은 연중 상대적으로 높은 강수량을 유지한다. 몬로비아(Monrovia)는 가장 높은 강우량를 가진다.

평균 강수량
최고 온도
최저 온도

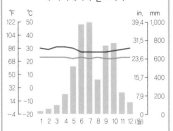

1. 라이베리아 몬로비아

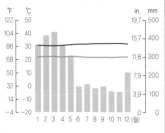

2. 브라질 벨렘

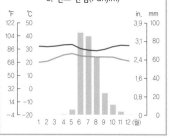

3. 인도 판짐(Panjim)

기상 감시

더 건조한 상태 작지만 최근 강우량이 감소하는 것으로 관찰된 열대의 육지 지역은 온도가 더 따뜻해질 것이라는 예상과 함께 이 지역이 더 건조해질 수도 있다고 예상된다. 열대 계절성 지대는 이미 이곳에 자리 잡은 생태계에 잠재적으로 지장을 주는 반건조 기후로 변할지도 모른다.

몬순 홍수(오른쪽) 인도의 열대 계절성 기후에서 여름철에 도시 통근자에게 큰 혼란을 야기할 수 있는 극도로 심한 호우와 갑작스러운 홍수를 동반하는 따뜻하고 습윤한 몬순류가 내륙으로 유입된다.

안개가 긴 숲(아래) 무성한 열대우림은 열대 습윤 기후의 덥고 습윤한 상태에서 번창한다. 말레이시아의 높은 고지대의 열대우림에서는 습도가 너무 높아 숲의 지붕을 덮는 안개가 자주 형성될 수 있고 잠시 동안 유지된다.

관련 자료

야생동물과 식물 열대 기후대는 지구상의 다양한 생물종의 근원지이다. 이 지역의 생물종은 비록 다른 생물군계로 빠져나와 새로운 종이 생기기도 하지만 멸종될 가능성이 적다.

탱크 브로멜리아드(tank bromeliads) 계절성 기후와 열대 숲에서 모두 발견되는 이 식물은 빗물을 머금어 많은 작은 생물들이 살아갈 수 있게 한다.

반지 꼬리 여우 원숭이 (ring-tailed lemur) 아프리카 원숭이의 친척이면서 독특한 줄무늬 꼬리를 가진 이 동물은 아프리카 동쪽에 있는 마다가스카르 남쪽에서만 발견된다.

스칼렛 잉꼬(scarlet macaw) 중앙아메리카와 남아메리카, 멕시코 열대우림의 빽빽한 잎 캐노피는 약탈자로부터 이 새를 숨겨 준다.

열대 빙하

동아프리카 탄자니아에 있는 킬리만자로 산은 적도 근처의 열대지대에 있지만 이곳의 기후는 산 아래의 열대 습윤 기후에서부터 산 정상의 건조한 극 기후까지 다양하다. 산 정상에서의 영하의 온도는 영구적인 빙하와 만년설의 형성을 가능하게 한다.

관련 자료

야생동물과 식물 사막 생물은 높은 온도에서도 잘 적응하며 식물이나 곤충으로부터 획득한 적은 물로도 생존할 수 있다. 일부 식물은 물을 저장할 수 있다. 반짝거리는 잎은 햇빛을 반사하여 식물을 시원하게 유지시켜 준다.

빌비(bilby) 호주 중앙에 위치한 사막에서 서식하는 이 작은 야행성의 유대목 동물은 살아가는 데 필요한 모든 수분을 곤충, 씨앗, 과일 그리고 먹이를 주는 아주 많은 균류로부터 획득한다.

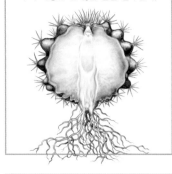

도마뱀 이 파충류는 이른 아침과 저녁에만 활동하며 더운 낮 동안은 그늘에서 햇빛을 피한다.

선인장 덥고 건조한 기후에서 서식하는 선인장은 두껍고 부드러운 줄기에 물을 저장하며 많은 양의 뿌리를 이용해 땅으로부터 가능한 한 많은 물을 흡수한다.

자연 냉각

덥고 건조한 기후에서, 건물은 최대의 통풍과 냉각이 가능하도록 구성된다. 이 바람 타워는 중동의 국가에서 자연 공기 조절 장치로 오랫동안 사용되었다.

건조 기후대

적도의 남쪽과 북쪽으로 15~35° 사이에서 발견되는 건조 기후는 적도 근처의 높은 대기압이나, 습한 해양의 공기를 막는 산악, 먼 내륙의 위치, 또는 한류와의 근접성 등에 의해 생길 수 있다. 대체로 하늘이 맑고 일조시간이 길기 때문에 이 지역은 낮에 온도가 높고 강우량이 적으며 증발량이 많고, 강하고 건조한 바람이 분다.

불모의 땅(위) 일기온이 높고, 강한 대륙성 바람과 드문 강수가 있는 인도 라자스탄의 타르(Thar) 사막은 덥고 강한 바람에 노출되어 있어 식생이 거의 없다.

바람 모양의 모래 언덕(아래) 중앙아시아 투르크메니스탄 카라쿰(Karakum) 사막의 모래는 더운 지역에서 매일 부는 강한 바람에 의해 모래 언덕의 광활한 시스템을 형성한다.

한랭 사막(위) 남회귀선에 위치한 고기압과 북쪽을 향하는 한류가 결합하여 칠레의 아타카마 사막에 있는 달의 계곡(Valle de la Luna)에 극도로 건조하고 추운 기후를 만든다.

관련 자료

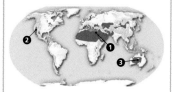

클라이모그래프 온도는 여름에 매우 높고 겨울에는 더 서늘하다. 고도가 높은 곳에 위치한 카이로, 피닉스와 앨리스스프링스의 기온은 일 변동 범위가 크다. 카이로가 가장 건조하며 피닉스와 앨리스스프링스에서는 대부분 여름에 비가 내린다.

━━ 평균 강수량
━━ 최고 온도
━━ 최저 온도

1. 이집트 카이로

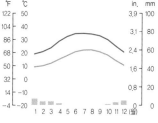

2. 미국 애리조나 주 피닉스

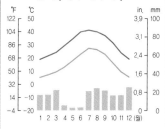

3. 호주 앨리스스프링스

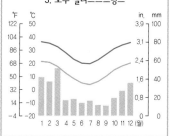

기상 감시

넓어지는 사막 지구 온난화와 함께, 더운 사막은 더욱 더워질 것이라고 예상된다. 본래부터 낮은 연 강수량은 더욱 감소될 가능성이 있다. 계속되는 건조한 상태는 아프리카의 칼라하리와 같은 사막의 모래 지역을 더욱 확장시킬 수도 있다. 그리고 더운 사막의 경계를 확장시킨다.

관련 자료

클라이모그래프 은자메나(N' Djamena)
와 카라카스(Caracas)의 온도는 연중 높
다. 덴버는 뚜렷한 겨울 추위를 가진다. 은
자메나와 카라카스에서의 강수는 적지만
비로 내리며, 위도와 고도가 높은 덴버에
서는 눈 또는 비로 내린다.

평균 강수량
최고 온도
최저 온도

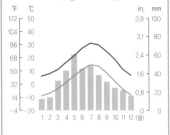

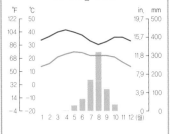

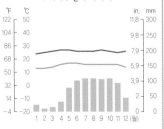

기상 감시

더 많은 가뭄과 홍수 반건조 지역은 강
수의 변동성이 매우 크기 때문에 가뭄
과 홍수가 일어나기 쉽다. 이 극한의 날
씨는 지구 온난화로 온도가 상승함에 따
라 보다 자주 나타날 것이라 예상된다. 사
막의 확장, 혹은 사막화 또한 이러한 지
역을 위협한다.

반건조 기후대

건조 기후와 열대 계절성 기후 사이의 전이대에 해당하는 반건조지
대는 그들의 기후 과정에 의해 영향을 받으며 비슷한 양상을 가진다.
강우량은 건조 지역보다 많지만 계절성이며 잔디와 드문드문 나무가
있는 대초원을 자랄 수 있게 한다. 반건조 지역의 온도는 연중 변화가
크기는 하지만 건조 지역만큼 높아질 수 있다.

계절성 강우(아래) 반건조 목초지는 보츠와
나의 물소와 같은 포유동물에게 넓은 목초지
를 제공한다. 우기에 동물들은 풀밭에서 먹이
를 먹기 위해 평원을 돌아다닌다. 건기에는 영
구적인 물웅덩이를 찾아 이동한다.

팜파스(오른쪽) 아르헨티나의 팜파스(Pampas)에서는 많은 자연적인 초원이 농업으로 인해 대체되어 왔다. 광활한 평원과 반건조 기후는 아시아의 반건조 지역에서 기원된 작물인 밀을 경작하기에 적절하다.

관련 자료

야생동물 건조 기후의 동물들과 같이 반건조지대에 살고 있는 동물들은 덥고 건조한 상태에 적응되었다. 그들은 오랜 기간 동안 물을 마시지 않고 생존할 수 있으며 먹이로부터 수분을 획득한다.

게레누크(gerenuk) 동아프리카 반건조 지역에서 이 영양의 긴 목과 뾰족한 주둥이는 가시덤불에 있는 습윤한 작은 잎을 갉아서 조금씩 먹기에 적당하다.

에뮤(emu) 호주의 날지 못하는 이 큰 새는 울타리가 없는 삼림지대의 반건조 지역에서 살고 있으며, 곤충뿐만 아니라 씨앗, 과일, 그리고 자라는 식물의 새싹을 먹고 산다.

큰개미핥기(giant anteater) 남아메리카 반건조 초원에서 발견되는 이 동물은 주식인 개미와 몇 종류의 과일 및 애벌레로부터 주로 물을 획득한다.

폭풍(왼쪽 중앙) 여름 강우는 잦은 뇌우의 형태로 오는데 이들은 공기가 가장 불안정한 때인 늦은 오후나 이른 저녁에 발달하는 경향이 있다. 여기, 불길한 폭풍 구름이 미국 대초원에 일몰처럼 걸려 있다.

부유 먼지(왼쪽) 반건조 지역에서 계절성 강우는 가변적일 수 있다. 건조한 상태가 길어지는 동안, 지표면에 노출된 흙은 2008년 3월 중국 베이징의 모습과 같이 먼지 폭풍을 만들면서 먼 거리를 부유하여 날아다닌다.

관련 자료

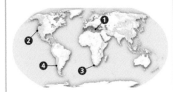

클라이모그래프 여름은 덥고 매우 건조하며 겨울은 온화하고 습하다. 연평균 강수량은 적다. 상대적으로 일 및 연 주기의 온도 범위가 작은 것은 주변 해양의 완화 효과 때문이다.

━━ 평균 강수량
━━ 최고 온도
━━ 최저 온도

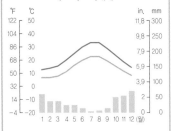

1. 그리스 아테네

2. 미국 캘리포니아 주 로스앤젤레스

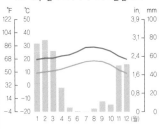

3. 남아프리카 케이프타운

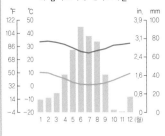

4. 칠레 산티아고

지중해성 기후대

지중해성 기후 지역은 적도의 남쪽과 북쪽으로 30~40°에 위치한 대륙의 서쪽에서 발견된다. 지중해성 기후 지역은 여름에 고기압, 깨끗한 하늘, 적당히 높은 온도, 낮은 강우를 경험한다. 대부분의 강우는 저기압이 인근 해양으로부터 수분을 가져오는 한겨울에 발생한다.

남아프리카 웨스턴 케이프(위) 이 지역은 일조시간이 긴 지중해성 기후를 즐긴다. 이곳의 히스(heath)와 관목지대 또는 '핀보스(fynbos)'는 겨울 동안 내린 강우로 번성하여 건조한 여름에도 잘 생존할 수 있는 다양한 식물종을 가능하게 해 준다.

포도 수확(오른쪽) 세계 와인의 많은 종류가 지중해성 기후 지역에서 생산된다. 온화하고 습윤한 겨울과 덥고 건조한 여름은 포도 경작의 주요 요소이다. 여기, 프랑스 노동자들이 보졸레 와인을 위해 잘 익은 포도를 수확하고 있다.

산불 위험(아래) 늦은 여름, 지중해성 기후 지역에서는 사진 속의 스페인 북동부에서 발생한 것과 같은 산불이 일어나기 쉽다. 소나무와 유칼리나무 같은 타기 쉬운 나무는 덥고 건조한 상태에서 화재의 연료를 제공한다.

관련 자료

야생동물 지중해성 기후의 동물들은 덥고 건조한 여름과 서늘하고 습윤한 겨울에 적응되었다. 그들은 거칠고 식생이 드물게 자라는 토양에서도 쉽게 먹이를 찾는다.

야생 염소 남부 유럽의 지중해성 기후대에서 흔한 이 날렵한 등반가는 그 지역의 전형적인 관목이 무성한 덤불 안에서 먹이를 찾는다.

수염수리(bearded vulture) 이 거대하지만 희귀한 맹금류는 스페인, 코르시카, 그리고 그리스의 산악지대의 수목 한계선 위에서 주로 서식하지만 겨울엔 좀 더 낮은 고도에서 서식한다. 수염 수리는 1m 길이 이상으로 자라며 거의 3m의 날개 폭을 가진다.

황금자칼(golden jackal) 이 포식자는 남부 유럽과 북부 아프리카의 지중해 지역에서 발견된다. 낮에는 스스로 몸을 감추고, 저녁에는 먹이를 사냥한다.

기상 감시

더 따뜻하고 더 건조하게 지중해성 기후 지역은 더 따뜻해지고 건조해질 것으로 예상된다. 기후 변화는 이미 유럽의 포도 재배에 영향을 미치고 있다. 레드 와인의 생산지는 한때 포도 경작을 하기에는 추웠지만 지금은 따뜻해진 지역을 따라 북쪽으로 확장되고 있다.

아열대 기후대

대략 적도의 북쪽과 남쪽으로 20~40° 사이에 놓여 있는 습한 아열대 기후 지역은 대륙의 동부 가장자리에서 발견된다. 연안을 통과하는 난류와 동쪽에서 오는 해양성 기단이 많은 강우와 함께 따뜻한 여름을 형성한다. 그러나 겨울 동안 자리하는 저기압은 더욱 서늘하고 건조한 날씨를 가져온다.

관련 자료

야생동물 습한 아열대 지역에서는 서식지가 늪에서부터 상록 활엽수와 침엽수를 가진 숲에 이르기까지 다양하여 동물종을 더욱 다양하게 만든다. 이러한 서식 범위는 숲의 바닥에서 사는 야생 돼지부터 나무에서 거주하는 원숭이까지 동물의 다양성을 지속시킨다.

표범 이 중간 사이즈의 고양이는 동남아시아의 거대한 아열대 숲의 나무에서 산다. 이곳에서 표범은 새, 다람쥐, 원숭이, 사슴, 그리고 야생 돼지를 잡아먹는다.

코알라 호주 동부의 유칼리나무 숲의 자생종인 코알라는 오직 유칼립투스 잎만을 먹고 살며 좀처럼 물을 마시지 않는다. 코알라의 소화계는 특별하게 적응되어 있다.

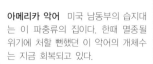

아메리카 악어 미국 남동부의 습지대는 이 파충류의 집이다. 한때 멸종될 위기에 처할 뻔했던 이 악어의 개체수는 지금 회복되고 있다.

허리케인

2002년 9월 미국 플로리다의 동부 해안에 나타난 열대 폭풍 에두아르(Edouard)는 허리케인 또는 열대 저기압의 한 예이다. 이들은 여름에 아열대 지역의 높은 강우량 등에 영향을 미친다. 이러한 폭풍은 주로 늦은 여름 또는 이른 가을에 발달한다.

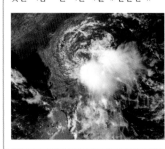

습한 환경(오른쪽) 미국 루이지애나 비스티뉴(Bistineau) 호수에서 아열대 기후는 사이프러스 나무(cypress trees)에서의 스페인 이끼 성장을 위한 이상적인 상태를 제공한다. 이 허브는 이슬, 박무, 안개, 그리고 비로부터 수증기를 흡수한다.

아열대 습지(왼쪽) 습한 아열대 기후의 높은 연 강수량과 온화한 온도는 지하수면을 높게 형성시킬 수 있다. 그 결과 많은 양의 물이 지표면에 남게 되어 미국 플로리다 에버글레이즈 국립공원과 같이 빽빽한 초목과 넓은 늪을 형성시킨다.

계절 변동(왼쪽 아래) 아열대 여름은 덥고 습할 수 있으며 겨울은 춥고 건조하다. 봄과 가을은 중국 상하이와 같은 도시의 기후처럼 보다 온난한 기후를 보장한다.

여름 폭풍(아래) 호주 시드니의 해안 지역은 끊임없이 수분을 공급하고 불안정한 공기를 제공한다. 육지의 강한 가열과 따뜻한 해류는 강한 대류를 형성하고 종종 악뇌우를 일으킨다.

관련 자료

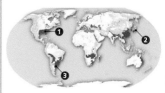

클라이모그래프 1년 내내 강수는 상당히 균등하게 분포하며 여름의 온도가 가장 높다. 겨울과 여름의 강우량 차이는 도쿄에서 가장 크다. 부에노스아이레스는 애틀랜타 또는 도쿄보다 따뜻하고 습하다.

 평균 강수량
 최고 온도
 최저 온도

1. 미국 조지아 주 애틀랜타

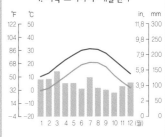

2. 일본 도쿄

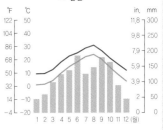

3. 아르헨티나 부에노스아이레스

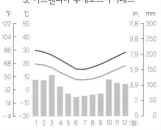

기상 감시

강도 증가 만약 세계의 기후가 따뜻하게 계속된다면, 열대 저기압의 풍속과 여름 강우는 증가될 것으로 예상된다. 만약 해수면이 예상대로 상승한다면, 아열대 지역은 주로 열대 폭풍 해일로 생기는 홍수에 보다 더 취약해질 것이다.

관련 자료

클라이모그래프 이러한 도시에서의 온도는 1년 내내 온난하며 그 범위도 작다. 강수 또한 적절하며 파리와 크라이스트처치에서는 그 변화가 매우 작다. 하지만 빅토리아에서는 여름에 강수량의 최소값이 뚜렷이 보인다.

━━ 평균 강수량
━━ 최고 온도
━━ 최저 온도

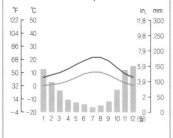

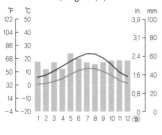

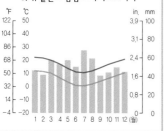

기상 감시

종의 치환 온대 기후 지역은 새와 물고기의 건강에 부정적인 영향을 미칠 수 있는 더 따뜻하고 강수량이 많은 기후가 될 것으로 예상된다. 보다 따뜻한 온도를 선호하는 종은 잠재적으로 보다 서늘한 온도에 적응한 현재의 종으로부터 치환될 것이다.

온대 기후대

온대 기후는 양 반구의 위도 40~60° 사이에서 발견된다. 탁월풍인 편서풍은 해양으로 흘러 나가고, 서늘하고 습한 해양의 공기를 이 지역으로 가져온다. 이 지역은 1년 내내 온도가 영하로 잘 내려가지 않는 온난한 온도를 가지며, 강수는 연중 고르게 분포하고, 뚜렷한 사계절을 가진다.

겨울 안개(아래) 온대 기후에서 해양의 공기는 많은 수증기를 포함하며 항상 거의 포화 상태이다. 겨울 동안 서늘한 아침 저녁 공기는 수증기가 작은 물방울로 응결되어 안개를 형성하게 한다.

봄의 개시(오른쪽) 캐나다 브리티시컬럼비아의 밴쿠버에서 벚꽃나무의 개화기는 봄이 도착했음을 알린다. 길어진 일조시간과 따뜻해진 온도 덕분에 겨울 내내 헐벗은 채 가지를 드러냈던 나무는 분홍색 꽃장식을 한다.

가을 단풍(왼쪽) 서늘해진 가을 날씨에 프랑스 루아르밸리의 플라타너스 나무에서는 낙엽성 잎을 초록색으로 물들이는 엽록소들이 사라지고, 겨울에 잎이 떨어뜨리기 전에 남은 적갈색 색조로 장관을 이룬다.

관련 자료

야생동물 온대지대의 동물들은 계절 변화와 길고 추운 겨울에 적응하였음이 틀림없다. 몇몇은 겨울 내내 줄곧 동면한다. 다른 동물들은 여름과 가을에 식량을 저장해 두고 그것으로 식량이 부족한 겨울을 견딘다.

유럽 두더지 온대 기후의 초목은 두더지에게 있어서 풍부한 식량의 원천이 된다. 이들은 지렁이, 식물의 과즙, 씨앗, 그리고 균류를 먹고 산다.

유럽 울새 붉은가슴울새로도 잘 알려진 이 새는 유럽에서 흔하며, 이곳에서 서식을 하기도 하고 겨울철에 보다 추운 북쪽 기후에서 이주해 오기도 한다.

오리너구리 이 알을 낳는 오리 주둥이의 포유류는 야행성이며 작은 계곡과 호주 남동부와 동부의 수로를 자주 다닌다.

난류

대서양 동부 온대 기후는 멕시코 만류에서 뻗어 나온 북대서양 표류(North Atlantic drift)의 영향을 받는다. 이러한 난류 덕분에 북극권의 지역들은 같은 위도의 다른 지역보다 따뜻하다. 노르웨이 피요르드는 연중 얼음이 없는 상태를 유지하지만 같은 위도의 알래스카는 겨울에 얼어붙는다.

기후 적응

식물과 동물은 기후 상태에 의해 직접적으로 그리고 강하게 영향을 받는다. 그들이 살아남은 유일한 이유는 살고 있는 지역의 기후에 적응하였기 때문이다. 이 적응은 종들이 작은 기후 변화에 대처할 수 있도록 수백만 년을 넘어 천천히 진화하는 길고 복잡한 과정이다. 성공적으로 적응한 종들은 다음 세대로 그들의 특성을 물려준다. 이 과정은 현존하는 생물체가 환경에 보다 잘 적응하는 개체임을 주장하는 다윈의 자연 선택 이론을 뒷받침하는 것이다.

극한에서의 생존

특정 지역에서 번성하려면 동식물들은 사막의 열과 건조함, 한대 지역의 몹시 추운 온도 또는 격심한 비, 눈, 또는 바람 현상과 같은 극한의 기후 환경에 대처해야 한다. 그들은 또한 계절에 따른 날씨 변화에 적응해야만 한다. 생존하는 데 사용된 메커니즘은 주로 외관이나 행동의 변화를 포함한다.

극도로 건조한 환경에서, 선인장이나 바오밥나무 같은 식물들은 그들의 두껍고 부드러운 줄기나 잎에 물을 저장할 수 있는 다즙 식물이 되었다. 캘리포니아와 멕시코 사막의 오코틸로(ocotillo)는 건기에 잎을 떨어뜨려 성장을 멈춘다. 이는 많은 물이 잎으로부터 증발산되어 손실되기 때문에 물을 보존하기 위한 효과적인 방법이다. 사막백합과 같은 구근(bulbs)은 비가 그들을 다시 살아나게 할 때까지 수년 동안 휴면할 수 있다.

사막 동물들은 낮의 더위 동안 그늘진 장소에서 자고 시원한 해가 질 때부터 새벽 시간까지 사냥을 하거나 먹이를 찾기 위해 나타난다. 낙타와 같은 몇몇 사막 동물은 물을 마시지 않고 오랜 기간 동안 지낼 수 있게 생리학적으로 적응되어 있다. 사막 개구리는 오직 호우 이후에만 나타나며 길고 건조하고 더운 달 동안은 굴을 파고 동면한다.

매우 추운 아한대 지역의 식물은 주로 크기가 작고, 열을 보존하기 위해 지표 근처에서 무리 지어 자란다. 몇몇은 태양에너지의 흡수를 최대화하기 위해 어둡거나 붉은색을 띠는 반면 다른 것들은 열의 손실을 늦출 수 있는 털로 덮여 있을지도 모른다.

추운 겨울을 갖는 기후에서 자라는 낙엽성의 나무는 에너지를 보존하기 위해 가을에 잎을 떨어뜨린다. 하지만 겨울에도 상록 침엽수는 눈으로부터 피해를 입기 전에 눈을 미끄러뜨리기 위해 아래쪽으로 경사진 가지를 가진다. 침엽수는 영하의 온도를 견뎌낸다—어두운색은 태양열을 잘 흡수하며, 또 밀랍으로 코팅되어 있다.

추운 지역의 동물들은 몸을 따뜻하게 유지하기 위해 두꺼운 털이 발달되었다. 이들 중 일부는 여름과 가을에 음식 섭취량을 늘려 지방의 형태로 저장해 두었다가 추위에 살아남기 위해 겨울 동안 동면한다.

유연성(오른쪽) 야자나무는 심한 허리케인의 바람에도 부러지지 않도록 바람에 흔들릴 수 있는 유연한 나무 몸통을 가진다. 그들의 잎 또한 강한 바람으로부터의 피해를 줄이기 위해 뒤로 구부러질 수 있다.

부푼 나무 몸통(아래) 이 바오밥나무는 마다가스카르의 건조 기후에 잘 적응했다. 그들의 거대한 나무 몸통은 많은 양의 물을 저장할 수 있고 비가 없는 긴 기간 동안 생존할 수 있게 한다.

긴 수면 유럽과 스칸디나비아 북쪽에서 서식하는 개암나무 또는 흔한 겨울잠쥐는 추위로부터 탈출하기 위해 10월부터 4월까지 그들이 먹는 씨앗, 꽃, 그리고 곤충들이 부족할 때 에너지를 보존한다.

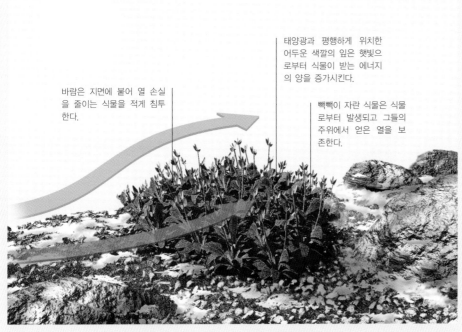

바람은 지면에 붙어 열 손실을 줄이는 식물을 적게 침투한다.

태양광과 평행하게 위치한 어두운 색깔의 잎은 햇빛으로부터 식물이 받는 에너지의 양을 증가시킨다.

빽빽이 자란 식물은 식물로부터 발생되고 그들의 주위에서 얻은 열을 보존한다.

태양광에 평행한 반사성 잎은 열의 흡수를 감소시킨다.

느슨한 형태의 성장은 공기가 잎 사이를 지나갈 수 있게 하고 식물을 시원하게 한다.

흙과의 접촉이 적어 지표로부터 흡수된 열의 양을 감소시킨다.

극지 식물(위) 극 기후와 고산 기후에서의 쿠션 식물은 지면과 가까이 무리를 지어 작게 자란다. 이들은 태양광으로부터 얻은 온기를 보존하고 바람으로부터 열의 손실을 감소시킨다.

사막 식물(오른쪽) 덥고 건조한 기후에서 자라는 식물은 높은 온도에서의 과열을 피할 필요가 있다. 개방된 성장 형태는 열을 분산시키기 위해 바람이 줄기와 잎 사이를 통과할 수 있게 한다.

온기의 나눔(아래) 남극에서 황제펭귄과 그들의 새끼들은 온기를 유지하기 위해 무리 지어 생활한다. 그들의 피부와 깃털 사이의 공기층 또한 극한의 추위로부터 그들을 지켜준다.

추위 탈출(오른쪽) 캐나다 거위는 늦은 가을이 되면 이들이 주로 번식하는 북쪽 지역으로부터 남쪽의 미국과 멕시코의 좀 더 따뜻한 기후로 이주하여 겨울을 보낸다.

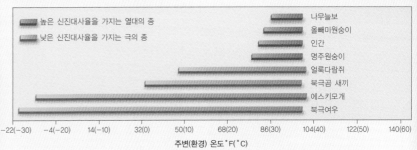

높은 신진대사율을 가지는 열대의 종		나무늘보
낮은 신진대사율을 가지는 극의 종		올빼미원숭이
		인간
		명주원숭이
		얼룩다람쥐
		북극곰 새끼
		에스키모개
		북극여우

−22(−30) −4(−20) 14(−10) 32(0) 50(10) 68(20) 86(30) 104(40) 122(50) 140(60)

주변(환경) 온도 °F(°C)

에너지 보존(위) 북극에 사는 종들은 열대 종에 비해 기온의 보다 넓은 범위에 대해서도 신진대사율을 유지할 수 있다. 좀 더 두꺼운 털, 둥근 형태의 몸체, 그리고 백색 착색 같은 적응은 그들이 매우 낮은 온도에서도 에너지를 보존할 수 있게 한다.

대륙성 기후대

관련 자료

야생동물 사슴, 다람쥐, 뱀, 새와 같이 다양한 범위의 동물들이 대륙성 기후에서 잘 나타나는 낙엽성 숲에서 잘 적응해 왔다. 어떤 종족은 견과류와 도토리만을 먹는 반면 잡식성인 다른 동물들도 있다.

유라시아 다람쥐 추운 대륙성 기후의 겨울에 살아남기 위해 이 다람쥐는 두꺼운 털을 기르고 씨앗과 도토리를 저장한다.

큰어치 이 지저귀는 큰 새는 미국 동부의 자생종이며, 낙엽성 숲의 가장자리에서 살고 겨울을 보내기 위해 남쪽으로 이동한다.

붉은 여우 대륙성 기후의 낙엽성 숲에서 찾을 수 있는 이 고독한 사냥꾼은 새, 작은 사냥감, 설치동물, 과일 그리고 식물을 먹고 산다.

토네이도

이 토네이도는 대륙성 기후의 내륙 지역인 미국 텍사스 북부에서 하루 동안 일어난 28개의 토네이도 중 하나였다. 멕시코 만으로부터의 따뜻하고 습한 공기가 로키산맥으로부터 하강하는 건조한 공기와 만났을 때, 토네이도는 빈번하게 발생한다.

대륙성 기후는 이름이 의미하는 바와 같이 해양의 온난 효과로부터 멀리 떨어진 대륙의 내부에서 발견된다. 태양이 높이 있을 때 발달된 따뜻한 기단으로 인해 여름은 따뜻하고 습하다. 추운 고위도에서부터 남쪽으로 한랭전선이 파고들면 차가운 기단의 영향을 받아 겨울은 춥고 건조하다.

폭풍(아래) 캐나다 매니토바는 보통 대륙성 기후로 강한 여름 뇌우가 잘 나타난다. 불안정하고 따뜻하며 습한 공기의 지표면이 가열되어 강한 대류가 촉발되고 늦은 오후부터 폭풍이 발달한다.

식생(오른쪽) 대륙성 기후 지역의 나무는 온대 기후 지역과 같이 주로 낙엽성이며, 겨울에 잎을 떨어뜨리고 봄에 다시 재생한다. 숲은 5개의 주요 식물지대로 구분된다. 가장 큰 나무(**1**)는 작은 나무와 묘목(**2**)을 보호한다. 그들 아래는 관목(**3**)과 허브(**4**)가 있는 반면 땅에는 부식된 잎과 떨어진 가지 사이에 이끼와 지의류(**5**)가 있다.

겨울(위) 중국 북동부의 지린(Jilin)에서는 겨울철에 온난전선으로부터 비가 내리면 영하의 앙상한 가지가 눈으로 덮인다. 습한 공기가 얼어붙은 강물의 표면과 만날 때 박무가 발생한다.

가을 장관(아래) 러시아의 칼루가(Kaluga) 지역에서 낙엽성의 나무는 가을에 장관을 연출한다. 낮이 짧아지고 추워짐에 따라, 나무들은 잎을 초록색으로 만드는 엽록소의 생산을 멈추고 황금색의 마스크를 쓴 것 같이 아름답다.

관련 자료

클라이모그래프 겨울에, 미시간 호수의 온한 영향으로 시카고는 모스크바와 중국 선양만큼 춥지 않다. 강수는 세 도시에서 1년 내내 내리지만 여름에 정점에 달한다. 선양은 겨울이 가장 건조하다.

평균 강수량
최고 온도
최저 온도

1. 미국 일리노이 주 시카고

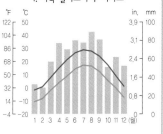

2. 러시아 모스크바

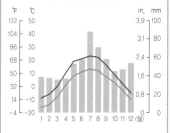

3. 중국 선양

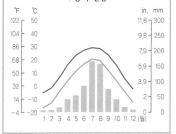

기상 감시

식생의 변화 이 기후대는 더 따뜻해지고 건조해질 것으로 예상된다. 더 따뜻한 온도는 수목 한계선이 극지로 이동하는 것을 가속화시킬 것이다. 광주기보다는 온도에 의해 영향을 더욱 많이 받는 식물들은 좀 더 일찍 찾아오고 따뜻해진 봄과 여름으로 인해 성장시기가 길어질 것이다.

북부 기후대

북위 50~70° 사이에 위치한 북부 기후 밴드는 알래스카의 서부부터 캐나다를 가로질러 유럽의 북부와 시베리아까지 뻗어 있다. 극의 기단은 길고 어두운 겨울을 몹시 춥게 만드는데, 6개월까지는 영하이고 지면이 얼어 있다. 강수량은 적지만, 짧고 서늘한 여름에는 증발량 또한 적기 때문에 습한 채로 남아 있다.

관련 자료

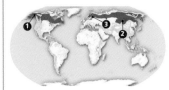

클라이모그래프 강한 해양의 영향으로 헬싱키는 페어뱅크스 또는 이르쿠츠크보다 춥지 않고 연중 적절한 강수량을 가지며 강수는 대부분 비의 형태로 내린다. 페어뱅크스와 이르쿠츠크는 연중 강수량이 적고 겨울엔 눈이 내린다.

평균 강수량
최고 온도
최저 온도

1. 미국 알래스카 주 페어뱅크스
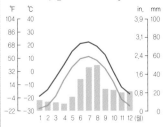

2. 러시아 이르쿠츠크
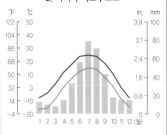

3. 핀란드 헬싱키
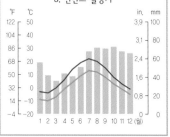

기상 감시

더 따뜻하고 더 건조하게 기후 변화와 함께 더욱 건조한 날씨는 더욱 따뜻한 온도와 함께 찾아올 것이다. 이는 아마도 화재나 곤충 감염에 대한 숲의 민감성과 빈도수를 증가시킬 것이다. 영구 동토층이 녹으면 많은 양의 탄소가 대기 중으로 방출될 것이다.

시베리아 타이가(위) 늦은 겨울과 이른 봄, 햇빛은 좋지만 새로운 성장이 시작되기엔 너무 추울 때, 광활한 북부 삼림 지역의 상록수는 광합성을 하기 위해 오래된 잎을 사용한다.

캐나다 습지대(오른쪽) 건조한 겨울 동안, 차갑고 건조한 시베리아 기단이 태평양을 가로지를 때 저기압성 폭풍이 발달할 수 있으며, 캐나다 북부와 조금 더 남쪽으로 강수를 가져온다.

혹독한 겨울(위) 스웨덴 북부 숲의 가문비나무는 북부 기후의 길고 눈 오는 겨울에 잘 적응했다. 폭설이 내리는 동안 눈은 나무가 잎을 피해를 방지하며 나무의 아래로 경사진 가지 위를 쉽게 미끄러진다.

관련 자료

야생동물 북부 삼림 지역은 엘크, 와피티사슴, 말코손바닥사슴 등과 같은 많은 초식동물뿐만 아니라 스라소니, 족제비, 비버와 같은 작은 포유류의 터전이다. 그곳은 또한 다양한 종류의 새, 일부 텃새와 철새의 보금자리이다.

말코손바닥사슴 사슴 가족 중에서 가장 큰 말코손바닥사슴은 잎, 잔가지 그리고 활엽수와 북부 삼림 지역에서 자라는 관목의 꽃봉오리를 먹고 산다.

큰솜털딱따구리 (hairy woodpecker) 이 중간 크기의 딱따구리는 북부 삼림 지역과 북아메리카의 많은 곳에서 발견된다. 이들은 곤충, 과일, 나무열매를 먹고 산다.

미국 흑곰 많은 층을 이룬 북부 삼림 지역은 북아메리카에 넓게 퍼져 있는 이 초식 동물에게 있어서는 풍부한 음식의 근원지이다.

조류 보육

곤충, 씨앗 그리고 과일이 풍부한 여름은 새들이 새끼를 기르기에 이상적인 북아메리카의 북부 삼림 지역을 만든다. 그중 300여 종은 겨울을 보낼 미국 남부로 날아가기 전에 그곳에서 새끼를 기른다. 큰논병아리(red-necked grebe)는 알래스카와 캐나다의 작은 호수에서 양육하지만 북아메리카의 남부에서 동쪽과 서쪽 해안을 따라 겨울을 난다.

아한대와 한대 기후대

북극권과 남극권 안에서의 기후는 몹시 찬 기단에 의해 지배를 받는다. 겨울은 매우 길고, 춥고 어두운 반면 여름은 매우 짧고 빙점 온도에 가깝다. 한대 지역은 광활한 면적이 만년빙으로 덮여 있는 반면, 온도가 낮고 강수량이 적은 아한대 주변부에서는 키가 작은 다년생 식물만이 생장할 수 있다.

남극(아래) 매서운 바람과 극심한 추위가 이 얼음으로 뒤덮인 지역에서 매일 발생하며, 연 강수량은 50mm밖에 되지 않고, 강수는 눈으로 내린다. 사진의 아델리 펭귄은 보다 더 온화한 연안 지역에 산다.

관련 자료

클라이모그래프 맥머도 만(McMurdo Sound)은 1년 내내 온도가 영하로 떨어지지만 바르도(Vardo)의 온도는 6개월만 영하이다. 강수는 대부분 눈으로 내리고 바르도에서 가장 많다. 얼러트(Alert)와 맥머도 만은 훨씬 더 건조하다.

— 평균 강수량
— 최고 온도
— 최저 온도

1. 노르웨이 바르도

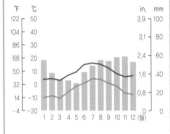

2. 캐나다 누나부트 주 얼러트

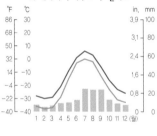

3. 남극 맥머도 만

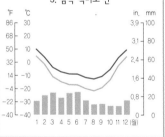

기상 감시

극적인 변화 빙하, 해빙, 그리고 영구 동토층 지역은 이미 따뜻해지고 녹고 있다. 부빙은 빠른 속도로 녹고 있으며 유빙괴는 더 얇아지고 있다. 크고 두꺼운 부빙에서 사는 거대한 바다코끼리와 같은 종은 살아남기에 더 힘든 육지로 강제 이동되고 있다.

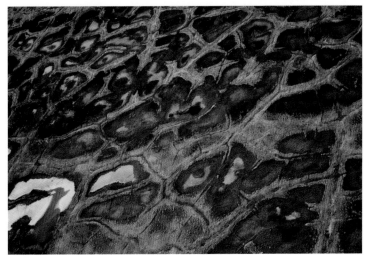

부빙(floating ice)(오른쪽) 유빙괴라고 불리는 언 해수층은 겨울에 북쪽과 남쪽 해안 지역의 광대한 영역을 덮으며 확장된다. 여름에 이것들이 녹으면 아한대 그린란드의 이 피요르드처럼 바다의 표면에 부빙이 점처럼 찍힌다.

관련 자료

야생동물 아한대와 한대 기후에 사는 동물들은 길고 극심한 겨울 추위에 적응하거나 따뜻한 지역으로 이주해야만 한다. 연중 이곳에서 사는 동물들은 두꺼운 털을 가지며 피부 아래에 지방으로 된 단열층을 가진다.

사향소(musk ox) 알래스카 북극에 사는 이 큰 초식 동물은 젖통(udder)을 포함한 온몸이 매우 두꺼운 털로 덮여 있어 추위로부터 보호받는다.

북극 토끼 깊은 털과 짧은 귀는 이 북아메리카 툰드라의 자생종이 열을 보존하는 것을 돕는다. 이 토끼 무리는 동면하지 않는 대신 눈 속에 구멍을 파서 생활한다.

북극곰 지방층과 두꺼운 털 코트는 북극에 사는 이 동물이 추위에 대항할 수 있게 돕는다. 겉으로 보이는 것과 달리 북극곰의 속에 있는 검은 피부는 태양의 온기를 흡수한다.

짧은 여름(왼쪽 중앙) 비록 성장기가 50~60일밖에 지속되지 않지만 아한대 툰드라에서 자라는 약 400종류의 꽃은 봄과 여름에 꽃을 피운다. 이 꿀을 생산하는 분홍바늘꽃(fireweed)은 인간 활동이나 화재가 있었던 곳에서 자란다.

다각형(왼쪽) 이러한 패턴은 아한대 영구 동토층에서 발생한다. 겨울에 이곳의 얇은 토층이 얼게 되면 땅은 수축하고 갈라진다. 겨울이 돌아오면 다시 얼겠지만, 여름 해빙기 동안은 물과 눈으로 채워진다.

관련 자료

야생동물과 식물 넓은 기후 범위를 가지는 산맥은 서로 다른 많은 동물들의 본거지이다. 아마도 높은 곳에 사는 동물들은 좀 더 두꺼운 털을 가진다든지 또는 다른 적응 방식을 가질지도 모른다. 푸야(Puya)와 같은 식물들도 추위에 대처하기 위해 적응했다.

과나코(guanaco) 이 초식 동물은 남아메리카 안데스 산의 모든 고도에서 살고 있다. 이 동물은 심장과 폐가 커서 산소 농도가 낮은 곳에서도 살 수 있다.

불곰 살아 있는 육식 동물 중 가장 큰 것 중 하나인 북아메리카 불곰은 고산의 목초지와 산악림 등을 포함한 많은 곳에 서식지를 두고 있다.

산양 길고 가는 수염과 긴 털이 그들이 사는 추운 고산 기후로부터 이 북아메리카의 날렵한 등반가를 보호한다.

푸야 남아메리카 안데스의 서늘하고 건조한 경사면에 잘 자라는 이 식물은 저녁에 추위로부터 스스로를 보호하기 위해 잎을 줄기 주위로 접어 올린다.

산악 기후대

고도가 충분히 높은 산은 같은 위도대에서 존재하지 않는 기후를 생성시킨다. 산은 바람의 방향을 바꾸고 온도, 압력 그리고 강수에 영향을 미친다. 산악 기후는 위도, 고도, 바람에 노출된 정도에 의존하며, 가장 낮은 고도의 산간 기후에서부터 가장 높은 고도의 고산 기후까지 범위를 분류한다.

고산 기후 대 온대 기후(오른쪽) 프랑스 알프스에 있는 몽블랑은 온대 기후대에 놓여 있지만 꼭대기와 상부 사면은 추운 고산 기후를 가진다. 여름에 산 정상부가 눈에 덮여 있는 반면 골짜기는 푸르고 보다 온화한 기후를 누린다.

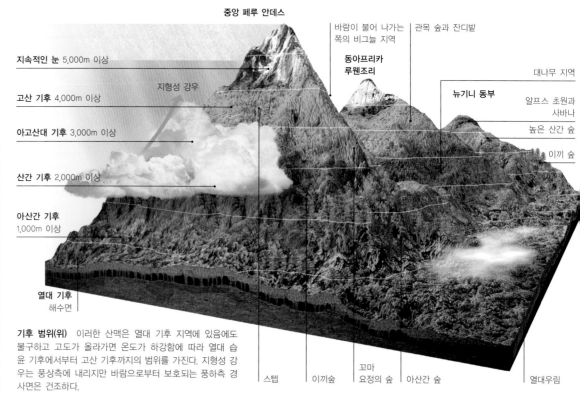

중앙 페루 안데스

지속적인 눈 5,000m 이상
고산 기후 4,000m 이상
아고산대 기후 3,000m 이상
산간 기후 2,000m 이상
아산간 기후 1,000m 이상
열대 기후 해수면

지형성 강우

바람이 불어 나가는 쪽의 비그늘 지역 | 관목 숲과 잔디밭

동아프리카 루웬조리

뉴기니 동부

대나무 지역
알프스 초원과 사바나
높은 산간 기후
이끼 숲

스텝 | 이끼숲 | 꼬마 요정의 숲 | 아산간 숲 | 열대우림

기후 범위(위) 이러한 산맥은 열대 기후 지역에 있음에도 불구하고 고도가 올라가면 온도가 하강함에 따라 열대 습윤 기후에서부터 고산 기후까지의 범위를 가진다. 지형성 강우는 풍상측에 내리지만 바람으로부터 보호되는 풍하측 경사면은 건조하다.

뚜렷한 대조(위) 모로코의 비옥한 다데스 강 계곡(Dades River Valley)은 하이 아틀라스 산맥의 건조한 남부와 대조를 이루면서 쾌적한 지중해 연한 기후와 사하라 사막 기후 사이를 흐른다.

네팔(오른쪽) 히말라야의 높은 곳에서 여름 몬순은 5월에서 9월까지 네팔의 마을에 구름이 많이 낀 하늘과 호우를 가져다주지만, 겨울은 건조하다.

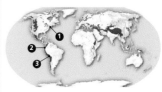

클라이모그래프 워싱턴 산(1,900m, 북위 44°)은 추운 겨울과 서늘한 여름을 가진다. 키토(Quito)(3,000m, 적도)와 라파스(La Paz)(4,000m, 남위 16°)는 둘 다 연중 따뜻하다. 키토는 짧은 건기를 가지고 라파스는 긴 건기를 가진다.

━━ 평균 강수량
━━ 최고 온도
━━ 최저 온도

1. 미국 뉴햄프셔 주 워싱턴 산

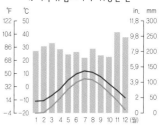

2. 에콰도르 키토

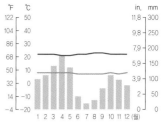

3. 볼리비아 라파스

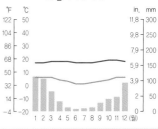

기상 감시

식수 부족 유럽의 알프스로부터 아프리카의 케냐 산까지 산악 빙하는 줄어들고 있다. 만약 현재와 같은 경향이 계속된다면 빙하는 21세기 말에는 사라질 것이며 이곳에 저장된 물에 의존하는 수백만 명의 물 공급에 영향을 미칠 것이다.

지역 기후 가이드

앞서 소개한 12개의 주요 기후대는 정치와 지리적 경계에 의하여 영향을 주고받을 수도 있다. 여기에서는 이 기후대가 전 세계 43개 지역과 6개의 주요 지리학적 단위, 즉 북아메리카와 중앙아메리카, 남아메리카, 유럽, 아시아, 아프리카, 그리고 오세아니아와 남극의 날씨에 어떻게 영향을 주는지 보다 상세하게 살펴보고자 한다. 몇몇의 지역은 북아메리카의 노스우즈(North Woods)와 같이 하나의 기후대에 속해 있는 반면 아프리카 남부와 같은 지역은 다수의 기후대를 포함한다.

한랭 사막(오른쪽) 나미브 사막(Namib Desert)은 사하라와 같이 대규모 과정에 의해 형성되었지만, 해안가로 밀려오는 차가운 대서양 해류(Atlantic Ocean current)의 영향을 받아 훨씬 서늘하다.

건조한 해안(아래) 차가운 훔볼트 해류는 비슷한 위도의 서아프리카 해안과는 달리 페루 해안에 매우 건조한 리마(Lima)를 만든다. 엘니뇨 현상은 2~6년에 한 번씩 많은 강수를 가져온다.

동서의 차이

비록 같은 기후대로 분류되더라도 지역에 따라 자세히 살펴보면 세계의 서로 다른 위치에서 서로 다른 날씨를 가질 수도 있다. 이런 차이점을 만드는 요인들은 지표면 특징, 난류 또는 한류와의 근접성, 엘니뇨-남방진동(ENSO) 현상 또는 몬순과 같은 주기적인 대규모 대기 과정의 영향 등을 포함한다.

캐나다와 핀란드 북극의 일부 지역은 아한대 기후대에 놓여 있다. 그러나 캐나다의 북극 표면은 주로 물로 덮여 있는 반면 핀란드 북극은 육지로 둘러싸여 있다. 결과적으로, 바다표범은 캐나다의 북극에 많이 있지만 핀란드에는 순록이 많이 있다.

이러한 차이점들은 북극에 한정되지 않는다. 인도 체라푼지는 세계에서 가장 많은 강우량을 기록하고 있지만 이곳은 비가 많이 오는 기후대, 습한 열대지대에 위치해 있지 않다. 습한 여름 계절풍이 극심한 호우를 인도 북동부로 가져오기 때문에 체라푼지는 습하다.

페루의 연안을 따라 존재하는 기후는 건조하고 온화하지만 같은 고도의 태평양 섬의 기후는 온난하고 습하다. 이 두 지역 사이의 차이점은 해류의 온도이다. 페루는 차가운 훔볼트 해류(Humboldt Current)의 영향을 받는 반면 서부 태평양의 온도는 항상 따뜻하다. 해류 온도는 또한 아프리카의 사하라와 나미브 사막의 날씨에도 영향을 미친다. 두 건조 지역 모두 반영구적인 아열대 고기압 시스템의 하강하는 건조공기로 인해 만들어졌다. 그러나 나미브 사막은 추운 반면 사하라 사막은 덥다. 이 온도 차이는 아프리카 남서부 연안을 흐르는 차가운 벵겔라 해류(Benguela Current) 때문이다.

기후대는 오랜 기간의 평균으로 결정되지만 이러한 값은 기후 변화가 발생함에 따라 바뀌기 쉽다. 평균 온도는 상승할 것으로 예상된다. 이것은 기후대들을 북쪽으로 이동시켜, 온도 상승이 최대일 것으로 예상되는 고위도에서 두드러질 것이다. 이러한 북쪽 이동은 현재 살고 있는 식생과 경작 패턴에 긍정적, 부정적 영향을 모두 미칠 것이다.

서로 다른 두 극 기후는 대기의 요소들에 의해 정의되지만, 지구의 표면에 의해서 변화된다. 북극의 표면은 육지, 물, 또는 얼음으로 구성될 것이다. 라플란드의 북극 겨울에는**(위)**, 스노모빌이 눈의 광활한 대지를 여행하는 데 가장 좋은 수단이다. 비슷한 위도의 캐나다 노스웨스트 준주(Northwest Territories) 퀸모드 만(Queen Maud Gulf)에서는**(오른쪽)** 얼음으로 덮인 물을 항해하기 위해서 쇄빙선이 필요하다.

북아메리카와 중앙아메리카

북 아메리카와 중앙아메리카는 12개 지대를 모두 포함하는 가장 넓은 기후 범위를 가진다. 이 지역의 넓은 위도 폭과 로키 산맥의 남북으로 긴 길이는 가지각색의 온도와 강수대를 형성한다. 높은 대륙도(육지는 해양보다 빨리 따뜻해지고 차가워진다)는 여름과 겨울에 극한 온도를 야기하고 북아메리카 몬순에 기여한다. 태평양과 대서양 그리고 카리브 해의 해안은 온도를 완화시키고 강수를 위한 수분을 제공한다.

로키 산맥

로키 산맥은 북아메리카의 기후를 결정하는 데 주요 역할을 한다. 이 산맥은 4,200m 이상 솟아 있고 알래스카부터 멕시코까지 뻗어 있으며, 너비는 110~480km까지 다양하다. 고도가 높기 때문에 한대 또는 아한대 기후의 위도대에서 주로 발견되는 기후가 이곳 아열대 고도에서도 존재할 수 있다. 매우 습한 기후는 산의 풍상측 경사에서 형성된 지형성 강우 때문이다. 반면 풍하측(바람으로부터 보호되는 측면)에는 대규모의 건조지대가 존재한다.

여름에는 로키 산맥 풍하측의 대류권 하부에서 길고 좁은 고속 바람의 밴드 또는 제트 기류가 발생한다. 이것은 그레이트플레인스(Great Plains)를 넘어 이동하며 봄과 여름의 밤 동안 극심한 대규모 뇌우의 발달과 형성을 유도할 수 있는 조건을 만든다. 토네이도는 보통 뇌우에 의해 형성되고 광범위한 파괴를 야기한다. 뇌우를 동반한 호우는 북아메리카 서부의 연평균 강우량에 크게 기여한다.

겨울에 로키 산맥의 풍하측은 사이클론으로 알려진 저기압 시스템의 형성에 유리한 조건을 갖추고 있다. 고기압 시스템 또는 고기압은 저기압이 지나간 곳에서 발달한다. 고기압과 관련된 한파 유입이 멀리 남쪽을 관통하면서 일명 텍사스의 북풍(northers)이라고 불리는 한랭전선(갑작스러운 온도 저하와 푸른 하늘 뒤에 따라오는 강수)을 생성시키고 때때로 훨씬 더 남쪽인 멕시코 테후안테펙 만(gulf of Tehuantepec)과 파나마에까지 영향을 미친다.

로키의 존재는 북아메리카 전체의 공기 흐름에 뚜렷한 효과를 갖는다. 그들은 편서풍을 북쪽으로 구부리고 공기 흐름에서 파동을 발달하게 한다. 평균적으로, 이 파동의 마루 지역은 산 위로 놓여 있으며, 골은 남동쪽으로 놓여 있다. 이 파동의 효과는 특히 겨울에 북쪽부터 대륙의 남쪽까지 차가운

공기를 가져오는 것이다. 반면 따뜻한 공기는 남동쪽부터 북대서양과 북부 유럽까지 수송된다. 결과적으로 이 지역은 로키 산맥이 없는 것보다 따뜻한 기후를 가진다.

이 주요 산맥은 또한 북아메리카 몬순에 기여한다. 여름에 로키 산맥 고원은 매우 따뜻해진다. 발달된 저기압은 습한 공기를 빨아들이며, 이것이 수렴하여 남쪽 경사면에 심한 강우를 만들어 낸다.

해안 대 내륙 애리조나(**오른쪽**)는 반건조 기후를 가지지만 같은 위도에 위치한 뉴올리언스 지역(**아래**)은 아열대이다. 두 지역 모두 같은 고기압 시스템으로 인해 영향을 받는다. 뉴올리언스가 해안가에 있기 때문에, 그 시스템은 멕시코 만으로부터 흐르는 따뜻하고 습한 공기를 만든다. 그러나 애리조나 내륙에서는 여름 몬순 동안을 제외하고 고기압이 1년 중 대부분을 건조하게 유지시킨다.

기후와 인구 기후의 유형은 교통에 대한 접근성과 함께, 주요 인구 중심 지역을 결정하는 데 분명 가장 영향력 있는 요소이다. 북아메리카 서부 해안의 온난한 지역에서는 캐나다 브리티시컬럼비아에 있는 밴쿠버와 같이 인구가 많은 도시들이 형성된다(**맞은편**). 반면 알래스카의 황폐한 아한대 기후(**아래**)는 상대적으로 인구가 살지 않는 툰드라 지역으로 남는다.

북아메리카와 중앙아메리카의 기후대

■ **열대 습윤** 연중 고온다습함. 건기는 짧거나 없음.

■ **열대 계절성** 연중 고온의 날씨. 뚜렷한 건기와 우기.

□ **건조** 연중 강수량이 조금 있거나 없음. 낮에는 덥고 밤에는 추움.

■ **반건조** 적은 강수량. 건조 기후에 비해 온도의 일변화가 적음.

■ **지중해성** 고온건조한 여름, 온화하고 습윤한 겨울, 가끔 영하의 기온.

■ **아열대** 따뜻하고 습윤. 더운 여름과 서늘하고 건조한 겨울.

■ **온대** 사계절이 뚜렷함. 연중 비가 내리며 따뜻한 여름과 추운 겨울.

■ **대륙성** 서늘하고 습윤함. 따뜻한 여름과 극심한 겨울.

□ **북부** 서늘한 여름과 눈을 동반한 매우 극심한 겨울. 상록수림 식생.

■ **아한대** 연중 매우 추움. 실질적인 여름이 없음. 툰드라 식생.

▨ **한대** 연중 극도로 춥고 건조함. 영구적으로 얼음으로 덮여 있음.

▨ **산악** 같은 위도의 저지대보다 더 추움.

바람 편향(오른쪽) 로키 산맥은 서풍을 휘어지게 함으로써 산맥을 따라 능을 형성시키는데, 이로 인해 로키 산맥의 서쪽에는 남서풍이, 동쪽에는 북서풍이 불며, 미국 남동쪽으로 골이 형성된다.

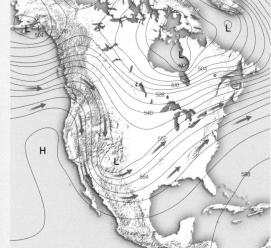

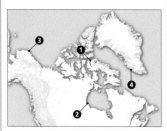

클라이모그래프 북극해에서처럼 온도는 1년 중 대부분이 영하이다. 여름은 배로에서는 춥고 처칠에서는 온화하여 다양한 기후를 가진다. 강수는 주로 적고-가트하브에서 가장 많다-늦은 여름에 최대값을 가진다.

⎯⎯ 평균 강수량
⎯⎯ 최고 온도
⎯⎯ 최저 온도

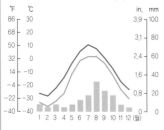

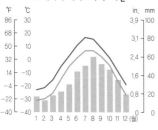

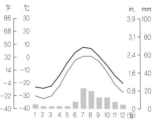

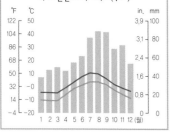

북아메리카 극

북아메리카의 극 지역은 일반적으로 알래스카 북부를 가로질러 캐나다의 노스웨스트 준주와 누나부트부터 그린란드까지 확장되며, 북위 66.5°의 북쪽에 놓여 있다. 차갑고 건조한 극 기단에 의해 지배되기 때문에 길고 햇빛이 적은 혹독한 추운 겨울과 짧고 햇빛이 잘 드는 서늘한 여름을 겪는다. 강수량이 적으며 겨울에는 주로 눈으로, 여름에는 비로 내린다.

툰드라(아래) 1년 중 대부분 토양이 얼어붙어 있고, 강수량이 적으며, 서늘한 날씨를 가진 극 툰드라지대에는 오직 이끼, 잔디, 그리고 관목만이 자란다. 이러한 키 작은 식물들은 알래스카의 해안 평원과 마을에 서식하는 사향소가 살아갈 수 있게 해 준다.

혹독한 겨울(오른쪽) 비록 극에서는 강설량이 매우 적지만, 블리자드가 자주 발생할 수 있다. 겨울에는 매우 강한 바람이 블리자드와 큰 표류물을 뒤섞으면서 표면에 존재하는 눈을 흩날린다.

빙산(아래) 겨울에 그린란드의 빙하로부터 시작된 빙산은 극에 있는 물의 유빙의 일부를 형성한다. 봄에 유빙이 녹으면 종종 유빙을 뉴펀들랜드 해안에서 볼 수 있고, 이는 바람과 해류로부터 남쪽으로 떠내려온다.

먼 북쪽(위) 엘즈미어 섬(Ellesmere Island)과 그린란드의 북극 해안은 얼러트 섬(Alert Island)과 함께 지구에 존재하는 최북단 육지 지역이다. 전형적인 한대 기후의 몹시 춥고 건조한 기단에 의해 영향을 받는다.

영구 동토층과 얼음(오른쪽) 혹독하게 추운 극에서 영구적으로 얼어 있는 땅 또는 영구 동토층이 대부분의 땅을 이룬다. 북극해 주위의 빙원은 겨울에 형성되지만 여름엔 녹는 계절성 얼음이다. 이 얼음은 보퍼트 환류(Beaufort Gyre)로 인해 빙원 주위로 이동되거나 극지 횡단 표류(Transpolar Drift)와 동그린란드 해류(East Greenland current), 그리고 래브라도 해류(Labrador current)에 의해 대서양으로 남쪽으로 옮겨진다. 지구 온난화는 해빙을 급격하게 감소시켜 태평양과 대서양 사이의 북서 항로를 개방하면서 세계의 경제와 보안에 잠재적인 영향을 미친다.

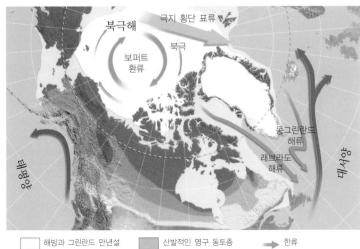

관련 자료

관련 자료

야생동물 얼음에서 사는 바다코끼리와 같은 몇몇의 동물들은 길고 추운 겨울에 살아남기 위해 남쪽으로 이동한다. 다른 동물들은 털의 특히 두꺼운 층을 형성시키는 반면 겨울을 나는 새들은 여러 겹의 깃털을 발달시킨다.

일각고래(narwhal) 이 생물체는 오징어, 물고기 그리고 갑각류가 풍부한 북극권 한계선의 북쪽 심해와 유빙 사이에서 산다.

돌산양(dall's sheep) 이 양은 탁 트인 알프스 언덕과 알래스카 산들의 목초지에서 서식한다. 북극 초목은 여름과 겨울에 충분한 음식을 제공한다.

바다코끼리(walrus) 이 북극 자생종은 얼음 표면이 증가함에 따라 겨울에는 남쪽으로, 여름에는 북쪽으로 이동하면서 보다 얕은 연안 해역의 부빙 사이에서 산다.

북극의 석유

거대한 양의 석유가 극 툰드라 아래에 놓여 있다고 알려져 있다. 알래스카의 주요 수송 관로는 툰드라를 가로질러 노스슬로프의 프루도 베이에서부터 프린스 윌리엄 사운드의 밸디즈까지 석유를 운송한다.

북서 태평양

이 지역 북부인 알래스카 남동부 해안 주변부, 유콘 준주, 그리고 브리티시컬럼비아는 온난하다. 남쪽으로 워싱턴, 오리건 그리고 아이다호의 일부는 지중해성 기후를 가진다. 이곳의 지형과 서늘하고 건조한 탁월풍인 편서풍은 많은 변화를 만들어 낸다. 온도는 내륙에서 따뜻하지만 연안에서는 해양에 의해 조정된다.

미국 워싱턴 주(아래) 이 주의 지형은 강수에 강한 영향을 미친다. 많은 양의 강수가 해안과 해안산맥의 풍상측 사이에서 발생한다. 먼 내륙에서는 비그늘 효과로 인해 기후가 매우 건조하다.

관련 자료

강수 태평양, 탁월풍인 편서풍, 그리고 해안의 산들 모두가 태평양 북서부의 기후에 영향을 미친다. 이들은 연안과 서쪽 경사면으로 비를 가져오고 동쪽 일부에는 건조한 비그늘 지역을 형성시킨다.

시애틀의 비 시애틀은 항상 비가 내리는 것으로 잘 알려져 있으며, 이것은 태평양으로부터 끊임없이 흘러들어 온 습한 공기 때문이다.

비그늘 풍상측 경사면에서는 수분이 풍부한 공기가 상승하면서 차가워져 수증기가 비나 눈으로 응결된다. 풍하측에서는 공기가 내려오면서 온도가 상승하여 건조한 상태를 만든다.

보다 건조한 배후지(hinterland) 라벤더의 경작은 워싱턴 세큄(Sequim)의 비그늘 지대에 위치한 건조한 지역에서 적합하다.

기상 감시

물 공급 기후 변화는 보다 높은 온도와 설원의 감소, 빠른 속도의 해빙을 야기할 것이다. 이것은 봄과 여름에 관개와 수력 발전, 낚시를 위해 쓰일 수 있는 설원의 물이 적어지는 것을 의미한다. 이로 인해 심각한 경제적, 정치적 문제가 발생할지도 모른다.

브리티시컬럼비아(오른쪽) 해무 또는 이류 안개는 브리티시컬럼비아의 해안과 퀸샬럿 섬의 서쪽 해안 사이에서 빈번히 발생한다. 그것은 습한 태평양 공기가 차가운 해면 위를 움직일 때 발달한다.

브리티시컬럼비아

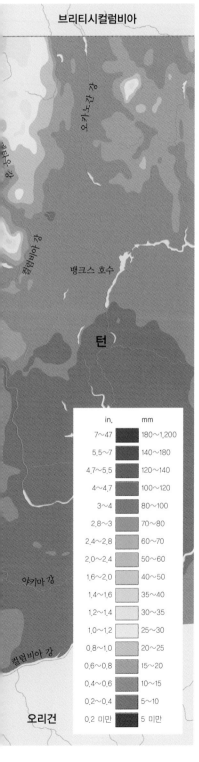

in.	mm
7~47	180~1,200
5.5~7	140~180
4.7~5.5	120~140
4~4.7	100~120
3~4	80~100
2.8~3	70~80
2.4~2.8	60~70
2.0~2.4	50~60
1.6~2.0	40~50
1.4~1.6	35~40
1.2~1.4	30~35
1.0~1.2	25~30
0.8~1.0	20~25
0.6~0.8	15~20
0.4~0.6	10~15
0.2~0.4	5~10
0.2 미만	5 미만

산악 기후(위) 스키는 워싱턴의 캐스케이드 산맥과 오리건 주에서 유명하며, 이곳의 겨울철 강설은 태평양에서 불어오는 수분을 실은 서풍이 산을 오르면서 생기는 산악 효과의 결과이다.

관련 자료

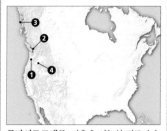

클라이모그래프 겨울은 서늘한 정도이다. 밴쿠버는 항상 영상이다. 보다 더운 리칠랜드를 제외하고 여름은 온화하다. 강수량은 포틀랜드와 밴쿠버에서 풍부한 반면 리칠랜드의 비그늘 지역에서는 적어 다양하다고 볼 수 있다.

■ 평균 강수량
— 최고 온도
— 최저 온도

1. 미국 오리건 주 포틀랜드

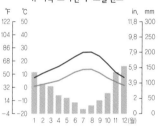

2. 캐나다 브리티시컬럼비아 주 밴쿠버

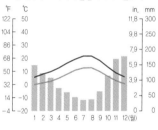

3. 미국 알래스카 주 시트카

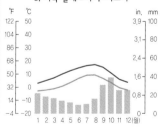

4. 미국 워싱턴 주 리칠랜드

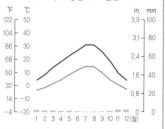

지중해성 서쪽 해안

이 지역은 멕시코 국경선 북쪽에서부터 캘리포니아를 거쳐 오리건 주 남쪽 지역까지, 그리고 해안선 안쪽 내륙에서부터 시에라네바다 산과 남서쪽 사막의 가장자리까지 뻗어 있다. 대부분의 지역이 지중해성 기후를 가지고 있어 겨울에 습하며, 여름이 길고 건조하고 따뜻하다. 북쪽 지역은 남쪽에 비해 평균 온도가 낮고 강우량이 많다.

산타아나 바람(아래) 건조한 그레이트 베이슨(Great Basin)에 위치한 고기압에서 오는 이 거센 바람은 덥고 건조한 여름이 끝날 때 시작된다. 이 바람은 캘리포니아 남쪽 해안을 향해 내려오면서 따뜻하고 건조해져 산불의 원인이 되기도 한다.

관련 자료

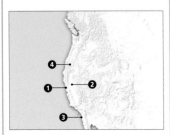

클라이모그래프 전형적인 지중해성 기후가 그렇듯이, 여름은 덥고 건조하며 겨울은 서늘하고 습윤하다. 새크라멘토는 여름이 가장 덥고 건조하다. 샌프란시스코에서는 한겨울에 강수가 있으며, 애슐랜드는 1년 내내 가장 건조한 지역이다.

━━ 평균 강수량
━━ 최고 온도
━━ 최저 온도

1. 미국 캘리포니아 주 샌프란시스코
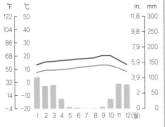

2. 미국 캘리포니아 주 새크라멘토
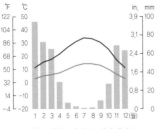

3. 미국 캘리포니아 주 샌디에이고
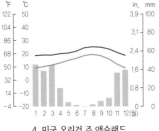

4. 미국 오리건 주 애슐랜드
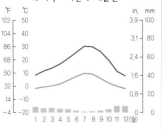

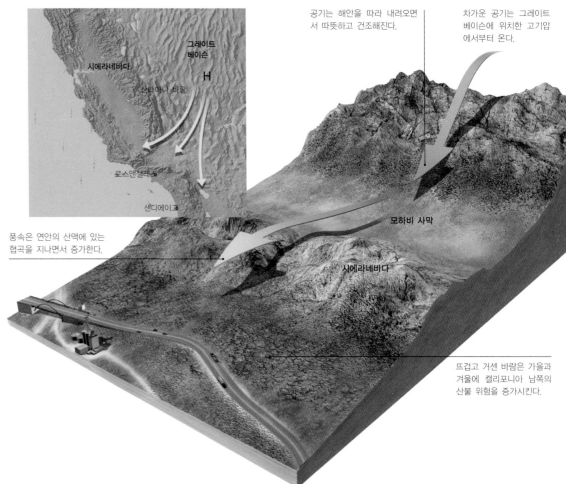

공기는 해안을 따라 내려오면서 따뜻하고 건조해진다.

차가운 공기는 그레이트 베이슨에 위치한 고기압에서부터 온다.

시에라네바다

그레이트 베이슨

H

산타아나 바람

로스앤젤레스

샌디에이고

모하비 사막

시에라네바다

풍속은 연안의 산맥에 있는 협곡을 지나면서 증가한다.

뜨겁고 거센 바람은 가을과 겨울에 캘리포니아 남쪽의 산불 위험을 증가시킨다.

드라이 밸리(dry valley)(왼쪽) 캘리포니아 남쪽의 거대한 센트럴 밸리(Central Valley)에는 강수량이 적고 가축 사료의 재배가 이루어진다. 계곡의 북쪽 지역에서 가져오는 물을 이용한 관개농업이 이 건조한 기후에서의 농사를 가능하게 한다.

해풍(sea breezes)(오른쪽) 캘리포니아 해안을 따라서 부는 탁월풍인 편서풍은 맑은 여름 날 행글라이딩과 패러글라이딩을 인기 있는 스포츠로 만든다. 여기 글라이딩 매니아들이 샌디에이고 근처의 바위 절벽에서부터 태평양 위로 비행을 하고 있다.

습윤한 환경(오른쪽) 캘리포니아 삼나무는 세상에서 가장 키가 큰 나무이다. 이 나무들은 이류 안개와 고지대 지형성 강우에 의해 생성되는 수증기에 의존하면서 산사면 서쪽에서 잘 자란다.

기후 다양성(아래) 멘도시노 카운티(Mendo-cino County)의 북쪽에서는 해안, 산악, 계곡의 영향이 혼합되어 남쪽 지역에 비해 겨울이 더욱 차갑고 습하며 여름은 덜 건조하다. 이러한 환경은 그 지역에서의 포도의 질을 특별하게 만들어 준다.

관련 자료

서쪽 해안 안개 상대적으로 따뜻하고 습윤한 공기는 차가운 해수면을 지나면서 하층부터 냉각된다. 응결은 안개를 생성시키며 이는 해안과 내륙의 경계 지역까지 운반될 수 있다.

온도 역전 로스앤젤레스에 위치한 고기압은 공기를 가라앉게 하고 따뜻하게 하는 원인이 된다. 해안의 더욱 차가운 공기와 만나면 온도 역전층이 형성되며 그 아래 오염물질들을 가둔다.

로스앤젤레스 스모그 충분한 햇빛은 광화학 반응을 촉진시켜 스모그를 생성시킨다. 동쪽으로 위치한 산맥과 역전층은 여름철에 확산을 막고, 겨울철 비는 스모그를 제거한다.

캘리포니아 바다사자

수달과 마찬가지로 사람들과 친숙한 이러한 동물은 해안에서 흔히 볼 수 있다. 주로 번식과 출산을 위해 군집으로 살아가는 그들은 차가운 해수의 풍부한 해산물을 먹고 산다.

노스우즈

노스우즈(North Woods) 지역은 캐나다의 대부분을 가로질러 알래스카의 넓은 면적까지 뻗어 있다. 이 지역의 짧고 서늘한 여름과, 길고 극도로 추운 겨울은 북부 기후의 전형적인 모습이다. 여름 일수는 길고 햇빛이 잘 비치지만 태양의 고도각이 낮아 온도가 낮은 채로 유지된다. 겨울은 춥고 건조하며 주로 북극의 고기압 세력에 의해 지배 받는다.

관련 자료

조류 보육 북아메리카의 북부한대수림은 300종 이상의 새들에게 번식의 장을 제공한다. 봄에는 30억 만 마리의 새들이 미국 남쪽과 남아메리카의 남쪽에서부터 북쪽 숲으로 날아온다.

캐나다 울새 이 새는 북부한대수림의 남쪽 구간에서 번식하며 이곳에 64%의 보금자리가 있는 것으로 추정된다.

이주 캐나다 울새는 봄이 되면(파란색 화살표) 북쪽에 있는 그들의 번식지(파란색 구역)로 이동하고 가을(노란색 화살표)이 되면 남아메리카로 날아가 겨울까지 머문다.

뉴펀들랜드 습지대(오른쪽) 여름의 빗물과 함께 봄에 녹은 겨울의 눈은 북부한대수림의 호수와 습지대에 물을 제공한다. 여름에는 온도가 낮아 증발이 적게 일어나기 때문에 지표가 습한 상태로 머무를 수 있다.

기상 감시

높은 민감성 기후 변화는 고위도 지역에 주된 영향을 미칠 것으로 예상된다. 더욱 따뜻해진 온도는 수목 한계선의 극향 이동과, 그로 인한 숲 건강의 쇠약을 촉진시킨다. 영구 동토가 녹으면 길과 철도, 건물의 기반이 파괴된다.

겨울 눈(위) 북반구의 겨울 동안 미세하고 건조한 눈은 노스우즈의 대부분에 뻗어 있는 거대한 침엽수림을 덮는다. 강수량은 상대적으로 적지만 영하의 온도에 의해 겨울철 내내 눈이 존재한다.

고통 받는 숲(왼쪽) 벌목이나 가뭄과 같은 환경적인 스트레스는 침엽수림을 충해에 노출되기 쉽게 만들 수도 있다. 죽은 나무로 되어 있는 거대한 지역은 여름철 자연적 산불의 연료가 되어 이산화탄소를 배출하며, 탄소 저장을 감소시키고 지구 온난화를 가속화시킨다.

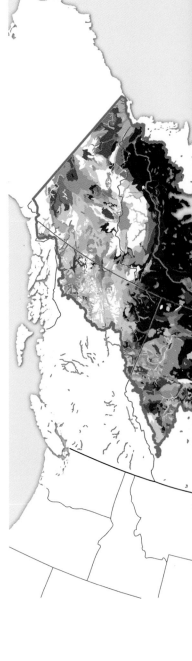

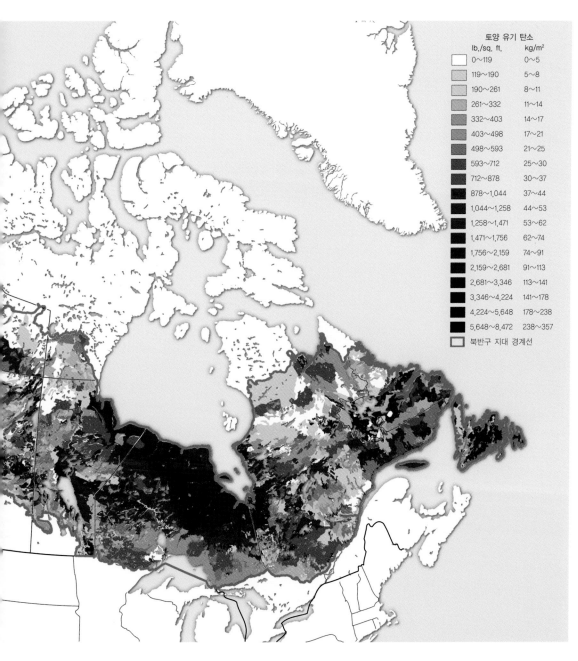

토양 유기 탄소

lb./sq. ft.	kg/m²
0~119	0~5
119~190	5~8
190~261	8~11
261~332	11~14
332~403	14~17
403~498	17~21
498~593	21~25
593~712	25~30
712~878	30~37
878~1,044	37~44
1,044~1,258	44~53
1,258~1,471	53~62
1,471~1,756	62~74
1,756~2,159	74~91
2,159~2,681	91~113
2,681~3,346	113~141
3,346~4,224	141~178
4,224~5,648	178~238
5,648~8,472	238~357
	북반구 지대 경계선

탄소 저장(위) 캐나다의 북부한대수림은 거대한 양의 탄소를 저장하고 있지만 온도의 변화에 아주 민감하다. 고위도에서 예상되는 온난화의 증가 경향을 미루어 볼 때, 이러한 숲의 대부분이 저장하고 있던 탄소를 대기 중으로 방출하면서 사라져 버릴지도 모른다.

서늘한 여름(오른쪽) 카누 타기는 노스우즈 숲 속의 많은 호수와 습지대에서 즐길 수 있는 대중적인 여름철 취미이다. 이곳의 여름은 상쾌할 정도로 서늘하고 무스와 같은 야생 동물을 만날 수 있다.

관련 자료

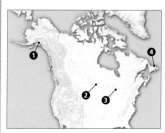

클라이모그래프 겨울은 아주 서늘하거나 추운데, 가장 덜 추운 지역이 갠더(Gander)이다. 내륙에 있는 위니펙과 수생트마리의 여름은 따뜻하고, 해안에 위치한 앵커리지와 갠더는 더 춥다. 강수량은 앵커리지를 제외하고는 거의 변하지 않는다. 갠더가 가장 습하다.

평균 강수량
최고 온도
최저 온도

1. 미국 알래스카 주 앵커리지

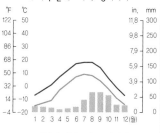

2. 캐나다 매니토바 주 위니펙

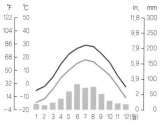

3. 캐나다 온타리오 주 수생트마리

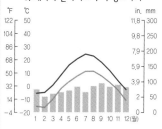

4. 캐나다 뉴펀들랜드 주 갠더

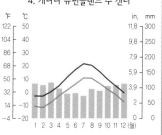

로키 산맥

여러 위도에 걸쳐 있고 해발 고도가 높은 이 지역은 광범위한 영역에 다양한 기후를 만든다. 북쪽 지역은 남쪽에 비해 겨울이 길고 강수량도 많다. 먼 북쪽은 서늘하고 습한 데 반해 남쪽의 여름은 더 덥고 건조하며 오후 뇌우를 동반한다. 고도의 차이가 크기 때문에 가까운 위치에서도 고산기후와 사막 기후가 모두 존재할 수 있다.

강수(아래) 지형성 강수는 로키 산맥의 중요한 수증기 근원지이다. 서쪽으로 이동하는 공기는 산의 서쪽 경사면을 따라 강제적으로 상승한다. 공기가 상승하여 냉각되면서 수증기는 응결되고 구름이 형성되어 비나 눈이 내린다.

관련 자료

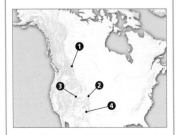

클라이모그래프 북쪽의 도시들은 겨울에 남쪽보다 많은 강수량과 함께 더 춥다. 뱀프는 길고 춥고 눈 오는 겨울과 짧고 온화한 여름을 가지고 있다. 여름은 산타페와 솔트레이크시티에서 가장 따뜻하고 래러미에서는 가장 시원하다.

━━━ 평균 강수량
━━━ 최고 온도
━━━ 최저 온도

1. 캐나다 앨버타 주 뱀프

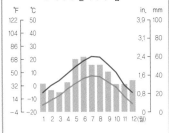

2. 미국 와이오밍 주 래러미

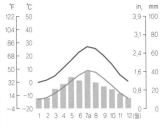

3. 미국 유타 주 솔트레이크시티

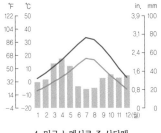

4. 미국 뉴멕시코 주 산타페

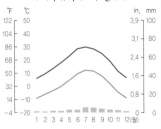

로키 산맥의 앞쪽

산악 효과 공기가 차가워지면서 수증기가 응결되고 구름이 형성된다. 비나 눈이 내리면 서쪽 경사면을 둘러싼 숲에 습윤한 환경을 만들어 준다.

상승하는 공기 서쪽에서부터 오는 바람이 로키 산맥의 서쪽 경사면을 만나면 강제적으로 상승한다.

만년설(위) 3,350m 이상 솟아 있는 콜로라도의 로키 산맥 남쪽에서는 위성 사진에 보이는 것처럼 1년 내내 꼭대기가 눈으로 덮여 있다. 설선 아래쪽으로 경사면 상부(짙은 녹색)에는 대부분 가문비나무와 전나무가 있고, 경사면 아래쪽과 계곡에는 키가 작은 나무들과 관목(옅은 녹색)이 있다.

폭풍우(왼쪽) 역동적인 구름에서 구름으로 전해지는 번개가 와이오밍에 있는 그랜드티턴 산 국립공원의 꼭대기를 비추고 있다. 이러한 여름철 오후 뇌우는 빈번하게 일어나며 종종 저녁까지 이어지기도 한다.

빙하(위) 루이스 호수는 캐내디언 로키(Canadian Rocky)의 높은 곳에 위치하며, 이곳에서 추운 겨울과 대설은 빙하를 지속시켜 준다. 여름에는 빙하가 흘러내려 와 폭포를 만들고, 호수의 수위를 유지시켜 준다.

고산지대에 피어 있는 꽃(아래) 따뜻한 봄 햇살이 비추면 콜로라도의 고산 목초지는 화려한 꽃들로 가득하다. 서늘한 환경에 적응한 꽃들은 늦은 봄이나 이른 여름까지 지속된다.

관련 자료

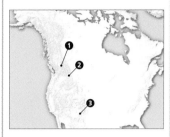

1. 재스퍼 국립공원 고위도(북위 50°), 해발 고도, 비그늘은 재스퍼의 기후에 영향을 미친다. 겨울은 길고 추우며 여름은 짧고 서늘하다. 강수는 대부분 지형성이고 특히 여름에 서쪽에서 부는 바람이 강할 때 발생하는데, 고도가 높은 곳에서는 계곡에 비해 더 많은 비를 맞는다.

 겨울은 폭풍우를 가지고 오는데 이는 차가운 북극의 대륙성 공기인 북극전선을 따라 형성된다.

캐나다 앨버타 주 재스퍼 국립공원

2. 몬태나 몬태나 로키의 기후 또한 해발 고도, 위도, 그리고 비그늘에 의해 영향을 받는다. 북위 약 46°의 고지대는 겨울은 춥지만 계곡은 따뜻하다. 여름은 높은 고도에서 서늘하고 저지대에서는 따뜻하다. 강수는 가을과 겨울 그리고 봄에 눈의 형태로 내리고, 고도에 따라 증가한다. 여름은 건조하다.

미국 몬태나 주 로키 산맥

3. 샌 루이스 계곡 이곳은 사막 고원 지대로 1년에 200mm 이하의 비가 내린다. 겨울은 건조하며 일기온은 차갑고 따뜻한 사이를 오가며 변동한다. 강수는 주로 봄과 여름에 발생한다. 여름의 낮은 덥지만 밤은 서늘하다. 로키 지역에서의 늦은 여름에는 종종 몬순과 관련된 오후 뇌우가 발생한다.

미국 콜로라도 주 샌 루이스 계곡

기상 감시

적은 눈 기후가 변함에 따라 로키 지역의 온도와 강수량은 증가할 것으로 예상된다. 온도가 높아지면 강수가 눈보다는 비의 형태로 더 많이 떨어지게 될 것이고 그러한 시기 또한 변하게 될 수 있다. 이는 쌓여 있는 눈에 저장된 물을 감소시켜 도시의 상수도에도 영향을 줄 것이다.

남서부 사막

이 건조 지역과 반건조 지역은 미국 남서쪽에 위치한 대부분의 저지대와 멕시코 북쪽까지 뻗어 있다. 여름의 온도는 낮에는 아주 높고, 밤에는 낮 동안 받은 대부분의 열이 맑은 하늘로 빠져나가기 때문에 약간 서늘하다. 대부분의 지역에서 늦여름에 찾아오는 폭풍우(여름 몬순)가 더위와 건조함으로부터 휴식을 가져다준다.

관련 자료

야생동물 덥고 건조한 기후에서 살아남기 위해서 사막의 동물들은 가지각색의 습성을 가진다. 그들은 주로 해가 진 이후부터 새벽까지 온도가 낮을 때 사냥을 하거나 먹이를 찾으러 돌아다닌다. 몇몇은 주로 먹이로부터 획득할 수 있을 만한 아주 적은 양의 물을 필요로 할지도 모른다.

코요테 사막 남서쪽에서 흔한 이 동물은 적응력이 아주 높으며 사막과 초원을 포함한 광범위한 영역에 서식지를 가지고 있다.

큰 로드러너새 (great road runner) 뻐꾸기과에 속하는 이 새는 사막에서 번식하며 선인장이나 작은 덤불 속에 둥지를 튼다.

힐러 몬스터(gila monster) 이 독이 있는 도마뱀은 모하비와 소노란 사막에서 서식한다. 시원한 저녁에 먹잇감을 찾아 나서며 추운 겨울에는 동면한다.

봄의 색(위) 가벼운 겨울비는 봄이 되어도 애리조나 주의 소노란 사막의 식물이 만개할 수 있는 충분한 수분을 제공한다. 물을 저장할 수 있는 키 큰 사와로 선인장은 기후 변화로 인해 장기간 가뭄이 예상될지라도 생존할 수 있을 것이다.

늦여름 비(오른쪽) 애리조나 주의 그랜드 캐니언 위로 장관을 이루는 번개는 여름 또는 북아메리카 몬순의 전형적인 모습이다. 기후 변화는 미래에 이러한 폭풍우의 시기와 강도에 영향을 줄 것이다.

사막에서의 경작

위에서 바라보면, 캘리포니아에 위치한 임페리얼 밸리의 초록색 물결이 그와 접해 있는 사막의 경사지와 크게 대조를 이룬다. 비록 계곡이 소노란 사막 안으로 흐르고 있지만 이곳은 아주 생산성이 높은 농업지대이다. 왜냐하면 이 지역은 따뜻하고 햇빛이 잘 드는 데다 콜로라도 강(사진에서 낮은 부분)에서 끌어온 물을 비옥한 토양을 관개하는 데 사용하기 때문이다.

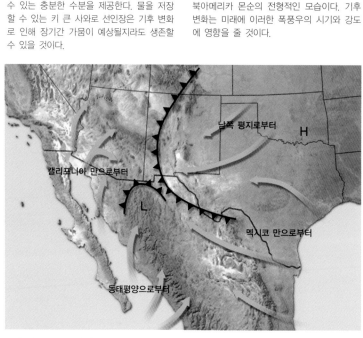
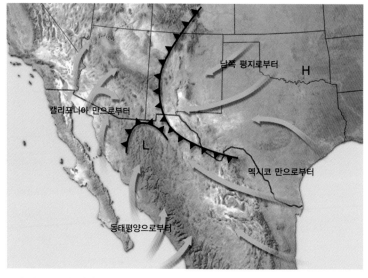

몬순 수분의 근원지(위) 여름에 캘리포니아 만과 멕시코 만, 동태평양, 남쪽 평지에 위치한 고기압에서 오는 습윤한 기류는 남서쪽 사막의 강한 가열로 인해 생긴 열저기압으로 수렴한다. 전선이 형성되고 전선을 따라 공기가 상승하며 오후 뇌우와 강수를 형성시키며, 이것이 북아메리카 몬순의 특징이다.

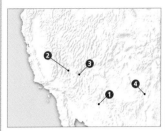

클라이모그래프 앨버커키는 강수량이 아주 적으며 늦여름에 최대값을 가진다. 피닉스는 비가 거의 내리지 않으며 강수량이 연중 고르게 분포한다. 데스밸리는 아주 건조하다. 겨울은 좀 더 추운 앨버커키를 제외하고는 포근하다.

평균 강수량
최고 온도
최저 온도

1. 미국 애리조나 주 피닉스

2. 미국 캘리포니아 주 데스밸리

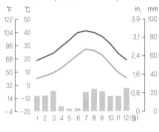

3. 미국 네바다 주 라스베이거스

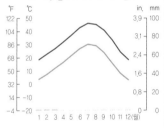

4. 미국 뉴멕시코 주 앨버커키

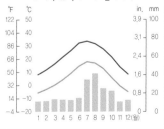

조슈아 나무(위) 코스트 산맥의 비그늘에 위치한 캘리포니아의 모하비 사막은 비가 아주 적게 내리며 주로 11~4월까지 내린다. 조슈아 나무는 모하비의 건조하고 모래로 뒤덮인 토양에서만 자라는데 겨울의 비가 끝나고 난 봄에 꽃이 핀다.

차가운 겨울(왼쪽) 거의 1,890m에 달하는 높은 고원에 있기 때문에 유타/애리조나 주의 모뉴먼트 밸리는 겨울철에 춥고 눈이 내릴 수 있다. 하지만 온도는 영상을 유지한다. 여름은 낮은 매우 덥고 비가 적으며 저녁은 서늘하다.

관련 자료

클라이모그래프 여기에 있는 도시들은 춥고 건조한 겨울과 봄과 여름에 적은 양의 강수를 가지는 전형적인 반건조 지역이다. 더욱 북쪽에 있는 에드먼턴은 온화하고 짧은 여름을 가진다. 다른 도시들은 여름에 높은 온도를 가진다.

■ 평균 강수량
■ 최고 온도
■ 최저 온도

1. 캐나다 앨버타 주 에드먼턴
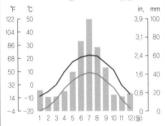

2. 미국 캔자스 주 닷지 시티
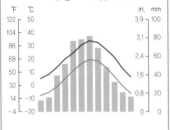

3. 미국 텍사스 주 애머릴로
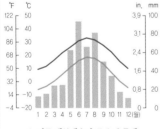

4. 미국 네브래스카 주 노스플랫
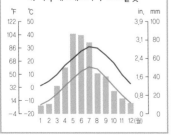

그레이트플레인스

로키 산맥의 동쪽과 미시시피 강의 서쪽에 놓여 있는 미국 중앙부의 이 지역은 내륙에 위치하고 로키 산맥의 비그늘 효과로 인해 주로 반건조 기후를 가진다. 겨울은 춥고 건조하며 종종 눈보라가 친다. 대부분의 강수는 대기의 상태가 초대형 세포 뇌우를 종종 불러일으키는 봄과 초여름에 발생한다.

가축 친화적인 기후(아래) 비록 많지는 않지만 강수는 그레이트플레인스의 광활하고 넓은 땅에 풀이 자라도록 해 준다. 이는 사진에 있는 미국 네브래스카의 농장처럼 대규모로 소를 방목하는 데 최적의 조건이다.

초대형 세포 폭풍(오른쪽) 깊고 회전하는 상승 기류는 꼭대기를 초과하는 초대형 세포 구름의 전형적 형태인 모루 모양을 만들어 낸다. 주 폭풍은 측면 라인을 따라 더 작은 대류 구름을 만들어 낸다. 토네이도는 종종 뒤쪽 하강 기류 지역에서 형성된다.

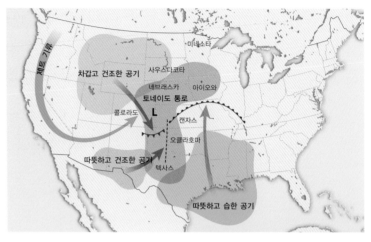

토네이도 통로(위) 그레이트플레인스 위에서 차가운 북극의 기단과 로키 산맥의 동쪽 경사면에서 내려오는 따뜻하고 건조한 공기가 멕시코 만에서 오는 습윤한 열대 기단과 만난다. 그들이 만나는 곳 또는 건조선(빨간색 점선)은 토네이도가 발달하기 좋은 지역이다.

곡물의 수확(아래) 나무가 아닌 풀들은 그레이트플레인스에서 강수가 적게 올 때 잘 자란다. 그림에 보이는 캐나다의 서스캐처원처럼, 프레리라고도 알려져 있는 그 지역의 많은 부분이 곡물 수확을 위한 경작지로 이용된다.

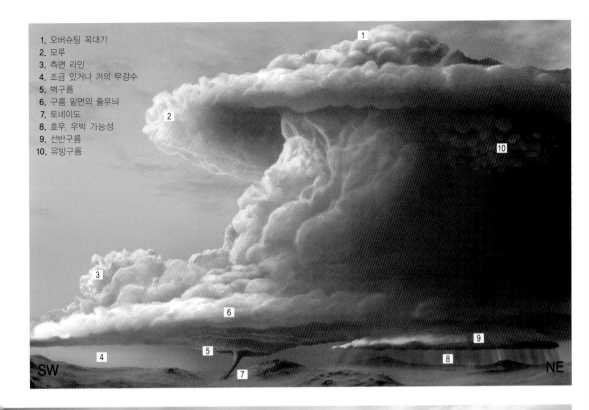

1. 오버슈팅 꼭대기
2. 모루
3. 측면 라인
4. 조금 있거나 거의 무강수
5. 벽구름
6. 구름 밑면의 줄무늬
7. 토네이도
8. 호우, 우박 가능성
9. 선반구름
10. 유방구름

관련 자료

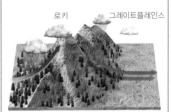

로키 산맥의 비그늘 로키 산맥의 풍하 측에서는 공기가 하강하면서 따뜻해지고, 구름과 비의 발달을 감소시키킨다. 이는 그레이트플레인스의 로키 산맥 동쪽이 강수가 적음을 의미한다.

치누크 바람 이 따뜻하고 건조한 바람이 로키 산맥의 동쪽 경사면을 따라 하강하면, 공기는 압축되고 데워져서 아주 빠르게 온도를 상승시키고 눈을 녹인다.

더스트볼(dust bowl) 그레이트플레인스는 가뭄이 들기 쉽다. 수분이 부족하기 때문에 건조한 표토는 거대한 폭풍에 의해 쉽게 수송된다. 1930년대에 미국 텍사스에서 있었던 더스트볼 가뭄과 같이 말이다.

폭풍의 피해(왼쪽) 그레이트플레인스에 형성되는 초대형 세포 뇌우는 매우 파괴적일 수 있다. 1999년 봄에 미국 콜로라도에서 발생한 늦은 오후 폭풍에서 바람은 90km/h에 도달했고 우박은 많은 밀 작물을 파괴했다.

기상 감시

물 부족 그레이트플레인스에 많은 강수가 예상되더라도, 높은 온도에 의해 증발량이 늘어나 이 지역을 더욱 건조하게 만들 것이다. 이는 지하수의 수위가 대폭 감소되는 것과 관련하여 이곳이 미래에 심각한 물 부족을 겪을 것을 의미한다.

북동부 대륙

그레이트플레인스에서 동쪽 해안을 가로질러 오대호에서부터 미국 중앙까지 뻗어 있는 이 지역은 뚜렷한 기후 차이가 있다. 이곳은 4개의 뚜렷한 계절을 가지며 북쪽에 있는 오대호의 영향으로 극한 기후가 누그러진다. 여름은 덥고 습하며 뇌우가 자주 발생한다. 겨울은 눈보라를 동반하며 춥다.

북쪽의 가을(아래) 가을에 감소한 햇빛과 서늘해진 온도는 매사추세츠의 단풍잎을 밝은 빨간색과 오렌지색으로 변하게 한다. 이러한 변화는 9월 초에 시작되어 10월 말에서 11월 초가 되면 끝난다.

관련 자료

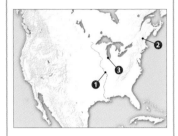

1. 미시시피 강 유역 늦봄이나 초여름의 잦은 폭풍은 미시시피 강 상류 지역에 호우를 가져온다. 이 비는 며칠 동안 지속되며 때때로 일주일을 넘기도 한다. 강물은 둑을 넘고, 미시시피 강을 따라 있는 제방은 파괴된다. 극심하고 광범위한 홍수 현상은 작물뿐만 아니라 집까지도 파괴시키는 결과를 낳는다.

미국 미시시피 강 유역

2. 워싱턴 산 이 산은 그중에서도 가장 추운 온도를 가지고 있고 바람이 가장 많이 부는 위치에 있다. 항상 춥고 1년의 대부분이 흐리며 8월 평균 온도는 11℃이고 10~4월까지는 영하의 기온을 가진다. 풍속이 허리케인의 힘을 넘는 경우도 자주 발생하는데, 지금까지 기록된 가장 높은 풍속은 372km/h이다.

미국 뉴햄프셔 주 워싱턴 산

3. 시카고 일리노이 주에 있는 시카고처럼 미국의 중서부에 위치하는 도시에는 이상 고온 현상이 자주 발생한다. 멕시코 만에서 오는 매우 습한 공기와 결합하면서, 열파는 극도로 물리적 불쾌를 만들어 내며 최근 들어 수많은 사상자를 야기시켰다.

미국 일리노이 주 시카고

기상 감시

에너지 영향 이곳에서의 기후 변화는 높은 온도를 가져올 것으로 예상된다. 강수는 늦겨울과 봄으로 이동하면서 많아지고, 여름과 가을에는 가뭄과 함께 강수가 감소될 것이다. 여름의 에너지 수요는 증가하고, 여름과 가을에 저수지의 물 저장은 감소하게 될 것이다.

봄(위) 체리 나무의 개화는 워싱턴 D.C.에 봄이 도착했음을 알린다. 기후 변화로 인해 따뜻해진 온도는 해마다 개화 시기를 빨라지게 한다.

호수 효과 눈(아래) 눈은 오대호의 풍상측보다 풍하측(동쪽과 남쪽)에서 더 많이 내리는데, 이것은 호수를 지나가는 바람이 수분을 머금은 뒤 눈으로 간직하고 있기 때문이다.

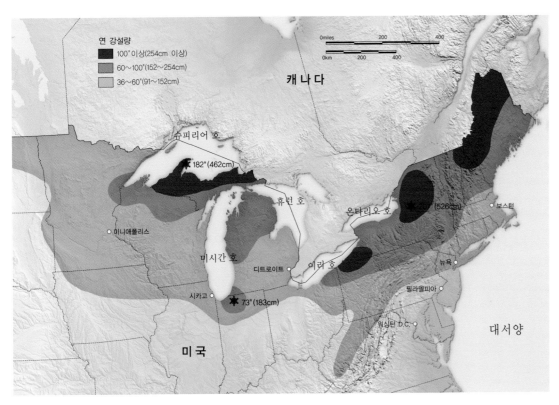

관련 자료

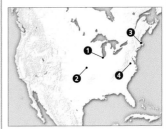

클라이모그래프 서늘한 리치먼드를 제외하고 겨울은 춥다. 4개 도시 모두에서 여름은 따뜻하다. 강수는 대부분 월별로 고르게 분포하고 있으며 여름에 약하게 최고값를 가진다. 보스턴은 가장 많은 연 강수량을 가진다.

- 평균 강수량
- 최고 온도
- 최저 온도

1. 미국 일리노이 주 시카고

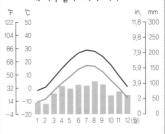

2. 미국 미주리 주 캔자스시티

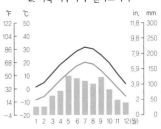

3. 미국 매사추세츠 주 보스턴

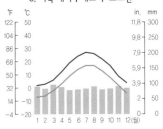

4. 미국 버지니아 주 리치먼드

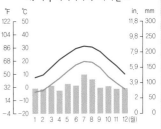

남동쪽 아열대 기후

뜨거운 여름과 온화하고 화창한 겨울이 미국 남동쪽 아열대 기후의 특징이다. 멕시코 만과 대서양에서 오는 따뜻하고 습한 공기에 의해 연중 비가 계속되지만, 그중에서도 여름이 가장 습하다. 여름과 가을에는 허리케인이 종종 해안가에 나타나고, 플로리다를 제외한 다른 모든 곳에서는 차가운 바람과 언 비를 동반하는 겨울철 폭풍이 잦지 않다.

관련 자료

클라이모그래프 뉴올리언스와 마이애미는 1년 내내 따뜻한데, 뉴올리언스는 여름에 더욱 따뜻하다. 샬럿과 애슈빌은 더 서늘한 겨울을 가진다. 마이애미에서의 강수는 여름에 가장 많은데 반해 샬럿과 애슈빌은 고르게 분포되어 있다.

― 평균 강수량
― 최고 온도
― 최저 온도

1. 미국 루이지애나 주 뉴올리언스

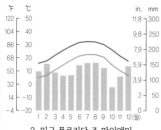

2. 미국 플로리다 주 마이애미

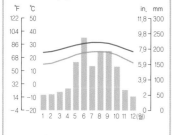

3. 미국 노스캐롤라이나 주 샬럿

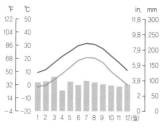

4. 미국 노스캐롤라이나 주 애슈빌

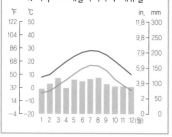

조지아 주 애틀랜타(왼쪽 아래) 이 큰 도시에서의 여름은 덥고 습한 반면 겨울은 서늘하고 건조하다. 2007년에서 2009년에 애틀랜타는 지금까지 가장 심한 물 부족을 겪었는데, 아마도 이곳에서 증가하는 인구로부터 생기는 높은 수요 때문일 것이다.

높은 습도(왼쪽) 캘리포니아의 습한 기후 남쪽에서는 대부분의 강수가 여름에 발생한다. 이 지역의 높은 지하수면(water table)과 열악한 배수시설 때문에 대부분의 강수는 떨어져서 지표면 근처에 남아 넓은 면적에 늪(swamp)과 습지(marsh)를 형성한다.

훈훈한 기후(오른쪽) 플로리다 남쪽의 키웨스트(Key West)는 열대의 가장자리에 위치하며 연중 따뜻하다. 주변 해양으로부터 부는 바람에 의해 온도는 적절하게 유지된다. 봄과 여름은 습한 데 반해 가을과 겨울은 상대적으로 건조하다.

허리케인 카트리나(아래 그림과 연결된 그림) 허리케인은 멕시코 만의 난류와 그 위의 기류를 따라 매년 해안가에 출현한다. 허리케인 카트리나는 멕시코만을 따라 북쪽으로 이동했고 2005년 8월 29일 뉴올리언스의 도시를 공격했다. 높은 풍속과 많은 양의 비가 뉴올리언스와 그와 인접한 도시들을 심하게 파손시켰다. 삽화(오른쪽)는 폭풍의 풍속을 색깔로 묘사한 것이다. 중심 부근에서 가장 풍속이 센 곳이 보라색으로 되어 있고 흰색 화살은 비가 많이 온 곳을 나타낸다.

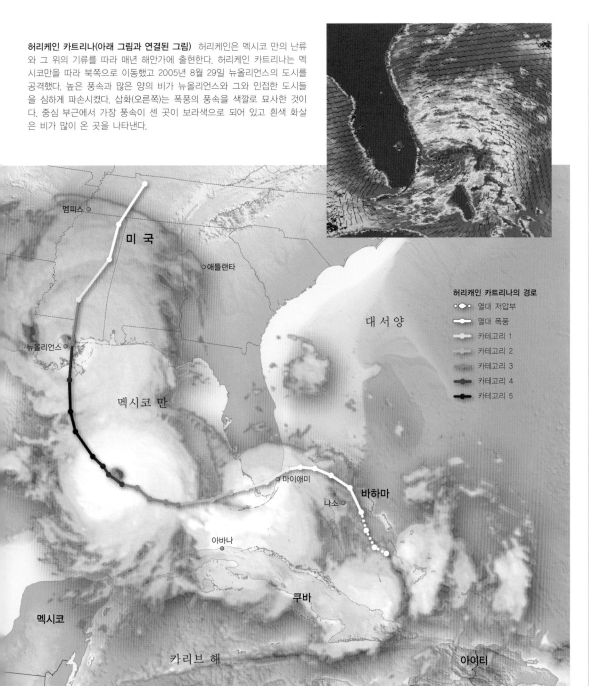

허리케인 카트리나의 경로
- 열대 저압부
- 열대 폭풍
- 카테고리 1
- 카테고리 2
- 카테고리 3
- 카테고리 4
- 카테고리 5

멤피스

미 국

애틀랜타

뉴올리언스

멕시코 만

대 서 양

마이애미

나소

바하마

아바나

멕시코

쿠바

카 리 브 해

아이티

관련 자료

애슈빌 애팔래치아 산맥의 높은 곳에 있는 애슈빌은 나머지 지역보다 서늘하다. 눈과 어는비는 겨울에 흔하다.

얼음보라 어는비가 영하의 땅에 떨어질 때 발생하는 이 얼음보라는 교통사고, 정전 그리고 통신망에 손상을 입힌다.

플로리다 골프 햇빛이 잘 비치고 따뜻한 기후를 가진 이곳은 은퇴한 사람들, 북쪽의 혹독하게 추운 겨울로부터 안정을 찾고 싶은 사람들에게 이상적인 은신처이다.

기상 감시

극한 현상의 증가 남동쪽 지역은 몇 도 정도 따뜻해질 것으로 예상된다. 극한 강수 현상은 더 자주 발생하게 될 수도 있고 몇몇은 허리케인의 강도가 증가할 것이라고 믿을 수도 있다. 이러한 요소들은 하천 유수, 홍수, 그리고 그 지역의 수질에 영향을 미칠 것이다.

관련 자료

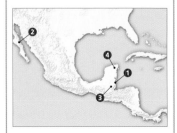

1. 벨리즈 맹그로브 나무와 해초는 벨리즈의 열대습윤 기후에서 잘 자라며 해안이 침식되는 것을 막아 준다. 맹그로브 나무는 오염물질을 정화시켜 주며, 해초들은 바다거북과 다양한 어류가 번식할 수 있는 환경을 만들어 준다.

벨리즈

2. 바하 칼리포르니아 이 건조한 지역은 매년 610mm 이하의 비가 내린다. 아열대 고기압의 영향으로 여름의 낮은 덥고 밤은 춥다. 차가운 캘리포니아 해류는 북쪽을 더욱 시원하게 만든다.

멕시코 바하 칼리포르니아

3. 페텐이차 호 이 저지대 호수는 짙은 열대우림에 둘러싸여 있다. ITCZ를 포함한 다양한 근원지에서 오는 높은 온도와 강수는 이 지역이 덥고 1년 내내 습하다는 것을 의미한다.

과테말라 페텐이차 호

4. 유카탄 관목숲 이곳은 유카탄 반도의 북서쪽에 있으며 열대 계절성 기후를 가지고 있다. 길고 건조한 계절은 11~4월까지 계속된다. 연 강우량은 대부분 5~10월 사이에 있고 일반적으로 1,200mm를 넘지 않는다.

멕시코 유카탄 관목숲

중앙아메리카

멕시코 북쪽에서 파나마까지 뻗어 있으면서 카리브 해와 태평양 사이에 위치한 이 좁은 땅은, 해양의 영향을 강하게 받는 열대와 산악 기후를 가지고 있다. 고도가 높은 곳을 제외하고는 1년 내내 따뜻하고, 허리케인, 북아메리카 몬순 그리고 열대 수렴대(ITCZ)의 영향으로 인해 강수량이 많다.

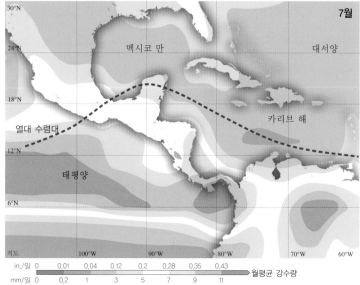

in./일 0   0.01   0.04   0.12   0.2   0.28   0.35   0.43

mm/일 0   0.2   1   3   5   7   9   11   ──▶ 월평균 강수량

기상 감시

더욱 극한 현상들 지구 온난화와 함께 이 지역의 온도는 증가하고 강수는 감소할 것으로 예상된다. 더욱 빈번하고 더 강한 허리케인과 엘니뇨 현상 또한 예상된다. 더불어서 이러한 효과들은 가뭄과 홍수의 빈도가 증가하는 것을 암시한다.

열대 수렴대(위) 적도 근처에서 지구를 한 바퀴 도는 이 저기압 벨트의 위치는 강수에 영향을 미친다. 수렴대가 남쪽으로 이동하는 1월에는 비가 적고, 유카탄 반도까지 북쪽으로 이동하는 7월에는 대부분의 지역에 호우를 가져온다.

엘살바도르(오른쪽) 열대 지역에서, 온도는 계절보다는 고도에 따라 변화하며 계곡은 고도가 더 높은 산보다 더욱 뜨겁다. 비록 양쪽 모두 많은 양의 비가 내리지만 저지대보다는 주로 산사면이 더 습하다.

운무림(왼쪽) 숲으로 뒤덮인 코스타리카-코르디예라 지역의 연중 계속되는 구름은 북동무역풍이 경사면을 오를 때 형성된다. 많은 종류의 새와 동물이 이 독특한 환경 속에서 번식한다.

열대 계절성(아래) 니카라과의 습한 계절은 5월 말에서부터 1월까지이며 건조한 계절은 1월부터 5월 중순까지이다. 열대의 따뜻한 온도는 산악 지역에서 완화된다.

허리케인의 빈도(위) 이 지역에서 허리케인은 동태평양뿐만 아니라 카리브 해의 따뜻한 수면이 있는 곳에서 매년 발생한다. 이미지에서 허리케인 딘(Dean)이 2008년 8월 유카탄 반도를 지나고 있는 것이 보인다.

관련 자료

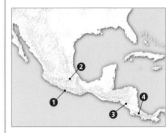

클라이모그래프 각각의 도시는 연중 높은 온도와 뚜렷한 건기를 가진다. 강우량은 여름에 가장 많으나 벨렘은 연중 상대적으로 높은 강수량을 유지한다. 몬로비아는 가장 높은 강우량를 가진다.

평균 강수량
최고 온도
최저 온도

1. 멕시코 아카풀코

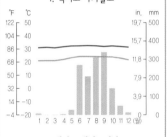

2. 멕시코 멕시코시티

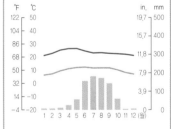

3. 니카라과 마나과

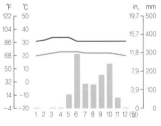

4. 코스타리카 산호세

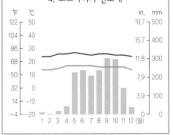

관련 자료

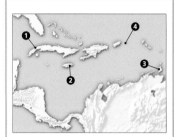

클라이모그래프 카리브 해에 있는 도시들은 연변화나 일변화 없이 1년 내내 한결같이 따뜻하다. 그러나 강수량은 가변적이다. 건조한 포트오브스페인에서는 강수량이 최저이고, 6~12월까지 습한 생크로와에서의 강수량이 가장 많다.

■ 평균 강수량
━ 최고 온도
━ 최저 온도

1. 쿠바 아바나

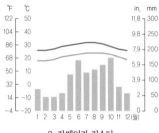

2. 자메이카 킹스턴

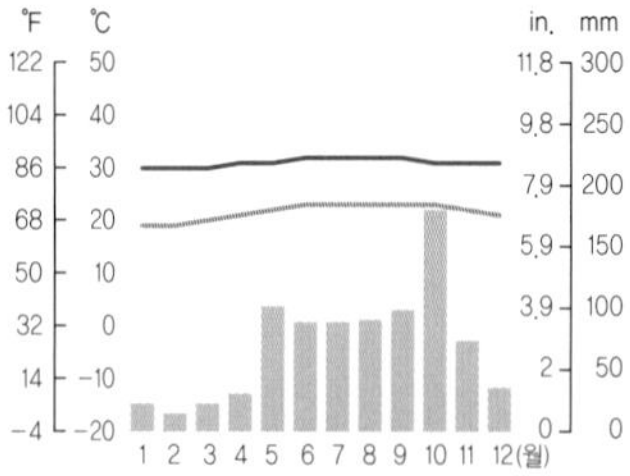

3. 트리니다드 토바고 포트오브스페인

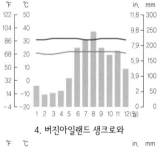

4. 버진아일랜드 생크로와

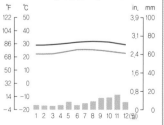

카리브 해의 섬들

대서양과 카리브 해의 따뜻한 물에 둘러싸여 있는 이 섬들은 열대의 습한 계절성 기후를 가지고 있으며 1년 내내 습하다. 총 일조시간과 일사 강도는 높지만 지속적인 무역풍이 온도를 완화시켜 준다. 대기의 편동풍파와 허리케인을 포함한 다양한 이유에 의하여 비가 온다.

홍수(아래) 이 위성 사진은 2004년에 있었던 허리케인 잔느(Jeanne)의 폭우가 아이티에 있는 고나이브(Gonaïves) 근처의 건조한 호수 유역을 어떻게 채웠는지를 보여 준다. 침수된 호수는 평상시의 호숫가보다 훨씬 더 확장되었다(어두운 파란색, 오른쪽 그림).

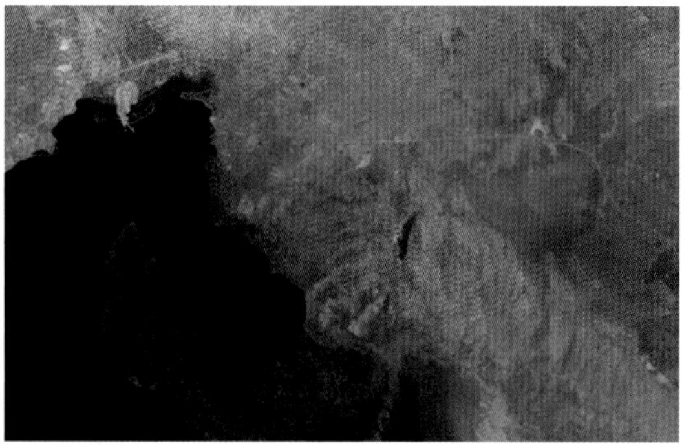

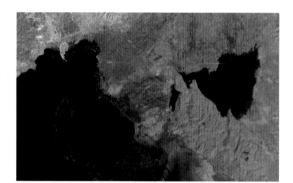

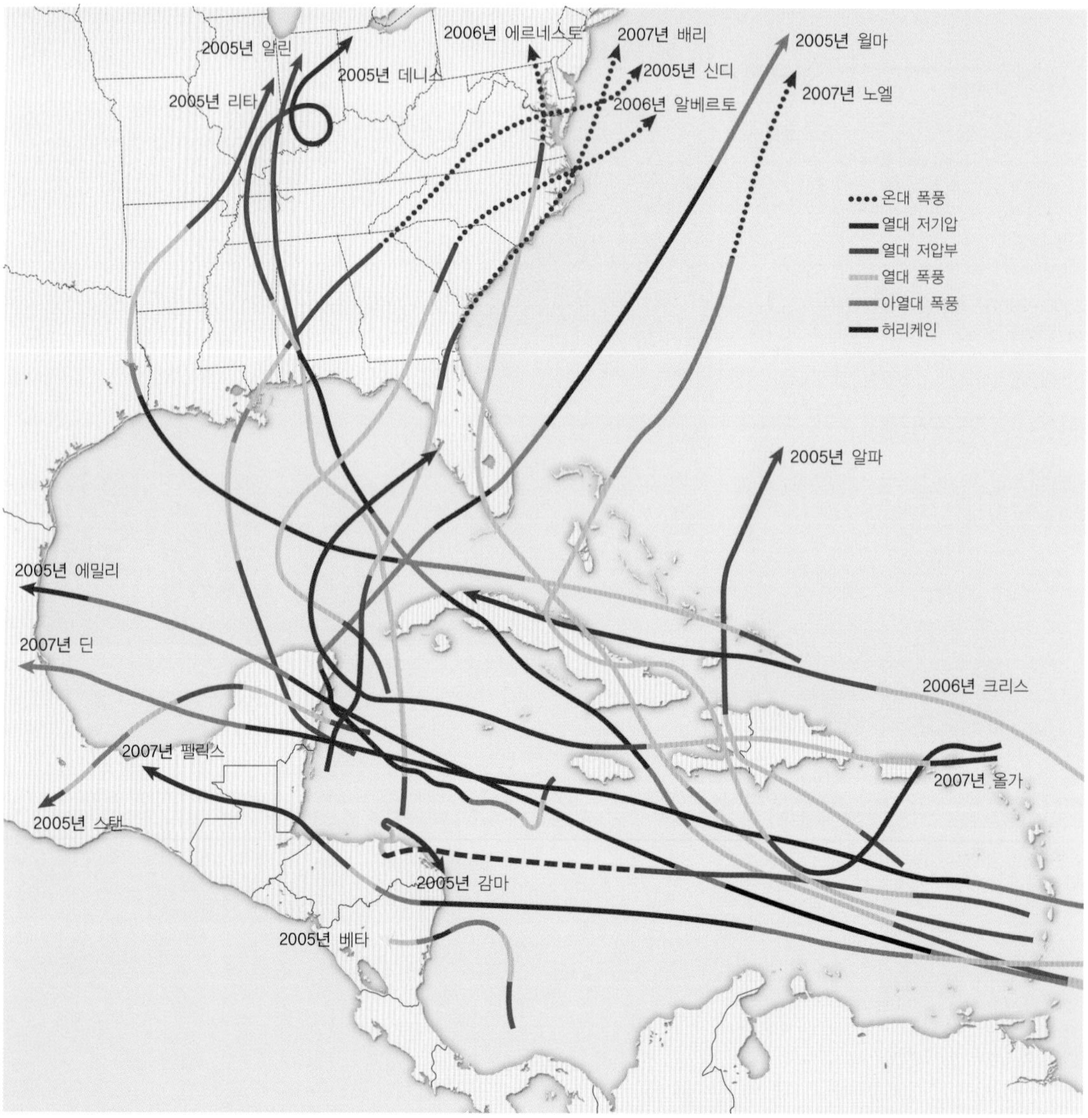

2005년 알린
2006년 에르네스토
2007년 배리
2005년 월마
2005년 데니스
2005년 신디
2007년 노엘
2005년 리타
2006년 알베르토

●●●● 온대 폭풍
━ 열대 저기압
━ 열대 저압부
━ 열대 폭풍
━ 아열대 폭풍
━ 허리케인

2005년 알파
2005년 에밀리
2007년 딘
2006년 크리스
2007년 펠릭스
2007년 올가
2005년 스탠
2005년 감마
2005년 베타

세인트루시아(위) 카리브 해 동쪽에 두 화산전인 그로스 피통(Gros Piton)과 쁘띠 피통(Petit Piton)을 둘러싼 무성한 열대 초목이 세인트루시아의 호우와 지속되는 따뜻한 기후 덕분에 번창한다.

2005~2007년 허리케인 경로(왼쪽) 이곳은 허리케인이 발생하기 쉬운 지역이다. 아프리카 북서쪽 바다 멀리 대기에서 형성된 편동풍 파동은 무역풍을 따라 카리브 해로 이동된다. 이곳의 아주 따뜻한 물은 허리케인에게 이상적인 표면 상태를 제공해 준다.

트리니다드 토바고(위) 홍따오기(scarlet ibises)와 다른 많은 종의 새가 이 섬의 캐로니 늪, 맹그로브에서 서식하고 있다. 이곳의 기후는 열대 계절성이지만 맹그로브를 유지시키기에 충분한 비를 내린다.

열대 낙원(오른쪽) 바베이도스 섬에 있는 것과 같이, 코코야자 나무는 카리브 해 대부분의 지역과 그와 인접한 대서양 섬에서 발견되는 덥고 습한 기후와 모래로 덮인 해안 토양에서 자란다.

관련 자료

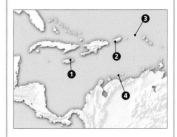

1. 블루마운틴 자메이카의 세계적으로 유명한 커피는 서늘한 온도와 풍부한 강수가 이 작물이 번창할 수 있는 미세 기후를 만들어 내는 블루마운틴의 산사면에서 자란다.

자메이카 블루마운틴

2. 남서 푸에르토리코 푸에르토리코의 다른 지역과는 달리 남서쪽은 건조하다. 이곳은 센트럴 코르디예라의 풍하측에 놓여 있는데, 북동 무역풍이 북동쪽 산사면을 따라 강제 상승하여 북동쪽 산사면에서 수증기를 응결시킨다.

남서 푸에르토리코

3. 앤티가 맹그로브는 앤티가 해안을 따라 대부분의 갯벌 지역에서 서식한다. 열대 기후의 강렬한 일사가 대기와 해양을 맹그로브가 성장할 수 있도록 1년 내내 매우 따뜻하게 유지하도록 해 준다.

앤티가

4. 소앤틸리스 베네수엘라에서 해변의 아루바, 보네르 그리고 퀴라소의 섬은 기분 좋게 따뜻하며 1년의 대부분이 건조하다. 무역풍과 용승하는 차가운 물의 영향은 이곳을 기대 이상으로 시원하게 만들어 준다.

소앤틸리스

기상 감시

해수면과 허리케인 기후 변화와 함께 해수면의 상승과 허리케인 발생 빈도 및 강도의 증가는 주요 위험 요소이다. 이 지역의 대부분은 저지대이고 관광업과 농업에 의존한다. 해수면의 변화는 해안 활동에 영향을 줄 것이며, 더욱 강해진 허리케인은 이 지역을 초토화시킬 수 있다.

남아메리카

남아메리카 대륙은 적도의 북위 12°에서부터 아한대의 위도인 남위 55°까지 뻗어 있다. 이곳은 거의 완벽하게 해양으로 둘러싸여 있고, 7,200km 이상 북쪽에서 남쪽까지 안데스 산맥에 의해 서쪽 가장자리가 산등성이를 이루고 있다. 산맥은 평균적으로 4,000m 높이까지 치솟아 있다. 이러한 특징은 북쪽의 열대 계절성 기후에서부터 남쪽의 아한대 기후까지의 9개의 기후를 만들어 내는데, 아마존의 열대 습윤 기후와 1년 내내 빙하가 존재하는 안데스 산맥 고지대의 고산 기후까지를 포함한다.

기후의 영향

열대 수렴대(ITCZ)는 무역풍이 수렴하는 곳에 있는 호우 벨트이다. 계절이 변하면서 열대 수렴대는 7월에 적도의 북쪽으로 이동하고 1월에는 남쪽으로 이동하여 남아메리카의 열대 습윤 기후와 열대 계절성 기후에 기여한다. ITCZ에 의해 만들어지는 매우 습윤한 조건은 아마존 우림에 의해 증가되고 열대우림의 식물이 증산작용을 할 때 이 지역의 습기를 유지시킨다. 열대 남쪽의 중위도에는 습윤한 편서풍이 무성한 온대성 우림을 지켜주는 충분한 강우를 만들어 낸다.

위도별, 계절별 온도의 변화는 주로 태양의 위치에 의해서 결정된다. 아마존과 같은 저위도에서는 태양이 1년 내내 머리 위에 있다. 이 지역은 태양이 머리 위를 지나가지 않는 파타고니아와 같은 고위도 또는 중위도에 비해 따뜻하다. 이것이 바로 온도의 범위가 열대 지역에서는 뜨겁고 티에라델푸에고와 같은 아한대 위도에서는 매우 추운 이유이다.

안데스 산맥 또한 온도와 수증기에 영향을 미친다. 더 서늘한 온도와 빙하는 열대 안데스의 높은 곳에서 발생한다. 이는 열대 안데스의 고도가 낮은 곳은 눈이 떨어지거나 얼음이 생성되기에는 너무 따뜻하기 때문이다. 안데스 산맥은 또한 태평양으로부터의 습윤한 공기 흐름이 동쪽으로 향하는 것을 막는다. 중위도에서 그들은 대륙의 서쪽을 따라 지형성 호우를 일으키고 안데스 산맥의 비그늘 위치에 있는 동쪽의 기후를 건조하게 만든다.

한류는 서쪽 해안 저지대를 따라 온도와 강수를 예상보다 낮게 유지시켜 주는 데 중요한 역할을 한다. 태평양에서 이동해 오는 공기가 차갑고 안정하기 때문에 아열대의 서쪽 해안과 적도 지역은 건조하다. 강수를 가져오지 않는 유형의 구름과 이러한 구름이 있는 아타카마 사막 같은 지역은 1년 동안 건조한 채로 남아 있다. 강수는 보통 주기성의 엘니뇨 현상에 의해 발생된다. 이럴 때에는 평소에는 차갑던 해수가 따뜻해지면서 상층의 공기가 습윤해지도록 하며 뇌우와 호우를 유발시킨다. 동쪽 해안선을 따라서는 해류가 따뜻해진다. 그 결과로 대기는 따뜻하고 더욱 습윤해지며 그로 인해 미풍이 브라질의 아틀란틱 포레스트(Atlantic Forest)와 같은 해안 지역에 호우를 가지고 온다.

서쪽 아열대 해안과 떨어진 차가운 해양은 그 지역을 겨울이 차고 습하게 유지시켜 주는 지중해성 기후를 만드는 데 기여한다. 여름은 이 시기에 아열대 고기압 시스템이 강화되면 길고 건조해진다.

남아메리카의 기후대

열대 습윤 연중 고온다습함. 건기는 짧거나 없음.

열대 계절성 연중 고온의 날씨. 뚜렷한 건기와 우기.

건조 연중 강수량이 조금 있거나 없음. 낮에는 덥고 밤에는 추움.

반건조 적은 강수량, 건조 기후에 비해 온도의 일변화가 적음.

지중해성 고온건조한 여름, 온화하고 습윤한 겨울, 가끔 영하의 온도.

아열대 따뜻하고 습윤, 더운 여름과 서늘하고 건조한 겨울.

온대 사계절이 뚜렷함, 연중 비가 내리며 따뜻한 여름과 추운 겨울.

아한대 연중 매우 추움. 실질적인 여름이 없음. 툰드라 식생.

산악 같은 위도의 저지대보다 더 추움.

바람과 해류(오른쪽) 편서풍이 한류 위를 지나가면 공기는 차갑고 건조해지며, 서쪽 해안을 따라 아타카마 사막의 춥고 건조한 기후를 생성시킨다. 동쪽에서는 남동 무역풍이 난류 위를 지나면서 따뜻하고 습윤해져서 이들이 육지에 도달할 때 강수를 가져온다.

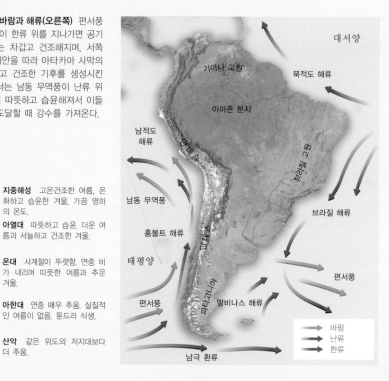

티에라델푸에고(위) 이 남아메리카 대륙 최남단에 위치한 섬의 군집은 사람이 살기 어려운 아주 춥고, 바람이 많이 불며, 비가 많이 내리는 아한대 기후를 가지고 있다.

안데스(오른쪽) 긴 산맥에 있는 기후는 열대 위도 근처의 따뜻하고 습한 북쪽에서부터 훨씬 추운 남쪽 기후까지 다양하다. 봉우리 근처는 추운 고산 기후를 가지고 있다.

아타카마 사막(왼쪽) 이곳은 지구에서 가장 건조한 지역 중 하나이다. 이곳의 기후는 칠레 해를 지나는 차가운 훔볼트 해류의 영향을 받는다. 안데스 고산지대는 한랭 사막인데, 이곳에서 가을에 강수가 발생하면 눈으로 내린다.

열대우림(아래) 남아메리카의 적도 지역에서 베네수엘라의 아마존 유역과 같은 광대한 우림은 아주 따뜻하고 습윤한 열대 기후를 가진다.

열대의 북쪽과 동쪽

적도에 걸쳐 있는 아마존 유역은 평균 강수량이 많고 항상 온도가 높은 열대 습윤 기후를 가지고 있다. 유역의 북쪽과 남쪽에는 열대 수렴대(ITCZ)의 계절에 따른 이동이 뚜렷하게 구분되는 우기와 건기를 가져온다. 베네수엘라 북쪽의 반건조 기후는 카리브 해의 한류에 의해 영향을 받는다.

이과수 폭포(아래) 브라질의 남부 열대 계절성 기후에서, 거대한 폭포로 떨어지는 이 물의 흐름은 1~3월까지 지속되는 우기에 가장 방대하며, 건조한 나머지 기간 동안에는 물의 양이 많지 않다.

관련 자료

습지 브라질의 판타날(Pantanal)은 세계에서 가장 큰 담수 습지대이다. 열대 계절성 기후는 이곳을 1년 중 반은 건조하게 만들고 나머지 반은 얕은 호수를 만든다.

삼림 벌목 아마존 숲의 넓은 영역은 마뚜 그로수(Mato Grosso)의 콩과 같이 농작물을 심기 위해서 잘려 나갔다. 나무를 없애는 것은 기후를 건조하게 만드는데 영향을 준다.

대서양림 마타 아틀란티카(Mata Atlantica)는 브라질 해안을 따라 존재하는 습한 숲 지대이다. 비록 아열대이기는 하지만, 이곳은 남대서양에서 온 바람에 의해 1년 내내 비가 내린다.

계절적 이동(오른쪽 아래) 무역풍과 ICTZ는 남아메리카에서 수렴하여 7월에는 북쪽으로, 1월에는 남쪽으로 이동한다. 호우가 ITCZ와 관련되어 있기 때문에 우기는 이러한 이동을 따르며, 적도 남북 방향으로의 이동이 뚜렷한 건기와 우기를 만들어 낸다.

기상 감시

우림의 손실 기후 모델은 이 지역이 몇십 년 후에는 많은 우림이 사라져 상당히 더워질 것으로 예상한다. 이는 강수를 심각하게 변화시킬 것이고 생물의 다양성을 감소시키는 반면, 탄소를 저장하는 지역이 아닌 배출하는 지역이 될 것이다.

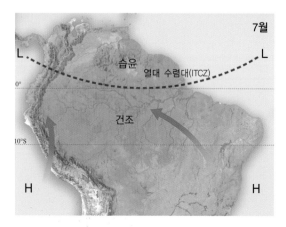

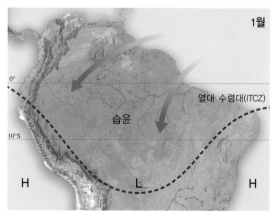

세하도(Cerrado)(오른쪽) 브라질 중앙부의 광범위한 이 지역은 열대 계절성 기후를 겪는다. 한 해 동안 충분한 비가 사바나의 초목을 유지할 수 있게 내리지만, 긴 건기는 더 많은 물을 필요로 하는 나무의 성장을 막는다.

아마존의 폭풍(왼쪽) 우림의 나무들은 많은 양의 수증기를 생성하며 이것들이 대기에 부력을 가해 상승하여 구름을 형성하게 만든다. 이것들은 뇌우로 발전하여 아마존의 열대 습윤 기후에서 종종 발생한다.

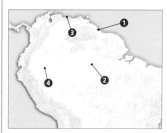

관련 자료

클라이모그래프 온도는 연중 높다. 조금 더 건조한 카라카스를 제외하고 강수는 충분하다. 조지타운은 두 번의 정점이 있고, 마나우스는 1년의 상반기 동안은 더욱 습하다. 이키토스의 강수는 1년 동안 거의 변하지 않는다.

평균 강수량
최고 온도
최저 온도

1. 가이아나 조지타운
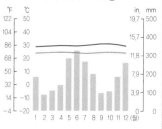

2. 브라질 마나우스
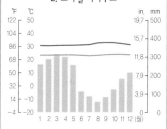

3. 베네수엘라 카라카스
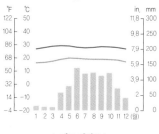

4. 페루 이키토스
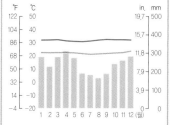

건조한 서쪽 해안

페루에서 칠레 북쪽까지 뻗어 있는 서쪽으로 좁고 기다란 연안을 가지고 있으며 세계에서 가장 특이한 기후 중 하나를 가지고 있다. 남동 탁월풍이 훔볼트 해류의 일부분을 형성하는 차갑고 깊은 물의 용승을 유도하기 때문에 이 지역은 극한 건조함을 겪는다. 이것이 해안의 기온을 서늘하게 유지시켜 주고 비를 만들지 못하는 구름을 형성시킨다.

한랭 사막(아래) 안데스 산맥의 눈과 빙하가 녹은 물은 아타카마 사막의 움푹 패인 곳으로 흘러든다. 이 건조하고 높은 한랭 사막은 빨리 증발되고, 이 핑크 플라밍고와 같은 새들을 끌어들이는 광범위한 염전을 형성시킨다.

관련 자료

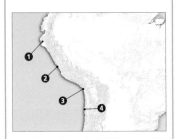

클라이모그래프 이 지역들은 덥고 매우 건조하다. 치클라요는 강수량이 가장 많은데, 1년 중 상반기에 뚜렷한 최고값을 가진다. 아리카와 안토파가스타는 가장 건조하다. 온도는 1년 내내 높지만 겨울에는 약간 낮다.

■ 평균 강수량
■ 최고 온도
■ 최저 온도

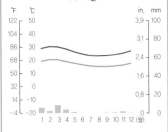

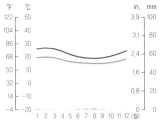

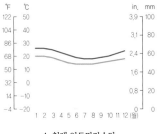

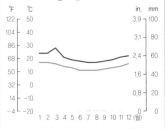

관련 자료

야생동물 상대적으로 적은 종의 새과 동물이 아타카마의 건조함에 적응해 왔다. 전갈과 곤충들은 이끼 속에 집을 만들며 도마뱀에게 잡아먹힌다. 때때로 여우나 쥐가 보일 때도 있다.

알파카 이 초식 동물은 고지대 사막과 산에 살고 있는데 두꺼운 털에 의해 추위로부터 보호받는다. 이들의 위는 그곳에서 자라는 빈약한 풀에서 최대한의 영양소를 추출할 수 있다.

비스카차 차가운 높은 고도에 살고 있는 이 사막의 토끼는 온기를 유지하기 위해 빽빽하게 난 털을 가지고 있다. 이들은 하루 중 대부분의 시간을 보내는 바위에서 자라난 이끼와 풀을 먹는다.

사막여우 이 동물은 차가운 안데스 고지대에서부터 건조한 태평양 해안까지 넓은 영역의 서식지에서 살 수 있다. 비록 그들의 털 때문에 사람들이 사냥을 하지만, 개체수는 안정적으로 남아 있다.

수증기의 저지(위) 안데스 산맥(이 위성 사진에서 어두운 갈색, 가운데)은 또한 아타카마 사막(옅은 갈색, 왼쪽)의 건조함에 기여한다. 그들은 동쪽(어두운 녹색, 오른쪽)의 더욱 습한 지역에서 오는 습한 공기가 서쪽으로 진행하는 것을 막는다.

사구(오른쪽) 이 건조한 기후에서 극소수의 강들이 침전물을 운반하면서 바닷가로 흘러간다. 대신에 기류는 모래를 남쪽에서부터 이동시켜 북쪽에 있는 페루 해안을 따라 모래 사구를 형성한다.

구름이 있으나 건조한 기후(왼쪽) 해안선을 따라서 아타카마 사막은 서늘하고 구름이 낄 수 있지만 매우 건조하다. 차가운 훔볼트 해류 위를 지나는 바람은 이곳을 서늘하게 유지시켜 구름이 있더라도 비가 내리지 않는다.

기상 감시

더 습하거나 더 따뜻해질 것인가? 엘니뇨 현상과 관련된 주기적인 온난화는 폭우를 일으킬 수 있다. 몇 가지 시나리오에서 이러한 현상은 더욱 자주 발생할 것으로 예상되며, 이는 건조한 이 지역의 환경을 변화시킬 것이다. 다른 시나리오에서는 이곳이 더욱 따뜻해져 건조함이 증가할 것이라고 한다.

안데스 산맥

남북으로 긴 이 산맥에서는 아주 비가 많이 오는 곳에서부터 아주 건조한 지역까지, 아주 더운 곳에서 아주 추운 곳까지 기후가 다양하다. 북쪽의 저지대는 따뜻하고 습하지만 4,500m 이상에서는 눈이 1년 내내 존재한다. 중간 고도에 존재하는 보고타와 같은 도시는 온화한 기후를 가지고 있다. 남서쪽 지역은 습하지만 남동쪽에서는 건조한 비그늘 기후가 발견된다.

관련 자료

야생동물 넓은 범위의 위도와 고도에 걸쳐 있는 안데스 산맥은 다양한 종의 동물에게 서식지를 제공해 주는 광범위한 기후를 포함한다.

퓨마
산사자로도 알려져 있는 이 큰 고양이는 다양한 서식지에서 살 수 있다. 몇몇 퓨마는 여름을 한 서식지에서 보내고 겨울이 되면 다른 서식지로 이동한다.

안데스 콘도르
세상에서 가장 크고 무거운 하늘을 나는 새 중의 하나인 안데스 콘도르는 안데스 고지의 바람의 흐름을 이용해 아주 적은 힘만 가지고서도 비행할 수 있다.

안경곰 이 곰은 남아메리카에 존재하는 유일한 곰이다. 이들은 열대 안데스의 습하고 빽빽하게 숲이 우거진 산사면에서 서식하는 것을 좋아한다.

브라질 아구티 이 남아메리카 토종 생물은 좋은 표면만 있다면 산을 포함한 많은 서식지에서 살아남을 수 있다. 숲으로 뒤덮인 지역을 좋아한다.

기상 감시

열대의 빙하 세계 열대 빙하의 대부분은 안데스 산맥에 있다. 최근에 그들은 후퇴하는 중인데, 20년 후에는 고도가 낮은 곳에 있는 많은 빙하가 사라질 것으로 예상된다. 빙하의 손실은 수백만 명의 사람들에게 영향을 주면서 농업의 물 공급과 수력 발전에 위협을 줄 수 있다.

라파스(위) 해발 3,660m에 위치한 볼리비아의 수도 라파스는 세계에서 가장 높은 수도이다. 비록 적도 남쪽으로 15° 밖에 떨어져 있지 않지만, 이곳은 상당히 춥고 겨울 동안에는 때때로 눈이 내리기도 한다.

에콰도르 침보라소(왼쪽) 북쪽에 있는 이 화산은 높이가 6,310m이다. 적도와 가깝지만 이곳 강수의 대부분은 눈으로 내린다. 겨울은 춥고 건조하며 여름은 따뜻하고 습하다.

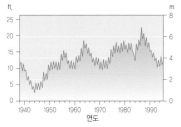

티티카카 호수(위와 오른쪽) 페루와 볼리비아 국경의 안데스 고지대에 있는 이 호수의 수위는 우기 동안에는 높고 건기 동안에는 낮다. 1940년대와 1983~1984년의 갑작스런 수위 하강은 강수가 거의 발생하지 않았던 엘니뇨 때의 기록이다.

고산 추위(위) 이 거대한 산악 시스템의 정상은 너무 추워서 연중 눈으로 덮여 있고 광범위한 빙하를 가지고 있다. 계곡들은 종종 더 따뜻하고 눈이 없을 수도 있다.

페루 안데스(오른쪽) 잉카 트레일(Inca Trail)을 따라서 페루 안데스의 계곡에서는 온도가 일반적으로 온화하다. 호우는 여름철 우기의 특징이지만 겨울에는 햇빛이 잘 들고 건조하다.

관련 자료

클라이모그래프 겨울에 명백한 최저점이 있는 산티아고를 제외하면, 온난한 온도는 거의 변하지 않는다. 강수량은 적지만 변동이 있다. 겨울 동안에는 산티아고에서 높고, 코차밤바에서는 낮다. 보고타에서는 봄과 가을에 더 높다.

평균 강수량
최고 온도
최저 온도

1. 콜롬비아 보고타
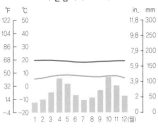

2. 에콰도르 키토
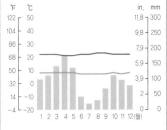

3. 볼리비아 코차밤바
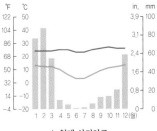

4. 칠레 산티아고
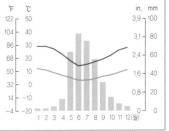

팜파스와 아열대 지역

안데스 산맥의 동쪽까지 뻗어 있는 이 중부와 동부 지역은 아열대와 반건조 기후를 갖는다. 비록 여름철에 호우가 내리기는 하지만, 이 지역의 반영구적인 아열대 고기압은 강우량을 제한시킨다. 서쪽에서는 안데스 산맥의 비그늘 효과가 강수량을 감소시킨다. 동쪽의 차고 습한 대서양의 바람은 온도를 온화하게 해 주고 강수량을 적당하게 유지시켜 준다.

팜파스(오른쪽) 아르헨티나의 넓고 평평한 초원은 소를 키우기에 이상적인 곳이며, 강수량이 제한적인 반건조 기후의 전형적인 지역이다. 비는 주로 겨울에 내리며 1년의 나머지 계절은 상대적으로 건조하다.

관련 자료

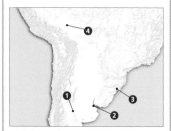

클라이모그래프 온도는 온화하거나 따뜻하다. 겨울의 최저점은 빅토리카에서 가장 낮은 반면 산타크루스는 1년 내내 거의 변하지 않는다. 변동이 심한 강수는 포르투알레그레를 제외하고선 겨울에 더 낮다. 빅토리카는 가장 건조하고 산타크루스는 가장 습하다.

━━ 평균 강수량
━━ 최고 온도
━━ 최저 온도

1. 아르헨티나 빅토리카

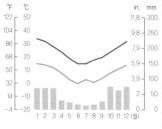

2. 아르헨티나 부에노스아이레스

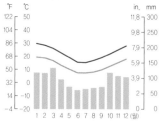

3. 브라질 포르투알레그레

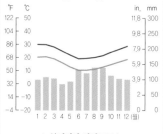

4. 볼리비아 산타크루스

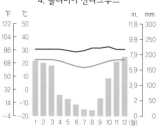

관련 자료

야생동물과 식물 이곳에서는 풀이 나무보다 더 잘 자라는데, 이것은 그들이 평원을 휩쓸고 가는 잦은 산불에 더 잘 적응하기 때문이다. 일반적으로 동물들은 방목하기 좋거나 긴 잔디 속에서 사냥하기 좋다.

레아(greater rhea) 타조와 에뮤의 친척인 레아의 긴 다리는 기다란 잔디 위로 포식자들을 볼 수 있게 한다. 이들은 또한 포식자들로부터 숨기 위해서 잔디에 평평하게 눕는다.

우루과이 몬테비데오(위) 이 항구도시의 아열대 기후는 리오데라플라타(Rio de la Plata) 어귀의 서늘하고 습한 해양성 공기에 의해 누그러진다. 비는 1년 동안 고르게 분포한다. 온도는 여름에 온난하고 겨울에 서늘하다.

우루과이 팜파스그래스 잔디가 짙고 덥수룩한 곳에서 자라는 이 식물은 습하고 모래로 뒤덮인 토양을 좋아하지만 따뜻한 여름과 적당한 가뭄에서도 살 수 있다.

아르헨티나의 포도밭(왼쪽) 포도는 안데스 산등성이의 햇볕이 잘 들고 건조한 기후에서 잘 자란다. 겨울에는 고도가 높은 곳에서 눈이 내리지만, 온도가 온난한 고도가 낮은 지역에서는 강수가 비로 떨어진다.

갈기늑대(maned wolf) 이 동물의 긴 다리는 잔디 위를 볼 수 있도록 한다. 이들은 팜파스에서 발견되는 작은 포유동물과 새들을 잡아먹는다.

건조도(아래) 아르헨티나의 서쪽, 안데스의 비그늘 지역에 위치한 멘도사는 아주 건조하다. 가뭄은 흔하고 식생은 주로 그 지역 말들이 잘 자랄 수 있게 해 주는 풀로 존재한다.

해류(왼쪽) 따뜻한 브라질 해류와 차가운 말비나스의 해류는 이동하는 전선을 따라 만난다. 말비나스 해류가 북쪽으로 이동하면 해안 지역은 적은 강수와 함께 더욱 서늘해지고, 브라질 해류가 남쪽으로 이동할 때 반대가 된다.

부에노스아이레스　몬테비데오
바이아블랑카　브라질 해류
포클랜드 제도　말비나스 해류

| 40 | 46 | 53 | 61 | 68 | 75 | 82 °F |
| 2 4 | 8 | 12 | 16 | 20 | 24 | 28 ℃ |

기상 감시

작물에 미치는 영향 온도는 일반적으로 오를 것으로 예상된다. 몇몇 예측은 강수량이 증가할 것으로, 또 다른 예측은 감소할 것으로 예측한다. 과거 몇십 년 동안 이 지역은 봄과 여름에 점점 습해지고 추워져 왔다. 만약 이것이 계속된다면 작물의 생산량과 수확 시기에 영향을 줄 수 있다.

관련 자료

혼의 위협 케이프 혼(Cape Horn)을 둘러싼 항해 경로는 세계에서 가장 위험한 지역 중 하나이다. 때때로 30m에 달하는 거대한 파동을 유도하는 아주 강한 바람이 1년의 대부분에 흔하게 발생한다.

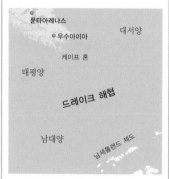

드레이크 해협 케이프 혼과 남극 대륙의 남셰틀랜드 제도 사이에 위치한 이 수역은 대서양 남서쪽과 태평양 남동쪽을 연결한다.

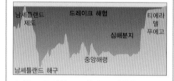

수심 프로파일 드레이크 해협은 수심이 남셰틀랜드 해구의 5,000m에서부터 티에라델푸에고 남쪽의 아주 얕은 깊이까지 변하는데, 이곳의 파도는 더욱 짧고 가파르며 선박에 더 위협적이다.

노호하는 40 위도대 남위 40~50° 사이에서 거의 일정한 아주 강한 바람이 거대한 파도를 만들어 내면서 분다. 해류와 반대로 부는 동풍은 파도를 더욱 거세게 만든다.

기상 감시

빙하의 후퇴 고도가 높은 곳에서 증가하는 온도와 감소된 강수량은 파타고니아 빙하를 얇게 하고 후퇴하게 만들고 있다. 이 빙하의 용해는 이미 예측하고 있듯이 해수면 상승에 기여할 뿐만 아니라 많은 사람들의 물 공급을 위협한다.

파타고니아

이 아르헨티나의 남쪽 부분과 칠레는 대서양과 태평양 연안을 모두 가지는 남아메리카 남쪽 끝부분의 아래까지 확장하며 포클랜드 제도를 포함한다. 이곳의 건조, 반건조, 온대 그리고 아한대 기후는 이 지역의 풍경만큼이나 다양한데, 그 범위는 습윤한 태평양 해안에서부터 건조한 아르헨티나 남쪽 평원, 그리고 몹시 추운 티에라델푸에고까지이다.

건조한 서식지(위) 파타고니아의 건조한 동쪽 해안은 마젤란 펭귄이 좋아하는 서식지인데, 이들의 보금자리는 모래흙에서 자라는 작은 관목과 수북한 잔디에 있다.

서쪽 온대 기후(아래) 태평양에서 오는 서늘하고 습윤한 편서풍은 칠레 남쪽의 비야리카 지역을 온대 기후로 만든다. 무성한 숲은 고도가 낮은 곳에서 번창하며 화산의 꼭대기는 눈으로 덮여 있다.

스텝(아래) 안데스의 비그늘에 놓여 있는 아르헨티나의 스텝은 건조하다. 키 작은 관목과 잔디를 자랄 수 있게 해 줄 정도의 비가 내리며, 대규모의 양과 소를 위한 방목지가 형성된다.

온도(아래) 파타고니아의 연평균 온도는 위도, 고도 그리고 해양의 영향을 받는다. 북쪽과 해안가에서 온도가 가장 높다. 고도가 높은 내륙에서는 더 춥다.

아르헨티나 페리토 모레노 빙하(위) 이곳은 고위도에 있는 파타고니아에 존재하는 많은 빙하 중 하나이다. 이곳은 1년 내내 서늘하거나 추운 온도를 가지고 있고 충분한 강설량이 있다.

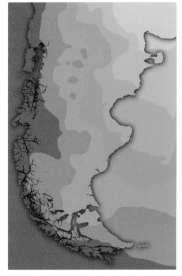

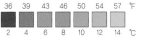

강수(오른쪽) 서쪽에서 불어오는 편서풍과 차가운 태평양은 이탄지(moorland)를 서늘하고 습하게 만든다. 강수는 충분하지만 온도가 낮은 고지대에서는 상록수와 낙엽활엽수림이 자란다. 동쪽에는 스텝 초원이 건조한 조건 속에서 만연한다.

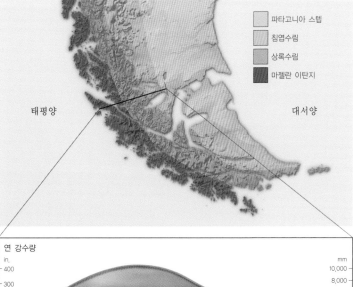

파타고니아 스텝
침엽수림
상록수림
마젤란 이탄지

태평양   대서양

연 강수량

그랑 캄포 네바도

오트웨이 만

편서풍   편서풍

섬지대   안데스   전이대   파타고니아 스텝

관련 자료

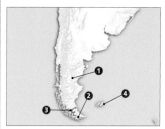

클라이모그래프 온도는 온난한 정도에서부터 여름에는 서늘하고 겨울에는 추운 정도까지의 범위에 있다. 아래에 있는 모든 지역은 겨울에 최저점을 보여 준다. 강수량은 적은데, 사르미엔토는 가장 건조하고 스탠리는 가장 습하며 우수아이아는 가을에 조금 더 습하다.

평균 강수량
최고 온도
최저 온도

1. 아르헨티나 사르미엔토

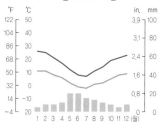

2. 아르헨티나 우수아이아

3. 칠레 푼타아레나스

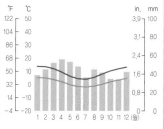

4. 포클랜드 제도 스탠리

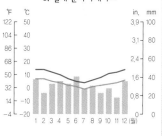

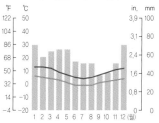

유럽

대서양에서 러시아의 우랄 산맥까지, 북극에서 지중해까지 뻗어 있는 유럽은 지구에서 두 번째로 작은 대륙이다. 유럽의 기후는 주로 위도, 큰 바다에 근접한 정도, 고도의 영향을 받는다. 적도에서 멀리 떨어진 관계로 유럽에는 열대 기후 지역은 없다. 유럽의 8개 기후대에는 한랭 기단의 지배를 받는 한대 기후에서부터 계절적으로 수축-팽창하는 아열대 고기압계의 영향을 받아 생긴 아열대 기후와 지중해성 기후가 있으며, 그 사이에는 북부 기후, 대륙성 기후, 아열대 기후, 동-서로 놓인 산악지대의 고산 기후가 있다.

러시아의 툰드라(위) 길고 혹독한 겨울과 대부분의 강수가 내리는 짧고 서늘한 여름의 특성을 가진 북부 러시아의 아한대 기후에서는 단지 툰드라의 풀과 이끼만이 살아남을 수 있다.

지역적 요인

유럽에서 위도와 고도, 해양과의 가까운 정도는 기후의 중요한 결정 요인이긴 하지만, 다른 경우와 마찬가지로 다양한 지역적 요인 역시 중요하다.

북유럽의 온도 및 강수량은 연중 찬 한대 기단의 영향을 받으며, 특히 겨울철에 기단이 남하할 때 그 영향이 크다. 서늘한 온도와 햇빛의 부족은 매우 길고 혹독한 겨울을 만든다. 한랭 기단의 경계를 따라 형성된 전선계는 강풍 및 폭풍의 빈번한 발달에 유리한 불안정을 제공하며, 이것으로 인해 대부분의 강수가 겨울철에 내리게 된다.

서유럽에서는 대서양과 중위도 편서풍이 이 지역의 온화한 온대 기후를 형성하는 데 주요한 역할을 한다. 북동쪽으로 흐르는 북대서양 해류인 따뜻한 멕시코 만류는 저위도에서 북극권의 북쪽으로 열과 수증기를 수송한다. 이것은 동일한 위도에 있는 태평양 연안에 비해 서유럽의 연안을 겨울 동안 얼음이 얼지 않고 더 따뜻하게 유지시켜 준다.

편서풍은 특히 겨울철에 많은 저기압계를 서유럽의 연안 지역으로 이끌며, 또한 다른 계절에도 그러하다. 그 결과 연 강수량이 높으며, 모든 계절에 걸쳐 충분한 강수량을 보인다.

알프스는 물리적으로 북부와 남부 유럽을 분리한다. 광범위하게 펼쳐진 이 매우 높은 산맥은 지중해 유럽으로 침투하는 북쪽의 찬 공기를 막을 수 있다. 또한 산맥은 연중 눈으로 덮여 있으며, 온난한 산기슭에서부터 높은 봉우리의 추운 고산 기후까지 다양한 기후를 만들어 낸다.

남유럽의 여름은 확장한 아열대 고기압과 북아프리카로부터 불어오는 고온건조한 바람의 영향으로 길고 고온 건조하며, 겨울은 지중해에 의해 완화되어 서늘하다. 또한 남유럽은 중위도 편서풍의 흐름을 따라 이동하는 잦은 폭풍으로 인해 비가 많이 내린다.

동유럽은 해양의 영향으로부터 가장 먼 곳에 위치하여, 동유럽의 대부분에서 내륙의 특성을 가진 기후가 나타난다. 차가운 한대 및 아한대 기단의 영향을 받는 겨울은 길고 혹한이 찾아오며, 여름은 짧고 서늘하다. 강수량은 1년 내내 풍부하며 특히 여름에 집중된다. 그 이유는 남쪽의 따뜻한 열대 기단과 북쪽의 찬 한대 및 아한대 기단이 만날 때 생성된 전선대를 따라서 발생하는 불안정한 공기 때문이다.

유럽의 기후대

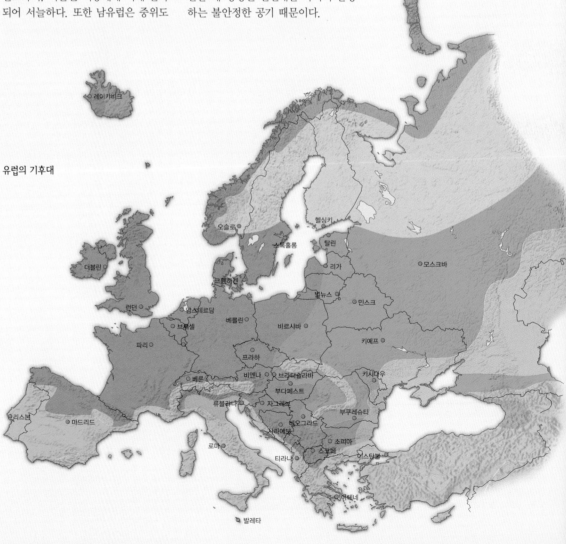

■ **반건조** 적은 강수량. 건조 기후에 비해 온도의 일변화가 적음.

■ **지중해성** 고온건조한 여름, 온화하고 습윤한 겨울, 가끔 영하의 기온.

■ **아열대** 따뜻하고 습윤. 더운 여름과 서늘하고 건조한 겨울.

■ **온대** 사계절이 뚜렷함. 연중 비가 내리며 따뜻한 여름과 추운 겨울.

■ **대륙성** 서늘하고 습윤함. 따뜻한 여름과 극심한 겨울.

■ **북부** 서늘한 여름과 눈을 동반한 매우 극심한 겨울. 상록수림 식생.

■ **아한대** 연중 매우 추움. 실질적인 여름이 없음. 툰드라 식생.

■ **산악** 같은 위도의 저지대보다 더 추움.

레이카비크
오슬로
스톡홀름
헬싱키
탈린
더블린
리가
모스크바
코펜하겐
빌뉴스
런던
암스테르담
민스크
베를린
브뤼셀
바르샤바
파리
키예프
프라하
비엔나
브라티슬라바
키시나우
베른
부다페스트
류블랴나
자그레브
부쿠레슈티
리스본
마드리드
베오그라드
사라예보
소피아
로마
스코페
티라나
이스탄불
발레타
아테네

그리스의 린도스(오른쪽) 남유럽의 지중해성 기후는 여름이 길고 고온건조하다. 적은 연 강수량의 대부분은 겨울에 내리며, 짧은 풀과 작은 나무, 관목만 자랄 수 있는 환경을 제공 한다.

폭풍(아래) 대부분의 폭풍은 북아메리카의 동쪽 해안에서 유럽을 향해 북동쪽 방향으로 이동한다. 그 경로는 북대서양진동(NAO)이라 부르는 기압 차이에 의해 남-북으로 이동한 다. 심한 폭풍의 무리가 나타나는 영역을 어 두운 파란색 및 갈색으로 표시하였다.

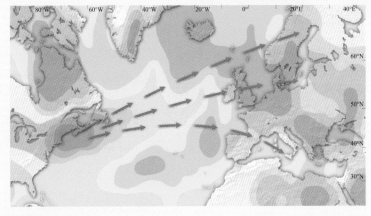

대륙의 겨울(위) 모스크바의 블리자드와 눈 보라는 매우 길고 추운 겨울 기간 동안 흔히 볼 수 있다. 이곳에서는 이르면 10월에서부터 늦은 봄까지 눈이 내린다.

얼지 않는 연안(오른쪽) 노르웨이 연안의 일 부가 북극권에 놓여 있기는 하지만, 멕시코 만 류(북대서양 해류)의 따뜻한 수온 덕분에 겨 울에도 얼지 않은 채로 남아 있다.

유럽의 북극

이 지역은 북부 스칸디나비아와 우랄 산맥 서쪽의 러시아, 아이슬란드를 포함한다. 한대 기단의 지배를 받아서 겨울이 길고 몹시 춥다. 북극이 태양으로부터 먼 방향으로 기울어지는 겨울이 되면, 적어도 3개월 동안은 밤이 지속된다. 여름은 짧고 상대적으로 서늘하며 3개월 동안 낮이 지속된다.

관련 자료

야생동물 길고 혹독한 겨울에 생존하기 위해 북극 동물들은 모피가 두껍게 발달했으며, 털 색깔이 갈색에서 흰색으로 바뀌었다. 남쪽의 동족들보다 사지가 짧고 덩치가 커졌으며, 이는 몸의 열을 적게 잃게 하므로 추위에 더욱 잘 견딜 수 있게 한다.

북극여우 두꺼운 모피와 털이 덮인 발바닥, 짧은 귀, 짧은 주둥이는 추위로부터 몸을 보호한다. 겨울에는 위장하기 좋은 흰색이나 청회색으로 털갈이를 한다.

눈올빼미 독특한 반점이 있는 이 큰 올빼미는 북극 툰드라 북쪽 변방에서 살아간다. 나그네 쥐와 같은 작은 동물을 잡아 먹으며, 하루에 5마리 정도 먹을 수 있다.

순록 이 툰드라의 동물은 모피 층이 밀집하여 만들어진 2개의 뿔을 가지고 있으며, 이것은 겨울에는 희고 여름에는 갈색으로 변한다. 또한 눈 위에서 걷기에 알맞은 넓은 발굽을 가지고 있다.

로포텐 제도(Lofoten Islands)(오른쪽) 비록 이 섬들은 북극권의 북쪽에 위치하지만, 따뜻한 노르웨이 해류의 영향으로 여름은 온대 기후를 경험한다. 겨울은 상당히 온화하며 여름은 서늘하다.

기상 감시

가장 심한 온난화 북극은 세계의 다른 지역에 비해 더 큰 온도 증가가 예상되며, 특히 겨울의 온도 증가가 심각하다. 빙하와 해빙이 녹으면 지표 알베도가 감소할 것이다. 결국 이것은 더 많은 태양 복사열을 흡수하여 온난화를 가속시킬 것이다.

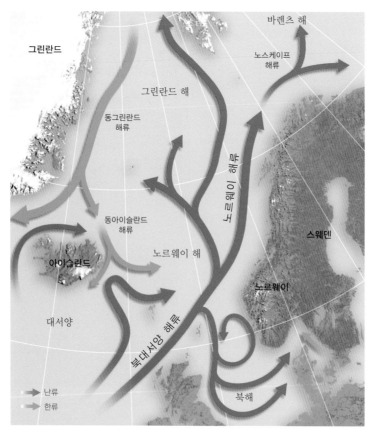

노르웨이 스피츠베르겐 제도(위) 난류의 영향을 벗어나는 먼 북극에는 연중 극도로 추운 날씨와 해빙, 육지 위의 영구 빙하가 있다.

열 수송(왼쪽) 남쪽의 따뜻한 멕시코 만류로부터 이어지는 따뜻한 노르웨이 해류의 영향으로 스칸디나비아의 북쪽 연안 지역은 이러한 영향이 없는 다른 고위도 지역에 비해 따뜻하다.

한밤중의 태양(위) 북극권의 북쪽 지역은 여름에 최소 3개월 동안 태양이 지지 않는다. 사진에 보이는 노르웨이의 노스케이프는 한밤중이다.

아이슬란드(오른쪽) 북대서양의 겨울에 전선을 동반한 저기압계가 폭풍과 강풍으로 발달할 때, 아이슬란드의 해안에 강한 바람으로 인하여 높은 파도가 몰아친다.

부동항(아래) 북극권의 북쪽에서 가장 큰 도시인 러시아의 무르만스크까지 난류가 도달하므로, 이 항구는 겨울에도 얼지 않는다.

관련 자료

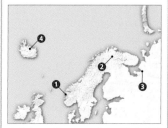

클라이모그래프 모두 추운 겨울과 온화한 여름을 가지고 있다. 아크엔젤은 가장 큰 온도 변화를 보인다. 아쿠레이리는 가장 추운 여름과 가장 적은 강수량을 가지고 있다. 모두 연중 비가 내리며, 가을에 많아지는 경향을 보인다.

平均 강수량 ─── 최고 온도 ─── 최저 온도

1. 노르웨이 나르비크

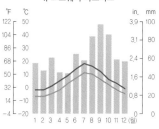

2. 핀란드 이나리

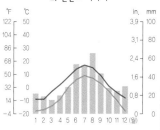

3. 러시아 아크엔젤

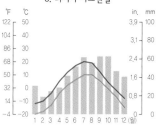

4. 아이슬란드 아쿠레이리

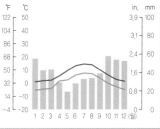

관련 자료

노르웨이 가문비나무 이 침엽수는 북부 기후에 잘 적응했다. 이 나무는 상당히 긴 기간 동안 영하의 날씨 속에서 피해를 입지 않고 살아남을 수 있으며, 찬 기온에서도 광합성의 효율을 높게 유지할 수 있다.

모양 가문비나무의 원뿔 모양은 눈을 매우 쉽게 흘러내리게 한다. 그래서 쌓인 눈의 무게로 인해 가지가 부러지지 않는다.

잎 바늘 모양의 잎의 세포는 그 사이에 큰 공간을 가지고 있다. 이것은 세포가 얼고 녹는 동안 발생하는 손상을 방지할 수 있다.

영양분 영양분을 생산하는 새로운 여름 성장기를 기다리는 대신에, 상록수의 잎은 봄의 해빙기 후에 바로 광합성을 시작한다.

북부 산림

북위 60°와 북극권 사이 북유럽의 북부 기후에서는 광활한 영역에 걸쳐 상록수가 무성하게 자라고 있다. 극심하게 추운 겨울 동안 북대서양으로부터의 폭풍이 많은 눈을 가져온다. 여름은 온화하지만 온난전선과 한랭전선이 통과할 때면 변덕스럽다. 이러한 불안정성은 온도가 따뜻해질수록 증가할 것으로 예상된다.

적설(아래) 연안 지역은 비교적 따뜻하여 눈이 없는 상태로 남아 있지만, 내륙은 잦은 강설과 눈이 적게 녹아서 겨울이 길다. 아래의 위성 영상에 보이는 스칸디나비아와 같이 겨울에는 최대 6개월 동안 두꺼운 눈에 덮여 있다.

혹한(왼쪽) 바다의 습한 공기와 더욱 찬 대륙의 공기가 만나는 경계에서 전선이 만들어진다. 이것은 이 지역에서 겨울 동안 흔히 볼 수 있는 폭설과 블리자드의 원인이 된다.

온화한 여름(위) 핀란드 헬싱키는 짧지만 따뜻하고 낮의 길이가 19시간이나 되는 여름을 즐긴다. 강수량은 적지만 그만큼 증발도 많아서 여름에는 예상보다 더욱 습하다.

핀란드의 습지대(위) 4월에 기온이 올라 영상에 머무르게 되면서 유럽의 북부 산림으로 늦은 봄이 찾아온다. 얼어붙은 땅이 녹으면, 배수가 잘 안 되는 곳의 흙은 물에 잠기고, 광활한 영역이 늪이 된다.

산림지대(왼쪽과 위) 가문비나무와 소나무 숲이 아북극 지역을 광범위하게 덮고 있다. 왼쪽의 그림에 보이는 스웨덴의 숲처럼 겨울 동안에는 몇 달간 계속 두꺼운 눈에 덮여 있다. 위 사진은 많은 강우와 긴 낮의 길이로 따뜻한 온도에서 침엽수가 성장하고 있는 여름에 촬영된 핀란드의 레포베시 국립공원의 모습이다.

관련 자료

클라이모그래프 겨울은 길고 추우며, 여름은 짧고 온화하다. 강수량은 일정하지만, 일반적으로 겨울보다 여름이 많다. 헤르뇌산드에서는 늦여름에서 가을과 초겨울 사이에 많은 강수량을 보인다.

▬ 평균 강수량
▬ 최고 온도
▬ 최저 온도

1. 스웨덴 헤르뇌산드

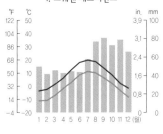

2. 노르웨이 오슬로

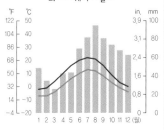

3. 핀란드 탐페레

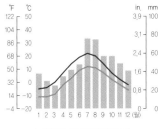

4. 러시아 상트페테르부르크

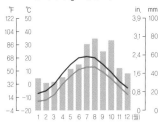

온대 서유럽

중위도에 위치한 이 지역은 영국 제도에서 동부 독일로, 스칸디나비아의 일부 지역에서 북부 스페인까지 펼쳐져 있다. 대서양은 연안의 온도를 적당하게 유지시키고, 많은 저기압계의 수증기 공급원이 된다. 이 저기압계는 편서풍에 의해 수송되며 변덕이 심한 날씨를 만든다. 또한 이 지역은 거의 매일 비가 내린다.

열파(오른쪽) 2006년 7월에 파리의 온도가 36℃까지 올라갔다. 특히 연안 지역의 여름은 일반적으로 온화한 반면, 내륙에서는 평년 온도보다 높은 날이 며칠 동안 지속되는 경우가 발생할 수 있다.

관련 자료

클라이모그래프 모든 도시에서 겨울은 서늘한 편이며, 여름은 온화하다. 위트레흐트는 가장 기온의 변화가 심하다. 연 강수량은 적당하고 연중 변화는 적으나, 가을이나 초겨울에 많이 내리는 경향이 있다.

▬ 평균 강수량
▬ 최고 온도
▬ 최저 온도

1. 영국 런던

2. 아일랜드 더블린

3. 네덜란드 위트레흐트

4. 독일 함부르크

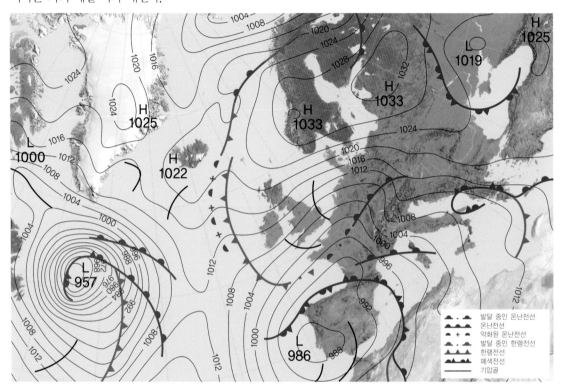

발달 중인 온난전선
온난전선
약화된 온난전선
발달 중인 한랭전선
한랭전선
폐색전선
기압골

변덕스러운 날씨(위) 이 전형적인 겨울철 종관 일기도는 한랭, 온난, 폐색전선으로 이루어진 저기압계가 동쪽으로 진행하는 것을 보여 주고 있다. 한랭전선이 한 지역을 지날 때에는 온도가 떨어지는 반면, 온난전선이 지날 때에는 반대 현상이 발생한다. 폐색전선은 온난전선이 한랭전선에 따라잡힐 때 발생한다. 세 가지 종류의 전선 모두에서 강수가 동반될 수 있다.

전원의 가을(왼쪽) 영국과 같은 온대 지역은 사계절이 가장 뚜렷한 지역이다. 여름은 온화하며, 겨울에는 오랜 기간에 걸쳐 영하로 내려가 있는 일이 드물다.

흔치 않은 눈(오른쪽) 겨울 강수는 보통 비의 형태이다. 폭설이 내리면 매우 혹독해질 수 있으며, 영국 남부의 주요 고속도로에서 운전하기 위험한 상황을 야기한다.

관련 자료

북대서양진동(North Atlantic Oscillation, NAO) 이것은 아일랜드 부근의 저기압과 대서양의 아열대 고기압 사이의 차이를 보여 준다. 이 차이는 서유럽의 날씨와 기후에 큰 영향을 준다.

겨울철 양의 위상 아이슬란드 근처의 기압이 매우 낮고, 아열대 고기압은 매우 강한 상태이다. 보다 많은 폭풍이 서유럽으로 유도되고, 평년보다 습하고 따뜻한 날씨가 형성된다.

겨울철 음의 위상 아이슬란드 근처의 저기압과 아열대 고기압 모두 약화되고, 폭풍을 남유럽과 북아프리카 쪽으로 유도한다. 유럽 서부는 평년보다 춥고 건조한 날씨가 형성된다.

매우 강했던 한파 1960년대에 음의 위상이 지속되는 동안 유럽은 매우 혹독한 겨울을 겪었다. 가장 추웠던 겨울로 기록된 1962~1963년 사이의 영국은 폭설과 몇 달 동안 지속된 영하의 날씨로 나라 전체가 마비되었다.

기상 감시

예측된 주요 변화 겨울은 더 따뜻해지고 짧아지는 반면, 폭우는 더욱 빈번해질 것이며, 이것은 강수량의 증가로 이어질 것이다. 열파 기간과 가뭄은 여름철에 증가할 것이다. 따라서 이런 변화는 지역의 수문과 수자원에 영향을 줄 것이다.

관련 자료

에피루스 북부 그리스의 산악지대에서는 멜테미(meltemi) 바람에 의해 여름의 열기와 습기가 완화된다. 하지만 겨울이 되면 산맥은 눈으로 덮이게 된다.

올리브 지중해가 원산지인 올리브 나무는 햇볕과 고온건조한 여름, 온화한 겨울 기후를 선호한다. 위에 보이는 포르투갈의 넓은 숲처럼 이 지역에 재배되고 있다.

아프리카의 먼지 이 위성 영상에서는 뜨겁고 건조한 바람이 북아프리카에서부터 먼지를 남부 지중해를 건너 북쪽 멀리 오스트리아와 헝가리까지 나르고 있는 것을 보여 주고 있다.

기상 감시

더 덥고 건조해짐 유럽의 지중해 지역은 기온 상승으로 산불과 가뭄이 잦아질 것으로 전망된다. 이러한 변화는 이 지역의 문화와 생활 방식에 영향을 미칠 것이다. 기온 상승과 강우량의 감소로 포도 재배와 포도주 생산이 감소할지도 모른다.

지중해 유럽

이 지역은 남부 스페인, 프랑스, 이탈리아뿐만 아니라 슬로베니아 연안, 크로아티아, 보스니아 헤르체고비나, 그리스, 지중해와 에게 해의 섬을 포함하는 영역이다. 강해지며 확장하는 남쪽의 아열대 고기압의 영향으로 여름은 길고 고온건조하다. 겨울은 온화하며 습하고, 저기압이 자주 지나간다.

크레타(아래) 높은 기온과 맑고 푸른 하늘, 매우 적은 강수량은 이 그리스 섬과 지중해 남부의 다른 지역들에서 나타나는 여름철의 전형적인 모습이다. 이것은 일광욕을 즐기는 휴가객에게 최상의 장소를 제공한다.

이탈리아 토스카나(위) 지중해 남부의 여름은 상당히 건조한 반면, 그 위의 북쪽에는 바다에서부터 내륙으로 수증기와 찬 기온을 가져다주는 편동풍의 영향으로 비가 더 빈번하게 내린다.

그리스 칼라마타(왼쪽) 지중해 남부에서 따뜻하고 습한 공기가 대류가 일어날 정도로 불안정해지면, 갑작스런 뇌우가 늦은 오후에 발생할 수도 있다. 이러한 뇌우는 보통 저녁쯤에 소산된다.

라벤더 들판(오른쪽) 프랑스의 남쪽은 여름에 매우 맑고 따뜻하며 상대적으로 건조한 반면, 겨울은 온화하고 일반적으로 서리가 내리지 않는다. 이러한 기후는 지중해가 원산지인 다년생 식물 라벤더의 재배에 최적의 조건이다.

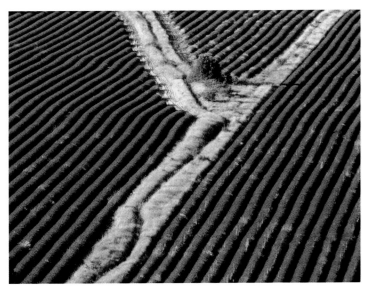

저기압의 이동 경로(오른쪽) 12월에 폭풍은 먼 서쪽에서부터 북동쪽으로 이동해 가며(1), 2월에는 동쪽으로 경로가 이동한다(2). 에게해에서 발생한 폭풍은 12월에는 더 북쪽으로 이동하며(3과 4), 2월에는 더 남쪽으로 이동한다(5).

국지풍(아래) 이 지역은 편서풍이 탁월풍이지만, 다양하게 국지풍이 존재한다. 이것들은 주로 육지와 바다의 온도 차이와 여러 가지 지형적인 변화에 의해 발달한다.

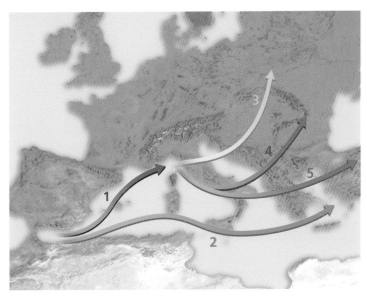

관련 자료

클라이모그래프 이곳의 도시들은 덥고 건조한 여름과 온화하고 습한 겨울을 가지고 있다. 알메리아와 로도스는 강수가 없는 달이 있을 정도로 가장 건조한 여름을 보낸다. 겨울에는 알메리아와 로도스보다 마르세유와 이스탄불이 비가 더 많이 내린다.

평균 강수량
최고 온도
최저 온도

1. 스페인 알메리아

2. 프랑스 마르세유

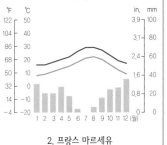

3. 그리스 로도스

4. 터키 이스탄불

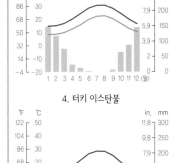

대서양

미스트랄

쮠

보라

트라몬타나

보라

마린

리베시오

제퍼

에테시안

레반테더스

스카이스위퍼

포넨테

그리게일

멜테미

다투

임뱃

엠바티스

레반터

시로코

슬록

지중해

레베췌

가르비

기블리

캄신

따뜻한 바람
찬 바람
그 밖의 바람

유럽의 알프스

이 산맥은 프랑스와 스위스를 거쳐 오스트리아에서 이탈리아의 북부까지 호를 그리면서 뻗어 있다. 고도와 지형의 변화는 독특한 국지적인 미기후를 만들 뿐만 아니라, 알프스를 넘는 기단에 의해 주변의 기후도 영향을 받는다. 연중 각각 다른 시기에 동서남북 각 방향에서 알프스를 넘는 기단은 여러 종류의 날씨를 만들어 낸다.

알프스의 여름(아래)　여기 사진에 보이는 프랑스의 알프스는 고도가 더 높은 스위스의 알프스와는 달리 여름에 영상으로 기온이 올라간다. 그 결과, 겨울에 쌓였던 대부분의 눈이 녹아 들쭉날쭉한 바위 봉우리가 드러나 보인다.

온화한 미기후(위)　필라투스 산의 풍하측에 위치한 스위스의 도시 루체른은 푄 바람으로 인해 알프스의 다른 지역보다 온화해진 기후를 즐긴다. 푄 바람은 풍하측 경사면을 따라 내리 부는 건조하고 따뜻한 바람이다.

이탈리아 트렌티노알토아디제(아래)　알프스의 남쪽에 위치한 이 작은 지역은 따뜻하고 맑은 날씨의 기후를 가지고 있어, 이 고도의 범위에서 다양한 품종의 포도를 재배하기에 적합하다.

관련 자료

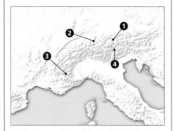

클라이모그래프 겨울은 서늘하며, 이 중 센티스 산 정상이 가장 춥고 여름에도 가장 서늘하다. 인스브루크와 볼차노는 여름에 가장 따뜻하다. 강수는 연중 발생하며, 엠브룬을 제외하고는 여름에 주로 더 많이 내리는 것을 볼 수 있다.

　― 평균 강수량
　― 최고 온도
　― 최저 온도

1. 오스트리아 인스브루크

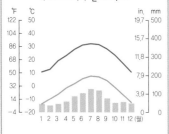

2. 스위스 센티스 산

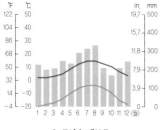

3. 프랑스 엠브룬

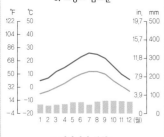

4. 이탈리아 볼차노

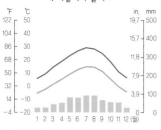

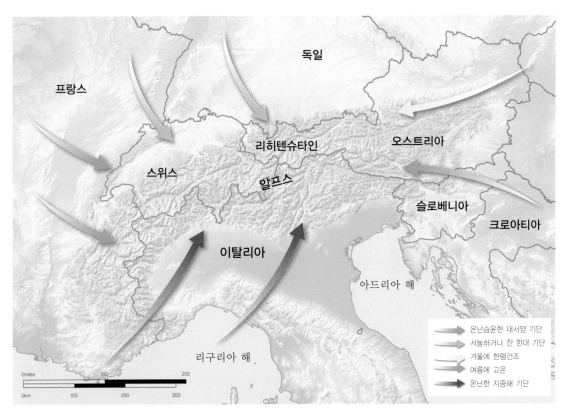

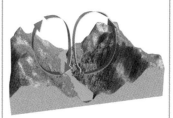

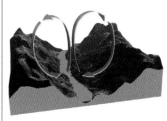

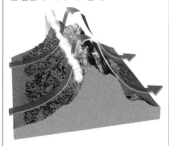

관련 자료

국지풍 산맥과 계곡은 독자적인 풍계를 만들어 낸다. 낮에는 계곡 측면이 계곡 바닥보다 더 빨리 데워지고, 밤에는 반대의 현상이 일어난다. 이 힘에 의해 낮에는 곡풍이, 밤에는 산풍이 불게 된다.

활승 바람(곡풍) 낮 동안에 계곡 측면 위의 공기가 계곡 바닥 위의 공기보다 따뜻해진다(빨간색). 이로 인해 공기가 경사면을 따라 올라가고, 식으면 바닥으로 가라앉는다(파란색).

활강 바람(산풍) 밤에는 계곡 측면 위의 공기가 먼저 식어서 무거워진다(파란색). 이로 인해 공기가 계곡 바닥을 향해 내리막을 내려가고, 여기서 따뜻해진 공기는(빨간색) 다시 떠오른다.

푄 알프스에서 이 바람은 산맥의 풍하측 내리막을 따라 분다. 이 바람이 아래로 내려가면 따뜻해지고 건조해져서 경로상의 모든 눈을 녹인다. 이것은 때로로 봄에 눈사태를 일으킨다.

기단(위) 북쪽의 한대 기단은 온도를 떨어뜨린다. 겨울에는 대서양으로부터 온화하고 습한 기단이 많은 강수를 가져온다. 동쪽에서 다가오는 기단은 겨울에는 추위를, 여름에는 더위를 가져오는 반면, 남쪽의 기단은 따뜻한 날씨를 가져온다.

계곡 안개(왼쪽) 겨울에 계곡은 종종 안개에 둘러싸이지만, 이 사진에 보이는 바이에른 알프스처럼 산 꼭대기에는 햇빛이 머무르고 있다. 찬 공기가 계곡의 바닥으로 가라앉으면, 따뜻한 공기가 그 위를 지나며 안개가 퍼지지 못하게 가둔다.

스위스 그린델발트(아래) 가장 높은 봉우리는 1년 내내 눈이 내려서 여름에도 눈으로 덮여 있다. 보다 따뜻한 낮은 계곡에는 목장이 생길 수 있도록 하는 비가 충분히 내린다.

기상 감시

위협받는 물 공급 지구 온난화로 알프스의 만년설의 설선이 올라가고, 빙하가 후퇴할 것으로 예상된다. 겨울철의 강수량이 감소할 것이다. 이 두 가지 변화는 지역 수문에 상당한 영향을 미치고 수백만 명의 물 공급에 위협을 줄 것이다.

동유럽

이 내륙 지역의 대부분은 대륙성 기후의 영향을 받는다. 바다의 영향으로부터 멀어서, 겨울에는 찬 한대 기단이 남하할 때 매우 추운 날씨를 보인다. 여름은 짧고 온화하며, 강수량은 일정하지만 연 강수량이 많지는 않다. 여름의 가뭄과 무더위, 겨울의 폭설 같은 기상 이변이 발생할 수 있다.

온화한 여름(아래) 우크라이나의 여름에 약간 증가하는 연 강수량과 온화한 여름 기온은 바이오디젤을 생산하는 평지씨(rapeseed)의 재배에 이상적인 조건을 제공한다.

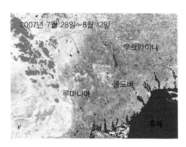

2007년 7월 28일~8월 12일

우크라이나

몰도바

루마니아

흑해

2007년 8월 29일~9월 13일

우크라이나

몰도바

루마니아

흑해

몰도바의 가뭄 동유럽의 일부 지역은 가뭄이 나타나는 경향이 있다. 2007년 여름에 몰도바의 가뭄은 1990년 이후 아홉 번의 가뭄 중 최악이었다. 갈색 영역(**왼쪽 위**)은 이 가뭄이 가장 심할 때 초목이 황폐화된 것을 나타낸다. 9월 초에 비가 내려 일부 초목을 회복시키기 시작했지만(엷은 녹색, **오른쪽 위**) 농작물을 살리기에는 너무 늦어서 생산량이 극단적으로 감소했다.

관련 자료

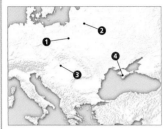

클라이모그래프 겨울에 가장 추운 곳은 빌뉴스인 반면 여름에 가장 더운 곳은 심페로폴이다. 이 도시들은 연중 강수가 있으며, 그중 여름철에 가장 많다. 빌뉴스는 이 도시들 중 가장 강수가 많으며 심페로폴은 가장 건조하다.

- ▬ 평균 강수량
- ▬ 최고 온도
- ▬ 최저 온도

1. 폴란드 바르샤바

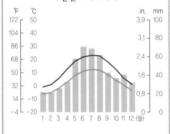

2. 리투아니아 빌뉴스

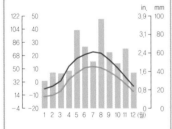

3. 헝가리 부다페스트

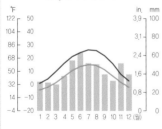

4. 우크라이나 심페로폴

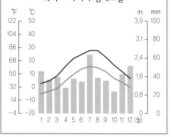

뇌우(왼쪽) 대륙성 기후 지역에서 여름에 대기가 가열되면 불안정해진다. 여기 보이는 것과 같이 우크라이나의 키예프에서 발생한 오후의 뇌우는 위험한 낙뢰를 만들어 낼 수 있다.

얼어붙은 강(오른쪽) 동유럽의 길고 극심하게 추운 겨울에는 모스크바의 강처럼 11월엔 이미 얼어붙어서 3월이 끝날 무렵까지 녹지 않는다.

슬로바키아 타트라 산맥(위) 겨울철 한대 및 북극 기단이 남하할 때 전선대를 따라서 폭설이 내린다. 이는 스키 타기에 좋은 조건을 만든다.

크림 반도(오른쪽) 동유럽의 다른 곳과는 달리 남쪽의 크림 반도는 온난건조한 기후를 가진다. 이 지역은 찬 북풍으로부터 보호받아서 겨울에 춥기보다는 서늘하다.

관련 자료

1. 달마시안 연안 바다와 디나르알프스 사이에 끼인 이 지역은 짧고 온화한 겨울을 가진다. 따뜻한 아드리아 해는 영상의 기온을 유지하도록 도와준다. 산맥은 찬 내륙의 기후로부터 연안을 보호하여 고온건조한 여름을 보장한다.

크로아티아 달마시안 연안

2. 다뉴브 강 하구 흑해의 영향을 받아 이곳의 겨울철은 온화하고 여름은 다른 동유럽처럼 덥지 않다. 강수량이 상당히 적고 여름에 가뭄이 발생할 수 있다. 강한 북서풍은 봄과 가을에 폭풍을 몰고 온다.

루마니아/불가리아 다뉴브 강 하구

3. 카르파티아 산맥 남쪽 사면은 따뜻하고 습한 지중해 기단이 가져오는 호우의 영향을 받는 반면, 북쪽 사면은 찬 북극의 바람이 영향을 미친다. 푄 바람은 일부 지역을 따뜻하고 건조하게 만든다. 겨울에는 온도 역전층과 계곡 안개가 발생할 수 있다.

카르파티아 산맥

4. 폴란드의 저지대 바르샤바의 동쪽에 위치한 이 광대한 지역은 산악의 장벽에 의해 보호받지 못한다. 이곳의 기후는 길고 추우며 때로는 건조한 겨울과 짧고 따뜻하며 습한 여름을 가지는 일반적인 대륙성 기후이다.

폴란드 동부 저지대

기상 감시

농업의 확대 지구 온난화 때문에 북쪽 멀리까지 경작지가 확대되고, 성장 시기가 길고 따뜻해지고 있다. 대부분의 모형은 변화의 정도는 다양하지만 어느 정도 강수량이 증가할 것으로 예측한다. 강수량의 이러한 변화는 이 지역의 수자원에 상당한 영향을 미칠 수 있다.

아시아

북 극에서부터 적도 바로 아래 인도양의 섬까지 뻗어 있는 이 광활한 지역은 세계 기후의 대부분을 가지고 있다. 북쪽은 시베리아 고기압이 겨울철에 지배하고 있고, 남쪽은 몬순과 변화하는 열대 수렴대(ITCZ)의 영향을 강하게 받는다. 열대 저기압은 여름철 강우량을 증가시키는 반면, 히말라야 같은 광범위한 산악지대는 강수의 분포를 조정한다. 북위 30° 부근의 아열대 고기압계로 인해 이 위도 부근에서 사막이 생기게 되었다.

열대 수렴대(ITCZ)(오른쪽) 폭우와 강한 대류가 발생하는 이 벨트는 무역풍이 수렴하는 곳에서 생성된다. 여름에는 이 벨트가 적도 북쪽의 남부 아시아로 이동하여 여름 몬순성 강우를 더욱 강화시킨다.

기후의 영향

대륙이 기온에 미치는 영향의 척도인 대륙도는 위도, 고도와 함께 아시아의 기후를 결정하는 중요한 요소이다. 극도로 더운 남동쪽의 적도 지역과 남서쪽의 사막 지역에서부터 고위도 아한대 지역의 극심한 추위까지 다양한 기온 분포를 보여 준다. 강렬한 태양 복사는 저위도의 온도를 높게 유지시켜 주지만, 히말라야와 같은 매우 높은 산악지대는 기온이 낮아 만년설과 얼음이 존재한다. 아열대 지역은 고기압의 영향으로 하늘이 맑고 건조하기 때문에 태양 복사의 최대치가 지구 표면에 흡수될 수 있다. 그래서 기온은 낮 동안에 급증하는 반면, 해가 진 밤이 되면 급격하게 떨어진다. 고위도 아한대 지역은 시베리아 고기압이 겨울에 하늘을 맑게 하지만, 낮의 길이가 매우 짧고 고기압과 관련된 찬 바람 때문에 온도가 매우 낮게 유지된다.

강수 또한 온도처럼 극으로 갈수록 감소하지만 지역적인 편차가 더 크다. 적도 지역에서는 여름 몬순 강우와 열대 수렴대, 열대 저기압, 매일 발생하는 뇌우의 영향으로 매우 많은 강수량을 보인다. 대륙도는 몬순으로 알려진 계절적으로 변화하는 바람 방향에 영향을 준다. 여름에 인도양으로부터 남서풍이 불어와 남부 아시아에서 수렴하게 되고, 이는 4월에서 10월까지 지속되는 비가 많이 내리는 기간이 된다. 겨울에는 반대 현상이 발생하여 춥고 건조한 북동풍이 대륙 내부의 건조한 날씨를 연안 지역으로 가져온다. 그 결과 북위 15° 근처의 지역은 열대 계절 기후를 경험한다. 하지만 적도에 근접할수록 항상 덥고 습한 날씨를 보인다. 북쪽으로 가거나 해양으로부터 먼 내륙으로 들어갈수록 강수량은 감소하고 계절적인 변화를 보인다. 약간의 수증기가 편

서풍에 의해 운반되어 오면, 강한 비를 동반한 여름철 뇌우가 만들어진다.

아열대 고기압계가 남서부의 사막이 건조한 주요 원인이 되듯이, 히말라야의 존재도 고비 사막과 같은 중앙아시아의 광범위한 건조 지역의 생성 원인이 된다. 이 광범위한 산악 지역은 중앙아시아 지역이 여름 몬순으로부터 받는 모든 강수를 가로막는다. 겨울에도 시베리아 고기압계로부터 비롯된 한랭 건조한 북동풍의 지배를 받아서 연 강수량도 매우 적다.

아시아의 기후대

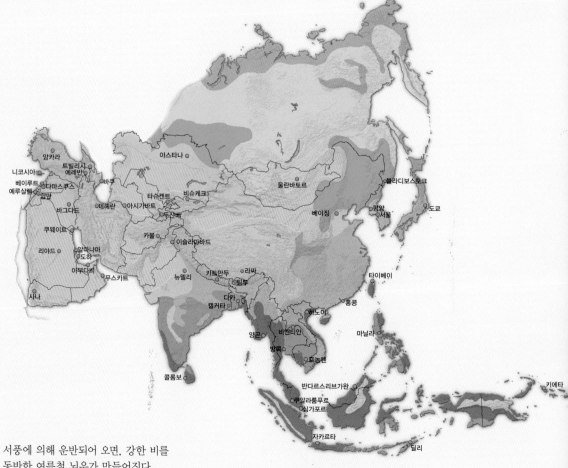

■ **열대 습윤** 연중 고온다습함. 건기는 짧거나 없음.

■ **열대 계절성** 연중 고온의 날씨. 뚜렷한 건기와 우기.

▨ **건조** 연중 강수량이 조금 있거나 없음. 낮에는 덥고 밤에는 추움.

■ **반건조** 적은 강수량. 건조 기후에 비해 온도의 일변화가 적음.

■ **지중해성** 고온건조한 여름, 온화하고 습윤한 겨울, 가끔 영하의 기온.

■ **아열대** 따뜻하고 습윤. 더운 여름과 서늘하고 건조한 겨울.

■ **대륙성** 서늘하고 습윤함. 따뜻한 여름과 극심한 겨울.

■ **북부** 서늘한 여름과 눈을 동반한 매우 극심한 겨울. 상록수림 식생.

■ **아한대** 연중 매우 추움. 실질적인 여름이 없음. 툰드라 식생.

▨ **산악** 같은 위도의 저지대보다 더 추움.

여름 몬순(왼쪽) 구름이 인도 북동쪽의 아가르탈라 위로 떠오르면서 여름 몬순이 도착했음을 알린다. 수증기를 가득 포함한 바람은 폭우를 가져와서, 자주 발생하는 심각한 홍수의 원인이 된다.

강수량(위) 남쪽 연안과 히말라야의 남쪽 경사면은 가장 높은 강수량을 보인다. 히말라야의 비그늘 효과와 해양으로부터 거리가 멀기 때문에, 내륙 안쪽으로 들어갈수록 건조해진다.

히말라야(위) 티베트 히말라야의 높은 곳은 항상 기온이 영하이며 봉우리에는 만년설이 덮여 있다. 경사면 아래는 조금 더 따뜻하기 때문에 강수가 비로 내린다.

몽골의 고비 사막(왼쪽) 이 높은 고도에 있는 사막은 연 강수량이 200mm 이하여서 식물이 드물다. 기온은 겨울에 최저 −40℃까지 내려가고, 여름에는 40℃까지 치솟는다.

시베리아의 북극

이 지역의 극심한 추위는 주로 시베리아 고기압계의 영향이 원인이 된다. 겨울은 어둡고 길며, 영하의 기온이 지속되고, 때로는 기온이 최저 −40℃까지 내려간다. 겨울철 강수량은 적지만 잦은 블리자드로 인해 모든 것이 흰 눈에 묻힌다. 여름철은 짧고 따뜻하며, 겨울철보다 습하다.

관련 자료

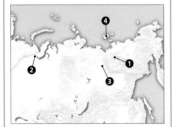

클라이모그래프 베르호얀스크는 시베리아 고기압의 영향을 강하게 받아서 겨울에 가장 춥고 여름에 가장 덥다. 북위 75°의 오스트로프 코텔니는 연중 기온이 영하에 머문다. 모두 강수량이 적으며, 여름에 집중된다. 살레하르트가 그중 강수량이 제일 많다.

▬ 평균 강수량
▬ 평균 기온

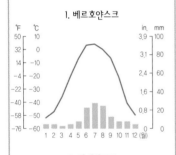
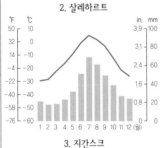
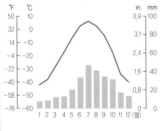
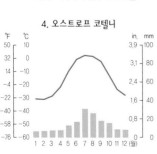

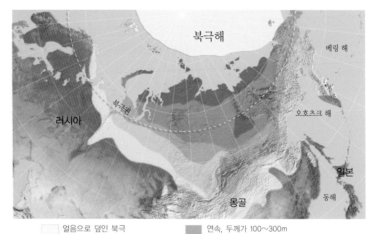

얼음으로 덮인 북극
연속, 두께가 500m 이상
연속, 두께가 300~500m
연속, 두께가 100~300m
단속, 두께가 최대 100m
산발적인, 두께가 최대 25m

영구 동토대(위) 시베리아의 북극 대부분뿐만 아니라 멀리 남쪽에까지 토양이 1년 내내 영구히 얼어 있다. 여름이 매우 짧아서 남쪽 지역을 제외하고는 토양이 녹을 수가 없다.

봄의 홍수(오른쪽) 이 위성 영상에서 랍테프 (Laptev)의 얼음 조각들과 녹지를 보면 봄이 되어 따뜻한 날씨가 돌아온 것을 알 수 있다. 연안의 얼음은 녹아서 여기 보이는 레나 강과 같은 수로를 막아 홍수를 야기할 수도 있다.

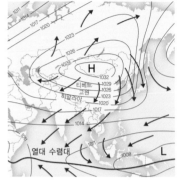

시베리아 고기압(위) 대륙의 성질에 의해 이 고기압은 늦은 여름에서 겨울까지 지속적으로 유라시아 대륙 위에서 발달해 있다. 건조한 바람이 고기압의 중심으로부터 불어 나오며, 매우 찬 공기를 남쪽 멀리까지 수송한다.

아한대 지역의 여름(오른쪽) 짧고 따뜻한 북극의 여름에는 눈이 녹아 만들어진 물과 약간의 비로 인한 물이 배수가 나쁜 이 지역의 표면에 고여 있다. 이것은 툰드라에서 조금씩 자라는 식물에게 충분한 수분을 공급해 준다.

얼어붙은 풍경(왼쪽) 겨울이 되면 표면에 눈과 얼음이 두껍게 쌓여 상대적으로 쉽게 여행이 가능하다. 순록 경주는 토착민인 네네츠 족의 인기 있는 행사이다.

북극의 겨울(오른쪽) 매우 추운 북극의 겨울에 얼어붙은 해빙은 바다표범에게 몰래 접근하는 북극곰에게 이상적인 조건을 제공한다. 겨울에 강설로 빙하의 부피가 증가한다 (배경).

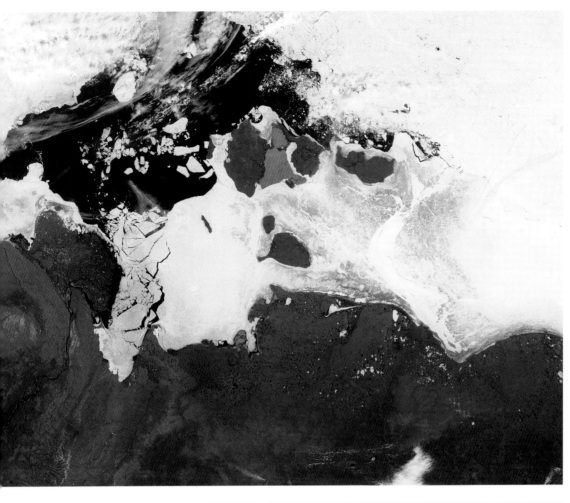

관련 자료

자원 시베리아의 북극은 석유를 포함한 상당한 양의 광물자원을 가지고 있다. 길고 어두운 겨울, 극심한 추위, 빙산과 같은 위험은 시추를 방해하며, 부족한 길은 수송에 어려움을 가져온다.

석유 시베리아의 막대한 석유 매장량은 최근 러시아 석유 산업의 호황을 이끌고 있다. 러시아는 현재 세계 최대 산유국 중 하나이다.

지진 연구 시베리아의 북극은 지질구조상 복잡하다. 관측 기구의 배치는 이 지역의 혹독한 겨울 기후로 인해 어려움이 많다.

우랄 산맥(왼쪽) 북극 강수량의 대부분이 내리는 여름일지라도 우랄 산맥의 동쪽은 건조하다. 편서풍이 산맥을 넘을 때, 서쪽에는 비를 내리고 동쪽 사면을 내려가면서는 기온이 올라 수증기로 증발한다.

기상 감시

극적인 변화 지구 온난화는 북극에 심각한 결과를 가져올 것이다. 계속 존재해왔던 영구 동토가 녹을 것이다. 고위도의 추운 기후에 적응된 흑담비나 북극곰 같은 동물들은 살아남기 위해 더욱 북쪽으로 이동해 갈 것이다. 알맞은 서식지는 줄어들 것이고, 심지어 사라질 수도 있다.

북아시아

이 지역은 북극권에서부터 몽골의 국경 사이까지와 러시아 동부에서부터 중국의 북동쪽을 지나 일본까지의 범위에 해당한다. 이곳의 기후는 주로 북부와 대륙성 기후를 가지며, 동서로 변화가 매우 적다. 그러나 북쪽보다 남쪽이 더 온화하고, 그 결과 북부 한대수림 또는 타이가가 이 지역의 대부분을 덮고 있으나 남쪽으로 갈수록 온대 숲으로 바뀐다.

관련 자료

야생동물 스라소니와 회색늑대 같은 사냥꾼들뿐만 아니라 그들의 먹이인 초식 동물들도 타이가에서 살고 있다. 피리새를 포함한 많은 새들은 여름에 번식을 위해 북쪽으로 이동하고, 가을이 되어 기온이 서늘해지면 남쪽으로 날아간다.

멋쟁이새(Eurasian bullfinch) 이 작은 새는 타이가의 침엽수림에 집을 짓는다. 이 새는 씨앗이나 나무의 싹을 먹는다.

회색늑대 빽빽한 속털은 이 포식자를 추위로부터 보호한다. 회색늑대는 무스와 순록과 같은 타이가의 큰 초식동물을 사냥한다.

스라소니 겨울에 두꺼워지는 스라소니의 가죽과 털로 덮인 발은 눈 위를 쉽게 걸어 다니도록 한다. 스라소니는 주로 작은 포유류와 새를 먹는다.

시베리아의 기념비(오른쪽) 이것은 오이먀콘에서 −72℃로 기록된 세계 최저온도를 증명하는 것이다. 비록 북극권에서 상당히 남쪽이긴 하지만, 이 마을의 높은 고도가 겨울철 기온을 −60℃ 근처에 머무르게 한다.

기상 감시

식생의 변화 따뜻해지는 온도 때문에 눈은 더욱 빨리 녹을 것이다. 타이가는 툰드라를 대체하면서 북으로 뻗어 갈 것이고, 남쪽에서는 숲과 스텝이 혼합될 것이다. 따뜻해지는 날씨와 감소하는 강수량은 잦은 산불을 야기하고, 이는 이산화탄소 배출의 증가로 이어질 것이다.

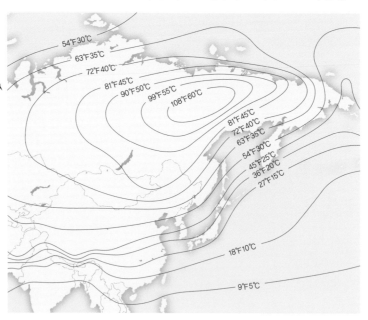

온도의 범위(위) 북쪽 지역에서 최고(여름), 최저(겨울) 기온이 60℃ 만큼 차이 날 수 있다. 이것은 매우 낮은 겨울 기온 때문이며, 남쪽으로 갈수록 이 범위는 줄어든다.

타이가(아래) 이 빽빽한 침엽수림이 북아시아를 가로질러 뻗어 있다. 상록수는 짧고 서늘한 여름의 성장 시기와 북부의 겨울 내내 만연한 춥고 건조한 조건에 적응하였다.

캄차카(아래) 러시아의 북동쪽에 있는 이 분출하는 화산은 빙하를 녹이는 동시에, 서늘한 기온으로 빙하의 전행을 돕기도 한다. 동쪽과 남쪽은 강수량이 많은데 거의 여름에 집중된다.

블라디보스토크(오른쪽) 남동쪽의 연안에 위치한 이곳의 기후는 온화하다. 내륙 지역으로부터 차고 건조한 공기가 겨울철의 춥고 맑은 하늘을 유지시킨다. 여름에는 비가 내릴 수 있지만 따뜻한 기온은 가을까지 이어질 수 있다. 가을에는 건조하고 화창한 날씨를 보인다.

중국 안산 시(오른쪽) 시베리아 고기압계는 혹독하게 추운 겨울을 중국의 북동부 지역까지 가져온다. 강수량은 보통 적지만 가끔씩 폭설이 내려 위험할 수 있다.

관련 자료

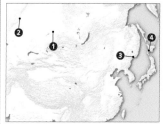

클라이모그래프 이 도시들은 길고, 서늘하거나 매우 추운 겨울과 짧고 온화한 여름을 가지고 있다. 삿포로는 가장 따뜻하다. 강수는 1년 내내 있지만, 일반적으로 여름에 제일 많다. 톰스크와 삿포로는 가장 습하고, 예카테린부르크가 가장 건조하다.

평균 강수량
최고 온도
최저 온도

1. 러시아 톰스크

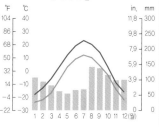

2. 러시아 예카테린부르크

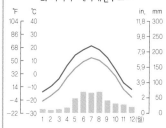

3. 러시아 블라디보스토크

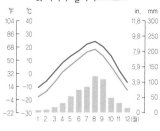

4. 일본 삿포로

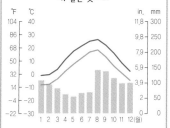

관련 자료

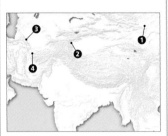

클라이모그래프 겨울은 길고 추운 달란자드가드에서부터 서늘한 아슈하바트와 헤라트까지 온도의 범위가 넓다. 여름은 모두 더우며, 아슈하바트가 가장 덥다. 모두 적은 강수량을 가지며, 그중 카시가 가장 적고 겨울에 최고치를 보이는 헤라트가 가장 많다.

　　　 평균 강수량
　　　 최고 온도
　　　 최저 온도

1. 몽골 달란자드가드

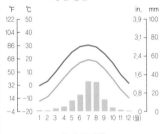

2. 중국 카시

3. 투르크메니스탄 아슈하바트

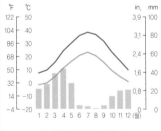

4. 아프가니스탄 헤라트

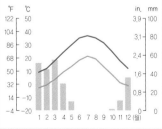

한랭 사막과 스텝

이 높은 고도의 건조 및 반건조 지역은 이란 국경의 동쪽에서 중국의 북쪽까지 펼쳐져 있다. 이곳은 비가 적은데, 해양으로부터 매우 멀리 떨어져 있는 것과 산맥의 비그늘 효과를 받는 것 두 가지 원인에 의해서다. 겨울에는 적은 눈이기는 하지만 낮은 기온으로 인해 땅 위에 쌓인다. 여름은 짧고 온화하며 가끔 무더위가 나타난다.

고비 사막(위) 몽골과 중국을 가로질러 뻗어 있는 고비 사막은 겨울에 매우 춥다. 높은 고원에 있는 고비 사막의 북부 지역은 북쪽으로부터 불어오는 바람에 노출된다. 겨울에는 건조하지만 가끔 불어닥치는 블리자드는 눈을 실어 나르기도 한다.

비그늘 효과(오른쪽) 고비 및 타클라마칸 사막은 히말라야 산맥의 풍하측에 놓여 있다. 바람이 인도양으로부터 북쪽으로 불 때, 남쪽 경사면에 수증기가 침적하고 그 뒤 공기가 북쪽 경사면을 내려가는 동안에는 건조해진다.

중국 타클라마칸(왼쪽) 이 방대한 사막의 모래 언덕은 매우 높으며, 몇몇은 300m를 넘기도 한다. 지속적으로 부는 강한 바람이 이것을 매년 평균 150m씩 옮긴다.

몽골의 스텝(아래) 이 광활한 반건조 지역은 길고 추운 겨울과 짧고 따뜻한 여름을 가진다. 여름 강우는 적지만 초지를 유지하며 관개의 도움으로 농업을 가능하게 한다.

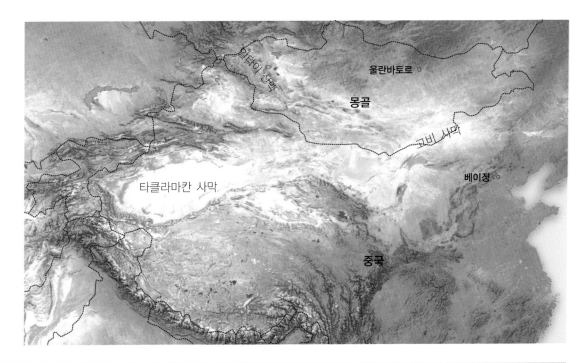

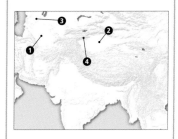

1. 카라쿰 사막 이 사막은 고온건조한 여름을 가지는 반면, 서늘한 겨울 평균 기온은 영상을 유지하고 적은 눈이 내린다. 약하게나마 강우는 겨울과 봄에 발생하고, 관개를 통해 물을 보충한다.

투르크메니스탄 카라쿰 사막

2. 타클라마칸 세계 최대의 모래 사막 중 하나인 이 지역은 매우 적은 강수량을 가지고 있으며, 동쪽 몇몇 지역은 비가 전혀 내리지 않는다. 여름은 덥지만, 겨울은 시베리아에서 발생한 찬 기단의 영향 아래에 있어서 상당히 춥다.

중국 타클라마칸 사막

3. 카자흐 스텝 이 아주 넓은 반건조 초원 지역은 겨울에 매우 춥고 건조하다. 강수는 봄과 여름에 발생한다. 비는 서리에 잘 견디는 풀에 활기를 되찾게 하고, 건조한 겨울 풍경을 방대한 푸른 목장으로 변화시킨다.

카자흐스탄과 러시아 카자흐 스텝

4. 티엔산 산지의 스텝 이 지역은 중국의 북서쪽에 위치한 광대한 산악지대의 낮은 경사면을 차지한다. 건조한 사막의 계곡과 습하고 높은 고도 사이에 놓여 있어서 풀이 자라기에 충분한 비를 공급받는다.

중국 티엔산 산지의 스텝

기상 감시

길어지는 성장 시기 비록 다른 계절도 따뜻해지지만 주로 겨울과 봄의 기온이 오르면서 이 지역의 연평균 기온이 증가하고 있다. 따뜻해지는 날씨와 함께 성장 시기가 더욱 빨리 시작되고, 길어진다. 농업의 업무를 이 변화에 맞추어야 할 것이다.

히말라야

고도와 몬순이 위도를 따라서 이곳에 주요한 영향을 준다. 기후는 고도에 따라 남쪽 작은 언덕의 아열대 기후에서 최고로 높은 봉우리의 고산 기후까지 다양하다. 남쪽 경사면의 호우는 여름 몬순 강우를 증가시키고, 겨울 몬순 기간 동안 히말라야는 북쪽으로부터 오는 찬 공기를 막아서 인도의 기후를 온화하게 만든다.

고도의 효과(아래) 히말라야의 높은 고도는 인도양으로부터 온 습한 공기를 상승하게 만든다. 이것은 남쪽 사면 아래에서 강한 호우를 내리게 하고, 고도가 증가하면서 감소한다. 히말라야의 풍하측에 있는 티베트 고원은 건조하다.

관련 자료

돌발 홍수 여름의 호우와 갑작스러운 봄의 온도 상승에 따른 빠르게 녹는 눈, 산사태, 빙하 호수의 급격한 증가로 인해 돌발 홍수가 발생할 수 있다. 강우량 증가와 녹는 빙하는 미래에 돌발 홍수를 더욱 빈번하게 만들 수도 있다.

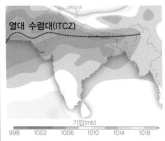

열대 수렴대(ITCZ)

기압(mb)
998 1002 1006 1010 1014 1018

몬순 기압골 따뜻한 인도양에서 습한 바람이 불어오면, 이 열대 수렴대의 연장선 위에 수렴하고 호우를 내려 돌발 홍수의 원인이 될 수 있다.

산사태 강의 계곡(위)이 산사태로 막혔을 때 인공적인 호수가 형성된다(아래). 하지만 이 불안정한 댐은 터져서 돌발 홍수를 야기할 수 있다.

빙하 호수의 급격한 증가 빙하가 후퇴함에 따라, 침적한 바위 물질의 산등성이 뒤로 호수가 만들어진다. 만약 이 산등성이가 파괴되면 돌발 홍수가 발생할 것이다.

대히말라야 남쪽에서 보았을 때, 건조한 티베트 고원이 높은 히말라야와 대조를 이루고 있다. 히말라야는 7,200m 이상 고도의 매우 찬 공기로 눈과 얼음이 1년 내내 덮여 있다.

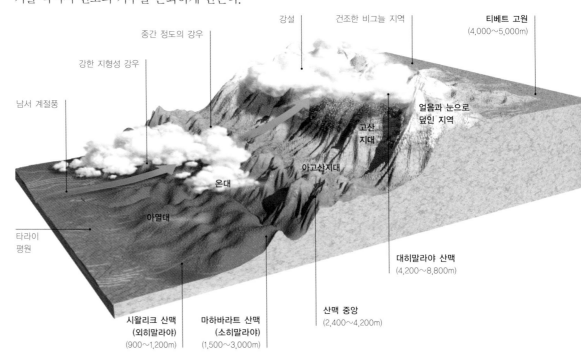

강설

건조한 비그늘 지역

티베트 고원
(4,000~5,000m)

중간 정도의 강우

강한 지형성 강우

얼음과 눈으로 덮인 지역

남서 계절풍

고산 지대

아고산지대

온대

아열대

타라이 평원

시왈리크 산맥
(외히말라야)
(900~1,200m)

마하바라트 산맥
(소히말라야)
(1,500~3,000m)

산맥 중앙
(2,400~4,200m)

대히말라야 산맥
(4,200~8,800m)

산의 위험 요소(위) 최고로 경험이 풍부한 등산가조차 설선(4,880m) 위로 등산하는 것은 만년설과 빙하의 변화나 갑작스러운 눈보라로 인해 위험할 수 있다.

더 따뜻한 계곡(오른쪽) 낮은 계곡의 기후는 높은 히말라야보다 더 따뜻하다. 강수는 비로 내리며, 여기 보이는 부탄의 푸나카 주변처럼 산악의 목초지와 빽빽한 숲이 잘 자라도록 한다.

눈사태(위) 폭설이 내린 뒤 높은 히말라야의 가파른 경사면 위에 있는 불안정한 눈은 신속하고 갑작스럽게 비탈 아래로 움직일 수 있다. 지구 온난화로 인해 이 지역의 눈사태는 더 자주 발생할 것으로 예상된다.

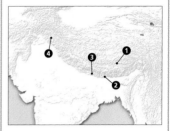

클라이모그래프 겨울은 온화하고 여름은 서늘하거나 덥다. 카트만두와 스리나가르가 가장 덥다. 겨울과 봄 사이에 비가 많은 스리나가르를 제외하고는, 겨울은 건조하고 여름은 습하다. 스리나가르가 가장 건조하고 다르질링이 가장 습하다.

평균 강수량
최고 온도
최저 온도

1. 티베트 라싸

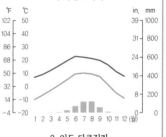

2. 인도 다르질링

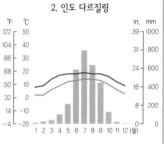

3. 네팔 카트만두

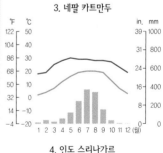

4. 인도 스리나가르

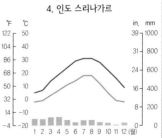

남서부의 더운 사막

광대한 더운 사막은 중동의 산이 없는 지역의 대부분을 차지한다. 내륙의 여름은 고온건조하고 겨울은 서늘하지만, 연안 지역은 더 서늘하고 습하다. 낮 동안에는 아열대 고기압에 의해 만들어진 맑은 날씨로 인해 강렬한 태양 복사를 받게 되어 매우 높은 기온이 나타난다. 밤에는 열을 대기로 빼앗겨 냉각된다.

요르단 아카바(아래) 홍해의 연안을 따라서 강한 바다의 영향으로 내륙 지역에 비해 더 시원하고 습한 기후가 만들어진다. 끊임없이 부는 해풍이 온도를 적당하게 만든다. 적은 강우이지만 주로 1년 중 시원한 시기에 발생한다.

관련 자료

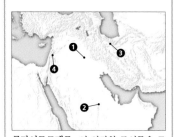

클라이모그래프 이 사막의 도시들은 모두 온화한 겨울과 매우 적은 비가 내리는 극심하게 더운 여름을 가지고 있다. 무시해도 될 정도의 양이 내리는 여름과는 달리, 리야드를 제외한 모든 도시는 겨울이 되면 강수량이 약간 증가한다. 리야드는 봄철에 강수량이 조금 증가한다.

평균 강수량
최고 온도
최저 온도

1. 이라크 바그다드

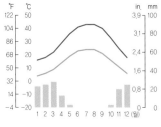

2. 사우디아라비아 리야드

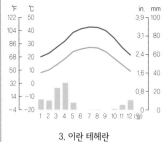

3. 이란 테헤란

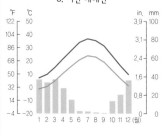

4. 시리아 다마스쿠스

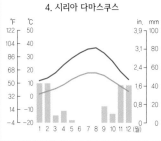

중동의 사막(왼쪽) 여름의 기온은 낮 동안 매일 45℃까지 오른다. 밤과 겨울에는 시원해지지만 온기가 꽤 남아 있다. 적은 강수는 겨울과 봄에 종종 폭우처럼 내린다.

시리아 팔미라(아래) 시리아 사막의 몇몇 지역에서는 바람이 땅 위의 모래를 쓸어버렸다. 이 고대 도시의 유적 주위에서 볼 수 있는 '레그(reg)'라고 불리는 자갈 사막에는 대체로 평평한 바닥에 산개된 돌들만 남아 있다.

이스라엘 네게브 사막(위) 이곳의 바람은 황량한 바위 풍경을 '하마다(hamada)'로 알려진 사막으로 만든다. '와디(wadi)'로 불리는 평소에는 건조한 계곡에 드물게 폭우가 내리면 물로 가득 찰 것이다.

아바리아 반도 룹알할리 사막(아래) '에르그(erg)'라고도 하는 세계에서 제일 큰 모래의 바다를 공중에서 본 것으로, 물결 무늬는 강하고 지속적인 바람에 의해 경도 방향의 모래 언덕 모양으로 형성된다.

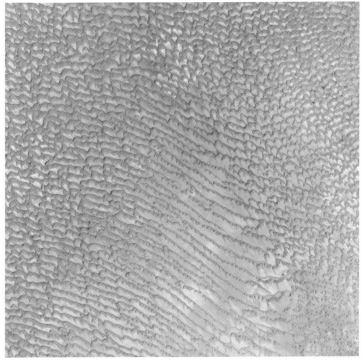

관련 자료

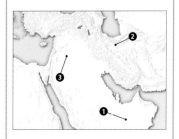

1. 룹알할리 사막 이 광대한 사막의 몇몇 부분은 10년 이상 비가 내린 적이 없지만, 다른 곳은 여름에 뇌우가 치거나 습도가 높다. 모래 언덕의 높이는 최고 240m에 달한다.

사우디아라비아 룹알할리 사막

2. 카비르 사막 이 사막은 얕은 호수와 소금 습지, 진흙 바닥, 큰 염전 등으로 구성되어 있다. 소금층은 수증기가 증발하는 것을 막는다. 낮 동안에 기온은 항상 높지만 겨울의 밤에는 영하로 떨어질 수도 있다.

이란 카비르 사막

3. 시리아 사막 이곳은 진정한 사막과 스텝이 결합되어 있으며, 유목민의 소와 낙타의 방목을 위한 식물들이 딱 자랄 수 있을 만큼 연중 비가 내리고 있다. 이 지역 전체가 매우 건조하지만 몇몇 비옥한 오아시스는 무역로로 발전할 수 있다.

시리아 시리아 사막

모래 폭풍

작은 식물이 토양을 붙들고 있고, 지속적으로 강한 바람이 부는 건조 기후의 풍경에서는 모래 폭풍이 발생하기 쉽다. 그것은 모래를 충분히 공급할 수 있는 아라비아 사막에서 흔히 발생한다. 모든 모래 언덕의 높이가 1,600m에 달해서, 움직이는 모래의 벽처럼 수송될 수 있다. 시정이 0(zero)까지 떨어질 수 있으며, 이러한 상황 아래에서는 움직임을 제한 받는다.

몬순 아대륙

이 지역의 기후는 덥고 비가 많이 오는 남부 인도에서부터 서늘하고 건조한 북쪽까지 다양하다. 아시아 몬순이 만들어 낸 뚜렷한 건기와 우기가 있지만, 높은 기온은 저위도의 전형적인 강렬한 태양 복사에 기인한다. 우기의 강우는 열대 수렴대(ITCZ)와 열대 저기압에 의해 증가된다.

관련 자료

열대 저기압 벵골 만의 따뜻한 해수는 태풍으로 알려진 열대 저기압의 발달을 돕는다. 강한 바람과 오래 지속되는 폭우, 홍수는 그들의 생명과 집, 농작물을 파괴한다.

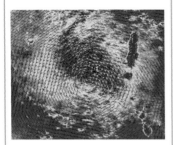

태풍 시드르 도표에서 자주색과 붉은색은 가장 강한 바람이 부는 곳이며, 흰색 화살은 강한 비가 내리는 구역이다. 이 위성 영상은 2007년 11월 태풍 시드르의 모습이다.

위험에 처한 작물 방글라데시에서는 거의 매년 벼와 같은 작물이 태풍에 동반된 바람과 홍수로부터 위협을 받고 있다.

대대적인 파괴 2007년에 태풍 시드르로 인한 홍수는 방글라데시의 남쪽 연안 지역에서 재배 중인 작물의 광범위한 파괴를 가져왔다.

기상 감시

약해지는 몬순 최근의 연구는 지구 온난화가 우기 사이의 중단된 기간을 길게 하는 동시에 여름 몬순 강우를 늦추거나 줄일 수 있다고 말한다. 이와 같은 변화는 몬순 강우에 의존하는 농작물을 재배하는 국가들의 농업에 중대한 부정적인 효과로 작용할 것이다.

데칸 고원 함피(위) 남부 인도의 중앙 지역인 이곳은 주로 반건조 기후를 가진다. 여름 몬순 시기에 비가 내리고, 나머지 시기에는 매우 덥고 건조하다.

방글라데시의 폭우(왼쪽) 4월에서 9월까지 여름 몬순이 많은 비를 가져온다. 남쪽에서부터 다가오는 바람은 그 속에 포함된 수증기가 육지에 비로 내리기 전에 넓고 따뜻한 해양 위를 통과해 온다.

타르 사막(아래) 이 북서쪽의 사막은 여름에 기온이 41℃까지 올라가며, 겨울에는 28℃ 근처까지 내려간다. 적은 강우량은 매년 변동되지만 주로 몬순 시기에 내린다.

몬순의 시작(오른쪽) 열대 수렴대가 북쪽으로 이동하는 속도는 여름 몬순의 시기에 영향을 준다. 또한 열대 수렴대의 골에서 수렴하는 수증기를 나르는 바람은 강우와 직접적으로 관련되어 있다. 남쪽 지역에서 먼저 우기가 시작되고, 북서쪽 지역이 가장 늦다.

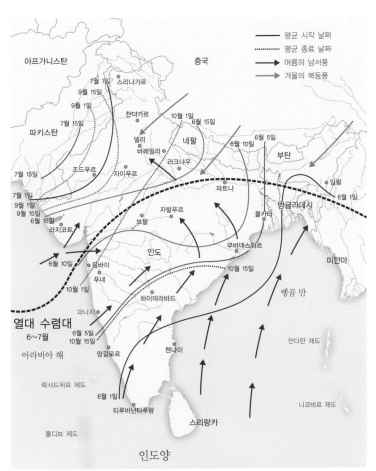

평균 시작 날짜
평균 종료 날짜
여름의 남서풍
겨울의 북동풍

아프가니스탄
중국
7월 1일 스리나가르
9월 15일
9월 1일
찬디가르
파키스탄
7월 15일
10월 1일 6월 15일
델리
네팔
바레일리
러크나우
부탄
조드푸르
자이푸르
임팔
7월 15일
파트나
6월 10일 6월 5일
7월 1일
자발푸르
방글라데시
6월 1일
9월 1일
보팔
콜카타
9월 15일
6월 15일
라지코트
인도
부바네스와르
미얀마
6월 10일
뭄바이
10월 15일
푸네
10월 1일
하이데라바드
벵골 만
열대 수렴대
파나지
6월 5일
6월 1일
6~7월
10월 15일
아라비아 해
첸나이
안다만 제도
망갈로르
락샤드위프 제도
니코바르 제도
6월 1일
티루바난타푸람
스리랑카
몰디브 제도
인도양

벼농사(위) 인도의 농업 대부분은 여름 몬순 강우에 의존한다. 만약 이것이 늦게 도착하거나 전혀 내리지 않는다면(엘니뇨 현상이 나타날 때) 벼농사는 실패할 것이다.

여름과 겨울 몬순(오른쪽) 육지는 가열되거나 냉각되는 속도가 바다보다 빠르다. 여름에 공기는 해양에서 육지로 이동하고, 그것이 상승하는 곳에서는 수증기가 응결하여 결과적으로 강한 비가 내린다. 겨울에는 공기의 이동이 반대 방향으로 이루어져 육지는 건조해진다.

여름
강력한 태양 복사
공기가 상승함에 따라 수증기가 응결해서 비가 내림
공기가 바다에서 육지로 이동
저기압
뜨거운 육지
고기압 : 서늘한 바다

겨울
약해진 태양 복사
고기압 : 비가 내리지 않음
바다 위로 비가 내림
공기가 육지에서 바다로 이동
차가운 육지
저기압 : 따뜻한 바다

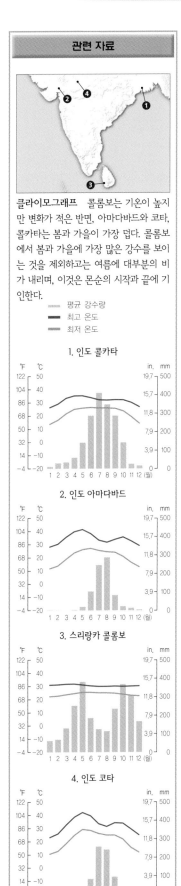

관련 자료

클라이모그래프 콜롬보는 기온이 높지만 변화가 적은 반면, 아마다바드와 코타, 콜카타는 봄과 가을이 가장 덥다. 콜롬보에서 봄과 가을에 가장 많은 강수를 보이는 것을 제외하고는 여름에 대부분의 비가 내리며, 이것은 몬순의 시작과 끝에 기인한다.

평균 강수량
최고 온도
최저 온도

1. 인도 콜카타
2. 인도 아마다바드
3. 스리랑카 콜롬보
4. 인도 코타

열대 해양성의 동남아시아

이 지역은 동남아시아 대부분과 인도네시아, 파푸아뉴기니, 필리핀을 포함한 다. 적도 근처에서 열대 수렴대(ITCZ)는 1년 내내 덥고 습한 조건을 만든다. 북 쪽은 아시아의 몬순이 강우량을 결정하며, 이곳에 위치한 중국의 남동쪽 지역 은 습한 여름과 건조한 겨울을 가지는 전형적인 아열대 기후가 나타난다.

베트남(아래) 베트남의 열대 습윤 기후는 벼농사에 이상적이다. 대부분의 강우는 열대 수렴대와 대류적으로 불안정한 공기로부터 발생한 국지적인 뇌우와 관련되어 있다.

관련 자료

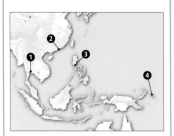

클라이모그래프 4개 도시 모두 1년 내 내 덥지만, 홍콩의 겨울은 상대적으로 온 화하다. 매달 꾸준히 많은 강우가 내리 는 키에타를 제외하고 겨울에는 건조하 다. 방콕은 봄과 가을에 강우량의 최대 치가 나타난다.

평균 강수량
최고 온도
최저 온도

1. 태국 방콕

2. 중국 홍콩

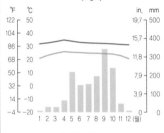

3. 필리핀 마닐라

4. 파푸아뉴기니 키에타

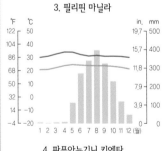

홍콩(왼쪽) 이 아열대의 도시는 태양의 강도 가 강하고, 열대 수렴대가 다가오는 봄과 여 름에 덥고 습한 날씨를 보인다. 가을과 겨울 에는 더 서늘하고 건조해진다.

스콜선(오른쪽) 스콜선(squall lines)은 3월 과 11월 사이에 수마트라(말라카 해협의 돌풍) 로 알려진 뇌우의 선으로, 말레이시아 반도 의 서쪽 해안에까지 호우를 가져다준다. 이곳 은 동쪽의 높은 산악지대로 인해 몬순은 들 이치지 않는다.

태풍 직전(위) 태국의 연안 멀리 보이는 두꺼운 구름이 태풍과 호우가 다가오고 있음을 알린다. 따뜻한 안다만 해는 이 지역에서 태풍이 지속되도록 한다.

남아시아 몬순(오른쪽) 여름철에 공기는 해양에서부터 뜨거운 아시아 대륙 위의 저기압을 향해 흐르며, 그 결과 호우가 발생한다. 열대 수렴대는 저기압에 이끌려 급격히 북쪽으로 이동하고, 이곳의 여름철 강수를 증가시킨다. 이 그림의 붉은색과 오렌지색으로 표시된 영역은 4월과 6월 사이의 호우 띠이며, 이것은 꾸준히 북쪽으로 향하고, 진행하는 몬순의 시작을 나타낸다. 노란색과 초록색 영역은 비가 적은 곳이며, 푸른색 영역은 비가 적거나 없는 것을 나타낸다.

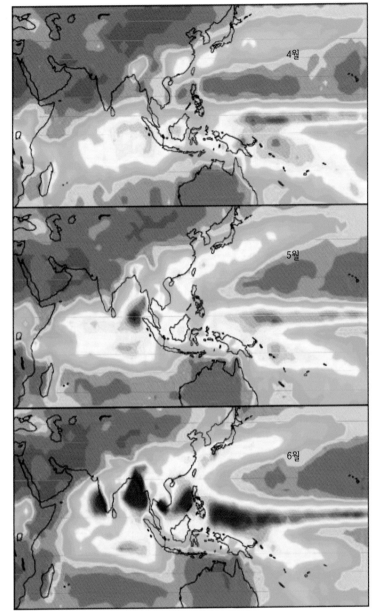

4월

5월

6월

관련 자료

이라와디 강 미얀마의 가장 큰 강 남쪽의 삼각주 근처는 열대 습윤 기후를 가지며, 이 기후는 아시아의 여름 몬순 강우의 영향을 강하게 받는다. 그러나 이 강의 상류에서는 건조한 만달레이 평원 위를 흐른다.

만달레이 평원 아라칸요마 산맥의 비그늘에 놓여 있는 이 건조한 지역은 비를 함유한 남서풍으로부터 보호받는다.

건조 만달레이 근처에 위치한 이라와디 강의 제방은 매우 건조하다. 여름에는 매우 더워질 수 있는 반면, 겨울의 기온은 적당히 서늘하다.

아마라푸라 이라와디 강의 상류에 위치한 이곳은 연 강수량이 760mm 이하이고 기온은 삼각주 지역보다 서늘하다.

기상 감시

극심한 빈곤 보다 잦은 엘니뇨 현상은 몬순에 영향을 주게 되고, 농사를 더 자주 실패하게 만들 것이다. 해수면이 상승함에 따라 연안과 삼각주의 농지는 염분이 증가하여 생산량이 줄어들고, 담수의 물고기는 살아갈 수 없게 될 것이다. 식량 부족과 극도의 빈곤은 이 같은 변화 뒤에 따라올 것이다.

아프리카

아 프리카 대륙의 대부분은 열대지방에 위치하지만, 특히 북쪽에는 아열대지방에 속하는 지역도 있다. 그 결과로 기후 범위가 열대 습윤부터 아열대와 지중해까지 다양하고, 적도를 기준으로 양쪽에 대칭적인 모습을 보인다. 대부분의 온대 기후는 고도가 높은 곳에서 찾을 수 있으며, 이곳의 온도는 서늘하다. 마다가스카르는 분리된 섬이지만, 아프리카의 다른 지역과 같은 기후의 영향을 받으며 유사한 기후 유형을 보인다.

대조적인 육지(오른쪽) 케냐의 암보셀리 국립공원의 사바나의 덥고 고온건조한 기후는 5,895m의 화산 대산괴인 킬리만자로 산이 탁월풍을 가로막는 비그늘 효과에 의해 만들어졌다.

기후의 영향

아프리카의 기후는 위도, 고도, 해류, 대륙도 등을 포함한 다양한 요소에 의해 영향을 받는다. 열대지방에 있는 아프리카의 위치 때문에 높은 태양각은 대륙에 강한 태양 복사를 주어 기온을 1년 내내 높게 유지시킨다. 아열대지방에서는 아열대 고기압이 구름을 감소시켜, 적도 근처보다 더 많은 태양 복사가 지면에 닿게 하므로 가장 높은 온도가 나타난다. 여기에 강우량 또한 부족하여, 이러한 조건이 사하라 사막, 나미브 사막, 칼라하리 사막과 같은 아프리카의 거대한 사막들이 아열대지방에 형성된 이유가 된다.

아프리카의 고원 지역에서 기온은 종종 1년 내내 영하에 머물러 고산 기후를 만들며, 비록 최근에는 감소하고 있지만 킬리만자로 산의 빙하와 설원이 존재할 수 있게 한다. 동아프리카의 광범위한 높은 고원에서는, 기온은 서늘하고 보통 영상에 머물러 있어서 온대 기후가 나타난다. 연안 지역은 온난한 해양 온도의 영향을 받는다. 남서부에서는 차가운 벵겔라 해류에서 내륙으로 부는 바람이 나미브 사막을 같은 위도의 다른 지역보다 더 서늘하게 유지시킨다. 대륙의 동쪽에서는 무역풍에 의해 따뜻한 아굴라스 해류의 수증기가 내륙으로 공급된다.

아프리카가 받는 태양 복사의 양에 따라 약간의 계절적 변동이 있다. 그 결과로 겨울에는 여름보다 더 시원함에도 불구하고, 계절은 온도의 변화보다 오히려 강우량 변동에 의해 표시되는 경향이 있다. 강우량의 주 공급원은 무역풍이 만나는 곳에 만들어지는 띠 모양의 열대 수렴대(ITCZ)이다. 적도 부근의 지역이 가장 습한 기후를 가진다. 이곳의 우기는 10~12개월까지 지속될 수 있다. 좀 더 높은 위도에서는 ITCZ가 적도의 북쪽 또는 남쪽으로 이동함에 따라 강우량이 더욱 계절적으로 변하게 된다. 아열대지방에 가까운 지역들은 습한 여름과 건조한 겨울을 가지지만, 적도와 아열대지방의 사이에 놓인 지역은 ITCZ가 북쪽으로 올라간 다음 다시 남쪽으로 이동함에 따라 두 번의 우기를 가진다. 아열대 지역, 특히 북부 아프리카의 중심에서는 광범위한 고기압계가 지배적인 영향을 준다. 이곳에는 외떨어진 뇌우 또는 평소보다 적도에 가깝게 접근한 중위도계에 의해 생성된 비가 아주 약간 내린다. ITCZ의 이동과 아열대 고기압의 영향이 결합되어 적도 부근에서는 가장 많은 강우량, 아열대지방에서는 가장 적은 강우량을 보이고, 적도를 기준으로 강우량의 대칭적인 패턴을 만든다.

사하라(오른쪽) 지속적인 아열대 고기압에 의해 만들어진 맑은 하늘은 강렬한 태양 복사와 결합하여 아프리카의 거대한 사막들의 건조 기후를 만든다.

아프리카의 기후대

■ **열대 습윤** 연중 고온다습함. 건기는 짧거나 없음.

■ **열대 계절성** 연중 고온의 날씨. 뚜렷한 건기와 우기.

■ **건조** 연중 강수량이 조금 있거나 없음. 낮에는 덥고 밤에는 추움.

■ **반건조** 적은 강수량. 건조 기후에 비해 온도의 일변화가 적음.

■ **지중해성** 고온건조한 여름, 온화하고 습윤한 겨울, 가끔 영하의 기온.

■ **아열대** 따뜻하고 습윤. 더운 여름과 서늘하고 건조한 겨울.

■ **온대** 사계절이 뚜렷함. 연중 비가 내리며 따뜻한 여름과 추운 겨울.

■ **산악** 같은 위도의 저지대보다 더 추움.

먼지 폭풍(아래) 이 위성 사진은 리비아로부터 온 먼지 기둥이 지중해를 지나가고 있는 모습을 보여 준다. 가뭄이 식생을 파괴할 때, 느슨해지고 건조한 흙은 강한 바람에 의해 먼 곳까지 운반될 수 있다.

열대 습윤 기후(위) 카메룬 같은 지역에 있는 울창한 열대우림은 태양이 항상 천정에 가까이 있어 1년 내내 덥고, 항상 존재하는 열대 수렴대로 인하여 언제나 습하다.

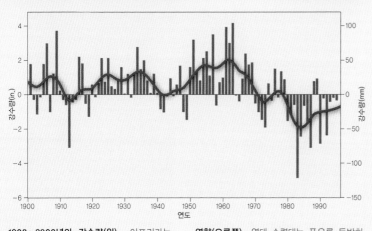

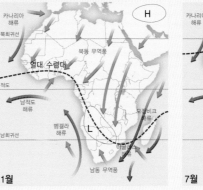

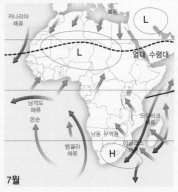

1900~2000년의 강수량(위) 아프리카는 변동하는 강수량에 영향을 받지만, 1973년, 1984년 그리고 1992년에 기록된 가뭄과 함께 1968년 이후로 평균(붉은 선)이 눈에 띄게 낮아져 왔다.

영향(오른쪽) 열대 수렴대는 폭우를 동반하며 1월에 남쪽으로 이동하고 7월에 북쪽으로 이동한다. 또한 기후는 한류(파란색)와 난류(빨간색), 무역풍에 의해 영향을 받는다.

관련 자료

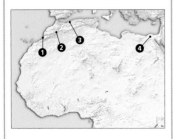

1. **아가디르** 아틀라스 산맥의 서쪽에 위치한 대서양 연안의 이 도시는 화창한 지중해성 기후를 가진다. 여름에는 기온이 온화하고 겨울에는 서늘하다. 습도는 1년 내내 높지만 겨울에는 습한 반면 여름에는 강우량이 부족하다.

모로코 아가디르

2. **아틀라스 산맥의 동쪽** 이 반건조 지역은 길고 고온건조한 여름과 매우 짧은 우기가 있다. 대서양으로부터 불어오는 공기는 북쪽과 서쪽 경사면에 수증기를 방출하므로, 동쪽 경사면은 건조한 채로 남게 된다.

모로코 아틀라스 산맥의 동쪽

3. **오랑** 아프리카의 지중해 연안에 위치한, 알제리에서 두 번째로 큰 이 도시는 온화한 겨울과 적당한 여름을 즐길 수 있지만, 매우 건조하다. 산맥이 서쪽으로부터 비를 함유하고 있는 바람을 막기 때문에 매우 적은 비가 내린다.

알제리 오랑

4. **탄타** 아열대 고기압의 강한 영향으로 나일 삼각주 지역 안의 이 도시는 여름에 매우 맑고 고온건조하며, 겨울에는 서늘하다. 강우량은 매우 적고, 6~9월까지는 아예 없다.

이집트 탄타

기상 감시

물 부족 북아프리카는 가뭄이 더욱 빈번히 발생하며 더 덥고 건조하게 될 것이라고 예상된다. 수백만 명의 사람들은 물 부족을 겪을 것이고, 이미 고갈된 지하수에 대해 보다 큰 수요가 생기게 될 것이다. 예상되는 해수면 상승은 낮은 연안 도시들을 위험에 처하게 할 것이다.

북아프리카

북아프리카 해변을 따라 알제, 튀니스, 알렉산드리아와 같은 도시들은 일반적으로 건조한 여름과 습한 겨울의 적당한 온도의 쾌적한 기후를 즐길 수 있다. 사하라 사막의 가장자리로 이동하면서 기후는 점점 더워지고 건조해진다. 북서쪽에 위치한 아틀라스 산맥은 기온과 강수에 상당한 영향을 끼친다.

튀니지 모나스티르(위) 북아프리카의 연안 기후는 지중해에 의해 조절된다. 적당한 강우와 더불어 고온건조한 여름과 온화한 겨울은 여행자들에게 튀니지의 해안을 매력적으로 만든다.

시로코(아래) 이 지역에서 칠리, 기블리, 캄신 등으로 불리는 이 고온건조한 바람은 봄과 가을에 지중해를 지나는 저기압 속으로 남쪽에서부터 불어 들어가는 공기를 말한다.

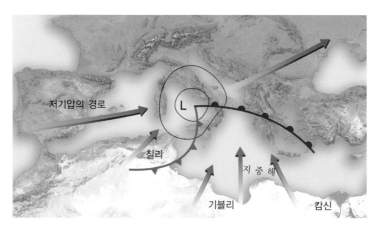

저기압의 경로

L

칠리

지중해

기블리

캄신

아틀라스 산맥(위) 차가운 극 공기는 고온건조한 열대 공기가 우세한 산맥의 남쪽보다 산맥의 북쪽 경사면에 더 많은 비를 가져온다. 높은 아틀라스 지역에는 강수가 눈으로 나타난다.

모로코(아래) 남쪽으로부터 오는 덥고 건조한 공기와 시원하고 북쪽으로 향하는 해풍에 의한 영향으로, 모로코는 덥고 건조한 여름과 서늘한 겨울을 가진다. 이러한 기후는 올리브 재배에 이상적인 조건이다.

카이로(위) 나일 강 변에 위치한 이집트의 수도(대개 빨간색)는 사막 바로 옆에 있으며 연평균 강수량이 10mm인 건조한 기후를 가진다. 여름에는 낮 동안 무덥고 건조하며 밤에는 매우 서늘하다. 겨울은 약간의 비가 오고 서늘하다.

관련 자료

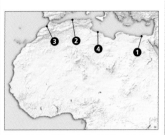

클라이모그래프 이 도시들은 겨울은 습윤하고 여름은 건조하며 강한 계절성 강우량을 보인다. 알제가 가장 습하고, 알렉산드리아가 가장 건조하다. 여름은 따뜻하거나 더운 반면, 겨울은 서늘하다. 트리폴리는 가장 덥고, 라바트는 가장 서늘하다.

　　평균 강수량
　　최고 온도
　　최저 온도

1. 이집트 알렉산드리아

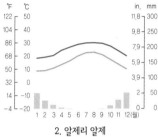

2. 알제리 알제

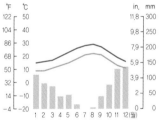

3. 모로코 라바트

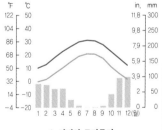

4. 리비아 트리폴리

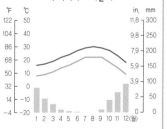

관련 자료

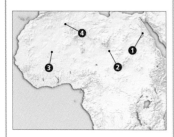

클라이모그래프 이 사막 도시들은 매우 적은 강수량 또는 계절적 기온 변동을 가진다. 여름은 겨울보다 더워지는 경향이 있고, 밤에는 훨씬 춥다. 팀북투는 약간의 비가 내리는 여름에는 조금 서늘해진다.

― 평균 강수량
― 최고 온도
― 최저 온도

1. 이집트 아스완

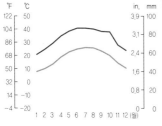

2. 차드 파야

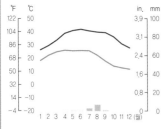

3. 말리 팀북투

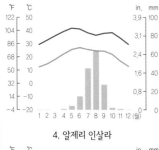

4. 알제리 인살라

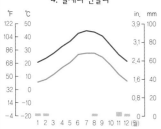

사하라

세계의 가장 큰 사막은 북부 아프리카의 가장 넓은 부분에 걸쳐 뻗어 있다. 이 위도에서의 지속적인 아열대 고기압계는 1년 내내 맑은 하늘을 유지시켜 지면이 강렬한 태양 복사에 노출되게 하고, 결과적으로 매우 높은 온도를 야기한다. 사막은 수분 공급원으로부터 매우 멀리 떨어져 있어 더위와 건조함을 증가시킨다.

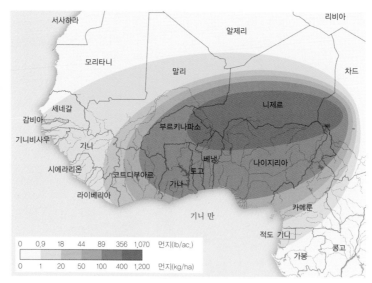

| 0 | 0.9 | 18 | 44 | 89 | 356 | 1,070 | 먼지(lb/ac.) |
| 0 | 1 | 20 | 50 | 100 | 400 | 1,200 | 먼지(kg/ha) |

먼지(위) 하르마탄은 아열대 고기압에서 비롯된 건조한 북동풍이다. 겨울에 가장 강한 이 바람은 먼지를 중앙 사하라에서 기니 만까지 운반하고, 때로는 대서양을 가로지른다.

건조(오른쪽) 이 위성 영상에서 보이는 방대하고 건조한 사하라 사막은 더 습한 중앙 아프리카와 뚜렷한 대조를 보인다. 건조한 내륙은 아열대 고기압 때문이며, 대서양 연안을 따라서는 차가운 카나리아 해류에 의한 영향을 받는다.

알제리 그레이트 웨스턴 에르그(Great Western Erg)(위) 강우량은 어떤 해는 측정되지 않을 정도로 너무 산발적이다. 초목이 부족함에 따라 바람이 모래 언덕을 에르그라고 알려진 거대한 모래바다 형태로 만든다.

리비아 아카쿠스(오른쪽) 남부 리비아의 매우 건조한 이 지역에서, 인상적인 바위 아치는 모래 언덕 사이에서 흔히 볼 수 있다. 강한 바람이 모래를 운반하여 바위를 특별한 형태로 침식시킨다.

관련 자료

이동하는 모래 언덕 바람이 먼지와 모래 입자를 수송하면서 1년에 100m 정도 모래 언덕을 움직인다. 먼지는 공기에 의해 운반되지만, 모래는 지면 위를 끌려가거나 짧게 휙 날아가는 것의 연속으로 굴러가게 된다.

1. 바람이 모래를 몰고 와서 암석이나 작은 나무와 같은 낮은 장애물의 노출된 측면에 퇴적시키면, 완만하게 경사진 지면이 만들어진다.

2. 이 과정이 계속되면서, 모래가 퇴적되는 곳의 경사는 언덕을 점점 키우면서 더 가파르고 길어진다.

3. 결국 풍하측 경사면(바람으로부터 보호된 면)은 너무 가파르기 때문에 모래 입자라도 경사면을 흘러내려 갈 수 있다.

4. 위에서 보았듯, 모래 입자는 마루에서 축적되고, 가파른 면에서는 떨어지게 되어, 전체의 모래 언덕은 앞으로 이동하기 시작한다.

니제르 아이어 산(왼쪽) 사하라 사막의 대부분은 하마다스로 불리는 높고 돌이 많은 고원으로 구성된다. 아이어 산의 이 부분은 남쪽의 더 습한 지역과는 달리 무덥고 매우 건조한 기후를 경험한다.

기상 감시

미래 시나리오 중 하나 과학자들은 지구 온난화가 극심한 가뭄을 끝내면서, 사하라 사막의 남부 가장자리에 증가된 강수량을 가져올 것이라고 생각한다. 육지와 해양의 차등 가열은 대기 순환에 변화를 야기하고, 이 지역으로 더 많은 수분을 가져올 것이다.

사헬

사하라 사막과 적도 아프리카 사이에 좁은 전이지대를 형성하는 사헬은 주로 열대 수렴대의 이동에 기인하는 강수량의 계절적 변화를 겪는다. 여름은 덥고 습하고, 겨울은 서늘하고 건조하다. 강우량이 적어서 오직 초원과 사바나만 잘 자랄 수 있도록 해 준다. 가뭄은 빈번하고 광범위해질 수 있다.

계절적 강우량(아래) 비를 함유한 열대 수렴대가 8월에 북쪽으로 이동할 때, 사헬과 남쪽 지역들은 더 많은 비가 내린다(빨간색과 노란색 지역). 겨울에 열대 수렴대가 남쪽으로 이동하면, 사헬은 건기가 된다.

관련 자료

가뭄 우기 동안에조차 사헬에서는 물이 부족하다. 1960년대 후반부터, 이 지역은 육지와 지역 경제에 엄청난 영향을 끼치는 극심한 가뭄 기간이 늘어나는 것을 경험하고 있다.

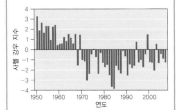

연간 강우량 1950년부터 1970년까지, 강우량은 평균보다 대개 높았다. 하지만 1970년부터 1990년까지는 몇몇 해만이 평균 이상의 강우량을 보였고, 가뭄이 우세했다.

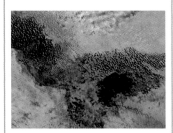

차드호 2001년에 한 번 확장된 이 넓디 넓은 수면은 긴 가뭄 기간 동안 관개와 식수 공급 요구 때문에 작고 얕은 호수로 축소되었다.

목축 사헬의 극심한 1983년 가뭄은 말리에 있는 뿔이 긴 소 떼들을 완전히 파괴했다. 목축 활동은 더 많은 물과 초원이 있는 남쪽으로 서서히 이동하게 되었다.

기상 감시

불확실한 미래 사헬에 대한 기후 변화의 영향은 불확실하다. 어떤 모형들은 더 건조해질 것으로 예측하는 반면, 다른 모형들은 더 습해질 것으로 보고 있다. 결과는 기후 변화에 대한 해양 반응이 육지 반응보다 큰지 아닌지에 달려 있는 것처럼 보인다. 현재의 사헬은 습윤하다.

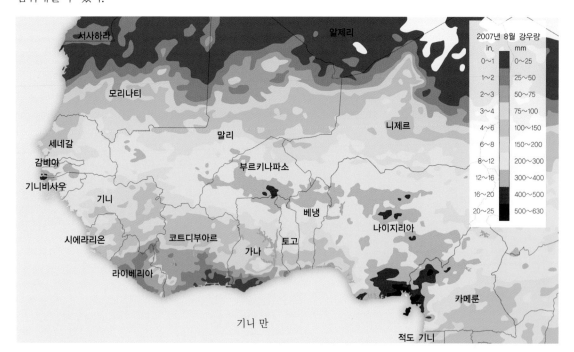

나이지리아 구라라 폭포(위) 여름 우기에 발생하는 폭우는 건기에 물이 매우 적은 이 폭포의 물의 흐름을 증가시킨다.

말리의 먼지 폭풍(오른쪽) 하르마탄 바람이 먼지와 모래를 북쪽에 있는 사하라에서 사헬로 운반한다. 이러한 폭풍들은 우물물을 긷는 것과 같은 일상적인 일을 매우 어렵게 만든다.

긴 건기(오른쪽) 10월부터 5월까지 이곳은 강수량이 매우 적다. 사헬의 사바나에서 기린은 수분을 유지하는 것에 적응된 아카시아 나무(또는 가시나무)로부터 그들이 필요로 하는 많은 물과 식량을 얻는다.

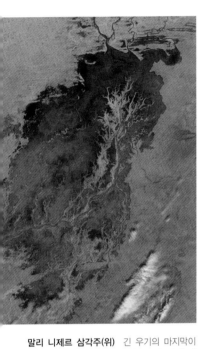

말리 니제르 삼각주(위) 긴 우기의 마지막이 되면 이 비옥한 내륙의 삼각주는 농경에 매우 필요한 자원들을 생산한다. 니제르와 바니 강의 홍수로 인해 삼각주는 거의 두 배로 확장된다.

관련 자료

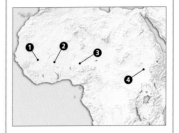

클라이모그래프 이 사헬의 도시들은 우기와 관련하여 여름에 약간 시원하나 1년 내내 무덥다. 겨울에는 네 지역 모두 극도로 건조해진다. 여름에는 와가두구가 가장 습하고, 말라칼이 가장 건조하다.

평균 강수량
최고 온도
최저 온도

1. 말리 바마코

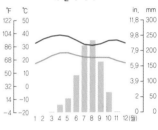

2. 부르키나파소 와가두구

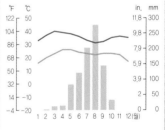

3. 나이지리아 카노

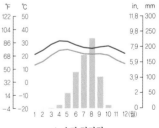

4. 수단 말라칼

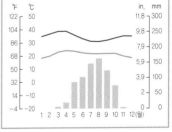

적도지대

서아프리카의 대부분을 덮는 이 지역은 북위 10°와 남위 10° 사이의 적도를 가로지른다. 이곳은 적도 가까이에서 1년 내내 덥고 습하다. 적도로부터 멀리 떨어져도 덥지만, 열대 수렴대가 두 번 지나감에 따라 5월과 11월에 우기를 가져올 수도 있다. 이 지역의 가장자리에서는 습한 여름과 건조한 겨울 패턴이 나타나는 경향이 있다.

관련 자료

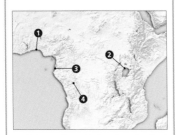

클라이모그래프 이 적도의 도시들은 기온의 약간의 계절적 변동을 포함하여, 1년 내내 매우 따뜻하지만 밤에는 서늘하다. 라고스를 제외한 모든 지역은 두 번의 우기를 가지고 있으며 강우량은 충분하다. 이 중 리브르빌이 가장 습하다.

　평균 강수량
　최고 온도
　최저 온도

1. 나이지리아 라고스

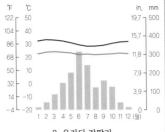

2. 우간다 캄팔라

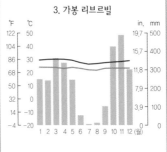

3. 가봉 리브르빌

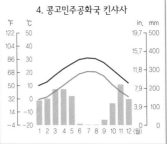

4. 콩고민주공화국 킨샤사

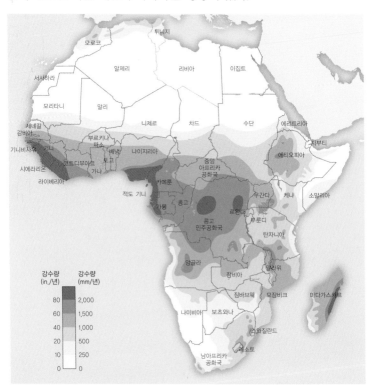

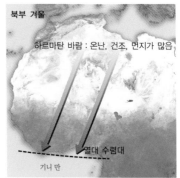

서아프리카의 몬순(아래) 열대 수렴대가 기니만(위) 위에 있을 때에는 먼지 가득한 북동 무역풍이 우세하다. 이것이 서아프리카를 넘어 북쪽으로 이동할 때(아래)에는 따뜻하고 습한 공기가 이 지역에 강한 몬순 강우를 야기한다.

북부 겨울

하르마탄 바람 : 온난, 건조, 먼지가 많음

열대 수렴대

기니 만

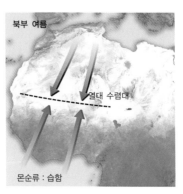

북부 여름

열대 수렴대

몬순류 : 습함

연평균 강우량(위) 중앙 아프리카의 내륙과 연안 지역은 열대 수렴대의 영향으로 가장 많은 비가 내린다. 이러한 무역풍의 수렴에서 공기는 상승하고 차가워져서 폭우를 내리게 한다.

고산 기후(왼쪽) 우간다의 루웬조리 산은 5,000m까지 솟아 있고, 적도 부근임에도 불구하고 고산 식물, 빙하, 설원, 고산 호수를 가지고 있다.

나이지리아 니제르 삼각주(위) 니제르 강 입구에 가까운 이 더운 열대 지역은 아프리카의 가장 습한 지역 중 하나이다. 우기는 8개월 동안 쉬지 않고 계속되고, 심지어 건기에도 상당한 비가 온다.

오드잘라 국립공원(위) 콩고에 있는 이 우림은 습도가 높아 안개가 숲의 나무들을 자주 덮고, 열대 습윤 기후의 긴 우기 동안 잘 자란다.

가람바 국립공원(아래) 콩고민주공화국의 열대 계절성 기후는 물소(buffalo)와 다른 거대 포유류들이 돌아다니는 초원과 사바나가 잘 자라도록 한다.

관련 자료

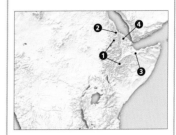

1. 시멘 산과 베일 산 적도의 지역 안임에도 불구하고 이 산들은 고산 기후를 가진다. 이 지역은 4,000m 이상으로, 시원한 기온이 연중 계속된다. 강우는 많은 차가운 강과 산 위의 호수를 채운다.

에티오피아 시멘 산과 베일 산

2. 아스마라 고도 2,325m에서, 이 지역은 온대 기후를 가진다. 기온은 주간에 쾌적하게 온난하고 연 변화가 적다. 강우량은 적고, 여름에 주로 비가 내린다.

에티오피아 아스마라

3. 하르게이사 1,500m 아래에 위치한 이 도시는 여름에는 온도가 매우 높고, 겨울에는 적당히 서늘한 날씨를 보이는 열대 습윤 기후를 가지고 있다. 강수량은 상당히 많다.

소말리아 하르게이사

4. 아파 저압부 아프리카의 뿔의 이 낮은 부분은 극도로 덥고 건조하며 연 강우량이 178mm보다 적거나 비가 내리지 않는 해가 대부분이다. 가뭄은 일반적이다. 다나킬 사막에서는 극심한 건조도가 석염 채굴 산업에 기반을 둔 거대한 염전을 형성한다.

에리트리아/에티오피아/지부티/소말리아 아파 저압부

기상 감시

물 공급이 줄고 기온이 더 올라간다 관개와 수력의 발전을 감소시키면서, 르웬조리 빙하와 설원은 20년 안에 사라질 것으로 예상된다. 기온이 증가함에 따라, 회귀 식물과 멸종위기의 동물들의 서식지는 가혹한 위협을 받고 있다.

관련 자료

야생동물 몇몇 새들과 동물들은 습윤/건조한 계절 순환에서 건기가 시작할 때 더욱 습한 지역으로 이주함으로써 적응한다. 적은 물에서 살아남을 수 있는 다른 동물들은 건기에 남아 있는 물 웅덩이 사이를 배회한다.

아프리카 코끼리 이 거대한 포유류는 부분적으로 열대 사바나에 살기에 적합하다. 물 없이도 장기간 동안 살아남을 수 있기 때문이다.

기린 이 키가 큰 동물은 포식자를 쉽게 찾을 수 있다. 이들은 아카시아 잎으로부터 물을 얻고 며칠마다 한 번씩만 마시면 된다.

아프리카 사자 사바나에서 이 육식 동물들은 많은 양의 먹이를 안정적으로 찾아낼 수 있다. 다 자란 사자들에게는 천적이 없다.

기상 감시

폭풍의 영향 열대 해수면 기온이 상승함에 따라, 연안 지역은 더욱 강력하고 장기적으로 지속되는 열대 폭풍의 영향을 받는다. 고도가 낮은 도시들은 폭풍 해일을 맞게 될 것이다. 내륙에 위치한 킬리만자로 산의 빙하는 사라지면서 홍수를 가져오고, 그 뒤 물 공급에 심각한 영향을 미칠 것으로 예상된다.

열대 계절 동아프리카

이 지역은 남부 케냐와 탄자니아의 대부분, 모잠비크, 마다가스카르를 포함한다. 어떤 지역은 약 10월부터 3월까지 단 한 번의 우기만 가진다. 다른 지역에서는 열대 수렴대의 연 2회 통과로 대략 3~5월과 10~12월에 두 번의 우기가 찾아온다. 반면에 매우 건조한 지역에서는 건기가 너무 길어 단지 풀만 자랄 수 있다.

열대 저기압(아래) 이것은 남아프리카의 여름 우기의 마지막에 가장 빈번하게 발생하고 엄청난 강우량을 가지고 온다. 이 위성 영상에서 열대 저기압 이반은 2008년 2월에 마다가스카르를 접근하는 것으로 보인다.

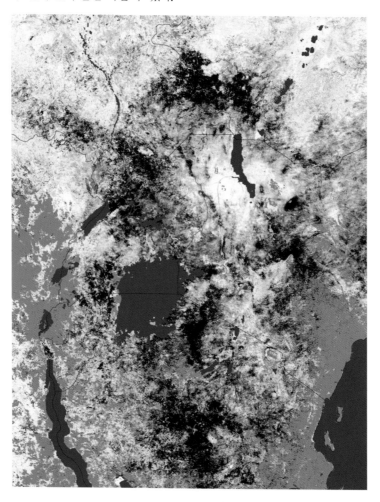

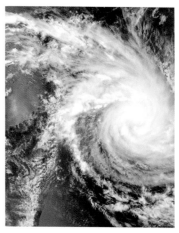

가뭄(왼쪽) 강우량은 해마다 상당히 크게 변할 수 있다. 2005년과 2006년에는 계절적 강우의 부재가 심각한 가뭄을 야기했다. 빅토리아호 주변 지역에 대한 위성 영상에서 갈색으로 보이는 영역은 가뭄으로 피해를 입은 식물을 나타낸다. 회색으로 보이는 부분은 구름에 덮인 지역이다.

폭풍 직전(아래) 우기 동안에 기온이 가장 높고 가장 대류가 활발한 늦은 오후에는 뇌우가 빈번하게 발생한다.

두 번의 건기(위) 마사이 목동들은 한 번은 짧고 덥고, 또 한 번은 길고 서늘한 탄자니아의 두 번의 건기 동안 그들의 소를 위한 초원을 찾는 데 어려움을 겪고 있다.

킬리만자로 산(아래) 사바나 초원은 동아프리카의 저지대를 대표하는 반면, 같은 지역의 이 산은 강수가 눈으로 떨어지는 고산 기후를 가진다.

관련 자료

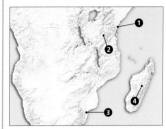

클라이모그래프 이 지역들은 1년 내내 덥다. 겨울은 강수량이 가장 적으며 서서히 서늘해지고 도도마가 가장 건조하다. 몸바사는 봄과 가을에 높은 강수량을 가지는 반면, 안타나나리보는 가장 습한 여름을 가지고 있다.

평균 강수량
최고 온도
최저 온도

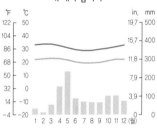

1. 케냐 몸바사

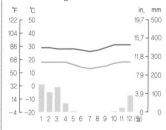

2. 탄자니아 도도마

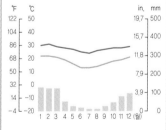

3. 모잠비크 마푸투

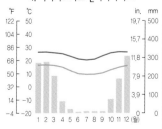

4. 마다가스카르 안타나나리보

남서부 사막

나미브 사막과 칼라하리 사막은 나미비아 서쪽 연안부터 보츠와나까지 뻗은 지역과 남서 앙골라까지 덮고 있다. 두 사막에서의 맑은 하늘과 강수량의 부족은 남부 아열대 고기압계 때문이다. 연안을 따라가면서, 나미브는 서늘하고 빈번하게 이류 안개(advective fog)가 나타난다. 내륙에 있는 칼라하리는 온난하다.

관련 자료

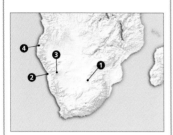

클라이모그래프 겨울은 매우 건조하다. 프란시스타운이 가장 습하고, 월비스베이가 가장 건조하다. 여름이 될수록 점점 더 많은 비가 온다. 여름은 매우 덥고 겨울은 서늘하다. 월비스베이는 가장 서늘하고 적은 계절 기온 변동을 가진다.

평균 강수량
최고 온도
최저 온도

1. 보츠와나 프란시스타운
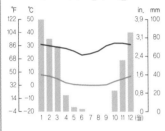

2. 나미비아 월비스베이
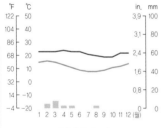

3. 나미비아 빈트후크
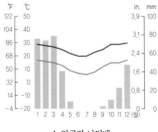

4. 앙골라 나미베
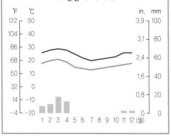

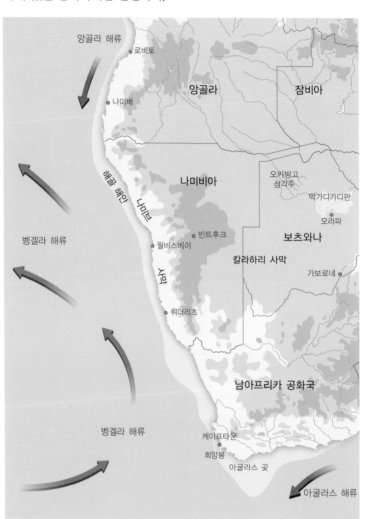

보츠와나의 먼지 폭풍(오른쪽) 건기의 절정에서, 부족한 수분과 강렬한 태양 복사는 식물을 바싹 마르게 하고 강한 바람은 먼지 폭풍을 발생시킨다. 가뭄에 잘 견디는 아카시아와 같은 나무만이 초록을 유지한다.

한랭 사막 대 더운 사막(왼쪽) 대서양에서부터 차가운 벵겔라 해류를 지나 부는 바람은 나미브 사막을 서늘하게 유지시킨다. 연안에서 떨어진 칼라하리 사막은 내륙에 위치한 고원의 고도 효과를 제외하고도 훨씬 덥다.

칼라하리의 강수량(아래) 이 사막이 서쪽과 남서쪽에서 매우 건조한 반면, 사바나 식물이 있는 동쪽은 더 많은 비가 온다.

극심한 건조(오른쪽) 나미브의 강수량은 연간 64mm 이하이고, 수분은 단지 해안으로 부는 안개에서만 얻는다. 강한 바람은 세계에서 가장 높은 모래 언덕을 만들며, 이곳의 모래는 철이 산화됨으로써 짙은 오렌지색으로 보인다.

해골 해안(Skeleton Coast)(아래) 나미브 사막의 북쪽 연안을 따라가면, 농도 짙은 해안 안개와 강한 해류로 인해 항해하기 위험한 지역이 나타난다. 아래 사진에는 항상 이동하는 사구에 의해 난파선이 반쯤 묻혀 있다.

관련 자료

벵겔라 해류 이 해류는 남쪽에서부터 시작되고, 대서양 연안을 따라 물이 용승하기 때문에 차갑다. 차가온 온도는 안개가 만들어지도록 하고, 나미브 사막을 같은 위도에 놓여 있지만 내륙에 있는 칼라하리보다 더 서늘하게 만들어 준다.

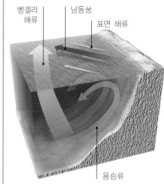

벵겔라 해류 / 남동풍 / 표면 해류 / 용승류

용승 바람이 육지로부터 먼 바다로 물을 가져가면, 해양의 더 깊은 곳에서 차갑고 영양소가 풍부한 물이 표면으로 상승한다.

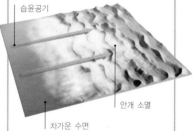

습윤공기 / 안개 소멸 / 차가운 수면

안개 습윤공기가 차가운 수면을 지나감으로써 차가워지며, 수증기가 응결하고 안개가 형성된다. 바람은 육지 쪽으로 안개를 날려 보내고, 내륙에서 안개는 소산된다.

웰위치아 미라빌리스

이 고대 식물은 극심한 건조 환경에서 살아남을 수 있는 나미브 사막의 고유 식물이다. 잎의 기공은 안개가 있을 때 식물이 수분을 흡수하도록 연다. 맑은 날에는 수분 손실을 막기 위해 기공을 닫는다. 잎은 토양을 촉촉하고 시원하게 유지시키기 위해 지면 가까이에 눕는다. 이런 방법으로, 식물들은 65℃의 높은 기온에도 대응할 수 있다.

남부 아프리카

이 지역에서는 고도와 주로 남위 10° 보다 남쪽에 위치한 위도의 영향이 온대부터 열대까지 이르는 기후를 형성한다. 남부 연안 지역의 온대 기후는 서쪽의 차가운 서풍과 동쪽의 열대 폭풍에 의해 영향을 받는다. 내륙에는 넓고 높은 고원이 강수량을 재분배하고 해수면에서보다 서늘한 기온을 촉진시킨다.

드라켄즈버그 산(오른쪽) 3,475m까지 치솟아 있는, 남동부 해안에 있는 이 나란한 산맥은 1,000mm의 연 강수량을 가진다. 낮에는 덥고 맑지만, 밤에는 기온이 어는점인 0℃까지 내려간다.

관련 자료

케이프타운의 한랭전선 남쪽에서 온 차가운 공기가 북쪽에서 온 따뜻한 공기와 만나서 수렴될 때 저기압계의 한랭전선은 깊어진다. 이 전선과 관련된 강한 바람은 높은 파도를 동반하며 매우 험한 바다를 만들 수 있다.

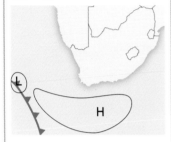

1. 형성 고기압에서 반시계 방향으로 나오는 따뜻한 공기가 한랭전선과 저기압계가 형성한 서늘한 남부의 공기를 만난다.

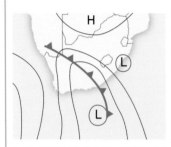

2. 비 한랭전선의 앞에 있는 따뜻한 공기는 상승하여 구름을 형성하고, 전선 부근 지역에 폭우와 강풍을 가져온다.

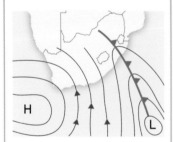

3. 통과 저기압계를 따라 한랭전선과 강우 구역이 이동하며, 그 뒤를 고기압계와 남쪽에서부터 온 차갑고 건조한 공기가 대체한다.

기상 감시

예측할 수 없는 비 기후 변화는 이미 강우의 계절적 변동에 영향을 주고 있다. 강수와 가뭄은 계속해서 더 빈번하고 더 강력해질 것이다. 강우의 시기와 강우량이 자주 변하여 농업 생산이 줄어들고 있고, 빈곤층과 식량 불안정은 증가할 것이다.

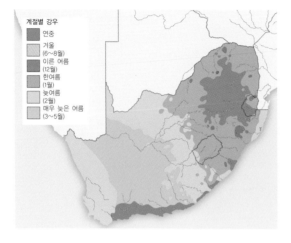

남아프리카의 강우(위) 가장 남쪽인 지역은 1년 내내 비가 온다. 초여름에 북동쪽에서 우기가 시작되어 남서쪽으로 점차 이동해 가며, 남서쪽 해안은 겨울에 우기가 나타난다.

해류(위 오른쪽) 다양한 해류는 기온에 영향을 준다. 남쪽으로 흐르는 남동쪽의 해류는 따뜻하지만 북쪽으로 흐르는 서쪽의 벵겔라 해류는 차갑다.

남아프리카 웨스턴 케이프(아래) 핀보스로 알려진 관목과 황야 식물은 남서쪽의 지중해 기후의 길고 건조한 여름과 서늘하고 습한 겨울에 적응되어 있다.

반건조 카루 고원(위) 남아프리카의 중앙에 있는 이 높은 고원은 연안 급경사면에 의한 탁월풍으로부터 보호된다. 1년에 400mm 이하의 비가 오고, 이 중 대부분은 여름에 내린다.

짐바브웨 마토보 국립공원(위) 남아프리카의 대부분을 덮는 사바나에 속한 이 지역은 덥고 습한 여름과 서늘하고 건조한 겨울을 가진다. 남쪽으로 향한 높은 고원은 남쪽의 한랭기단으로부터 이 지역을 보호한다.

한랭전선(왼쪽) 인도양과 대서양의 영향이 케이프타운의 기온을 겨울에도 온화하게 유지시킨다. 하지만 이 도시는 빅토리아와 알프레드 워터프런트 지역의 뒤로 찍힌 이 사진과 같이 광대한 짙은 뭉게구름에 의해 시작되는 한랭전선의 통로가 된다.

관련 자료

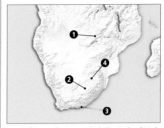

클라이모그래프 루사카의 봄과 여름은 따뜻하고, 가을과 겨울은 서늘하다. 다른 도시들은 따뜻한 여름과 서늘한 겨울을 가진다. 강우량은 주로 계절적이다. 루사카가 가장 습하고 블룸폰테인이 가장 건조하다. 포트엘리자베스는 1년 내내 낮은 강우량을 가진다.

평균 강수량
최고 온도
최저 온도

1. 잠비아 루사카

2. 남아프리카 블룸폰테인

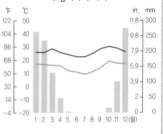

3. 남아프리카 포트엘리자베스

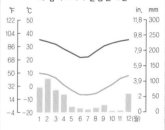

4. 남아프리카 요하네스버그

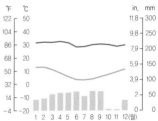

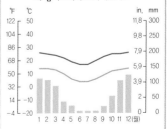

오세아니아 및 남극

이 광대한 해양과 육지 지역은 북위 20°에 있는 하와이 제도에서 남쪽에 있는 남쪽 해양과 남극에까지 이른다. 광활한 땅덩어리들은 덥고 건조한 호주 대륙부터 결빙된 넓게 트인 남극 지역까지, 그리고 뉴질랜드의 2개의 큰 섬에서 약 10,000개의 작은 태평양 섬들과 아주 작은 환상 산호도까지 다양하다. 서로 다른 위도와 지형 효과는 지배적인 대기 순환과 합쳐져서 더운 열대 습윤 또는 더운 건조 기후에서부터 시원한 온대 기후 또는 극도로 춥고 건조한 한대 기후까지 다양한 범위를 가진 기후를 만들어 낸다.

오세아니아와 남극의 기후대

- **열대 습윤** 연중 고온다습함. 건기는 짧거나 없음.
- **열대 계절성** 연중 고온의 날씨. 뚜렷한 건기와 우기.
- **건조** 연중 강수량이 조금 있거나 없음. 낮에는 덥고 밤에는 추움.
- **반건조** 적은 강수량. 건조 기후에 비해 온도의 일변화가 적음.
- **지중해성** 고온건조한 여름, 온화하고 습윤한 겨울, 가끔 영하의 기온.
- **아열대** 따뜻하고 습윤. 더운 여름과 서늘하고 건조한 겨울
- **온대** 사계절이 뚜렷함. 연중 비가 내리며 따뜻한 여름과 추운 겨울.
- **산악** 같은 위도의 저지대보다 더 추움.
- **아한대** 연중 매우 추움. 실질적인 여름이 없음. 툰드라 식생.
- **한대** 연중 극도로 춥고 건조함. 영구적으로 얼음이 덮여 있음.

기후의 영향

태평양은 기온과 습도에 강한 영향을 행사한다. 해양은 데워지고 서늘해지는 것이 느리기 때문에, 작은 섬들과 대륙의 연안 지역, 해양풍을 받는 지역들은 그들의 위도에서 결정되는, 상당히 균일한 기온들을 가진다. 해양으로부터 멀리 떨어진 호주와 남극의 내륙 지역은 각각 극도로 덥고 극도로 추운 기온을 겪을 수 있다.

특히 열대 지역에서는 강수량의 변동으로 계절을 정의한다. 열대 수렴대 (ITCZ)로부터 지속적으로 영향을 받는 이 태평양의 섬들은 모든 계절에 비가 많이 내리므로 열대 습윤 기후를 가지는 것으로 고려된다. 태양의 고도에 따라 열대 수렴대가 북쪽과 남쪽으로 이동함으로써, 몇몇 섬들은 여름 강우의 대부분을 이 시기에 받으며, 이것이 열대 계절성 기후를 생기게 한다. 북부 호주를 지나는 여름 몬순은 열대 수렴대와 결합하여 여름에 많은 강수를 가져온다. 몬순이 후퇴하고 열대 수렴대가 북쪽으로 이동하는 겨울에 이 지역은 매우 건조해진다. 열대 폭풍 또한 여름의 상당한 강수에 한 원인이 된다. 그들은 따뜻한 태평양 위에서 발달하며, 태평양 섬들을 지나 북동부 호주까지 서쪽으로 이동한다.

열대의 북쪽과 남쪽에는 아열대 고기압계의 하강하는 공기에 의해 구름의 생성이 저지되며 그로 인해 매우 적은 양의 비가 내리고, 태양 복사가 강하게 된다. 호주의 건조 지역은 아열대 고기압이 항상 있는 곳에 나타난다. 반건조 지역은 편서풍이 겨울 강수를 가져오는 사막의 남쪽 여백을 따라 놓여 있거나 몬순계의 남부 변두리로부터의 여름 비가 내리는 북쪽 여백을 따라 놓여 있다.

2~7년 주기로 발생하며, 엘니뇨-남방진동으로 알려진 해양-대기 현상은 매년 강수량의 변동에 중요한 영향을 끼친다. 엘니뇨는 특히 동쪽에 있는 호주의 끈질긴 가뭄과 연관되어 있는 반면, 라니냐는 평년 강수량보다 더 많은 강우를 가져온다.

중위도에서 편서풍은 연중 계속되는 강수를 가져오며, 이것은 계절과 고도, 위도에 따라 눈 또는 비로 내린다. 이것은 서늘한 기온과 함께 태즈메이니아와 뉴질랜드의 온대 기후를 만든다. 고위도에서 극순환세포에 의해 남극 위로 가라앉는 공기는 강수량을 억제하여 남극을 매우 건조하게 만든다. 차가운 공기가 북쪽으로 돌아옴에 따라, 이것은 남극의 몹시 찬 활강 바람을 만든다.

래밍턴 국립공원(왼쪽) 호주 북동부에 있는 울창한 우림은 연중 계속 내리는 풍부한 비와 온화한 겨울, 퀸즐랜드의 아열대 기후의 따뜻한 여름 덕분에 잘 자란다.

남극(아래) 이곳의 기온은 항상 영하에 머무른다. 상대적으로 적은 눈이 내리고 아주 조금 녹아서 이 남부의 대륙을 영원히 얼게 만들어, 얼음이 되어 남아 있다.

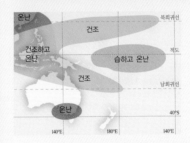

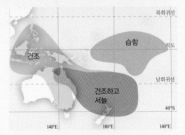

엘니뇨와 남방진동(ENSO)(위) 열대의 태평양 섬과 북부 호주에서의 여름은 일반적으로 습하다. 엘니뇨 기간 동안, 호주의 남동부는 매우 더워지면서 여름은 매우 건조해진다(**왼쪽**). 겨울에는(**오른쪽**) 서늘한 기온으로 돌아오지만 가뭄 상태가 지속된다.

피너클스 사막(위) 호주 내부에는, 덥고 건조한 여름과 서늘하고 건조한 겨울이 식물이 약간 있거나 아예 없고 광활하게 모래 언덕으로 넓게 트인 사막 지역을 만들었다.

피지 제도(아래) 태평양의 이 섬과 다른 섬들은 온도와 강수량이 1년 동안 아주 약간 변동된다. 겨울에는 서서히 서늘하면서 건조해지는 반면, 여름에는 서서히 따뜻하면서 습해진다.

뉴질랜드 남섬 센트럴 오타고(위) 뉴질랜드의 대부분이 연안과 가까워서 적당히 온난한 여름과 서늘한 겨울의 온대 기후가 나타난다. 연중 계속되는 풍부한 비는 가축들을 키울 수 있는 무성한 초원을 만든다.

열대 호주

호주의 북부에서는 높은 태양각이 1년 내내 높은 기온을 유지시키지만, 강수는 계절적으로 변동한다. 여름에 몬순성 순환이 이 지역으로 옮겨 올 때와 열대 폭풍이 종종 따뜻한 태평양 위에서 형성될 때, 가장 많은 비가 12월부터 3월 중 내린다. 겨울에는 대륙 내부에서 불어오는 바람이 우세하여 건조한 날씨가 된다.

관련 자료

열대 폭풍 여름 동안 이러한 폭풍들은 호주 북쪽의 따뜻한 수면에서 발달하여 대개 북동쪽과 북서쪽 내륙으로 이동한다. 그것들은 강하고, 극도로 파괴적인 바람과 호우를 가지고 온다.

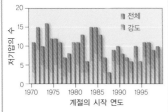

빈도 최근 수십 년 동안 더욱 빈번한 엘니뇨 사건들이 나타나면서, 1970년 이후로 열대 폭풍의 전체 횟수는 줄어들어 왔다.

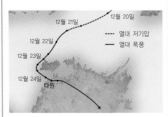

사이클론 트레이시 작지만 강한 이 폭풍은 아라푸라 해에서 저기압으로 시작하여 1974년 크리스마스 아침에 다윈에 상륙하였다.

대대적인 파괴 트레이시의 바람은 많은 건물들을 파괴하고 수천 명의 노숙자를 만들면서 217km/h의 속도까지 이르렀다.

데인트리 우림(Daintree Rain Forest)(오른쪽) 긴 여름 우기의 높은 기온과 많은 비는 북 퀸즐랜드까지 있는 이 열대우림의 우거진 식물들이 자라도록 해 준다.

기상 감시

더 잦은 가뭄 기온은 상승할 것으로 예상되고, 연안보다 육지에서 더 큰 증가가 있을 것이다. 강우량은 감소하고 증발은 증가할 것으로 예상된다. 이 두 상태가 결합되어 더 잦은 가뭄을 야기할 것이다. 열대 폭풍은 폭풍 해일 높이의 증가와 함께 더 강력해질 것으로 예상된다.

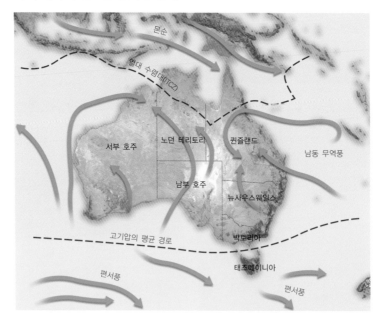

1월의 기후 차트(위) 여름에 강하게 서쪽에서 불어오는 몬순성 바람이 열대 수렴대에 수렴한다. 이것은 열대 폭풍과 결합하여 매우 많은 강우와 호주의 북쪽으로 향하는 강한 바람을 만든다.

케이프 레베크(Cape Leveque)(오른쪽) 서부 호주의 북서 연안에서 해양은 온도를 1년 내내 지속적으로 따뜻하게 유지시켜 준다. 11월부터 4월까지는 습하고, 1년 중 나머지는 건조하다.

킴벌리 고원(위) 서부 호주의 이 바위로 된 사암 고원의 연안과 가까운 북부 지역에서는 풍부한 비가 내리지만, 남쪽으로 향하는 내륙에서는 강수가 아열대 고기압에 의해 제한되어 계속해서 건조하게 된다.

카카두(Kakadu)(위) 호주 노던 테리토리의 이런 습한 열대의 습지에서는 11월 초쯤에 시작하는 흐린 날씨와 뇌우가 몬순 강우의 시작의 전조가 된다.

초원(아래) 큰 흰개미 무더기는 내륙의 북부 호주의 우기-건기 순환 때 잘 자라는 초원에 흔히 있다. 건기는 약 5월부터 10월까지 지속된다.

관련 자료

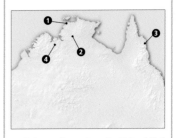

클라이모그래프 이 그래프들은 전형적인 열대 계절 기후의 뚜렷한 우기와 건기를 보여 준다. 기온은 1년 내내 한결같이 덥고 따뜻하다. 다윈은 가장 습하고, 킴벌리 지역이 가장 건조하다.

평균 강수량
최고 온도
최저 온도

1. 노던 테리토리 다윈

2. 노던 테리토리 캐서린

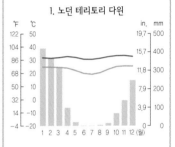

3. 퀸즐랜드 쿡타운

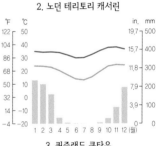

4. 서부 호주 킴벌리 연구 기지

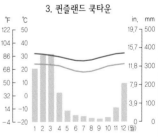

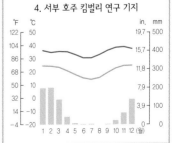

관련 자료

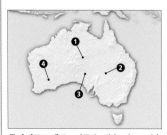

클라이모그래프 여름은 매우 덥고, 겨울은 온화하고 따뜻하다. 대체로 건조한 겨울 때문에 강우량은 매우 적다. 칼굴리는 봄과 여름에 더욱 건조해지는 경향이 있다. 반건조 기후의 앨리스스프링스는 가장 많은 비가 내리고, 건조 기후인 쿠버 페디는 가장 적은 양의 비가 내린다.

평균 강수량
최고 온도
최저 온도

1. 노던 테리토리 앨리스스프링스

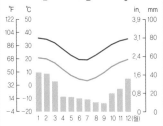

2. 뉴사우스웨일스 티부부라

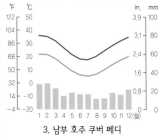

3. 남부 호주 쿠버 페디

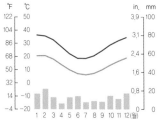

4. 서부 호주 칼굴리

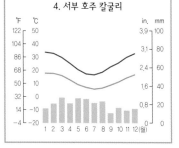

호주의 내륙

건조 기후와 반건조 기후가 중심부터 서쪽 연안까지 대륙의 대부분에 걸쳐 우세하며, 호주를 지구에서 가장 건조한 대륙으로 만든다. 이러한 매우 덥고 매우 건조한 기후가 나타나는 것은 이 지역이 주로 비를 포함한 구름의 형성이 적고, 강력한 태양 복사에 노출되는 아열대 고기압대에 놓여 있기 때문이다.

심슨 사막(아래) 덥고 건조하며 대체로 사람이 살지 않는 이 지역은 143,000km² 정도로 노던 테리토리의 남동부와 퀸즐랜드, 남부 호주의 일부분에 걸쳐 뻗어 있다. 이 지역의 모래 언덕은 37m까지 솟아 있다.

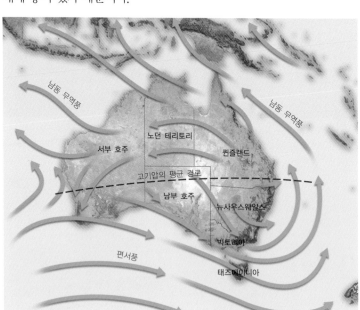

아열대 고기압(위) 이 고기압대는 열대 무역풍과 중위도 편서풍을 분리한다. 이 벨트를 따라 이동하는 고기압이 맑은 하늘과 약한 바람을 만든다.

울루루(아래) 관목과 풀들이 호주 중앙의 반건조 지역에 형성된 사암 지역 주위에서 자라나고 있다. 이 지역은 연간 약 305mm 정도의 강수가 있으며 여름에 주로 내린다.

맥도넬 산맥(위) 호주 중앙의 앨리스스프링스에 가까운 이 산맥은 인근 지역의 건조 기후를 약간 습하게 만들고, 이러한 반건조 미기후는 스피니펙스와 관목이 자랄 수 있게 한다.

에어 호수(Lake Eyre)(오른쪽) 호주 남부의 1,200,000km²를 덮는 이 내륙의 배수 분지는 대부분 시간 동안 건조한 염전이지만, 이곳의 북쪽에 드문 비가 내린 후에는 물로 채워질 수 있다.

관련 자료

머레이 달링 분지 이 광활한 집수지는 호주에서 가장 중요한 농업 지역이지만, 이곳의 현재 생산성은 물 관리의 문제와 합쳐진 심각한 가뭄으로 인해 위협받고 있다.

집수 지역 강의 유역은 호주의 가장 긴 3개의 강을 끼고 있다. 이 지역은 나라 전체의 1/7을 포함하며, 다양한 기후를 가진다.

가뭄 2003년 이후 적은 강수량으로 수위가 극적으로 감소하여, 집수지의 일부에서는 강 바닥이 완전히 바싹 마르게 되었다.

더 이상 소를 위한 초원은 없다 오랫동안 계속된 극심한 건조 상태에서 초원은 방목하기에 충분하지 못하므로, 소에게 먹이를 직접 줘야 한다.

기상 감시

더 뜨겁고 건조한 호주 내부의 상승하는 기온과 감소하는 강수량은 더욱 잦은 가뭄을 야기할 것이다. 이것은 대개 농업과 특히 축산업에 부정적인 영향을 끼친다. 식물이 말라서 더욱 불에 잘 타게 됨에 따라 잡목림 지대의 산불 또한 더욱 잦아지게 된다.

관련 자료

한랭전선 호주의 온대 지역과 아열대 지역은 특히 가을부터 봄까지 한랭전선의 지배를 받는다. 그것은 더욱 서늘한 날씨를 가져오고, 온화할 때 내리는 갑작스러운 비는 특히 여름에 두드러진다.

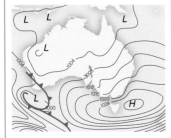

접근 전선의 전면에서 고기압은 매우 따뜻한 공기를 내륙에서부터 끌어와서, 호주 남동쪽에 높은 온도를 야기한다.

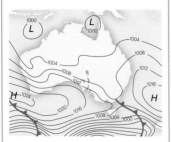

전선 통과 한랭전선이 이 지역을 가로질러 감에 따라, 여름의 열기를 경감시켜 기온은 10℃ 이상 내려갈 수 있다.

멜버른의 먼지 폭풍 강한 바람과 상승 기류가 한랭전선에 동반될 수도 있다. 이것들은 전선 전면부로 먼지 폭풍을 일으켜 마른 토양을 들어 올릴 수 있다.

기상 감시

생물 다양성의 손실 기후가 계속해서 따뜻하고 건조해질 것으로 예상된다. 이로 인해 특히 대보초에서 생물 다양성의 감소가 발생할 것이다. 감소된 강수량과 증가된 증발률은 물 공급에 영향을 줄 것이다. 농업 생산과 임업은 감소할 것이다.

아열대 및 온대의 호주

퀸즐랜드의 남동쪽과 뉴사우스웨일스의 북쪽은 습한 아열대 기후를 경험한다. 이 지역의 많은 강수량은 봄의 낮과 밤에 발생하는 뇌우와 여름의 열대 폭풍에 의해 만들어진다. 남쪽으로 갈수록 온화한 여름과 서늘한 겨울, 1년 내내 풍부한 강수량과 함께 기후는 온난해진다.

뉴사우스웨일스 블루마운틴(오른쪽) 아열대 기후대에 있음에도 불구하고 1,180m까지 치솟아 있는 사암 고원은 근처의 시드니보다 더욱 서늘한 기온과 일반적으로 더 많은 강수량을 경험한다.

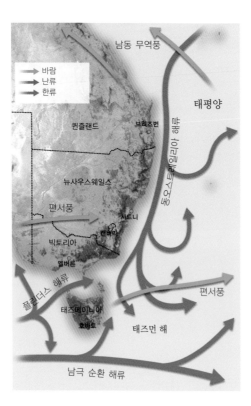

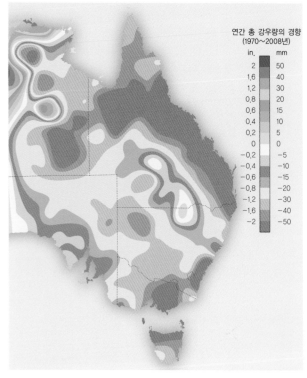

영향(위) 따뜻한 동오스트레일리아 해류는 연안 지역을 따뜻하게 유지시킨다. 남부 지역은 차가운 남극 순환 해류에 의한 냉각 효과를 받는다. 편서풍은 겨울에 폭풍을 가져온다.

메리버러의 사탕수수(아래) 덥고 습한 여름과 온화한 겨울, 풍부한 강수량을 가진 퀸즐랜드 남부의 아열대 기후는 사탕수수의 대규모 경작에 매우 적절하다.

강우량(위) 1970~2008년 사이 동부 호주 일부분의 강우량은 매 10년마다 50mm까지 감소했다. 이 감소하는 경향은 기후 변화의 예측과 일치한다.

빅토리아 호섬산(위) 호주의 온대 기후대에 속한, 호주 알프스의 높은 곳에 있는 이 스키 리조트에서는 겨울에 기온이 영하에 머무를 때 강수가 눈으로 내리게 된다.

태즈메이니아 우림(왼쪽) 태즈메이니아는 온화한 여름과 서늘하고 습한 겨울이 있는 온대 기후를 가지고 있다. 남서쪽이 가장 습하며, 이곳의 충분한 비가 온대 우림을 자라도록 한다.

잡목림 지대의 산불(아래) 호주의 아열대와 온대 지역에서는 여름 열파 동안에 잡목림 지대에 산불이 발생하는 경향이 있다. 높은 증발률이 식물을 건조시켜서 산불에 충분한 연료를 공급하는 형태가 된다.

관련 자료

클라이모그래프 이곳의 여름은 온난하거나 덥고, 겨울은 서늘하거나 온화하다. 브리즈번이 가장 덥고, 코지우스코 산이 가장 서늘하다. 멜버른과 캔버라의 강수량은 거의 변동하지 않는다. 브리즈번은 습한 여름을 가지고, 코지우스코 산은 습한 겨울을 가진다.

▬ 평균 강수량
▬ 최고 온도
▬ 최저 온도

1. 퀸즐랜드 브리즈번

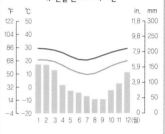

2. 호주 수도 특별지역 캔버라

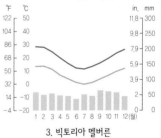

3. 빅토리아 멜버른

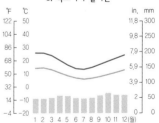

4. 뉴사우스웨일스 코지우스코 산

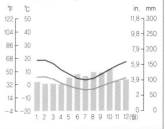

지중해성 호주

호주 남서쪽과 남쪽의 좁은 연안 가장자리는 전형적인 지중해성 기후를 경험한다. 아열대 고기압계의 확장은 길고, 덥고, 건조한 여름을 만든다. 아열대 고기압이 겨울에 북쪽으로 수축함에 따라 전선계와 함께 편서풍이 지배하여, 서늘하고 습한 날씨를 가져온다.

관련 자료

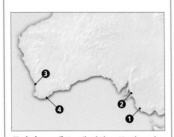

클라이모그래프 네 지역 모두 길고 건조한 여름과 습한 겨울을 가진다. 애들레이드는 가장 건조한 도시이고 올버니는 가장 습하다. 여름은 따뜻하거나 덥다. 겨울은 온화하거나 서늘하다. 퍼스는 가장 더운 여름을, 올버니는 가장 서늘한 여름을 가진다.

― 평균 강수량
― 최고 온도
― 최저 온도

1. 남부 호주 갬비어 산

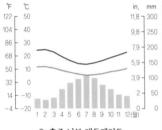

2. 호주 남부 애들레이드

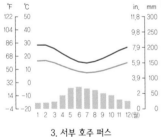

3. 서부 호주 퍼스

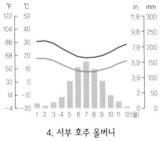

4. 서부 호주 올버니

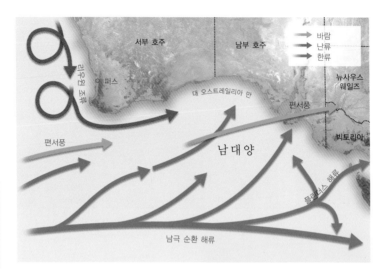

포도 재배(오른쪽) 사진과 같은 가을 남부 호주의 포도밭은 이 지역에서 잘 자란다. 서늘하고 습윤한 봄은 성장을 촉진시키며, 지중해성 기후의 특징을 가진 길고 더운 여름을 지나면서 포도가 성장한다.

냉각 효과(왼쪽) 호주의 남쪽과 남서 연안을 따라 흐르는 찬 해류 위를 지나 불어오는 바람은 연안의 기온을 낮춘다. 서늘하고 습한 공기는 겨울에 아열대 고기압이 북쪽으로 물러감으로써 더 먼 내륙까지 진입한다.

서부 호주 퍼스(아래) 이 도시는 여름에 매우 높은 기온과 푸른 하늘, 건조한 날씨를 경험한다. 프리맨틀 닥터로 알려진 해풍은 낮에 육지로 열을 식혀 주는 서늘한 공기를 가져온다.

겨울 폭풍(아래) 겨울에 편서풍이 빈번하게 폭풍을 남부와 서부 호주까지 이끌어 온다. 남대양 위에서 발생한 이 폭풍은 낮은 기온과 비를 가져온다.

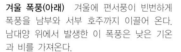

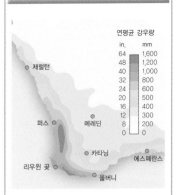

더 많은 강수량 서부 호주의 남서부 끝부분은 다른 호주의 지중해성 지역보다 훨씬 많은 비가 내린다. 이 지역은 아열대 고기압의 건조한 영향으로부터 가장 멀고, 비를 함유한 겨울 폭풍에 가장 가깝다.

열파(오른쪽) 여름에 내륙에서 발생한 고온 건조한 기단이 며칠 동안 우세할 수 있다. 이 때 기온이 2009년의 애들레이드 음악축제 때처럼 위험할 정도로 높게 치솟을 수 있다.

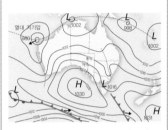

열파환경 이것은 전형적으로 남쪽의 고기압계와 서쪽의 저기압골에서 시작한다. 바람은 대개 동쪽과 북동쪽에서부터 골을 향해 불면서, 이곳에 덥고 건조한 공기를 며칠 넘게 지속적으로 가져온다.

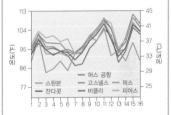

해풍 효과 16일간 지속된 혹서 기간 동안 퍼스의 여러 장소에서 측정된 이 기온 그래프는 연안 지역(초록색)에서의 해풍이 가장 더운 장소(파란색)와 비교하여 9℃까지 기온을 낮추었다는 것을 보여 준다.

기상 감시

포도 재배의 감소 이 지역은 더욱 따뜻하고 동부 호주만큼은 아니지만 더욱 건조해질 것으로 예상된다. 여름철에 매우 높은 기온을 가진 날들이 증가하게 되면 기온이 포도가 제대로 성숙하는 데 너무 더울 것이므로 농업, 특히 포도 재배에 부정적인 영향을 끼치게 될 것이다.

태평양의 섬들

북쪽의 하와이 제도에서부터 미크로네시아와 멜라네시아, 폴리네시아, 남서쪽의 섬들까지 이 지역의 수천 개의 작은 섬들은 모두 해양으로부터 강한 영향을 받는다. 적도와 아주 가까운 이곳은 계절적인 변동 없이 매우 덥고 습하다. 적도에서 더 멀어지면, 여름에는 덥고 습하며 겨울에는 서늘하고 건조하다. 해풍은 섬의 해안을 따라 기온을 완화시킨다.

관련 자료

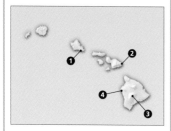

1. 호놀룰루 북동 무역풍이 하와이 제도의 오아후 섬 북쪽으로 많은 강우를 가져오며, 이곳의 연평균 강수량은 4,010mm이다. 산맥의 보호를 받는 남쪽에 있는 호놀룰루는 강수량이 640mm로 더 건조하다.

미국 하와이 제도 오아후 호놀룰루

2. 하나 이 소도시는 고도가 매우 낮으며, 비를 함유한 바람의 경로에 해당되는 하와이 마우이의 동쪽 연안에 노출되어 있다. 이곳은 1년 내내 습하며 연평균 강수량이 2,112mm이다.

미국 하와이 제도 마우이 하나

4. 마우나로아 이 거대한 휴화산이 하와이 제도의 가장 큰 섬의 대부분을 차지하고 있다. 4,170m의 고도로 인해 저고도의 습한 열대 기후에서부터 3,000m 이상의 고산 기후까지 다양한 기후를 경험한다.

미국 하와이 제도 하와이 마우나로아

4. 코나 '큰 섬'의 서쪽 연안은 겨울보다 여름에 더 많은 비가 내리는 하와이에서 유일한 지역이다. 여름의 비는 주로 늦은 오후와 저녁에 소나기로 내린다. 겨울 강우는 한랭전선 및 저기압계와 연관이 있다.

미국 하와이 제도 하와이 코나

기상 감시

주요 영향 태평양 섬들의 대다수는 고도가 낮아, 해수면이 상승함에 따라 작물 피해와 연안 침식, 사회기반시설 파괴에 취약하다. 투발루의 주민들은 벌써 그들의 섬을 떠났다. 해수가 따뜻해짐에 따라, 산호초는 이미 일어나고 있는 산호 백화 현상에 의해 죽을 것이다.

6~8월 대기의 순환(오른쪽) 열대 수렴대와 그의 남쪽 줄기인 남태평양 수렴대는 많은 강우를 가져온다. 아열대 고기압의 확장에 의해 직접적으로 영향을 받는 섬들의 강우량은 감소하고, 서늘한 무역풍은 높은 열대 기온을 완화시킨다. 겨울 폭풍은 편서풍에 의해 남부 중위도 폭풍 경로를 따라 이동한다.

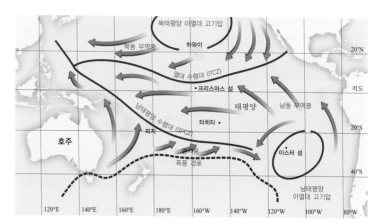

피지 비티레부(아래) 이 섬은 연중 계속되는 높은 기온과 많은 강우량을 가진다. 이곳의 열대 습윤 기후는 밀림뿐만 아니라 열과 많은 물을 필요로 하는 사탕수수와 같은 작물(사진의 전경)을 자라도록 해 준다.

뉴칼레도니아(왼쪽) 이 섬은 열대 계절성 기후를 가지고 있다. 여름은 남태평양 수렴대의 영향을 받아 덥고 습하다. 겨울에는 아열대 고기압계의 확장이 더욱 건조하고 서늘한 상태를 가져온다.

타나 야수르 산(오른쪽) 바누아투의 아열대 다도해의 강우량은 변동한다. 활화산으로 유명한 타나의 최남단 섬은, 섬을 통하여 남북으로 띠처럼 이어져 있는 산들의 풍하측에 놓여 있기 때문에 북쪽의 다른 섬들보다 더 건조하다.

열대 폭풍(오른쪽) 2002년 12월에, 열대 폭풍 조는 멜라네시아의 솔로몬 섬에 상륙하여 나무와 오두막을 황폐하게 하였고 통신을 두절시켰다. 이러한 낮은 열대 섬들은 여름에 태평양의 따뜻한 수면 위에서 형성된 이런 폭풍들의 파괴적인 힘에 취약하다.

크리스마스 섬(아래) 적도의 약간 북쪽에 있는 이 작은 섬은 12월과 4월 사이에 한 번 내리면 며칠간 지속되는 호우가 찾아온다. 이 비는 북부 호주에 영향을 주는 몬순 바람에 의해 내린다.

랑기로아(위) 태평양의 많은 환상 산호도(atolls) 중 하나인 이 적도 근처 폴리네시아의 섬은 1년 내내 습하고 따뜻하다. 11월부터 4월까지 대부분의 비가 내린 후 5월부터 10월까지는 서늘하다.

관련 자료

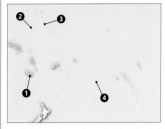

클라이모그래프 이 도시들은 1년 내내 더운 기온을 가진다. 누메아만이 겨울에 서늘하다. 여름에 건조한 우젤랑을 제외하면, 여름은 습해지는 경향이 있고, 겨울은 건조하다. 우젤랑은 가장 많은 비가 오고, 누메아는 가장 건조하다.

─── 평균 강수량
─── 최고 온도
─── 최저 온도

1. 뉴칼레도니아 누메아

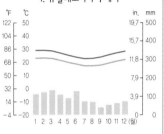

2. 나우루 야렌

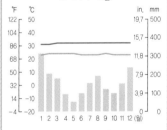

3. 프랑스령 폴리네시아 파페에테

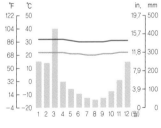

4. 괌 우젤랑

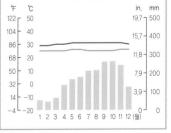

뉴질랜드

이 섬나라는 남위 34°에 해당하는 위도와 인근 해양, 남섬에 3,050m까지 솟아 있는 남북으로 이어진 남알프스의 영향을 강하게 받는 기후를 경험한다. 북섬의 북부 끝은 아열대인 반면, 비를 함유한 편서풍의 통로에 놓여 있는 나머지 부분은 온대 또는 고산 기후이다.

관련 자료

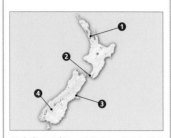

클라이모그래프 강수량은 비교적 적으며 거의 변화하지 않고, 겨울에 습해지는 경향이 있다. 여름은 서늘하거나 온화하며, 겨울은 서늘하다. 웰링턴은 가장 많은 비가 내리는 반면, 오클랜드는 가장 따뜻한 겨울을 가진다. 크라이스트처치는 가장 건조하다.

평균 강수량
최고 온도
최저 온도

1. 북섬 오클랜드

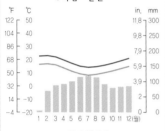

2. 북섬 웰링턴

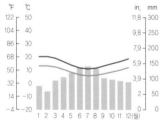

3. 남섬 크라이스트처치

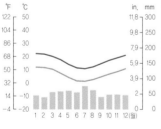

4. 남섬 퀸스타운

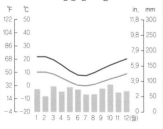

북섬의 와이포우아 산림(Waipoua Forest)(위) 거대한 카우리소나무를 포함하는 침엽수 종들은 연평균 강수량이 1,000mm를 초과하는 북섬의 따뜻한 아열대 기후에서 잘 자란다.

강우량(오른쪽) 뉴질랜드의 길이대로 뻗어 있는 높은 지역과 산들은 탁월풍인 편서풍에 대한 장벽을 만든다. 가장 많은 강수는 서쪽 연안과 경사면, 특히 높은 남알프스의 영향을 받은 남섬에서 나타난다. 산맥의 풍하측에 해당하는 뉴질랜드의 동쪽 부분은 더욱 건조하다.

연평균 강수량
(1971~2000년)

in.	mm
158	4,000
118	3,000
79	2,000
59	1,500
49	1,250
39	1,000
30	750
20	500

캔터베리 평원(아래) 남섬의 동쪽 중앙 저지대 지역들은 산맥에 의해 비를 함유한 편서풍으로부터 보호된다. 그곳의 건조하고 온난한 기후는 기계화 농업뿐만 아니라 목축업이 잘 되도록 해 준다.

베이오브아일랜즈 러셀(위) 이곳은 북쪽 끝에 있는 아열대 기후 지역으로 인기 있는 휴가 지역이다. 16~18℃까지의 연간 기온 범위를 가지며, 여름은 따뜻하며 습하고, 겨울은 온화하며 비가 잘 온다.

웰링턴(오른쪽) 북섬의 남쪽에 위치한 뉴질랜드의 수도는 온대 기후이지만 바람이 매우 많이 분다. 북섬과 남섬 사이의 쿡 해협은 강한 바람을 이동시킨다. 겨울에 이 도시는 또한 태즈먼 해로부터 동쪽으로 향해 움직이는 저기압계의 영향을 받는다.

폭스 빙하(아래) 남섬의 남알프스에서는 특히 서쪽에서 강수가 눈으로 내린다. 산꼭대기는 만년설로 덮여 있으며, 접근 가능한 빙하는 1년 내내 관광 명소이다.

관련 자료

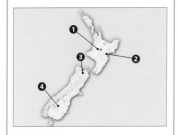

1. 북섬의 중앙 이 지역은 이곳의 남쪽과 동쪽의 높은 지역으로 보호되어 있음으로써 뉴질랜드의 나머지 지역들보다 바람이 덜하다. 내륙은 주로 넓은 기온 범위를 가진다. 여름은 섭씨 26℃까지 따뜻해질 수 있고, 겨울은 서늘하고 덜 안정적이다.

뉴질랜드 북섬의 중앙

2. 북섬의 동부 온대임에도 불구하고 이 지역은 서쪽의 높은 지역으로부터 보호를 받아 건조하고 화창하다. 여름은 따뜻하고 건조한 푄 바람으로 인해 온난하거나 더우며, 기온은 때때로 30℃ 이상이다. 겨울에 북쪽은 온화하고, 남쪽은 서늘하다.

뉴질랜드 북섬의 동부

3. 남섬의 북부 이 지역은 뉴질랜드에서 가장 화창한 지역이다. 여름 기온은 온화하거나 온건하며, 겨울 기온은 보통 영상에 머문다. 서쪽에 있는 산은 편서풍의 영향을 감소시키고 해풍은 기온을 완화시킨다.

뉴질랜드 남섬의 북부

4. 남섬의 내륙 서쪽, 남쪽 그리고 동쪽에 있는 높은 지역으로, 1년 내내 강수량이 적다. 여름은 따뜻하고 때때로 푄 바람이 불어올 때 30℃ 이상이다. 겨울은 눈이 내리며 매우 춥다.

뉴질랜드 남섬의 내륙

기상 감시

더 적은 눈과 더 잦아지는 극한 현상 더 따뜻해진 겨울과 여름이 예측되며, 서쪽에 더 많은 강수가, 동쪽에는 더 적은 강수가 예측된다. 더 적은 눈이 내리고 설선이 후퇴할 것이다. 동쪽이 건조해짐에 따라 가뭄과 홍수가 더욱 빈번히 발생할 것이다. 평균 해수면 또한 상승할 것으로 예상된다.

남극 대륙

남극권의 거의 남쪽에 있는 남극 대륙은 영구적인 만년설로 덮인 가장 큰 육지 면적이다. 극한 한대 기후와 아한대 기후를 가지며, 기온은 항상 영하이다. 겨울은 허리케인 급의 바람과 눈보라를 동반하며, 길고 어둡고 매우 추운 날씨가 계속된다. 여름은 짧고 서늘하며 적은 양의 눈이 내린다.

관련 자료

바람이 강한 대륙 전구 순환 패턴이 남극 대륙의 바람을 만드는 것뿐만 아니라 스스로도 바람을 만든다. 활강 바람은 겨울에 가장 빈번하지만 연중 어느 때라도 발생할 수 있고, 종종 속도가 145km/h까지 도달한다.

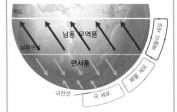

전구 대기 순환 극 순환에서 남극의 차가운 공기는 가라앉고, 그런 뒤에 지면에서 남동풍으로 적도 쪽으로 이동한다.

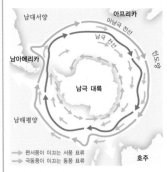

폭풍 남극 전선을 따라 형성된 강한 저기압 폭풍은 서풍 표류를 움직이는 매우 강한 바람을 생성하면서 동쪽으로 이동한다.

활강 바람 차갑고 밀도가 높은 무거운 공기는 해안 쪽 내륙의 높은 고도에서 아래로 이동하는 바람을 이룬다. 이곳에서 이 바람은 극도로 높은 속도를 보인다.

기상 감시

위험에 처한 펭귄 최근 연구에 의하면, 상승하는 기온은 현재와 미래에 발생할 빙붕 해체의 기저 원인이다. 또한 온난화는 유빙을 감소시키고, 크릴새우를 먹는 펭귄의 능력에 영향을 준다. 이것은 결국 펭귄의 생존과 까마귀 떼의 번식지인 숲의 규모에 부정적인 영향을 끼칠 것이다.

아한대 기후(아래 왼쪽) 게잡이 바다표범은 해양의 영향이 기온을 완화시키는 남극 반도의 해안가에 서식한다. 비록 이곳이 여전히 추움에도 불구하고, 내륙으로 더 깊은 곳보다는 이곳이 더 온화하다.

한대 기후(아래) 황제펭귄이 새끼를 낳기 위해 모이는 내륙에는 눈보라가 연중 언제나 발생할 수 있고, 기온은 −40℃까지 떨어질 수 있다.

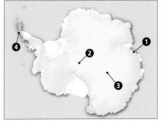

연평균 온도(위) 해양으로부터 멀고 대륙의 나머지 부분보다 높은 남극의 동부 내륙은 가장 낮은 기온을 보인다.

연평균 적설(위) 많은 수증기를 포함하기에는 공기가 너무 차가워서 남극은 매우 건조하다. 강설은 연안 부근에서 많고 대륙 내부로 갈수록 감소한다.

관련 자료

클라이모그래프 이 지점들은 길고 매우 추운 겨울과 짧고 서늘한 여름을 가진다. 매우 적은 강수량을 보이며, 주로 가을과 겨울에 내린다. 데이비스는 가장 건조한 반면, 스토닝턴은 가장 강수량이 많다. 보스토크는 가장 서늘하고 케이시는 가장 따뜻하다.

평균 강수량
최고 온도
최저 온도

1. 남극 데이비스 기지

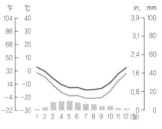

2. 남극 케이시 기지

3. 남극 보스토크 기지

평균 온도

4. 남극 스토닝턴 섬

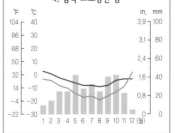

로스 해의 유빙(왼쪽) 겨울에 단단한 얼음 표면은 남극 대륙의 가장자리로부터 바다를 지나 멀리 북쪽까지 확장된다. 이것은 여름에 기온이 따뜻해짐에 따라 파괴되어 유빙을 형성한다.

건조한 계곡(위) 여름의 단 몇 주 동안 맥머도 해협 근처에 있는 이 계곡의 빙하가 녹는다. 이 물은 1년 내내 표면의 얼음층 아래에 얼지 않은 상태로 남아 있는 호수를 채운다.

변화

변화

기후 변화의 역사

지구의 기후는 태양을 중심으로 도는 공전 궤도의 변동으로 인해 빙하기 사이사이에 따뜻한 간빙기가 나타나면서 지속적으로 변한다. 현재의 기후도 1만여 년 전에 끝난 마지막 빙하기 끝에 나타난 간빙기들 가운데 하나이다. 이 마지막 빙하기가 '마지막 최대 빙하기(Last Glacial Maximum, LGM)'인데, 해수면이 낮아지면서 대륙을 연결하는 연륙교가 형성되어 인류가 여러 대륙으로 퍼져 나갈 수 있게 되었다.

연대기를 통하여

지구상에 생명은 대략 37억 년 전, 지구의 평균 기온이 지금보다 10℃ 정도 더 따뜻한 시기에 등장하였다. 그 후 지구는 네 차례의 수천만 년 기간의 서로 다른 정도의 대빙하기와 그 사이의 간빙기를 겪게 된다. 대부분의 식물과 동물의 다양성은 이 따뜻한 간빙기 동안 일어났으며, 그중 일부는 빙하기 동안을 견뎌냈다. 현재의 기후도 네 차례 상대적으로 작은 빙하기로 이루어진 신생대 빙하기 주기에서 나타난 따뜻한 간빙기이다. 인류의 진화도 이 마지막 국면에서 이루어졌다.

태양은 지구의 유일한 외부 에너지원이다. 지질 연대기를 통하여 주기적으로 변하는 지구 기후의 특성은 태양을 중심으로 도는 지구의 공전 궤도 변화로부터 온다. 주기적인 지구 공전 궤도의 변화와 공전 궤도면에 대한 자전축 기울기의 변화는 지구의 고기후나 과거 기후에서 나타나는 주기적인 변화를 가져다준다. 각각의 주기는 수만에서 수십만 년의 긴 시간을 갖고 있다. 지구가 태양으로부터 에너지를 가장 적게 받았던 시기는 약 7억 년 전 지구가 남극에서부터 북극까지 완전히 얼음으로 덮였던 '얼음덩어리 지구(Snowball Earth)'라 불리던 시기와 일치한다.

태양의 영향을 주로 받는 주기적 기후 변동은 때때로 다른 외적 요인에 의해 영향을 받기도 한다. 예를 들어 아직도 논란의 여지는 있지만, 6,500만 년 전 멕시코 유카탄 반도에 떨어진 유성의 충격을 꼽을 수 있다. 이 사건이 우연하게도 백악기-제3기 멸종[Cretaceous-Tertiary(K-T) extinction event](또는 K-T 멸종이라고도 함)으로 알려진 공룡의 멸종과 같은 시기에 일어났다. 그 당시 유성이 떨어진 흔적이 발견됨에 따라 이 대멸종의 논리가 더욱 힘을 얻게 되었다. 유성의 충돌로 엄청난 먼지가 대기로 분출되었고, 이는 햇빛을 차단하게 되었다. 이 먼지가

대기 중에서 사라지는 데는 수개월에서 수년이 소요되었다. 또한 이 유성의 충돌은 지면 아래에 있는 마그마를 요동시키기에 충분한 충격을 주어 역시 햇빛을 반사시키는 화산재를 대기로 분출하는 화산 활동을 강화시켰다. 이 두 가지 현상이 광합성을 방해하여 먹이사슬 하부를 구성하고 있는 식물을 격감시켰고, 이는 곧바로 대형 동물의 대멸종으로 이어졌다.

2000년, 노벨상을 받은 파울 크루첸(Paul Crutzen) 교수는 인간이 지구의 기후와 생태계에 막대한 영향을 미치는 것을 지적하면서 새로운 지질시대인 '인류세(Anthropocene)'를 소개하기도 하였다. 이 새로운 지질시대인 인류세의 시작은 18세기 후반에 시작된 산업혁명과 일치한다. 이 시기 인류가 화석연료를 사용하면서 지구의 에너지 평형을 깨어 기후 변화를 유발하는 새로운 막대한 힘으로 등장하게 되었다. 이 대기 중 이산화탄소의 증가는 빙핵에서 분석한 자료에 의하면 과거 100만 년 동안 그 유례를 찾을 수 없는 놀랄 만할 사건이었다. 이 새로운 시대는 지구의 지질학적 역사에 오랫동안 지속적으로 영향을 미칠 것이다. 그러나 공룡 시대의 마침표를 가져온 운석충돌에 의한 K-T 대멸종과 필적하거나 그를 훨씬 넘어서는 사건이 일어날지는 아무도 모른다.

빙하의 후퇴(오른쪽) 하늘에서 본 그린란드의 모습은 대륙빙하의 후퇴 과정을 보여 준다. 이 과정은 지표면에 있는 눈이 녹음으로써 더 많은 태양에너지를 흡수하는 어두운 지표면을 발생시키도록 하는데, 이것은 온난화뿐만 아니라 얼음이 바다로 이동하는 것을 가속화시킨다. 빙하의 후퇴는 각 빙하기의 말기에 일어난다.

화석(왼쪽) 멸종된 해양 동물인 암모나이트와 같은 화석은 퇴적물 또는 퇴적된 암석층의 지질시대를 확인하는 데 도움을 준다. 대기와 해양 온도의 고(古)기후학적 기록은 지구상에 존재하는 생명의 역사를 통해 서서히 발전한다.

조용한 목격자(아래) 서부 호주에 위치한 벙글벙글 레인지(Bungle Bungle Range)는 2억 5,000만 년 동안 지질학적 역사를 간직하고 있다. 모래의 퇴적으로 만들어진 이 퇴적암은 위로 솟아오른 후 침식으로 인해 독특한 올림머리 모양으로 서서히 변해 갔다. 최근 이 지역의 연 강우량이 250mm까지 증가하였는데, 지구 온난화와 아시아의 오염에 의한 것으로 보인다.

자연에서 찾는 실마리

자연은 다양한 형태로 지나간 기후나 고기후학의 단서를 제공한다. 과거 기온 및 대기 이산화탄소 농도의 기록은 빙하 얼음층, 분화구에 보존되어 있고, 운석공과 암석층의 침식은 과거 기후의 화학 상태를 드러낼 수 있다. 이런 자연적인 기록을 이용하여 고대에서 현대에 이르는 기후 연대표를 작성할 수 있다.

관련 자료

빙핵(ice core) 빙하의 연직 얼음층에는 공기방울이 잡혀 있다. 각 층마다 포함되어 있는 공기방울에는 빙하의 연직층이 형성될 당시 대기의 조성 성분을 말해 주고 있다. 뿐만 아니라 당시의 기온과 대기 미량기체 성분도 말해 준다.

빙핵 추출 남극점 아래에 있는 얼음을 발굴하는 것처럼 빙상이 모습을 드러낼 때 수평 방향으로 채취하면 어느 특정 시기 대기 성분의 샘플을 대규모로 추출할 수 있다.

먼지가 많은 해 페루에 있는 켈카야 빙하의 수직 샘플에서 검은 줄 띠를 볼 수 있다. 이는 엘니뇨 시기에 강한 바람에 의해 먼지가 날아와 침적한 것이다.

빙하의 이동 과학자들은 아이슬란드 빙하에서 GPS 장비를 이용하여 꽂아 둔 막대의 위치 변화를 조사한다. 이는 빙하의 이동에 관한 정보를 알려 준다.

운석 구덩이(위) 애리조나 주 사막의 배린저 운석공은 이 지역이 초원 또는 산림 지역이었던 5만 년 전 플라이스토세 시기에 유성이 떨어져 만들어졌다.

2억 6,500만 년 전
2억 7,000만 년 전
2억 7,500만 년 전
2억 8,000만 년 전
3억 만 년 전
3억 4,000만 년 전
3억 7,500만 년 전
5억 4,000만 년 전
5억 6,000만 년 전
20억 년 전 이상

그랜드 캐니언(위) 콜로라도 강이 침식되어 만들어진 1.6km 깊이의 협곡으로, 20억 년 이상의 지질 연대와 기후 역사를 간직하고 있다. 암석층에는 주로 해양 생물의 화석이 남아 있다.

관련 자료

보스토크 빙핵 이것은 연직으로 3,300m 깊이의 빙핵으로 남극 대륙 동부의 기온과 이산화탄소, 메탄 같은 온실가스를 분석하는 데 이용된다. 이 빙핵은 지난 40만 년의 기간과 네 번의 빙하기 시대에 걸쳐 기록을 간직하고 있다.

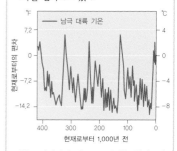

기온 빙하기의 대부분 기간은 현재보다 온도가 4~8℃ 더 추웠으며, 간간히 짧은 따뜻한 기간이 사이에 있었다.

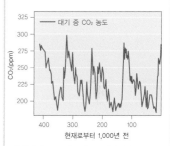

이산화탄소 변동하는 이산화탄소 농도는 네 번의 빙하기를 보여 준다. 이산화탄소 농도가 높은 시기는 따뜻한 시기와 연관성이 있다.

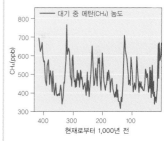

메탄 메탄의 농도 역시 기온에 따라 연동된다. 현재의 농도는 1,700ppb로 산업 혁명 이전의 2배 이상이다.

층의 형성 알래스카의 허버드 빙하처럼 오랫동안 지질 연대의 척도인 수평 침전물이 빙하의 가장자리에 드러나 있다. 해마다 내리는 눈은 계속해서 쌓이고, 이런 눈이 수년간 축적되면 압축된다. 뚜렷하게 보이는 층: 얼음층에서 어두운 띠는 화산 분출에 의해 발생된 화산재가 퇴적된 것이다.

자연에서 찾는 실마리 (계속)

관련 자료

자연적인 지표 오래된 나무는 이들의 나이테에 기후 기록을 간직하고 있다. 이와 유사하게, 종유석에 있는 층은 생성될 당시의 과거 강우에 대한 역사를 담고 있다. 또 산호초는 화학 동위원소 특성 정보를 포함하고 있다.

브리슬콘 소나무(bristlecone fine) 캘리포니아의 화이트 산맥에 있는 이 4,000년 된 소나무는 4,000년 간 캘리포니아의 일사, 강우, 그리고 토양수분에 관한 기록을 나이테에 숨기고 있다.

종유석 종유석은 바위의 갈라진 틈에서 지하수가 똑똑 떨어지는 동굴에서 만들어진다. 물속에 남아 있던 석회석이 단단한 고드름 모양 구조를 형성한다.

산호초 호주의 대보초(Great Barrier Reef)는 종유석과 유사하게 과거 기후에 관한 정보를 간직하고 있는 석회석으로 구성되어 있다.

자이언트 세쿼이아 나무 캘리포니아 레드우드 국립공원에 있는 이 세쿼이아 나무는 나이테 속에 과거 기후의 기록을 간직하고 있다. 이 나이테 폭은 기온, 강우, 토양 상태, 바람 그리고 나무의 연령 등 다양한 요인에 따라 달라진다.

과거 기후에 관한 단서는 빙하 얼음에서 측정되거나 자연적으로 드러난 바위에서 찾을 수 있다. 또 우리는 동식물 화석으로부터 고기후에 대한 정보를 얻을 수 있다. 최근의 기후 역사는 지각 속으로 뚫은 시추공이나, 종유석과 산호와 같은 광물 형태로 발달된 것, 심지어는 살아 있는 식물로부터도 자료를 구할 수 있다.

시추공 위치(오른쪽) 시추공은 깊이에 따른 온도 변화를 측정함으로써 지표면의 최근 온도 역사를 직접 측정할 수 있다. 만약 지표면의 온도가 일정하게 유지될 때에 비하여 지속적으로 더워지거나 추워지면 이 변화의 비율은 다르게 나타날 것이다.

● 시추공 위치

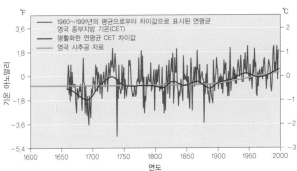

시추공 유효성(왼쪽) 세계에 존재하는 가장 오래된 기온 관측 기록은 1659년부터 측정을 시작한 영국 중부지방 기온(Central England Temperature, CET)의 온도계 기록이다. 영국에서 시추공에 근거한 기온을 재건하는 데 이 방법의 정확도를 설명하기 위해 CET 기록과 비교해서 보여 준다.

스트로마톨라이트(아래) 서부 호주 샤크 만에 있는 이 스트로마톨라이트(stromatolites)는 얕은 물에 사는 녹조류인 시아노박테리아에 의해 형성된 층상 석회석이다. 가장 오래된 스트로마톨라이트 화석은 거의 30억 년이나 되었다. 이 석회석에 포함된 화학 성분으로부터 과거 습기와 강우에 관한 기후정보를 얻을 수 있다.

관련 자료

화석화된 증거 화석은 고대 식물 또는 동물의 구조와 이들이 살던 지역의 증거이다. 화석은 찾아낸 퇴적층에서 알아내거나 함께 발굴된 '지표종(index species)' 화석으로부터 연대를 알 수 있다.

양치류 이것은 세계가 양치류 숲으로 덮여 있던 3억 년 전 석탄기의 양치류 화석이다.

껍데기 달팽이 껍데기 화석은 만들어질 당시 습기와 온도에 관한 정보를 내포하고 있다.

나이테 나무 나이테의 성장폭은 당시 기후 조건의 기록을 간직하고 있는데, 나이테 간격이 넓은 것은 성장하기 좋은 기후를 의미한다.

삼엽충 서식 범위와 진화 차이에 따른 600여 종의 삼엽충 화석은 당시 환경과 연관되어 있다.

관련 자료

초기 동물 번째 단세포 유기체는 선캄브리아대에 바다에서 진화했다. 그러나 동물의 다양성은 고생대와 중생대에 꽃을 피웠다. 첫 포유동물과 현대 곤충은 중생대의 끝에 등장했다.

광물화된 골격 캄브리아기 기간은 광물화된 골격 및 껍질을 가진 해양생물이 다양해졌다. 이들이 죽어 화석으로 만들어져, 첫 번째 진화 흔적을 남겼다.

육지 상륙 공기를 호흡하며 데본기 동안에 육지로 상륙한 첫 번째 동물은 양서류, 거미, 그리고 진드기였다. 이때는 물고기와 상어가 지배하던 시기였다.

파충류 다양성 페름기 기간에는, 사이노그나투스와 같은 파충류는 중생대 동안 육지와 바다에서 다양한 초식성 공룡과 육식성 공룡으로 진화했다.

조류의 등장 쥐라기 후반에 아르카이오프테릭스(Archaeopteryx)라는 시조새가 살았다. 이 새의 표본은 진화 논쟁에 있어서 결정적인 중요한 증거가 되었다.

곤충의 진화 백악기 동안에 곤충과 현화식물이 공진화하여 꿀벌과 같은 종이 등장하였다.

초기의 빙하기

지구는 46억 년 역사를 통틀어 네 번의 대빙하기를 겪었는데, 각각의 대빙하기마다 빙하의 면적이 확장되고, 수천만 년 동안 지속되었던 대빙하 기간 동안 여러 차례 크고 작은 빙하기의 주기가 계속되었다. 지금으로부터 8억 5,000만 년~6억 3,500만 년 전에 일어난 두 번째 빙하기는 아주 급속하게 시작되었고, 가장 혹독해서 결과적으로 지구가 얼음으로 뒤덮인 '얼음덩어리 지구'로 변하게 되었다. 이런 빙하기의 혹독한 환경에도 불구하고 단순한 생명체는 살아남았다. 하지만 공룡은 2억 5,000만 년 전에서 현재 신생대 4기 사이의 간빙기에 나타났다.

빙하학의 아버지(오른쪽) 스위스 태생의 과학자 루이 아가시(1807~1873년)는 일생을 고생물학과 빙하학 연구에 바쳤다. 유럽과 북아메리카의 관측을 통해 지구는 빙하로 뒤덮이는 빙하기를 겪었다는 그의 이론을 공식화했다.

고르너 빙하(위) 빙하에 관한 아가시의 연구 가운데 하나는 스위스 알프스에 있는 고르너 빙하(Gorner Glacier)이다. 눈에 띄는 검은 경계선은 빙퇴석의 예이다. 이 빙하 파편은 빙하의 경계 부분이나 가장자리에 쌓이는데, 빙하가 물러난 후 어디까지 빙하가 진출했는가를 알려 주는 증거가 된다.

46억 년 전(아래) 이 그래프는 지구가 형성되었을 때부터 평균 지표면 온도를 구성하여 나타낸 것이다. 가로선(파란색)은 현 기후의 평균 온도를 나타낸다. 네 차례의 대빙하기는 이 현 기후의 가로선 밑으로 내려간 것으로 나타나 있다. 지구 그림은 대륙 배치 및 다른 중요한 사건의 변화를 설명한다.

눈으로 덮인 지구: 7억 9,000만 년 전~6억 3,500만 년 전 몇몇 과학자는 지구가 이 빙하시대 도중 얼음에 의해 완전히 덮였다고 믿는다.

캄브리아기 폭발: 5억 4,000만 년~4억 9,000만 년 전 생명체의 급속한 다양화는 처음으로 유기체가 광물화되었으며, 나중에 화석으로 만들어졌다.

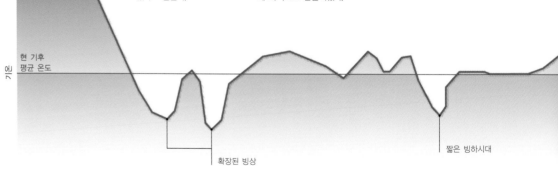

확장된 빙상

짧은 빙하시대

현 기후 평균 온도

억

시대	선캄브리아대			고생대			
기간				캄브리아기	오르도비스기	실루리아기	데본기

4,600　　← 1,000　　　　　　　　　　550　　　　　500　　　450　　　400

백만 년 전

판게아 : 2억 7,000만 년 전 긴 빙하기 동안 초대륙 판게아가 만들어졌다. 주기적으로 초대륙이 만들어졌다가 흩어짐을 반복하였다.

쥐라기 : 2억 년~1억 4,600만 년 전 쥐라기 동안 유럽은 지금보다 대략 3℃ 정도 더 높은 따뜻한 정글 기후였다.

K-T 멸종 사건 : 6,500만 년 전 백악기-제3기 멸종(또는 K-T 멸종이라고도 함)을 겪으면서 모든 생물종의 50%, 또 30% 이상의 공룡을 포함하는 생물류가 멸종하면서 중생대가 끝나게 되었다.

따뜻한 기후, 공룡의 출현

K-T 멸종 사건
공룡 멸종

긴 빙하시대

제4기

		중생대			신생대	
석탄기	페름기	트라이아스기	쥐라기	백악기	제3기	

300   250   200   150   100   50   현재

관련 자료

식물의 진화기 실루리아기에 등장한 초기의 식물은 잎이 없는 혈관식물 특성을 갖고 있었다. 이 초기 식물은 데본기 동안 육지의 저지대로 서식지를 넓혀 나갔다. 중생대의 세 번의 온난한 시기에 다양한 형태의 식물로 진화하였다.

트라이아스기 트라이아스기의 온난하고 건조한 기후로 침엽수류, 소철류 및 속새류가 번성하였다. 그들은 지구 표면의 1/4 가까이 되는 판게아 전체에 걸쳐 퍼졌다.

쥐라기 대서양과 산맥이 형성되면서 온난하고 습윤한 기후가 나타났고, 더 다양한 기후 형태가 나타났다. 식물은 침엽수류, 소철류 및 양치류가 지배종이 되었다.

백악기 이 기간의 아주 온난한 기후는 초기 피자식물, 오늘날까지 존재하는 단풍나무와 같은 현화식물의 등장을 촉진했다.

관련 자료

화석화 오늘날 박물관에 있는 공룡의 골격은 화석화의 과정을 통해 보존 처리되었다. 동물의 뼈는 무기물로 단단하게 암석화되었고, 이를 감싸는 퇴적암이 그 자리에 공룡의 골격을 고정시켰다.

수중 수면 아래에서 죽은 공룡은 다른 큰 동물에 의해 먹히지 않고 온전한 골격이 보존되었다.

덮이고 압축되고 모래와 진흙이 연속적으로 공룡 골격 위에 퇴적되어 물의 흐름이나 물에 의해 흩어지고 씻겨져 나가는 것을 보호한다.

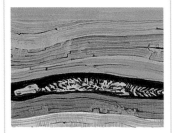

화석화 오랜 시간 동안, 뼛속의 무기물과 유기물질은 뼈 주위를 둘러싸고 있는 모래의 더 단단한 무기물로 대치된다.

노출 수백만 년 후, 화석화된 골격은 이를 감싸고 있던 바위가 표면으로 이동되고 침식되거나 채광에 의해 드러난다.

멸종

지구에서 번창하던 종도 짧은 기간에 대부분이 사라지는 멸종이라는 과정을 통해 사라졌다. 화석 기록이 존재하는 지난 5억 4,000만 년 전부터 멸종은 캄브리아기, 오르도비스기, 페름기, 트라이아스기, 그리고 백악기의 마지막을 장식해 왔다. 가장 최근의 멸종으로는 공룡의 멸종을 꼽을 수 있다.

멸종률(아래) 지난 5억 년 동안, 25% 이상의 생명체 종류가 멸망하는 등 다섯 번의 중요한 멸종 사건이 일어났다. 그 가운데 대멸종은 파충류의 시대가 끝남과 공룡의 지배 시대를 여는 사건이었다.

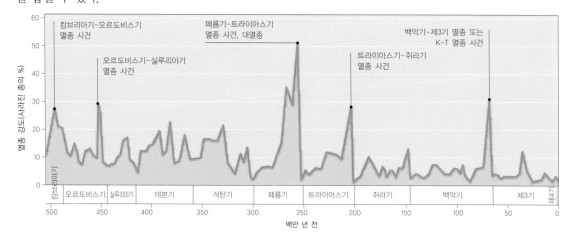

공룡 화석 미국 유타 주의 국립공룡유적지에 있는 절벽에서 발굴 전문가가 작업을 하고 있다. 가장 오래된 공룡 골격인 디플로도쿠스(Diplodocus)는 선사시대의 강바닥이었던 이곳에서 발견되었다.

유성 충돌 대멸종 사건을 설명하는 대표적 이론은 큰 유성이 지표에 떨어질 때의 충격으로 전 지구적인 먼지구름이 만들어지고, 이는 지표에 도달하는 햇빛을 차단하여 광합성이 중단되고, 결국 식물이 죽게 된다.

화산 활동 커다란 유성의 충돌은 연속적인 화산 활동을 증가시킬 수 있고, 이에 따라 대기권으로 다량의 이산화황을 방출한다. 또한 이산화황은 수증기와 결합해 두꺼운 연무를 만들면서 햇빛을 차단한다.

산성비 화산에 의해 방출된 이산화황은 상층 대기 연무 안에서 황산으로 변하고 습한 낮은 대기로 내려온다. 이 부식성이 강한 강수는 살아 있는 생물의 삶을 더욱 위협하였다.

관련 자료

크기 문제 컴퓨터 모델은 대멸종 이론의 영향과 효력을 모의하기 위하여 이용된다. 멸종 사건으로 지구의 모든 생명체가 사라지는 것은 아니었다. 많은 작은 동물종은 큰 동물들이 멸종하는 동안에도 살아남았다.

디메트로돈(Dimetrodon)
페름기 기간은 포유류 같은 파충류 디메트로돈을 포함하는 많은 파충류가 눈부시게 진화하였던 시기였다. 먹이사슬의 최고 자리에 있던 이 육식 동물의 시대는 공룡들이 도래하기 전에 자취를 감췄다.

슈노사우루스(Shunosaurus) 지금까지 지구상에 나타난 가장 큰 동물군에 속하는 이 공룡은 쥐라기 중엽에 나타난 초식공룡이다.

K-T 멸종 사건

6,500만 년 전의 K-T 멸종 사건으로 모든 공룡은 멸종되었다. 그러나 몇몇 포유동물, 새 및 작은 파충류는 살아남아 나중에 더 큰 종으로 진화할 수 있었다.

멸종 동물		생존 동물
새가 아닌 공룡		
익룡		
어룡		
모사사우루스(해룡)	K-T 멸종 사건	
플레시오사우루스(사경룡)		
암모나이트		
포유동물		
새		
뱀		
도마뱀		
악어		
거북		
(남아시아산) 악어		

연륙교 빙하기 기간에, 지구에 존재하는 물의 상당 부분이 육지 위에 거대한 빙상을 이루면서 해수면이 낮아졌다. 9만 년 전 호주와 뉴기니 사이의 대륙붕이 노출되면서 하나의 대륙을 형성하였다.

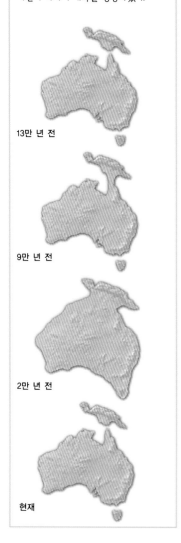

13만 년 전

9만 년 전

2만 년 전

현재

마지막 빙하기 이후

지난 200만 년 동안 기후는 상당히 많이 변하면서 큰 포유류의 진화와 동물과 인류 집단의 이동에 영향을 미쳤다. 2만 년 전 전성기를 나타낸 가장 최근의 빙하기인 마지막 최대 빙하기가 1만 년 전 끝나면서 지구는 현재 일시적인 빙하기 사이를 보내고 있다. 현재 지구의 기후는 간빙기(間氷期)에 속하며, 그린란드와 남극 대륙에서 빙하들이 점차적으로 쇠퇴하고 있다.

초목 지역(아래) 2만 년 전 마지막 최대 빙하기 기간에 북아메리카와 유라시아 지역의 상당 부분은 빙상과 툰드라로 뒤덮여 있었다. 저위도에는 온대 초원에서부터 열대우림까지 다양한 기후들이 존재했다.

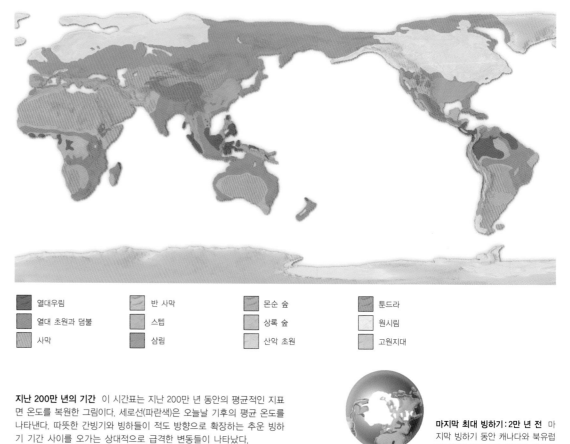

열대우림	반 사막	몬순 숲	툰드라
열대 초원과 덤불	스텝	상록 숲	원시림
사막	삼림	산악 초원	고원지대

지난 200만 년의 기간 이 시간표는 지난 200만 년 동안의 평균적인 지표면 온도를 복원한 그림이다. 세로선(파란색)은 오늘날 기후의 평균 온도를 나타낸다. 따뜻한 간빙기와 빙하들이 적도 방향으로 확장하는 추운 빙하기 기간 사이를 오가는 상대적으로 급격한 변동들이 나타났다.

마지막 최대 빙하기 : 2만 년 전 마지막 빙하기 동안 캐나다와 북유럽 대부분이 얼음으로 뒤덮여 있었다.

북아메리카로 이주

약 2만 년 전 마지막 최대 빙하기에는 오늘날의 러시아와 알래스카 사이의 땅이 노출되어 인류가 북아시아에서 북아메리카로 이주할 수 있게 되었다. 이 대륙 연결로는 1만 년 전 침수되었다.

유라시아 대륙   북아메리카 대륙

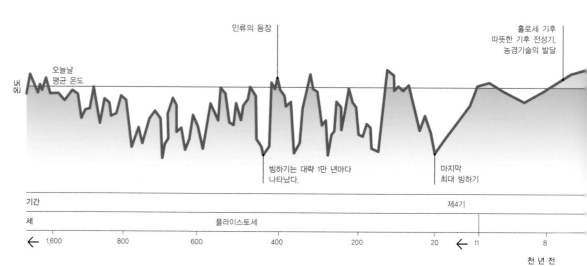

인류의 등장

홀로세 기후 따뜻한 기후 전성기, 농경기술의 발달

오늘날 평균 온도

빙하기는 대략 1만 년마다 나타났다.

마지막 최대 빙하기

기간								제4기		
세			플라이스토세							

← 1,600   800   600   400   200   20   ← 11   8

천 년 전

소빙하기(위) 16세기에서 19세기 중반까지 기후가 추워지면서 북반구 기온이 1℃ 정도 내려갔다. 유럽 알프스 지역에서 빙하가 확장되고, 영국의 템스 강이 얼어붙었다. 이렇게 추웠던 기간은 1683~1684년 동안 템스 강을 그린 유럽의 미술작품에서도 나타났다.

북아메리카의 매머드(아래) 코끼리의 일종인 컬럼비아 매머드는 플라이스토세 후기 동안 북아메리카에서 서식했다. 1만 년 전 멸종된 이 매머드는 마지막 빙하기 동안 마지막으로 존재했던 거대 동물 중 하나이다.

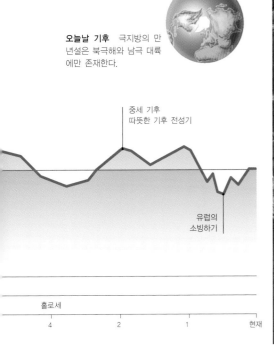

오늘날 기후 극지방의 만년설은 북극해와 남극 대륙에만 존재한다.

중세 기후
따뜻한 기후 전성기

유럽의
소빙하기

홀로세

4   2   1   현재

관련 자료

변화의 증거 동물과 식물 잔여물, 과거의 거주지 유물, 그리고 미술품은 환경 변화의 증거를 보여 준다. 이런 환경 변화 가운데 상당수는 지난 1,000년 동안 일어났던 최근의 변화들이다.

나일 강 악어 악어들은 오늘날 나일 강에서만 서식하지만, 호수들이 많았던 따뜻한 홀로세 중기에는 사하라 지역 전체에서 서식했다.

영국산 포도주 중세 따뜻한 기간 동안, 영국 기후는 포도주 생산에 필요한 포도 재배가 가능할 정도로 온난했다. 영국에서의 포도 재배는 기후가 다시 추워지면서 사라졌다.

그린란드의 전성기 오늘날 그린란드는 거의 대부분이 빙하로 덮여 있지만, 10세기경에는 많은 사람이 살 수 있을 정도로 쾌적한 기후를 보였다.

기상 관측

흑점 유럽에서 보였던 소빙하기는 태양의 흑점 활동이 매우 낮았던 기간과 맞아떨어진다. 태양에서 방출되는 에너지가 클수록 활발한 흑점 활동으로 이어지기 때문에, 소빙하기는 흑점 활동이 위축되면서 나타났을 것으로 추정된다.

뉴욕

많은 사회기반시설이 구축되어 있고 인구 밀도가 높은 뉴욕과 같은 대도시는 기후 변화에 취약하다. 급속한 온난화는 뉴욕의 도심 지역에서 나타나고 있다. 또 뉴욕은 연안에 위치해 있어 해수면 변화에 취약하다. 해수면 변화 전망은 금세기 후반에는 맨해튼의 일부가 물속으로 들어갈 것이라고 한다.

변화의 목격자

마지막 빙하기에 로렌타이드(Lauren-tide) 빙상은 멀리 남쪽 지역인 미국의 중서부지방과 뉴잉글랜드까지 확장되었다. 북쪽으로 후퇴할 때 빙상은 나이아가라 폭포와 오대호를 만들었다. 뉴욕 시의 중앙공원에서 빙하에 의해 패인 흔적을 아직도 볼 수 있다. 마지막 최대 빙하기 때 형성된 베링 해협을 가로지르는 연륙교는 인류가 아메리카로 이주할 수 있게 하였다.

오늘날 뉴욕 시의 기후는 다른 곳과 마찬가지로 변화가 심하다. 많은 폭설이 내린 해는 1888, 1914, 1960, 1978년이고, 2006년은 69cm의 적설량을 기록했다. 그해 7, 8월에는 열파가 이곳을 덮쳐 최악의 정전사고를 기록했다. 뉴욕의 역사에서 32℃ 이상의 장기간의 혹서는 1971년 이후 연평균 14일 정도 발생했다. 지난 20세기 중 가장 더운 10년 중 7년이 1980년 이후에 일어났다. 뉴욕 시의 강수량 기록은 최근 몇 년 동안 호우가 더 많이 발생하는 추세를 보였다.

10년간의 온난화 추세도 확실하다. 도시 지역은 산업, 많은 에너지 사용, 대기오염 그리고 사회기반시설 구축에 따른 초목의 훼손으로 온난화를 피부로 느낄 수 있다. 점점 더 자주 나타나는 여름철 무더위로 전력망과 의료 서비스 비용이 과중해진다.

뉴욕 시 당국은 전 지구 기후 변화 모델의 기후 변화 예측에 따른 서비스를 준비하고 있다. 이러한 변화에는 열파 기간의 증가와 해수면 상승으로 인한 연안 홍수 증가, 그리고 더 자주 내리는 강한 폭우뿐만 아니라 자주 발생하는 가뭄 현상을 포함하고 있다.

빙하의 퇴각(왼쪽) 로렌타이드 빙상(파란색)은 한때 뉴욕까지 도달했다. 빙하의 퇴각은 수천 년에 걸쳐 나타났다. 등치선은 북아메리카에서 빙하가 과거에 얼마나 내려왔는가를 나타낸다.

추운 날씨(위) 1888년 폭설 때 3월의 온도는 -18℃였으며, 미국 동부 해안의 여러 도시는 강풍과 엄청난 눈 더미에 파묻혔다. 뉴욕 시가 가장 큰 피해를 입었는데, 특히 항구에서 피해가 크게 나타났다.

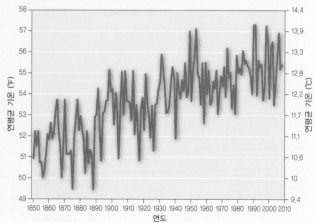

온난화 추세(위) 1850~2008년 사이 뉴욕 중앙공원의 연평균 기온 기록은 약 2℃ 정도가 되는 것을 보여 준다. 온난화는 주로 1950년 이후에 나타났는데, 이는 도시화 영향을 내포하고 있다.

1961년의 더위(위) 열파로 도시 지역의 콘크리트와 아스팔트가 열기를 내뿜고 있어 시민들은 이 열기를 피할 마땅한 장소가 많지 않았다. 이 여인들은 1961년 9월 폭염 기간 동안 뉴욕 중앙공원의 물가 벤치에서 열을 식히고 있다.

맨해튼의 오염(아래) 도시의 지역 기후의 경우 대기 오염에 의해 더 복잡해진다. 이로 인해 발생하는 연무는 지표에 햇빛이 도달하는 것을 막는다. 그러나 이 스모그의 냉각 효과는 미세 오염입자가 인간의 건강에 미치는 영향으로 효력이 없게 만든다.

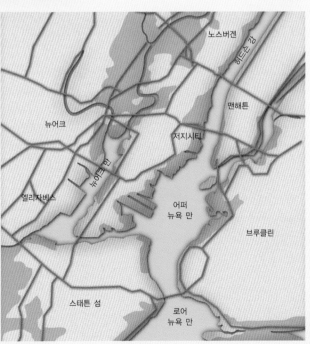

바다의 위협(위) 일부 모델은 앞으로 100년 동안 해수면이 1m 정도 상승할 것이라고 전망하고 있다. 녹색으로 표시된 영역은 해수면 상승에 따른 뉴욕 시 지역에서 해수 범람이 예상되는 지역이다.

자연적인 양상

인간 역사의 짧은 기간에 걸쳐 지질학적으로 상당한 기후 변동성이 관찰되었다. 어떤 자연적인 기후 순환은 인류 문명에 영향을 미치는데, 우리는 그것을 역사적인 문서나 고고학의 유적으로부터 배울 수 있다. 또 다른 자연적인 기후 순환으로는 대략 10만 년 주기로 나타나는 빙하기-간빙기 순환을 꼽을 수 있는데, 이런 순환은 우리 인류가 경험해 온 시간 규모는 아니다. 하지만 과거 기후의 단서는 지질학적으로 흔적을 남겼다. 자연적 기후 변화 양상과 시간 규모를 이해하는 것은 이런 자연적인 변동성에 영향을 미치는 인간 영향 연구에 절대적으로 필요하다.

산불(위) 더워지는 기후로 나무가 빽빽하게 들어 찬 산림 지역은 이른 봄에 눈이 다 녹고 더운 여름이 되면, 폭염과 건조한 상태를 가져와 자주 산불이 발생한다. 2004년 알래스카 페어뱅크스의 북쪽에 발생한 산불로 알래스카 북동 지역 북방산림 면적의 10%가 파괴되었다.

물 부족(오른쪽) 덥고 건조한 기후가 물 부족을 불러온다. 이 프랑스 몽펠리에에 위치한 갈라진 댐의 바닥은 열파가 유럽을 휩쓸고 있었던 2001년 5월에 촬영되었다. 지난 수년 동안 계속된 평균 이상의 기온과 평균 이하 강수량으로 물 수요가 증가하였다.

열대성 사이클론(아래) 해양-대기의 열 엔진은 따뜻한 해수면 위에서 저기압이 생기는 경우 열대성 사이클론으로 발달시킬 수 있다. 2006년 11월에 아이슬란드와 스코틀랜드 사이에서 쌍둥이 사이클론이 생겼는데, 높은 기온 차이를 보이는 지역에서 형성되는 이런 고위도에서 사이클론은 매우 드물게 발생한다.

변화의 순환

지구의 기후는 자연적으로 길거나 짧은 시간 규모를 가지고 변하고 있다. 근본적으로 모든 자연적인 기후 변동성은 지구의 유일한 외부 에너지원인 태양으로부터 나온다. 태양을 중심으로 주위를 돌고 있는 지구의 공전 궤도는 이미 알려진 여러 주기를 갖고 변하는데, 이는 얼마나 많은 햇빛이 다른 고도에 닿는지를 결정하며 나아가 기후 변화를 가져온다. 40만 년과 10만 년 주기로 바뀌는 지구 공전 궤도의 변화는 주요 빙하기를 가져온다. 지구의 자전축이 공전 궤도면에 대해 연직에서 기울어짐과 세차운동(歲差運動)은 또한 2만 3,000년 ~4만 1,000년을 주기로 각각 바뀐다. 지구 표면에 도달하는 태양 복사의 변화는 극지방 얼음 면적의 주기적인 확대와 축소의 원인이다. 이런 변화가 때로는 대멸종을 동반하는 빙하기를 초래하기도 하고, 때로는 공룡이 진화하고 번성했던 온화한 열대성 기후로 번갈아가며 기후에 영향을 미친다.

지구 기후에 영향을 미치는 또 다른 요인은 대륙 이동을 꼽을 수 있다. 지구의 지각과 맨틀 위에 있는 판(plates)을 이동시키고, 바다의 위치와 크기를 바꾸는 구조상의 활동은 자연적으로 기후 시스템에 영향을 미친다. 대략 2억 7,000만 년 전에 초대륙(超大陸)인 판게아가 존재했고, 그 후 이 초대륙이 분리되어 대륙이 형성되고, 이로 인해 서로 독특한 순환을 하는 바다가 분리되었다. 지구의 날씨와 기후는 바다 순환이 영향을 미치는 거대한 대기 열순환에 의해 좌우된다. 그래서 대륙이 움직이는 것은 기후에 필연적으로 영향을 미친다. 게다가 움직이는 대륙의 위치는 얼음의 생성과 극지방 얼음 면적이 유지되는 것에 영향을 미친다.

자연적인 변화는 이보다 훨씬 짧아진 시간 규모에서도 일어난다. 태양의 흑점 활동은 대략 11년 주기로 갖고 태양에너지 방출에 영향을 미친다. 엘니뇨 남방진동(ENSO)은 적도 태평양 지역뿐만 아니라 전 지구의 기온과 강수에 영향을 끼친다. 가장 최근의 기후 연구는 앞에서 언급되었거나 미처 언급되지 못한 자연적인 기후 변동 위에 인간의 영향을 찾으려 노력하고 있다.

자연적인 변화

지구의 기후 변동성의 근본적인 요인은 태양이다. 햇빛은 지구에 외부 에너지를 제공하며, 지구 공전 궤도와 함께 지표면 위에 이 에너지의 분배를 달리한다. 이 태양에너지의 방출량 역시 태양의 흑점 활동에 따라 달라진다. 이 변화하는 태양에너지 방출과 분배는 극지방 빙상 면적의 확장과 축소를 야기한다. 산발적인 화산 활동은 또 다른 지구의 다양한 기후 변동의 자연적 요인이다.

기울어짐(아래) 우리의 계절을 만들어 주는 지구 자전축의 기울기는 4만 1,000년 주기 동안 22~24.5° 사이에서 변하고 있다. 이로 인해 극들에서 태양 복사량이 15%나 변하게 된다. 극지방 만년설의 에너지 평형에 변이를 주거나 빙하기를 가져오기도 한다.

관련 자료

기후 변동성 기후는 날씨의 평균 상태를 말한다. 어떤 기후대의 기온 분포는 종형 곡선으로 그려질 수 있다. 기후가 한 상태에서 다른 상태로 변하는 것은 이상 고온의 빈도가 높아지는 것을 말한다.

─── 이전 기후
━━━ 새 기후
▨ 기록적으로 추운 날씨
▨ 추운 날씨
▨ 더운 날씨
▨ 기록적으로 더운 날씨

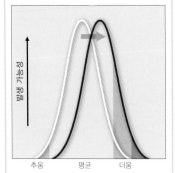

평균 기온의 상승 이 경우 전체 온도 곡선이 더 더운 쪽으로 이동해 가는 것을 말한다. 그 결과 더운 날씨와 이상난동이 더 많이 나타나고, 추운 날씨의 빈도는 줄어든다.

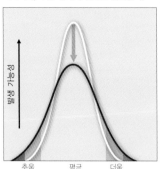

기후 변동성의 증가 이 기온 곡선은 평균점에는 변화가 없이 납작해지는 경우이다. 그 결과 더운 날과 추운 날이 동시에 많아지고, 이상난동이나 이상한파의 경우도 많아진다.

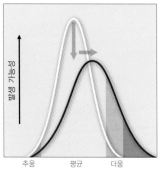

더 더워지면서 더 가변적인 경우 앞선 두 변화가 동시에 일어날 때, 이 기온 곡선은 납작해지면서 평균 기온은 더 더운 쪽으로 이동하며 이상난동이 잦아진다.

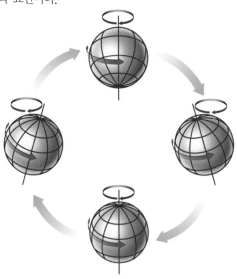

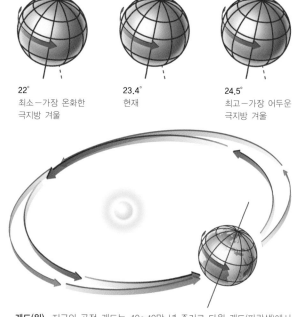

22°
최소—가장 온화한 극지방 겨울

23.4°
현재

24.5°
최고—가장 어두운 극지방 겨울

흔들림(위) 지구 자전축의 기울어진 각도의 느린 변화는 지구가 자이로스코프(gyroscope) 같이 흔들리는 걸 야기한다. 이 세차 운동의 한 주기를 완전히 마치는 데는 대략 2만 3,000년이 걸리며, 북극과 남극지방이 받는 태양빛의 양도 상당히 달라진다.

유적지(아래) 옛날 콜로라도 아나사지(Anasazi) 인디언들의 절벽 거주지는 13세기에 가뭄 혹은 다른 기후 변동으로 방치되었다. 이때는 유럽에서 중세 온난기였다.

궤도(위) 지구의 공전 궤도는 40~10만 년 주기로 타원 궤도(파란색)에서부터 더 원형 궤도(빨간색)까지 주기적으로 모양이 변한다. 그 결과 때로는 지구가 태양에서 더 가깝거나 멀어져서 지구로 들어오는 태양에너지의 양이 달라진다.

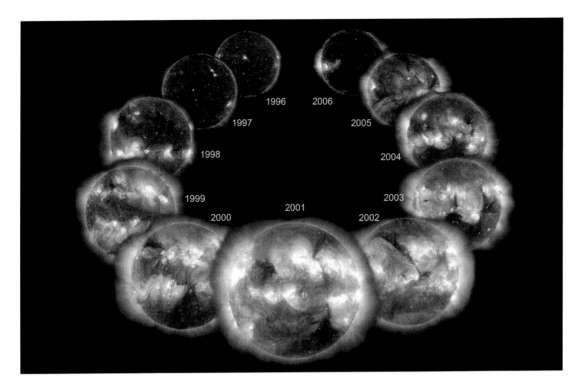

태양에너지의 방출(위) 태양 활동은 1996~ 2006년까지 태양주기 11년 전체를 위성을 통해 관찰되었다. 이 주기 동안 태양의 자기장은 변한다. 이로 인해 태양 흑점 활동과 태양에너지 방출을 나타내는 플레어(flares) 활동이 변하게 된다.

얼음 조각품(오른쪽) 지구에너지 평형 변화의 한 증상은 빙하의 진출과 후퇴이다. 뉴욕 서부에 있는 왓킨스 글렌(Watkins Glen)처럼 지질학적인 형상은 마지막 북아메리카의 빙하 후퇴의 증거이다.

관련 자료

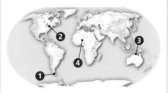

1. 파타고니아 남아메리카 파타고니아의 빙하는 칠레와 아르헨티나의 산악 지역을 가로질러 위치하고 있다. 긴 평행선을 긋는 골짜기들은 빙하가 물러나면서 산맥을 깎아 형성된 것이다. 또 수수께기 같은 깊은 크레바스가 남겨져 있다. 이 거대한 빙하 시스템은 변동하는 속도로 퇴각하고 있는 중이다.

남아메리카 파타고니아

2. 오대호 미국 북쪽에 있는 오대호는 마지막 최대 빙하기가 끝나는 시기에 물러나는 로렌타이드 빙상에 의해 깎여서 생겼다. 북아메리카에 있는 많은 호수와 강의 지형 대부분은 이 거대한 빙하에 의해 깎여서 생겼다.

미국 오대호

3. 비터 스프링스 북부 호주에 있는 비터 스프링스는 8억 5,000만 년 이상이 되는 시아노박테리아와 작은 해양 생물의 화석을 포함한 많은 원생대 화석이 발견되는 거대한 암석층이다. 여기서의 발견은 초기 해양 생물들의 복잡한 진화와 시간 규모를 밝히는 데 도움이 된다.

호주 비터 스프링스

4. 사헬 사하라 사막의 남쪽 열대 사바나 지역인 사헬은 원래 변동하는 기후와 계절에 따른 습지가 형성되던 곳이었다. 지난 6,000년 전부터 이곳의 기후는 건조해졌고, 그 결과 호수가 줄어들어 사막화가 진행되었고, 서식하던 동물의 숫자도 감소하였다.

아프리카 사헬

기상 감시

자연적 냉각 태양을 제외하고도 지구의 기후를 변하게 하는 힘이 있다. 화산 분화는 많은 양의 화산재와 먼지를 대기 상층으로 뿜어 올린다. 이것이 지표에 도달하는 태양 복사에너지의 양을 감소시키며, 일시적이지만 빠르게 냉각 효과를 야기한다.

엘니뇨와 라니냐

엘니뇨와 라니냐 둘 다 적도 근처의 태평양에 걸쳐 나타나는 대기-해양의 열교환 현상인 남방진동의 극단적인 일기 현상이다. 이러한 상태들은 불규칙적으로 순환하는데, 엘니뇨는 2~7년 주기를 가지고 나타나지만 1년 이상 지속되는 경우는 거의 없으며, 반대적인 현상인 라니냐로 전환된다.

관련 자료

해수 온도 엘니뇨 현상으로 해수면 온도가 1997~1998년까지 높았다. 이 그림은 엘니뇨 현상 동안 깊이에 따라 8℃(파란색)부터 30℃(빨간색) 범위의 해양 온도 변이를 보여 주고 있다.

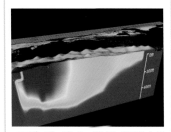

1997년 1월 엘니뇨 현상이 발생하기 전의 정상 상태로, 해양은 서태평양에서 깊이 전체에 걸쳐서 가장 따뜻하다.

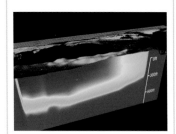

1997년 6월 엘니뇨 현상이 시작되면서 무역풍이 약해지고, 동태평양에서 차가운 바닷물의 용승도 약해지고, 따뜻한 바닷물이 동쪽으로 확산되어 간다.

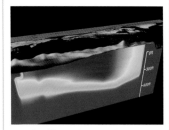

1997년 11월 엘니뇨가 점점 발달하면서 열대 태평양 표층의 따뜻한 물이 아래로 확산되어 가고, 남아메리카까지 진출한다. 호주 동부 연안의 바닷물이 차가워진다.

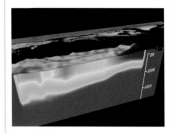

1998년 3월 엘니뇨 현상이 절정에 달하면서 무역풍도 가장 약해진다. 남아메리카 연안의 따뜻한 바닷물은 국지성 호우와 홍수의 원인이 된다.

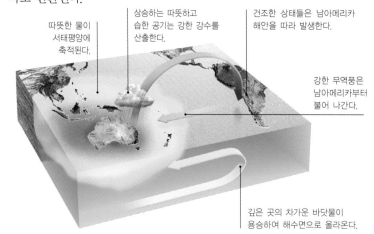

따뜻한 물이 서태평양에 축적된다.

상승하는 따뜻하고 습한 공기는 강한 강수를 산출한다.

건조한 상태들은 남아메리카 해안을 따라 발생한다.

강한 무역풍은 남아메리카부터 불어 나간다.

깊은 곳의 차가운 바닷물이 용승하여 해수면으로 올라온다.

평상시(위) 무역풍이 열대 태평양의 따뜻한 표면의 물을 서쪽으로 끌고 가고, 태평양의 동쪽 경계면을 따라 냉수가 용승하는 결과를 가져온다. 태평양에서 증발은 호주에 폭우의 원인이 된다.

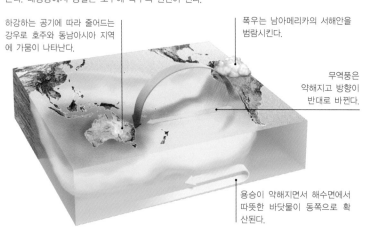

하강하는 공기에 따라 줄어드는 강우로 호주와 동남아시아 지역에 가뭄이 나타난다.

폭우는 남아메리카의 서해안을 범람시킨다.

무역풍은 약해지고 방향이 반대로 바뀐다.

용승이 약해지면서 해수면에서 따뜻한 바닷물이 동쪽으로 확산된다.

엘니뇨(위) 열대 태평양에 걸쳐 무역풍이 약해지면서 평상시의 용승을 약화시키고 차가운 바닷물이 나타나는 것이 억제된다. 남아메리카에서 폭우가 내린다.

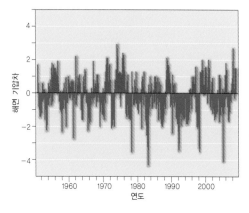

남방진동지수 타히티와 호주의 다윈에서 관측한 값으로, 고압부에서 저압부로 부는 무역풍의 세기를 나타낸다. 엘니뇨 현상은 음(파란색)의 값으로, 라니냐는 양(빨간색)의 값으로 나타냈다. 2008년은 라니냐 상태임을 보여 준다.

관련 자료

1. 호주의 가뭄 엘니뇨 현상이 일어나는 동안 호주에서는 극단적인 가뭄이 나타난다. 2003~2004년과 2006~2007년에 발생한 강한 엘니뇨는 심각하고 긴 가뭄을 유발했고, 특히 2004년은 동부 호주에서 역사상 가장 큰 가뭄이 나타났다. 그 결과 물 수요를 억제하기 위해 중수도라는 물을 재사용하는 새로운 정책들이 소개되었다.

호주

2. 동남아시아의 가뭄 동남아시아에서도 건조 상태가 엘니뇨 현상에 동반되어 나타난다. 가장 심각한 가뭄 기록은 2004년 일찍 끝난 우기에 이어 2004년 후반과 2005년 초반에 걸쳐 발생하였다. 태국은 설탕을 위시해서 가장 큰 농작물 손실로 고통 받았으며, 농업 생산량이 전 지역에 걸쳐 감소하였고, 이는 식량 부족으로 나타났다.

동남아시아

홍수 페루의 리마 외곽 지역에서 마을 사람들이 흙탕물의 급류를 약화시키기 위해 돌로 막고 있다. 과학자들은 지구 온난화로 엘니뇨 현상이 더 강해질 것이며, 이들 연안 지역이 더 취약해질 것이라고 경고하였다.

라니냐

라니냐는 종종 엘니뇨의 뒤를 이어 나타나는데, 특히 강한 엘니뇨 뒤에 발생한다. 보편적으로 라니냐는 엘니뇨 반대 현상이다. 그림에서 자주색으로 보이는 흔하지 않은 차가운 해수면이 평소보다 훨씬 서쪽으로 확장된다.

엘니뇨와 라니냐 (계속)

엘니뇨와 라니냐 현상은 전 세계적으로 영향을 미친다. 1월경에 이것들이 최고조에 도달했을 때 강수대가 이동하면서 광범위하게 열대 태평양의 해수면이 따뜻해지거나(엘니뇨) 차가워지는(라니냐) 것이 관측된다. 엘니뇨에 의한 열대 태평양의 해수면 온도 상승이 클수록 동태평양에서는 엄청난 홍수가 발생하고 서태평양에서 심각한 가뭄이 발생한다.

관련 자료

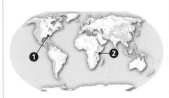

1. 미국에서의 비 엘니뇨는 전 세계 여러 곳에 걸쳐 다양하게 영향을 미치는데, 미국의 동해안에서는 평상시보다 더 강한 비가 내린다. 이것이 이상기후 현상이 지리적으로 먼 거리에 떨어져 있지만 나타나는 원격연결(teleconnections)의 한 예이다.

미국 동해안

2. 남동 아프리카에서의 가뭄 2004년에 강한 엘니뇨 현상이 발생했을 때 남동 아프리카의 여러 국가들이 가뭄에 시달렸고, 1월과 2월에 식량 부족에 직면했다. 몇몇 국가들에서 강수량은 평년의 50%도 안 되었고, 이로 인해 국토는 완전히 말랐다.

남동 아프리카

관련 자료

수증기 대기 중의 수증기에 대한 인공위성 분석은 엘니뇨 최고조 상태의 두드러진 증거를 제시한다. 태평양 위에서 수증기가 많은 지역(붉은색)은 평소보다 해수면 온도가 높은 지역에서 나타난다.

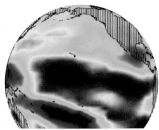

1998년 2월 3일

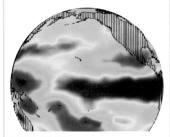

1998년 2월 9일

필리핀의 가뭄(오른쪽) 엘니뇨는 필리핀 사람들에게 심각한 가뭄을 가져온다. 1998년 최고의 엘니뇨 현상이 끝날 때, 한 농부가 제너널 산토스시티(General Santos City) 외곽에 있는 말라 버린 연못에서 그가 길러 왔던 캉콩(kangkong) 혹은 물시금치의 잔존물을 수확하고 있다.

이상 일기 현상(왼쪽) 엘니뇨와 라니냐 현상이 초래하는 날씨 양상은 평소보다 비가 더 많거나 또는 더 적은 날씨로 나타난다. 엘니뇨 현상이 최고조에 도달하는 12월에서 2월 사이에 적도 태평양 부근에서 평소보다 더 따뜻해지며, 몇몇 고위도 지역에서 평상시보다 더 따뜻한 날씨가 나타난다.

엘니뇨가 최고조일 때(12~2월)

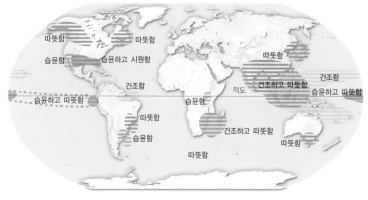

따뜻함 · 따뜻함 · 습윤함 · 습윤하고 시원함 · 따뜻함 · 건조함 · 건조하고 따뜻함 · 건조함 · 적도 · 습윤하고 따뜻함 · 습윤하고 따뜻함 · 습윤함 · 따뜻함 · 건조하고 따뜻함 · 습윤함 · 따뜻함

라니냐가 최고조일 때(12~2월)

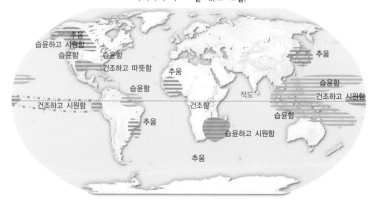

추움 · 습윤하고 시원함 · 습윤함 · 습윤함 · 추움 · 습윤함 · 건조하고 따뜻함 · 습윤함 · 적도 · 건조하고 시원함 · 건조함 · 습윤하고 시원함 · 추움 · 습윤하고 시원함 · 추움

- 건조하고 따뜻함
- 따뜻함
- 건조함
- 습윤하고 따뜻함
- 습윤함
- 습윤하고 시원함
- 추움

에콰도르의 홍수(아래) 엘니뇨가 발생하면 남아메리카의 서쪽 연안을 따라 날씨가 습윤해지는데, 이는 이때 발생하는 심각한 홍수로서 명백히 알 수 있다. 에콰도르의 다울레(Daule)에 있는 이 가옥은 2002년 3월에 심각한 엘니뇨 현상으로 발생한 홍수에 의해 고립되었다. 홍수로 많은 사람이 희생될 수 있을 뿐만 아니라 지역 농업경제에 피해를 줄 수 있다.

관련 자료

해양 생물　엘니뇨 현상은 페루와 에콰도르의 어부들에 의해 처음 알려졌다. 그들은 풍부한 물고기가 사라지는 것을 보고 12월과 1월의 연안을 따라 때때로 따뜻한 해양 흐름이 발생한다는 것을 알아차렸다.

안초비 멸치　안초비 멸치(anchovy)는 남아메리카 연안의 차갑고 영양이 풍부한 용승이 일어나는 곳에서 잘 자란다. 페루의 어부는 안초비가 엘니뇨 현상 동안 사라지는 것을 알아차렸다.

대양의 붉은 게　수천 마리의 붉은 게가 2002년 5월에 엘니뇨 현상이 한창일 때 캘리포니아 샌디에이고 해변으로 밀려왔다. 그것들은 따뜻한 엘니뇨 해류를 타고 나타났다.

열대 어류　1997~1998년 아주 강한 엘니뇨 현상 동안 열대 어류종의 다수가 멕시코의 바이아 데 산 퀸틴 라군에 나타났다. 이곳은 평소에는 차가운 물이 있는 석호(潟湖)이다.

캘리포니아 산사태　엘니뇨 현상 동안 미국 서해안에는 강수량이 증가한다. 1998년 3월에 그 영향이 캘리포니아 로스앤젤레스 근교까지 미쳐 폭우로 인해 언덕이 무너지면서 많은 고급 주택이 언덕 아래로 무너져 내렸다.

관련 자료

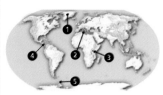

1. 해빙 첫째로 경계해야 할 것은 남극의 빙상 다음으로 세계에서 두 번째로 큰 그린란드 빙상의 녹는 속도가 빨라지고 있다는 것이다. 이곳에서는 얼음이 남극보다 더 급속하게 사라지고 있다. 그린란드의 얼음이 모두 녹게 되면 세계의 해수면은 7m 정도 상승하게 될 것이다.

그린란드

2. 사막화 지중해 지역에서 더 뜨겁고 더 건조한 날씨로 인해 경작지가 메마른 황무지로 변하는 사막화 현상이 일어나고 있다. 이 사막화 현상은 지나친 방목과 마구잡이로 토양을 사용한 것이 근본적인 이유지만 이 지역의 가뭄이 이를 촉진시키고 있다.

북부 아프리카 지중해 연안

3. 만년설의 후퇴 탄자니아 킬리만자로의 만년설의 감소는 또 다른 기후 변화의 증거이다. 아프리카 대륙에서 가장 높은 곳인 4,600m 높이의 킬리만자로 산에 있는 만년설이 급속도로 녹고 있어 아마도 빠르면 2015년 안에 다 사라질 것이다.

탄자니아 킬리만자로 산

4. 생물학적 다양성에 대한 압박 나라의 면적이 작음에도 불구하고 코스타리카는 세계 생물종의 5%를 가지고 있다. 이 풍부한 열대지방의 생태계에서 적어도 기후 변화 때문에 생물 다양성이 감소하고 있다. 1989년 몬테베르데 클라우드 숲에서 서식하던 희귀종의 하나인 황금 두꺼비는 사라졌다.

중앙아메리카 코스타리카

5. 빙상의 붕괴 남극 라센 빙상은 대륙으로부터 웨델 해로 뻗은 3개의 빙상으로 이루어져 있다. 이들 빙상은 아래의 따뜻한 바닷물로 붕괴될 처지에 놓여 있다. 라센-A 빙상이 1995년에, 그리고 라센-B 빙상이 2002년에 붕괴되었다. 라센-C 빙상도 따뜻한 바닷물로 인해 위태로운 상태이다.

남극 라센 빙상

2000년 그리고 그 이후

지구의 기후는 21세기에 접어들면서 급격한 변화의 징후가 명백히 나타난다. 지구상 많은 지역이 아직 괄목할 만한 변화 조짐이 보이지 않는 가운데, 논쟁이 뜨겁던 지역에서는 이미 뚜렷한 기후 변화가 입증되었다. 비교적 기후 변화가 완만하게 나타나는 특성으로 인해 많은 지역이 안보에 그릇된 생각을 할 수 있다.

호반 가장자리에 위치한 집(위) 인간이 지역 기후에 미치는 영향은 복잡하게 나타난다. 중앙아프리카에 있는 수심이 얕은 차드(Chad)호는 이곳 가까이 사는 2,000만 명의 사람들이 쓰는 물 수요량 증가로 인해 최근 수십 년간 줄어들고 있다. 호수 주위에 지나친 방목 또한 식생의 감소와 사막화를 초래했고, 그 결과 호수는 빠르게 사라지고 있다.

오염(위) 중국의 급격한 산업화에 필요한 에너지는 주로 석탄을 태우는 발전소에 의존했다. 그 결과 2004년 2월 엄청난 연무와 오염이 발생한 것이 위성 사진에 찍혔다. 이는 대기오염을 만들었을 뿐만 아니라 발생한 연무는 지표면에 도달하는 햇빛의 양을 감소시켜 주변 지역에 냉각효과를 가져오고 농작물 생산성을 감소시킨다.

관련 자료

1. 만년설의 축소 북극의 기온은 지구 평균보다 더 빠른 속도로 상승하고 있다. 그 결과 북극의 만년설이 1979년 이후 20%나 감소했다. 북극 지역은 아마도 21세기 마지막쯤에는 여름에 모든 얼음이 사라지리라고 예상된다.

북극

2. 산호의 백화 온난화의 또 다른 신호는 이산화탄소가 증가하는 기후 때문에 산호에 백화 현상이 나타나고 있는 사실이다. 더 따뜻해지면 산성화되어 가는 바다 환경은 산호초 생태계에 더 이상 쾌적한 곳이 되지 못한다. 1995년 이후 카리브 해 산호초에서 물고기 개체수가 눈에 띄게 감소했다.

카리브 해

3. 해수면 상승 지구 온난화는 육지의 얼음이 녹거나 더운 바닷물의 열팽창으로 해수면이 상승하는 원인이 된다. 4개의 산호초 섬과 5개의 환초로 이루어진 해발고도가 낮은 투발루와 같은 나라는 이미 해수면 상승의 영향을 실제로 받고 있다.

태평양 투발루

3. 빙하의 후퇴 중앙아시아의 티엔샨 산맥에서 또 다른 지구 온난화의 신호를 찾을 수 있다. 7,300m에 달하는 이 산의 높은 곳에 있는 빙하는 1973년 이후 더워지는 여름철 기온과 연관되어 계속 녹아내리고 있다.

티엔샨 산맥

깨어지고 있는 얼음 이 사진은 2008년 1월 11일 호주의 남극 영토인 녹스 해안에서 촬영한 거대한 얼음이 깨어진 광경이다. 이 깨어진 얼음은 결국 남극해의 빙산으로 변할 것이다. 점점 더워지는 남극 대륙 주변의 바다는 남극에서 급격한 빙상의 붕괴를 가속시키고 있다.

변하는 기후

농 사를 짓는 것과 동물의 가축화로 특징지어지는 인류의 문명은 거의 1만 년 전 등장하였고, 약 200년 전부터 전 세계 기후와 생태계에 심각한 영향을 미치기 시작했다. 현재 기후시대를 생태계에 미치는 인간 활동의 지배적인 영향을 인정하여 인류세(Anthropocene)라는 별명으로 부르고 있다. 이 인간의 영향은 대기, 해양 그리고 육지에서 극지방까지 확장되었다.

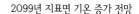

2099년 지표면 기온 증가 전망

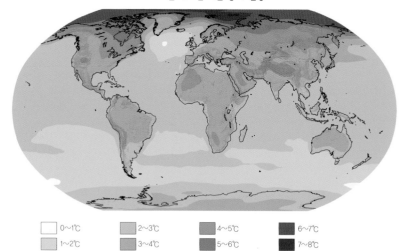

□ 0~1℃	■ 2~3℃
□ 1~2℃	■ 3~4℃

■ 4~5℃	■ 6~7℃
■ 5~6℃	■ 7~8℃

기후 모델(왼쪽) 기후 변화에 관한 정부 간 협의체(Intergovernmental Panel on Climate Change, IPCC)에 의해 소개된 이 모델은 2050년에 세계 인구가 최고점에 달하고, 새롭고 효율적인 기술들이 확대될 것이라는 점을 고려한 온실가스 배출 시나리오를 바탕으로 지금부터 2099년까지 온난화가 지속될 것으로 예상하였다.

생태계 변화(오른쪽) 뉴질랜드 남섬에서 발생한 적조는 기후 변화에 동반하여 나타난 생태계 변화의 하나이다. 높은 바닷물 온도와 높아진 이산화탄소로 활발한 광합성 때문에 녹조류의 번성 장소와 시기가 달라지고 있다.

이상 강설(아래) 지구 온난화 현상에서 가장 두드러지는 것이 심각한 계절 변동과 다년간 변동이다. 2008년 1월, 그리스에서 고고학적 명소인 올림피아 제우스 신전에서의 눈보라는 기후 변동의 전형적인 사례이다.

인간에 의한 교란

농사를 짓기 시작한 이후로 인류는 지구의 기후 시스템을 교란시켜 왔다. 그러나 최근에 증가하는 인구와─집계하면 68억 명 정도─산업화는 전례가 없이 가속되고 있는 기후 변화의 원인이 되고 있다. 화석연료를 사용한 에너지 발견으로 산업혁명이 가능하게 되었고 인류 삶의 질을 극적으로 향상시켰지만, 동시에 환경 파괴 시대도 시작되었다.

산업 오염물질 중 가장 문제가 되는 것이 지구 온난화를 유발하는 온실 효과의 주범인 이산화탄소이다. 지금까지 우리가 지속적으로 배출한 까닭에 대기 중 이산화탄소 농도는 384ppm까지 증가했다. 이 수치는 과거 65만 년까지 자연적인 범위인 180~300ppm을 훨씬 초과하고 있다. 이로 인해 산업혁명 이후 전 세계의 평균 온도가 0.7℃ 증가하였다. 북극은 좀 더 빠른 속도로 따뜻해지고 있어 기후 변화가 가장 눈에 띄게 진행되는 지역이다. 극지방의 얼음으로 덮인 면적이 줄어들고 있으며 그린란드의 빙상도 빠르게 녹고 있어 전 세계 해수면 상승의 원인이 되고 있다.

또 다른 산업공해물질이 대기의 질을 나쁘게 한다. 이것은 공공건강 문제와

생태계에 피해를 주는 산성비의 원인이 되고, 일반적으로 강수량 양상에 변화를 주는 대기 입자가 부유하게 된다. 따뜻해지는 해양 위에서 날씨 양상의 변화로 해안 지역은 폭풍에 더 취약하게 된다. 육지에서 빙상이 녹는 것과 바다의 열팽창으로 해수면이 상승하고, 그 결과 비옥한 해안가가 잠기거나 바닷물에 침수된다.

지구 온난화가 일어나면 더욱 더 빈번한 가뭄과 예전에는 비옥했던 땅이 사막화되고, 식량자원 확보에 불안감을 준다. 빙하가 녹으면 임계의 신선한 물의 공급이 줄어든다. 산불은 점점 더 자주 일어날 것이고, 나아가 대기오염의 원인이 되고 대기 중 이산화탄소를 제거하는 나무가 사라지는 것이다. 이것이 바로 인류세에 우리가 극복해야 할 숙제이다.

관련 자료

킬리만자로 산 킬리만자로 산 위를 덮고 있는 빙하의 축소는 지구 온난화의 매우 뚜렷한 증거이다. 정상 부분의 만년설과 만년빙은 거의 완전히 사라지고 있다. 이 빙관은 11,000년 전에 형성되었다.

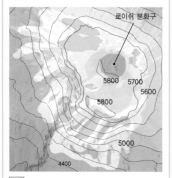

1912년의 거의 정확한 빙하 크기

2003년의 빙하 크기

정상 고원의 테두리

축소 킬리만자로 산 분화구의 위성 사진은 10년간 빙하의 감소를 정확하게 포착하였다. 과거 100년에 걸쳐 얼음의 80% 이상이 사라졌고, 2015년쯤에는 정상의 얼음이 모두 없어질 것이다.

1993년 2월 17일

2000년 2월 21일

2003년 6월 2일

전 지구적인 변화

지구 온난화의 증거는 오늘날 전 세계 여기저기에서 온도 동향, 만년설의 후퇴, 산악빙하 감소, 해양의 온난화, 해수면 상승, 생물 다양성의 감소, 인간의 건강 결함 등으로 나타남을 알 수 있다. 무더위나 가뭄, 홍수, 더 자주 발생하는 강한 연안폭풍과 같은 불규칙한 날씨 양상 또한 관찰된다. 이런 현상은 지구 온난화에 따라 증가하고 있다.

극심한 기상(아래) 전 지구 기후 모델 예측에서 나타나는 공통된 특징은 지구 온난화 같은 극심한 기상 현상의 증가이다. 어떤 지역은 가뭄이, 다른 지역은 홍수가 발생할 것이다. 무더위와 해빙 또한 온난화 동향을 증명한다.

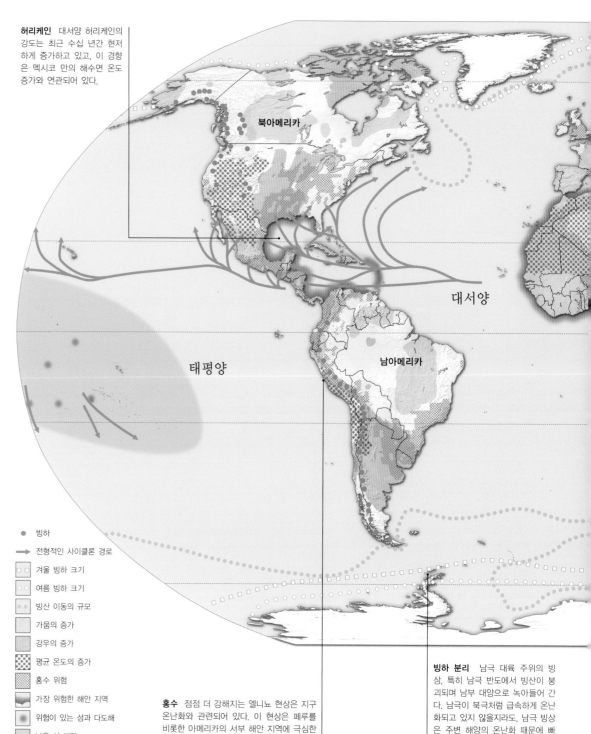

허리케인 대서양 허리케인의 강도는 최근 수십 년간 현저하게 증가하고 있고, 이 경향은 멕시코 만의 해수면 온도 증가와 연관되어 있다.

북아메리카

대서양

태평양

남아메리카

● 빙하

→ 전형적인 사이클론 경로

겨울 빙하 크기

여름 빙하 크기

빙산 이동의 규모

가뭄의 증가

강우의 증가

평균 온도의 증가

홍수 위험

가장 위험한 해안 지역

위험이 있는 섬과 다도해

낮은 섬 지역

홍수 점점 더 강해지는 엘니뇨 현상은 지구 온난화와 관련되어 있다. 이 현상은 페루를 비롯한 아메리카의 서부 해안 지역에 극심한 홍수를 일으킨다.

빙하 분리 남극 대륙 주위의 빙상, 특히 남극 반도에서 빙산이 붕괴되며 남부 대양으로 녹아들어 간다. 남극이 북극처럼 급속하게 온난화되고 있지 않을지라도, 남극 빙상은 주변 해양의 온난화 때문에 빠르게 얇아진다.

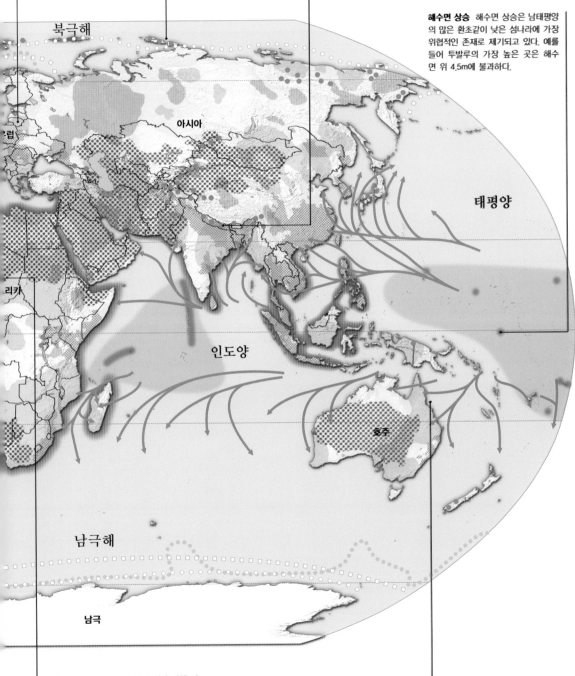

무더위 유럽은 최근 극심한 폭염을 겪었다. 특히 2003년 여름에는 폭염과 관련하여 수만 명이 목숨을 잃었다.

북극의 만년설 지난 100년 동안 평균적으로 북극에서의 기온 상승은 전 지구 기온 상승률보다 2배나 높게 나타났으며, 그 결과 북극에서 얼음이 급속하게 녹고 있는데, 이는 기후 변화를 가장 뚜렷하게 인지할 수 있는 징후의 하나이다.

산악빙하 해빙 빙하는 지구 여러 곳에서 빠르게 녹고 있다. 인구가 밀집된 남아시아에 위치한 히말라야 빙하는 인더스 강, 갠지스 강, 양쯔 강, 이 밖에 다른 강에 공급되어 지구 인구의 1/6에게 담수를 제공한다.

해수면 상승 해수면 상승은 남태평양의 많은 환초같이 낮은 섬나라에 가장 위협적인 존재로 제기되고 있다. 예를 들어 투발루의 가장 높은 곳은 해수면 위 4,5m에 불과하다.

북극해

아시아

태평양

인도양

호주

남극해

남극

가뭄 아프리카의 사하라 사막 이남 사헬 지역은 지나친 방목과 적절하지 못한 땅 관리 때문에 자주 가뭄을 겪고 있다. 최근의 빈번한 가뭄은 대기에의 에어로졸 배출에 의한 기후 변화와 지역적 강수량 패턴을 바꾸는 해양의 온난화에 기인한다.

산호 백화 현상 산호초는 해양 온도의 변화와 산성도에 매우 민감하다. 대보초 같은 광범위한 산호초 생태계의 백화는 해수면 아래에서 일어나고 있는 파괴적인 변화를 나타낸다.

관련 자료

온난화 IPCC는 향후 100년에 걸쳐 2~4℃의 지구 온난화 경향을 예측하였다. 이러한 지구 온난화는 해수면 상승과 빈번한 극심한 기상, 질병의 확산을 일으킬 것이다.

해수면 상승 해수면은 1993년 이후로 연간 0,3cm 속도로 상승하고 있다. 다음 100년 동안 18~58cm 정도 상승할 것으로 예상되어 낮은 섬은 해수면 아래로 잠기게 될 것이다.

극심한 기상 태풍은 주로 카리브 해, 남태평양, 뱅골 만에서 발생한다. 하지만 2007년 6월에 사이클론 고누(Gonu)는 특이하게 아라비아 해에서 발생하였다.

건강 위험 지구 온난화와 빈번한 홍수는 특히 방글라데시 같은 살기 어렵고 위생 상태가 열악한 지역에서 질병 확산의 원인이 된다.

관련 자료

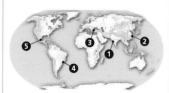

1. 뭄바이 인도에서 가장 큰 도시인 뭄바이에 거주하는 사람은 대략 1,400만 명에 육박한다. 도시가 서해안에 위치한 점과 자연적으로 발달된 항구는 해운 중심지로 발달하는 데 기여했다. 뭄바이는 사람들이 일자리를 찾아 몰려들면서 금융과 상거래이 중심지로 발달하게 되었다.

인도 뭄바이

2. 상하이 1,900만 명이 거주하는 상하이는 세계에서 인구가 가장 많은 중국에서도 가장 사람이 많이 거주하는 도시이다. 상하이는 본래 무역 중심지로 번성하였다. 현재 거주하는 인구는 1990년에 경제 개혁이 이루어진 이후 약 25% 증가하였다.

중국 상하이

3. 이스탄불 유럽과 아시아를 잇는 이스탄불은 2,000년 전부터 제국의 중심지 역할을 해 왔다. 이스탄불은 서기 500년부터 50만 명이 거주하기 시작했다. 최근 거주 인구가 빠르게 증가하여 1990년보다 2배가 되었다. 지금은 세계에서 인구가 가장 많은 도시 중 하나로, 1,200만 명이 거주하고 있다.

터키 이스탄불

4. 상파울루 상파울루는 남반구와 남아메리카 지역에서 가장 큰 도시이다. 상파울루에 거주하는 1,100만 명은 다양한 문화적 배경에서 유래되는데, 그중 이탈리아, 포르투갈, 아프리카, 아랍계 등 4개 민족이 가장 크다.

브라질 상파울루

5. 멕시코시티 멕시코시티에만 900만 명이 빽빽하게 산다. 도시 인근을 포함하여 2,200만 명이 거주하는 멕시코시티는 서방 지역에서 인구 밀도가 가장 높은 지역이다. 높은 인구 밀도, 목재연료의 사용, 그리고 높은 계곡에 위치한 지형적 특징으로 인해 멕시코시티는 세계에서 대기오염이 가장 심한 곳이다.

멕시코 멕시코시티

인구 밀도

세계 인구는 주요 대도시에 집중되고 있다. 오늘날 25개 대도시에는 각각 1,000만 명 이상이 살고 있다. 1950년에는 뉴욕 시가 유일하게 1,000만 명 이상 거주했다. 2008년이 되면서 세계 인구의 절반이 도시에 거주하고 있다. 이와 같은 인구집중은 산업발전과 운송에 많은 이점을 가지고 있지만, 주택 문제와 대기와 물의 오염 문제를 야기한다.

뉴델리(오른쪽) 뉴델리가 포함된 델리의 도심 지역은 인도 뭄바이 다음으로 두 번째로 많은 인구가 살고 있다. 1,200만 명 정도의 인구가 1,500km² 면적 안에 살고 있다. 이곳에는 2008년 현재 550만 대의 차량이 있어 세계 어느 도시보다 많다.

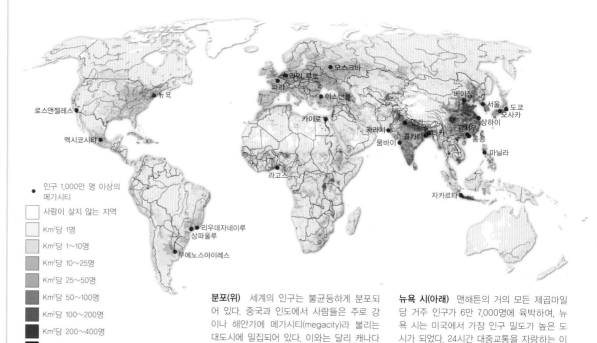

인구 1,000만 명 이상의 메가시티

사람이 살지 않는 지역
Km²당 1명
Km²당 1~10명
Km²당 10~25명
Km²당 25~50명
Km²당 50~100명
Km²당 100~200명
Km²당 200~400명
Km²당 400~800명
Km²당 800명보다 더 많이 살고 있음

분포(위) 세계의 인구는 불균등하게 분포되어 있다. 중국과 인도에서 사람들은 주로 강이나 해안가에 메가시티(megacity)라 불리는 대도시에 밀집되어 있다. 이와는 달리 캐나다 북부, 호주의 중앙, 그리고 사하라에는 사람들이 드물게 퍼져 있다.

뉴욕 시(아래) 맨해튼의 거의 모든 제곱마일당 거주 인구가 6만 7,000명에 육박하여, 뉴욕 시는 미국에서 가장 인구 밀도가 높은 도시가 되었다. 24시간 대중교통을 자랑하는 이 도시는 미국 내 이산화탄소 배출량이 가장 적은 측에 속한다.

관련 자료

인구 전망 유엔은 다양한 측면에서 과거의 인구 변화 추이를 정리하고 전망을 문서화했다. 이 문서에는 출산율, 대륙의 차이, 농촌과 도시 간의 차이를 포함하고 있다.

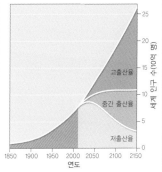

출산율 전망은 출산율 가정을 어떻게 하느냐에 따라 다를 수 있다. 고출산율은 여성 한 명당 2.8명의 아이를, 중간 출산율은 2.1명의 아이를, 저출산율의 경우는 1.6명의 아이를 낳는다고 가정한 것이다.

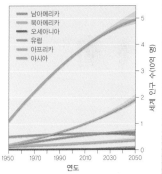

대륙 과거 추세와 미래 전망은 대륙에 따라 다를 수 있다. 현재 유럽의 출산율은 인구 대체 수준보다 낮은 편이다. 반대로 아프리카는 인구가 가장 많이 증가하고 있다.

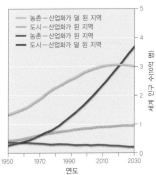

시골 대 도시 향후 수십 년간 인구는 확실히 산업화가 덜 된 도시 지역에서 증가할 것이다. 모든 농촌 지역에서 인구는 감소할 것이라고 예측되었다.

농업의 영향

농업은 인간이 지구 환경을 변화시키는 주요한 방법 중 하나이다. 농업 분야에서 방출하는 온실가스 양은 CO_2, CH_4, N_2O 등을 포함해서 전체 온실가스 방출의 1/3을 차지한다. 이러한 방출은 지속 가능한 농사 방법을 통해 완화될 수 있다. 그러나 온실가스 방출은 증가하는 세계 인구를 먹여 살리기 위한 요구를 염두에 두고 고려되어야 한다. 또한 증가하는 농지 면적은 지역 기후에 영향을 끼친다.

토지 이용(아래) 이 색처리 위성 사진은 미국과 멕시코 국경 사이에서의 토지 사용 양상에 대한 극적인 차이를 보여 준다. 빨간색은 캘리포니아 남쪽에서의 비옥한 농지를 나타내는 반면, 황갈색과 파란색은 멕시코에서의 황무지를 나타낸다.

관련 자료

해로운 관행 경작은 농업 분야에서의 온실가스 방출에 주요한 영향을 미친다. 왜냐하면 많은 양의 탄소가 땅속에 저장되어 있기 때문에, 밭갈이를 조금만 하거나 아예 하지 않는 것이 화석연료 연소를 줄이는 어떠한 수단보다도 더 기후에 도움이 되는 친환경적인 방법이다.

아산화질소 화학비료 사용으로 토지의 생산력을 더 높일 수 있다. 그러나 지나친 화학비료의 사용은 해로운 온실가스인 아산화질소와 같은 과대한 양의 질소를 방출하게 한다.

메탄 논은 온실가스인 메탄의 주요한 발생지이다. 습지는 메탄을 만들어 내는 매개체 미생물을 위한 이상적인 성장 장소이다.

인공관개

관개는 농작물들이 자연적으로 잘 자라지 못하는 지역에서 자랄 수 있게 해 준다. 터키의 하란 평야(Harran Plains)에서 1993년(아래)과 2002년(가운데)에 찍힌 위성 사진은 목화 경작지까지 물을 전달하는 관개 수로 터널의 효과를 보여 준다.

농업 분야에서의 온실가스 방출

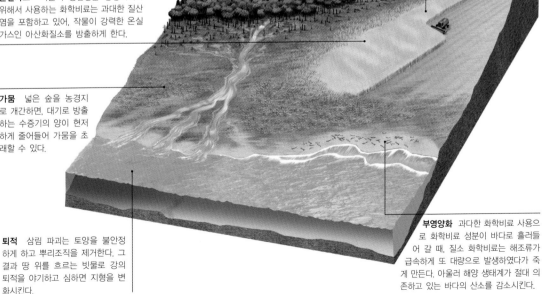

온실가스(위) 농업 분야에서의 온실가스 방출은 농경 방법, 인류의 식습관, 인구 수에 달려 있다. 산업화된 국가들은 개발도상국들보다 4배나 더 많이 쇠고기를 소비하는데, 가축은 메탄 발생의 주요 원천이다. 벼가 자라는 물로 채워진 논 또한 메탄을 방출하고, 화학비료 사용은 아산화질소를 방출한다.

이산화탄소 방출(십억 톤)

- 136 이상
- 91~135
- 45~90
- 23~44
- 23 이하
- 자료 없음

세계를 먹여 살리는 것(아래) 새로운 농지를 만드는 것은 자연 생태계로부터 빼앗는 것을 말한다. 열대우림에서 농경지로 바뀌는 것처럼 농경지 개간은 두 가지 영향을 미치는데, 지표면의 반사율을 증가시켜 들어오는 태양 복사의 에너지 균형에 변이를 초래하고, 물 순환을 붕괴시킨다.

강우 생성자 작물은 자연 그대로의 숲과는 다른 증발산율을 가지고 식물과 대기 사이의 물 순환을 교란시킨다.

밝은 지구 대부분의 작물은 전반적으로 나무가 밀집해 있는 초록의 숲보다 밝은 색깔을 가지고 있다. 그래서 일반적으로 지표면의 반사율이나 알베도를 증가시킨다.

온실가스 작물의 생산성을 향상시키기 위해서 사용하는 화학비료는 과대한 질산염을 포함하고 있어, 작물이 강력한 온실가스인 아산화질소를 방출하게 한다.

가뭄 넓은 숲을 농경지로 개간하면, 대기로 방출하는 수증기의 양이 현저하게 줄어들어 가뭄을 초래할 수 있다.

퇴적 삼림 파괴는 토양을 불안정하게 하고 뿌리조직을 제거한다. 그 결과 땅 위를 흐르는 빗물로 강의 퇴적을 야기하고 심하면 지형을 변화시킨다.

부영양화 과다한 화학비료 사용으로 화학비료 성분이 바다로 흘러들어 갈 때, 질소 화학비료는 해조류가 급속하게 또 대량으로 발생하였다가 죽게 만든다. 아울러 해양 생태계가 절대 의존하고 있는 바다의 산소를 감소시킨다.

관련 자료

농업의 생산 식량을 생산하는 과정에서 방출되는 온실가스는 기후 변화에 기여한다. 그리하여 거대한 탄소 발자국을 만드는 것이다. 반대로 작물 생산력은 병원체에 의한 감염이나 생장 환경 변화의 영향을 받는다.

육류 생산 육류를 소비하는 식습관은 거대한 탄소 발자국을 만든다. 고기를 생산하기 위해 사용되는 에너지는 곡물이나 콩을 위해 사용되는 에너지보다 더 많기 때문이다.

식량 수출 세계 전역에 식량을 수송할 때 많은 화석연료를 사용한다. 그 지역에서 생산된 식량을 그 지역에서 소비한다면 탄소 발자국은 작아진다.

유전자 변형 작물 유전자 변형 작물은 일반적인 작물보다 매우 생산적이다. 그러나 인공적으로 제작된 유기체는 논쟁의 여지가 있다.

기생충과 바이러스 기후 변화는 질병의 확산을 돕는다. 2005년 시드니의 야생굴(rock oysters)은 미지의 기생충에 의해 대량으로 감염되었다.

관련 자료

유발되는 문제 숲이 우리에게 제공하는 혜택이 무수히 많은 만큼 벌목이 야기하는 문제점도 많다. 벌목의 의도하지 않은 결과에 대한 인식은 지속 가능한 산림 운동을 도왔다.

완전 벌채 벌목 지역에서 모든 나무들을 베어 내는 방식은 산림의 재생산 능력을 감소시킨다. 더욱 지속 가능한 방법은 어린 나무들을 베어 내지 않고 남겨 자라게 하는 것이다.

토양 침식 나무뿌리는 물 또는 바람에 노출된 토양들을 함께 붙들고 유지하는 데 매우 중요한 역할을 한다. 나무의 뿌리 시스템이 손상을 입으면 침식이 진행되고 물길을 막게 된다.

홍수 물을 흡수하는 나무의 역할이 사라지면 벌목의 결과로 홍수가 발생한다는 것은 당연한 귀결이다. 벌목으로 더 많은 빗방울이 직접 토양의 표면에 도달하고, 강으로 흙탕물이 흘러내려 가 범람을 초래한다.

소각 산림 벌채는 기후에 대해 두 가지 부정적인 효과를 동시에 지닌다 : 나무는 바이오매스(biomass)로서 탄소를 저장하는 효과가 사라짐과 동시에 나무들과 산림들이 불태워질 때 이산화탄소와 같은 탄소를 즉시 대기 중으로 배출한다.

산림 벌채

숲은 다양한 가치 있는 서비스를 제공한다. 나무들은 대기에 산소와 물을 공급하고, 강수를 조절하고, 기후를 식히고, 침식과 산사태를 예방하고, 토양을 기름지게 한다. 숲에는 다양한 동식물이 서식하고 있으며, 옥시던트(oxidant, 강한 산화성 물질)를 흡수하고 오염물질들을 가둠으로써 공기의 질을 향상시킨다. 가장 중요한 것은, 나무가 이산화탄소를 소비하고 산소를 방출한다는 점이다. 그러나 목재와 농경지에 대한 요구로 급속한 속도로 산림이 벌채되고 있다.

전 지구적 벌목(아래) 지난 2,000년 동안 추가적인 농경지를 만들고 목재를 생산하기 위해 산림은 대규모로 벌채되어 왔다. 이 기간 동안 전 세계의 숲으로 된 지대의 반이 사라졌고, 더 많은 산림이 목재 생산과 작물의 증대를 위한 요구로 위협받고 있다.

산림 벌채

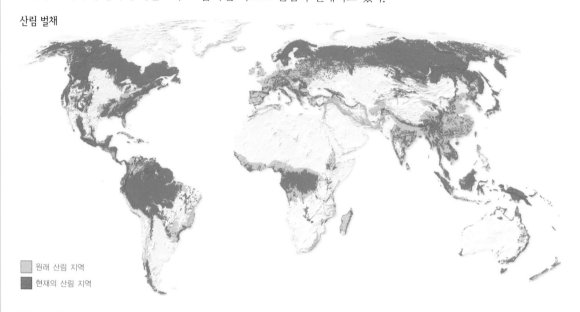

■ 원래 산림 지역
■ 현재의 산림 지역

건강한 산림(위) 건강한 숲은 우림에서 자연적인 물 순환을 보여 준다. 중심에 위치한 작은 작물 공터는 순환에 영향을 끼칠 만큼 크지는 않다. 나무들은 토양을 통해 물을 흡수하고, 그것을 대기로 방출하고, 이 것이 구름을 만들고, 비가 되어 내린다.

산림 벌채(아래) 물의 순환은 산림 벌채에 의해 변질된다. 숲이 사라진 지역에서는 습도가 높지 않다. 이로 인해 강수가 줄어들고, 결국 더 많은 나무가 죽게 된다. 나무가 사라지면 뿌리로부터 토양이 분리되어 근처 강으로 흘러든다.

관련 자료

벌목과 식목 산림 벌채는 대기 중의 이산화탄소에 대한 효과적인 제거 효과를 없애는 결과를 초래한다. 숲은 이산화탄소를 산소로 바꾸고, 대기 중 이산화탄소의 축적을 더디게 한다. 산림 복원은 기후 변화 영향을 경감시키는 효과적인 탄소 상쇄 역할을 한다.

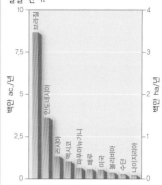

최고의 범죄자들 산림 벌채는 열대우림 지역에서 가장 심각하다. 브라질과 인도네시아에서 벌채되는 면적은 나머지 세계 각국의 벌채 면적을 합친 것보다 더 넓다.

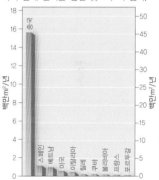

산림 복원 많은 나라들은 이제 환경적인 이점을 얻기 위해 식목을 하고 있다. 중국이 심각한 침식과 사막화를 막기 위해 식목을 선도적으로 이끌고 있다.

물 뿌려 축이기 미국의 아이다호에 위치한 제재소에 산적한 목재들은 제재 과정을 기다리는 동안 열이 올라가는 것을 막기 위해 물이 뿌려지고 있다. 기후 변화에 대해 우려하는 가운데, 목재산업에서 지속 가능한 숲의 중요성에 대한 인식이 높아지고 있다.

기상 감시

바이오 연료 작물 바이오디젤과 에탄올과 같은 녹색 수송 연료의 원료가 되는 사탕수수와 콩을 재배하기 위해 브라질의 막대한 지역의 우림이 제거되었다. 환경 영향의 분석에 의하면 화석연료 사용 억제와 산림 벌채에 따른 위험 사이에 균형이 필요하다.

관심 지역 ▶ 아마존 열대우림

- ▶ **지역**: 남아메리카 아마존 열대우림. 브라질, 볼리비아, 페루, 에콰도르, 콜롬비아, 베네수엘라, 가이아나, 수리남, 프랑스령 기아나까지 펼쳐진 산림
- ▶ **위협**: 산림 벌채, 토지 사용 변화, 토양 침식, 많아지는 퇴적물, 수질오염, 산불, 동물 거래, 불법침입
- ▶ **기후 영향**: 화전으로 인해 방출되는 이산화탄소의 증가, 가뭄, 온난화, 모기가 매개하는 질병
- ▶ **멸종위기의 생물**: 왕수달, 히아신스 마코앵무새, 푸른머리 마코앵무새, 검은 거미 원숭이, 민물 분홍돌고래, 나무의 1/5이 위협받고 있음

세계에 현존하는 열대우림의 60%가 남아메리카에서 정글 생태계가 풍부한 아마존 강 유역에서 찾을 수 있다. 이곳은 4만 종 이상의 많은 식물이 있고, 지구에서 가장 다양한 새, 담수어, 나비가 서식하고 있다. 뿐만 아니라 아마존의 열대우림은 기후 변화를 완화하는 데도 중요한 역할을 하는데, 전 세계 광합성에 의한 이산화탄소 제거의 1/10이 여기서 일어난다.

삼림 감소

아마존의 나무와 식물은 광합성을 통해 대기의 이산화탄소를 흡수하고 이것을 산소와 유기물로 전환시키면서 인간이 배출한 이산화탄소를 제거하는 데 중요한 역할을 수행한다. 불행하게도 이 지역에서의 토지 이용 변화는 이 이로운 역할을 좌절시키고 있다.

농업, 방목지 그리고 사람들의 주거지 개발을 위한 산림 벌채로 아마존 우림의 규모는 극적으로 줄어들고 있다. 지금까지 아마존 숲은 매년 약 24,000km² 정도씩 산림이 파괴되어 거의 20%나 사라졌다. 최근 콩의 국제가격이 오르면서 바이오 연료를 만드는 원료인 콩을 재배하기 위해 개간하는 일에 경제적인 유인을 제공하여 산림 벌채 문제를 더욱 악화시키고 있다. 이제 브라질은 미국 다음으로 세계에서 두 번째로 가장 큰 콩 생산국이다.

널리 펴져 있는 숲을 불태워 농사짓는 화전(火田)은 막대한 양의 연기와 재를 만들면서 대기로 엄청난 이산화탄소를 방출한다. 전 세계 온실가스 배출의 약 20%는 산림 벌채에 의해 것인데, 상당한 양이 이곳 아마존에서 발생된다. IPCC는 산림 벌채를 줄이거나 사전 방지하는 것이 이산화탄소 농도를 줄이는 데 매우 중요한 역할을 할 것이라고 보고했다.

이 아마존 지역은 또한 지구 온난화로 인한 위협도 받고 있다. 기온이 2℃ 증가하면 세계 열대우림의 20~40%를 죽일 수 있다. 예견되는 가뭄 상황 역시 산림 면적이 줄어드는 데 기여하며, 나아가 지구 온난화를 가속시키고, 생물종이 감소하는 데 공헌할 것이다.

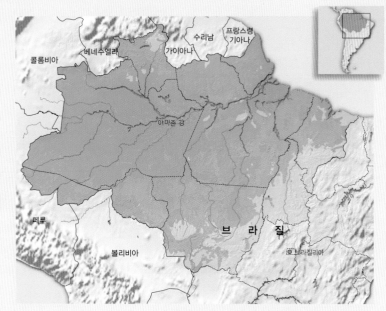

산림 벌채 지역
열대우림 지역
다른 식생 지역

브라질의 아마존(위) 아마존 열대우림의 전체 면적은 600만 km²인데, 이 중 60%는 브라질에 속한다. 1970년 이후로 1/10 이상의 브라질의 숲이 벌채되고 있다.

연기 구름(오른쪽) 이 위성 사진은 2005년 9월에 아마존 유역에서 화전농업에 의해 방출된 일산화탄소의 농도가 높은 곳(붉은색)을 보여 준다. 상승하며 대류하는 오염구름은 대서양을 가로질러 이동한다. 또한 아프리카 사하라 사막 남쪽에서 발생한 산불이 관찰된다.

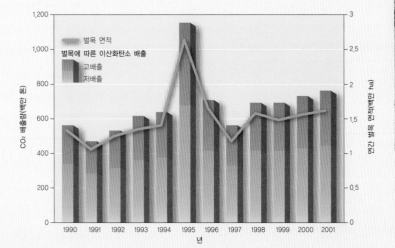

배출(왼쪽) 1990~2001년부터 매년 아마존 산림 벌채의 꾸준한 증가는 이산화탄소의 배출 증가와 관련이 있다. 1995년에 최고조에 달한 산림 벌채는 브라질의 통화를 안정시키려는 경제적 개혁에 따른 것이다.

멸종위기 2005년 10월, 브라질의 아마존 지역은 지난 50년 이래 최악의 가뭄이 발생했다. 비의 부족으로 강물이 줄어들고 브라질 마나우스 인근의 푸로도 라고 크리스토 레이스의 해안을 따라 강에 사는 분홍돌고래가 죽어 해변으로 올라와 있다.

벌목 면적
벌목에 따른 이산화탄소 배출
고배출
저배출

CO₂ 총 배출량(백만 톤)

연간 벌목 면적(백만 ha)

년

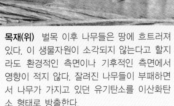

아마존 강 아마존 강은 안데스 산맥의 빙하에서부터 시작되어 사람이 거의 살지 않는 정글을 지나 대서양까지 6,400Km를 흘러간다. 아마존 강은 세계의 어느 강보다 가장 많은 수량을 자랑하고 있다. 어떤 곳에서는 우기에 강폭이 210km까지 넓어진다.

벌목과 소각(아래) 나무를 태워 개간하는 과정은 식물 안에 존재하던 탄소를 이산화탄소 형태로 즉시 대기 중으로 방출하는데, 이는 전 세계 온실가스 배출에 상당히 기여하고 있다.

목재(위) 벌목 이후 나무들은 땅에 흐트러져 있다. 이 생물자원이 소각되지 않는다고 할지라도 환경적인 측면이나 기후적인 측면에서 영향이 적지 않다. 잘려진 나무들이 부패하면서 나무가 가지고 있던 유기탄소를 이산화탄소 형태로 방출한다.

2005년 가뭄(아래) 브라질의 알터 도 차오(Alter do Chao) 호수에 수위가 내려가 배들이 꼼짝 못하게 되었다. 기후 모델은 2100년까지 이 지역이 심각한 온난화와 가뭄을 겪게 될 것으로 예상하는데, 이로 인해 이곳의 넓은 열대우림 지역의 여러 곳이 건조한 사바나 기후로 바뀌게 될 것이다.

화석연료

주로 지구 기후에 대한 인간의 영향은 공장 가동과 전기 생산, 교통수단을 위한 화석연료의 연소이다. 화석연료는 탄소가 농축된 석유 또는 석탄이다. 화석연료를 태우면 탄소를 강력한 지구 온실가스인 이산화탄소의 형태로 대기 중에 방출시킨다.

관련 자료

생산 화석연료는 제한된 자원이다. 석유 생산이 감소되는 시기에 대해서 다양한 전망이 나오고 있다. 석탄 저장량은 더 많다고 추정되나, 기후 변화를 늦추기 위해 과거의 석탄 소비 형태를 바꾸는 것이 필요하다.

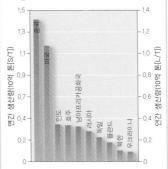

석탄 생산 중국과 미국은 석탄의 막대한 매장량을 가지고 있는데 일찍이 전기를 생산하기 위해 사용했다. 석탄은 대기오염을 발생시키는 엄청난 유황 혼합물을 포함하고 있다.

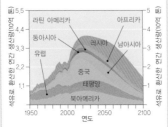

석탄 생산 최대치 석탄 생산은 2030년에 절정에 다다를 것이며, 이후 감소하기 시작할 것이라고 예측된다. 유럽에서 생산은 이미 감소했으나 몇몇 개발도상국가에서 여전히 새로운 석탄 저장소가 발견되고 있다.

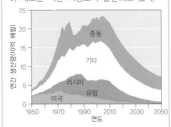

석탄과 액화가스 미국과 유럽의 추출은 감소하고 있으나 중동은 여전히 활용할 수 있는 거대한 자원을 가지고 있다.

기상 감시

시멘트 생산 시멘트 생산의 원재료인 탄산칼슘은 열을 받으면 막대한 양의 이산화탄소를 발생시킨다. 시멘트 생산에서 발생하는 이산화탄소는 전 세계 온실가스 배출의 5%를 차지한다.

석유 생산(위) 석유제품의 생산, 유통, 정제 그리고 소매는 세계에서 가장 큰 산업이다. 북해에 건설 중인 노르웨이 국가 석유 회사의 시설은 지금까지 접근이 쉽지 않은 지역에서 발견되는 석유를 활용하기 위한 시설물의 좋은 사례이다.

CO₂ 배출

톤(S/T)	톤(L/T)
16.5 이상	15 이상
11~16.4	10~14.9
5.5~10.9	5~9.9
1.1~5.4	1~4.9
1.1 이하	1 이하
자료 없음	자료 없음

현재의 배출량(위) 현재 1인당 이산화탄소의 배출은 미국, 캐나다, 호주가 에너지 과소비국가라는 것을 보여 준다. 개발도상국은 국민당 이산화탄소 배출은 상대적으로 낮으나 빠른 속도로 증가하고 있다.

석유와 천연가스의 형성(아래) 석유와 천연가스는 둘 다 고에너지 탄소 형태이다. 선사시대 유기체들(주로 해양 생물)의 화석화로 수백만 년 동안 압축되었으며, 이로 형성된 귀중한 연료자원은 화석연료로 알려져 있다.

1. 초기에 탄소가 기본이 되어 있는 해양 생물이 바다 밑에 가라앉고, 침적토에 의해 덮인다.

2. 시간이 지남에 따라 침적토가 퇴적암으로 변하면서 화석을 압축하여 석유와 가스로 변하게 된다.

3. 석유와 가스는 다공성의 암석을 통과하여 저수조에 모인다.

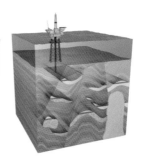

4. 저수조를 불침투성의 암석층이 덮고 그 암석층이 시추로 뚫릴 때까지 그곳에 남아 있게 된다.

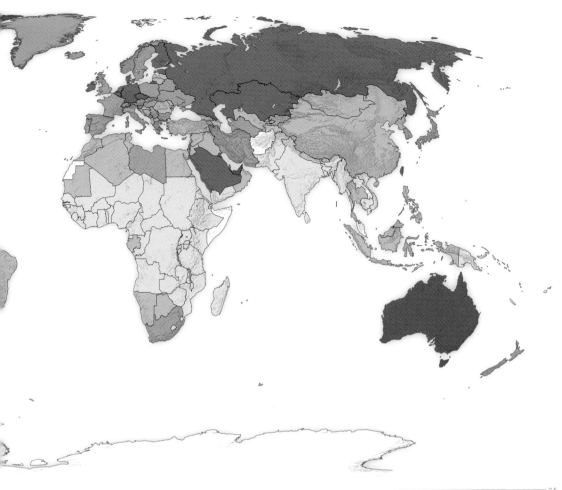

배출 현재 미국은 총 배출량에서 보나 국민 1인당 배출량에서 보나 절대적으로 세계에서 이산화탄소를 가장 많이 배출하는 국가이다. 더 높은 삶의 질을 추구하는 개발도상국에서의 배출도 향후 15년 후까지 증가할 것이다.

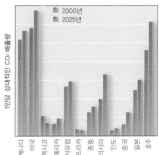

개인당 배출 미국, 캐나다, 호주는 이산화탄소를 가장 많이 하는 나라이며, 중국은 가장 적게 배출하는 나라 중 하나이다. 2025년 이후, 중국의 국민 1인당 배출은 두 배가 될 것이나, 그래도 상대적으로 낮을 것이다.

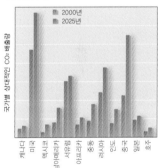

국가별 배출 미국은 현재 이산화탄소를 가장 많이 배출하는 국가이다. 그러나 중국의 인구, 석탄 사용과 경제 성장이 국가 배출량을 급속히 증가시키는 데 원인이 된다.

지난 20세기 연대별 탄소 배출(오른쪽) 산업화된 나라는 배출이 안정적이지만 개발도상국에서는 계속해서 급속히 증가하고 있다. 화석연료는 형성되는 데 오랜 세월이 걸리기 때문에 현재 사용률만큼 다시 재생산되지 않는다.

석탄의 형성(아래) 석유와 가스와는 대조적으로, 석탄은 식물의 압축으로 형성된다. 압축작용(다짐작용) 과정을 통하여 수분과 유기 가스를 내보내고 약간의 수분기만 있는 고체 형태의 탄소만 남겨진다.

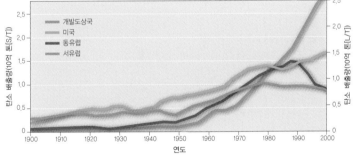

범례: 개발도상국 / 미국 / 동유럽 / 서유럽

항공기로부터 배출

항공 여행에 따른 이산화탄소 배출이 탄소 발자국에 가장 크고 유일하게 기여한다. 항공 여행에 따른 개인당 배출량은 거의 같은 거리를 보통 승용차로 혼자 운전할 때의 배출량과 맞먹는 정도이다.

1. 물 밑에 식물의 사체들이 모여 부패되지 않고 토탄을 형성한다.

2. 초기의 압축작용이 약 45%의 수분을 가진 아탄 또는 갈탄을 만든다.

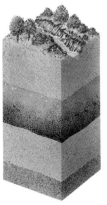

3. 계속되는 압축은 에너지가 더 농축된 역청탄 또는 흑탄을 형성한다.

4. 고도로 정제된 석탄은 무연탄이며, 탄광 깊은 곳으로부터 어렵게 채광된다.

산업

국제적 산업은 많은 공정을 화석연료 연소에 의존하고 있기에 기후 변화에 미치는 인간 영향의 상당 부분에 책임이 있다. 섬유와 제지산업 같이 에너지와 물 사용을 집중적으로 하는 산업은 자원을 고갈시키고 있다. 대부분 산업들은 화석연료 사용을 피하고 재생 가능하고 탄소에 기초하지 않은 에너지 사용으로 전환함으로써 기후 변화 영향을 경감시켜 나가고 있다.

철강 생산(아래) 에너지를 매우 많이 사용하는 용광로와 제철소는 철강 생산국가들의 온실가스 배출의 상당 부분에 책임이 있으며, 사람에 의해 배출되는 전세계 온실가스 양의 대략 4%를 차지하고 있다.

관련 자료

1. 워싱턴 D.C. 미국의 수도는 중요한 산업 지역이나 제조업 단지가 아니다. 하지만 많은 산업체 본부가 중앙정부에 영향을 주기 위해 이곳에 있다. 최근에 미국 정부는 미국의 많은 산업들에 영향을 미칠 기후정책의 변화를 암시하는 가운데 이산화탄소를 규제하기로 결정했다.

미국 워싱턴 D.C.

2. 런던 영국의 수도 런던은 18세기 후반에서 19세기 초반에 증기기관을 바탕으로 급속한 현대화를 가능하게 한 산업혁명 동안 신속한 성장을 보였다. 1830~1920년까지 런던은 세계의 가장 큰 도시였고, 지금도 여전히 세계의 중요한 상업 중심지이다.

영국 런던

3. 뉴델리 인도의 수도는 인도 북부에 위치한 은행업무, 정보통신업무, 언론 방송 분야가 확장되는 상업과 금융 중심지이다. 직원들이 모두 영어를 구사할 수 있어 인도는 많은 다국적 기업들이 선호하는 곳이다.

인도 뉴델리

4. 베이징 중국의 수도는 1,000만 명 이상이 거주하는 메가시티이다. 1990년대의 경제개혁 이후로, 급속하게 도시가 확장되고 도시화되는 과정에서 석탄을 이용한 발전으로 심각한 공기 오염 문제들이 나타나고 있다.

중국 베이징

5. 도쿄 일본의 수도 도쿄의 인구는 3,500만 명으로 세계에서 가장 인구가 많은 대도시이다. 도쿄는 중요한 국제적 금융 중심지이며, 여러 다국적 기업의 본사가 있다. 일본에서 1980, 1990년대의 경제적 발전은 대부분 높은 기술산업들에 의해 이루어졌다.

일본 도쿄

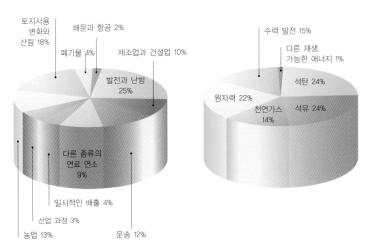

토지사용 변화와 산림 18%
해운과 항공 2%
폐기물 4%
제조업과 건설업 10%
발전과 난방 25%
다른 종류의 연료 연소 9%
일시적인 배출 4%
산업 과정 3%
농업 13%
운송 12%

수력 발전 15%
다른 재생 가능한 에너지 1%
석탄 24%
원자력 22%
천연가스 14%
석유 24%

산업 분야별 배출(먼 왼쪽) 산업 과정에서 직접 배출하는 이산화탄소의 양은 전 지구적인 배출량의 3%를 차지한다. 그러나 제조업, 건설업, 교통, 발전과 난방, 운송업, 항공산업 그리고 폐기물 처리 등 다양한 분야에서 상당한 이산화탄소가 배출되고 있다.

전기 생산(왼쪽) 이 도표는 온실가스를 가장 많이 배출하는 세계적 전기 생산에 사용된 에너지원의 비율을 보여 준다. 석탄을 이용한 발전이 에너지당 가장 많은 이산화탄소를 배출하고 석유를 이용한 생산이 두 번째이며, 그 다음이 천연가스를 이용하여 발전한 경우이다. 수력 발전이나 원자력 발전, 그리고 재생 가능한 에너지원을 이용하는 경우 이산화탄소의 배출이 크지 않다.

관련 자료

산업의 영향 에너지를 집중적으로 사용하는 산업은 동시에 주요 오염 발생원이다. 더 깨끗한 연료를 사용하는 것이 정부로부터 권장되고 있는 중이며, 산업들은 점점 더 지속 가능한 실행 방안을 개발하고 있는 중이다.

직물 직물산업은 많은 에너지와 물을 필요로 한다. 많은 회사들이 에너지 효율을 증가시키고, 오염 발생과 탄소 발자국을 줄이기 위해서 지침들을 개발하였다.

종이 펄프공장들은 많은 양의 황산화물을 물과 대기로 내뿜는다. 종이 생산은 세계적으로 다섯 번째로 많은 에너지를 소비하고, 북아메리카에서 세 번째로 큰 산업 오염원이다.

석탄 가장 많은 탄소를 가지고 있으며 가장 저렴한 화석연료가 바로 석탄이며, 온실가스 배출을 줄이기 위한 노력에 가장 위협적인 화합물이다. 세계에서 석탄을 가장 많이 수출하는 나라는 호주로 석탄 생산량의 75%를 수출하고 있다.

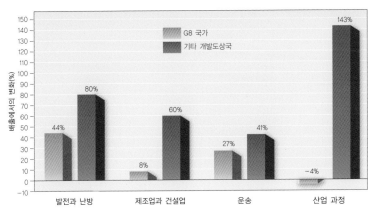

배출에서의 변화(%)
G8 국가
기타 개발도상국
44% 80% 8% 60% 27% 41% -4% 143%
발전과 난방 / 제조업과 건설업 / 운송 / 산업 과정

자동차 산업(위) 운송은 세계적 온실가스 배출량의 12%를 차지한다. 그러므로 이 분야에서 배출량을 줄이기 위한 혁신과 연료 소모가 더 경제적인 자동차를 개발하기 위한 경쟁이 중요하다. 독일 볼크스부르크(Wolfsburg)에 위치한 폴크스바겐 공장에서 자동차 한 대가 팔레트로부터 감아 올려지고 있다.

배출의 증가(왼쪽) 1990년 이래로, 산업 과정에서 발생하는 온실가스의 배출은 산업화된 캐나다, 이탈리아, 프랑스, 독일, 일본, 러시아, 영국, 그리고 미국의 선진 8개국에서 감소되었다. 그러나 개발도상국가에서는 눈에 띄게 증가하고 있다.

강화되는 온실 효과

관련 자료

온실가스 이산화탄소, 메탄 같은 기체 분자들의 지구 온난화 잠재력은 대기 중에 그들의 농도가 얼마인가뿐만 아니라 얼마나 효과적으로 적외 복사에너지를 흡수하느냐, 그리고 그들의 대기 중 수명에 에 달려 있다.

온실가스의 비율

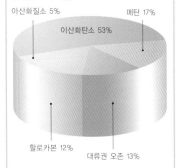

아산화질소 5%
메탄 17%
이산화탄소 53%
할로카본 12%
대류권 오존 13%

국가별 메탄 배출

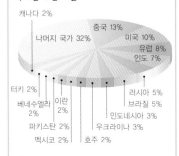

캐나다 2%
중국 13%
나머지 국가 32%
미국 10%
유럽 8%
인도 7%
터키 2%
러시아 5%
베네수엘라 2%
이란 2%
브라질 5%
파키스탄 2%
인도네시아 3%
멕시코 2%
우크라이나 3%
호주 2%

대기 중 수명

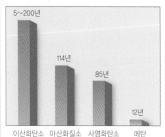

5~200년
114년
85년
12년

이산화탄소 아산화질소 사염화탄소 메탄

공업화 이후 증가

1750년 이전 2008년
ppm 100만분의 1
ppb 10억분의 1
ppt 1조분의 1

1,857 ppb
700 ppb
384 ppm
280 ppm
270 ppm
321 ppm
25 ppb
34 ppb
0 ppt
90 ppt

이산화탄소 아산화질소 대류권 오존 사염화탄소 메탄

온실가스의 농도는 산업혁명 이후 상당히 증가하였고 온실가스 배출이 멈춘다고 해도 이후 오래도록 지구의 기후에 영향을 미칠 것이다. 주요 인위적인 온실가스 종류는 이산화탄소, 메탄, 이산화질소, 오존, 사염화탄소와 같은 할로카본이다. 비교적 값싼 화석연료의 연소는 온실효과를 오랫동안 유지시키는 온실가스인 이산화탄소를 발생시킨다.

1. 자연의 온실 효과(아래) 지구의 대기에 어떠한 온실가스도 없다면, 지구의 표면 온도는 -18℃였을 것이다. 자연의 온실 효과는 지구의 생물이 살아가기 적합하도록 하는 데 필수적이다.

탄소 순환 동물들은 이산화탄소 가스를 내뱉고 식물들은 대기의 이산화탄소를 산소로 전환시킨다. 죽은 식물이 부패하면 가지고 있던 유기물이 이산화탄소로 전환된다.

3. 인간의 영향(오른쪽) 인간은 지표면을 개조하고, 공장에 동력을 공급하기 위해, 수송 그리고 발전하는 과정에서 화석연료를 태워 자연의 복사 균형과 탄소의 균형을 교란시켜 왔다.

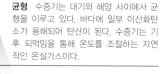

균형 수증기는 대기와 해양 사이에서 균형을 이루고 있다. 바다에 일부 이산화탄소가 용해되어 탄산이 된다. 수증기는 기후 되먹임을 통해 온도를 조절하는 자연적인 온실가스이다.

온난화 대기의 수증기, 이산화탄소, 그리고 다른 온실가스들이 지구가 방출한 적외 복사에너지를 흡수하고 그 일부를 다시 아래로 되돌려 재복사함으로써 지표를 가열시킨다.

2. 자연의 복사 균형(오른쪽) 지구 대기에 존재하는 수증기, 구름, 그리고 이산화탄소는 태양 복사에너지 일부를 우주로 내보내는 것보다 오히려 잡아 두는, 흔히 말하는 온실 효과를 일으킨다. 온실가스의 분자는 지구 표면으로부터 방출된 적외선(열) 에너지의 일부를 흡수한다.

들어옴과 나감 태양 복사에너지는 가시광선 형태로 지구에 도달되는데, 그 중 대략 30%는 대기권에서 직접 반사되고 나머지는 구름이나 지표면에서 반사된다.

나감 태양 복사에너지가 지표면을 가열하고 나면, 지구는 태양 복사에너지보다 낮은 에너지인 지구장파복사에너지를 방출한다.

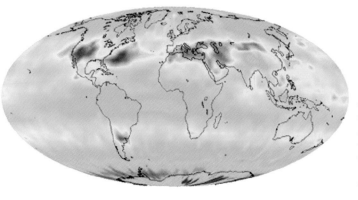

공기 속 2003년 7월 미국항공우주국(NASA)의 인공위성 사진은 대류권 중간인 8km 고도에서 전 세계적으로 이산화탄소가 공간적으로 불규칙하게 분포된 상황을 보여 준다. 농도는 365ppm(진한 푸른색)부터 385ppm(붉은색)까지 다양하게 분포한다. 배출원의 중심은 사람이 사는 지역 주변이나 산림을 벌채하고 태우는 장소에 집중되어 있다.

배출 생물권과 해양에서 가속되는 이산화탄소 배출량을 충분하게 흡수할 수 없기 때문에 사람들이 추가적으로 배출한 이산화탄소는 대기 중에 축적된다.

산림 벌채 경작지나 도시 발달에 필요한 공간을 만들기 위해 상당한 탄소를 흡수하는 산림을 벌채하여 나무를 제거한다. 나무들이 소각될 때 나무가 가지고 있던 유기물은 이산화탄소로 전환되어 대기로 들어간다.

가축 소는 강력한 온실가스인 메탄의 주요한 발생원이다. 다른 메탄 발생원으로는 쓰레기 매립지, 천연가스, 벼농사를 꼽을 수 있다.

도시화 도시는 전반적으로 탄소를 흡수하는 나무는 적고 차량, 공장, 발전소 등 이산화탄소를 많이 배출하는 시설이 집중되어 있다.

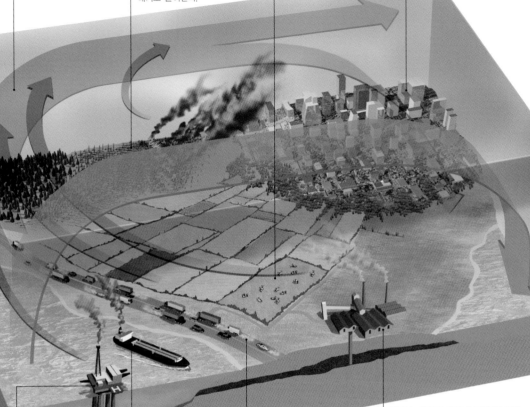

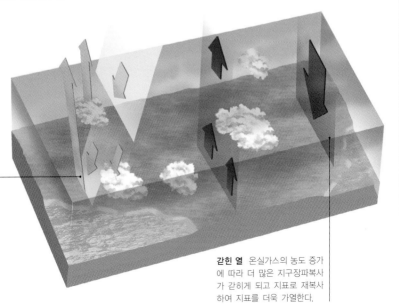

석유 시추 석유를 생산하는 것은 이산화탄소 배출을 일으키는 고에너지 소비 과정이다. 이는 결국 태워지는 양보다 더 많은 양의 탄소를 채취한다.

유조선 해운은 주요한 인위적인 이산화탄소 배출원이고 해양 연료는 흔히 대륙붕에 매장된 석유를 발굴하는 것이다.

수송 자동차는 화석연료 이용에 따른 이산화탄소 배출의 12%를 차지한다. 미국에서는 도로에서 배출되는 온실가스 양이 전체 배출량의 1/3을 차지한다.

발전소 발전을 위해 화석연료를 태우는 과정, 특히 석탄을 태우는 경우 방대한 양의 탄소를 배출한다. 유감스럽게도, 석탄 사용은 가장 값싼 에너지원이기 때문에 널리 보급되어 있다.

4. 바뀐 복사 평형(오른쪽) 인간의 활동에 의해 온실가스 농도가 증가되어 왔고, 그 결과 지구의 대기 중에서 지표면으로부터 방출되는 지구장파복사에너지의 일부를 흡수하여 가두었다가 이를 지표로 되돌려 놓는다.

들어옴과 나감 태양 복사에너지는 근본적으로 변하지 않지만 숲을 개간하여 농지로 바꾸는 것과 같이 토지 사용이 변화하면 지표면의 알베도(반사율)가 바뀐다. 이는 지표면이 햇빛에 의해 데워지는 정도를 바꾼다.

갇힌 열 온실가스의 농도 증가에 따라 더 많은 지구장파복사가 갇히게 되고 지표로 재복사하여 지표를 더욱 가열한다.

관련 자료

산업 과정 금속광물 채광은 환경 파괴적이며, 고에너지 소비 과정이다. 자동차 운행이나 발전은 직접적으로 석유와 석탄을 연소하기 때문에 대기의 인위적인 이산화탄소 배출원이다.

광업 약 90%의 구리는 노천광업에 의해 생산된다. 스페인의 리오틴토(Rio Tinto) 광산은 많은 구리 원석과 철광석을 생산하지만 거의 모든 지역 식생이 파괴되고 있다.

소각 쿠웨이트에서와 같이 유정에서 천연가스를 태우는 과정에서 대기 중으로 방출되는 검댕은 햇빛을 흡수한다. 검댕은 대기를 가열시키고 대기질을 떨어뜨린다.

전력 석탄 화력 발전소는 전기를 생산하는 데 탄소를 가장 많이 배출한다. 발전은 전 세계 온실가스 배출의 약 1/4을 차지한다.

관련 자료

1. 퀘벡 퀘벡지방의 캐나다 사람들은 근처 석탄 연소에 의해 배출된 황산화물로 인한 심각한 산성비의 피해를 경험했다. 이것은 자연적으로 산성비를 정화시킬 능력이 없는 화강암과 같은 단단한 암석 조각으로 구성된 토양으로 인해 더 악화되었다.

캐나다 퀘벡

2. 스칸디나비아 1970년대에 스칸디나비아의 호수 연구 중 산성비의 영향이 처음 발견되었다. 이곳 호수의 산도 증가 원인은 독일과 영국의 석탄 연소로 배출된 물질이 제트 기류에 의해 이동되었기 때문이다.

스칸디나비아

3. 타이완 국경을 넘는 산성비에 의해 다른 나라가 심각한 영향을 받는다. 타이완의 산성비 산도는 거의 식초의 산도에 가까워 해양 생물을 죽이고 식량 공급을 위태롭게 한다. 이웃나라가 화석연료의 사용을 제한하지 않는 한 이 문제는 더욱 심각해질 것이다.

타이완

산성비와 에어로졸

대기 중의 에어로졸은 화산 활동 또는 매연, 황산화물, 질소산화물 등 인간 활동에 의해 발생된다. 작은 산성 입자는 대기층의 수증기에 의해 수화되거나 풍하측으로 침전되어 위험한 산성비로 내린다. 또 한편으로 에어로졸은 지표에 도달하는 햇빛을 차단함으로써 기후에 영향을 미친다. 이것은 지역적으로 냉각 효과를 나타내고 식물의 광합성 활동을 위축시킨다.

산성비(아래) 화산과 화석연료의 연소에 의해 내뿜어진 황산화물이 대기층에 있는 수증기와 반응하여 황산 에어로졸이 된다. 모든 연소기관에 의해 배출되는 질소산화물은 질산 에어로졸로 된다. 이것들이 산성비의 원인이 된다.

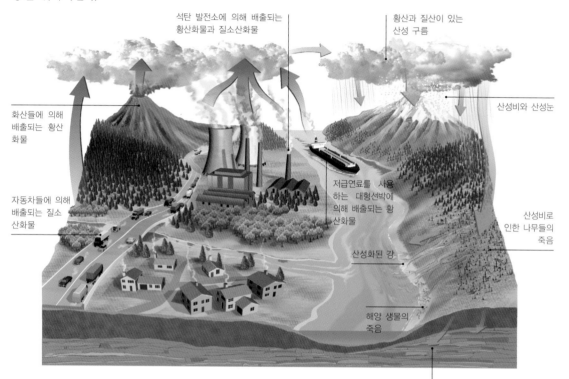

석탄 발전소에 의해 배출되는 황산화물과 질소산화물

황산과 질산이 있는 산성 구름

화산들에 의해 배출되는 황산화물

자동차들에 의해 배출되는 질소산화물

저급연료를 사용하는 대형선박에 의해 배출되는 황산화물

산성비와 산성눈

산성화된 강

산성비로 인한 나무들의 죽음

해양 생물의 죽음

산성비로 인한 토양과 지하수의 오염

나무의 급격한 소멸(아래) 체코의 크르코노즈(krkonose) 국립공원에 있는 가문비나무들이 산성비에 의해 죽었다. 소련 시대에 공산주의 산업경제는 고유황 석탄 연소를 바탕으로 유지되었지만 풍하측에 산성비를 내리게 했다.

자동차 매연

질소산화물과 미처 타지 않는 탄화수소를 포함하는 자동차 배기가스는 에어로졸의 형성으로 이어질 수 있다. 이러한 에어로졸은 도시 지역에 평균 가시거리를 줄이는 연무를 만든다.

화산 분화(위) 2006년 5월 23일에 알래스카의 클리블랜드 화산이 분화했다. 화산 활동은 대기 중의 황산화물의 주된 자연 발생원이다. 이산화황을 포함하는 황산화물은 산성비의 주요 생성원인 중 하나이다.

세인트헬렌스 산 미국 워싱턴 주에 있는 이 화산은 1980년 5월 18일에 분화했다. 사진은 화산이 분화하기 전(위, 1973년)과 분화 후(오른쪽 위, 1983년)를 보여 준다. 식생은 분화 후 3년이 지나도 여전히 회복되지 않고 있다.

유독 배기가스(오른쪽) 세인트헬렌스 산에서 화산이 분화했던 해에 하루 2,200톤이 넘는 이산화황이 방출되었고, 이후 여러 해 동안 평소보다 많았다. 이는 이후 여러 해 동안 워싱턴 주에 산성비가 계속 내리게 하였다.

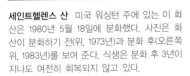

관련 자료

기후에 미치는 영향 1991년 6월에 필리핀의 피나투보(Pinatubo) 화산이 분화하였다. 한 위성이 몇 년 동안 피나투보 에어로졸의 확산을 감시하였고, 화산 분화가 장기간 동안 기후를 냉각하는 가능성을 지적하였다.

0.100   0.010   0.001

1,020nm에서 광학 깊이

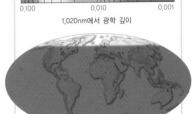

분화 전 광학 깊이로 측정되었던 기본 에어로졸 수준은 세계 모든 곳에서 낮았다. 광학 깊이는 에어로졸의 입자로 인한 대기층의 투명도를 측정하는 방법이다.

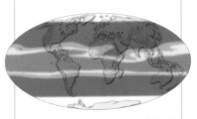

분화 분화가 일어난 다음 달에 에어로졸 광학 깊이는 열대지방에서 거의 100배 정도 증가했다. 지구의 자전으로 에어로졸은 경도 방향으로 전 세계로 분산되었다.

2개월 후 성층권의 에어로졸 광학 깊이는 높은 값이 유지되고 더 높은 고도로 확산되었다. 이 분화로 1991년 후반에 갑작스럽게 한랭한 날씨가 나타났고, 세계 기후에 영향을 끼쳤다.

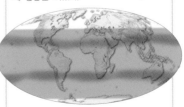

4년 후 1994년까지 충분히 씻겨져 에어로졸 광학 깊이는 감소하였고, 세계 기온에 미치는 영향도 감소되었다. 아직도 화산 분화의 영향이 완전히 사라지지는 않았다.

오염

증가하는 대기오염, 수질오염, 그리고 토양오염은 우리의 자연환경이 기후 변화 영향에 대해 덜 탄력적으로 되는 현대적인 생활 양식의 부산물이다. 특히 일부 대기오염물질이 지표에 도달하는 태양 빛을 반사하거나 흡수하여 지역 기후에 영향을 미치기는 하지만 온난화가 되면 대기오염은 더 악화될 것으로 예상된다.

기름 유출(아래) 화석연료 사용으로 인해 나타나는 환경 손상에는 바다에서 운송하는 기간 동안 발생하는 기름 유출의 영향도 포함되어 있다. 이 지도는 1967년 이후 전 세계에서 발생한 기름 유출사고를 표시하고 있다. 대부분 기름 유출은 바다에서 발생하며, 연안의 바닷물을 오염시키고 새와 해양 동물에 해를 끼친다.

관련 자료

대기오염 도시화의 주요 부산물인 대기오염은 건강을 악화시키고 부정적인 영향을 미친다. 더워진 대기는 대류권 오존과 같은 오염물질이 생성되는 것을 촉진할 뿐만 아니라 더위를 극복하기 위해 더 많은 에너지를 사용하는 데 박차를 가할 가능성이 있다.

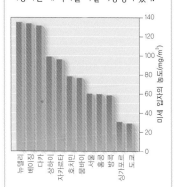

아시아 2004년 아시아 12개의 대도시 대기오염 미세 입자가 측정되었다. 이러한 공기 중에 부유하는 미세 입자는 폐 속에 깊이 침투하여 질병을 유발할 수 있다.

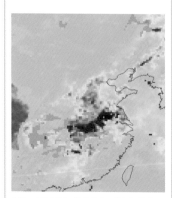

중국 베이징은 세계에서 가장 오염된 도시 가운데 하나이다. 이 위성 사진은 중국 동부에서 화석연료를 사용할 때 배출된 일산화탄소(붉은색)의 공간적 분포를 보여 준다.

인도 1997년 스모그로 오염된 델리의 일출 광경은 시정에 미치는 대기오염의 영향을 보여 준다. 인도의 대기오염은 자동차 배기와 각 가정에서 식물 또는 유기물 소각에 기인한다.

전 지구 기름 유출 사고

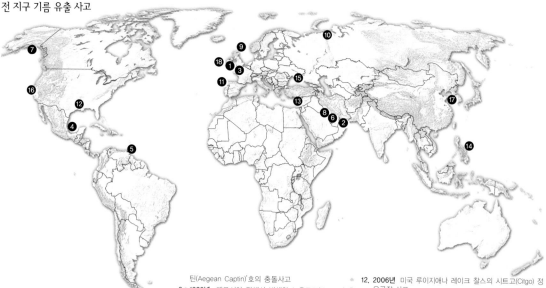

틴(Aegean Captin)'호의 충돌사고

1. **1967년** 영국의 남서 연안 토레이 캐니언에서 발생한 유조선 유출사고
2. **1972년** 오만 만에서 발생한 유조선 '시스타(Sea Star)' 유출사고
3. **1978년** 프랑스 브리트니의 연안에서 발생한 유조선 '아모코 카디즈(Amoco Cadiz)' 유출사고
4. **1979년** 멕시코 만에서 발생한 익스톡(Ixtoc) 해상 유정 사고
5. **1979년** 트리니다드 토바고 연안에서 발생한 유조선 '애틀란틱 엠프레스(Atlantic Empress)'호와 '애지안 캡

6. **1983년** 페르시아 만에서 발생한 노우르즈(Nowruz) 유전 사고
7. **1989년** 미국 알래스카의 프린스 윌리엄 사운드에서 발생한 유조선 '엑손 발데즈(Exxon Valdez) 유출사고
8. **1991년** 걸프전 중에 쿠웨이트에서 발생한 유전 폭발
9. **1993년** 영국 세틀랜드 섬에서 발생한 유조선 '브레이어(Braer) 유출사고
10. **1994년** 러시아 우신스크(Usinsk)에서 발생한 송유관 파열사고
11. **2002년** 스페인 북서 연안에서 발생한 유조선 '프레스티지(Prestige) 유출사고

12. **2006년** 미국 루이지애나 레이크 찰스의 시트고(Citgo) 정유공장 사고
13. **2006년** 레바논 지예흐(jiyeh) 발전소에서 발생한 기름 유출사고
14. **2006년** 필리핀 기마라스(Guimaras) 기름 유출사고
15. **2007년** 우크라이나 및 러시아 사이의 케르치 해협 기름 유출사고
16. **2007년** 미국 캘리포니아 샌프란시스코 만 기름 유출사고
17. **2007년** 한국 서해에서 발생한 유조선 '허베이 스피릿(Hebei Spirit)' 기름 유출사고
18. **2009년** 아일랜드 남쪽 연안에서 발생한 웨스트 코크(West Cork) 기름 유출사고

마무리 2007년 12월 한국에서 군인들이 최악의 기름 유출사고를 청소하고 있다. 한국 서해 연안에서 바지선과 유조선 '허베이 스피릿'의 충돌로 약 12,000톤의 기름이 유출되었다.

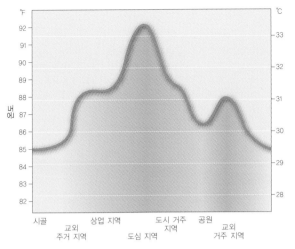

열섬 효과(위) 콘크리트 건물과 인도가 열을 가두어 도심은 주변 농촌 지역보다 몇 ℃ 더 덥게 나타난다. 열린 공간과 식생 면적이 적고 많은 에너지를 사용하는 인구의 밀집이 도심 지역 주요 열원이다.

플라스틱 폐기물(위) 또 다른 오염문제는 폐기물 처리이다. 석유를 원료로 만든 플라스틱은 한정된 자원이다. 플라스틱은 자연에서 생물에 의해 분해될 가능성이 적어 수명이 거의 영구적이다. 따라서 재활용을 하지 않는 한 환경에 영원히 남아 있을 수도 있다.

폐기물 관리 서아프리카 베냉의 코토누(Cotonou)에 있는 단토파(Danktopa) 시장은 버려진 쓰레기로 오염되어 있다. 이 쓰레기로 가득 찬 시냇물의 오염물질은 마을의 물 공급 과정으로 들어가 질병 확산의 원인이 되고 있다.

관련 자료

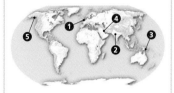

1. 스모그 12,000명의 주민을 죽음으로 몰고 간 1952년의 런던 스모그 현상으로 도시 대기오염의 위험은 국제적으로 관심을 받았다. 전후 런던은 12월 한파에 태울 수 있는 것은 오로지 이산화황의 농도를 위험 수준까지 발생시키는 질 낮은 석탄밖에 없었다.

영국 런던

2. 살충제 비료와 살충제 개발을 통해 농업에 획기적인 개선은 이루었지만 1984년에 보여 준 것과 같이 위험한 부작용을 안고 있다. 보팔에 있는 살충제 공장에서 발생한 독성가스 누출사고로 16,000명이 희생되었다.

인도 보팔

3. 광업 파푸아뉴기니의 옥테디(Ok Tedi) 금과 구리 광산은 세계에서 가장 큰 광산이다. 1990년대부터 광물 찌꺼기와 방출수는 플라이 강을 오염시켜 물고기를 죽이고, 오염된 슬러지는 하류 쪽으로 120개 연안 마을에 흘러내렸다.

파푸아뉴기니

4. 불타는 기름 1991년 걸프 전쟁 동안 여러 쿠웨이트 유정에 불이 질러졌다. 어떤 곳에서는 8개월 동안 불타 검댕을 맹렬하게 대기 중으로 토해 내었고, 그해의 상당 기간 동안 페르시아 만의 하늘을 뒤덮었다.

쿠웨이트

5. 기름 유출 1989년 알래스카 프린스 윌리엄 사운드에서 발생한 엑손 발데즈호의 기름 유출 사고는 발생 지점이 인적이 드문 곳이라는 점과 연어, 수달, 조개, 해양 조류 서식지라는 점에서 역사상 가장 파괴적인 사고였다. 청소 작업이 시작되기 전에는 원유가 바다와 연안의 28,000km²를 덮었다.

미국 알래스카

오존 파괴

오존층은 태양의 해로운 자외선으로부터 지구를 보호한다. 오존층은 산업적으로 방출한 염소와 불소를 포함한 특정한 화학물질에 취약하다. 1989년에 실행된 몬트리올 의정서(Montreal Protocol)에 의해 금지된 이 가스들은 오존홀이 확장되는 데 대한 책임이 있다. 오늘날 오존홀은 더 이상 커지지 않으며, 오존층도 회복 조짐을 보이고 있다.

오존층(아래) 용매, 추진제, 냉각제로 사용되는 염화불화탄소(CFCs)는 오존 분자(O_3)를 파괴시킨다. 오존층에 구멍이 뚫리면 많은 양의 자외선이 대기층을 통과하여 지표면에 닿는다.

관련 자료

자연의 균형 지구 성층권에 있는 오존은 자연적인 생성과 소멸의 미세한 균형아래 존재하며, 고도 20km 부근에서 가장 많다. 이 미세한 자연적인 균형이 인간이 배출한 오존 파괴 가스에 의해 교란된다.

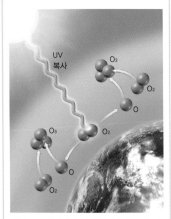

생성 고에너지의 자외선 복사는 산소분자를 분리시킨다. 이들 산소 원자는 다른 산소 분자와 결합하여 3개의 산소 원자를 가지는 오존을 만든다.

오존 파괴	
물질	**근원/사용**
CFCs	냉각제, 용매, 에어로졸 스프레이 캔
브로민화메틸	농약
극 성층권 구름	대기의 질소산화물
사염화탄소(CCl_4)	화학 용액
메틸클로로포름(CH_3Cl_3)	화학 용액

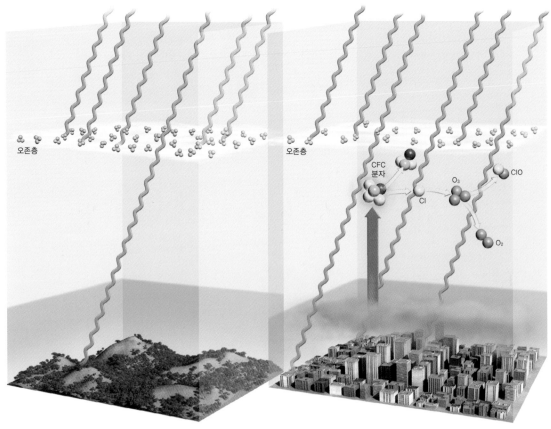

1. 오존층은 고도 20~40km 사이에 위치해 있다. 오존층은 강한 자외선 복사에너지를 거의 모두 흡수하여 식물과 동물 세포의 DNA가 파괴되는 것을 막는다.

2. 강한 복사에너지에도 분리 파괴되지 않고 오존층 높이까지 올라오는 CFCs는 대기 속에서 매우 긴 수명을 갖는다. CFCs로부터 자유로워진 염소 원자는 오존 분자(O_3)를 분리시켜 파괴한다.

극구멍

북반구의 오존홀은 남반구보다 훨씬 작다. 오존 농도는 계절 순환을 하는데, 양 반구 모두 봄철에 가장 낮다. 2000년 3월 북극의 오존 농도는 지난 8년 이래 가장 낮은 값을 기록했다.

극 구름 오존의 파괴는 지구의 극지방에서 가장 뚜렷하다. 봄에 햇빛이 비추기 시작하면 겨울 동안 축적된 CFCs로 인해 오존층이 빠르게 파괴된다. 오존층 파괴는 추가적으로 오존 파괴를 일으키는 화학 반응을 촉진하는 극 성층권 구름에 의해 더욱 가속된다.

 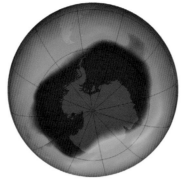 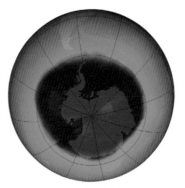

1981년 가장 작은 오존홀 **2006년 가장 큰 오존홀** **2008년 최근의 오존홀**

오존홀(위) 남극지방의 오존홀은 9월에 가장 커진다. 1981년에 CFCs는 아직은 높은 단계까지 도달하지 않은 상태이다. 2006년 CFC의 배출은 세계적으로 줄어들었지만, 대기 중에서의 오랜 수명으로 인해 오존홀은 이 해에 가장 크게 나타났다.

홀 크기(오른쪽) 남극지방 오존홀의 등장은 인간의 활동이 대기에 영향을 준 극적인 예이다. 오존홀의 크기는 1980~1990년대까지 지속적으로 확장되었으며, 1981년과 2006년 사이에 최대로 커졌다.

오존 분포(아래) 2008년 10월 남반구가 봄일 때 찍은 이 위성 사진은 남극 상공에서 오존홀이 가장 크게 자랐고, 오존이 낮은 지역(파랑, 보라)이 저위도 지방으로 확장되었음을 보여 주고 있다.

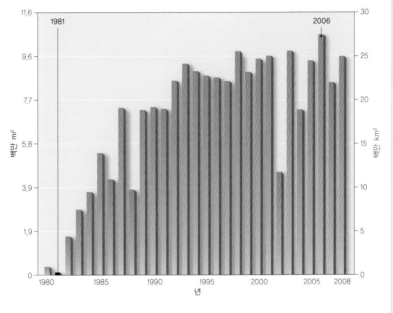

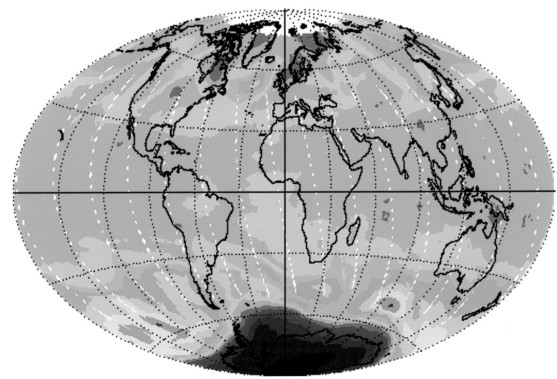

관련 자료

인위적 배출 오존층의 파괴는 CFCs와 같이 냉각제와 에어컨에 사용된 염소가 포함된 가스의 배출로 점점 가속되었다. 이러한 물질은 60년 전부터 사용되기 시작하여 대기 중에 쌓여 왔다.

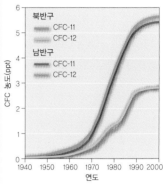

CFCs 염화불화탄소 가스들 가운데 2종류가 1950년대 이후 급격히 성장한 산업 과정에 의해 대기로 방출되었다. 이들 가스의 생산은 1980년 말에 금지되었다.

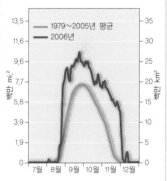

연간 최대 크기 남극 오존홀의 크기는 남반구의 봄철인 9월에 가장 크다. 2006년에 오존홀 크기는 2,750만km²로 역사상 가장 커졌다.

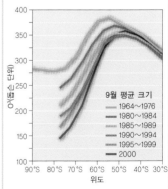

고위도 돕슨 단위는 오존 농도를 측정하는 기본 단위이다. 최대 오존 파괴는 남반구의 남극 근처에서 발생된다.

변하는 강수

세계 평균 기온의 상승으로 대기 순환에 변이가 나타나고 증발량이 증가함에 따라 강수에도 변화가 나타난다. 이 강수 변화는 지역적으로 다양하게 나타나지만, 전 세계적으로 평균 강수량이 증가하고 강수의 강도가 증가하는 경향은 명확하다.

적어지는 강설량(오른쪽) 미국 캘리포니아의 시에라네바다 산맥에 내리는 눈의 양이 줄어들어 북부 캘리포니아에 공급되는 물의 양이 감소하여 지방자치단체에서 걱정하고 있다.

관련 자료

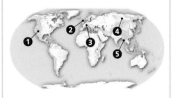

1. 도시화 인간 활동을 통해 배출된 미세 입자는 강수량을 줄이기도 한다. 미국 애리조나 주 피닉스에서는 겨울 강수량이 주간 자동차 사용 및 배출과 연관이 있음이 밝혀졌다. 또한 도시가 개발되고 이에 따른 열섬 효과에 의해 이 지역 폭풍우의 양상이 바뀌었다.

미국 애리조나 주 피닉스

2. 스키 산업 스코틀랜드는 스키와 다른 겨울 스포츠에 대한 기후 변화의 영향을 조사하고 있다. 강설량은 향후 40년 동안 극단적으로 적어질 것이라고 예측된다. 만약 스키장이 더 높은 고도로 옮겨 간다면 더 큰 눈사태와 사고의 위험을 직면하게 될 것이다.

스코틀랜드

3. 겨울 관광 빙하로 덮인 유럽의 겨울 스포츠 산업의 본고장인 알프스에서는 눈이 쌓인 지역의 크기가 급격히 줄어드는 것을 볼 수 있다. 평균 적설 깊이는 40년 전과 비교해서 절반이나 줄어들어, 알프스의 겨울 관광 산업은 이에 맞춰 조정하는 데 애를 먹고 있다.

유럽 알프스

4. 북극 온난화 시베리아를 비롯한 극지방은 특히 빠른 온난화를 경험하고 있다. 자연적으로 건조한 이곳 기후가 상황을 더 악화시킨다. 낮아지는 연간 강설량으로 새로 내리는 눈이 녹은 눈의 양을 충분히 채우지 못한다.

러시아 시베리아

5. 기상 이변 미얀마는 시원하고 건조한 계절과 많은 비가 내리는 더운 여름을 가지고 있는 열대 몬순 기후이다. 2008년 5월에 발생했던 사이클론 나르기스(Nargis)는 미얀마의 가장 파괴적인 자연재해였으며, 이 지구 온난화에 따른 기상 이변의 피해액도 가장 많았다.

미얀마 양곤

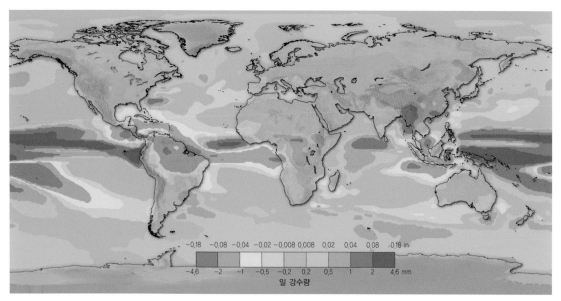

많아지거나 적어지거나(위) 이 기후 모델은 1960~1990년 사이 기후에 비교하여 2070~2100년 사이의 연간 평균 강수 변화를 보여 준다. 남아메리카와 동남아시아 등지는 건조해지고, 동아시아와 알래스카 등지에서는 비가 많아지는 것으로 보여 주고 있다.

더 많아지는 비(아래) 지구 온난화가 일어나면 동아시아의 일부 지역에서는 연 강우량이 증가할 것이라고 예측했다. 2008년 6월 7일 홍콩의 한 가게 주인이 밤 동안 비가 190mm나 쏟아져 입은 피해를 정리하고 있다.

북반구 강설량 1967년 눈 덮인 면적에 대한 기록 이후 재기록을 위해 인공위성을 통해 북반구에 덮여 있는 적설 면적을 측정했다. 눈이 덮여 있는 지역의 비율에서 보는 것과 같이 연평균 눈이 덮여 있는 범위, 그리고 가장 넓었던 해와 가장 적었던 해가 기록되어 있다.

2월의
적설 면적(%)

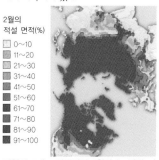

☐ 0~10
☐ 11~20
☐ 21~30
☐ 31~40
☐ 41~50
☐ 51~60
☐ 61~70
☐ 71~80
☐ 81~90
■ 91~100

전형적 모습 평균적인 2월의 눈 덮인 지역을 보여 주는데, 항상 눈이 덮여 있는 지역은 파란색으로 표시하였다. 알래스카, 러시아와 캐나다의 상당한 지역이 포함되어 있다.

적설 면적 차이

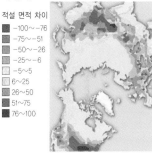

■ -100~-76
■ -75~-51
■ -50~-26
☐ -25~-6
☐ -5~5
☐ 6~25
■ 26~50
■ 51~75
■ 76~100

가장 많은 눈 1978년 2월에 가장 많은 눈이 왔다. 진한 파란색은 이전에는 눈이 없었지만 그해 처음 눈이 내린 지역이 나타나 있다.

적설 면적 차이

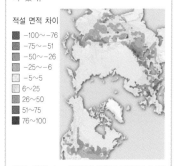

■ -100~-76
■ -75~-51
■ -50~-26
☐ -25~-6
☐ -5~5
☐ 6~25
■ 26~50
■ 51~75
■ 76~100

가장 적은 눈 1999년 2월에 기록상 눈이 가장 적게 왔다. 하지만 이례적으로 미국 북서 지역과 서유럽에는 많은 눈이 왔다.

이상 적설 변화하는 기후로부터 예견되는 것은 극단적인 강수 빈도의 증가이다. 2006년 2월 요르단 암만의 고지대 거주 지역에서는 예기치 않은 눈 폭풍 때문에 학교가 폐쇄되고 사람들이 고립되었다.

녹고 있는 빙하들

기후학자들이 가장 크게 우려하는 것은 빙하가 녹는 것이 가속되고 있다는 사실이다. 특히 적도 부근의 빙하들은 조금만 더 더워지거나 강수량이 조금만 줄어도 존재 여부가 불투명한 연약한 존재이다. 빙하의 감소율은 지역 강수량, 일기 양상, 그리고 기온에 의해 해마다 또는 수년마다 다양하게 변동한다.

후퇴하는 빙하(오른쪽) 그린란드의 야콥스하운 이스브래(Jakobshavn Isbrae) 빙하는 세계에서 가장 빠르게 사라지는 빙하이다. 붉은 선은 1851년부터 2006년까지의 얼음의 한계를 보여 준다. 흰색 지역은 빙하가 떨어져 나가 피요르드를 채우고 있는 빙산들이다. 이 빙하가 빠르게 녹아 후퇴하는 것은 해수면 상승으로 연결되어 위협이 되고 있다.

관련 자료

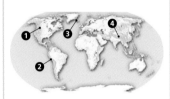

1. 그리넬 빙하 1850년 처음으로 2.87km²로 측정된 이후 그리넬(Grinnell) 빙하가 감소하고 있다. 오늘날 이 빙하의 면적은 0.88km²에 불과하다. 빙하학자들은 몬태나 국립빙하공원의 빙하가 2040년경에는 모두 사라질지도 모른다고 추정했다.

미국 몬태나 주 그리넬 빙하

2. 쿠엘카야 만년설 페루에는 세계에서 가장 큰 열대빙하가 있다. 쿠엘카야 만년설은 1960년대에 측정된 이후로 축소율이 10배 이상 증가했는데, 향후 5년 이내 모두 사라질 것이라는 우려를 자아내고 있다.

쿠엘카야 만년설

3. 랑요쿨 빙하 아이슬란드에서 두 번째로 큰 랑요쿨(Langjökull) 빙하는 960km²의 크기로 국토 면적 11%를 차지하고 있는데, 연간 20~30km² 크기의 빙하가 사라지고 있다.

아이슬란드 랑요쿨 빙하

4. 히말라야 극지방 빙상을 제외하고 가장 많은 민물을 포함하고 있는 히말라야 빙하가 녹으면 남아시아에 비참한 결과를 가지고 올 것이다. 빙하가 녹는 것이 가속되고 있어 이 지역에서는 홍수로 국토가 황폐화되고, 그 다음에는 가용 수자원 부족으로 고통 받을 것이다.

히말라야

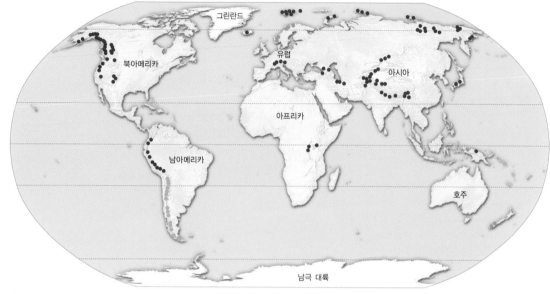

□ 대부분 위축되고 있는 극 빙하 ● 절반 이상이 사라진 빙하
● 거의 사라진 빙하 ● 일부 사라진 빙하

위치(위) 온대지방의 빙하는 본질적으로 산정이 만년설이 존재할 만큼 충분히 추운 높은 산맥에 위치한다. 극으로 갈수록 빙하들은 점점 더 낮은 고도에 위치한다.

자취를 감춘 눈(아래) 더워지는 날씨와 줄어드는 강수량으로 인해 10년 이내에 아프리카의 높은 봉우리, 탄자니아 킬리만자로 산의 만년설은 완전히 사라질지도 모른다.

민물 얼음의 분포

남극 대륙 동쪽 빙상 77%

기타 3%
그린란드 빙상 10%
남극 대륙 서쪽 빙상 10%

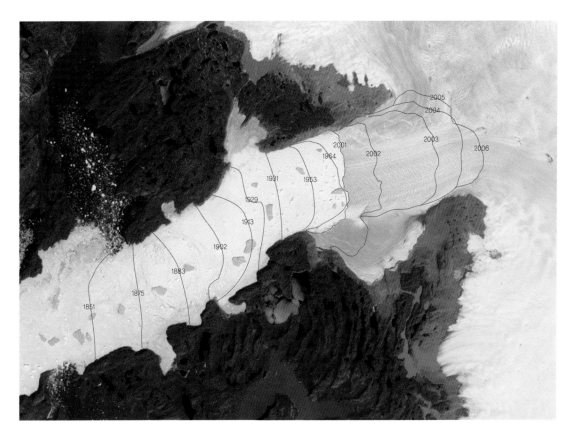

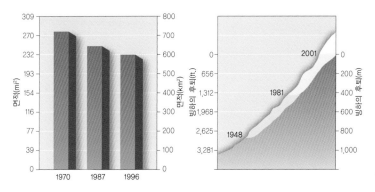

빙하 호수(위) 페루의 코르디예라 블랑카 빙하 시스템은 1970년대 이후로 영구적이던 빙하의 1/4 이상이 녹아 사라졌다. 빙하가 녹은 물이 경작지와 수력 발전으로 사용된다.

범위(먼 왼쪽) 이 막대 그래프는 코르디예라 블랑카 빙하 시스템이 덮고 있는 면적을 보여 주고 있는데, 1970~1996년 사이에 17%나 사라졌다.

이동(왼쪽) 기온이 상승함에 따라 이 지역에 눈이 오는 것 대신 비가 내린다. 빙하의 끝이 빠른 속도로 높은 곳으로 후퇴하고 있다.

관련 자료

축소된 면적 빙하가 녹음에 따라, 지역 기후의 다양한 양상에 따라 모양과 속도가 달라지고, 녹은 물은 냇물을 이루어 내려간다. 빙하가 갈라진 크레바스와 빙하가 녹은 호수는 빙하의 이동에 영향을 미치는 지질학적 모양 특성이다.

지역
알래스카
캐나다와 알래스카를 제외한 미국
노르웨이
유럽 알프스
러시아
티엔산과 파미르
티베트
열대빙하
남아메리카
뉴질랜드

1700 1750 1800 1850 1900 1950 2000
연도

최대　　　감소　　　최소

빙하의 후퇴 1850년경 소빙하기가 끝나고 세계의 모든 빙하는 지역 기후에 따라 다양한 속도로 녹고 있어 빙하 시스템이 후퇴하고 있다.

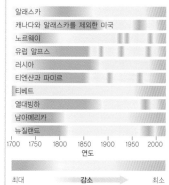

균열 크레바스는 얼음덩어리가 서로 충돌하거나 각기 다른 속도로 움직일 때 생겨난다. 크레바스가 물로 가득 차게 되면, 이것이 빙하의 기반을 매끄럽게 하고 이동을 빠르게 한다.

녹은 물 산악빙하의 기반에 빙하 녹은 물의 강은 지형을 바꾸어 놓는다. 만약 녹은 물이 빙하와 접촉한다면 빙하의 속도가 바뀔 수 있다.

빙상과 떠 있는 얼음

전 세계에 존재하는 대부분 민물의 근원은 내리는 눈이고, 이 눈이 쌓여 주로 빙상과 남극이나 그린란드에 있는 빙붕에 저장된다. 내린 눈이 다져진 북극의 떠 있는 얼음도 민물의 저장고이다. 지구의 극지방에 있는 빙하는 급격히 줄어들어, 해수면과 해양 염도와 순환에 영향을 준다.

북서 항로(아래) 2007년 8월 북극의 군도에 대서양과 태평양 사이의 이동 가능한 항로가 열려 몇 주간 지속되었다. 영원히 닫히지 않는 항로는 앞으로 10년 안에 현실화될 것이라고 기대된다.

관련 자료

해류 해양의 순환은 세계 여러 곳의 상황에 따라 차이가 있는 바닷물의 온도와 밀도의 균형에 의존한다. 이 거대한 해양의 컨베이어 벨트는 북극 빙하가 녹아 달라지는 염도 때문에 혼란스러워진다.

현재 해류 대서양 해류는 적도 표층 바닷물을 북쪽으로 이동시켜 서유럽을 따뜻하게 한다. 이 바닷물은 북극에서 차가워져 가라앉고, 적도 쪽으로 되돌아간다.

이상 해류 그린란드 빙상이 녹아 북극해로 밀도가 낮은 민물을 쏟아 넣는다. 이로 인해 더운 물이 북서쪽으로 이동하는 것을 막게 되고, 서유럽은 추워진다.

빙하 아래 호수

보스토크 호수는 남극 빙하 아래 존재한다. 이 호수는 대륙 표면의 온도가 충분히 높아 얼어붙은 빙상 아래를 녹여 액체 상태의 물이 호수를 유지할 수 있다. 위의 빙상은 계속해서 이 호수 위에서 흐른다.

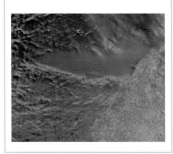

B-15A 2000년 3월 빙하 B-15**(위)**는 남극 대륙 연안에 있는 로스 빙붕으로부터 분리되었다. 이 빙하 크기는 자메이카보다 큰 11,000km²로 역사상 가장 큰 빙하로 기록되었다. 따뜻한 바닷물에 의해 분리된 빙산의 가장 큰 조각인 B-15A는 현재 남극 대륙 둘레를 도는 해류에 의해 이동하고 있다**(오른쪽)**. 이런 빙산과 같이 자유롭게 떠다니는 얼음은 해수면을 상승시키고 얼음이 녹아 주변 바다의 염도를 변하게 한다.

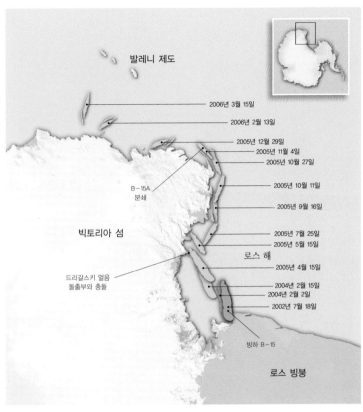

발레니 제도

2006년 3월 15일
2006년 2월 13일
2005년 12월 29일
2005년 11월 4일
2005년 10월 27일
2005년 10월 11일
2005년 9월 16일
2005년 7월 25일
2005년 5월 15일
2005년 4월 15일
2004년 2월 15일
2004년 2월 2일
2002년 7월 18일

B-15A 분쇄

빅토리아 섬

드리갈스키 얼음 돌출부와 충돌

로스 해

빙하 B-15

로스 빙붕

빙하 흐름(아래) 빙하는 계속해서 얼음이 축적되고(파란 화살표) 잃고 있는(빨간 화살표) 역동적인 상태이다. 눈이 내리면 빙하는 중심에서 질량을 얻게 되고, 압축되고 바깥으로 밀려나가 바다로 향하게 된다. 눈에 의해 축적되는 양보다 빠져나가는 양이 더 많게 되면 빙하는 줄어들게 된다.

증가하는 질량 내린 눈은 극지방 얼음의 원천이다. 공식적으로 사막인 남극에는 1년에 평균 50mm 정도 눈이 내려 남극 중앙부의 얼음이 커지게 된다.

표층수 빙상 표면에서 지역적으로 따뜻해져서 생긴 작은 얼음이 녹은 웅덩이는 얼음이 녹는 것을 가속시킨다. 녹은 물은 얼음보다 알베도가 낮아 태양 복사에너지를 더 많이 흡수한다.

분리 빙상의 가장자리에서 빙하가 바다로 떨어져 나가면서 빙상은 질량을 잃게 된다.

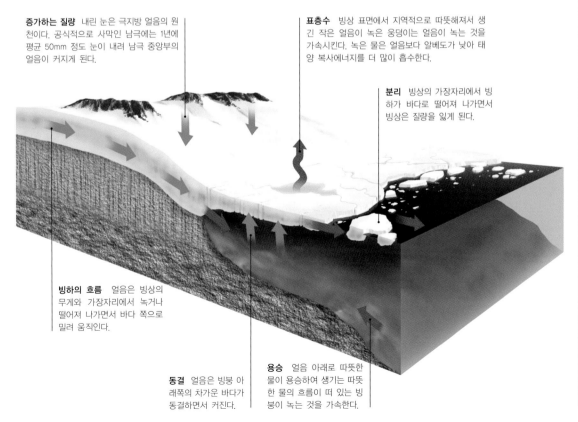

빙하의 흐름 얼음은 빙상의 무게와 가장자리에서 녹거나 떨어져 나가면서 바다 쪽으로 밀려 움직인다.

동결 얼음은 빙붕 아래쪽의 차가운 바다가 동결하면서 커진다.

용승 얼음 아래로 따뜻한 물이 용승하여 생기는 따뜻한 물의 흐름이 떠 있는 빙붕이 녹는 것을 가속한다.

관련 자료

남극 얼음 남극 대륙의 대략 40%를 빙붕이 둘러싸고 있는데, 이로 인해 남극대륙을 육지만의 면적보다 12% 더 크게 만들었다. 대기와 해양에서의 온난화로 빙붕의 안정성이 약화되고 있어 때로는 급격하게 빙붕이 붕괴되기도 한다.

남극의 빙붕

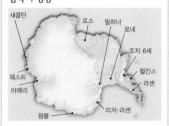

섀클턴
로스
필히너
로네
웨스트
아메리
조지 6세
윌킨스
라센
핌불
리저-라센

윌킨스 2008년 2월 윌킨스 빙붕의 큰 부분이 붕괴되었다. 나머지 부분은 대륙에 얇은 얼음다리에 의해 연결되도록 남겨졌다.

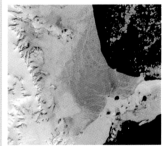

라센 2008년, 라센 빙붕에 녹은 물이 흘러내렸는데, 이로 인해 1986년 이래로 8,500km² 이상 유실되었다. 라센 B 빙붕은 2002년에 붕괴됐다.

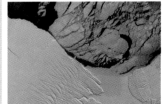

아메리 2002년 9월에 찍은 아메리 빙붕의 모습은 16%의 동부 남극 빙상이 바다로 녹아 사라지는 출구를 보여 주고 있다.

관심 지역 ▶ 북극

> ▶ **지역**: 북극해와 미국과 캐나다 일부 지역, 그린란드, 아이슬란드, 노르웨이, 스웨덴, 핀란드, 그리고 러시아의 일부를 포함하는 북극권(북위 66°30′)
>
> ▶ **위협**: 급격히 올라가는 육지와 바다의 온도, 성층권의 오존 감소, 석유 시추, 해운권 논쟁
>
> ▶ **기후 영향**: 얇아지는 북극의 얼음, 해빙(解氷), 해수면의 상승, 바닷물의 염도 감소, 메탄 방출 증가 등
>
> ▶ **멸종위기의 생물**: 카스피 해 바다표범, 긴수염고래, 흰긴수염고래. 2050년까지 지구에 살고 있는 북극곰 개체수의 2/3가 사라질 것이다.

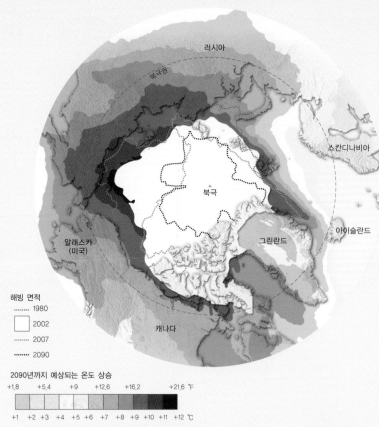

북극 지역은 기후 변화의 진행, 특히 급격히 녹는 북극의 만년설을 가장 잘 관측할 수 있는 곳 중 하나이다. 북극에서 온도의 상승은 지구 평균값의 두 배로 지구 온난화가 가장 빠르게 나타난다. 이 빠른 온난화 속도는 햇빛을 잘 반사하는 눈과 얼음이 비교적 어두운 바다로 태양열의 흡수가 많아지는 '기후 되먹임' 때문이다.

해빙 면적
...... 1980
☐ 2002
...... 2007
...... 2090

2090년까지 예상되는 온도 상승

+1.8 +5.4 +9 +12.6 +16.2 +21.6 ℉

+1 +2 +3 +4 +5 +6 +7 +8 +9 +10 +11 +12 ℃

온도와 얼음(위) 이 그림은 9월 실제 관측된 북극 빙하와 2090년까지 기온이 상승함에 따른 예측된 북극 빙하의 크기 변화를 보여 준다. 그러나 일부 과학자들은 북극에서 온난화가 가속되고 있기에, 북극의 얼음은 2090년이 되기 전에 여름철 동안에는 사라질 것으로 예측하고 있다.

북극 항로

북극해에서 북서 항로 찾기는 기후온난화로 해결될 전망이다. 북극에는 매년 주기적으로 눈과 얼음의 면적크기의 순환이 있는데, 북반구 여름이 끝날 무렵 최소 크기에 도달한다. 이 순환 위에 겹쳐진 것이 양의 되먹임을 갖는 온난화 경향이다. 북극에서 해빙은 얼음 덮인 면적이 줄어드는 것뿐만 아니라 북극 얼음이 얇아져서 북극해는 더 따뜻한 바다가 된다. 매년 관측되는 얼음의 크기가 감소하고 있어 일부 과학자들이 북극에 곧 얼음이 없는 여름이 나타날 것이라 예상하고 있다.

가속되는 북극의 온난화는 사람과 동물에게 큰 도전의 기회를 제공하고 있다. 이뉴잇 에스키모 사냥꾼과 북극곰은 먹거리로 서식지가 바뀌는 물고기, 바다표범, 그리고 순록을 차지하기 위해 경쟁할 것이다. 북극은 또한 영구 동토층이 녹고 바다의 얼음이 줄어들면서 발굴 가능한 새로운 화석연료 매장지를 찾는 석유산업의 상업적인 이익에 의해 위협받는다.

북극의 얼음이 녹는 것의 영향은 결코 지역적인 것으로 남아 있지 않을 것이다. 북극의 온난화는 그린란드를 덮고 있는 빙하를 불안정하게 만들고 있다. 육빙인 그린란드 빙하가 모두 녹는다면 전 세계적으로 7m의 해수면 상승이 일어날 것이다. 더군다나 이렇게 북대서양에 민물이 대량으로 들어가게 되면 전 지구적인 해양 순환이 교란되고, 따라서 기후 변화에 큰 영향을 미칠 것이다.

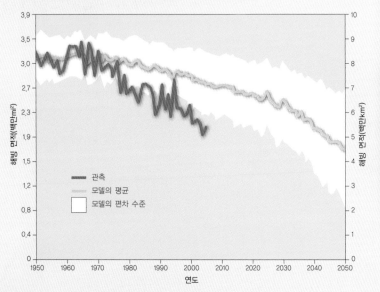

줄어드는 얼음(왼쪽) 지구 기후 모델은 지구 온난화가 가속되는 까닭에 북극권에서 9월 북극 해빙의 크기가 지속적으로 줄어들 것으로 예상하고 있다. 최근 관측된 해빙 감소는 모든 기후 모델 전망을 뛰어넘고 있다.

위기의 종들(위) 북극 토종인 북극곰은 그들의 일생의 대부분을 위협받고 있는 얼어붙은 해빙 위에서 보낸다. 이전에는 북극곰의 가장 큰 위험은 주로 인간에 의한 사냥이었는데, 이제는 지구 온난화가 가장 큰 위험 요소이다.

태양열 흡수(왼쪽 위) 러시아 얼음에서 해빙이 반사율에 미치는 영향을 찾을 수 있다. 깨끗한 눈은 대부분의 태양 복사를 다시 우주로 반사하는 반면에, 어두운 물의 웅덩이는 태양 복사를 흡수한다. 따라서 얼음이 녹아 물 웅덩이가 확장되는 것은 지역적 온난화를 더욱 촉진한다.

얼음 동굴(위) 얼음 동굴은 빙하의 표면 아래나 갈라진 틈을 통해 얼음 녹은 물이 흐르는 강에 의해 형성될 수 있다. 녹은 물은 또한 빙하의 아랫부분에 윤활유 역할을 하여 바다를 향한 빙하의 흐름을 촉진한다. 빙하가 바다에 이르면 빙산으로 분리되고 쪼개져서 사라진다.

위협받는 지역사회(왼쪽) 이뉴잇 에스키모 부락처럼 캐나다의 북극권 토착민 사회는 북극에서 일어나고 있는 기후 변화에 매우 취약하다. 전통적인 먹거리는 줄어들고 녹고 있는 영구 동토층은 해안 마을의 침식을 가속한다.

석유 산업(아래) 알래스카를 횡단하는 송유관 건설은 이 지역 동물의 이동을 방해했고, 연약한 툰드라 생태계를 혼란시켰다. 아이러니하게도 이제는 지지 기둥을 박아 놓은 영구 동토층의 융해로 이 송유관이 위기에 처해 있다.

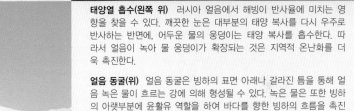

관심 지역 ▶ # 남극

> ▶ **지역**: 지구의 가장 남쪽 대륙인 남극 대륙은 남극권(남위 66° 30′) 범위 안에 거의 완전히 위치하고 있다.
>
> ▶ **위협**: 상승하는 대륙과 해양의 온도, 성층권의 오존층 감소, 증가하는 온실가스(CO₂, CFCs), 상업적 어획
>
> ▶ **기후 영향**: 빙하의 감소, 해수면의 상승, 바닷물의 염분 감소, 자외선의 증가, 얼음에 갇혀 있던 오염물의 방출 등
>
> ▶ **멸종위기의 생물**: 푸른 고래, 네 종류의 앨버트로스, 향유고래와 마카로니 펭귄의 위기, 성층권의 오존층 감소로 인해 피해를 입는 남극의 단세포 해양 식물들

남극은 북극만큼 빠르게 따뜻해지지는 않고 있다. 왜냐하면 남극을 나머지 세계와 차단시키는 남극 대륙 둘레를 도는 해류와 바람 때문이다. 그러나 최근 남극 반도의 온난화와 빙붕의 붕괴는 남반구 극지방의 얼음 면적과 기후에 변화를 가져왔다.

얼음이 덮인 대륙

최근까지, 남극 대륙은 눈에 띄게 따뜻해지지는 않을 것이라 생각되어 왔다. 그러나 최근 인공위성의 자료는 남극 대륙이 세계 평균 기온 상승에 견줄 만하게 평균적으로 10년에 0.1℃씩 따뜻해져 왔다는 것을 보여 준다. 온난화 수치가 세계 평균의 2배나 되는 북극 지방과는 분명하게 대조된다. 남극 반도의 기온은 지난 50년 동안 3℃ 상승하였다.

빙하 아래를 대륙이 받치고 있기 때문에 남극 내륙은 북극보다 더 오랫동안 눈과 얼음으로 덮였다고 예상되었다. 더구나 남극 대륙 둘레에서 빙붕이 떨어져 나가고, 대륙에서는 연안으로 잃고 있는 반면에 남극 대륙 중앙에서는 대륙 주변의 따뜻해진 해양이 더 많은 물을 공급함으로써 강수를 강화하여 얼음이 더 많이 쌓이고 있다.

빙붕의 붕괴는 대륙 주변의 따뜻해진 바다로 인해 가속되고 있으며, 한편 어두운 바닷물이 햇빛을 많이 흡수하는 까닭에 빙붕의 붕괴는 더욱 가속되고 자기강화순환 가운데 놓여 있다. 빙붕의 흐름에서 버팀력의 손실은 결국 해양으로 향하는 빙하의 속도를 증가시켜 강수 증가 효과를 능가하게 되고 결국 남극 대륙에서 얼음의 순손실을 가져온다. 만약 가장 연약한 부분인 서쪽 남극 빙붕이 이러한 손실들에 의해 완전히 녹는다면 전 세계적으로 해수면이 5m 상승하게 할 것이다.

2090년까지 예상된 기온 상승

더 따뜻해진 남극 대륙(위) 무엇보다도, 다음 80년 동안 남극의 온난화는 북극의 온난화보다 더 느리게 진행될 것으로 예상되었다. 그러나 빙붕이 붕괴되면서 더 어두운 바다가 더 많은 햇빛을 흡수하여 빙붕의 붕괴는 더욱 가속될 것이며, 이에 따라 남극 반도에서는 더 빙붕 붕괴 경고를 불러올 것이다.

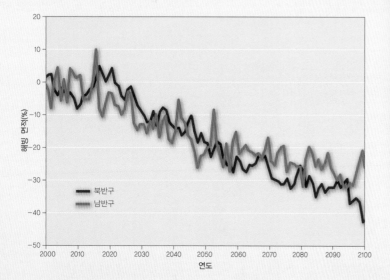

해빙 지역(왼쪽) 이 기후 모델은 북극과 남극 두 곳 모두에서 해빙 지역이 꾸준히 감소할 것이라 전망하고 있다. 하지만 남극 대륙에서는 북극의 해빙과는 달리 육빙으로 되어 있기에 상대적으로 더 오랫동안 얼음이 유지될 것이다.

위기의 집단(위) 황제펭귄들은 오징어와 생선을 먹으면서 남극 연안의 섬에 많은 집단을 이루어 살고 있다. 해수 온도의 상승으로 흩어지는 빙붕은 그들이 이용할 수 있는 해양먹이를 감소시키며, 그 결과로 펭귄의 생존율이 낮아진다.

바다의 위험(왼쪽) 빙붕이 붕괴됐을 때 빙붕의 가장자리에서 얼음이 조각나서 떨어지는 것이 가속되고 있다. 이것이 극지방 둘레를 도는 해류에 표류하는 빙산들을 만들며, 특히 남극 주변 바다의 항해 시 마음을 놓을 수 없는 지역으로 만든다.

화산재(위) 남극의 화산들 중 하나인 베린다(Belinda) 산은 2001~2007년까지 때때로 분화하여 주변의 빙산고의 일각과 빙하를 검은 화산재로 더럽혔다. 이는 눈과 얼음이 더 많은 태양에너지를 흡수하여 눈과 얼음이 녹는 것을 가속시킨다.

스트레스를 받는 빙붕(아래) 윌킨스와 라센-A와 라센-B를 포함하는 여러 남극의 큰 빙붕은 최근 10년 동안 극적으로 붕괴되어 왔다. 빙붕은 바다를 향해 흘러감에 따라 크레바스의 형성과 빙하 안의 압력에 의해 부서진다. 이러한 갈라진 틈 사이로 물이 빙하 안으로 더 깊숙이 침투하게 만들어 붕괴를 더 촉진시킨다.

올라오는 해수면

관련 자료

과거와 미래 세계적인 해수면 상승은 측정하기 어렵고, 그 예측은 더욱 어렵다. 그러나 과학자들은 빙상의 녹는 속도가 가속되는 것처럼 최근에 해수면 상승의 속도가 빨라지고 있다는 데 동의한다.

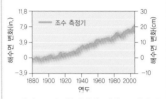

20세기 조수 측정기에 의해 20세기 동안 측정된 전 지구 평균 해수면은 매년 평균 2mm 상승 속도로 총 20cm 정도 상승하였다.

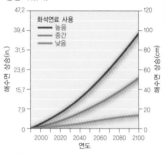

예측 IPCC는 만약 화석연료 사용이 낮으면 21세기 동안 해수면이 18cm 상승하고, 화석연료 사용이 높으면 95cm 상승할 것이라고 전망했다.

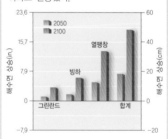

상승 요인 2100년에 예상되는 해수면 상승은 따뜻해진 바닷물의 열 팽창에 의한 것이 가장 크고, 빙하가 녹아 기여하는 것이 두 번째이다.

예측된 해수면 상승 영향	
그린란드 대륙빙하의 녹음	0.2mm/년
남극 대륙빙하의 녹음	0.2mm/년
빙하와 만년설의 녹음	0.8mm/년
해양 열팽창	1.6mm/년
총 해수면 상승의 영향	2.8mm/년

대부분의 해수면 상승은 온난해지는 바다의 열팽창 때문이다. 나머지 상승은 그린란드와 남극의 대륙빙하 같은 육지빙하가 녹아 바다에 물을 더하면서 발생한다. 북극 바다 위에 떠 있는 얼음이 녹는 것은 해수면 상승에 기여하지 않았지만, 알베도 효과로 인해 바다가 온난해지는 것에는 기여한다.

차등을 보이는 해수면 상승(아래) 1993~2008년의 위성 자료는 매년의 해수면 변화 양상을 보여 준다. 해수면 상승의 많은 부분은 물의 열팽창이 기여했다. 이 지도 또한 어느 바다가 가장 빠른 속도로 가열되는지를 보여 주고 있다.

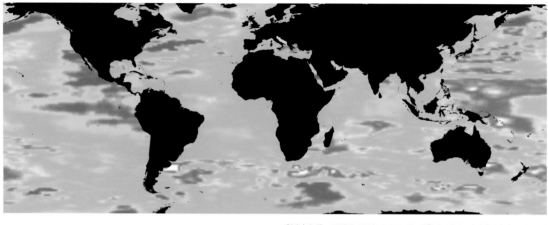

침수(아래) 투발루 국민 12,000명 가운데 절반 가까운 사람들의 고향인 푸나푸티 산호섬이 해수면이 상승함에 따라 앞으로 수십 년 이내에 물 아래로 가라앉을지도 모른다. 투발루를 비롯해서 지대가 낮은 태평양 섬 국가의 주민은 기후 난민이 될 처지에 놓였다.

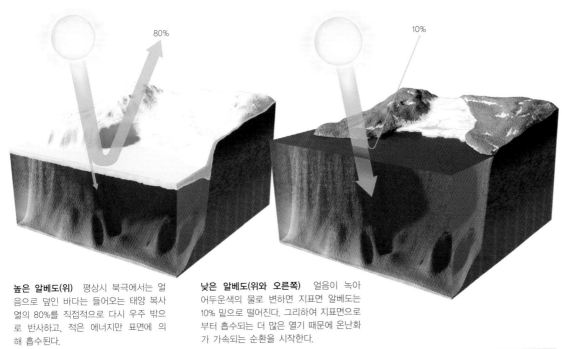

높은 알베도(위) 평상시 북극에서는 얼음으로 덮힌 바다는 들어오는 태양 복사열의 80%를 직접적으로 다시 우주 밖으로 반사하고, 적은 에너지만 표면에 의해 흡수된다.

낮은 알베도(위와 오른쪽) 얼음이 녹아 어두운색의 물로 변하면 지표면 알베도는 10% 밑으로 떨어진다. 그리하여 지표면으로부터 흡수되는 더 많은 열기 때문에 온난화가 가속되는 순환을 시작한다.

관련 자료

해수면 상승 이 지도는 전 지구 해수면 상승의 다양한 시나리오를 이용해서 미국 남동부의 바다 침수(붉은색)를 보여준다. 플로리다, 루이지애나 그리고 노스캐롤라이나의 모래톱이 가장 연약한 지역으로 꼽혔다.

1m 상승

2m 상승

4m 상승

그린란드의 얼음 녹은 물(위) 지구 담수의 약 10%가 그린란드의 빙상에 저장되어 있는데, 그린란드 빙상의 가장자리가 빠르게 줄어들고 있으며, 얼음 녹은 물이 많아지고 있다. 그린란드의 얼음이 녹아 해수면이 상승하는데 기여하고 있다.

침수(왼쪽) 2006년 9월 600명의 이뉴피아트 에스키모들이 몰려 사는 알래스카 시슈마레프 마을에서 영구 동토층과 침식으로 이 집이 파괴되었다. 해빙이 녹으면 평소보다 더 높은 폭풍 해일이 섬을 침수시키고 해안을 침식시킨다.

기상 감시

예측할 수 없는 서부 남극과 그린란드의 대륙빙하의 해빙 속도는 예측하기 어렵다. 이것은 예측된 해수면 상승과는 큰 차이를 보일 수 있다. 최근 이 빙상은 더 빠른 속도로 녹고 있어 해수면은 매년 3.1mm 속도로 상승하고 있다.

관련 자료

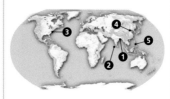

1. 로하차라 섬 갠지스 강의 입구에 있는 저지대인 순다르반스 삼각주는 거대한 맹그로브 숲인데, 숲의 상당량은 농지로 바뀌었다. 2006년에 완벽히 침몰한 로하차라 섬은 해수면 상승으로 인해 사라진 첫 번째 유인도기 되었다.

인도 로하차라 섬

2. 몰디브 인도양에 250개의 유인도로 이루어진 몰디브는 평균 해수면 높이가 1.5m이고, 가장 높은 곳이 2.3m이다. 몰디브는 다른 나라로부터 땅을 구입해서 이 나라의 기후 난민들에게 거주지를 마련해 줄 계획이다.

몰디브

3. 아우터 뱅크스 방파제로 이어진 섬인 아우터 뱅크스는 대서양으로부터 절대 필요한 생태계와 해변의 구조물들을 지켜낸다. 이 지대의 해안은 염분의 피해, 해안 침식, 그리고 강해지는 폭풍우로 연안이 범람되는 것을 막기 위해 2100년까지 제방이 1m로 높아질 것이다.

미국 노스 캐롤라이나 아우터 뱅크스

4. 텐진 태평양으로 흘러가는 양쯔강과 황하강의 하구에 있는 텐진은 이 지역의 상업 무역항 중 하나이다. 몬순 기후에 속하는 텐진은 낮은 늪지대에 위치하고 있다. 이곳의 수위는 해수면 상승과 육지 침하로 높아지고 있다.

중국 텐진

5. 마닐라 만 필리핀 사람들의 약 70%가 해안 지역에 살면서, 먹거리 대부분을 생선과 해산물에 의존하기에 이 나라는 해수면 상승에 가장 피해 받기 쉬운 나라이다. 향후 70년간 예견되는 변화는 마닐라 만 지역에 사는 50~250만 명의 사람들이 위기에 처할 것이다.

필리핀 마닐라 만

위험에 처한 연안지대

세계 인구의 약 40%가 해안에서 100km 이내에 살고 있다. 지난 100년간 평균 해수면이 20cm 상승했고, 21세기에도 더 증가할 것으로 예상된다. 해수면 상승으로 인해 저지대 섬과 해안 지역의 침수가 우려된다. 그러나 해수면 상승의 영향은 확실히 위협받는 지역을 초월해서 느껴진다. 상승하는 바다는 강 하구의 민물에 밀려들고, 연안을 침식시키고, 더 먼 내륙에까지 폭풍 해일을 가져온다.

해안지대(아래) 해수면 상승으로 인한 폭풍 해일은 더 먼 내륙까지 도달하여 광범위한 홍수를 일으킬 것이다. 이 지도는 2100년까지 영향을 받을 것이라 예견되는 각 나라의 인구 수를 보여 준다. 동남아시아 저지대 지역의 주민들은 특히나 위협받는다.

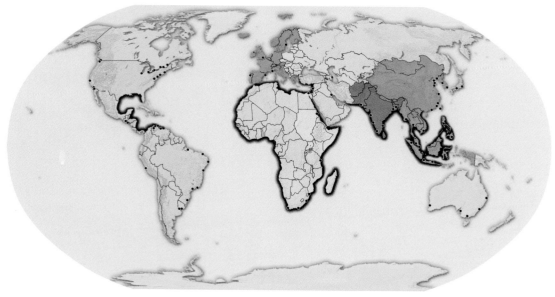

2100년까지 잠재적으로 해수면 상승과 폭풍 해일로 침수되는 인구 수

- ■ 9,000만 명 이상
- ■ 5,000~7,500만 명
- □ 1,000~2,000만 명
- □ 500~700만 명
- □ 300~400만 명
- □ 100만 명 이하
- ◤ 가장 위협받는 해안지대
- ● 위험에 처한 주요 도시

네덜란드 주로 해수면 아래에 있는 네덜란드는 정교한 제방 시스템과 만을 북해로부터 지킬 수 있는 해협을 이용한다. 해수면 상승에 대응해서 추가적인 보완이 필요하다.

베니스 2009년 2월 산 마르코 광장(성 마르코 광장)은 높은 밀물과 강한 폭풍우의 합작으로 침수되었다. 이런 홍수는 앞으로도 흔하게 일어날 것이다.

필리핀(위) 정기적인 홍수 때문에 해안가에 사는 사람들은 지지대 위에 집을 짓지만, 이런 단순한 건물은 빈번한 태풍과 쓰나미에 따른 폭풍 해일에 취약하다.

템스 강(아래) 홍수 조절 시설물인 템스 배리어(Thames Barrier)는 이례적인 높은 파도와 폭풍 해일로부터 런던을 보호하기 위해 닫는다. 1990년 이후로 템스 배리어는 매년 대략 네 차례 정도 닫힌다.

관련 자료

인간의 대파괴 인간 활동도 서식지를 변화시키고 파괴함으로써 해안가 파괴를 가속시킨다. 홍수에 대응해 해안을 강화시키려는 노력과 자원을 보호하려는 노력이 오히려 불행을 초래하고, 궁극적으로 연안 생태계를 파괴한다.

강어귀 해안의 강어귀는 생태계가 풍부한 지역이다. 강어귀는 농업, 준설작업(dredging), 벌목, 댐과 운하, 방파제 건설로 인해 자칫하면 피해를 입기 쉽다.

조간대 지역 조간대 습지대는 농약의 배출, 쓰레기, 침전물, 토탄이나 석탄 채취, 구조물 설치로 인해 가장 흔하게 위협받는다.

해양 인구가 밀집된 해안 지역 주변의 해양은 준설작업, 양식, 수자원 채취, 방파제 건설 때문에 위험에 처해 있다.

관심 지역 ▶ 방글라데시

- ▶ **지역**: 남아시아 방글라데시
- ▶ **위협**: 홍수, 산림 벌채, 토양 침식 및 퇴적, 수질오염, 자연적으로 생성된 비소로 인한 지하수 오염, 인구 과잉, 밀렵
- ▶ **기후 영향**: 해수면 상승, 폭풍 활동 증가, 모기로 인한 많은 질병, 산불로 인한 이산화 탄소 방출 증가 등
- ▶ **멸종위기의 생물**: 벵골 호랑이, 아시아코끼리, 구름무늬 표범, 갠지스 강 돌고래, 맹그로브

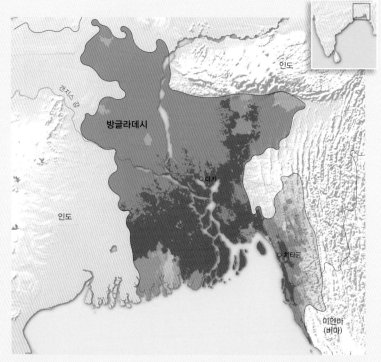

갠지스 강 삼각주 지역에 위치한 방글라데시는 세계에서 가장 기후 위협을 받는 지역 중 하나이다. 이곳 대부분은 해발 12m 미만이다. 해안가의 맹그로브 숲은 멸종위기의 벵골 호랑이와 같은 종에 훌륭한 서식지를 제공하고, 심각주의 기름진 농지가 바닷물에 침수되는 것을 막는다. 산림 벌채와 지구 온난화로 인한 해수면 상승은 해마다 바닷물이 더 내륙으로 침투하게 한다.

푸른 삼각주

비교적 가난하고 인구가 많은 저지대 방글라데시는 기후가 더워짐에 따라 많은 위협에 직면하고 있다. 주민들이 대응할 능력이 부족한 방글라데시와 같은 나라에 해수면 상승은 더욱 극심한 장맛비와 열대 폭풍우를 유도한다. 극심한 홍수로 기초적인 위생시설이 무력해지고, 질병이 창궐하게 되고, 내륙의 저수지는 바닷물이 범람하여 깨끗한 물의 공급 부족을 야기한다. 농경지 또한 피해를 입게 되고, 따라서 식량공급 부족으로 사회경제적인 문제가 따라온다. 방글라데시의 경제에 중요한 산업인 새우 양식업은 특히 기후의 영향에 취약하다.

4,200만 명이 넘는 사람들이 방글라데시의 해안선을 따라 살고 있으므로 폭풍 해일, 사이클론, 해안 침수에 의한 인명 손실이 크다. 갠지스 강 삼각주는 푸른 삼각주라고도 알려져 있는데, 벵골 만 지역에 위치하고 있으며 세계에서 가장 크다. 354km에 달하는 해안선의 2/3는 방글라데시에 있고, 나머지 1/3은 인도에 걸쳐져 있다. 히말라야 빙하에서 눈 녹은 물이 갠지스 삼각주로 흘러든다. 최근 몇 년 동안 이 해빙이 증가해 오고 있으며, 이는 방글라데시 홍수의 추가적인 원인이 되고 있다. 해안 폭풍과 범람의 여파로 위생 시스템이 아주 나빠짐에 따라 수인성 질병의 발발이 흔해지고 있다. 더군다나 기온이 올라감에 따라 말라리아와 같은 열대지방의 질병 또한 증가할 것으로 보이는데, 이는 벵골 주민들이 질병 발생에 더욱 취약하게 만든다.

비옥한 갠지스 강 삼각주를 따라서 있는, 맹그로브 숲의 보호 장벽인 순다르반스는 열대 사이클론과 침식에 의해 위협받고 있다. 상류에서는 강물이 식수나 농업용수로 사용되는데, 이는 맹그로브 숲까지 흘러오는 물이 줄고 있다는 것을 의미한다. 해수면의 상승과 바닷물의 침수는 극도로 위태로운 우리 생태계의 내구력을 계속해서 시험하고 있다. 농지 확대를 위한 벌목은 맹그로브 숲에 대한 또 다른 지속적인 위협이다. 생태환경적인 다양성의 중요성이 인정됨에 따라, 방글라데시의 순다르반스는 1997년에 유네스코 세계문화유산으로 지정되었다. 방글라데시의 순다르반스는 1987년 유네스코에 등록된 인도의 순다르반스 국립공원에 인접해 있다.

인구 밀도(위) 방글라데시 국민 상당수는 해수면이 약간만 상승해도 취약한 지역인 해안 주변과 낮은 삼각주 지역에 살고 있다. 인구 밀도가 고도가 낮은 지역에 집중되어 있기 때문에, 해수면이 1.5m 상승한다면 전체 인구 1억 5,000만 명 중 15%에 영향을 미칠 것이다.

고도
10m 이하	10m 이상	인구 밀도
		km²당 0~100명
		km²당 100~500명
		km²당 500명 이상

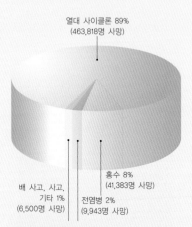

열대 사이클론 89%
(463,818명 사망)

배 사고, 사고, 기타 1%
(6,500명 사망)

전염병 2%
(9,943명 사망)

홍수 8%
(41,383명 사망)

죽음의 큰 물결(위) 1987년부터 2001년까지 방글라데시에서 가장 큰 사망 요인은 벵골 만에서의 열대 사이클론 때문이었다. 폭풍으로 벵골 만 삼각주까지 큰 물결이 들이닥쳤고, 내륙 지역에 막대한 피해를 초래했다. 몬순은 또 다른 희생자를 발생시키는 홍수를 일으킨다.

벵골 호랑이(위) 인도의 위엄 있는 벵골 호랑이는 갠지스 강 삼각주에서 서식하는 유명한 동물이다. 인도 대륙에서 야생 벵골 호랑이의 수는 지난 100년 동안 90% 이상 감소했는데, 서식지 파괴와 밀렵이 가장 큰 이유이다.

건강에 대한 위협(위) 낙후된 생활 환경과 높은 인구 밀도로 방글라데시의 홍수는 심각한 위생 문제를 일으킨다. 이것은 폐렴이나 결핵, 홍역, 또는 모기로 전염되는 말라리아와 같은 전염병을 확산시킨다.

맹그로브 숲에 의한 보호(아래) 순다르반스(어두운 초록색 부분)는 현존하는 세계에서 가장 큰 맹그로브 숲이다. 그것은 방글라데시 인구의 상당수를 먹여 살리는 갠지스 강 상류 삼각주 지역에 위치한 농경지(밝은 초록색)를 보호한다.

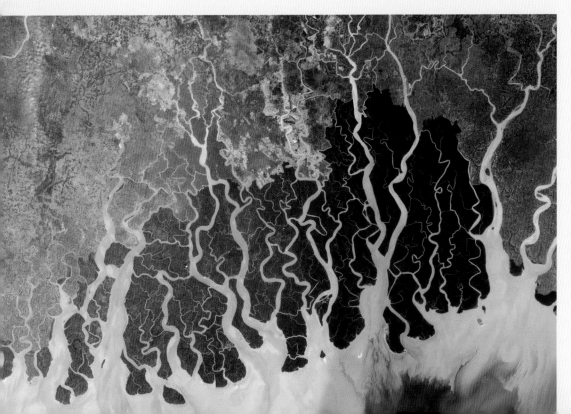

생선과 새우(위) 물고기는 순다르반스에 거주하는 400만 명 주민의 주요한 영양 공급원이다. 새우 양식 연못들은 보호되는 맹그로브를 둘러싸고 있다. 이것은 지역 수질과 생물 다양성에 대한 잠재적인 위협 요인이다.

해양의 산성화

바다는 인류가 발생시키는 이산화탄소의 약 1/3을 흡수함으로써 지구 온난화의 영향을 경감시킨다. 이것은 대기에는 좋은 소식이지만, 바닷속 이산화탄소의 증가는 바닷물의 산성화를 촉진시킨다. 산업혁명 이후로 해양 산성화는 산호초에 막대한 피해를 입혔고 더 나아가 생태학적으로 후유증을 불러일으켰을 것으로 예측되고 있다.

관련 자료

산성도 대기 내에 이산화탄소의 농축도가 증가하면서 바다는 그 일부를 직접 흡수하게 된다. 이것은 탄산(H_2CO_3)으로 급격히 변하며 해양 산성도를 높이고 바다 내에 있는 탄산이온의 수치를 감소시킨다.

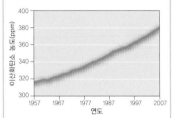

이산화탄소 농도 화석연료와 산림 파괴는 대기에 축적되는 이산화탄소를 증가시켜 해양 산성화를 유발하고 해양생명을 위협한다.

측정단위 pH값이 산성도에 따라 매겨져 있다. pH 7.0은 중성이고 이보다 낮은 수치는 산성도가 높음을 나타내고 더 높은 수치는 염기성이거나 알칼리성을 의미한다. 바닷물은 자연적으로 약한 염기성을 띤다.

기상 감시

바다의 풍요 플랑크톤은 이산화탄소를 산호초를 형성하는 칼슘탄산염으로 변화시킨다. 이 변화는 바닷속에 녹아 있는 철분량에 의해 조절된다. 최근의 연구실험에서는 해수 내 철분량을 증가시키기 위해 해수 상위 계층에 다량의 철분을 첨가하여 식물성 플랑크톤 증식을 유도한 후 이산화탄소 소비량을 증폭시키려는 시도가 행해졌다.

바닷속의 탄소(아래) 산성도가 증가함에 따라 바다는 해양 생태계의 근본이 되는 일종의 플랑크톤인 엑소우스켈러톤(exoskeletons)과 산호초를 형성하는 능력이 쇠퇴한다. 플랑크톤은 해양 먹이사슬에서 가장 아래에 위치하기 때문에 플랑크톤을 먹고 사는 생물들은 사라질 것이다.

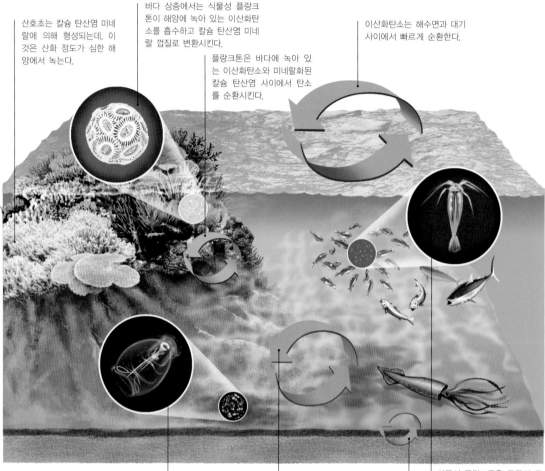

산호초는 칼슘 탄산염 미네랄에 의해 형성되는데, 이것은 산화 정도가 심한 해양에서 녹는다.

바다 상층에서는 식물성 플랑크톤이 해양에 녹아 있는 이산화탄소를 흡수하고 칼슘 탄산염 미네랄 껍질로 변화시킨다.

플랑크톤은 바다에 녹아 있는 이산화탄소와 미네랄화된 칼슘 탄산염 사이에서 탄소를 순환시킨다.

이산화탄소는 해수면과 대기 사이에서 빠르게 순환한다.

여과기 형태로 먹고 사는 플랑크톤 살파(Salpa)는 밤에는 바다 표면의 플랑크톤 섭취를 위해 상승하고 낮에는 포식자를 피해 심해로 내려가면서 해양 내에서 탄소를 수직으로 운반하는 중대한 역할을 수행한다.

해양에서 다량의 탄소가 수직으로 운송되는 현상은 해양의 '생태학적 펌프'라고 한다.

해양 바닥으로 운송된 탄소는 퇴적암으로 응축되면서 이전에 이산화탄소였던 것을 영원히 가두어 둔다.

식물성 플랑크톤을 동물성 플랑크톤이 섭취하고, 동물성 플랑크톤을 어류가 다시 섭취하면서 탄소는 해양 중간 계층으로 공급된다.

전망(오른쪽) 이 모델에서는 이산화탄소 방출량이 계속 증가하다가 2200년부터 감소할 것으로 예상하였다. 대기 중의 이산화탄소는 그 이후 수 세기 동안 바다가 장기간에 걸쳐 뒤섞이면서 바다에 흡수된다. 바닷물은 원래 pH 8.16이라는 값을 가지지만 최근 산성화로 단위당 pH가 약 0.1 정도 낮아졌다. 여기서 사용되는 pH 값은 선형으로 변화하는 것이 아니라 로그로 변한다는 점을 고려했을 때, pH 값에 0.1 정도의 변화도 해양 생태에 막대한 영향을 줄 수 있다.

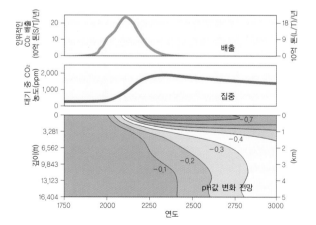

배출

집중

pH값 변화 전망

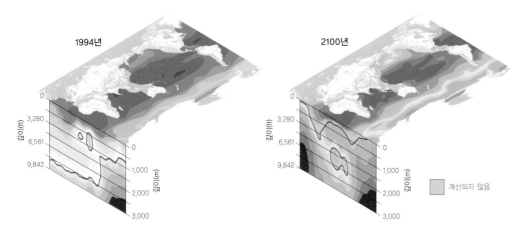

1994년

2100년

깊이(ft) 0 / 3,280 / 6,561 / 9,842

깊이(m) 0 / 1,000 / 2,000 / 3,000

계산되지 않음

해수의 탄산 포화(위) 탄산염 이온이 풍부한 물에는 탄산칼슘이 가득하다. 불포화된 물(빨강)과 과포화된 물(초록)의 경계 기준은 1994~2100년 사이에 대기와 해수 내 이산화탄소 수준이 증가하면서 얕은 곳으로 이동할 것으로 예측되고 있다.

해조류 분석(아래) 미국 애리조나에 위치한 가상 생태 환경인 바이오스피어II에서는 대기 내 이산화탄소의 증가는 산호초 형성을 저해한다는 연구가 검증됐다. 잠수부들은 흡수된 탄소의 양을 측정하기 위해 조류를 수집했다.

관련 자료

바다 생물 해양 산성화는 미네랄 물질을 녹이는데, 이 현상은 산호초와 갑각류 그리고 먹이사슬 하단에 있는 다양한 플랑크톤류에 영향을 미친다. 이런 변화는 먹이사슬 각 계층에 영향을 주면서 바다 생태계 전체에 영향을 미친다.

연체동물 테코솜 퍼로포드(thecosome pteropod)와 같은 해양 생물은 골격의 지지대를 조립하기 위해 아라고나이트 형태의 칼슘탄산염을 취득하여 살아간다.

산호초 증가하는 바닷물의 탄산화는 산호초를 만드는 미네랄 요소들을 분해하는데, 이것은 산호초의 생태 시스템의 근본 구조를 없앤다.

갑각류 은둔형 게(hermit crab)처럼 탄산칼슘으로 껍질을 만들어 스스로를 방어하는 동물들은 바닷물의 산성화로 이런 능력을 잃게 될 것이다.

생물학적 펌프

바다의 생물학적 펌프에 있어서 중요한 역할을 하는 투명한 사슬고리처럼 연결된 셀파 군체는 탄소를 바다 표면에서 심해로 이동시키는 주역이다. 셀파가 배출하는 탄소는 해양 바닥에 쉽게 가라앉는 형태이다.

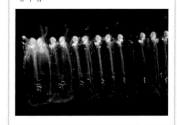

관련 자료

산호의 백화 산호폴립들은 칼슘 탄산염으로 된 골격을 덮고 있는 살아 있는 얇은 조직이다. 더워지는 바다는 산호와 햇빛을 당으로 전환하는 갈충말(zooxanthellae) 조류 사이에 존재하는 까다로운 상호 의존하는 균형을 교란시킨다.

건강한 산호 갈충말은 건강한 산호폴립 안에 산다. 산호가 이들을 보호하는 대가로 산호에게 먹거리와 산소를 제공하는 공생 조류이다.

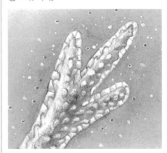

산호의 백화 따뜻한 바닷물은 산호와 갈충말 사이에 존재하는 종속관계에 스트레스를 준다. 그 결과 갈충말이 소화되거나 추방되고 산호는 죽는 결과를 초래한다.

산호 사체 죽은 산호의 칼슘 탄산염으로 된 골격은 기회주의적인 섬유 형태 조류의 기반을 제공한다.

더워지는 바다

대기의 기온이 올라가면 바다도 더 많은 양의 에너지를 흡수하여 더워진다. 상층 700m까지의 해수 온도는 20세기 중반 이후 꾸준하게 올라갔다. 바닷물의 온도가 올라가면 백화 현상으로 산호초가 죽고, 바닷물의 열팽창으로 해수면이 상승하게 되고, 열대 폭풍이나 태풍의 강도가 강해진다.

바다 온도(아래) 1955년과 2003년을 비교하여 바다의 온도 변화를 보여 주고 있다. 붉게 채색된 지역은 온도가 올라간 지역을 의미하고, 푸른색의 경우는 온도가 내려간 지역을 나타내고 있다. 대서양과 남아메리카의 동부연안, 그리고 아프리카 남부 연안에서 가장 크게 온도가 증가하였다.

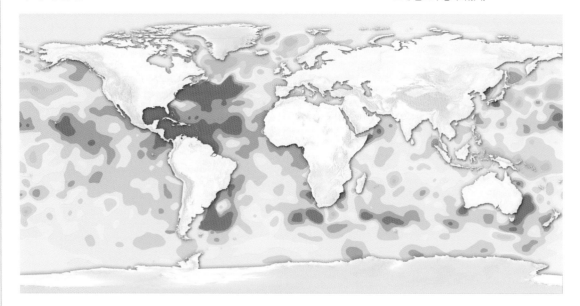

산호초의 백화 현상 바닷물의 온도가 올라간다던가 유해한 자외선 그리고 바다의 산성도와 같은 환경적인 스트레스 요인으로 인해 산호초가 죽어 가고 백화 현상이 일어난다. 살아 있는 산호는 공생하는 세포들 안에서 광합성하는 색소로 인해 색깔을 띤다.

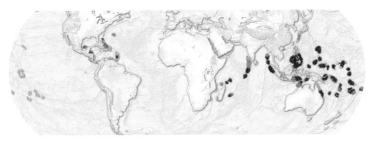

위기의 산호 100년에 1.7℃ 상승하는 모델(**왼쪽**)과 3℃ 상승하는 모델(**왼쪽 아래**)은 2055년경 어느 지역에서 산호의 백화 현상이 발생할지를 보여 준다. 붉은 동그라미는 열의 스트레스를 가장 많이 받는 지역을 나타낸다. 오세아니아 주위의 산호초가 특히 위험하다.

산호초의 열 스트레스
낮음
중간
높음

크릴새우의 죽음(왼쪽) 남극 먹이사슬의 기본을 이루는 크릴새우는 극지방의 해양 생태계에서 펭귄이나 다른 새들에게 매우 중요한 먹거리를 제공하고 있다. 따뜻해지는 바다에서는 해안가의 빙붕이 축소되고, 크릴새우의 서식지가 줄어들며, 생태계를 교란시켜 펭귄들에게 다른 지역으로 먹이를 찾아 나서게 한다.

관련 자료

허리케인 강도 허리케인은 따뜻한 해수면으로부터 습윤한 공기가 상승하여 거대한 구름 속에서 응결할 때 방출되는 열에너지로부터 에너지를 얻는다. 바다가 따뜻해지면 더 강력한 허리케인으로 발달될 수 있는 환경을 제공한다.

대서양의 길 2003년 7월 위성 사진은 열대 대서양에서 햇빛이 가장 많이 비춘 다음 이 지역의 따뜻한 해수면 온도 분포를 보여 준다.

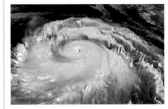

태평양의 태풍 1997년 9월에 허리케인 '린다'는 시속 298km의 강풍을 동반하여 가장 강력한 태평양 태풍으로 기록되었다.

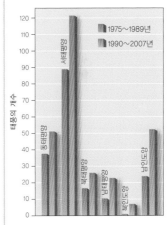

증가하는 강한 허리케인 모든 해양에서 1975~1989년 사이보다 1990~2007년 사이에 강력한 허리케인(카테고리 4 또는 5)의 수가 증가된 것이 관찰되었다.

조류의 번창 온난화된 바다에서는 더 자주 조류가 번창한다. 해양 생태계의 균형이 기울어지면, 조류는 폭발적으로 번창하여 해수면 근처에서 영양분과 산소를 고갈시킨다. 2008년 7월에 중국 어부들이 베이징의 남동쪽 연안을 청소하고 있다.

관심 지역 ▶ **대보초**

▶ **지역**: 호주 대보초

▶ **위협**: 수질오염, 퇴적물의 증가, 남획, 관광, 그리고 가시나무관 불가사리

▶ **기후 영향**: 해양의 온난화, 해수면 상승, 바닷물의 산성화, 산호 백화 현상, 폭풍 증가

▶ **멸종위기의 생물**: 산호, 흰긴수염고래, 세이고래, 긴머리바다거북, 푸른바다거북, 대모 바다거북, 장수거북

호 주의 대보초는 산호초 시스템 중에서 가장 거대한 것으로 지구 상에서 가장 큰 생물학적 실체이다. 이 거대한 구조는 작은 산호의 폴립 미생물에 의해 만들어졌다. 유네스코에서는 산호초의 풍부한 생물 다양성을 인정하여 1981년에는 세계 유산 지역으로 지정하였다. 대보초 해양 공원은 오염, 남획, 관광과 같은 위협으로부터 보호하기 위해 1975년에 설립되었다.

깨지기 쉬운 생태계

열대 해역에 위치한 섬과 산호초로 이루어진 이 거대한 띠는 1,500종 이상의 어류를 비롯하여 고래, 돌고래, 거북이, 악어, 상어, 연체류, 개구리, 조류, 뱀 등을 포함한 다양한 해양 생물체들의 서식지이다. 다수의 생물체들은 대보초에만 서식하는데 산호초 생태 환경에 대한 환경적 위협으로 인하여 이제는 많은 생물체들이 멸종위기에 처하게 되었다.

호주의 북동 해안에 위치한 이 거대한 구조는 유네스코 유산에 등재된 곳 중에서 가장 크다. 이곳은 344,000km² 의 면적, 위도로 거의 14°에 이르며, 760개의 큰 산호초와 2,000개가 넘는 별도의 산호초로 구성되어있다. 얕은 열대 바다는 다양한 해양 생물에 이상적인 서식지를 제공하지만, 관광, 낚시, 수질오염의 환경적 압박과 산호 백화 현상을 일으키는 해양의 온난화로 이 서식지에 대한 위협이 증가되고 있다.

산호초의 백화 현상은 지금까지 관측된 기후 변화의 가장 심각한 생태학적 부작용들 가운데 하나이다. 대규모 로 발생하는 산호초의 백화 현상, 즉 산호초의 죽음은 1998년, 2002년, 그리고 2006년 여름에 엘니뇨 현상이 이미 따뜻한 바다의 표층 온도를 더욱 상승시키면서 일어났다. 해양의 온도가 계속 상승하면 산호초 백화 현상은 엘니뇨 현상이 발생하지 않아도 해마다 발생할 수 있다. 만약 산호초 조직의 일부라도 살아남는다면 산호초의 회복은 가능하겠지만, 이미 절반 이상에 백화 현상이 일어났고, 산호초가 건강한 서식처로서의 기능이 전반적으로 저하되었음을 명확하게 보여 준다. 일부 과학자들은 2050년까지 산호초의 95%가 죽을 것으로 예상한다.

해양의 온난화와 산호초 백화 외에도 8,000년 동안 존재해 온 산호초의 생태계는 다른 요소들에 의해서도 위협받고 있다. 산호초는 농경지에서 흘러드는 진흙과 화학물질, 해양 먹이사슬의 위계 질서를 흩트리는 주요 생물들의 남획, 그리고 산호초 서식지를 파괴하는 관광 보트에 취약하다.

퀸즐랜드

81		91°F
27	최고 여름 기온	33℃

● 극단적 백화(산호 영향의 60% 이상)
● 매우 높은 백화(30~60%)
◐ 높은 백화(10~30%)
◑ 중간 백화(1~10%)
○ 백화 없음(산호 영향의 1% 이하)

대규모 백화 현상(위) 2002년, 대보초는 기록 역사상 가장 심각한 백화 현상을 경험했다. 절반을 넘는 산호초에서 백화 현상이 일어났다. 그해 1~3월 사이에 바다의 온도는 평소 때보다 2℃ 이상 높아 백화 현상의 원인으로 추정된다.

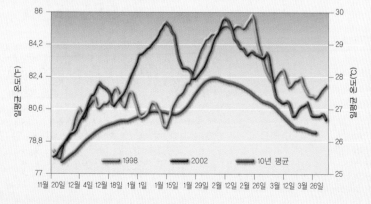

							30
86							
84.2							29
82.4							28
80.6							27
78.8							26
77							25

━━ 1998   ━━ 2002   ━━ 10년 평균

11월 20일 12월 4일 12월 18일 1월 1일 1월 15일 1월 29일 2월 12일 2월 26일 3월 12일 3월 26일

바다 온난화(왼쪽) 산호초 주변의 바다 온도는 남반구의 여름 기간인 1월과 2월에 가장 높다. 바다가 더 따뜻해지는 엘니뇨가 발생한 1998년과 2002년에는 극도의 산호초 백화 현상이 일어났다.

산호초의 거주자(위) 에폴릿(Epaulette) 상어는 얕은 산호초 바다에서 쉽게 찾을 수 있다. 약 1m 길이로 성장하며, 가느다란 몸체를 지녀 산호초 틈새를 유연하게 돌아다닌다.

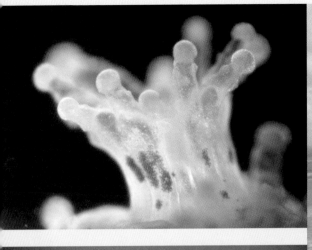

공생(맨 위) 건강한 산호폴립에는 갈충말(연노랑 부분) 조류가 착생 생활한다. 따뜻해지는 바다는 이 공생관계를 완화시키면서 산호초가 갈충말을 내쫓는다. 산호초의 색을 만드는 채색 숙주이기도 한 이 조류가 산호초와 떨어져서 백화 현상을 일으키게 된다.

기록 보관(위) 과학자들은 산호초의 백화 정도를 기록하기 위해 산호초를 매년 조사한다. 퀸즐랜드의 케펠(Keppel) 열도 인근에 백화된 산호초 지역이 있다. 산호 조직 일부가 살아남아 산호초를 재건한다면 산호초를 백화 현상으로부터 되돌릴 수 있다.

공중 예술(위) 대보초는 우주에서 관측이 가능한 지구 유일의 유기구조물이다. 널따란 대륙붕들은 아열대 곳곳에 있는 산호초의 거대 생태 시스템을 지탱하기도 하지만, 산호초들이 자라는 얕은 해수면에서 일어나는 온도 상승은 산호초 백화를 일어나게 한다.

산호초의 오염(왼쪽) 마리아 계곡에서 흘러나온 진흙 홍수는 대보초 쪽 산호해로 흘러들어 간다. 이렇게 오염물질은 현재 대보초 해상공원으로 보호되고 있는 산호초를 위협하는 환경적 위협 중 하나이다. 이렇게 산호초를 국립공원으로 지정하여 보호하는 것은 산호초의 또 다른 위협이 되는 어업과 관광을 금지한다는 뜻이다.

관련 자료

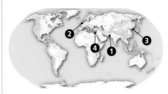

1. **파키스탄** 2007년과 2008년 예외적으로 몬순 강우가 발루치스탄(Balochistan) 지역에 연거푸 내리면서 광범위한 홍수를 야기시켰다. 이 지역 집은 대개 진흙으로 된 구조물이기 때문에 막대한 피해를 입었다. 벽돌로 지은 학교와 사원은 피난처로 이용되었다. 2007년 홍수는 파키스탄 발루치스탄 지역 주민 100만 명에게 영향을 미쳤다.

파키스탄 발루치스탄

2. **영국** 2007년 폭우는 영국에 극심한 홍수를 일으켰다. 대홍수는 집과 건물을 침수시켰고, 작물을 손상시키고, 13명의 생명을 앗아 갔으며, 수천 명의 사람들이 피난을 가야 했다. 이 재해로 인해 미흡한 홍수 예방 조치의 중요성이 부각되었다.

영국

3. **북한** 북한도 2007년 8월 일주일 동안 비가 극심하게 내린 후 극심한 홍수가 발생했다. 평양시 주민들은 강물이 허리까지 오는 대로를 다녔고, 국가 곳곳의 철도와 거리는 침수되었다. 수백 명이 사망하고 30만 명이 집을 잃었다.

북한 평양

4. **이집트** 나일 강에서는 주기적으로 계절적 홍수가 발생하며, 삼각주가 범람하고 토양이 퇴적된다. 이 범람 현상은 농업에 유리하다. 그러나 해수면 상승은 비옥한 나일 강의 삼각주를 소금물로 침수시켜 영양분을 저하시키고 농작물을 파괴한다.

이집트 나일 강 삼각주

극심한 홍수

따뜻해지는 기후는 어떤 지역에는 가뭄을 가져오지만 더 따뜻해진 바다에서 증가하는 수증기 증발량은 전반적으로 더 많은 강수량을 의미한다. 많은 지역에서 극심한 홍수를 겪게 될 것으로 예상된다. 해안가는 따뜻해진 바다가 유발하는 폭풍의 활동 증가로 인하여 범람할 것이며 많은 강물은 해빙과 몬순 강우로 인하여 범람하게 될 것이다.

독일(오른쪽) 2007년 11월 북해의 저기압은 독일 해안에 시속 130km의 풍속을 기록한 후 함부르크에 있는 엘베 강이 범람하게 만들었다.

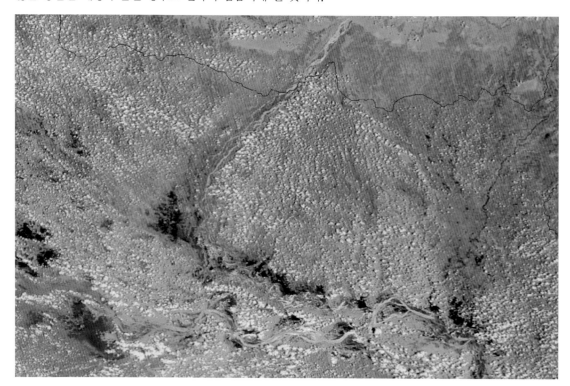

인도 2개의 인공위성 이미지는 2008년 갠지스 강의 지류인 코시(Kosi) 강의 대형 범람 전**(오른쪽 위)**과 후**(오른쪽)** 모습이다. 몬순 강우는 인도 북부 지역 강에서 홍수를 빈번히 일으키기는 하지만, 2008년의 경우, 특히 새롭게 수로를 직선으로 편 제방을 무너뜨리면서 이로 인해 100만 명 이상이 대피하였다.

페루(위) 2007년 1월에 발생한 홍수는 페루 리마 동쪽 350km에 위치한 찬차마요(Chanchamayo)에서 산사태를 일으켰다. 남아메리카의 서해안은 엘니뇨 현상이 발생하는 기간에 따뜻하고 습윤하기 때문에 페루에서는 정기적으로 최악의 홍수가 발생한다.

중국(아래) 2007년 7월 양쯔강은 수위가 25m 이상 올랐고, 중국 중앙의 후베이 주 우한에 있는 이 공원을 침수시켰다. 히말라야 산맥의 빙하가 녹아 빙하로부터 시작되는 강에서 홍수가 자주 일어난다. 몬순 강우 또한 강 수위의 상승을 부추긴다.

관련 자료

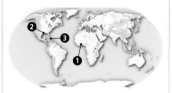

1. 가나 2007년 9월에 아프리카 서부, 중앙, 동부 국가들이 역대 최악의 홍수를 경험했다. 홍수는 가나에서만 40만 명의 이재민을 발생시켰고, 아프리카의 농경지 상당 부분을 침수시켰으며, 수인성 전염병에 대한 우려를 유발시켰다.

서아프리카 가나

2. 미국 2008년 6월, 봄에 녹는 눈의 양을 증폭시킨 폭우로 미시시피 강은 위스콘신 주, 아이오와 주, 미주리 주 그리고 루이지애나 주에서 홍수를 일으켰다. 이 홍수는 1993년의 대홍수 이후로 두 번째로 많은 수천 채의 집을 침수시켰다.

미국 미시시피 강

3. 아이티 2004년 9월, 열대 폭풍 잔느는 아이티에 산사태를 일으키는 등 2,400명의 생명을 앗아 가며 심각한 피해를 끼쳤다. 산과 들에서의 광범위한 산림 파괴는 이 산과 언덕 지역을 침식작용에 더욱 취약하게 만들었고, 이에 따라 아이티는 홍수로부터 늘 위협받는다.

아이티

세계적인 경향

1960년 이후로 홍수재해의 횟수가 눈에 띄게 증가했다. 치명적인 홍수 현상의 증가는 증가하는 강수량, 연안 폭풍, 빙하의 해빙, 그리고 하천 주위의 인구 밀도 증가에 기인한다.

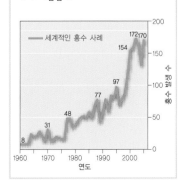

거세지는 폭풍

폭풍의 세기와 해수면 온도 사이의 상호관계는 계속해서 관찰되어 왔다. 그리고 이러한 연관성은 지구 온난화가 더욱 빈번하고 맹렬한 열대 폭풍을 일으킬 것을 시사하고 있다. 2005년 대서양의 허리케인 시즌에 특히 압도적이었는데, 기록적인 28개의 폭풍이 발생했고 그중 카테고리 4에 해당하는 5개를 포함하여 15개가 허리케인으로 발달했다.

폭풍 전시회 2005년 대서양의 허리케인 시즌에는 보통의 시즌 2개를 합한 수보다 더 많은 폭풍이 발생했다. 허리케인 윌마(Wilma)가 발생하자 21개 원래 이름이 모두 소진되었으며, 그리스 알파벳이 처음으로 폭풍이름에 사용되었다.

관련 자료

대서양 유역 대서양 유역 폭풍은 따뜻한 열대지방의 바다 위에서 보통 여름과 가을철에 발생한다. 열대 폭풍이 만약 대기 난류나, 더 차가운 물과 만나거나, 육지에 상륙한 이후 그들의 바람이 도달하여 약해지면 소멸하게 될 것이다.

진로 아열대 고기압 마루는 열대 폭풍과 허리케인을 서쪽으로, 그리고 북쪽으로 멕시코 만 또는 대서양의 해안지방으로 몰고 간다.

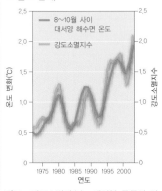

강도 강도소멸지수는 대서양 폭풍의 강도 측정에 사용되는데, 주기적인 진동과 해수 온도의 전반적인 상승 경향과 상관이 있다.

남대서양의 사이클론

낮은 해수 온도와 높은 바람 때문에 남대서양은 보통 사이클론 형성을 위한 제대로 된 환경을 형성하기 어려웠다. 그러나 2004년 3월에 대규모 열대성의 사이클론이―비공식적으로 카타리나(Catarina)라고 명명된 사이클론―브라질 해안에서 발생했다. 카테고리 2에 속하는 이 폭풍으로 10명의 사람이 죽었다.

신디 2005년 7월 5일, 신디가 루이지애나 주와 앨라배마 주에 상륙했다.

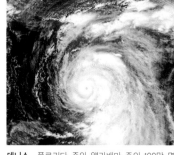

데니스 플로리다 주와 앨라배마 주의 100만 명 이상의 사람들이 데니스 때문에 피난 가야 했다.

에밀리 그해 두 번째 최악의 폭풍 에밀리는 멕시코 해안으로 상륙했다.

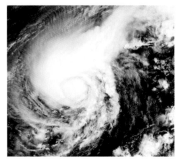

하비 대서양에서 발생된 후 하비는 버뮤다를 스쳐 지나갔다.

아이린 8월 14일 아이린은 2005년 대서양 허리케인 시즌의 네 번째 허리케인이 되었다.

카트리나 역사상 가장 큰 희생을 낸 허리케인은 플로리다 주부터 텍사스 주까지 피해를 입혔다.

마리아 마리아는 9월 6일에 대서양에서 최대 강도로 발달했다.

네이트 버뮤다에서 천천히 성장한 네이트는 9월에 허리케인 강도로 발달했다.

오펠리아 천천히 움직인 오펠리아는 미국의 동쪽 해안지방에 폭우를 쏟았다.

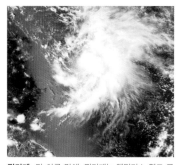

필리페 단 하루 만에, 필리페는 앤틸리스 열도 근처에서 등급 1에 속하는 허리케인으로 성장했다.

리타 리타는 9월에 플로리다 키스 제도와 멕시코 만을 통과했다.

스탠 10월에 스탠으로 말미암아 중앙아메리카에서 산사태와 홍수, 그리고 많은 희생자가 발생했다.

가장 강력한(위) 2005년 10월 19일, 허리케인 윌마는 대서양에서 발생한 허리케인 최초로 가장 낮은 기압인 882hPa을 기록하면서 기존의 기록을 갈아 치웠다. 이 색처리 종합도에서 주황과 붉은 부분은 바다 표면 온도가 28℃ 이상임을 나타낸다.

알파 10월 23일 최고점에 달한 후 폭풍우 알파는 쇠퇴하기 시작하여 윌마에 흡수되었다.

베타 베타는 10월 26일 파나마에서 열대 저기압으로 발달하였다.

제타 이 예견치 못한 폭풍우는 12월 30일 아조레스 남서쪽에서 형성되었다.

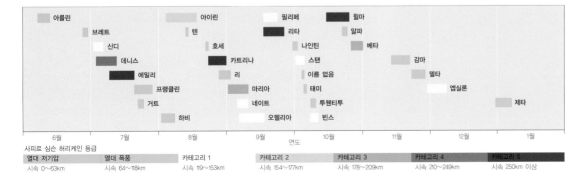

관련 자료

파괴 열대 폭풍이 육지에 상륙하거나 해안 지역에 다다랐을 때 강풍, 폭풍 그리고 폭우에 의한 피해는 막대할 수 있다. 홍수는 위생시설들을 파괴하여 해당 지역을 수인성 전염병에 취약하게 만든다.

유실 2008년 6월에 태풍 펑선(Fengshen)에 따른 대규모 홍수는 필리핀의 민다나오 섬에서 산사태를 유발하였다.

침수 많은 허리케인이 지나가는 길목에 위치한 아이티의 포트데파익스(Port-de-Paix) 섬은 2008년 8월 4개의 허리케인이 지나가면서 물속에 잠겼다.

제방 붕괴 2005년 8월 허리케인 카트리나의 강풍은 7~8.5m의 폭풍 해일을 일으켜 미국의 뉴올리언스를 덮으면서 도시의 80%를 침수시켰다.

연대표(왼쪽) 특이하게 길었던 2005년 대서양의 허리케인 시즌은 6월 8일부터 시작되었다. 폭풍 활동은 2006년 1월까지 계속되었다. 이 표는 15개의 허리케인과 13개의 열대성 폭풍, 3개의 열대성 저기압이 형성된 것과, 지속된 기간 및 강도를 보여 준다.

관심 지역 ▶ 미얀마

> ▶ **지역**: 동남아시아 미얀마
>
> ▶ **위험**: 홍수, 산림 파괴, 토양 침식과 퇴적, 인구 과잉, 밀렵, 지진
>
> ▶ **기후 영향**: 해수면 상승, 폭풍 활동 증가, 모기로 인한 많은 질병, 산불로 인한 이산화탄소 방출 증가 등
>
> ▶ **멸종위기의 생물**: 벵골 호랑이, 아시아코끼리, 구름무늬 표범, 갠지스 강 돌고래, 맹그로브

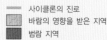

버마라고도 하는 미얀마는 동남아시아의 몬순 기후 지역에 속하고 낮은 해발 고도 때문에 특히 열대성 사이클론으로부터 위험한 영향을 받기 쉽다. 2008년 5월에 아시아의 강력한 폭풍 중 하나인 사이클론 나르기스로 인한 인명 피해는 그 지역의 취약함을 분명하게 보여주었다. 폭풍의 강도와 홍수가 발생하기 쉬운 지형 때문에 15만 명의 사람이 희생된 것으로 추정되었다.

파괴적인 폭풍

사이클론 나르기스는 2008년 여름 몬순 시기의 첫 번째 폭풍이었다. 사이클론은 자주 계절적으로 따뜻해진 북인도양에서 만들어졌다. 이 카테고리 3의 강력한 폭풍은 미얀마 남부의 이라와디 삼각주를 가로질러 엄청난 속력으로 거칠게 돌진했고, 그것이 지나간 곳은 사회, 경제 기반 시설이 파괴되었고, 광범위한 주변 지역에 비극적인 홍수를 일으켰다.

억수 같이 퍼붓는 비와 혹독한 몬순 바람으로 3.6m의 폭풍 해일이 발생하여 내륙으로 최대 40km까지 밀고 들어왔다. 전형적으로 정기적인 계절적 홍수와 높은 파도에 견디기 위해 기둥으로 높이 떠받쳐진 집 구조로 지어졌지만 사이클론의 바람을 견뎌내기에는 너무 약했다. 이 나라에는 국가폭풍경고시스템이 갖추어지지 않아 대부분의 해안 지역이 무방비 상태였고, 이것이 희생자가 많아진 원인이 되었다. 홍수로 인한 큰 물이 미얀마의 400만 이상의 사람이 살고 있는

가장 큰 도시인 양곤뿐만 아니라 해안 지역의 저지대를 완전히 덮었다.

맹그로브 숲을 제거하는 행위는 홍수를 더 악화시켰다. 맹그로브는 소금에 강한 상록수로, 빽빽한 뿌리체계로 폭풍의 풍랑의 힘을 약화시키고 침식과 홍수로부터 내륙 지역을 보호한다. 취약 지역에서의 큰 폭풍 해일은 경작지를 바닷물에 침수시키고 논을 오염시킨다. 이로 인해 식량위기가 발생할 뿐만 아니라 수백만 마리의 가축 손실이 발생했다. 이러한 손실은 정부의 초기대응체제 미비와 국제적인 구조 지원 거부로 더 악화되었다. 유엔은 240만 명이 비상식량 도움을 필요로 한다고 추정하였다.

이미 생태학적으로 파괴적인 토지 사용 관행 때문에 위험에 노출되어 있는 가운데, 저지대에 위치한 생활 터전은 기후가 계속해서 따뜻해지면서 열대성 폭풍의 강도가 강해지고 해수면이 상승하여 가장 위협을 받는 지역이 되었다.

폭풍의 진로(위) 사이클론 나르기스는 2008년 4월 말에 벵골 만의 따뜻한 바닷물 위에서 형성되었다. 그것은 5월 2일에 상륙할 때 거의 시속 210km 정도로 바람이 지속되던 카테고리 3의 폭풍이었다. 이 사이클론은 저지대인 이라와디 삼각주를 지나 북동부를 휩쓸고 지나갔으며, 이 지역 전역에 걸쳐 극심한 홍수를 일으켰다.

━━━ 사이클론의 진로
▨ 바람의 영향을 받은 지역
■ 범람 지역
■ 사이클론 카테고리 1 또는 그 이상의 바람이 지속적으로 부는 영역

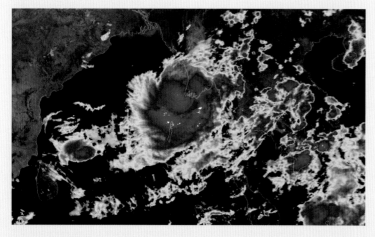

우주에서 본 광경(왼쪽) 이 적외선 인공위성 영상은 이라와디 강 근처 지역을 강타한 사이클론의 광대한 크기를 보여 준다. 폭풍이 삼각주 지역을 지나가는 하루 동안 대부분 통과 지역에서 시속 113km 이상의 바람이 불었다.

피해(위) 라부타(Labutta)(2008년 6월 14일 촬영)처럼 연안에 위치한 마을의 대부분 집은 높은 물에 대처하기 위해 높은 지대 또는 기둥 위에 지어졌다. 이 무시무시한 폭풍은 이러한 구조물의 토대를 침식시켰고, 100만 명 이상의 이재민을 발생시켰다.

범람 지역(위) 폭풍 해일은 삼각주의 생산적인 농경지를 바닷물에 침수되게 하여 그 나라의 식량 생산력에 타격을 준다. 농사를 지속적으로 가능하게 했던 홍수에 대한 자연적인 방어막이었던 맹그로브는 모두 잘려 없어진 상태였다.

말라붙다(먼 왼쪽) 태풍의 맹렬한 여파에 식량과 깨끗한 물 공급이 감소되어 생존자를 목마르게 했다. 난민촌의 아이들은 물을 마시기 위해 빗물을 모으고 있다. 사이클론이 지나간 수개월 동안 사람들은 여전히 위기에서 벗어나지 못했다.

보트(왼쪽) 안다만 해에 메르귀(Mergui)라는 고립되어 있는 섬 사이에 모겐(Moken)인이 살고 있다. 가족들은 카방(kabangs)이라 불리는 나무로 된 보트에 살고 있으며, 먹거리를 찾기 위해 해변을 따라 배를 매어 둔다. 해수면이 상승함에 따라 해면에서 높지 않은 섬들은 수몰 위기에 처해 있다.

관련 자료

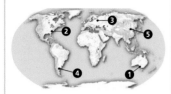

1. 2009년 1월 호주 호주 동남부에서 발생한 극심한 혹서기 동안 애들레이드에서는 역대 가장 더운 날 중 하나 기록했고, 에어(Eyre) 반도에서는 46℃를 넘는 기온을 기록했다. 6일 동안 지속된 40℃가 넘는 혹서는 지역가뭄을 초래하면서 산불의 위험성을 높였다.

호주 애들레이드

2. 2008년 6월 미국 2008년 중순, 미국 동부에서는 38℃가 넘는 혹서가 5일 동안 지속되었다. 혹서는 기상과 관련된 가장 흔한 인명 피해 요인으로, 노인 연령층이 가장 취약하다.

미국 동부

3. 2007년 5월 러시아 혹서기 동안, 온화한 모스크바의 기온은 33℃까지 치솟으면서 1981년 이후의 최고 기온 기록을 갈아치웠다. 이 혹서는 128년 이래 가장 긴 혹서기로 5,000km²의 경작지를 황폐화시켰다.

러시아 모스크바

4. 2009년 1월 아르헨티나 여름에 발생한 한 혹서가 아열대의 남아메리카 대륙을 강타하며 내륙과 해안 지역에 영향을 미쳤다. 항구 도시인 산 안토니오 에스테에서의 기온은 42℃를 기록하였다. 더 북쪽에서 발생한 혹서는 안데스 산맥 동쪽을 강타했다.

아르헨티나 산 안토니오 에스테

5. 2007년 중국 중국 북부와 북동부는 극심한 혹서를 겪으면서 최근 20년 동안 평균 7월 예상 강수량보다 50~90%가 줄어든 가장 심각한 가뭄을 경험했다. 이 결과로 120만 명이 식수 대란을 겪었다. 베이징 시는 사람들이 혹서를 피할 수 있도록 닫았던 공습대피소들을 다시 개방하였다.

중국 베이징

길어진 혹서

세계의 평균 온도는 1880년 이후 점진적으로 증가하고 있으며, 대략 1980년도 이래로 증가 속도가 가속되고 있다. 평균 온도가 올라가면서 혹서(酷暑)는 더 자주 발생하고 있다. 최근 혹서는 작물 파괴와 물 부족에 더불어 일사병과 탈수증으로 우리 건강을 심하게 위협할 수 있음을 입증하였다.

이례적인 2008년(아래) 1950~1980년을 기준으로 2008년은 2000년 이후로 가장 추웠던 반면 지구 대부분은 평년과 같았거나(흰색) 더 따뜻했다(붉은색). 동유럽, 러시아, 북극지방, 그리고 남극 반도에서는 유난히 따뜻했다. 회색 지역에 대한 정보는 없다.

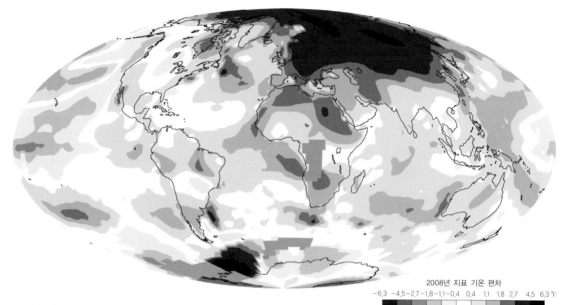

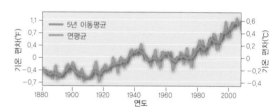

2008년 지표 기온 편차

-6.3 -4.5 -2.7 -1.8 -1.1 -0.6 0.4 1.1 1.8 2.7 4.5 6.3 ℉
-3.5 -2.5 -1.5 -1 -0.6 -0.2 0.2 0.6 1 1.5 2.5 3.5 ℃

1880년 이후 추세(오른쪽) 매년 다르게 나타나는 기온의 가변성은 변화 경향을 감지하기 어렵게 만들 수 있다. 한 예로, 라니냐 현상으로 북아메리카에서는 2008년이 다른 해보다 기온이 낮은 해로 나타나게 되었다. 5년 이동평균 기온은 지표 기온이 장기적으로 증가하는 것을 명백하게 보여 준다.

극심한 혹서(아래) 혹서는 더워지는 기후에서 더 빈번하게 나타나면서 인류의 건강을 위협한다. 2007년 6월 파키스탄을 사로잡은 혹서는 기온이 50℃까지 치솟으면서 여러 명의 인명 피해를 일으켰다.

5년 이동평균
연평균

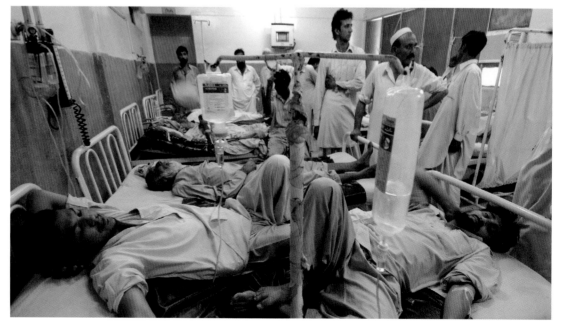

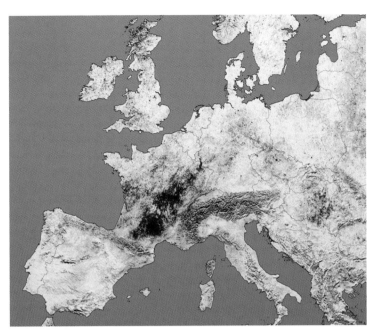

열파 확대(왼쪽) 2003년, 유럽에서 발생한 역사적인 혹서는 프랑스에서만 3,000명의 인명 피해를 가져왔다. 이 지도는 2001년과 2003년의 온도차를 보여 준다. 붉은 지역은 온도가 10℃까지 증가했음을 보여 준다. 알프스 빙하가 녹으면서 유럽 남부 강의 수위가 위험할 정도로 높아졌다.

광열적인 스페인(아래) 2003년 스페인에서 발생한 열파로 수천 명의 사람들이 갈리시아 해변으로 달려갔다. 스페인 남부 기온이 44℃ 이상으로 솟구쳤다. 인류 건강의 위협 외에도 혹서는 유럽 남부 지역에서 가뭄을 일으키며 곡식의 생산량을 떨어뜨렸다. 유럽 전역에서 혹서로 5,200명 이상이 희생되었다.

관련 자료

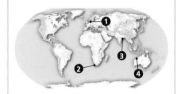

1. 2006년 서유럽 2006년 7월은 영국, 아일랜드, 네덜란드, 벨기에, 독일에서 공식적으로 기온을 관측하기 시작한 이래 가장 더운 달이었다. 혹서 이후, 따뜻해진 북유럽 주변의 바다에서는 해수의 증발 속도가 빨라져 8월은 역대 가장 강수량이 많은 달 중 하나로 기록되었다.

서유럽

2. 2009년 3월 남아프리카 기온이 40℃를 기록한 후 케이프타운의 댐 수위는 평균 2%가 낮아졌고 물의 증발 속도를 촉진시켰다. 야외의 개방된 저수지는 도시로 식수를 공급하는 것을 취약하게 만든다.

남아프리카 케이프타운

3. 2008년 5월 인도 2007년과 2008년 5월 모두에 기온이 50℃에 가깝게 오르거나 때로는 넘는 기온을 기록하면서 치명적인 혹서가 발생했다. 2007년의 혹서는 1개월이나 지속되었다. 인도 동부의 오리사 주는 특히 심했다. 일사병과 탈수증은 인명 피해를 초래했다.

인도 오리사

4. 1923~1924년 호주 세계의 가장 긴 혹서는 호주의 마블 바(Marble Bar)에서 1923년 10월 31일부터 1924년 4월까지의 기간 동안에 발생했다. 이 160일 동안 일 최고 기온은 38℃를 초과했다. 이 호주 서쪽 지역의 기온은 연평균 154일 동안 38℃ 이상을 기록한다.

호주 마블 바

기상 감시

기준 올리기 세계 평균 기온이 상승하면서 우리가 혹서로 인식하는 현상들이 발생하는 빈도수는 증가할 것이다. 2003년 유럽에서 발생한 혹서는 200년에 한 번 일어날 만한 사건으로 여겨진다. 2040년이 되면 이런 현상이 격년으로 발생하는 현상으로 자리매김할 수도 있다.

산불

산불은 중요한 기후 되먹임 역할을 한다. 더 따뜻한 온도로 인해 산불은 보다 빈번하게 발생하고, 그 발생 지역이 확대된다. 이것은 나무에 저장된 탄소를 기체 형태의 이산화탄소로 변환시켜 기후에 추가적인 온난화를 초래한다. 산불은 또한 일산화탄소와 에어로졸 입자를 대기로 방출하고 식물이 성장할 수 있는 서식지를 감소시켜 땅의 침식과 건조화를 가속화시킨다.

호주의 산불(아래) 2006년 12월 멜버른 근처의 산불로 11,000km² 이상의 산림이 불탔다. 높은 온도, 지역 가뭄, 유칼리 나무의 연소성은 산불에 이상적인 환경을 마련한다.

관련 자료

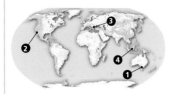

1. 2009년 호주 2009년 2월 혹서기 동안 멜버른 시에서는 기온이 3일 연속 43℃를 기록하며 도시 인근 지역에 대규모 산불이 발생했다. 끊어진 전깃줄에 의해 점화된 산불들은 173명의 희생자를 내고 2,500채 이상의 가옥을 파괴하였다.

호주 멜버른

2. 2007년 미국 2007년 10월, 일련의 파괴적인 산불이 샌타바버라 카운티에서 멕시코 국경까지 캘리포니아의 남부를 휩쓸었다. 인명 피해는 9명으로 기록되었고, 61명의 소방관들이 다쳤으며, 2,000km²에 걸쳐 1,500채의 가옥이 파괴되었다.

미국 캘리포니아

3. 2007년 불가리아 2007년 7월, 45℃가 넘는 열파가 불가리아 남부 지역에 산불을 발생시켰다. 가장 큰 산불은 산악 지형으로 인한 산불 진화 노력이 어려웠던 스타라자고라(Stara Zagora) 시 근처였다. 이 지역에서는 당시 비상사태를 선포했다.

불가리아 스타라자고라

4. 1998년 인도네시아 산불은 인도네시아에서 매년 발생하는데, 엘니뇨 현상이 발생하는 해에는 특히 많아진다. 1998년에는 칼리만탄 지역과 수마트라 동부 산림지대 97,000km²을 태워 버렸다. 이 사건으로 이산화탄소의 연평균 발생률을 2배 증가시켰다.

인도네시아 칼리만탄과 수마트라

기상 감시

헤인즈 색인 미국 기상청은 헤인즈 색인을 이용하여 산불의 잠재적인 크기를 측정한다. 이 색인은 2개의 기상학적 요소, 즉 대기층 간의 기온 차로 측정하는 대기 안정성과 습도를 접목시킨다.

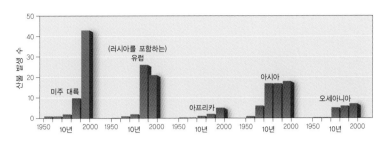

더 많은 산불(오른쪽) 산불 발생 수가 1950년 이후로 매 10년마다 전 세계적으로 현저하게 증가해 왔다. 이 증가는 미국에서 가장 빨랐다. 그러나 산불 횟수가 증가한 반면 선진국에서 불에 타는 지역은 매년 감소해 왔다.

관련 자료

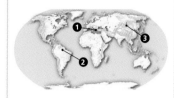

1. 2007년 그리스

2007년 8월, 그리스 전역에서 산불이 발생했다. 심각한 가뭄과 섭씨 40℃를 웃도는 세 차례의 연속적인 열파는 84명의 인명 피해와 2,600km²의 산림과 농경지를 태우며 역대 가장 심한 산불 계절을 만드는 데 일조했다.

그리스

2. 2007년 남아메리카

아마존 분지의 광대한 산림 지역에서는 매년 정기적으로 건기 동안 산불이 발생한다. 이 불은 새로운 목초지 확보를 위해 농부에 의해서 점화된다. 2007년에는 10,000개가 넘는 산불이 200만 km²에 걸쳐 발생하였다.

남아메리카 아마존 분지

3. 2004년 중국

네이멍구 대흥안령 지역(Greater Khingan Range)은 중국의 거대 산림 지역 중 하나이다. 번개에 의해 극심하게 덥고 건조한 타이가 숲에서 불이 일어난다. 이 지역 또는 인근 지역에서 발생하는 산불의 빈도는 점점 증가하고 있다. 매년 봄과 가을의 2개의 산불 시기가 있다.

중국 네이멍구

알래스카의 산불

이 위성 사진은 2004년 6월 알래스카의 산불에 의해 발생한 연기의 높은 에어로졸 광화학 두께(붉은색)를 포착한다. 광화학 두께는 대기 중 입자 농도를 함수로 하는, 지표면까지 도달하는 빛의 투과성을 측정한 것이다.

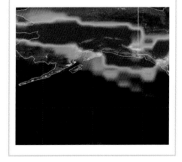

지속되는 가뭄

기후의 온난화로 물의 증발은 가속되었고, 세계 곳곳에서 많은 지역이 극심한 가뭄으로 인해 고통을 받고 있다. 증발된 수분은 어딘가에 떨어져야 하기 때문에 일부 지역에서는 강우가 많아진다. 이 과정은 주로 기존의 기상 패턴을 따르면서 기존의 건조한 지역은 더 건조해지는 반면 강우량이 많은 지역에서는 더 많은 비가 내린다.

가뭄 지도(아래) 파머가뭄지수(PDSI)는 지표면 온도와 월 강수량으로 만든 가뭄에 대한 취약성을 측정하는 지수이다. 갈색 부분은 점점 건조해지는 지역을 표시하며 녹색은 습해지는 지역을 표시한다.

관련 자료

황사 1930년대에 북아메리카의 대평원은 가뭄, 지나친 방목 그리고 현명하지 못한 농경작 관행에 의한 대규모 침식과 사막화로 황폐화되었다. 이 지도는 1934~1936년의 PDSI를 보여 준다.

1934년 캐나다에서 텍사스까지 가뭄이 발생한 1934년은 가뭄이 가장 극심했다. 갈색이 진한 지역일수록 평상시보다 더 건조함을 나타낸다.

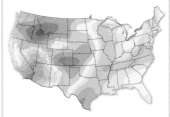

1935년 1935년의 상황은 그전 해나 그 후의 다른 해보다 덜 극심했다. 동부와 남서부에 비가 내리면서 단지 제한된 지역에서만 가뭄이 발생했다.

1936년 가뭄이 다시 발생하여 미국과 캐나다로 확대되었다. 유타 주와 텍사스 주는 평년보다 강수가 많았다.

매장 먼지 폭풍은 농장과 농기구들을 뒤덮었으며, 가축은 죽었고, 농작물은 파괴되었으며, 기아가 발생했다. 200만 명 이상이 농장을 버리고 떠났다.

1950~2002년의 PDSI 변동

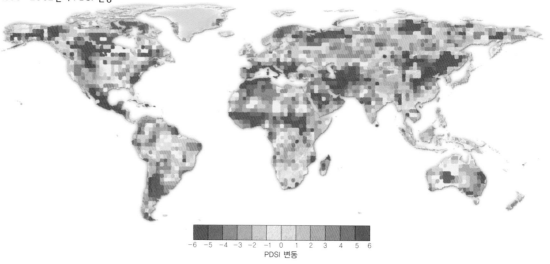

-6 -5 -4 -3 -2 -1 0 1 2 3 4 5 6
PDSI 변동

낮아진 수위(위) 7년간 지속된 가뭄과 콜로라도 강의 줄어드는 수위는 미국 애리조나에 위치한 후버 댐 유역의 미드(Mead) 호 수위를 낮추었다. 미네랄 침전 띠는 2007년 6월 촬영 당시보다 이전에는 수위가 높았던 사실을 보여 준다.

갈라진 땅(왼쪽) 2003년 6월, 인도 남쪽에 위치한 주 대부분에서는 극심한 가뭄으로 최소 1,400명이 사망했다. 몬순 강우가 가뭄 해소를 하기 전에 오스만 사가(Osman Sagar) 호수는 말라 버렸다.

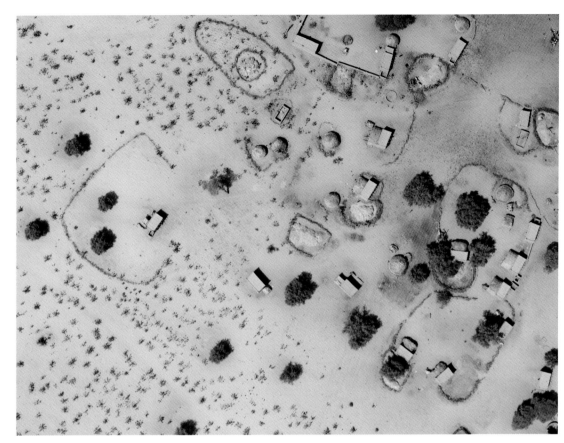

흩어짐(위) 듬성듬성한 초원지대와 사바나 지역인 사헬의 건조 지형의 작은 점은 작은 마을들로 북쪽의 사하라 사막과 남쪽의 수단 사바나 지역의 경계이다.

차드 호(아래) 최근의 온난화와 건조한 기후 그리고 관수(冠水) 증가는 사헬지방의 차드 호의 급격한 증발을 초래했다. 이 위성 사진에서 붉은색과 녹색 부분은 육지식생을 가리킨다.

1973년

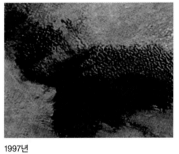

1997년

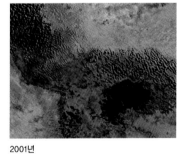

2001년

1900~2007년 사이 사헬 강수량 아노말리

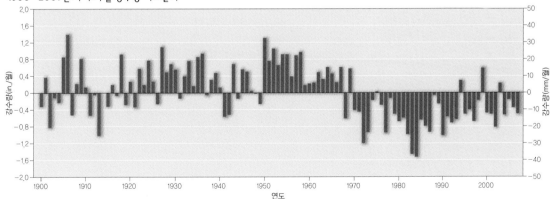

사헬의 강수량 1960년대 후반부터 사헬 지역 월평균 강수량은 급격하게 줄어들었다. 1980년대 이후 강수량은 일부 회복되었지만, 아직은 지난 세기 평균 강수량을 밑돈다.

관련 자료

인도양 지역 대기 순환 패턴의 변화는 홍수와 가뭄 발생에 영향을 줄 수 있다. 최근 연구결과에 따르면 호주의 가뭄은 인도양의 해수 온도가 원인인 것으로 여겨지고 있다.

음의 상태(negative phase) 인도양의 차가운 바닷물은 습기를 적재한 바람을 생성하여 습한 공기를 호주 전역으로 운반하며 남동쪽에 비를 내리게 한다.

양의 상태(positive phase) 따뜻하고 건조한 바람은 따뜻한 인도양으로부터 발생된다. 이것은 기온 상승을 가져오고 호주 동부 지역에서 가뭄을 일으킨다.

죽음 1990년대 이후로 극심한 가뭄이 호주 전역에서 반복적으로 발생하였다. 이 사진은 2005년 농장 주변에 죽은 가축 시체이다.

물 부족

따뜻해지는 기후로 물의 증발이 증가하고 대기의 물 순환 변화로 수자원 공급이 위협받고 있다. 빗물, 즉 가용한 담수의 분포가 달라진다. 산악빙하가 녹으면서 육지에서 저장되는 담수는 줄어든다. 그 결과 이렇게 녹는 눈은 지속적인 물 공급보다는 봄철에는 홍수를 그리고 가을철에는 가뭄을 초래한다.

세계의 물(오른쪽) 세계의 담수 자원은 강의 유출이 높을 때 증가하고 강수량이 적을 때 감소하며, 해마다 변동이 심하다. 이 변동폭은 평균으로부터 최대 25%의 편차에 해당된다.

관련 자료

물의 불균형 세계 인구 중 약 40%가 깨끗한 물을 공급받지 못하고 있다. 질병과 취약한 위생, 그리고 오염은 물을 귀하게 만든다. 개발도상국에서의 주요 사망 요인은 물 부족이다.

물 부족(100만 단위)

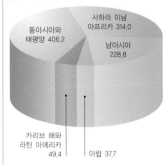

동아시아와 태평양 406.2
사하라 이남 아프리카 314.0
남아시아 228.8
카리브 해와 라틴 아메리카 49.4
아랍 37.7

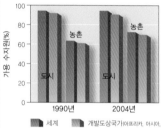

깨끗한 물 안전한 식수는 세계 평균보다 개발도상국과 농촌 지역에서 이용 가능한 물이 더 적다.

위생설비 부족(100만 단위)

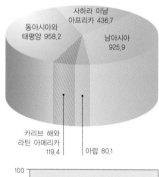

동아시아와 태평양 958.2
사하라 이남 아프리카 436.7
남아시아 925.9
카리브 해와 라틴 아메리카 119.4
아랍 80.1

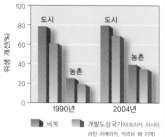

위생 1990년 이래로 농촌 지역에서 위생 개선 노력이 있었으나 여전히 아시아에서는 부족하다.

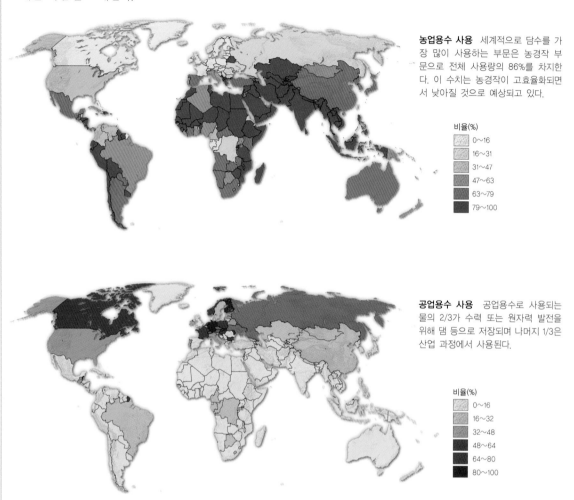

농업용수 사용 세계적으로 담수를 가장 많이 사용하는 부문은 농경작 부문으로 전체 사용량의 86%를 차지한다. 이 수치는 농경작이 고효율화되면서 낮아질 것으로 예상되고 있다.

비율(%)
- 0~16
- 16~31
- 31~47
- 47~63
- 63~79
- 79~100

공업용수 사용 공업용수로 사용되는 물의 2/3가 수력 또는 원자력 발전을 위해 댐 등으로 저장되며 나머지 1/3은 산업 과정에서 사용된다.

비율(%)
- 0~16
- 16~32
- 32~48
- 48~64
- 64~80
- 80~100

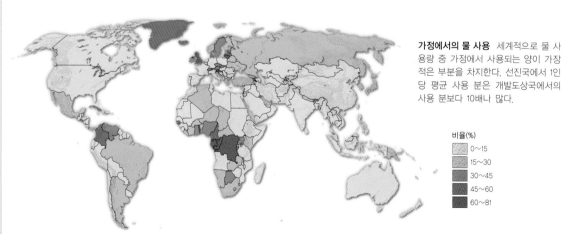

가정에서의 물 사용 세계적으로 물 사용량 중 가정에서 사용되는 양이 가장 적은 부분을 차지한다. 선진국에서 1인당 평균 사용 분은 개발도상국에서의 사용 분보다 10배나 많다.

비율(%)
- 0~15
- 15~30
- 30~45
- 45~60
- 60~81

물 분쟁 전쟁으로 파괴된 수단의 다르푸르(Darfur) 지역에서, 아프리카는 물과 농경지를 둘러싼 논쟁에 깊이 개입되어 있다. 매일 수천 명의 사람들은 난민캠프에서 물을 받아 가기 위해 줄을 선다.

관련 자료

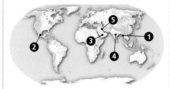

1. 미얀마 미얀마는 몬순 기후에 속하며, 연간 강우는 5~10월까지 다 내린다. 그 이외의 기간은 덥고 건조하며 물의 증발률이 높다. 미얀마는 물을 저장할 호수나 댐이 적고 지하수를 이용하기 위한 시설들이 불충분하여 건조 기간에 물 저장이 문제이다.

미얀마

2. 멕시코 거의 2,000만 명이 넘는 인구를 가진 멕시코시티는 강수량과 지표수가 제한되어 있기 때문에 물 공급이 항상 문제이다. 이 대도시 전체에 물을 공급하는 주요 식수원은 도시 바로 밑에 있는 대수층이다.

멕시코 멕시코시티

3. 아라비아 반도 아라비아 반도의 낮은 강수량과 높은 증발률 그리고 존재하지 않는 지표수는 모든 식수를 바닷물의 담수화와 재생이 되지 않는 고대 대수층에서 공급해야 된다는 것을 의미한다. 이런 수자원을 모두 활용하더라도 공공시설에 대한 불충분한 관리로 충분하지 못하다.

아라비아 반도

4. 인도 정부의 노력으로 수분 증발률이 높은 매우 건조한 지역에서도 위생시설과 물 공급은 개선되었다. 그러나 깨끗한 식수 공급과 폐수 처리는 아직도 기준 미달이다. 인도에서는 3명 중 1명만이 좋은 위생 상태의 혜택을 받는다.

인도

5. 터키 터키의 유프라테스 강과 티그리스 강의 유량이 하류의 시리아와 이라크의 물 공급을 결정한다. 물은 엄청난 기름과 가스를 보유한 이 지역에서 중요한자원으로, 터키가 수력발전을 하기 위한 댐 건설 계획을 갖고 있어 이 지역 감정을 긴장시키고 있다.

터키 티그리스 강과 유프라테스 강

사막화

주로 건조지대에 인접한 농업이 가능한 지구 표면 1/4 이상을 차지하는 농경지가 사막화 현상의 위협을 받고 있다. 이런 현상을 일으키는 주요 요인으로는 기후 변화, 과도한 방목, 농경지 토양에 대한 소홀한 관리, 산림 벌채, 토양 속의 염분 증가, 그리고 지역 인구의 증가를 꼽을 수 있다.

사막의 위험(아래) 사막화 위험이 가장 큰 지역은 기존 사막의 경계 지역이다. 따뜻해지는 기후와 건조화는 풀을 죽이고 토양과 유기물 성분이 먼지 폭풍에 의해서 날려 가면서 농경지의 생산성을 저하시킨다.

관련 자료

사막화의 위험 세계적으로, 현재 육지의 8%가 사막이다. 육지의 4%는 사막화 위험이 매우 심각하며 25%는 중간 정도 위험 지역이다. 가장 취약한 지역은 호주이며 그 다음으로는 아시아와 아프리카를 꼽을 수 있다.

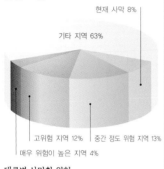

현재 사막 8%

기타 지역 63%

고위험 지역 12%   중간 정도 위험 지역 13%

매우 위험이 높은 지역 4%

대륙별 사막화 위험

호주 86%

아시아(러시아 제외) 46%

아프리카 46%

유럽(러시아 포함) 21%

북아메리카와 남아메리카 27%

북아메리카   유럽   아시아   아프리카   남아메리카   호주

낮음
중간
높음
매우 높음
사막 지역
안전지대

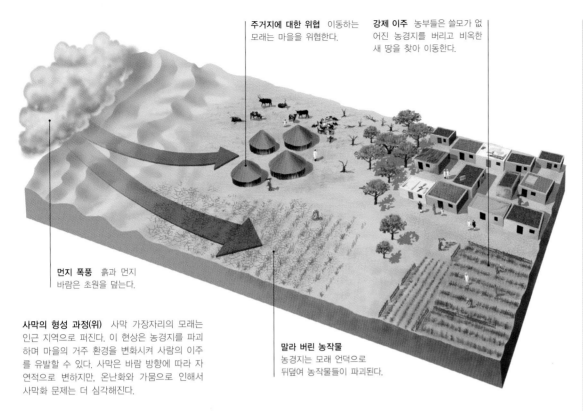

주거지에 대한 위협 이동하는 모래는 마을을 위협한다.

강제 이주 농부들은 쓸모가 없어진 농경지를 버리고 비옥한 새 땅을 찾아 이동한다.

먼지 폭풍 흙과 먼지 바람은 초원을 덮는다.

사막의 형성 과정(위) 사막 가장자리의 모래는 인근 지역으로 퍼진다. 이 현상은 농경지를 파괴하며 마을의 거주 환경을 변화시켜 사람의 이주를 유발할 수 있다. 사막은 바람 방향에 따라 자연적으로 변하지만, 온난화와 가뭄으로 인해서 사막화 문제는 더 심각해진다.

말라 버린 농작물 농경지는 모래 언덕으로 뒤덮여 농작물들이 파괴된다.

관련 자료

발생 요인 사막화는 남극을 제외한 모든 대륙에 영향을 미친다. 아프리카에서는 지나친 방목이 사막화의 주요 원인이며, 아시아에서는 산림 파괴가 주요 원인이고, 북아메리카에서는 농사가 토지 황폐화의 원인이다.

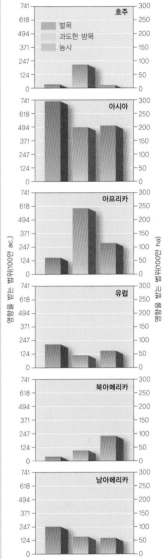

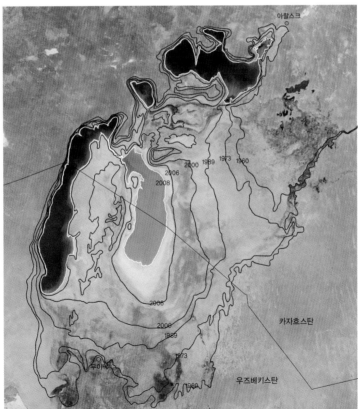

하부브(왼쪽) 2007년 4월 수단의 하르툼(Khartoum)에서 거대 모래 폭풍이 몬순 시기에 발생하였다. 하부브는 대기 중 강한 하강 돌풍이 모래를 위로 불어 올려 모래벽을 형성하면서 생기는데, 이 현상은 침식 작용을 가속화하고 먼지층으로 덮는다.

없어지는 바다(위) 인근 건조 지역을 비옥한 농경지로 바꾸는 관수사업은 아랄 해의 수위를 낮추면서 이 지역을 거대 모래 폭풍의 발생지로 만들고 있다. 윤곽선은 1960년에서 2008년 사이에 쇠퇴한 해안선을 보여 준다.

기상 감시

거대한 녹색 띠 고비 사막 경계에서 사막화를 막기 위해 중국은 만리장성 2배 길이인 4,500km나 되는 나무 띠를 조성할 계획이다. 이 조림된 나무는 땅의 침식을 방지하고 사막 경계에 있는 초원의 사막화 속도를 늦출 것으로 기대된다.

관심 지역 ▶ # 고비 사막

> ▶ **지역** : 몽골 남부와 중국 자치구
>
> ▶ **위협** : 과도한 방목, 산림 파괴, 토양 침식, 토양의 낮은 비옥도, 비능률적인 농사관행, 오염, 오염된 지하수, 지하수의 감소, 높은 방사능 수치, 인구 과잉, 밀렵
>
> ▶ **기후 영향** : 사막화, 모래 폭풍과 먼지 폭풍, 가뭄
>
> ▶ **멸종위기의 생물** : 눈표범, 쌍봉낙타, 아시아 야생마, 아시아 야생당나귀

아시아에서 가장 큰 사막인 고비 사막은 130만km²에 걸쳐 있으며 히말라야로 인해 비가 오지 않는 그늘 지역에 속해 있다. 고비 사막 동쪽 경계에서 사막은 산림 파괴와 나쁜 토지운용, 과도한 방목 그리고 광범위한 침식 작용으로 인해 크게 확대되고 있다. 대부분 지역에서 일부 초본류와 다른 식생이 살 수 있지만 고비 사막 중심부는 건조하고 자갈밭이다.

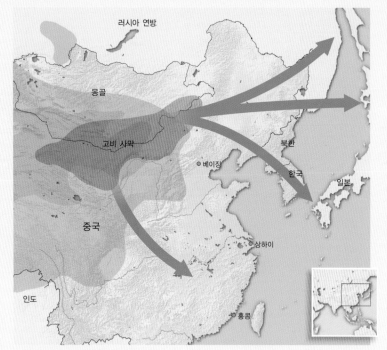

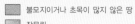

이동 경로(위) 주로 봄에 발생하는 고비지방의 먼지 폭풍은 먼지 입자를 장거리로 멀리 퍼트려 연안도시를 비롯한 아시아 전역을 뒤덮는다. 이렇게 발생한 폭풍은 베이징에 해마다 수백만 톤의 먼지를 퇴적시킨다.

- ■ 불모지이거나 초목이 많지 않은 땅
- ■ 잡목림
- □ 사막
- ➡ 폭풍 이동 경로

구석구석 스며드는 먼지

고비 사막의 특징은 건조함과 극한 온도인데, 이것은 상대적으로 북쪽에 있는 위치와 높은 해발 때문이다. 몽골 남부의 겨울 기온은 −33℃ 이하로 내려가기도 하며 몽골 중부에서 7월에는 기온이 37℃ 이상 올라가기도 한다.

기후 변화로 지표 기온이 올라가면서 관수와 공업용수 사용 증가로 인해 지하 수위가 내려가고, 고비 사막 주위의 제한된 농경지 개발로 이 지역 토양은 건조하며 노출된다. 맹렬한 강풍과 지속적인 가뭄의 조화는 종종 심각한 먼지 폭풍을 일으키며, 유난히 건조한 봄에 많이 발생한다. 평균적으로 모래알갱이의 1/10 크기인 먼지 입자는 상공 3,000m까지 대기 중으로 상승하며 전방으로 수천 km를 이동한다. 어떤 먼지 폭풍은 너무나 극심해 우주에서조차 관측이 가능하다. 먼지와 공해 입자의 호흡은 호흡기 및 심장 질환을 일으키며 먼지 입자에 독성 공해 물질이 붙으면 폐를 통해 몸속으로 흡수될 수 있다.

먼지 폭풍은 시속 80km로 날아갈 수 있다. 먼지 폭풍이 발생하는 지역에서는 예고 없이 갑자기 들이닥칠 수 있다. 2006년에는 2개월 동안 9차례나 먼지 폭풍이 고비지방에서 발생했다. 수그러들지 않는 사막화의 진행을 막기 위한 노력에는 대규모의 식목사업이 있었지만 이것은 사막 주위의 제한된 비옥한 지대에 대한 농경지 수요와 대립한다.

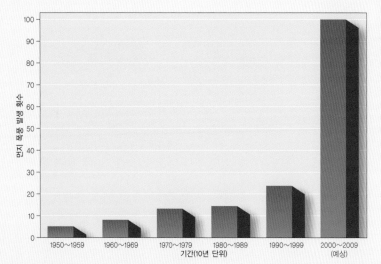

폭풍 발생 수(왼쪽) 최근 10년간, 중국은 1990년대보다 5배나 많은 먼지 폭풍이 발생한 것으로 추정하고 있다. 2001년에 중국 당국은 사막화를 막기 위해 Great Green Wall이라는 대규모 식목사업에 착수하였다.

야윈 목초(위) 농경지를 뒤덮는 것과 더불어, 사막화는 가축을 방목할 수 있는 면적을 감소시킨다. 이 사진의 양떼는 베이징 외곽에 있는 롱바오산(Long Baoshan) 마을 인근에서 목초를 뜯어 먹고 있는데, 이것은 사막이 도심지 가까이까지 왔다는 것을 보여 준다.

상공(위) 2001년 4월에 촬영된 이 인공위성 합성사진은 아시아에서 태평양에 걸쳐 길게 뻗은 먼지 띠를 보여 준다. 먼지가 상승하는 기류를 타게 되면, 입자는 먼 거리까지 이동할 수 있다.

침식 방지(아래) 사막화가 진행되는 것을 막기 위해서 내몽골 지역에서 철길 주변의 모래 언덕에 짚으로 만든 그물망이 덮였다. 농부들은 짚을 이용해 모래바람을 막기도 한다.

붉게 물든 하늘(오른쪽) 2007년 공중에 오른 먼지는 오염물질과 섞이면서 중국 톈진 기차역에서 괴상한 실안개를 만들어 냈다. 공기는 먼지의 종류와 농도에 따라 노란색, 빨간색, 갈색 혹은 검은색을 띨 수 있다.

생명에 대한 위협

지구의 생물권, 즉 인간을 포함한 모든 생태계의 세계적인 집합체는 현재의 온화한 간빙기 홀로세 절정의 상태에서 번성하게끔 진화해 왔다. 인간의 산업화로 급격히 증가한 이산화탄소 방출로 인해 야기된 우리 기후의 갑작스러운 혼란은 식물과 동물의 적응능력을 시험하고 있다. 세계 평균 온도가 상승함에 따라 기후대는 지리적으로 변하기도 하고, 몇몇 지역은 모두 사라질지도 모른다. 수천 년에 걸쳐 진화해 온 종의 다양성은 사라질 것이다. 왜냐하면 다수의 종은 기후가 변하는 만큼 급속하게 적응할 수 없기 때문이다.

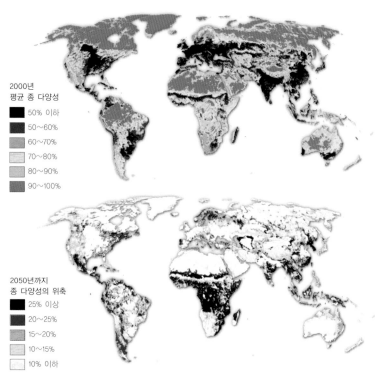

2000년
평균 종 다양성
- 50% 이하
- 50～60%
- 60～70%
- 70～80%
- 80～90%
- 90～100%

2050년까지
종 다양성의 위축
- 25% 이상
- 20～25%
- 15～20%
- 10～15%
- 10% 이하

생물학적 다양성의 손실(왼쪽) 2000년에 이르러 세계적인 종의 다양성은 평상시보다 특히 인구가 많은 지역에서 이미 상당히 줄어들었다(상위 지도). 유엔에서는 종의 다양성이 2050년까지 더 급격하게 감소할 것이라 우려한다. 가장 큰 손실은 아프리카와 라틴아메리카에서 토지 이용 변화에 의해 초래될 것이다.

주기적인 홍수(오른쪽) 보츠와나의 오카방고 삼각주 지대는 바다로의 배출구가 없는 보기 드문 내륙 삼각주이다. 이전에 고대 호수의 일부였던 이 삼각주는 이제는 한여름에만 계절적인 홍수를 겪으며 칼라하리 사막 일부에 물을 공급한다. 기린은 음식물에서 대부분의 수분을 얻지만, 물이 있을 때는 물을 마신다.

무성한 생물군계(오른쪽) 많은 강수량과 거의 일정하게 100%의 습도가 유지되는 열대우림은 지구의 많은 종의 보금자리이다. 코스타리카의 몬테베르데 운무림 보존지구(Monteverde Cloud Forest Reserve)는 세계야생동물기금협회(WWF)에 의해 보호받고 있는데, 100종 이상의 포유동물, 400종의 새, 2,500종의 식물 서식지가 벌목의 위기로부터 보호받고 있다.

생태계 영향

자연보호 학자들은 세계적으로 수많은 종이 멸종을 향해 진행 중이라고 주장한다. 현재의 멸종 비율은 지난 6,500만 년 동안보다 1,000배나 높다. 인간의 활동은 특히 따뜻해지는 기후로 기존의 농경지나 산림 지역을 다른 용도로 바꿀 때 서식지 감소를 촉진시켜 생물의 종 다양성 위축을 가속시킨다. 따뜻해지는 기후는 동식물의 서식지를 극 쪽으로 또는 산 위쪽으로 이동시켜 번식과 부화 계절을 바꾸며 철새의 이동 패턴을 변화시킨다.

자연적으로 분포되어 있는 동식물은 마실 수 있도록 깨끗한 물을 만들거나, 영양분의 순환을 제어하고, 쓰레기를 처리하고, 작물의 물을 공급하는 등 생태학적으로 중요한 편익을 제공한다. 기후가 따뜻해지면서 어떤 지역에서는 강수량이 증가하고, 그 지역의 작물 재배 가능 기간을 늘려 보다 더 농사 짓기 좋은 곳으로 만들 수 있겠지만, 많은 건조 지역 또는 건조 지역에 가까운 곳은 더 메말라 경작이 불가능하게 될 것이다. 다른 영양분이 충분하다면 대기 중의 이산화탄소 증가는 작물에 시비(施肥) 역할을 하여 수확을 증가시키겠지만, 온실 효과가 환경에 주는 전반적인 부정적인 면이 이 긍정적 효과보다 클 것이다.

기후 변화로 따뜻한 지역이 확대되면 모기처럼 질병을 옮기는 매개충이 활동 범위를 넓혀 특정 질병의 확산을 부추길 것이다. 더 습윤해지는 지역에서의 잦아지는 홍수는 도시의 방역 시스템을 긴장시키며 습한 환경을 좋아하는 박테리아와 바이러스 확산을 부추긴다. 인류 보건과 많은 생태계에 대한 위협에 맞서기 위해서 사회는 에너지 사용 절약을 통해 이산화탄소 배출을 최소화시켜 온난화를 방지하는 기후완화 정책과 기후 변화에 부응되는 농경 방법을 개발하고, 생활습관을 조절하여 기후 변화에 적응하는 정책 모두를 택해야 할 것이다.

멸종위기에 처해 있는(아래) 흰 표범은 생태계가 위협받고 있는 중앙아시아의 외진 산맥에서 살고 있다. 흰 표범의 두꺼운 모피와 작고 둥근 귀는 몸의 열 손실을 최소화하며, 넓고 털이 많은 발은 눈신발 역할을 한다. 국제자연보호연맹(IUCN)은 흰 표범의 전체 야생 개체수가 6,600마리보다 적을 것이라고 추측하고 있다.

식물과 나무

특정 기후대에 적응한 식물과 나무들은 어느 정도 서식지 이동이 가능하겠지만, 기후 변화는 식물계가 적응할 수 있는 능력을 초월한 것으로 보고 있다. 또한 치명적인 곤충들이 서식하는 범위가 확대될 것으로 보인다. 해안에 사는 맹그로브 숲처럼 많은 식물 생태 시스템은 기후로부터 보호하는 중요한 역할을 하기 때문에 보존되어야 한다.

딱정벌레 피해 소나무 딱정벌레는 북아메리카 서쪽의 상록수 숲에 위협적이다(**아래**). 기후가 따뜻해지면서 딱정벌레의 생존을 허용하지 않는 충분히 추운 위도도 높아진다. 위성 사진(**맨 아래**)은 캐나다의 극심한 딱정벌레 피해 지역(붉은색)을 보여 준다.

관련 자료

적응 식물은 주어진 환경에 적응하면서 진화한다. 이 결과로 어떤 식물은 산불, 극심한 건조 그리고/또는 길고 추운 겨울들을 이겨내는 놀라운 적응력을 가지게 되었다. 어떤 지역에서는 기후 변화가 식물이 적응하기에는 너무 빨리 진행된다.

불 호주종인 뱅크셔(Banksia)는 자신의 서식지인 덤불 환경에 잘 적응했다. 불이 발생하면 씨앗주머니를 터트려 씨앗을 땅으로 방출시켜 싹트게 한다.

가뭄 칼라하리 사막의 퀴버(quiver) 나무는 아프리카 종의 알로에로서 해면과 같은 줄기에 수분을 저장해 극도의 건조한 환경에도 생존할 수 있게 적응했다.

추위 가문비나무는 추운 기후에 적응했다. 기후가 따뜻해짐에 따라 북아메리카 지역의 고산지대에서 죽은 가문비나무들이 대량으로 발견되었다.

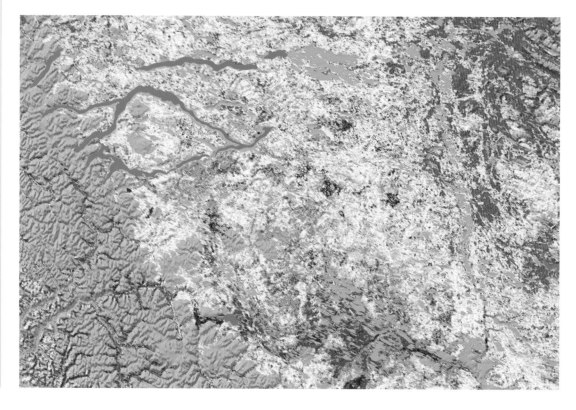

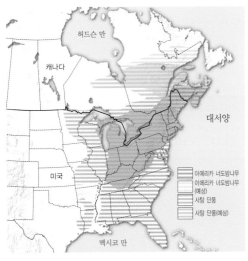

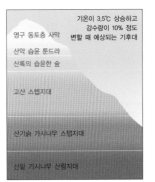

고위도 지역(왼쪽) 지구 온난화에 따라 식물이 살기 좋은 최상 지역이 극쪽으로 이동하고 있다. 일부 모델에서는 미국의 너도밤나무와 사탕 단풍나무는 2050년까지 사라지게 될 것이라고 한다.

고산 지역 산악 지역에서 기후대와 그곳에 사는 식물의 서식지가 높은 곳으로 이동함에 따라 현재의 고산 지역의 식물 분포(왼쪽 위)가 축소(위)되고 있다.

관련 자료

뿌리 시스템 맹그로브는 해안의 진흙에서 나무를 지탱하기 위해 복잡한 공중 지지대 형태의 뿌리 시스템이 발달되었다. 이 뿌리 시스템으로 맹그로브 숲이 해수의 범람과 해안 늪지의 배수에도 불구하고 번창할 수 있게 한다.

무릎뿌리 무릎뿌리는 산소가 적은 해수 진흙 윗부분에서 산소를 받아들이기 위한 이른바 호흡근(pneumatophores) 또는 공중뿌리라 불린다.

기둥뿌리 어떤 맹그로브는 수면 위로 몸통을 지탱하기 위해 기둥뿌리를 필요로 한다. 이것은 흐르는 진흙탕물에서 안정적으로 위치를 유지하는 데 도움을 준다.

말뚝뿌리 호흡뿌리의 또 다른 모습 또는 호흡근의 한 종류로 말뚝뿌리를 꼽을 수 있다. 이 뿌리는 잠수부의 스노클처럼 진흙 밖으로 나와 공기 속 산소를 받아들인다.

산악 지역(맨 위) 유럽의 알프스 산에서 루핀(lupine)과 같은 야생화의 서식지 변화와 개화 시기의 변화를 감시하고 있다. 이런 활동은 생태계가 기후 변화에 어떻게 반응하는지를 측정하는 데 도움이 된다.

맹그로브(위) 바다의 온난화로 증가하는 폭풍이 자연적인 해안 장벽인 맹그로브를 위협하고 있다. 맹그로브는 그들이 부양하는 다양한 생물과 함께 사라지고 있다.

곤충, 양서류, 그리고 파충류

기후대가 지리적으로 바뀜에 따라 곤충, 양서류, 파충류들은 서식지를 조정하여 기후 변화의 충격 일부를 소화해 낸다. 그러나 어떤 생태계, 특히 우림지대에 사는 생물들은 서식 규모가 작아지고, 나아가 멸종위기에 처한다. 기후 변화는 또한 번식, 분산, 또는 성별 결정에 대한 잘못된 신호를 보낼 수 있으며, 또 어떤 파충류는 성별 분포에 영향을 끼친다.

관련 자료

곤충 기후 변화는 많은 종의 이주에 영향을 끼친다. 거미나 곤충들은 가끔 온도에 예민한 번식을 하기 때문에 특히 더 충격이 심하다.

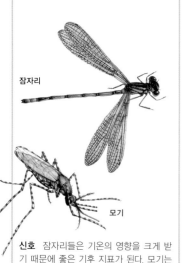

잠자리

모기

신호 잠자리들은 기온의 영향을 크게 받기 때문에 좋은 기후 지표가 된다. 모기는 이미 그들의 동면 패턴을 조절했다.

나비 나비 종들의 이동 범위는 기후에 의해 영향을 받는다. 이탈리아 알프스에서 아폴로나비는 더 높은 고도로 이주하였다.

공중이동 거미

많은 거미들은 기구비행을 하기에 계절별 대기 확산에 영향을 받는다. 어떤 연구는 1년에 두 번 있던 기구비행이 한여름에 한 번만 행해지고 있는 것을 밝혔다.

멸종위기의 양서류(아래) 개구리, 두꺼비, 도롱뇽과 같이 많은 비율의 양서류가 새나 포유동물들보다 더 멸종위기에 처해 있다. 이 지도는 지역에 따라 멸종위기의 양서류의 퍼센트를 나타내고 있다. 2006년에는 4,025종의 양서류 중 1,356종이 멸종위기에 처해 있다.

멸종위기의 민물양서류 종의 비율

0	15~25
2 이하	25~33
2~5	33~50
5~9	50~80
9~15	80~100
양서류 없음	

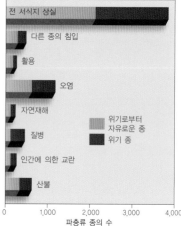

전 서식지 상실

다른 종의 침입

활용

오염

자연재해

질병

인간에 의한 교란

산불

위기로부터 자유로운 종

위기 종

파충류 종의 수

양서류의 위기(위) 양서류의 서식지가 사라지는 것이 전 지구적으로 양서류가 격감하고 멸종위기에 처하는 양서류의 퍼센트를 높이는 가장 큰 원인이다. 이는 양서류의 주된 서식지인 우림에서 일어나고 있는 급속한 산림벌채 때문이다.

자연에 협력(왼쪽) 코로보리(Corroboree) 개구리의 올챙이는 감소하는 개체군의 증가를 위해 호주 시드니의 타롱가 동물원에서 키워지고 있다. 이 개구리는 그들의 번식 패턴에 영향을 끼치는 짧아지는 겨울과 치명적인 곰팡이에 의해 위기를 맞고 있다.

바다를 향한 달리기(오른쪽) 특히 바다거북이 기후 변화 때문에 위기를 맞고 있다. 왜냐하면 알 배양의 온도가 거북이의 성별을 정하기 때문인데, 따뜻한 기후는 암컷의 숫자를 불균형하게 만든다.

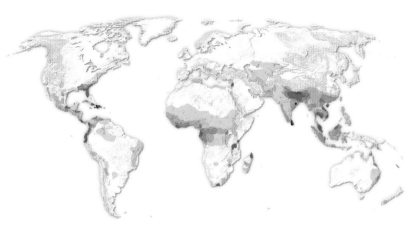

멸종위기의 파충류(왼쪽) 도마뱀, 뱀, 악어, 그리고 바다거북의 종류를 망라하는 파충류는 전 세계에서 양서류와 같은 지역에서 위기를 맞고 있는데, 특히 미국 남동부 지방과 동남아시아에서 심각하다. 반 수생동물인 이들은 기후 변화에 따른 서식지 파괴나 손실이 가속되기 때문이다.

멸종위기의 파충류 종의 비율

0~11
11~12
12~33
33~44
44~77
77~100

관련 자료

붉은 목록 국제자연보호연맹(IUCN)은 멸종위기 종을 붉은 목록에 올리고 멸종위기에 있는 식물과 동물의 보존 상태를 감시한다. 아래의 도표에는 이미 멸종된 종은 포함되어 있지 않다.

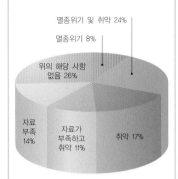

멸종위기 및 취약 24%
멸종위기 8%
위의 해당 사항 없음 26%
자료 부족 14%
자료가 부족하고 취약 11%
취약 17%

양서류 양서류 종의 거의 1/3은 멸종위기에 있고, 또 기후 변화에 의해 멸종위기로 분류될 수 있다.

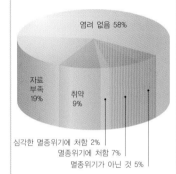

염려 없음 58%
자료 부족 19%
취약 9%
심각한 멸종위기에 처함 2%
멸종위기에 처함 7%
멸종위기가 아닌 것 5%

파충류 대부분의 파충류 종은 멸종에 대해 우려되지는 않는다. 이는 위태로운 열대 우림에 덜 의존하고 살아가기 때문이다.

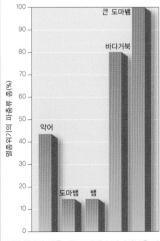

멸종위기의 비율 큰 도마뱀과 바다거북은 파충류 중에서 가장 심각한 멸종위기에 있는 종이다. 큰 도마뱀의 두 종류는 뉴질랜드의 고유종이며, 매우 제한된 범위에서 살고 있다.

관심 지역 ▶ 갈라파고스 섬

- ▶ **지역** : 에콰도르 갈라파고스 섬
- ▶ **위협** : 소개된 식물과 동물 종들, 어류의 남획, 오염, 개발, 관광
- ▶ **기후 영향** : 해수면 상승, 바다의 기온 상승, 산호 백화, 엘니뇨/라니냐의 증가, 물속의 염분 변화, 해양 산성화 등
- ▶ **멸종위기의 생물** : 갈라파고스 바다사자, 갈라파고스 털물개, 갈라파고스 쇠바다제비, 갈라파고스 펭귄, 갈라파고스 풀, 날지 못하는 가마우지, 바다 이구아나, 갈라파고스 자이언트 거북

화산 열도와 해양 보존지가 많은 갈라파고스 섬은 에콰도르 해안에서 약 1,000km 떨어진 곳에 있다. 찰스 다윈은 1835년에 해군측량선 비글(Beagle)호로 탐험하는 과정에서 우연히 이곳을 발견했고, 유난히 다양한 그곳의 동물들을 기록하였다. 그리고 이런 관측이 나중에 진화는 자연 선택에 의한 것이라는 진화론에 영감을 주었다. 다윈의 『종의 기원』이 100주년을 맞이한 1959년에 열도에서 아직 사람들이 거주하지 않는 섬을 국립공원으로 지정하였다.

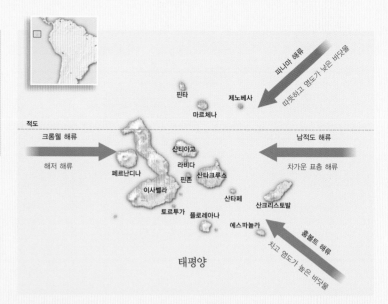

교차 지점(위) 갈라파고스 열도는 따뜻한 파나마 해류, 차가운 남적도 해류, 그리고 차가운 훔볼트 해류가 만나는 주요 해류 3개의 합류점에 위치해 있다.

방문객(아래) 매년 10만 명 이상의 관광객이 갈라파고스를 방문한다. 안타깝게도, 관광은 외래종의 침입을 초래하여 관광객이 찾는 그 자연환경을 위협한다.

진화의 전시장

19개 섬으로 형성된 갈라파고스는 일부가 화산 활동으로 100만 년 전에 형성되는 등 지질학적 관점에서 상대적으로 역사가 짧은 편이다. 섬에서는 화산과 지진 활동이 아직도 일어나고 있으며 과학자들은 지형적 변화에 따른 종의 분배 증거를 관찰하고 있다. 다윈이 19세기에 목격한 세계는 화산 용암이 심해에서 솟구쳐 올라온 땅으로 바다 이구아나, 13종의 작은 새 종류, 털물개, 자이언트 거북, 그리고 유일한 열대 펭귄과 같은 그곳만의 생명들이 800만 년에 걸쳐서 진화한 세계였다.

갈라파고스의 생물 다양성은 외래종과 질병의 침범, 해양 식량자원의 축소, 그리고 동물 서식지에 대한 피해로 위협받고 있다. 이 지역은 해수면의 상승과 해수면의 온도 상승, 그리고 강화된 엘니뇨 현상의 빈번한 증가 형태로 나타나는 기후 변화로 위협받고 있다. 엘니뇨 현상이 뚜렷했던 1998년에 이 지역에서는 전례가 없었던 산호초 백화 현상이 나타났고, 해양 먹이사슬에는 막대한 영향을 미쳐 종의 다양성에 극심한 손실을 가져왔다. 바다 온도가 지속적으로 오르면서 이러한 현상들은 더 심각하게 그리고 더 자주 나타날 것이다.

다행히, 갈라파고스 열도에 대한 국제적인 위상이 환경적 위협에 대해 경각심을 불러일으키면서 현재는 보전 노력이 진행 중이다. 갈라파고스는 2007년에 유네스코(UNESCO)에 의해 위협받고 있는 세계자연유산지역으로 지정됨에 따라 공원에서의 개발과 관광 그리고 어업에 대한 규제가 강화되었다.

영향 따뜻한 엘니뇨 기류는 갈라파고스에 플랑크톤 성장을 방해하며 **(아래)**, 산호초의 백화 현상을 일으킨다. 엘니뇨가 끝난 뒤의 용승은 주요 영양 요소들로 다시 채우며 식물성 플랑크톤을 번성시킨다 **(오른쪽 아래)**.

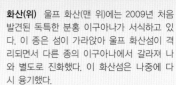

화산(위) 울프 화산(맨 위)에는 2009년 처음 발견된 독특한 분홍 이구아나가 서식하고 있다. 이 종은 섬이 가라앉아 울프 화산섬이 격리되면서 다른 종의 이구아나에서 갈라져 나와 별도로 진화했다. 이 화산섬은 나중에 다시 융기했다.

먹이(위) 갈라파고스에서만 서식하는 바다 이구아나는 수중에서 먹이를 찾는 유일한 파충류이다. 섬이 메마르고 돌이 많기 때문에 이 초식 동물은 조류를 주식으로 적응했다. 다 자란 바다 이구아나는 40~60분 동안 숨을 참을 수 있으며 심해 15m까지 잠수할 수 있다.

부비새(오른쪽) 푸른발부비새는 날개 폭이 1.5m에 달한다. 이 열대 바다새는 1~3개의 알을 독특하게 생긴 발 아래에서 45일 동안 품는다. 이 새는 모두 56종이 있는데 그중 27종이 갈라파고스에서만 발견된다.

일광욕(왼쪽) 멸종위기의 갈라파고스 바다사자는 에스파뇰라 가드너(Gardner) 만 해변에서 휴식을 취하고 있다. 바다사자의 개체수는 범고래와 상어에 의한 포식뿐만 아니라 엘니뇨 현상에 의한 해양 먹이자원이 제한되어 2~5만 마리 사이에서 변동한다.

자이언트 거북(아래) 현존하는 가장 큰 거북인 갈라파고스 자이언트 거북은 몸무게가 300kg까지 나간다. 야생에서 100~150년 정도 산다. 이 위기 동물은 주로 밀렵꾼에 의해 위협받았으나, 지금은 철저히 보호되고 있다.

바다의 생태

따뜻해지는 해양은 바다 생태계를 위태롭게 한다. 바다 먹이사슬의 기본이 되는 식물성 플랑크톤은 기온에 예민하다. 열대 지역이 따뜻해지면 플랑크톤에게 영양분 공급이 차단되고, 더 추운 지역에서 바다가 따뜻해지면 플랑크톤이 흩어진다. 어류, 게, 상어, 연체동물 그리고 거북에게 서식지 상실 및 해류와 날씨 변화는 추가적인 위협이 되고 있다.

관련 자료

멸종위기 IUCN에 의해 조사된 해양 생물들 중 어류는 조사된 204종 가운데 절반 이상이 멸종위기에 처해 있거나 극히 위태로운 상태인 것으로 나타났다. 조사에 의하면 가장 위협을 받는 지역은 지중해와 마다가스카르 지역이다.

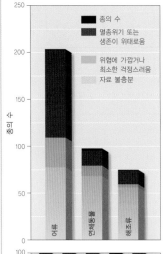

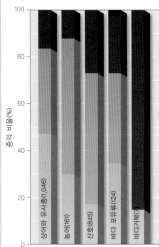

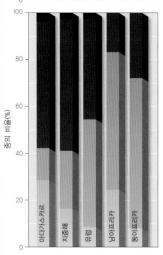

해수 온도 변화

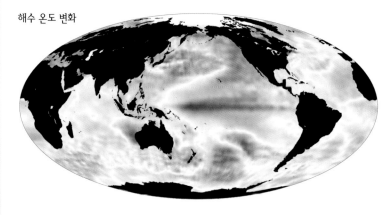

해양 생산성 변화

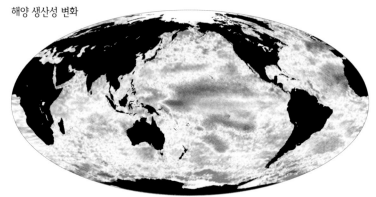

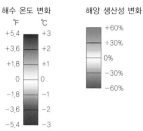

해수 온도 변화
℉ ℃
+5.4 +3
+3.6 +2
+1.8 +1
0 0
-1.8 -1
-3.6 -2
-5.4 -3

해양 생산성 변화
+60%
+30%
0%
-30%
-60%

해안에 밀려오다(오른쪽) 2002년 5월, 엘니뇨 현상으로 수천 마리의 원양 붉은 게들이 캘리포니아 샌디에이고 해변으로 밀려들어 왔다. 따뜻해지는 바다는 더 빈번한 엘니뇨 현상을 야기시키면서 해류와 바다생물들의 계절적인 회귀이동을 교란시킬 것이다.

해양의 변화(왼쪽) 위성 사진 분석을 통해 이미 따뜻한 열대지방 바다에서의 온도 상승(위 지도의 붉은 부분)은 바다의 생물학적 기초 생산력을 맡고 있는 식물 플랑크톤의 성장을 억제함을 알 수 있다(아래 지도의 분홍색 부분). 해수면이 따뜻해지면 바닷속의 계층화를 증대시켜 바다 표면에서 서식하는 식물성 플랑크톤에 차갑고 영양이 풍부한 심해수가 공급되지 않는다.

안전지대(아래) 맹그로브 뿌리는 어린 상어들에게는 가장 적합한 서식지이다. 여기에 서식하는 많은 종의 게, 새우, 작은 물고기는 어린 상어의 풍부한 먹거리가 되며 뒤얽힌 뿌리는 포식자로부터 보호해 주는 은닉처가 된다.

관련 자료

플랑크톤 기후 변화의 명백한 증거가 되는 것은 생태학적 생산성의 지수인 해양 플랑크톤의 분포 변화이다. 20세기 후반 북해에서 플랑크톤의 분포는 극심한 변화를 보였다.

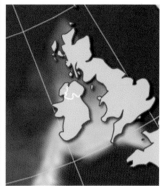

1958~1981년 CRP(Continuous Plankton Recorder) 조사에 의하면 플랑크톤이 많이 몰려 있는 지역(붉은색)은 영국 남쪽에서만 관측되었다.

북쪽으로 1980년대와 1990년대에 북극에서 녹은 얼음은 북대서양을 따뜻하게 하여 플랑크톤 분포를 북쪽으로 확대시켰다.

북극을 넘어 2000년에 이르러 북극 만년설이 소멸됨에 따라 태평양 플랑크톤 종이 처음으로 북극해를 통해 대서양으로 흘러 들어 갈 수 있었다.

조류와 포유류

조류와 포유류는 환경 변화에 적응할 수 있는 다양한 능력이 있다. 부화 시기의 변화나 이주 경로의 변화 그리고 종 분포의 다양화는 기후 변화에 대한 이들의 능력을 보여 준다. 하지만 이들이 기후 변화에 적응하지 못하는 지역에서는 개체 수가 줄어드는 것으로 관찰되고 있다. 보호단체들은 이런 변화가 다양한 동물들에게 위협적인 수준인지를 감시할 것을 알리고 있다.

물새(왼쪽) 거위, 백조, 그리고 다른 물새들은 궁극적으로 강과 시냇물을 오염시키는 매연과 대기오염에 취약하다. 산업 활동에 따른 온실가스 배출에 의한 기후 변화는 조류의 생식저하와 새로운 서식지로 이주하지 못하는 종을 멸종시킴으로써 위협이 되고 있다.

플라밍고(아래) 사진에 보이는 케냐에 위치한 나쿠루(Nakuru) 호수 국립공원의 작은 플라밍고는 플라밍고 가운데 개체수가 가장 많은 종이다. 그럼에도 불구하고, 오염과 질병 그리고 서식지 파괴로 거의 위기종으로 분류되고 있다. 이런 위협은 기후 변화와 가뭄으로 확대되고 있다.

관련 자료

조류 조류 대부분은 이동성이 매우 우수하기 때문에 그들이 사는 서식지를 옮겨 갈 수 있다. 그러나 조류 중 38%는 위협받고 있거나 위협에 처해 있는 것으로 등록되어 있다. 그들의 먹거리는 새처럼 쉽게 이동해 가지 못하거나, 그들이 찾은 새로운 서식지에는 또 다른 포식자가 있기 때문이다.

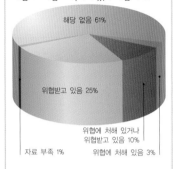

해당 없음 61%
위협받고 있음 25%
자료 부족 1%
위협에 처해 있거나 위협받고 있음 10%
위협에 처해 있음 3%

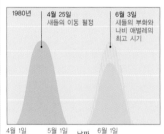

1980년
4월 25일 새들의 이동 절정
6월 3일 새들의 부화와 나비 애벌레의 최고 시기
4월 1일 5월 1일 날짜 6월 1일

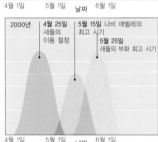

2000년
4월 25일 새들의 이동 절정
5월 15일 나비 애벌레의 최고 시기
5월 25일 새들의 부화 최고 시기
4월 1일 5월 1일 날짜 6월 1일

새들의 도착   나비 애벌레의 부화   새들의 부화

시기의 이동 일반적으로, 애벌레의 부화 시기는 얼룩 검은등 딱새의 부화 시기와 일치한다. 봄이 따뜻해지면서 애벌래의 부화 시기가 앞당겨졌다. 이제 딱새는 그들의 먹거리가 번성하는 기간보다 부화 시기가 늦어졌다.

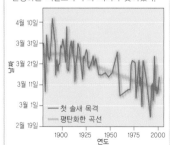

4월 10일
3월 31일
3월 21일
3월 11일
3월 1일
2월 19일
첫 솔새 목격
평탄화한 곡선
1900 1925 1950 1975 2000
연도

이주 새들의 이주 시기는 기온과 관련되어 있다. 지난 세기에, 솔새들이 자신들의 번식지인 영국 남부로 이동하는 시기가 점차 앞당겨진 것으로 관측된다.

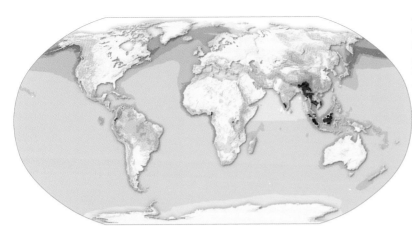

육지 포유류와 바다 포유류(왼쪽) 가장 많은 육지 포유류가 위협받는 지역은 아시아이며, 그중에서도 인도네시아이다. 바다 포유류에 대한 가장 큰 위험은 서식지의 파괴 및 사람에 의한 이용이다. 이 두 요인은 모두 온난화로 더 심각해지고 있다.

위협받는 바다 포유류	위협받는 육지 포유류
1	1~3
2	4~6
3	7~10
4	11~20
5	21~29
6	30~45
7~8	

관련 자료

포유류 현재 알려진 포유류 5,487종 중 세계적으로 약 21%가 위협받거나, 취약하거나, 멸종위기이거나, 멸종이 임박한 것으로 국제자연보호연맹에 의해 조사되었다. 1500년 이후, 지금까지 76종의 포유류가 사라진 것으로 알려져 있다.

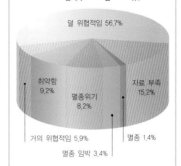

덜 위협적임 56.7%
취약함 9.2%
멸종위기 8.2%
자료 부족 15.2%
거의 위협적임 5.9%
멸종 1.4%
멸종 임박 3.4%

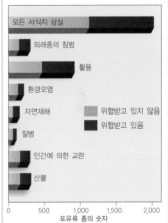

모든 서식지 상실
외래종의 침범
활용
환경오염
자연재해
질병
인간에 의한 교란
산불

위협받고 있지 않음
위협받고 있음

0　500　1,000　1,500　2,000
포유류 종의 숫자

위협 포유류에 대한 주된 위협 요인으로는 서식지 파괴, 인간이 서식지 이용, 외래종의 침범, 인간에 의한 교란, 그리고 산불로 꼽을 수 있다. 많은 위협 요인들은 기후가 따뜻해지면서 더욱 악화되고 있다.

큰 고양이류(위) 쿠거의 서식지는 캐나다 북부에서 남아메리카 안데스 산맥 남쪽까지 분포해 있으며, 퓨마, 산 사자, 표범 등 다양한 이름으로 불린다. 쿠거는 다양한 환경에 적응할 수 있으며 따뜻해지는 기후로 그들의 서식지가 넓어지고 있다.

순록(왼쪽) 따뜻해지는 기후는 이미 노르웨이에 서식하는 순록의 먹거리를 위협하고 있다. 눈이 비로 바뀌는 현상은 향후 1세기 동안 40% 이상 증가할 전망이다. 비에 의해 생기는 물기가 얼면 순록의 주식인 이끼 위로 두터운 얼음층이 덮여 순록이 먹지 못한다.

새앙토끼 개체수의 감소

새앙토끼는 산악 지역에 사는 토끼의 친척뻘로, 아시아와 북아메리카에서 발견된다. 기후가 따뜻해짐에 따라 기존의 생태계가 높은 곳으로 올라가면서 새앙토끼도 같이 이동했지만 서식 분포가 축소되어 그 개체수는 약 30% 이상 감소했다.

악화되는 인류 건강

극심한 혹서와 이동하는 강우 패턴은 식량 생산과 물 공급을 감소시킨다. 이러한 직접적인 결과 외에도 기후는 질병의 확산에 영향을 준다. 수인성 질병은 홍수에 의해 촉진되며 질병 매개체인 곤충과 설치류 개체수는 지역 기후의 영향을 받는다.

위생(아래) 위생 상태를 개선함으로써 질병의 확산 가능성을 큰 폭으로 낮출 수 있다. 그러나 아프리카 사하라 사막 이남 지역과 동남아시아 일부 지역에 거주하는 사람의 절반 이상은 제대로 된 공공하수시설, 오수시설 또는 환기되는 간이화장실조차도 없이 살고 있다.

관련 자료

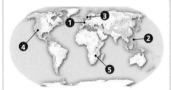

1. 감염 2005년에 벨기에에서 유행성 신염(nephropathia epidemica, NE)이 발생하였다. 이 바이러스는 강둑에 사는 흑쥐 같은 설치류에 의해 주로 전염된다. 이 바이러스는 인간의 몸속에서 극심한 신장 쇠약을 야기시킨다. 연구에 의하면 이 유행성 신염은 강둑에 사는 흑쥐의 먹이가 많아지는 평소보다 따뜻한 여름 이후에 자주 발생하는 것으로 나타났다.

벨기에

2. 질병 필리핀 관계자들은 기후 변화가 콜레라, 장티푸스, 말라리아, 뎅기열과 같은 치명적인 질병의 발생을 부추긴다고 주장한다. 2008년 필리핀에서는 장티푸스와 배탈병이 발발했다.

필리핀

3. 벌레 진드기로부터 전염되며, 중추신경계가 바이러스에 감염되는 뇌염은 1980년부터 스칸디나비아에서 증가하고 있다. 이러한 증가는 북쪽의 따뜻해지는 날씨를 따라 병을 옮기는 진드기의 확산과도 관련이 있다. 1997년 노르웨이에서 첫 사례가 보고되었다.

스칸디나비아

4. 설치류 1993년 5월 미국의 젊은 성인들 사이에서 발발한 한타바이러스(hantavirus) 폐증후군은 미국 보건당국을 당황시켰다. 폭우로 풍부해진 먹이는 바이러스의 주 매개체인 사슴과 쥐의 개체수를 증가시켰다.

미국 남서부

5. 정치 서아프리카의 환경 상태는 콜레라 발생과 밀접하게 연관되어 있다는 연구 결과가 나왔다. 정치적 붕괴도 유행성 전염병들을 확대시키는 데 일조했다. 2008~2009년 짐바브웨에서 발생한 콜레라는 2009년 6월까지 보츠와나, 남아프리카, 모잠비크와 잠비아까지 퍼졌다.

짐바브웨

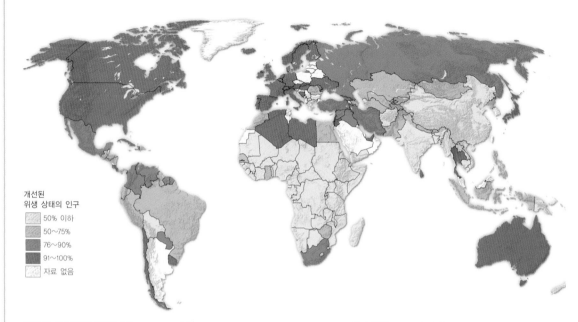

개선된 위생 상태의 인구
- 50% 이하
- 50~75%
- 76~90%
- 91~100%
- 자료 없음

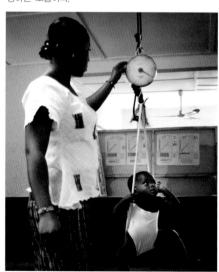

한파(왼쪽) 극도의 추운 날씨는 체온이 정상적인 신진대사를 위한 최저 수치 아래로 떨어져서 발생하는 저체온증으로 인류 건강을 위협한다. 2007년 1월에 모스크바에서 기온이 −19℃ 이하로 떨어졌을 때 많은 사람들이 죽었다.

예방 접종(아래) 따뜻해지는 날씨는 벌레와 설치류의 서식지를 확대시키면서 이들을 매개체로 전염되는 병의 확산 범위를 확대시킨다. 이런 이유로 말라리아와 같은 질병의 백신을 개발하기 위한 노력들이 증가하고 있다. 이 사진은 가나의 킨탐포(Kintampo) 건강센터에서 어린이들이 말라리아 예방주사를 맞기 전에 몸무게를 측정하는 모습이다.

물(위) 기후 변화로 악화되는 많은 보건 문제는 주로 물과 관련되어 있다. 홍수로 인해 발생하는 폐수처리 문제는 질병을 확산시킨다. 물 부족으로 식수와 요리할 때 사용되는 깨끗한 물은 오염된 물로 대체될 수 있다. 이 사진에서는 멕시코의 한 어린이가 물 부족 시기에 흙탕물 웅덩이에서 물을 뜨고 있다.

열파(아래) 2007년 6월, 파키스탄의 라호르(Lahore)에서 기온이 51℃까지 치솟자 많은 사람들은 수로에서 더위를 식혔다. 열파는 특히 고령층에서 열사병과 치명적인 호흡/심장질환을 일으킬 수 있다.

관련 자료

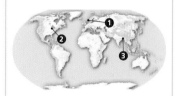

1. 홍수 홍수는 하수 오염을 유발시켜 지아르디아 기생충과 같은 세균을 퍼뜨릴 수 있다. 2004년 8월 노르웨이 베르겐에서 발발한 질병은 폭우로 인해서 발생했다.

지아르디아는 주로 따뜻한 물에서 서식하기 때문에 여름과 따뜻한 기후에서 빈번하게 발생한다.

노르웨이 베르겐

2. 열 지속되는 열파는 매우 치명적이어서 열사병을 비롯하여 산불, 정전 그리고 농사를 망칠 수 있다. 1995년 시카고에서

5일 동안 지속된 혹서로 600명 이상의 주로 가난하고, 약하고, 나이가 많은 사람이 피해를 입었다.

미국 일리노이 주 시카고

3. 엘니뇨 방글라데시의 매틀랩(Matlab)에서 수행된 전염병 연구에서 인구 밀도와 기후 패턴과 연관성이 있다는 것이 밝혀졌다. 몬순 강우와 브라마푸트라(Brah-maputra) 강 수위는 핵

심적 요인이며, 엘니뇨 현상은 확산 범위를 결정짓는 직접적인 요인이다.

방글라데시 매틀랩

잃어버린 세월

기후 변화가 건강에 미치는 영향은 장애 적응 기간(Disability Adjusted Life Years, DALY)에 의해 가늠될 수 있다. DALY는 기후와 관련된 설사, 홍수, 영양실조, 말라리아 등으로 인한 사망 또는 장애로 잃어버린 생산적 세월을 연도로 측정한 것이다.

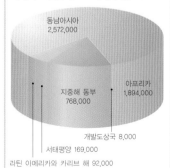

동남아시아
2,572,000

아프리카
1,894,000

지중해 동부
768,000

개발도상국 8,000

서태평양 169,000

라틴 아메리카와 카리브 해 92,000

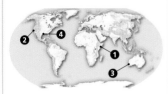
질병

세계보건기구(WHO)는 인류의 건강에 영향을 미치는 기후 변화의 첫 번째 신호가 전염병 발생 지역과 계절적 발생 시기의 변화일 것으로 예상하였다. 곤충 또는 설치류가 전달하는 전염병이 늘어난 온난한 기간 때문에 절정을 이룰 것이다. 집중호우 및 홍수는 모기와 콜레라 같은 박테리아에게 좋은 서식 환경을 제공한다.

말라리아 위험(오른쪽) 2004년 12월 인도양 쓰나미는 수백만의 사람들을 이주시켰다. 무덥고 습한 날씨로 인한 말라리아 발병이 사람들을 두렵게 했다. 인도네시아 아체에 있는 위생요원은 질병을 퍼뜨리는 모기를 죽이기 위해 연막소독을 하였다.

콜레라 확산 평상시 건조한 지역에서 홍수가 증가하면 특히 하수관리 시설이 없는 곳에서 콜레라 확산에 이상적인 환경을 제공한다. 1950년, 콜레라는 거의 사라졌었다(아래). 그러나 1990~2004년까지 온난한 기후와 악화된 사회경제적인 여건 때문에 세계적으로 재발하였다(오른쪽).

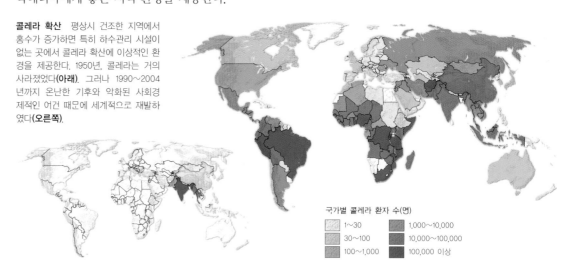

국가별 콜레라 환자 수(면)

1~30	1,000~10,000
30~100	10,000~100,000
100~1,000	100,000 이상

콜레라 위험(오른쪽) 2007년 8월 방글라데시 다카에서 일어난 대규모 홍수는 수백만의 이재민을 발생시켰고, 콜레라를 비롯한 수인성 질병을 확산시켰다. 콜레라는 물속에서 생존하는 박테리아로 감염된 환자의 소장의 내벽을 공격하여 이 질병의 특성인 설사를 일으킨다.

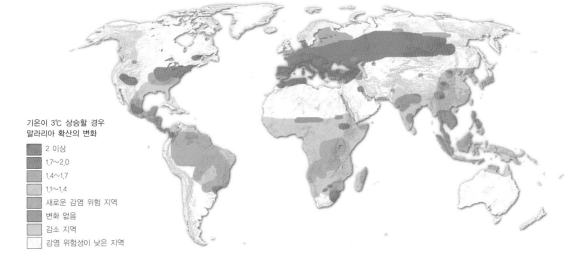

기온이 3℃ 상승할 경우
말라리아 확산의 변화

- 2 이상
- 1.7~2.0
- 1.4~1.7
- 1.1~1.4
- 새로운 감염 위험 지역
- 변화 없음
- 감소 지역
- 감염 위험성이 낮은 지역

관련 자료

모기의 일생 모기를 매개로 하는 질병은 따뜻한 환경에서 번식기가 길어지는 까닭에 따뜻한 기후 지역에서 더 급격히 확산된다. 비가 많아지면 모기가 살 수 있는 웅덩이가 많아진다.

흡혈 모든 모기는 과즙을 먹이로 한다. 암컷 모기는 알의 성장을 위하여 더 많은 단백질을 필요로 하여 흡혈한다. 이 흡혈 과정에서 질병이 전달될 수 있다.

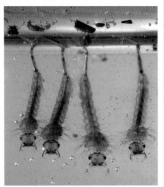

애벌레 암컷 모기는 물속에 직접 알을 낳는다. 애벌레는 해조류를 먹고 관을 통해 호흡하며 10~14일 동안 성장한다.

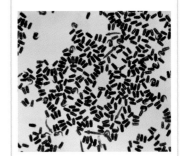

살균 질병의 확산을 늦추기 위해 수컷 모기의 애벌레와 번데기를 통한 실험으로 일반적으로 방사선을 쬐면 발병이 낮아진다는 것을 알았다.

말라리아 위험(왼쪽) 모기를 통해 전달되는 말라리아를 일으키는 기생충은 온도에 의지한다. 말라리아 위험의 증가는 세계 평균 기온이 3℃ 상승한다면 수백만 명이 감염될 수 있다고 예상하였다.

관심 지역 ▶ # 인도네시아

▶ **지역** : 동남아시아 인도네시아

▶ **위협** : 홍수, 산림 파괴, 토지의 변화, 땅의 부식과 침강, 산업폐기물과 하수로 인한 수질 오염, 대기오염, 인구 과잉, 쓰나미, 지진, 화산폭발

▶ **기후 영향** : 많은 모기가 옮기는 질병, 산불로 인한 CO₂의 증가, 대기 온도 증가, 가뭄, 태풍 활동의 증가, 엘니뇨와 라니냐의 발생 증가, 해수면의 상승, 해수 온도 상승 등

▶ **멸종위기의 생물** : 오랑우탄, 긴코원숭이, 파가이(Pagai) 짧은꼬리원숭이, 긴팔원숭이, 아시안 코끼리, 수마트라 호랑이, 자바 코뿔소, 검은점 쿠스쿠스(cuscus)

인도네시아는 기후 변화의 주요 원인 제공자 가운데 하나일 뿐만 아니라 기후 변화 영향을 관찰할 수 있는 관심 지역이다. 세계에서 네 번째로 인구가 많은 국가이며 17,000개의 군도를 포함하는 인도네시아는 가뭄, 열대 질병, 폭풍과 해수면 상승에 취약하다. 광대한 산림자원을 가진 상대적으로 가난한 이 나라는 산림 파괴와 화재를 포함할 때 세계에서 세 번째로 큰 이산화탄소 배출국이다.

불안정한 위기

목재 수출은 인도네시아의 주요 수입원이다. 산림 벌채 그리고 이와 관련된 산불뿐만 아니라 토지 이용 변화가 급격하게 진행되고 있어, 이 나라의 임업 관련 배출은 전 세계의 가장 큰 이산화탄소 배출국인 미국의 에너지 관련 온실가스 배출의 약 절반에 이른다. 더군다나 기후 변화 때문에 이곳 우림은 계속해서 건조해지고, 이에 따른 산불 발생도 통제 불가능해질 것이다.

인도네시아에서 평균 기온의 상승이 심각하지 않을 것으로 예상되지만, 예상되는 강수 패턴의 변화는 심각한 영향을 미칠 것이다. 강우가 더 소나기 형태로 변하고, 더 짧아지는 우기로 홍수에 대한 우려가 더욱 증가된다. 고인 웅덩이 물은 바이러스를 옮기는 모기의 이상적인 번식 공간이기 때문에 이 홍수는 뎅기열 같

은 모기가 옮기는 질병 확산에 주된 환경을 만든다. 매년 전 세계적으로 5,000만 명이나 되는 사람을 감염시키는 뎅기열은 열대 지역에서 시골과 도시 지역 모두에 널리 퍼져 있다. 홍수가 발생한 지역에서 말라리아, 설사, 이질 등이 더 쉽게 확산될 것이다. 지구 온난화와 더불어 발생할 것으로 예상되는 해수면 상승으로 인해 21세기 중반까지 무려 2,000여 개의 작은 섬들이 완전히 사라질 위험에 놓이게 된다.

세계적인 기후 변화에 따라 가뭄이 잦아지는 까닭에 비가 올 때는 매우 강하게 올 것이며, 우기도 짧아져서 인도네시아의 우기 사이의 계절은 뜨겁고 건조하게 될 것이다. 가뭄의 발생은 곧바로 물 부족을 불러오며, 작물 생산력을 떨어뜨릴 것이다. 그리하여 이 인구 밀도가 높은 나라의 식량 안보를 위태롭게 할 것이다.

감염(위) 우기인 1~3월 동안 발병한 인도네시아의 전염병 뎅기열을 보여 주고 있다. 위의 지도는 2004년 자바, 칼리만탄, 술라웨시(Sulawes)와 같은 인구 10만 명 이상의 도시 지역에서 특히 높은 발병률을 보여 준다.

오랑우탄(아래) 이 원숭이는 거의 평생 나무 위에서 산다. 말레이어로 오랑우탄이라는 이름의 의미는 '숲의 사람'이다. 급격한 산림 벌채 때문에 그들의 서식지인 숲이 줄어들어 지난 10년 동안 오랑우탄 개체수의 30~50%가 사라졌다.

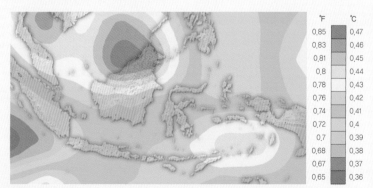

℉	℃
0.85	0.47
0.83	0.46
0.81	0.45
0.8	0.44
0.78	0.43
0.76	0.42
0.74	0.41
0.72	0.4
0.7	0.39
0.68	0.38
0.67	0.37
0.65	0.36

온난화(위) 2020년까지 인도네시아의 평균 기온은 2000년에 비해 0.36~0.47℃ 상승할 것으로 추정된다. 특히 칼리만탄과 몰루카(Molucca) 섬에서 가장 크게 증가될 것이라 예상된다.

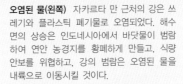

갈라 터지다(위) 지구 온난화로 더욱 잦아지고 강해진 엘니뇨가 발생하면 인도네시아는 가뭄으로 더욱 황폐해진다. 이 사진은 2002년 자카르타의 동쪽 시바루사(Cibarusah) 근처에서 마른 논에 물을 대기 위해 소년들이 물통을 나르는 모습이다.

오염된 물(왼쪽) 자카르타 만 근처의 강은 쓰레기와 플라스틱 폐기물로 오염되었다. 해수면의 상승은 인도네시아에서 바닷물이 범람하여 연안 농경지를 황폐하게 만들고, 식량 안보를 위협하고, 강의 범람은 오염된 물을 내륙으로 이동시킬 것이다.

전염병(아래) 2007년 4월 자카르타에서만 1만 1,000명에 달하는 갑작스런 뎅기열 환자가 발생했다. 출혈을 동반하는 발병 초기 단계에서는 세심한 감시가 필요하다. 사진은 자카르타 병원에서 네 살짜리 소녀가 탈수증을 방지하기 위해 링거를 맞고 있는 모습이다.

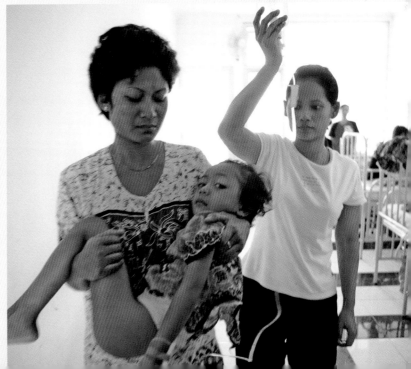

관련 자료

생산 식량 생산은 수입의 변화뿐만 아니라 기후 위협에도 영향을 준다. 전 세계적으로 곡물은 에너지의 주요 공급원이지만, 부유한 국가에서는 경제적으로나 환경적으로나 더 비싼 고기를 더 많이 소비한다.

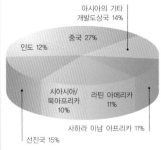

아시아의 기타 개발도상국 14%
중국 27%
인도 12%
서아시아/북아프리카 10%
라틴 아메리카 11%
사하라 이남 아프리카 11%
선진국 15%

곡물 수요 1997~2020년까지의 곡물의 수요 증가는 7억 2,000만 톤에 이를 것으로 예상된다. 가장 많은 소비자는 중국이다.

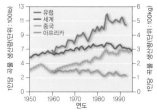

곡물 생산 유럽은 세계에서 곡물을 가장 많이 생산하며 가장 빠른 증가율을 보이고 있다. 중국의 생산은 세계 평균 수준까지 증가되었다.

육류 대 곡물 1인당 수입이 증가할수록 소비자들은 칼로리의 중요한 공급원으로 곡물 중심에서 더 비싼 육류 제품으로 전환한다.

안초비의 증가와 감소

1970년대 페루의 안초비 어획량은 남획과 1972년 남아메리카 연안이 강한 엘니뇨 현상으로 따뜻해진 까닭에 1970년에 최저치를 기록하였다.

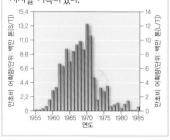

식량 부족

날씨와 기후는 식량 생산에 있어 매우 중요하다. 덥고 건조한 기후는 여러 작물 성장에 적합하지 않으며, 물 부족과 더불어 식량 부족을 초래한다. 일부 추운 지역에서는 곡물의 성장 기간이 길어지고 대기 중 이산화탄소의 증가에 따른 시비(施肥) 효과로 혜택을 받겠지만, 이러한 혜택은 다른 저위도 지역에서 발생하는 곡식 생산에 대한 손실을 상쇄하기에는 부족하다.

농업(아래) 이 그림은 2080년까지 기후 변화에 따른 온도 상승, 물 부족, 그리고 강우의 변화 효과와 작물 생산성의 증가를 의미하는 대기 중 이산화탄소의 농도 증가에 따라 시비 효과를 반영한 식량 생산성 변화 모델이다.

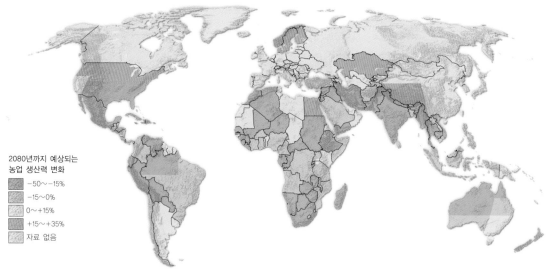

2080년까지 예상되는 농업 생산력 변화
-50~-15%
-15~0%
0~+15%
+15~+35%
자료 없음

쌀(오른쪽) 20세기 일본의 기후는 심한 기온 변화를 보였다. 기온의 편차가 −1.5℃보다 낮은 서늘한 해에는 벼 수확에 실패했다. 최근의 10년 동안 연도별 변동은 컸다.

유전자 조작 식량(위) 유전적으로 조작된(GM) 곡물은 비료와 농약을 덜 사용하거나 건조한 기후에 대한 면역성을 강화하게끔 설계하여 식량 부족에 대응할 수 있다. 그렇지만 유전적으로 조작된 곡물 안전성에 대한 논의는 아직도 계속되고 있다. 사진에서는 시위자들이 프랑스 툴루즈(Toulouse)에서 유전적으로 조작된 곡물을 제거하고 있다.

어업(왼쪽) 길어지는 건기와 물 부족은 특히 엘니뇨 현상에 의한 심각한 가뭄이 발생하는 중앙 자바, 인도네시아와 같은 지역에서는 수산산업에 있어서 큰 걱정거리이다. 어부가 가뭄이 한창인 댐 근처에서 그물을 손질하고 있다.

인공강우(아래) 어떤 국가들은 기후 조절을 위해 구름핵 역할을 하는 화학물질을 분출하는 연막장치를 비행기 날개에 장치시키고 있다. 하지만 인공강우 실험의 효과는 아직 미지수이다.

관련 자료

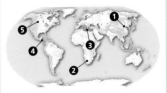

1. 중국 중국의 주요 산물인 밀과 쌀 그리고 사료용 곡물의 생산성은 현재의 농업 관행이 유지된다면 2050년까지 10% 감소할 것으로 예측된다. 이 결과는 중국 북부 초원에서 증가하는 가뭄과 열파, 그리고 중국 남부에서 홍수가 증가될 것을 고려하였다.

중국

2. 칼라하리 사막 식량 부족으로 가장 위협받고 있는 대륙은 아프리카이며 기후 변화는 이 상황을 더욱 악화시킬 것이다. 칼라하리 사막의 모래 언덕은 확장되어 나갈 것으로 예측되며 앙골라, 보츠와나, 잠비아, 짐바브웨의 주요 경작지는 모래로 덮일 것이다.

남부 아프리카 칼라하리 사막

3. 지중해 지중해 연안에서 사막화가 진행되고 있다. 유럽 남부에서 사막화의 주요 요인은 변경 지역에서의 과수 재배의 확장과 북아프리카의 지나친 양 사육이다. 게다가 불법 농경지의 확장에 의해 사막화가 가속화되고 있다.

지중해

4. 온두라스 지난 40년 동안, 중앙아메리카의 식량 생산량은 인구 성장률을 따라가지 못했다. 현재의 농업 관행이 지속된다면 미래의 강우량 변화로 온두라스의 옥수수 생산량은 22%나 감소될 것이다.

온두라스

5. 캐나다 따뜻해지는 기후는 캐나다 북부의 초원지대에서 농업 생산성을 높일 것이다. 길어진 재배기간과 이산화탄소의 시비 효과는 생산성을 향상시키며 이는 적도 지역에서의 생산성 저하를 부분적으로 보상한다. 하지만 영양분이 적은 메마른 토양으로 인해 곡물의 성장력은 지속되지 못할 것이다.

캐나다 프레리

관심 지역 ▶ 아프리카

> ▶ **지역** : 아프리카
>
> ▶ **위협** : 기근, 식수 부족, 지역에 따른 홍수, 극심한 빈곤, 정치 불안, 밀렵
>
> ▶ **기후 영향** : 가뭄, 사막화, 기온 상승, 모기에 의한 질병 감염, 해수 상승 등
>
> ▶ **멸종위기의 생물** : 흑 코뿔소, 난쟁이 하마, 표범, 30종의 설치류, 15종의 여우원숭이류, 7종의 원숭이류, 7종의 개구리류, 3종의 가젤류, 강기슭 토끼, 체리, 마호가니, 흑단

변덕스러운 날씨 패턴을 가져오는 기후 변화가 지역농업의 생존마저 위협하고 있어 아프리카의 끊이지 않는 문제인 영양실조와 기근이 더욱 악화되고 있다. 더군다나 현재 아프리카 내 건조 혹은 반건조 지역은 더욱 말라 가고 있으며, 여러 지역에서 과도한 경작으로 인해 현재 황폐화되고 있거나 사막화되고 있다. 매년 아프리카 사하라 사막 이남 지역의 2,500만 인구는 식량위기에 직면하고 있다.

굶주림

아프리카는 전역에 걸친 빈곤과 적응 능력의 한계로 기후 변화의 영향에 가장 취약한 대륙으로 여겨진다. 기온의 상승, 가뭄, 사막화, 그리고 관개를 위한 물 부족이 현재 아프리카의 작물 생산을 위협하고 있다. 아프리카의 평균 기온 상승은 0.5℃에 불과하지만, 일부 지역에서는 기온 상승이 이례적으로 높아 작물에 심각한 영향을 주었다.

치명적인 식량 부족으로 인해 인도주의 위기뿐만 아니라 기후로 인한 농업의 위기는 아프리카 경제에 직접적인 타격을 입히고 있다. 농업은 아프리카 수출 규모의 반 이상과 사하라 사막 이남 지역 GDP의 20~30%를 차지한다. 1980년 중반 이후로 식량위기 사태의 연평균 발생 횟수는 3배나 많아졌다. 예를 들어 짐바브웨는 그 풍부한 농업 생산량에 의해 1980년대 후반까지 남아프리카의 주요 곡창지대로 알려져 있었다. 하지만 2007년도에는 인구의 절반이 영양실조를 겪고 있는 것으로 밝혀졌다. 부패와 취약한 공공정책들이 이 위기를 더욱 악화시켰지만, 아프리카 전역에 걸친 식량 부족 사태는 대부분이 물 부족으로 인한 것이다. 전 세계 물 부족 국가로 분류된 19개 나라는 세계 어느 대륙보다도 아프리카에 집결되어 있다. 아프리카의 국가들은 현재 유엔의 국제 식량 프로그램 등을 통해 전 세계에서 가장 많은 식량 원조를 받고 있다.

아프리카에서 토지 운용을 통해 기후 변화를 완화시킬 수 있다. 벌목 관리, 방목장 관리 개선, 보호 지역 확대, 그리고 지속 가능한 산림 지역은 더 나은 농업 생산성을 보장할 것이다.

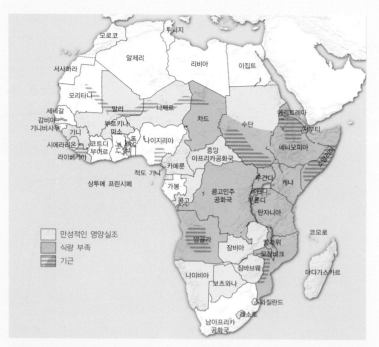

식량 부족(위) 식량 부족은 사하라 사막 이남 지역 나라들에서 자주 일어나고 있으며, 아프리카의 대부분 지역에서 영양실조가 나타나고 있다. 기근 위기 구역은 1970년대부터 생겨났다.

지도 범례:
- 만성적인 영양실조
- 식량 부족
- 기근

시든 수확물(아래) 케냐는 2006년에 심각한 가뭄이 발생한 이후 2년간 우기가 사라졌고, 2009년에 다시 가뭄이 닥쳐왔다. 사진은 케냐의 크웨일(Kwale) 지역에서 아이들이 자신들의 농경지에서 말라빠진 옥수수를 수확하는 모습을 보여 준다.

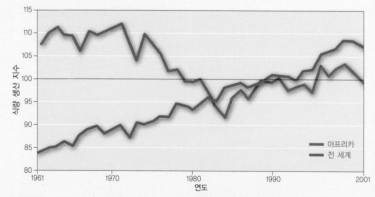

식량지수 지난 수십 년간, 아프리카의 식량 생산량은 인구 증가의 정도를 따라가지 못했다. 1980년대와 1990년대에 걸친 가뭄은 국내 소비량이 생산량을 초과하게 만들었고, 결국 식량원조를 필요로 하게 만들었다.

죽은 소(위) 장기간의 가뭄이 목초와 가축을 쓸어버렸다. 2006년 동아프리카 지역의 가뭄으로 인해, 한 케냐 농부가 기르던 소는 85마리에서 5마리로 곤두박질쳤다.

원시 기술(오른쪽) 니제르의 마라디(Maradi)에서 한 여성이 기장의 껍질을 분류하는 작업을 하고 있다. 이러한 힘든 식량 생산 방법으로는 수확량이 한정될 수밖에 없다. 해마다 찾아오는 식량 위기는 니제르의 200만 주민을 위협하고 있다.

기아(아래) 영양실조는 에티오피아의 수천만 아이들에 있어서 가장 심각한 문제이다. 2008년, 영양실조에 걸린 2개월 된 아기가 '국경 없는 의사회'에서 운영하는 병원에서 치료를 받고 있다.

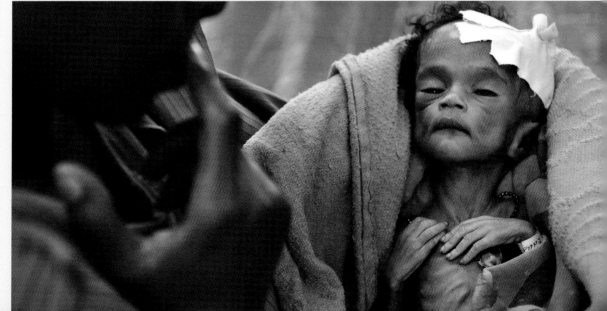

방향 전환

기|후 변화 문제가 이처럼 관심을 한몸에 받은 적이 없다. 현장 관측자들과 기후 모델의 세부 부분의 전문가들은 지구 온난화로 인한 영향과 범위의 증거를 제공한다. IPCC라는 국제 정보센터가 설립되었다. 이 정보센터는 점점 더 많아지는 기후 문제 해결에 관심을 갖는 전 세계 정책 결정자를 위해 수집된 정보를 통합하고 사용하기 용이한 형태로 만들기 위해 노력하고 있다. 기후 변화를 늦추거나 원상 복귀시키려는 접근은 공공 교육, 통합적 정책 노력, 기술혁신, 그리고 개인생활의 선택 등 기후 변화 영향만큼이나 다양하다.

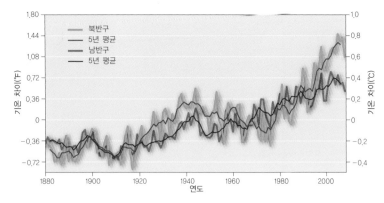

방향을 바꾸라!(왼쪽) 이것이 기후 문제의 범위이다. 이산화탄소를 가장 많이 배출하는 북반구에서는 산업화 이전과 비교하여 온도가 약 1℃ 증가한 것으로 관측되었다. 남반구에서는 이 증가 폭이 더 적다.

지구 시간(오른쪽) 에너지 사용과 기후 문제에 대한 관심도를 높이기 위해서 호주 시드니의 세계자연보호기금(WWF)에서는 지구 시간(Earth Hour)이라는 이벤트가 착상되었다. 200만 명 이상의 사람과 기업들이 이 한 시간 동안 불을 껐다(아래). 이후 이 이벤트는 전 세계적인 행사가 되었다.

사람들의 힘

생태계 파괴에 대한 관심을 끌기 위한 환경운동가의 노력은 최근 들어 정치적인 힘이 되었다. 환경주의가 정치의 주요 관심사가 되면서, 공공의식 향상과 환경 문제와 그 해결책에 대한 공교육을 위해서 환경운동가의 역할이 많이 남아 있다. 이는 점진적이고, 다양하며, 지역적으로 다양한 영향을 나타내는 기후 변화의 경우에 특히 중요하다.

환경 파괴를 줄이기 위한 법률이 세계적으로 등장하기 시작한 것은 1950년대로, 이제는 대부분 나라가 물, 토양 그리고 대기오염을 규제하는 법률을 갖추고 있다. 전 지구적 기후 문제에 관한 국제 협력은 1998년 유엔에 의해 탄생한 기후 변화에 관한 정부 간 협의체(IPCC)로부터 시작하였다.

지금까지 국제적인 기후 정책의 정점은 서명한 국가들이 2012년까지 1990년의 온실가스 배출량보다 5% 감소하는 것을 내용으로 하고 있는 1997년에 체결된 교토 의정서이다. 174개국에서 비준처리가 된 국가 간의 배출 감소 정책을 위한 이 조약에는 특이하게도 역대 이산화탄소를 가장 많이 배출하고 있는 미국이 아직 가입하고 있지 않다. 이 의정서에 강제력이 없어 너무 약하다는 점이 인지됨에 따라 교토 의정서가 끝나는 2012년 이후 더 효과적인 국제 기후 조약을 만들기 위한 노력이 진행 중이다.

기업들은 이산화탄소 배출 감축을 위한 요구에 창의적이면서 다양하게 대응해 왔다. 가장 손쉽고 효과적인 방법은 에너지 효율을 높이는 것이다. 그리고 많은 기업에서 이러한 효율성 개선 노력이 그들의 친환경적 이미지와 이익구조를 개선하는 데 도움이 되었던 것으로 밝혀졌다.

공급 측면에서는 최첨단 저탄소 에너지 기술 개발이 다양하게 진행 중이다. 댐의 수력 발전에 의해 생산되는 에너지는 역대 가장 깨끗한 형태의 에너지이며, 오늘날 사용되는 가장 큰 재생 가능 에너지원이다. 태양열, 바람, 조류(潮流), 그리고 지열을 이용하는 발전은 지구의 날씨에 해를 끼치지 않는 다양한 방법들이다. 지역자원 특색에 맞춘 재생 가능한 에너지원은 발전 용구와 디자인의 개선으로 이산화탄소를 배출하는 화석연료를 대체하기에 충분히 경제적으로 경쟁이 가능하다. 현재 액화연료를 대체하기 위해 바이오 연료(biofuel) 생산을 위한 곡물이 개발 중이다. 액화 탄화수소 연료를 연소하는 경우 예외 없이 이산화탄소를 발생시키지만, 식물들이 성장하면서 대기 중 이산화탄소를 흡수함에 따라 이런 연료는 석유보다 실제 탄소 배출량이 적을 수 있다.

마지막으로, 개인들의 간단한 생활 습관의 변화는 세계적인 이산화탄소 배출 감소와 기후 변화를 늦추는 데 엄청난 영향을 줄 수 있다.

조류작용 조류는 대기 중 이산화탄소를 소비하는 기능을 가지도록 만들어져 세계의 해양에 뿌려지거나, 발전소의 배출가스를 바이오 연료로 전환시키도록 유전공학적으로 만들어진다.

관련 자료

1. 중국 최근에 미국을 제치고 세계에서 온실가스 배출을 가장 많이 하는 나라로 올라선 중국은 주로 화석연료에 의한 에너지 생산으로 1990년 이후 배출량이 80%나 증가하였다. 중국은 2007년에 온실가스 배출 감소, 적응 그리고 공공 인식 개선을 중심으로 기후 변화 정책을 내놓았다.

중국

2. 브라질 브라질의 에너지 77%는 자국 수력 발전으로 공급되며, 교통에 사용되는 연료 상당 부분이 바이오 연료이다. 브라질에서 발생하는 이산화탄소 대부분은 산림 파괴로 발생하지만, 2017년까지 아마존 지역의 벌목을 72%나 감소시킬 예정이다.

브라질

3. 독일 2007년, 독일 정부는 재생 가능 에너지, 기후 보호, 그리고 에너지의 효율화를 강조하는 통합적인 에너지 기후 프로그램을 야심적으로 채택하였다. 이 프로그램은 배기가스 배출 교환(emission trading revenue)로 발생하는 수익을 개발도상국 기술 이전과 적응을 위해 재분배한다.

독일

4. 인도 2008년 6월, 인도는 기후 변화에 대응하기 위해 국가행동계획(National Action Plan)을 발표하였다. 일조량이 많은 열대국가로서 인도는 태양열로 하는 에너지 사용을 확대시키는 목표를 갖고 있다. 또한 2017년까지 각종 규제를 통하여 물 사용 효율을 20% 정도 증가시킬 계획이다.

인도

5. 일본 교토 의정서 효력이 끝남에 따라 일본은 국제 정책을 위한 야심적 목표를 갖고 있다. 일본은 개발도상국들의 빈곤 해소와 온실가스 배출 감소를 목표로 하는 국제원조를 통해 세계 온실가스 배출을 2050년까지 50% 감소시키기 위한 협정을 추진 중이다.

일본

기후 변화 늦추기

국제적인 정책적 협력인 교토 의정서의 첫 단계는 2012년에 끝난다. 비록 많은 서명국에서 목표 달성을 하지는 못했지만 이 의정서로 이산화탄소 배출량을 줄이기 위한 많은 노력들이 행해졌다. 더욱이 이산화탄소 배출량이 가장 많은 국가인 미국에 의해 비준처리가 되지 않았으며 인도와 중국과 같은 개발도상국에 대한 목표 감소량이 정해지지 못했다.

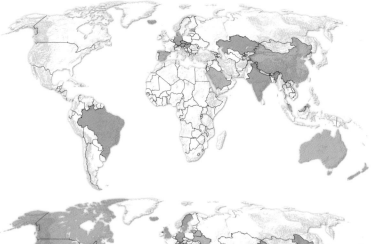

상위 10개국
하위 10개국

기록(왼쪽) 이 연구는 2007년 이산화탄소를 배출하는 56개국의 기후 변화 결과를 평가한 것이다. 이산화탄소 변화(윗그림)가 표시되어 있으며 가장 잘하고 있는 국가외 못하는 국가로 각 분류에서 구분되어 있다. 중국의 급격하게 증가하고 있는 이산화탄소 배출과 북아메리카의 국제적 기후 정책 개발에 대한 불참은 개선해야 할 지역으로 나타나 있다.

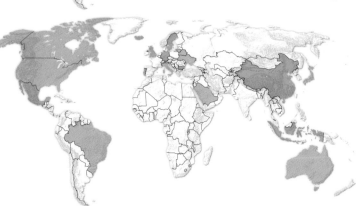

산림 복원(아래) 해수면의 상승과 강력한 해안 폭풍에 대한 방어책과 탄소 소비지로 여러 정부는 산림 지역과 맹그로브의 중요성에 대해 인지하고 있다. 필리핀 정부는 장작을 위해 불법으로 벌목된 기존 산림 지역을 대체하기 위해 맹그로브 복구 프로그램을 개시하였다.

재활용(위) 플라스틱과 종이류 제품 생산 과정에 있어서 원자재료로부터 추출, 가공, 그리고 운반하는 것보다 재료를 재활용하는 것이 에너지 사용을 상당히 줄일 수 있다.

포장(오른쪽) 포장지는 주요 온실가스 발생원이므로 소각로에 태우거나 쓰레기 매립지에 버리는 것보다 재활용해야 한다. 유럽 국가들은 쓰레기 감축과 재활용에 있어서 선두적이다.

담수화(아래) 바닷물을 담수화하는 것은 건조 지역이나 물 수요가 공급을 초과하는 지역에서 자주 사용되는 수단이다. 스페인의 담수화 공장은 역삼투 과정을 이용해서 담수화한다.

관련 자료

교환 배출량 감축을 위해 많은 국가들이 특정 산업 분야에 배출 목표를 설정하고 배출량을 할당한다. 이 할당 목표들은 산업 간 교환이 가능하며 배출량 감소 프로젝트를 통해 탄소 상쇄 쿠폰(carbon offset coupon) 구입이 가능하다.

교환 프로젝트 종류

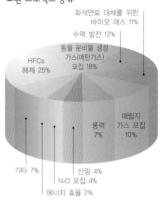

상쇄 쿠폰 구입 비율

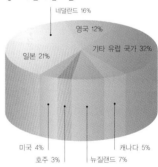

상쇄 쿠폰 공급 비율

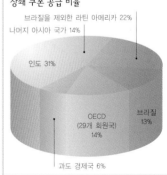

기상 감시

탄소 격리 이산화탄소는 석탄을 원료로 하는 발전소와 같은 곳에서 대량으로 배출된다. 기술자들은 이산화탄소가 배출되기 전에 격리시킬 수 있는 방법들을 찾고 있다. 온실가스 배출원은 다양하고 지역적이기에 몇 개의 소수 시설이 이산화탄소 배출에 큰 영향을 줄 수 있다.

공동 노력

기|후 변화는 전 지구적인 환경문제로 해결책도 전 지구적으로 마련되어야 한다. 산업국가를 중심으로 온실가스 배출을 규제하고 있는 세계 최초의 협정인 교토 의정서는 2005년 2월 16일 처음으로 효력을 가졌으며 184개 국가에서 비준처리 되었다. 국제적 기후 협력의 중요한 첫 단계로 인정은 되지만, 교토 의정서의 배출 감축 목표치는 너무 약한 것으로 인식되고 있다.

전 지구적인 해결책

1970년대 환경보전주의가 떠오르면서 기후 시스템을 포함한 시구에 영향을 미치는 인간 활동에 대한 대중적 관심을 이끌었다. 전 지구적인 추세가 모습을 드러내면서, 과학자들은 국제적 협력연구에 참여했다. 기후 모델이 개발되면서 가뭄, 폭풍, 그리고 해수면의 상승이 예측되고 정치인들은 기후 변화에 대한 정책을 법률화하기 시작했다.

1992년 유엔 기후 변화 회의(UN-FCCC)의 채택은 기후 변화 연구와 정책에 대한 국제 협력의 새 시대를 열었다. 그 이후로, 기후학자들은 기후변화의 상황에 대한 합의 문서를 발표했다. 2012년에 효력이 정지되는 교토 의정서를 이을 새로운 협정이 2009년 12월 코펜하겐에서 논의되었다.

몬트리올 의정서(아래) 1989년부터 효력이 생겼고, 1987년에 체결된 몬트리올 협정은 국제적인 성공 사례이다. CFC가 성층권 오존을 고갈시킨다는 것을 인식한 후, 191개국에서는 이 화학물질을 단계적으로 사용하지 않기로 동의했다.

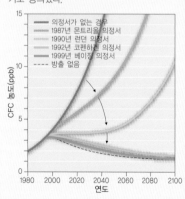

항의(오른쪽) 환경운동가들은 기후 변화가 얼마나 위험한지에 대해 독창적인 방법으로 관심을 끌기 위해 노력한다. 그린피스 캠페인에서는 인간이 배출한 이산화탄소가 알프스 빙하를 녹인다는 것에 대한 인식을 높이기 위해서 자원 운동가들이 알프스에서 가장 큰 스위스 빙하 알레치(Aletsch) 앞에서 알몸으로 줄지어 서 있다.

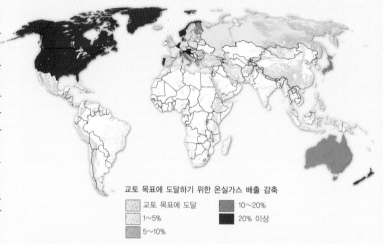

교토 목표에 도달하기 위한 온실가스 배출 감축

- 교토 목표에 도달
- 1~5%
- 5~10%
- 10~20%
- 20% 이상

교토 목표(위) 이 의정서는 산업국가에게 온실가스 감축 목표를 설정했다. 미국은 이 의정서를 비준하지 않았으며, 의정서로부터 규제도 받지 않는다. 새로 체결되는 협정에서는 개발도상국에도 감축 목표치가 주어질 것이다.

교토의 효력(아래) 교토 의정서의 기본 메커니즘은 배출가스 거래를 할 수 있는 탄소 시장과 이산화탄소 배출을 감축시키는 프로젝트를 지원하는 청정 개발이다.

1970년 4월 22일 첫 지구의 날을 경축하며 근대 환경운동이 효시가 되었다. 지구의 날은 친환경적 시민으로서의 활동을 장려한다.

1979년 2월 12~23일 제1차 세계 기후회의가 스위스 제네바에서 개최되었다. 이것은 기후 변화에 관한 최초의 국제 과학 회의 중 하나였다.

1988년 세계기상기구(WMO)와 유엔환경계획(UNEP)은 기후 변화에 관한 정부 간 협의체(IPCC)를 설립한다.

1990년 IPCC의 첫 번째 평가보고서에서는 지구가 온난화되고 있음을 확인하였다. 보고서에서는 이 결과는 부분적으로, 인간이 배출한 이산화탄소가 원인이라고 결론을 지었다.

1992년 국제 조약인 UNFCCC (United Nations Framework Convention on Climate Change)가 브라질에서 만들어졌다. 이 조약은 대기 중의 온실가스 농도를 안정화시키는 것을 목표로 하고 있다.

1995년 IPCC의 2차 평가보고서 에서는 지구 기후 시스템에 뚜렷 한 인간의 영향에 대한 증거를 제 시하였다.

1997년 UNFCC와 관계된 국제협력 조약인 교토 의정서가 작성되고 도 입되었다. 이 조약은 선진 국가들이 2012년까지 달성해야 될 온실가스 배출 감축 목표를 설정하고 있다.

2007년 IPCC와 환경운동가인 전 미국 부통령 앨 고어는 인간이 만 든 기후 변화에 대한 지식을 알리 는 노력으로 노벨 평화상을 공동으 로 수상했다.

2009년 12월 7~18일 UNFCCC의 관련 단체들이 유엔 기후 변화 회의 에 참석하기 위해 덴마크 코펜하겐 에 모였고, 교토 의정서 후속 조치 를 논의하였다.

2012년 교토 의정서의 첫 번째 약 속 기간이 끝난다. 선진국들의 배출 량 감축 목표치는 1990년 수준보다 5% 낮게 설정되었다. 새로운 목표는 더 낮을 것으로 예상된다.

관련 자료

1. 지열 유라시아와 북아메리카 판 사이의 지질학적으로 갈라진 틈 위에 위치하는 까닭으로 인해 아이슬란드는 지열 활동이 매우 활발하다. 지열 발전소는 이 재생 가능한 에너지 자원을 이용하여 아이슬란드 전기의 1/4을 생산한다.

아이슬란드

2. 수력 라틴 아메리카는 1차적인 에너지 공급의 1/4을 재생 가능한 에너지원으로부터 얻고, 특히 수력 발전에 크게 의존하고 있다. 99% 재생 에너지를 사용하는 코스타리카는 지열에너지에 사탕수수 및 바이오 매스 연료를 결합시킴으로써 이 지역 최고의 지속 가능한 기록을 가지고 있다.

코스타리카

3. 태양열 태양열과 풍력의 많은 투자를 통해 독일은 국내 발전에서 재생 가능한 에너지원이 차지하는 비율이 급속하게 증가하고 있으며, 2030년까지 45%를 차지할 예정이다. 독일은 현재 세계의 태양전지 패널의 대부분을 생산하고 있다.

독일

4. 바이오 연료 모잠비크는 이 나라의 비옥한 토지를 활용하여 국가 바이오 연료 산업을 육성하고 재생 가능한 액체연료 분야에서 세계적인 나라가 되려고 한다. 국영 석유 회사는 이미 바이오디젤을 생산하고 있으며, 수도 마푸투의 북쪽으로 야자와 자트로파(jatropha)의 씨앗 기름을 위해 농장을 확장할 계획을 하고 있다.

모잠비크

5. 바람 덴마크는 풍력 에너지의 세계적인 선두 주자이다. 2007년 현재 전기 생산의 20%는 연안의 풍력 발전 지역을 포함한 풍력 발전으로부터 얻는다. 1970년대부터 선구적인 상업의 풍력 발전을 생산한 이후, 덴마크 제조업체는 세계의 풍력 발전기의 약 절반을 생산한다.

덴마크

대체 에너지

이산화탄소를 대량 방출하는 화석연료를 대체하는 다른 에너지원으로 교체하는 것은 강력한 국제적 및 국내 정책과 획기적인 기술 개발을 필요로 한다. 바람, 태양열, 파력을 이용한 발전 기술과 같이 날씨를 활용하는 것은 세계 에너지 생산에서 작지만 급속하게 성장하고 있는 부분이다.

사용(아래) 2008년 전체 에너지 소비 가운데 재생 에너지 사용이 차지하는 비율을 조사 연구했다. 많은 화석연료 사용과 함께, 대부분의 선진국은 가장 낮은 순위를 기록했다. 많은 에너지를 수력 발전으로부터 얻는 나라가 가장 높은 순위를 기록했다.

태양열의 배열(맨 아래) 보통 실리콘으로 만들어지는 태양전지판은 햇빛을 전기로 전환한다. 과학자들은 현재 석탄으로 생산하는 전기보다 더 비싼 태양열 발전을 위해 더욱 싼 재료를 개발하고 있다.

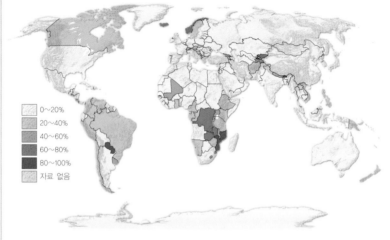

0~20%
20~40%
40~60%
60~80%
80~100%
자료 없음

풍력 발전(위) 풍력 발전기는 날개 또는 로터를 사용하여 바람의 운동 에너지를 포획한다. 미국 캘리포니아 팜스프링스 지역과 같이 바람이 많은 지역은 근처에 있는 마을에 전원을 공급할 충분한 에너지를 생산할 수 있다. 바람이 간간이 불지 않을 때, 풍력을 뒷받침할 다른 전기 에너지원이 필요하다.

크기(오른쪽) 풍력 에너지를 최대로 포획하기 위해 오늘날의 풍력 발전기는 일반적으로 각각 보잉 747 항공기의 날개 길이보다 더 긴 3개의 날개로 구성되어 있다. 이 날개는 탄소 섬유와 같은 매우 가벼운 재료로 만들어진다.

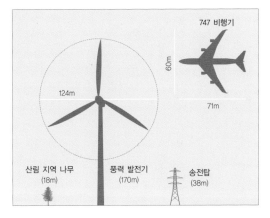

| 산림 지역 나무 (18m) | 풍력 발전기 (170m) | 송전탑 (38m) |

747 비행기

124m · 60m · 71m

파도(위) 조류 발전기는 해류 에너지를 이용한다. 조류의 방향에 따라 움직이도록 만든 이 발전기는 로터를 이용해 발전한다. 해양의 조수는 정기적이기 때문에 조력 발전기는 예측 가능한 양의 전기를 생산한다.

관련 자료

태양광 사용 가장 효율적인 재생 에너지 사용 방법은 태양에너지를 전기나 열과 같은 직접 사용 가능한 에너지의 형태로 변환시키는 것이다. 기발하고 실용적인 현재의 연구는 햇빛을 활용할 새로운 방법을 찾고 있다.

운전 태양열 자동차는 태양열 에너지를 전기 모터에 동력을 공급하는 전기로 변환하기 위해 태양전지를 사용한다. 아직은 상업적으로 이용 가능한 태양열 자동차는 없다.

청신호 베이징은 2010년까지 재생 가능한 에너지 사용을 4%까지 올리려는 목표 아래 태양열을 이용한 신호등을 설치하고 있다. 부수적으로 전기선도 없앨 수 있다.

오락 미국 캘리포니아 산타모니카에 있는 대관람차는 태양열 에너지를 이용해 움직인다. 태양열 전지는 하루 운용에 필요한 에너지와 16만 개의 조명기구를 충전한다.

관련 자료

연료 혼합 에너지 수요의 증가와 원유 확보의 불안정성, 지구 온난화의 위협에 대응하기 위해 많은 국가들이 에너지원을 다각화하고 있다. 재생 가능한 에너지는 국가의 에너지원 포트폴리오의 적은 부분을 차지하고 있지만 증가하고 있는 추세이다.

연료 종류에 따른 에너지 생산

■ 2006년 1~10월 사이   ■ 2007년 1~10월 사이   ■ 2008년 1~10월 사이

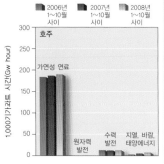

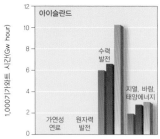

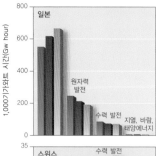

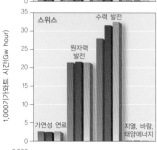

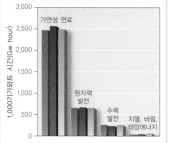

대체 에너지 (계속)

태양광, 풍력, 파도의 활용뿐만 아니라 재활용이 가능한 에너지원으로는 지열, 바이오 매스, 폐기물 가스, 수력 발전을 꼽을 수 있다. 수력 발전은 세계 발전량의 16%를 차지하고, 재생 가능하지 않지만 이산화탄소 배출량이 적은 원자력 발전은 세계 발전량의 6%를 점유한다. 하지만 안전 문제로 인해 핵발전은 개발이 더디다. 세계적으로 수력 발전을 제외한 재생 가능 에너지원의 점유율은 약 10% 정도로 추정되고 있지만, 모두 증가하고 있는 추세다.

쓰레기 에너지(아래) 발전기에서 소각하여 전기를 생산하도록 생물 반응장치(Bioreactor)를 매립하여 부패 중인 폐기물에서 메탄을 추출한다. 이 과정은 전기를 생산한다는 좋은 점뿐만 아니라 이산화탄소보다 위험한 온실가스인 메탄 방출을 방지하는 추가적인 이점을 가진다.

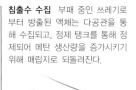

침출수 수집 부패 중인 쓰레기로부터 방출된 액체는 다공관을 통해 수집되고, 정제 탱크를 통해 정제되어 메탄 생산량을 증가시키기 위해 매립지로 되돌려진다.

메탄 수집 메탄가스는 다공관을 통해 매립지로부터 추출되어 발전기로 전송된다.

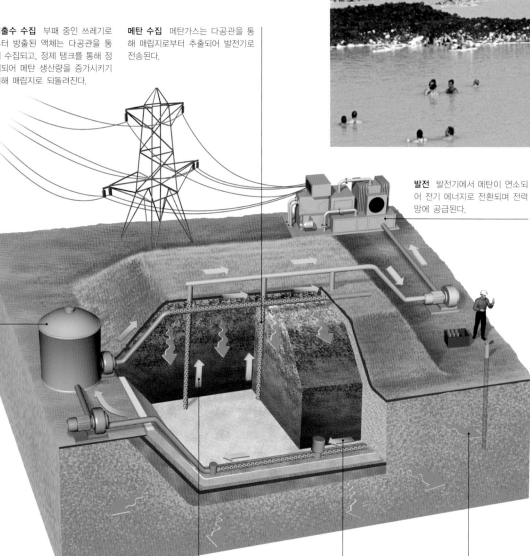

발전 발전기에서 메탄이 연소되어 전기 에너지로 전환되며 전력망에 공급된다.

매립된 폐기물 매립지에 매장된 폐기물은 천천히 부패하며 메탄가스를 방출한다(노란색 화살표).

침출수 부패된 쓰레기에서 발생한 침출수는(파란색 화살표) 부패를 가속시키는 화학성분을 갖고 있다.

감시 환경과학자들은 환경적 안정성 확립을 위해 매립지의 가스 배출과 강 하단의 수질을 감시한다.

지열 발전(위) 아이슬란드의 블루라군(Blue Lagoon)은 달궈진 돌 사이로 고압으로 물을 끌어올려 막대한 지하의 지열을 저장한다. 이 뜨거운 물로 증기 발전을 하여 전기를 생산하고 인근의 온천에 더운물을 공급한다.

수력 발전(아래) 세계에서 가장 큰 수력 발전소인 중국 삼협댐은 물로 발전기를 돌려 전기를 생산한다. 하지만 이 삼협댐으로 인해 극심한 침식 작용과 수질 문제가 초래되고 있다.

관련 자료

바이오 연료 기름값의 상승과 이산화탄소 배출량 감축에 대한 관심은 바이오 연료에 대한 수요를 증가시켰다. 콩에서 생산된 에탄올과 같은 바이오 연료는 현재 세계 수송에서 사용되는 연료의 1%를 차지한다.

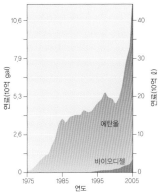

수량 바이오 연료 생산은 2000년 이후 급격히 상승하고 있다. 미국은 에탄올의 최대 생산지인 동시에 소비지이며, 브라질이 그 뒤를 잇는다.

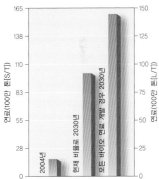

소비 현 비율로는 세계 바이오 연료 소비량은 2030년까지 500% 상승할 것으로 예상된다. 친 바이오 연료 정책으로 7배나 증가할 수도 있다.

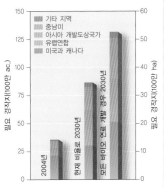

필요 경작지 콩, 해바라기, 평지씨처럼 바이오 연료 원료가 되는 곡물 경작지는 바이오 연료 생산을 유지하기 위해 확대되어야 할 것이다.

도심지에서 기후 변화 늦추기

도시 계획은 기후 변화를 초래하는 온실가스 배출 감축에 있어서 중요한 역할을 한다. 지구상의 인구 절반 이상이 산업 활동, 국내 에너지 사용, 그리고 교통으로 인해 이산화탄소를 많이 배출하는 도심지에 거주하고 있다. 도시의 '현명한 성장(smart growth)' 정책들은 도시 환경에서 에너지 사용 효율화를 가져올 수 있으며, 대중교통수단은 개인들의 개별차량 운행을 줄여 준다.

관련 자료

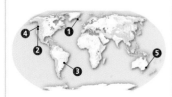

1. 레이캬비크 아이슬란드의 레이캬비크 시는 큼직한 지열 지역 위에 위치하여 도시의 모든 건물 난방을 지열로 하며, 도시의 에너지 수요는 수력 발전으로 공급하는 유럽에서 가장 친환경적인 도시이다. 도시에서 운영 중인 버스들은 현재 수소연료로 전환 중이다.

아이슬란드 레이캬비크

2. 포틀랜드 훌륭한 대중교통수단을 갖추고 있는 오리건 주의 포틀랜드 시는 미국에서 가장 친 자전거 도시이다. 도시에는 113km 이상의 자전거 전용도로를 갖추고 있으며, 자전거 전용도로는 다른 교통수단이 주의를 잘 기울일 수 있게 계획되어 있다.

미국 오리건 주 포틀랜드

3. 쿠리티바 브라질 남부에 위치한 쿠리티바 주민 200만 명의 3/4은 세계 최고로 간주되는 잘 짜여진 고속버스 수송 시스템에 의존하고 있다. 도심지의 녹색지대는 양떼로 관리되고 있으며, 지역 주민은 가계 쓰레기의 70%를 재활용한다.

브라질 쿠리티바

4. 밴쿠버 밴쿠버의 도시계획 담당자는 빽빽한 도시계획을 만들 것을 주문 받아 꽉 들어찬 도심 중심지에 작은 공원 200개를 갖춘 도시로 만들었다. 이 도시의 90%가 재생 가능한 에너지를 사용하며, 지속 가능 계획은 해안의 바람, 조수, 그리고 파동 에너지 개발을 포함하고 있다.

캐나다 브리티시 컬럼비아 밴쿠버

5. 시드니 호주는 비효율적인 백열등을 에너지 효율이 높은 형광등으로 전환하는 선두 국가였으며, 2007년에는 지구촌 소등행사를 개최함으로써 지구 온난화에 한몫을 하고 있는 전기 조명에 세계의 이목을 집중시켰다. 2008년에는 탄소중립도시가 되었다.

호주 시드니

대중교통(왼쪽) 미국의 이산화탄소 배출량 중 1/3이 수송에서 발생한다. 오리건 주 포틀랜드와 같은 도시는 대중교통의 활성화로 수송에 의해서 발생하는 이산화탄소 배출량 상당 부분을 줄였다. 포틀랜드는 시내 주차 공간을 제한하는 대신 시내로 통하는 무료 버스와 전철을 제공하고 있다.

로스앤젤레스 스모그(아래) 로스앤젤레스는 차량 문화가 발달하면서 불규칙적으로 발달한 도시는 차량들로 꽉 찬 고속도로망으로 연결되어 발달했다. 교통 가스 배출이 밝은 캘리포니아의 햇살과 맞물리면서 극심한 스모그 문제를 발생시켰다. 이 문제는 지난 30년간 연료 효율화로 지속적으로 개선되었다.

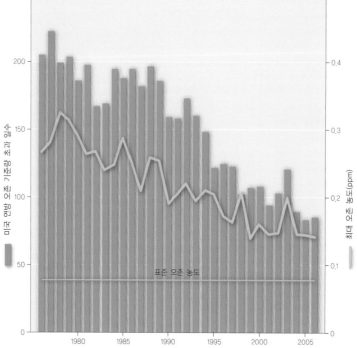

공기 질(위) 캘리포니아는 세계 최고의 대기질 감시 시스템을 갖추고 있다. 캘리포니아에서는 차량 가스 배출 기준이 매우 엄격하여 지난 30년간 남부 갤리포니아의 오존 수치를 낮추는 데 기여했다.

에너지 소비(위) 인구 밀도가 높은 도심 지역에서는 대중교통을 많이 이용함으로써 1인당 수송 관련 에너지 소비량을 낮춘다. 차량에 의한 이동거리는 아시아와 유럽의 어떤 도시보다 북아메리카와 호주의 도시에서 더 많다.

페달의 힘(오른쪽) 많은 시 정부에서는 도심 곳곳에서 자전거를 빌려 탈 수 있는 스페인 바르셀로나의 '바이싱(Bicing)' 프로그램과 같은 자전거 활용 프로그램을 시행하여 도심지에서 자전거 활용도를 높이려고 하고 있다. 어떤 자전거 공유 프로그램들은 무료로 운영되고 있는 반면 어떤 프로그램들은 이용료를 받고 있다.

관련 자료

1. **린펀** 시민들이 석탄 가루로 형성된 구름으로 고통 받는 중국의 석탄 생산지인 산시성 린펀(Linfen) 시는 세계에서 가장 오염된 도시로 불리고 있다. 이 작은 석탄 입자들은 만성 폐질환과 심혈관 스트레스를 야기하며 지역 기후에도 좋지 못한 영향을 미치고 있다.

중국 린펀

2. **밀라노** 이탈리아 북부의 산업중심지인 밀라노는 최악의 미세먼지 대기오염 문제를 갖고 있으며 오존 수준은 유럽에서 가장 높다. 이런 문제들은 밀라노 교통량의 부작용이다. 도심 혼잡방지요금 부담으로 교통량, 스모그와 이산화탄소 배출량이 줄어들었다.

이탈리아 밀라노

3. **휴스턴** 만약 독립적인 국가였다면 텍사스는 캐나다 다음으로 세계에서 8번째로 이산화탄소를 많이 배출하는 국가였을 것이다. 휴스턴은 석유화학 산업의 중심지로 미국 이산화탄소 배출량의 1/3을 배출하는 휘발유를 정류한다. 휴스턴은 미국에서 이산화탄소를 가장 많이 배출하는 도시이다.

미국 텍사스 주 휴스턴

4. **샌 버너디노** 로스앤젤레스 주위의 교외 지역은 세계에서 최악으로 발달하여 자리 잡은 도시 가운데 하나이다. 샌 버너디노(San Bernardino)에 거주하는 사람들 2/3는 도심 지역으로부터 적어도 16km 반경 밖에 살고 있으며, 지역 주민 1% 미만이 대중교통을 이용하고 있다.

미국 캘리포니아 주 샌 버너디노

기상 감시

현명한 성장 이 도시 계획 운동은 무분별한 확장으로 지속 가능성이 없어진 많은 도시를 위한 대안들을 찾는 데 노력하고 있다. 이 계획들은 걸어 다닐 수 있는 동네나 대체 교통수단의 제공, 계획적인 건물 디자인의 활용 그리고 협력을 돕는 준수사항들을 포함하고 있다.

산업 분야에서 기후 변화 속도 늦추기

전 세계의 과학자들과 산업 연구가들은 화석연료에 의해 배출되는 온실가스 15% 이상을 차지하는 발전소와 자동차에 의한 배기가스를 줄이기 위해 노력하고 있다. 사업 전략 계획 시 온실가스 배출을 감안하는 기업은 안정적인 경제적 수익을 확보하면서 전 지구 이산화탄소 배출 균형에 기여하는 잠재력을 갖고 있다.

묘목(아래) 나무는 이산화탄소를 저장하는 가장 확실한 수단이기에 여러 제지기업은 그들로 인해 증가하는 탄소 발자국을 줄이기 위해 벌목 후 묘목을 심음으로써 환경적 파괴를 부분적으로 복구하려고 노력하고 있다.

관련 자료

배기 개발도상국에서 산업화는 화석연료 사용으로 인해 온실가스를 가장 많이 배출하는 요인이다. 에너지 효율을 높임으로써 가전제품과 건축 원자재 생산 분야에서 온실가스 배출을 상당히 줄일 수 있을 것이다.

컴퓨터 개인용 컴퓨터를 만드는 데 사용되는 화석연료는 290kg이 넘는다. 모니터와 전사 무쁨이 이산화탄소를 제일 많이 배출시킨다.

건설 원자재마다 생산 시 소모되는 에너지량이 다르다. 알루미늄, 철, 폴리염화비닐(PVC) 생산 시에 가장 많은 에너지가 소모된다.

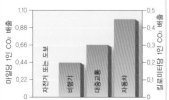

여행 이동 수단에 따른 1인당 이산화탄소 배출량은 다양하다. 항공기와 버스는 더 많은 사람들이 탑승하면서 에너지 효율화를 갖게 된다. 차량은 에너지 효율화가 가장 낮다.

2002년 캘리포니아의 총 전기 사용량

농업 관개 8%
냉난방 2%
조명 13%
조명 2%
기타 6%
냉방/공조 9%
기타 13%
상업 부분
농업 부분
산업 부분
가정용 부분
기타 12%
조명 9%
기타 7%
냉장고 6%
공기 압축 2%
냉난방 4%
생산 과정 7%

휴대전화 재활용하기(오른쪽) 소비자 가전제품은 생산 시 높은 에너지 비용을 가지고 있지만 주로 일회용 제품으로 간주된다. 휴대전화는 전형적으로 교체하기 전까지 18개월 동안 사용되며 대부분은 매립장으로 향하게 된다. 휴대전화를 재활용하는 것은 새로운 원자재의 사용을 줄이며 이로 인해 이 산업에서 발생하는 온실가스 배출을 줄인다.

열병합 발전소(아래) 발전산업은 시설물에서 더 많은 에너지를 줄이는 연구를 통하거나 다른 산업과의 제휴를 통해 탄소 발자국을 획기적으로 줄일 수 있다. 사진에 소개된 독일 헤르텐(Herten)에 있는 한 쓰레기 소각장은 열과 전기를 모두 생산하면서 생산량이 2배로 증가했다.

관련 자료

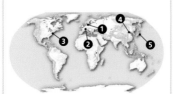

1. 자발적 행동 많은 나라에서 산업 분야 이산화탄소 감축은 정부–산업 분야가 함께 만든 표준 '자발적 행동(voluntary actions)'을 통해서 부분적으로 추진되고 있다. 에너지 효율화에 대한 덴마크 협약은 기업이 동의하게 되면 구속력을 갖게 되며, 협약을 어겼을 경우 강한 금융 제재를 받게 된다.

덴마크

2. 배출량 교환 스위스의 회사들은 자발적으로 이산화탄소 배출량 한도를 도입하고 회사 간의 배출 한도를 교환하며 교토의정서 협약에서 유럽연합의 책임을 다한다. 이러한 자발적 한도에 도달하지 못하면 화석연료 사용에 대한 세금이 적용된다.

스위스

3. 라벨 교토 의정서의 첫 책임 기간 동안 비준처리를 하지 않은 미국은 산업에서 발생하는 온실가스를 줄이기 위해 자발적인 행동에 의지해 왔다. 매우 성공적인 자발적 에너지 별 표시 프로그램(voluntary Energy Star labeling program)은 특히 가정에서 사용되는 가전제품을 구매할 때 친에너지 제품 구매를 장려하는 프로그램이다.

미국

4. 시멘트 시멘트 생산은 세계 이산화탄소 배출량의 약 5%를 차지하며, 세계 시멘트의 약 45%는 중국에서 생산된다. 중국의 시멘트 생산기업 대표들은 최근에 배기가스의 배출을 감시하기 위해 지속 가능한 시멘트 선언(Cement Sustainability Initiative)을 탄생시켰다.

중국

5. 반도체 반도체 산업은 이산화탄소를 배출하는 주요 산업이다. 최근에 일본에서 개최된 심포지엄에서 산업선도기업들은 더 효율적인 전기 모터의 사용부터 에너지 절약을 하는 스마트 미터링(smart metering)을 통해 기후 변화를 완화하는 방안을 검토했다.

일본

기후 변화를 늦추기 위한 가정에서의 노력

관련 자료

낮은 정도 가정의 이산화탄소 배출량은 대부분 건물의 지어진 연도에 비례한다. 최신식 집은 새로운 재료, 단열재, 그리고 난방 기술의 사용으로 에너지 낭비를 최소화한다. 또한 수동적인 집은 난방에 거의 에너지가 사용되지 않도록 설계되었다.

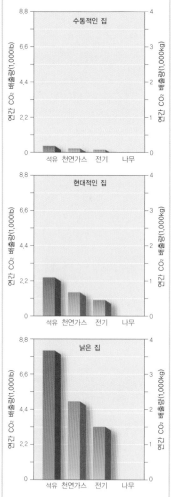

수동적인 집

현대적인 집

낮은 집

태양전지

태양전지판은 일반적으로 실리콘으로 만들어진 광전지를 사용하여 햇빛을 모아 전기로 변환한다. 탄소를 전혀 배출하지 않는 이 장치는 수백만 가정에 전기를 제공할 수 있다.

햇빛
전구
실리콘 장치
전기 흐름

가정과 건물에서의 에너지 소비 형태는 전 세계 온실가스 배출에 상당한 영향을 미친다. 이산화탄소 배출을 줄이기 위해서 가정에서 할 수 있는 간단하고 다양한 방법들이 있다. 건물 원자재, 단열재료, 냉난방 시스템 선택, 효율적인 물의 사용, 그리고 재생 가능 에너지 사용 등을 통해 가정에서 발생하는 탄소 배출량을 줄일 수 있다.

대기전력(오른쪽) 컴퓨터, DVD 플레이어, TV, 오디오 같은 가정 전자제품에 있어서 대기전력은 이산화탄소 방출량의 2%를 차지한다. 이 장치들을 전원 스위치가 있는 콘센트에 꽂아라.

에코하우스(아래) 우리가 생산하는 온실가스의 1/3은 우리가 살고 있는 집으로부터 나온다. 친환경 집은 에너지를 절약하는 많은 방법을 가지고 있으며, 대기 중으로 방출되는 온실가스의 상당량을 줄일 수 있다.

풍력 발전기 일부 지역에서는 풍력 발전기와 같은 재생 가능한 에너지원을 갖춘 집들이 지역 전력망에 잉여 에너지를 제공할 수 있다.

유리 냉난방 에너지 비용은 단열성이 더 좋은 이중창에 의해 감소될 수 있다.

천장 팬 에어컨은 엄청나게 에너지 소비를 하는 반면, 천장에 설치한 팬을 이용하는 냉방시설은 저에너지 대체 방법이다.

태양전지 지붕에 설치한 태양전지판은 지역 전기 발전을 효과적으로 대체할 수 있나.

단열재 에너지 사용에 따른 환경적 비용 모두에 관련된 재정 지출이 효율적인 단열재 사용으로 상당히 절약될 수 있다.

햇빛 튜브 집 밖에서 햇빛을 수집해서 직접 생활공간으로 보내는 햇빛 튜브는 온실가스를 배출하지 않으면서 실내를 조명할 수 있다.

화장실 수압을 낮춘 샤워기 꼭지와 절수형 변기는 물을 절약하는 데 도움을 준다.

가전제품 에너지 효율이 높은 냉장고, 냉동고, 식기세척기와 오븐의 선택은 부엌에서의 탄소 배출량을 줄인다.

물의 재사용 씻고 난 물과 싱크대 물을 모은 중수도 용수는 수세식 화장실이나 정원에 물을 줄 때 적합하다.

세탁 물을 적게 사용하고 고효율인 드럼세탁기는 친환경적이다.

바닥 난방 바닥 아래의 온수 파이프는 방을 따뜻하게 하는 데 매우 효율적이면서 비용 효과적이다.

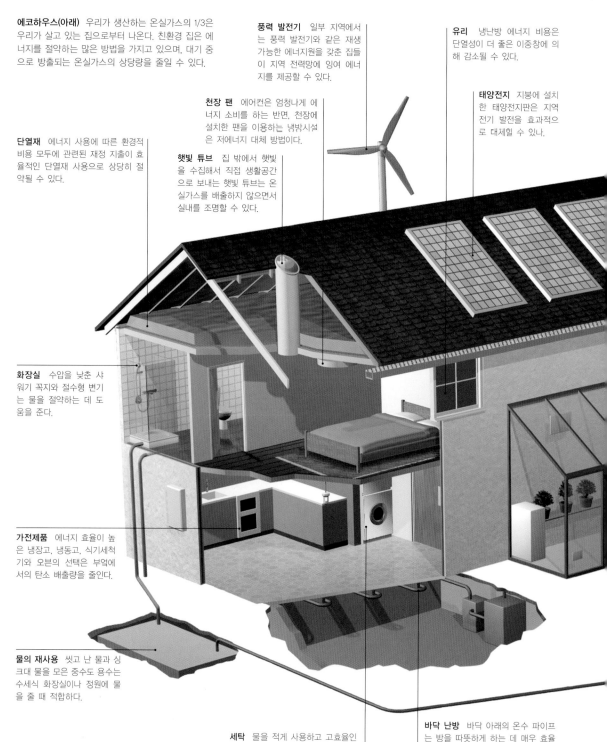

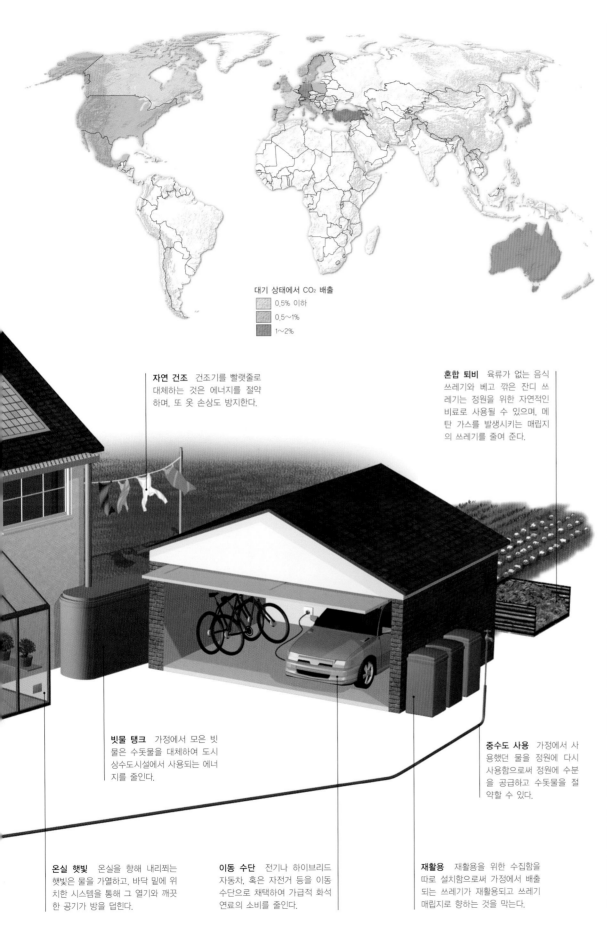

대기 상태에서 CO₂ 배출
- 0.5% 이하
- 0.5~1%
- 1~2%

자연 건조 건조기를 빨랫줄로 대체하는 것은 에너지를 절약하며, 또 옷 손상도 방지한다.

혼합 퇴비 육류가 없는 음식 쓰레기와 베고 깎은 잔디 쓰레기는 정원을 위한 자연적인 비료로 사용될 수 있으며, 메탄 가스를 발생시키는 매립지의 쓰레기를 줄여 준다.

빗물 탱크 가정에서 모은 빗물은 수돗물을 대체하여 도시 상수도시설에서 사용되는 에너지를 줄인다.

중수도 사용 가정에서 사용했던 물을 정원에 다시 사용함으로써 정원에 수분을 공급하고 수돗물을 절약할 수 있다.

온실 햇빛 온실을 향해 내리쬐는 햇빛은 물을 가열하고, 바닥 밑에 위치한 시스템을 통해 그 열기와 깨끗한 공기가 방을 덥힌다.

이동 수단 전기나 하이브리드 자동차, 혹은 자전거 등을 이동 수단으로 채택하여 가급적 화석 연료의 소비를 줄인다.

재활용 재활용을 위한 수집함을 따로 설치함으로써 가정에서 배출되는 쓰레기가 재활용되고 쓰레기 매립지로 향하는 것을 막는다.

관련 자료

가정 내 에너지 사용 가정에서 사용하는 대부분의 에너지는 물을 가열하거나 냉난방 혹은 가전제품에 사용된다. 그리고 물을 포함한 다른 모든 고체 쓰레기의 낭비는 모두 재활용을 통해 줄일 수 있다.

가정 내 온실가스 배출

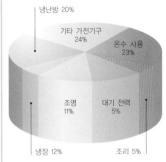

- 냉난방 20%
- 기타 가전기구 24%
- 온수 사용 23%
- 조명 11%
- 대기 전력 5%
- 냉장 12%
- 조리 5%

가정 내 물 사용

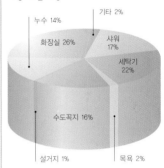

- 기타 2%
- 누수 14%
- 샤워 17%
- 화장실 26%
- 세탁기 22%
- 수도꼭지 16%
- 설거지 1%
- 목욕 2%

가정 내 쓰레기 배출

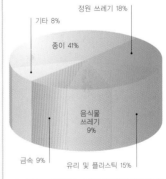

- 정원 쓰레기 18%
- 기타 8%
- 종이 41%
- 음식물 쓰레기 9%
- 금속 9%
- 유리 및 플라스틱 15%

기상 감시

단열재 가정 내 에너지 사용의 대부분은 냉난방에 있다. 가정에서 에너지 낭비를 줄이는 가장 빠르고 비용 효율적인 방법은 단열재를 교체하는 것이다. 미국 정부는 단열재 지원 프로그램(Weatherization Assistance Program, WAP)을 통해 저소득층 가정이 자금을 지원받아 에너지 절약을 할 수 있도록 돕고 있다.

미래 전망

하이브리드 차량을 구매하는 소비자의 증가나 형광등을 비롯한 에너지 절약형 가전제품을 선택하는 소비자의 숫자가 늘어나는 것을 보면 일반 대중이 기후와 에너지 위기에 얼마나 많은 신경을 쓰고 있는지 알 수 있다. 또한 교토 의정서를 비롯한 많은 전문 협약은 우리가 세계적인 협력을 통해 장기간 계속되는 기후 변화 완화에 도움을 줄 수 있다.

탄소거래제도는 여러 나라와 회사가 온실가스 배출량을 줄이는 데 가장 경제적인 방법이지만 그 진척은 더딘 편이다. 이산화탄소 배출량을 규제하려는 정책은 에너지 절약과 함께 대체 에너지에 대한 기술 개발에 박차를 가하는 데 일조했다. 하지만 석탄과 석유의 가격은 여전히 너무 낮을 뿐만 아니라 아주 빠른 속도로 그 양이 줄어들고 있다.

우리는 피해를 완전히 없앨 수는 없겠지만, 아직 대부분의 기후 변화를 늦추거나 되돌려 놓거나, 완화시킬 수 있다. 모든 사람은 다음 세대를 위해 지구를 좀 더 쾌적하게 만들 이 문제에 각자의 역할이 있다. 에너지 절약과 배출 감소의 긍정적인 영향을 다른 사람에게 전파함으로써 일상 생활에서 에너지를 절약하고, 기후보호 정책을 옹호하는 정치가 선출 등을 통해 우리는 가장 최악의 시나리오가 현실화되는 것은 막을 수 있을 것이다.

도전을 향하여 기후 변화는 우리에게 지구 대기가 인간으로부터 얼마나 상처 입기 쉬운지 알려 주었다. 지구 생태계에 최적의 상태를 마련해 주는 온실가스의 민감한 균형이 최근 증가한 산업 활동에 의해 파괴되고 말았다. 하지만 이 사실은 동시에 인간의 노력을 통해 그 흐름을 뒤바꿀 수 있다는 것도 말해 준다. 우리가 더욱 재빠르게 행동하여 기후의 한계점을 돌파하는 시점을 늦출 수 있다면 말이다. 기후 변화를 완화하기 위해서 전 세계 에너지 구조의 정밀한 검토가 필요할 것이고, 또한 국제적 협력을 통해 이 도전을 같이 해결하려는 노력이 필수적이다.

용어해설

가뭄(drought) 비가 조금 오거나 비가 내리지 않는 장기간.

간헐천(geyser) 더운 물이 주기적으로 위로 분출하는 지표면의 구멍.

갈충말(zooanthellae) 산호 개체 속에 공생관계에서 사는 식물과 같은 단세포 생물.

갑각류(crustacean) 바닷가재, 게 및 새우와 같이 딱딱한 외부 골격을 가진 대개의 수생 동물.

강수(precipitation) 이슬, 안개, 박무, 이슬비, 비, 우박, 서리 또는 눈과 같이 하늘로부터 떨어지는 물.

겉보기 온도(apparent temperature) 풍속냉각과 습도의 효과를 고려할 때 사람이 느끼는 온도.

결정(crystal) 육각형이나 입방체의 빙정과 같이 언 액체에서 볼 수 있는 규칙적이고 반복적인 기하학적 구조.

계절 강수(seasonal precipitation) 계절 변화와 연관된 강수.

계절(season) 날씨 변화가 반복해서 나타나는 특징을 가진 1년 중 별개의 기간. 일반적으로 중위도와 고위도지방에서는 주로 온도가 다른 네 계절이 나타난다. 열대와 아열대지방에서는 강수량 변화가 건조 계절과 습윤 계절을 발생시킨다.

고기압 풍계(anticyclone) 고기압 영역으로부터 나선형으로 불어 나가며 회전하는 바람 시스템.

고기압계(high-pressure system) 공기가 북반구에서는 시계 방향으로, 남반구에서는 반시계 방향으로 회전하는 고기압 영역.

고기후학(paleoclimatology) 고대의 기후를 연구하는 학문.

고원(plateau) 높고 평평한 땅의 영역.

고위도지방(high latitudes) 북극권 북쪽과 남극권 남쪽에 있는 지구의 양극에 가까운 지역. 이 지역은 태양으로부터 최소 에너지를 받으므로 추운 기후를 나타낸다.

곤드와나(Gondwana) 뉴질랜드, 남극 대륙, 호주, 남아메리카, 아프리카 및 인도를 포함하는 초대형 대륙의 조각.

골(trough) 대기압이 길게 늘어난 지역 또는 파의 가장 낮은 점.

공생(symbiosis, 共生) 두 종(種) 사이에 친밀하고 유익한 급식관계.

과냉각 물방울(supercooled droplets) 어는점 이하로 냉각되어도 액체 상태로 그대로 있는 물방울.

과포화(supersaturation) 주어진 온도에서 전형적으로 함유할 수 있는 양보다 더 많은 수증기를 포함하고 있는 공기의 상태. 과포화 공기는 쉽게 응결하여 물방울을 형성할 수 있다.

광구(photosphere, 光球) 태양이나 다른 별의 보이는 표면.

광물(mineral) 특징적인 화학 조성과 수정 구조를 갖고 있는 자연적으로 발생하는 물질. 암석은 여러 광물로 이루어져 있다.

광석(ore) 상업적으로 실행 가능한 추출에서 충분히 높은 농도의 특별한 금속을 포함하고 있는 광물이나 암석.

광전지(photovoltaic cell) 대부분의 태양에너지 시스템의 기본 단위.

광학 깊이(optical depth) 대기에서 입자 농도의 함수인, 빛이 지표면으로 침투하는 능력의 척도.

광합성(photosynthesis) 식물이 햇빛, 물 그리고 이산화탄소를 이용하여 당분의 형태로 그 자신의 영양소를 생산하는 과정. 식물은 광합성 동안 산소를 방출한다.

광환 질량 분출(coronal mass ejection) 수 시간에 걸쳐 태양의 광환으로부터 물질의 대량 분출.

광환(corona, 光環) 태양에서 온도가 높은 가장 바깥 대기.

교토 의정서(Kyoto Protocol) 기후 변화를 더디게 하기 위하여 온실 방출물을 줄일 목적으로 세계 정부들 사이에 맺은 2005년 협정.

국제자연보호연맹(International Union for Conservation of Nature, IUCN) 식물과 동물 종(種)의 보존 상태를 감시하기 위하여 위협 받는 종의 레드리스트(Red List)를 유지하려는 다국적 환경 기구.

군도(archipelago, 群島) 섬들의 집단 또는 많은 작은 섬을 포함하고 있는 영역.

굴절(refraction) 광선이나 음파가 다른 밀도의 매질로 지나갈 때 광선이나 음파가 휘는 현상.

극 세포(polar cell) 극지방에 있는 대규모 대기 순환 특징. 여기서는 따뜻한 공기가 약 북위 60°와 남위 60°에서 상승하여 극 쪽으로 이동한 다음 극 가까이에서 하강한다.

근일점(perihelion) 어떤 행성이 태양에 가장 근접했을 때의 궤도 점.

기(period, 紀) 지질학에서 지질학적 시간의 어떤 특정한 구분. 이 기(紀)는 세(世)와 기(期)로 더 나누어진다.

기공(stoma, 氣孔) 식물이 이산화탄소를 흡입하고 산소와 수증기를 내놓는 잎 표면의 가는 구멍.

기반암(bedrock) 지면 또는 수면 아래에 있는 단단한 암석 덩어리.

기상학(meteorology) 날씨에 대한 과학적인 연구 학문.

기압 경도(pressure gradient) 어떤 공간 크기에 대한 기압의 차.

기압계(barometer) 공기, 물 또는 수은을 사용하여 기압을 측정하는 기구. 이것으로 날씨 변화의 예상을 가능하게 한다.

기후 변동(climate variability) 짧은 시간 규모 기후의 통계적 변화.

기후(climate) 장기간에 걸쳐 어느 지역에서 나타나는 날씨의 형태.

꼬리구름(virga) 땅에 도달하기 전에 증발해 버리는 비. 꼬리구름은 흔히 하늘에서 줄 구름으로 보인다.

낙엽성(deciduous) 가을, 겨울 또는 건조한 계절에 잎이 떨어지고 봄에 새 잎이 나오는 식물이나 나무.

난류 혼합(turbulent mixing) 무질서한 흐름이 있는 지역에서 (대기 또는 해양의) 유체의 혼합.

남태평양 수렴대(South Pacific Convergence Zone) 열대 수렴대의 부분에 위치한 구름과 강수의 띠. 프랑스령 폴리네시아를 향하여 태평양 온난 해수역으로부터 서쪽으로 뻗어 있다.

눈 벌판(snow field) 눈이나 얼음으로 덮인 광범위하고 평평한 영역.

눈(eye) 태풍 안에서 가장 기압이 낮고 맑은 중심 영역.

눈녹이(snowmelt) 녹는 눈으로 생기는 민물의 지상 흐름.

눈쌓임(snowpack) 자연적으로 쌓여서 따뜻한 달 동안 녹는 눈.

느낌열 또는 현열(sensible heat) 열의 형태로 되어 있는 대기 기단(air mass)의 위치에너지. 잠열의 반대 개념으로서 이 형태의 열은 상태 변화에 의하여 생성되지 않는다.

대기(atmosphere) 중력에 의해 행성 또는 달 주위에 붙잡힌 기체와 부유 물질의 층.

대기압(atmospheric pressure) 공기 압력 또는 기압계 압력이라고도 부름. 단위 면적의 지구 표면 위에 있는 대기의 무게. 날씨 변화는 보통 기압 변동에 동반된다.

대류(convection) 더운 물질이나 공기는 위로 이동하고 찬 무거운 물질은 하강하는 열로 생기는 과정.

대류권(troposphere) 해면으로부터 대략적으로 7~17km 고도까지 대기의 가장 낮은 층. 이 층은 대부분의 지구 날씨가 나타나는 층이다.

대류권계면(tropopause) 지표면 상공 약 17km에 위치한, 밑의 대류권과 위의 성층권 사이의 경계면.

대륙 이동(continental drift) 맨틀의 대류에 의해 생기는 대륙판의 느린 이동.

대륙도(continentality) 어느 한 지역의 기후가 대륙에 의해 영향을 받는 정도로서, 바다의 영향을 받는 지역보다 대륙의 영향을 받는 지역에서 온도의 연교차가 더 크다.

대양 컨베이어 벨트(great ocean conveyor belt) 열염분 순환을 보라.

대양(world ocean) 지구 표면의 71%를 덮고 있는 해양과 바다의 연결망.

대초원(prairie) 평평하거나 기복이 있는 초지(草地) 영역. 특히 이 영역은 북아메리카 중부 지역에서 발견되는데, 여기에서는 나무가 적고 일반적으로 알맞게 습윤한 기후를 보인다.

대폭발(Big Bang) 가장 좋은 우주 이론에 따르면, 약 137억 년 전 우주의 탄생을 명시한 사건.

동위원소(isotopes) 다른 수의 중성자를 가진 화학 원소의 원자들. 그 결과 이 원자들은 서로 다른 원자량을 갖는다.

등압선(isobar) 일기도에서 기압이 같은 점을 이어 그린 선. 등압선이 서로 가까워지는 곳에서 더 강한 바람이 분다.

떡갈나무 덤불(chaparral) 캘리포니아 일부 지역과 그와 유사한 기후를 가진 다른 지역에서 발견되는 식생 유형으로서 덥고 건조한 여름철에 적합한 식물이 지배적임.

라니냐(La Niña) 적도 태평양에서 비정상적으로 찬 해수 온도가 나타나는 기간. 두 엘니뇨(El Niño) 사이에 일어난다.

레그(reg) 암석 포장으로 구성되어 있는 사막의 유형.

로라시아 대륙(Laurasia) 오늘날 북반구 대륙을 이루고 있는 땅덩어리의 대부분을 포함하는 옛날의 초(超)대륙.

로렌스 빙상(Laurentian Ice Sheet) 플라이스토세 빙하기 동안 캐나다 동부와 미국 북동부를 덮었던 두꺼운 얼음층.

마루(crest) 파(도)의 최고점.

만년설(firn) 연속적으로 쌓이는 눈 층이 압축되고 기포를 가두어 빙하 얼음으로 되기 전 부분적으로 밀집된 눈의 상층.

말(alga) 줄기, 잎 또는 뿌리가 없는 간단한 식물과 같은 유기물. 그러나 엽록소를 갖고 있어 광합성을 한다.

맨틀(mantle) 지각의 아래쪽과 바깥 중심핵의 바깥 가장자리 사이에 있는 지구의 부분.

맹그로브(mangrove) 열대와 아열대지방의 해안과 강어귀에서 발견되는 짠물 내성의 꽃이 피는 관목과 나무.

먼지 회오리(dust devil) 먼지 기둥을 일으키는 소용돌이 바람. 이것은 토네이도를 닮았으나, 그보다 작고 덜 격렬하며 폭풍과 연관되어 있지 않다.

메가시티(megacity) 인구 1,000만 명 이상의 도시 영역.

메탄(methane) 1개의 탄소 원자와 4개의 수소 원자로 구성된 분자. 메탄(CH_4)은 분자 하나로 보면 이산화탄소보다 더 유력한 온실 기체이나, 대기 중에 그 양이 이산화탄소보다 적다.

멕시코 만류(Gulf Stream) 카리브 해로부터 북대서양까지 따뜻한 물을 나르는 해류.

멜테미(meltemi) 에게 해에서 부는 강하고 건조한 북풍.

모래 폭풍(sandstorm) 지면으로부터 상당히 높은 고도까지 모래 알갱이를 올려서 먼 거리까지 수송시키는 바람 폭풍.

몬순(monsoon) 열대와 아열대 지역에서 호우를 발생시키는 지속성 계절풍. 연중 어느 한 계절에 대부분의 강수가 내리는 지역은 몬순 기후로 분류된다. 북아메리카, 사하라 근처 서부 아프리카 및 가장 현저하게는 남아시아와 동아시아가 몬순 지역에 속한다.

몬트리올 의정서(Montreal Protocol) 오존을 고갈시키는 CFCs의 생산을 점차 줄여서 오존층을 보호하자는 1987년에 맺은 국제 협정. 이 협정은 1989년부터 유효하게 되었다.

무역풍 역전(trade-wind inversion) 해들리 세포에서 적도로부터 가장 먼 쪽의 하강공기와 연관된 역전.

무역풍(trade winds) 북반구에서 북동쪽으로부터 적도를 향하여 불고 남반구에서 남동쪽으로부터 적도를 향하여 부는 바람.

무연탄(anthracite coal) 가장 높은 탄소 함량과 가장 적은 불순물을 가진 석탄의 유형.

물 순환(hydrological cycle) 육지, 해양 및 대기 사이에서 일어나는 연속적인 물의 순환.

미기후(microclimate) 지형, 식생, 바다 또는 도시 지역의 근접성에 의해 생기는 온도와 습도의 차이를 가진 지역에서 나타나는 정상 기후의 지역 변화.

미생물(microorganism) 너무 작아 육안으로 볼 수 없는 생물체.

바다 스택(stack) 파도가 삐죽 나온 육지를 통해 동굴을 침식할 때 형성되어 앞바다를 향해 서 있는 바위 기둥.

바람 시어(wind shear) 서로 다른 속도와 다른 방향으로 움직이는 인접한 두 공기층에 의해 일어나는 운동.

바이오 연료(biofuel) 화석연료로부터라기보다 생물학적 원천, 즉 통상적으로 식물로부터 생산되는 연료.

바이오매스(biomass) 목재와 식물 폐기물과 같이 살아 있는 유기체로부터 생기는 생물학적 물질. 바이오매스는 이와 같은 물질로부터 얻는 재생 가능 에너지의 부류에 적용되는 용어이다.

반구(hemisphere) 지구의 한 반쪽. 아시아, 유럽 및 북아메리카는 북반구에 있고 아프리카, 남극 대륙, 호주 및 남아메리카는 남반구에 위치해 있다.

반도(peninsula) 삼면이 바다로 둘러싸인 좁고 긴 육지.

발산(divergence) 중심점으로부터 밖으로 이동하는 공기의 흐름.

방벽(dike, 防壁) 홍수로부터 저지대를 보호하기 위해 지어진 제방 또는 흙으로 만든 인공 벽.

배출 빙하(outlet glacier) 빙상이나 만년설로부터 얼음을 배출하는 빙하.

번개(lightning) 뇌운(雷雲)에서 발생되는 대기 전기가 일으키는 하늘에서의 빛의 번쩍임.

범람원(floodplain) 강이 범람하여 생긴 퇴적물로 덮인 강 계곡의 부분.

별(star) 중심의 핵반응으로 방출되는 에너지 때문에 빛을 내는 기체의 거대한 구(球) 형체.

보초(barrier reef) 암초와 해안 사이에 깊은 초호를 갖고 있고 섬 주위에 또는 해안을 따라 존재하는 산호 암초.

보퍼트 계급(Beaufort scale) 풍속을 어림하기 위해 1805년에 윌리엄 보퍼트(William Beaufort)가 고안한 계급.

복사 강제력(radiative forcing) 산업화 이전 시대에 상대적으로 대류권 꼭대기에서 받는 순 태양 에너지의 변화. 온실 기체와 에어로졸 같은 대기 성분으로부터 오는 '강제력'은 기후 변화를 일으키는 이 성분들의 능력을 비교하는 데 유용한 측정 규준이다.

복사(radiation) 파장이나 입자로 공급원으로부터 방출되는 에너지.

부빙(ice floe) 크고 평평한 공간을 차지하며 떠다니는 바다 얼음.

부빙(pack ice) 속이 꽉 채워져 큰 덩어리가 형성된 표류하는 바다 얼음.

부영양화(eutrophication) 생태계에서, 가장 흔하게는 바다에서의 영양소 증가. 이 현상은 물속 산소량을 감소시키는 조류(藻類)를 크게 성장시킬 수 있어 물고기와 다른 동물 집단을 해롭게 한다.

북대서양진동(North Atlantic Oscillation, NAO) 아이슬란드 저기압과 아조레스 고기압 사이의 해면 기압차에 대한 변동이 편서풍의 강도와 방향 및 북대서양을 횡단하는 폭풍 경로를 조정하는 대규모 기후 현상.

북대서양진동 지수(North Atlantic Oscillation Index) 북대서양 진동을 나타내는 해면 기압차에 비례하는 지수로서 대기 상태를 기술하는 데 사용된다.

북대서양 표류(North Atlantic drift) 해터러스 곶으로부터 북대서양을 횡단하여 동쪽으로 이동하는 멕시코 만류의 덜 잘 정의된 부분.

분자(molecule) 화학물질의 성질을 변화시키지 않는 상태로 나눌 수 있는 그 물질의 가장 작은 입자.

분점(equinox, 分点) 낮과 밤의 길이가 같을 때, 6개월 간격의 두 경우(춘분과 추분) 중 하나.

블리자드(blizzard) 강풍을 동반하여 앞이 잘 보이지 않는 격렬한 눈보라.

비그늘(rain shadow) 산 장벽의 풍하측에 건조 기후를 발생시키는 강수의 감소.

빙관(ice cap) 면적이 50,000km²보다 적은 육지를 덮고 있는 얼음층. 그러나 이 얼음층 밑에 있는 지형을 묻히게 할 정도로 두껍다.

빙붕(ice shelf) 한때 빙하의 부분이었던, 떠다니는 얼음이 있는 영역. 이것은 아직도 육지에 붙어 있다.

빙산(iceberg) 빙하 또는 빙상으로부터 떨어져 나와 바다에 떠다니는 얼음덩어리.

빙상(ice sheet) 면적이 50,000km²가 넘는 육지 위에 퍼져 있는 얼음층. 현재 2개의 빙상이 있는데, 하나는 남극 대륙에 있고 다른 하나는 그린란드에 있다.

빙원(ice field) 얼음이 쌓이도록 육지 표면이 충분히 높거나 평평한 곳에서 발달하는 얼음층.

빙퇴석(moraine) 빙하 연마 작용으로 제거되고 갈아진 다음 빙하의 면이나 경계에 쌓인 암석과 자갈.

빙하 작용(glaciation) 대륙 위에서 이동하는 얼음덩이의 효과. 그 결과 침식, U자 형 계곡과 협만의 형성, 그리고 암석 조각의 퇴적이 이루어진다.

빙하 주변 호수(periglacial lake) 빙퇴석이나 빙하에 의해 지형적 자연 배수가 막혀서 형성된 호수.

빙하(glacier) 얼음층 밑에 있는 면 위를 이동하는 얼음덩이.

빙하기(ice age) 지구의 기후 역사에서 존재하는 추운 기간. 이 기간 동안 육지의 넓은 면적이 얼음으로 덮여 있었다.

빙핵(ice core) 전형적으로 빙하 속에 구멍을 뚫어 역사 이전의 기후와 대기 조성을 알아내는 얼음 기둥.

사리(spring tide) 태양과 달의 인력이 함께 작용할 때 일어나는 조석.

사막화(desertification) 감소하는 강우량의 결과로 비옥한 땅이 사막으로 변하게 되는 과정.

사바나(savanna) 1년 중 건조 계절에 적합한 다양한 수풀과 나무를 가진 목초지가 지배적인 열대 식생의 유형. 열대 수렴대가 이 영역을 두 번 지나가기 때문에, 때때로 두 건조 계절(과 두 습윤 계절)이 있다.

사이클론(cyclone) 호주와 인도양 주위의 나라에서 태풍을 부르는 말.

사헬(Sahel) 아프리카 사하라 사막 남쪽에 위치한 반건조 열대 초원 지역.

산림 벌채(deforestation) 일반적으로 연료나 농경을 위해 자연의 나무를 벌목하거나 태우는 것.

산불(wildfire) 황무지에서 발생하는 제어할 수 없는 화재. 호주에서는 bushfire라고 한다.

산사태(landslide) 밑에 있는 면으로부터 떨어져 나가 비탈로 급히 내려가는 이동 현상.

산성비(acid rain) 화석연료의 연소로 만들어진 화학물질이 공기 중의 수증기와 섞일 때 발생하는 산을 가진 비.

산타아나 바람(Santa Ana winds) 늦가을에서 겨울까지 캘리포니아 남부 지역을 휩쓰는 강하고 건조한 앞바다로 부는 바람.

산호 백화(coral bleaching) 산호초 속에 살고 있는 말이 죽거나 강제로 밖으로 내보내질 때 산호초에 영향을 주는 색깔을 잃는 것.

산호 폴립(coral polyps) 산호초를 형성하기 위해 함께 합쳐 있는 가늘고 긴 원통형 유기물.

삼각주(delta) 해안선에서 삐죽 나와 있는, 천천히 흐르는 강의 어귀에 쌓인 퇴적층.

상대 습도(relative humidity) 어떤 온도에서 공기가 최대로 포함할 수 있는 수증기량에 대한 현재 포함된 수증기량의 비를 퍼센트(%)로 나타낸 습도.

상록수(evergreen) 1년 내내 잎을 갖고 있는 유형의 식물.

상승 기류(updraft) 땅으로부터 멀어져 가는 공기의 이동. 가장 강한 형태는 뇌우 안에서 발생한다.

생물 다양성(biodiversity) 서식지에서 발견된 다양한 식물과 동물의 종(種).

생물 분해성(biodegradable) 박테리아, 곤충 또는 다른 자연 물질에 의해 파괴될 수 있는 물질을 기술함.

생물군계(biome) 식물과 동물의 독특한 군집을 갖고 있고 기후와 식생으로 정의되는 큰 영역.

생태계(ecosystem) 살아 있는 생물체의 집단과 생물체가 살고 있는 환경.

석순(stalagmite) 동굴 바닥으로부터 솟아오르는 광물 침전물의 작은 뾰족탑.

설선(snowline) 여름철 내내 산 위에 남아 있는 눈의 아래쪽 테두리.

섭씨(Celsius) 얼음의 녹는점이 0°이고 물의 끓는점이 100°인 온도 눈금.

성층권(stratosphere) 대류권 위와 중간권 아래에 놓여 있는 대기층.

성층권계면(stratopause) 밑의 성층권과 위의 중간권 사이의 경계면으로서 지구 표면으로부터 약 50km 상공에 위치해 있다.

소빙하기(Little Ice Age) 16~19세기 중반까지 계속되어 전 세계에 영향을 준 상대적으로 평균 온도가 낮은 기간.

소용돌이(vortex) 특히 토네이도의 깔때기같이 공기나 유체가 회전하는 현상.

속(genus, 屬) 살아 있는 유기체와 화석 유기체를 분류하기 위해 사용되는 낮은 수준의 분류학적 계급.

수력 발전(hydroelectric power) 물의 이동을 전기로 전환시키는 재생 가능 에너지의 한 형태. 댐은 강물을 가두어 이 강물이 고속의 터빈 발전기를 지나가도록 한다.

수렴(convergence) 여러 다른 방향으로부터 하나의 중심점을 향하여 모여드는 공기의 흐름.

수마트라(sumatras) 열대 해양성 동남아시아에서 전형적으로 형성되는 동쪽으로 이동하는 뇌우의 위치선(線).

수목 한계선(treeline) 수목 성장의 위도 한계와 고도 한계를 나타내는 선.

수소(hydrogen) 우주에서 가장 일반적이고 가장 가벼운 물질. 별뿐만 아니라 가스로 구성된 거대한 행성은 주로 수소와 헬륨으로 이루어져 있다.

수온 약층(thermocline) 온도가 깊이에 따라 급격히 감소하는 호수 또는 해양의 물기둥 속 영역.

스모그(smog) 연소 배출과 태양 광화학 작용의 결합으로 형성되는 도시 대기오염의 한 형태.

스콜선(squall line) 한랭전선을 따라 동시에 발생하는 폭풍의 위치를 연결하는 선.

스텝 또는 초원(steppe) 수목 없는 반건조 초지로 특징지어지는 기후 영역.

스트로마톨라이트(stromatolite) 미생물이 퇴적암으로 결착되어 얕은 물에서 형성되는 층상 구조. 이것은 고대 화석의 형태로 훌륭한 고(古)기후 기록을 제공하고 있다.

습도(humidity) 공기 속에 있는 수증기의 양.

습지대(wetland) 연중 얼마 동안 담수 또는 해수로 덮이는 땅. 이 땅에서는 포화된 토양에서 살기 적합한 식물들이 산다.

승화(sublimation) 증기가 얼음으로 바뀌듯이 액체 상태를 거치지 않고 기체 상태의 수증기로부터 고체 상태의 얼음으로 직접 바뀌는 현상.

시대(era) 지구의 역사에서 시간의 구분. 지질학자는 시대를 기(期), 세(世) 등으로 구분한다.

시로코(sirocco) 북아프리카에서 태풍 풍속에 가까울 정도로 강한, 사하라 사막으로부터 불어오는 지중해 바람.

시베리아 고기압(Siberian high) 유라시아 지역에 쌓인 매우 차고 건조한 공기의 고기압 영역.

신기루(mirage) 태양 광선이 따뜻한 공기층을 지날 때 굽어져서 멀리 있는 물체가 공중에 떠 보이는 광학적 현상.

심야 태양(midnight sun) 태양이 24시간 계속해서 떠 있는 여름 동안 북극권 북쪽과 남극권 남쪽에서 일어나는 자연적 연중 현상.

싸락눈(graupel) 물이 눈송이로 고체화될 때 형성되는 강수 현상. 직경 2~5mm의 얼음 알갱이가 만들어진다.

쓰나미(tsunami) 날씨에 의해서가 아니라 지진, 산사태 또는 화산 폭발에 의해 생기는 거대한 파도.

아열대 고기압(subtropical high) 북위 30°와 남위 30° 근처에 중심을 둔 높은 대기압의 반영구적 지역. 이 고기압은 해들리 세포 순환의 하강과 연관되어 있다.

아열대(subtropics) 양쪽 반구에서 대략적으로 위도 23°~35° 또는 40° 사이에 위치한 지역.

아이슬란드 저기압(Icelandic low) 아이슬란드와 남부 그린란드 사이에서 발견되는 저기압. 이 저기압은 북반구 대기 순환의 중심이다.

안개(fog) 시정이 1km 미만인 지면에 붙어 있는 구름.

알베도(albedo) 햇빛이 비칠 때 물체의 반사율.

암석권(lithosphere) 지각과 부서지기 쉬운 맨틀의 윗부분으로 구성된 지구의 가장 바깥쪽 고체층.

약탈체(predator) 다른 유기체를 소모시키고 보통 죽여서 에너지를 얻는 유기체.

양성자(proton) 양전하를 나르는 최소 단위 입자.

어는비(freezing rain) 기온이 어는점 이하일 때 내리는 과냉각 비. 이 비는 액체 상태로 떨어지나 어떤 물체에 충돌하는 순간 언다.

얼음덩어리 지구(Snowball Earth) 지구가 한때 거의 또는 전부 빙하로 덮였었다는 고기후학에서의 가설.

얼음 폭풍(ice storm) 어는비가 특징적인 겨울철 폭풍.

에어로졸(aerosol) 공기 중에 떠 있는 액체 또는 고체의 작은 입자.

에르그(erg) 완만하게 비탈진 모래 언덕으로 덮인 뜨거운 사막의 광범위한 영역. 모래 바다로도 알려져 있다.

엘니뇨 남방진동(El Niño-Southern Oscillation, ENSO) 열대 남태평양에서 발생하는 무역풍 강도와 방향의 변화. 이것은 2~7년 주기로 일어난다.

역전(inversion) 대기에서 기온이 고도에 따라 감소하지 않고 오히려 증가하는 현상.

역청질 석탄(bituminous coal) 무연탄보다 낮은 질과 순도의 석탄 유형. 역청질 석탄은 60~80%의 탄소 함량과 상당한 황과 물의 불순물을 갖고 있다.

연륙교(land bridge) 2개의 커다란 땅덩어리 사이의 연결.

연륜학(dendrochronology) 나이테 성장 형태의 분석에 근거한 연대 결정 기술.

열권(thermosphere) 지면으로부터 약 85km 상공의 중간권계면으로부터 500~1,000km 상공의 열권계면까지 뻗쳐 있는 대기의 층.

열권계면(thermopause) 약 500~1,000km 고도에 위치한, 밑의 열권과 위의 외기권 사이의 경계면.

열대 수렴대(Intertropical Convergence Zone, ITCZ) 북반구와 남반구의 무역풍이 수렴하는 지역. 이곳에 대류 구름의 띠가 형성되고, 적도에서는 보통 뇌우가 동반된다.

열대 저기압(tropical cyclone) 강한 바람이 불고 구름 형성, 호우 및 뇌우를 동반하는 저기압 중심으로 특징지어지는 폭풍우 시스템. 이 폭풍우는 전형적으로 습한 공기가 상승하여 응결하는 따뜻한 열대 해수 위에서 형성된다. 발생 지역에 따라 이 열대 저기압은 허리케인 (서부 대서양) 또는 태풍 (서부 태평양 또는 인도양)으로 불린다.

열대 폭풍(tropical storm) 열대 저기압보다 덜 격렬한 폭풍우 계급.

열대(tropics) 북위 23°의 북회귀선과 남위 23°의 남회귀선 사이에 있는 지구의 적도 지역.

열염분 순환(thermohaline circulation) 온도와 염도의 변화에 의해 생기는 밀도차로 생기는 물 이동.

열파(heat wave) 어떤 장소에서 연중 어떤 때에 기온이 비정상적으로 높은 기간. 적어도 하루, 보통은 수일이나 수 주 동안의 기간.

열하(fissure) 땅이 갈라진 틈. 화산 지역에서는 화산 분출이 이 열하를 따라 구멍이 생겨 발생할 수 있다.

염도(salinity) 물속에 녹아 있는 소금 양의 척도.

엽록소(chlorophyll) 모든 초록색 식물과 일부 박테리아에 존재하는 초록색 안료(顔料). 이것이 햇빛을 흡수하여 광합성 과정을 이끄는 에너지를 방출한다.

영구 동토(permafrost) 겨울 사이에 낀 여름을 포함하여 적어도 두 연속적인 겨울 동안 언 상태로 남아 있는 땅.

오로라(aurora) 고위도지방 상공에서 태양풍에 의해 생기는 색을 띤 광선 줄기.

오아시스(oasis) 지하수면이 지면에 가까이 있어서 식물이 잘 자랄 수 있는 사막의 한 영역.

되는 수목 없는 평지. 여기서 눈에 띄는 식물은 풀, 식용 식물 및 관목 등이다.

파고(wave height) 파 마루의 높이와 이웃한 골 높이 사이의 차.

파머가뭄지수(Palmer Drought Severity Index) 근래의 강수와 기온을 근거로 하여 건조와 가뭄 민감성을 측정하는 지수.

파장(wavelength) 한 파의 어떤 마루와 이웃한 마루 사이 또는 어떤 골과 이웃한 골 사이의 거리.

판게아(Pangea) 한때 지구의 모든 대륙을 포함했던 고대의 초대륙. 이 초대륙은 약 2억 년 전에 곤드와나 대륙과 로라시아 대륙으로 갈라지기 시작했다.

판구조론(plate tectonics) 지구의 지각이 많은 판으로 구성되어 있다는 이론. 이 판들은 맨틀 꼭대기 위에 떠 있으며 서로 상대적으로 움직인다.

팜파스(pampas) 아르헨티나와 우루과이에 있는 광대한 영역의 초원. 이 초원은 대서양 해안으로부터 안데스 산맥의 산기슭 작은 언덕까지 펼쳐져 있고, 그란차코(Gran Chaco)와 파타고니아(Patagonia)로 경계가 되어 있다.

페렐 세포(Ferrel cell) 중위도지방에서의 대규모 대기 순환 특징. 중위도지방에서 우세한 편서풍은 페렐 세포와 연관되어 나타난다.

편서풍(westerlies) 중위도지방에서 서쪽으로부터 불어오는 탁월한 바람.

폐색전선(occluded front) 한랭전선이 온난전선을 따라잡을 때 발생하는 이 두 전선의 합성물. 이 전선은 보통 저기압계와 연관되어 있다.

폐열 발전(cogeneration) 전기와 사용 가능한 열 모두를 발생시키는 발전소의 사용.

포화(saturation) 공기(또는 다른 매질)가 함유할 수 있는 최대의 수증기를 포함하고 있는 상태.

폭풍(우) 해일(storm surge) 태풍 밑의 저기압에 의해 끌어 올려진 산더미 같은 해수. 태풍이 해안에 도달하면 이 폭풍(우) 해일이 거대한 파도와 광범위한 피해를 일으킬 수 있다.

푄(foehn) 산맥의 풍하측 비 없는 지역에서 발견되는 따뜻한 하강 바람.

풍상(windward) 바람이 불어오는 방향.

풍속계(anemometer) 풍속을 측정하는 기구.

풍하(lee) 바람으로부터 보호받고 있는 쪽(예: 산의 경우, 바람이 불어오는 면의 반대쪽).

플랑크톤(plankton) 외양(外洋)에서 떠다니는 식물(식물성 플랑크톤) 또는 동물(동물성 플랑크톤) 유기체.

피로나도(pyronado) 때때로 강한 화재에서 형성되는 토네이도 같은 바람 기둥.

핀보스(fynbos) 남아프리카, 그중에서 특히 서부 케이프 지방의 아프리카 지중해 기후대에서 발견되는, 텁고 건조한 여름철에 석응되어 가뭄을 견디는 식물.

하강 기류(downdraft) 차가워지는 공기 기둥의 하강에 의해 생기는 기류. 이것은 강력한 돌풍과 호우를 초래할 수 있다.

하구(estuary) 바다 쪽으로 열려 있고 강물이 흘러들어 가는 해안가 물이 부분적으로 둘러싸인 영역.

하르마탄(harmattan) 사하라지방으로부터 남쪽으로 부는 건조하고 먼지 많은 서부 아프리카의 무역풍.

하마다(hamada) 모래가 거의 없고 암석이 많은 불모지 고원의 특성을 갖고 있는 사막 풍경의 유형.

하부브(haboob) 북부 아프리카와 중동지방에서 보통 관측되는 강한 모래 폭풍.

한랭전선(cold front) 다른 온도를 가진 두 기단 사이의 경계. 이 전선이 통과하면서 찬 공기가 더운 공기를 대치한다.

해들리 세포(Hadley cell) 열대지방에서 뚜렷한 대규모 대기 순환 특징. 적도 근처에서 상승 운동이, 그 상공에서 극 방향 흐름이, 아열대지방에서 하강 운동이 그 특징이다.

허리케인(hurricane) 북아메리카와 카리브 지방에서 평균 풍속이 시속 119km 이상인 강한 열대성 저기압 세포를 가리켜 사용하는 용어.

헤인즈 지수(Haines index) 급하게 번지는 산불 확산 가능성을 평가하기 위해 사용되는 날씨 지수.

헬륨(helium) 수소 다음 두 번째로 가장 일반적인 원소. 이것은 우주 대폭발에서 생성되었고 핵반응에 의해 별 내부에서 계속 만들어진다.

협곡(canyon) 강 침식에 의해 형성되는 깊고 가파른 계곡.

호수-효과 눈(lake-effect snow) 완전히 육지로 둘러싸인 크고 얼지 않은 호수의 풍하측에 발생하는 많은 눈.

호흡근(pneumatophore) 맹그로브와 같은 수생식물에 있는 기근(氣根) 구조의 한 유형.

화산(volcano) 용암 흐름과 재가 강해져서 생기는 지형. 화산은 전형적으로 원뿔 형태이다.

화석(fossil) 암석 안에 또는 암석처럼 보존된 식물 또는 동물의 잔존물, 자국 또는 흔적.

화석연료(fossil fuels) 옛날 식물과 동물의 화석으로부터 형성된 석유, 석탄 및 천연가스와 같이 탄소가 기본이 되는 물질. 이것을 연소시켜 에너지와 전기를 생산한다.

화씨(Fahrenheit) 얼음의 녹는점이 32°이고 물의 끓는점이 212°인 온도 눈금.

환초(atoll) 흔히 물속 사화산의 가장자리 부근에서 중심 초호(礁湖)를 둘러싸고 있는 산호 암초.

활강 바람(downslope wind) 산비탈을 내리 흐르는 바람 형태. 이 바람은 극히 빠른 속도로 불 수 있다.

활강 바람(katabatic wind) 중력 때문에 높은 고도로부터 높은 밀도의 공기가 비탈을 따라 내려오면서 생기는 바람의 유형. 내리 바람이라고도 한다.

활승 바람(upslope wind) 낮은 고도에서 높은 고도로 산 같은 것을 타고 올라가는 바람.

황산화물(sulfur oxides, SOx) 하나의 황 원자와 하나 또는 2개의 산소 원자로 구성된 분자. 이것은 주로 석탄 연소에 의해 방출된다.

K-T 멸종(K-T extinction event) 약 6,500만 년 전의 지질학적 구분선. 이때 지질학적으로 짧은 기간에 걸쳐 공룡의 소멸을 포함하여 동물과 식물 종의 집단 소멸이 일어났다.

NASA(National Aeronautics and Space Administration) 미국항공우주국의 약어로서 우주 탐사를 위한 미국 정부의 기관. 나사는 대기에 대하여 중요한 정보를 제공하는 여러 개의 위성을 운영하고 있다.

NOAA(National Oceanic and Atmospheric Administration) 미국국립해양대기청의 약어로서 지구 대기와 해양의 상태에 대한 평가 임무를 가진 미국의 과학 기관.

찾아보기

기타

역자소개

대표역자 : 전종갑

권혁조   공주대학교 대기과학과

오재호   부경대학교 환경대기과학과

이재규   강릉원주대학교 대기환경과학과

전종갑   서울대학교 지구환경과학부

하경자   부산대학교 대기환경과학과